河南开封城墙
修缮与保护研究

甄学军　李　芳　著

學苑出版社

图书在版编目（CIP）数据

河南开封城墙修缮与保护研究 / 甄学军，李芳著 .
—北京：学苑出版社，2022.4
ISBN978-7-5077-6408-6

Ⅰ.①河… Ⅱ.①甄… ②李… Ⅲ.①城墙—修缮加固—研究—开封②城墙—旧城保护—研究—开封 Ⅳ.
① K928.77

中国版本图书馆 CIP 数据核字（2022）第 059994 号

责任编辑：周　鼎　魏　桦
出版发行：学苑出版社
社　　址：北京市丰台区南方庄2号院1号楼
邮政编码：100079
网　　址：www.book001.com
电子信箱：xueyuanpress@163.com
联系电话：010-67601101（营销部）、010-67603091（总编室）
经　　销：全国新华书店
印 刷 厂：英格拉姆印刷(固安)有限公司
开本尺寸：889 × 1194　1/16
印　　张：28
字　　数：321 千字
版　　次：2022 年 5 月第 1 版
印　　次：2022 年 5 月第 1 次印刷
定　　价：600.00 元

前言

开封城的历史，可以上溯到春秋时期。郑庄公（公元前 743 ~ 公元前 701 年）在郑国东部边境上筑一座“储粮”城邑，取“启拓封疆”之意，命名为“启封”，城址在今开封城南 22.5 千米处、今朱仙镇附近的古城村。至西汉为避汉景帝（公元前 156 ~ 公元前 141 年）刘启之名讳，易名为“开封”。

今日开封城的前身实为战国时期的大梁城。与今日开封城相比，大梁城面积稍大，位于现城区偏西北一带。公元前 225 年，秦将王贲困攻大梁城，久攻不下，引鸿沟水灌大梁城，使城池化为废墟。

秦灭魏后，在大梁一带设置浚仪县。后经秦、汉，均为县治。南北朝时，东魏孝静帝天平元年（534 年）在此设立梁州。北周武帝建德五年（576 年）占领梁州，因城临汴水而设为“汴州”，此为开封称“汴”的起端。至隋代隋炀帝开大运河，疏通汴渠，汴州成为“水陆一都会”，自此开封城兴旺繁荣起来，一直延续到唐代。

唐代建中二年（781 年），时任永平军节度使兼汴州刺史的李勉，对“汴州”城进行重筑。据《北道刊误志》等文献记载，扩建的汴州城周长达二十里一百五十五步，有城门七座，并将汴河圈入城内，规模宏大。重筑后的汴州城，奠定了日后开封城的基础。

五代时期的五国，除后唐都洛阳外皆建都开封，此时战乱频繁，未进行大规模的营建。955 年，后周世宗柴荣对开封城进行一次大规模的修筑，下诏扩建外城。因开封土质松软，派人取虎牢关（今河南荥阳汜水县境）之土填筑，使城墙坚固如钢。外城周长四十八里二百二十三步，外形轮廓如一头巨大神牛屈膝仰卧，故俗称“卧牛城”。内城仍沿用唐代汴州城。

宋代东京城，对原有外城、内城重新整修，并扩筑皇城，形成“三重城”的城市格局，这一都城格局对以后的封建都城的建设影响巨大。

皇城原为唐宣武军节度使治所，后梁改为建昌宫，后晋、后汉、后周沿袭使用，规模较小。宋太祖建隆元年（961 年）始扩建，城周 5000 米，宋代皇城有六座城门，四角建有角楼。金代因两次迁都开封，曾对皇城扩建。明洪武十一年（1378 年），太祖王子朱棣就藩于开封后，在金皇宫旧址上建周王府，崇祯十五年（1642 年）黄河决口，皇城淹没于地下。城址位于现龙亭湖一带。

北宋灭亡后，东京曾两度作为金朝的国都。金兴定三年（1219 年），主要整修扩建里城，扩大南北两面：南面南扩 350 米，即今南城墙一线；北侧扩至今城墙北墙处，并取艮岳之土，修筑北城。由金代至清，开封城址由城墙的界定，基本固定，以后元、明、清虽历经战祸水患，城墙屡毁屡建都是金代城址的基础上，予以修建，金代城墙损毁后，明代在此基础上重筑城墙，以后清代又在明代城墙的基础上予以重建，其位置保持不变，延续至今，成为具有悠久历史的国家级文物保护单位。

现存的开封城墙是明洪武元年（1368 年），重筑开封府城时，在金代城墙基础上全部以青砖包砌而成。明代城墙，周长二十里一百九十步，高三丈五尺，宽二丈二尺，城外有深一丈、宽五丈的护城河围绕，环城修“敌楼五座，大城楼五座，炮楼四座，星楼二十四座”，俱按中国传统的二十八星宿布置，上应天象。明城墙城门五座，东二门为曹门、宋门，西门名大梁门，北门安远门，南门日南薰门，五座城门互不对应，故有“五门不对”之说。安远门通延津，大梁门通中牟，曹门通兰阳（兰考），宋门通陈留，南薰门通尉氏、通许，故又有“五门六路，八省通衢”之称。明崇祯十五年（1642 年），明军为淹没李自成围城大军，掘引黄河水，致使黄水围城，水退后城墙俱被泥沙围拥地下，垣形卑甚，残破不堪。清康熙元年（1662 年），重修开封城墙，在明城墙基础上进行重筑加高，使原来破败的城墙焕然一新。此后，因历经水患，乾隆四年（1739 年）、二十二年（1757 年）、二十九年（1764 年）又予以重修。道光二十一年（1841 年），黄水围城 8 个多月，城墙被侵蚀损坏严重，第二年重修，即现存之城墙。据记载，城周长二十二里零七十步，高三丈四尺，女墙高六尺，上宽一丈五尺，底宽二丈，城墙一色巨型青砖所筑。全城共有马面 84 座，角楼 4 座，城外有深 3.3 米，广约 17 米的护城河；其城门有五，位置、名称一同明代。民国时期，在南侧城墙开设一门，俗称小南门，并拆除五门城楼及月城（瓮圈）。护城河东、南、西河道尚存，北侧护城河已了无痕迹。

2008 年，受开封市城墙文物保护管理所郭世军、刘天军先生的邀请，河南省文物建筑保护研究中心承担了这一勘察设计任务，自接到任务起，单位组织设计人员进入现场进行详尽的调研、测量、分析病害原因、稳定性分析，对城墙边际与垃圾剥离等方面出具设计方案，通过努力将该项目顺利完成。因该城墙项目是分段进行，时间跨度较为长远，修缮工程未完全竣工，本着尽早地总结项目经验整编成书。我院院长杨振威先生本着对学术研究严谨同时为后期同类工程提供翔实的第一手资料的态度，本书从立项、编著到审校、出版，杨振威院长都给予了高度关注和大力支持。我们把该项目的各种资料汇聚一体出版，仅供类同项目参考。

目录

研究篇

勘察篇

设计篇

养护篇

研究篇

第一章　历史沿革

开封位于河南中东部，距省会郑州 60 千米，地处东经 113° 52′ 15″ ~ 115° 15′ 42″，北纬 34° 11′ 45″ ~ 35° 01′ 20″ 之间。开封曾作为战国魏，五代梁、晋、汉、周，北宋、金、韩宋农民政权的都城，特别是作为北宋都城时曾有过灿烂辉煌的历史，在中国历史中占有重要地位。1963 年 6 月，开封城墙被列入河南省第一批重点文物保护单位。1996 年 11 月 20 日，国务院公布开封城墙为全国第四批重点文物保护单位。

开封城的历史，可以上溯到春秋时期，郑庄公（公元前 743 ~ 公元前 701 年）在郑国东部边境上所筑的一座"储粮"城邑，取"启拓封疆"之意，命名为"启封"，城址在今开封城南 22.5 千米处、今朱仙镇附近的古城村。至西汉为避汉景帝（公元前 156 ~ 公元前 141 年）刘启之名讳，易名为"开封"。

今日开封城的前身实为战国时期的大梁城。与今日开封城相比，大梁城面积稍大，位于现城区偏西北一带。公元前 225 年，秦将王贲困攻大梁城，久攻不下，引鸿沟水灌大梁城，使城池化为废墟。

秦灭魏后，在大梁设置浚仪县。后经秦、汉，均为县治。南北朝时东魏天平元年（534 年）在此设立梁州，北周建德五年（576 年）占领梁州，因城临汴水而设为"汴州"，此为开封称"汴"的起端。至隋代隋炀帝开大运河，疏通汴渠，汴州成为"水陆一都会"，自此开封城兴旺繁荣起来，一直延续到唐代。

唐建中二年（781 年），时任永平军节度使兼汴州刺史的李勉，对"汴州"城进行重筑。据《北道刊误志》等文献记载，扩建的汴州城周长达二十里一百五十五步，有城门七座，并将汴河圈入城内，规模宏大。重筑后的汴州城，奠定了日后开封城的基础。

五代时期的五国，除后唐建都洛阳外皆建都开封，此时战乱频繁，未进行大规模的营建。955 年，后周世宗柴荣，对开封城进行一次大规模的修筑，下诏扩建外城。因开封土质松软，派人取虎牢关（今河南荥阳汜水县境）之土填筑，使城墙坚固如钢。

外城周长四十八里二百二十三步，外形轮廓如一头巨大神牛屈膝仰卧，故俗称“卧牛城”。内城仍沿用唐代汴州城。

至宋代东京城，对原有外城、内城重新整修，并扩筑皇城，形成“三重城”的城市格局，这一都城格局对以后的封建都城的建设影响巨大。

皇城原为唐宣武军节度使治所，后梁改为建昌宫，后晋、后汉、后周沿袭使用，规模较小。宋建隆元年（961 年）始扩建，城周 5000 米，宋代皇城有六座城门，四角建有角楼。金代因两次迁都开封，曾对皇城扩建。明洪武十一年（1378 年），太祖王子朱棣就藩于开封后，在金皇宫旧址上建周王府，崇祯十五年（1642 年）黄河决口，皇城淹没于地下。城址位于现龙亭湖一带。

外城又称新城或罗城。原为周世宗所建，北宋时曾多次增修，神宗时周长达五十里一百六十五步。外城城高四丈，广五丈九尺，城外有壕。宋外城经历了宋金时期的战争，“自金迄之，外城已毁”，据明陈所蕴《增建敌楼碑记》所载，“外城久倾圮，仅存故址”，后经明、清时期黄河水患，外城同皇城一样，被全部淤埋地下。今勘探探明宋外城南北稍长，呈长方形，周长约 29.2 千米，墙体夯筑，残高 8.7 米，基宽 34.2 米。

内城，又名里城宋初称阙城，是处于皇城和外城之间的一道城墙。内城城址基本沿用唐李勉重修之汴州城。据《汴京遗迹志》记载，“旧城周回二十里一百五十五步。”东二门、南三门、北三门、西二门共计十门，十门皆设有月城。据今文物勘探探明，北宋内城略呈正方形，其南城墙位于今城墙大南门北 350 米左右一线，北城墙位于今龙亭大殿北 500 米左右一线，北距今城墙 700 米左右，东西二城墙分别同今日城墙基本重叠。

北宋灭亡后，东京曾两度作为金朝的国都。金兴定三年（1219 年），主要整修扩建里城，扩大南北两面；南面南扩 350 米，即今南城墙一线，北侧扩至今城墙北墙处，并取艮岳之土，修筑北城。由金代至清，开封城址由城墙的界定，基本固定，以后元、明、清虽历经战祸水患，城墙屡毁屡建都是金代城址的基础上，予以修建，金代城墙损毁后，明代在此基础上重筑城墙，以后清代又在明代城墙的基础上予以重建，其位置保持不变，延续至今，成为具有悠久历史的国家级文物保护单位。

现存的开封城墙是明洪武元年（1368 年），重筑开封府城时，在金代城墙基础上全部以青砖包砌而成。明代城墙，周长二十里一百九十步，高三丈五尺，宽二丈二尺，城外有深一丈，宽五丈的护城河围绕，环城修“敌楼五座，大城楼五座，炮楼四座，星楼二十四座”，俱按中国传统的二十八星宿布置，上应天象。明城墙城门五座，东二门为曹门、宋门，西门名大梁门，北门安远门，南门曰南薰门，五座城门互不对应，故有“五门不对”之说。安远门通延津，大梁门通中牟，曹门通兰阳（兰考），宋门通陈留，南薰门通尉氏、通许，故又有“五门六路，八省通衢”之称，明崇祯十五年（1642 年），明军为淹没李自成围城大军，掘引黄河水，致使黄水围城，水退后城墙俱被泥沙围拥地下，垣形卑甚，残破不堪。清康熙元年（1662 年），重修开封城墙，在明城墙基础上进行重筑加高，使原来破败的城墙焕然一新。

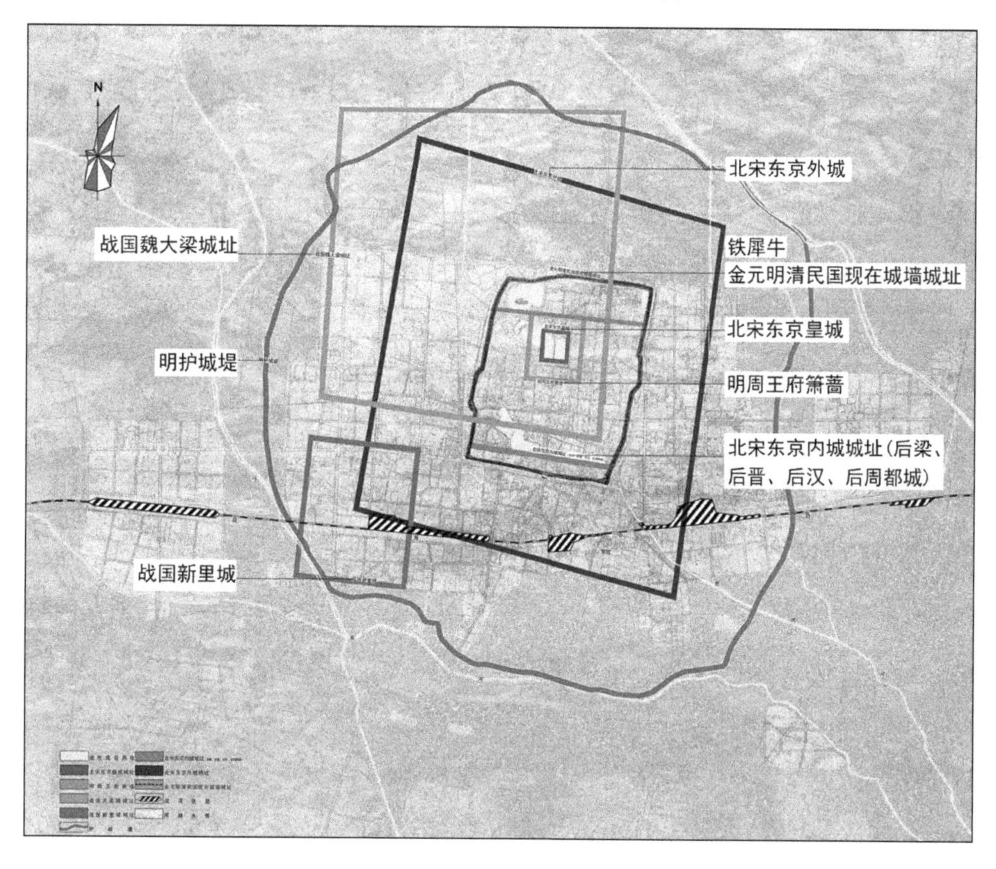

城址变迁图

此后，因历经水患，乾隆四年（1739 年）、二十二年（1757 年）、二十九年（1764 年）又予以重修。道光二十一年（1841 年），黄水围城 8 个多月，城墙被侵蚀损坏严重，第二年重修，即现存之城墙。据记载，城周长二十二里零七十步，高三丈四尺，女墙高六尺，上宽一丈五尺，底宽二丈，城墙一色巨型青砖所筑，全城共有马面 84 座，角楼 4 座，城外有深 3.3 米，广约 17 米的护城河；其城门有五，位置、名称一同明代。民国时期，在南侧城墙开设一门，俗称小南门，并拆除五门城楼及月城（瓮圈）。护城河东、南、西河道尚存，北侧护城河已了无痕迹。

1970 年至 1971 年，在城墙下构筑了 37000 平方米的人防工程。该工程造成了城墙下方整体空洞，严重影响了城墙的安全性。

1974 年，开辟明伦街城口。由于城市建设的需求，将城墙扒开口子用来道路交通需要，严重影响了城墙的连续性。

1980 年，因拓宽马路宋门被拆除，使得文物被毁，造成不可再生的严重后果。

1994 年，整修南薰门瓮城，拓宽曹门，整修小西门、迎宾门。这次修整，为文物延长使用期限物做了基础性的保护。但是拓宽曹门，再一次的伤害到了城墙的完整性。

1997 年，勘探出北门瓮城。该次勘探对以后的瓮城保护起到了有力的基础信息收集的作用。

1998 年，复建大梁门城门楼，修缮大梁门两侧城墙和北城墙、东城墙北段雉堞。该工程对城墙的连续性起到了一定作用，为文物得以延长使用期限物做了基础性的保护。

2000 年，在大梁门北侧马道下，勘探发掘出两层古马道，形成三层马道相叠压的奇观。该次发掘展示了宋、明、清三朝城墙的形制，对研究城墙起到了重要作用。

2001 年，修缮新开门及两侧墙体，起到了墙体的基础保护作用。

2001 年，修建北门、小南门城门楼。该工程再一次维护了城墙的整体性和连贯性，有力地保护了城墙。

2002 年，整修河大东门城口。此次修整实际是对城墙的一次破坏性修整，再一次将城墙墙体打开，破坏了完整性。

2003 年，修缮大梁门北侧城墙。该次主要修整的是北侧外城墙，补砌了雉堞，使外观得到了一定的提升。

2005 年，修缮城墙迎宾门至西南角段。该次修整恢复了古城墙的原有形态，使得城墙原貌展现在世人面前。

城市是人类文明发展到一个重要历史阶段的标志，开封城作为历史上的重要城邑，它记录着千百年来古城历史演变，政治、经济、军事、文化的发展。它所保存的非常丰富的历史文化信息及内涵，使其具有了重要的历史价值。

开封城墙作为古代军事防御工程，规模宏大，是我国现存保留较完好的第二大城垣建筑。城墙、城门、城湖三位一体，易守难攻，是一座完美体现古代战争特点的军事防御设施。

古城还具有防御洪水的作用。由于黄河河道南移，开封多次蒙受洪水侵袭，城墙成为滞挡洪水、使居民免遭水灾的保护屏障。

开封地处平原，春秋二季时节，黄沙弥漫，此时，四面围合的城墙又成为阻挡风沙的有效屏障，而今北城墙外侧尚有厚厚的风积沙屯。开封城墙的防洪防风沙作用，因其所处的独特地理位置所决定的，是其他古城墙无法具备的。

781年，李勉对南北朝时期的汴州城进行扩建，形成的唐代汴州城，是开封城墙有史以来的首次明确记载，自此至清代的开封城墙，都是在它的基础上修建，虽历经兵燹与水患，但历代城市坐标基本固定，城址从没有移动，故此也形成开封城摞城的奇观，尤其自宋代以来，城市中轴线愈千年未变，城市格局得以延续，这就是开封城址的独特影响作用。

城墙是开封这座历史文化名城的首要标志，由古城墙围合的13平方千米的老城区，是历史文化名城的风貌体现区、精华之所在。同时城墙丰富了城市旅游的内容，也是城市旅游的重要文化资源。

2000年5月，开封市城墙管理所在开封城墙西门北马道的北侧紧贴城墙开了一条考古探沟，对城墙基础部分进行清理。过程中，意外发现了一层保存较为完好的早期马道遗址，随后，开封市文物工作队西门北侧的古马道遗址进行清理发掘。通过发掘，发现了埋藏深度和时代早晚不相同的三层古马道摞在一起。

第一层马道：距地表深0.5 ~ 0.9米。该马道暴露面积较小，东西宽约1.4米，南北仅有0.3米，大部分范围为今马道入口处的门楼基础部分所占压。该层马道的砌筑手法为错缝平铺，其最东端是用青砖南北立砌，似作护墙使用。该马道向南延伸部分与今使用的马道相接，应为今使用马道的地下基础部分，因修复马道时该部分已被淤埋于地下故未清理。清最后一次对开封城墙的修筑是在1842年，据载，这次“筑城浚濠，里隍亦和灰土培筑，高厚有加于前”，第一层马道，应是这次修筑而成的。

第二层马道：东西宽5.5米，南北已暴露宽度1.8米，北低南高呈倾斜状，南壁最浅处深1.75米，北端最深处约2.1米。马道西部与城墙墙体的结合处，用青砖南北平铺；中间大部分系用青砖东西立砌而成；最东侧用专门烧制的大型青砖南北向平铺，作为马道的东侧护墙。马道的最北端，东西错缝竖砌有两排青砖，起着加固马道、防止松动的作用。该层马道保存较好，马道踏步用砖仍棱角分明，磨损痕迹不甚明显，使用时间应相对较短。由本层马道之上系被1841年的黄河洪水形成的淤积层叠压分析，应为1841年之前不久修筑的。

第三层马道：已清理部分东西宽0.6米，南北长1.2米，深2.4 ~ 2.5米，系用较小型的青砖立砌而成。该层马道的西部大部分为第二层马道所压，清理出的仅是宽出第二层马道的部分。马道用砖磨损严重，棱角圆滑，由此可知其使用时间较长。从清理出的第二层马道的东端护墙直接叠压在第三马道之上的情况分析，系因第三层马道年久失修已不堪使用，遂以之为基础在其上直接修建了第二层马道，因此，第二层马道的修筑年代即应是第三层马道的废弃年代。至于其修筑年代，据文献记载，清乾陵四年（1739年）曾“修开封城及五门城楼”，该层马道可能就是这一年所修筑的。由于整个城墙下面掩埋着宋代城墙，其他城段均为考古发掘。

第二章　开封城墙夯土与垃圾分界面快速判定研究

开封城墙东墙和北墙西段存在大量垃圾，包括生活垃圾和建筑垃圾，垃圾分布的范围及方量不易判断，影响城墙的加固设计，由于开封城墙为国家级文物保护单位，文物保护法规定不能破坏夯土，常规钻探手段无法满足其技术要求，为找到判定夯土与垃圾的分界面且不会破坏城墙夯土的方法，由河南省文物建筑保护设计研究中心委托郑州大学进行技术开发，在常规探井辅助的基础上，利用地质雷达研究开发新的技术进行判定。

通过现场调查查明开封城墙北墙西段与东城墙垃圾现状，运用地质雷达与常规探井相结合的技术，判定利用地质雷达研究开发新的技术的可行性，并利用该新技术判定开封城墙东墙及北墙西段的垃圾分布范围及方量。

本项目研究采用定性分析与定量分析相结合的方式，通过现场详细查勘、资料收集等多种手段获取古城墙上部的垃圾数据，在此基础上，对比常规钻探与地质雷达的测量数据，同时分析垃圾范围及方量。针对研究目的，本项目主要开展以下几个方面的工作：

通过现场调研，收集为雷达测量提供的前期资料，包括已有的城墙平面图等资料。

通过现场地质雷达扫描以及常规钻探的辅助，进行地质素描，查清北城墙与东城墙垃圾现状。

现场勘察完毕后，运用计算机软件对得到的数据进行分析，同探槽测量的数据进行对比分析，研究发现地质雷达测量的数据准确度，判断地质雷达应用垃圾圾勘测工作中的可行性。

本次工作能够准确判别出开封城墙东墙和北墙西段的垃圾层与夯土的分界面，为城墙的加固处理提供准确的数据依据。

经过本次技术开发，不仅研究开发出地质雷达技术在古遗址保护方面的应用，而且可以将此项技术广泛推广到考古、建筑、铁路、公路、水利、电力、采矿、航空等领域。

1. 关键技术问题

开封城墙东墙和北墙西段存在大量垃圾，包括生活垃圾和建筑垃圾，垃圾分布的范围及方量不易判断，影响城墙的加固设计。由于开封城墙为国家级文物保护单位，文物保护法规定不能破坏夯土，常规钻探手段无法满足其技术要求，因此需要研究找到夯土与垃圾的分界面且不会破坏城墙夯土的方法。

2. 技术路线

此项工作的开展需要认真做出工作计划，研究的技术路线包括：

（1）现场调研，收集资料；

（2）使用地质雷达与探井相结合的方法，检测多处垃圾现状，判断分界面和垃圾方量；

（3）根据检测结果进行新技术开发，建立对应关系，解决新技术的关键问题；

（4）将新技术进行应用，并推广。

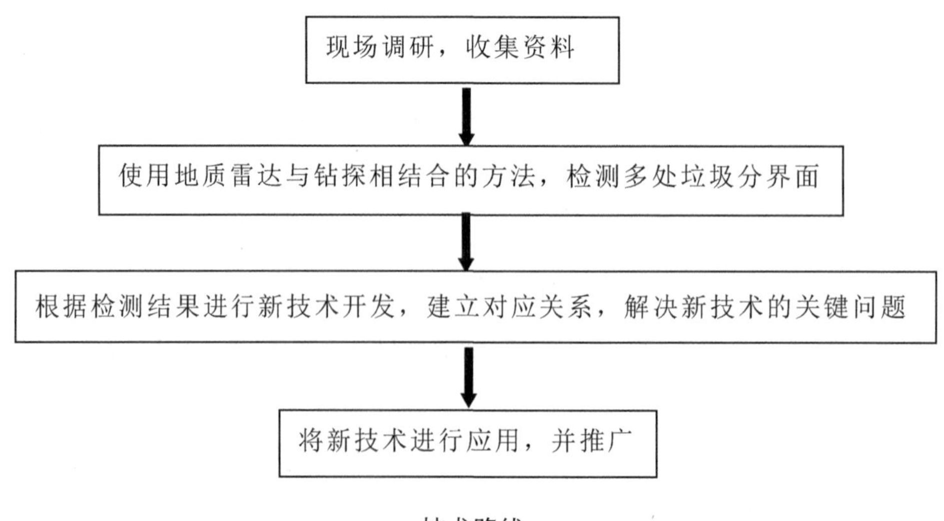

技术路线

3. 雷达检测

3.1 雷达检测技术原理

（1）工作原理

地质雷达探测的工作原理，简单地说是通过特定仪器向地下发送脉冲形式的高频、甚高频电磁波。电磁波在介质中传播，当遇到存在电性差异的地下目标体，如空洞、分界面等时，电磁波便发生反射，返回到地面时由接收天线所接收。在对接收天线接收到的雷达波进行处理和分析的基础上，根据接收到的雷达波形、强度、双程时间等参数便可推断地下目标体的空间位置、结构、电性及几何形态，从而达到对地下隐蔽目标物的探测。这是一种非破坏性的探测技术，可以安全地用于城市建设中的工程场地，并具有较高的探测精度和分辨率。

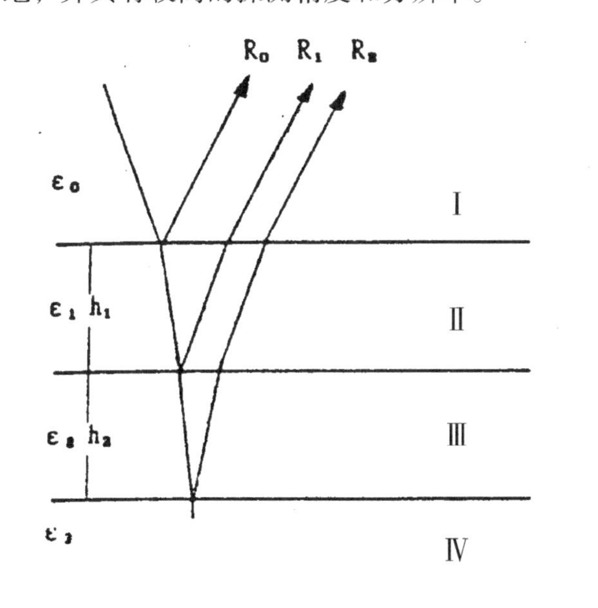

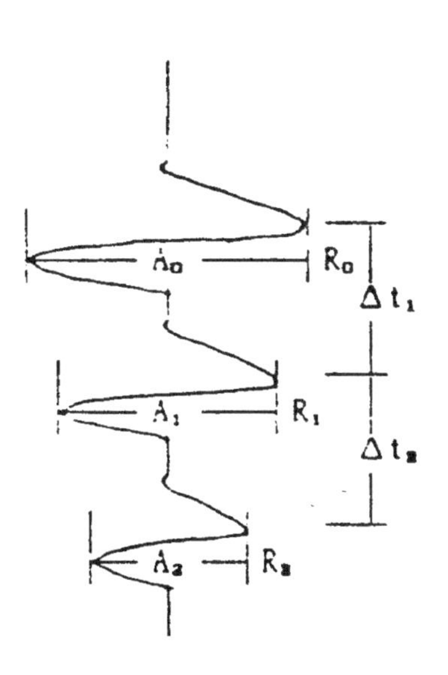

探地雷达工作原理

上图中 T 为发射天线，R 为接收天线，电磁波在地下介质中遇到目标体和基岩时发生反射，信号返回地面由天线 R 接收并记录，通过主机的回放处理，就可以得到雷达记录的回波曲线。

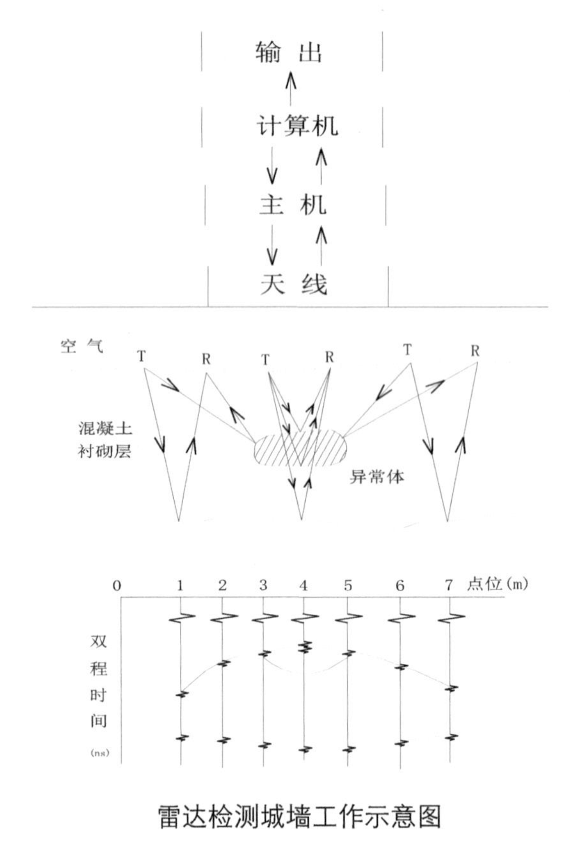

雷达检测城墙工作示意图

上图中横坐标的单位为米，横轴代表地表面的探测距离，在地表面均匀打点可以得到相应点位的地下介质分布情况；纵坐标代表的是电磁波从发射到遇见地下目标体或基岩时反射回地面并被仪器接收所需要的时间。有了雷达记录的双程反射时间即可据公式（1）算出该界面的埋藏深度 H：

$$H = \frac{t \cdot c}{2\sqrt{\varepsilon_r}} \tag{1}$$

其中，t 为目标层雷达波的反射时间；c 为雷达波在真空中的传播速度（0.3 m/ns）；ε_r 为目标层以上介质相对介电常数均值。

这时就可以对雷达资料进行进一步的数据处理，其方法与地震反射法勘探数据处理基本相同，主要有以下几方面：

1）滤波及时频变换处理；

2）自动时变增益或控制增益处理；

3）多次重复测量平均处理；

4）速度分析及雷达合成处理等。旨在优化数据资料，突出目标体，最大限度地减少外界干扰，为进一步解释提供清晰可辨的图像。

3.2. 工作技术方法

3.2.1 测线布置

测线布置总体原则：东城墙由南到北，北城墙西段由东到西，从上到下间隔每 100 米布置一条测线；根据现场情况，适当加密测线，对垃圾位置准确定位。

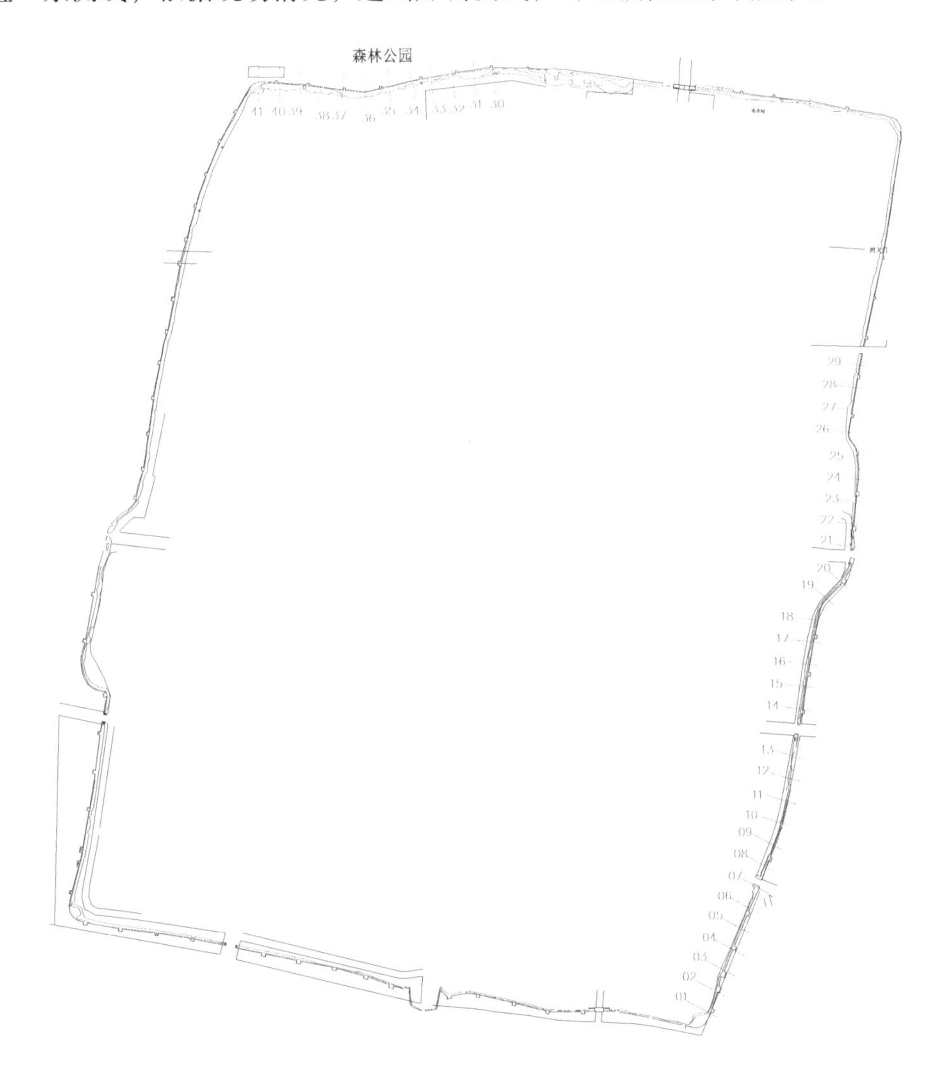

雷达检测测线布置平面图

东城墙起点至汴京大道部分墙段采用 100MHz 探地雷达进行探测，探测深度大于 5 米，汴京大道至曹门部分墙段由于城墙垃圾厚度不大，采用 400MHz 探地雷达进行检测，探测深度为 5 米，以准确判明指定区域的垃圾分界面以及垃圾分布范围和方量。

3.2.2 仪器设备及参数选择

本次检测采用美国 GSSI 公司研制的 SIR-20 探地雷达仪，仪器主要由控制主机、天线、笔记本电脑连接件组成。主要工作参数选择如下：

天线：收发一体型天线，天线频率 100MHz、400MHz

采集方式：连续采集

定点方式：里程轮定点

点距：2 厘米

采集时窗：200ns（ns 为时间单位，1ns=10-9s）

增益方式：指数增益

3.2.3 现场工作方法

沿开封东城墙共布置 29 条测线，沿北城墙西段共布置 11 条测线。东城墙起点至汴京大道墙段用 100MHz 天线，探测深度大于 5 米。汴京大道至曹门墙段用 400MHz 天线，探测深度为 5 米，在此段城墙每条测线附近，人工开挖探井以验证地质雷达探测技术的准确度与可行性，二者结合探测垃圾位置情况，满足了对测试区域的有效探测。

探地雷达现场测试（100MHz）

探地雷达现场测试（100MHz）

探地雷达现场测试（400MHz）

探地雷达现场测试（400MHz）

探地雷达现场测试（100MHz）

探地雷达现场测试（100MHz）

现场开挖探井

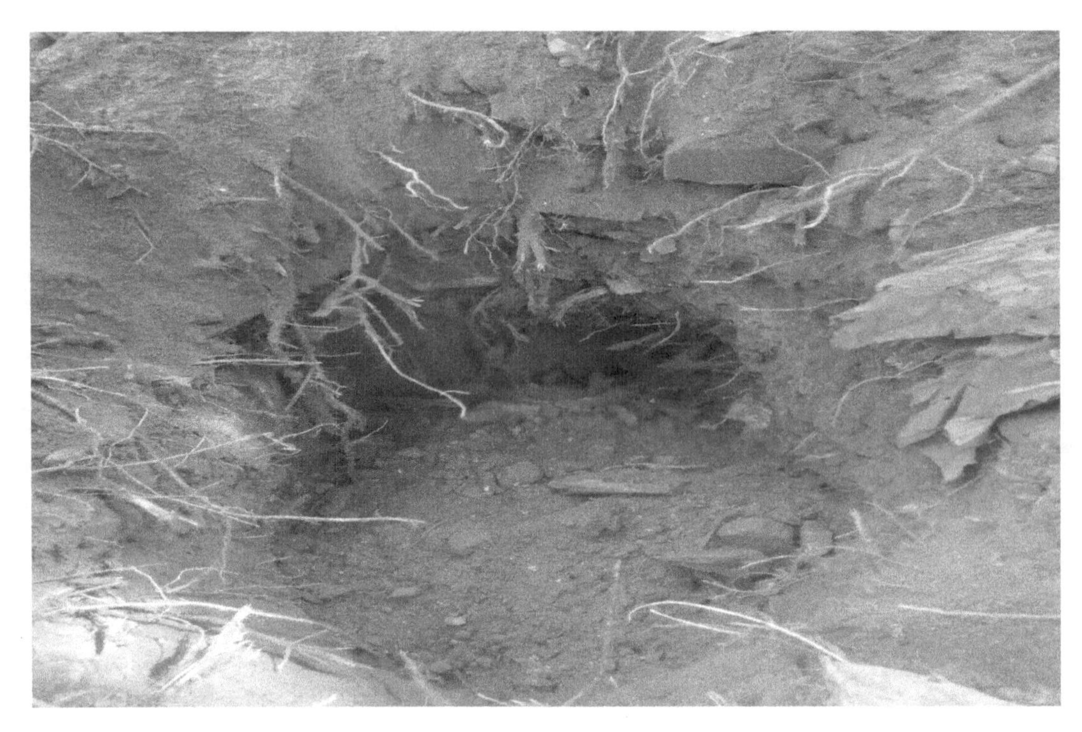

现场开挖探井

现场回填探井

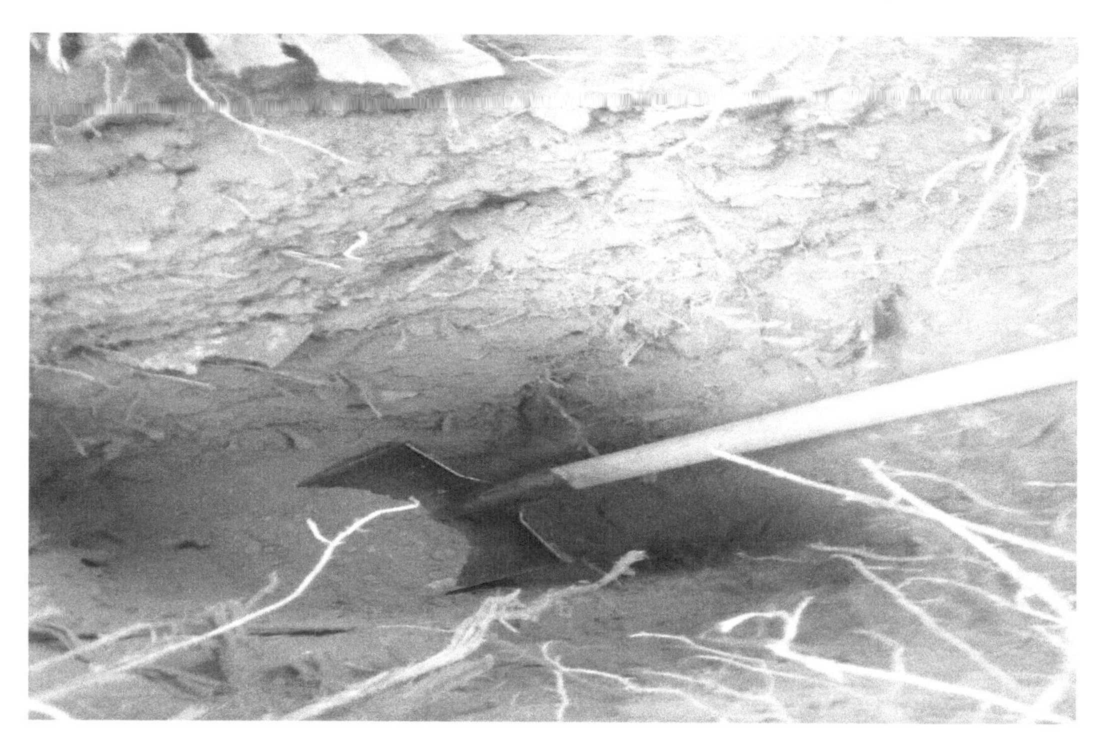

现场开挖探井

现场开挖探井

3.3 资料处理及判释

雷达数据的处理流程如下：

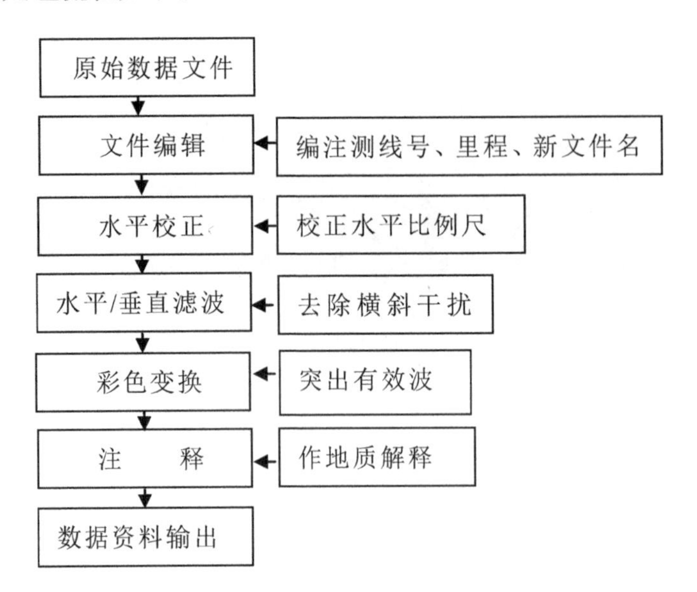

雷达数据的处理流程

除上述一般处理外，雷达数据尚有一些特殊处理如下：

（1）水平及垂直高通滤波—消除平直横跳的系统噪音；

（2）水平及垂直低通滤波—消除高频噪音；

（3）反褶积滤波—增强垂向分辨率；

（4）偏移滤波—消除绕射波和倾斜干扰波；

（5）空间域滤波—增强倾斜界面信号。

本次采集的雷达数据经零点校正、剖面距离校正及增益调整后，根据雷达波形构成的同相轴，以人机交互方式进行资料解释，勾画出城墙各结构层界面以及城墙上垃圾的厚度。

4. 成果分析

由雷达剖面经数据处理后确定地面各结构层界面以及垃圾层的厚度，以探地雷达检测推断剖面形式给出，图中标示出深度界线和水平位置，由此可以直观地看到各检测段地面以下中垃圾的厚度及其位置。按实际测试位置，以雷达剖面图形式连续给出测试成果。地质剖面推断图水平方向为自测试起点的距离，竖直方向为探测深度或时窗，分析所检测测线，本次检测的目标体为城墙一侧土体。现场确定位置，并做标记。本次现场检测雷达分析图像如下：

（1）东城墙汴京大道南 150 米处，垃圾厚度为 0.8 米左右。

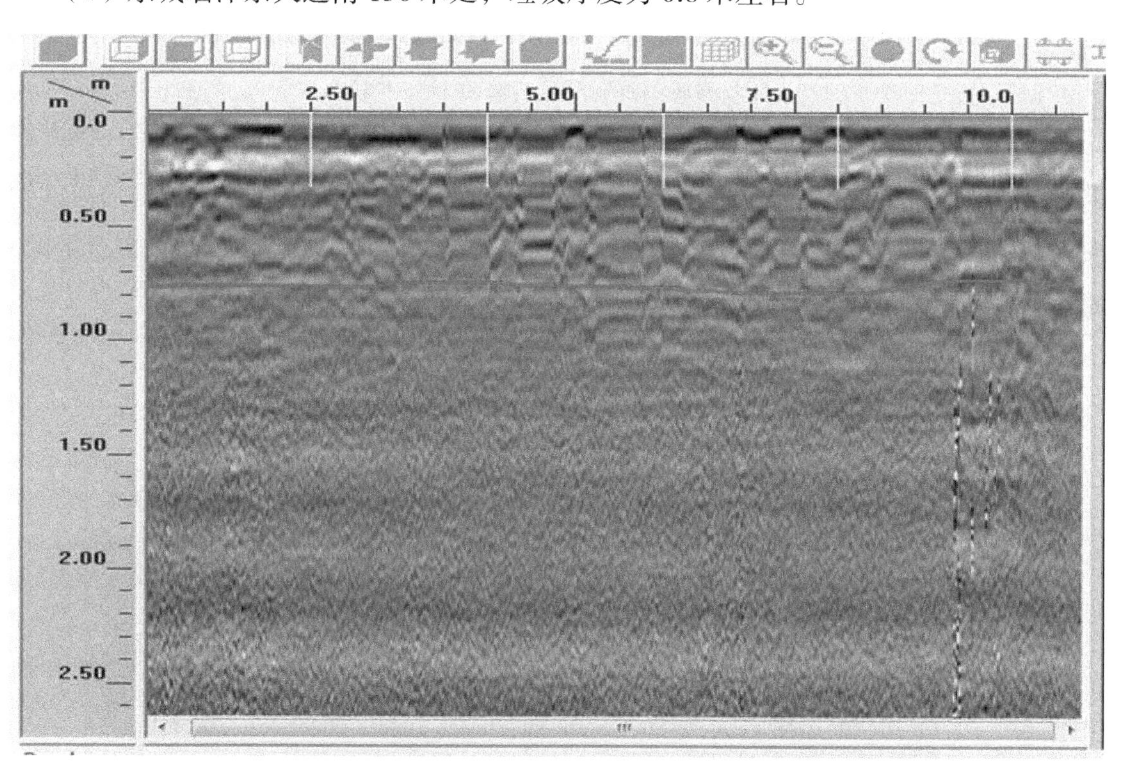

地质雷达探测东城墙汴京大道南 150 米处（100MHz）

探井测量东城墙汴京大道南 100 米处

此段为东城墙汴京大道南 100 米处垃圾现状，经 100MHz 地质雷达测试，该段垃圾宽度约为三米左右，厚度约为 0.8 米，同时开挖探井，能够清楚看到夯土与垃圾分界面，经询问附近居民及经过开挖探井，确认此段垃圾为生活垃圾与建筑垃圾混合堆砌，探井所测深度为 0.8 米，与地质雷达探测数据一致。

（2）东城墙汴京大道南 50 米处，垃圾厚度为 0.8 米左右。

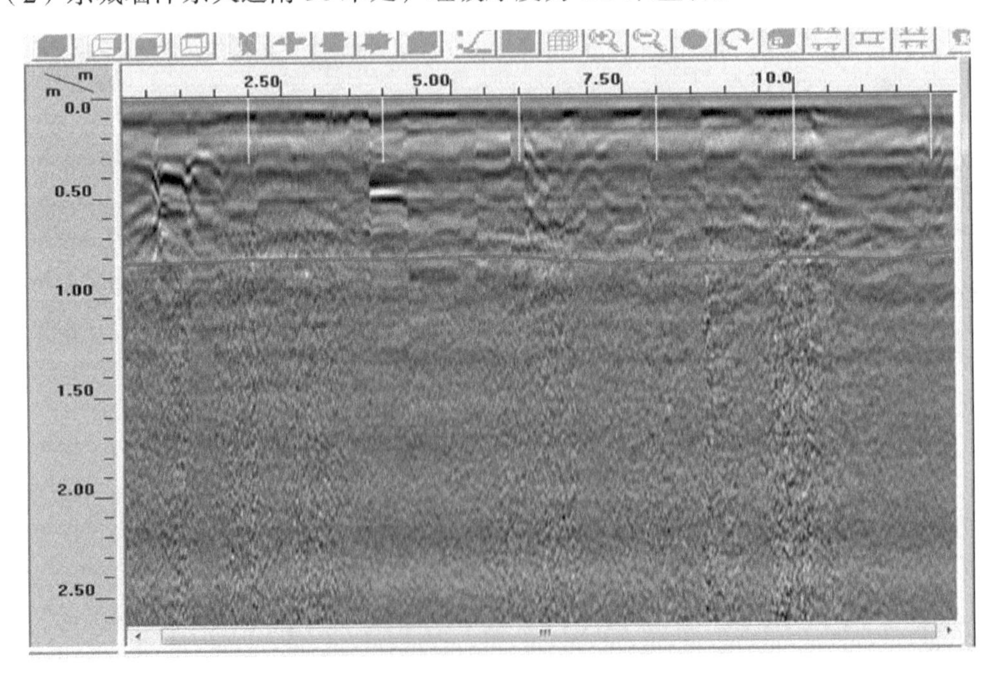

地质雷达探测东城墙汴京大道南 50 米处（100MHz）

探井测量东城墙汴京大道南 50 米处

此段为东城墙汴京大道南 50 米处垃圾现状，经 100MHz 地质雷达测试，该段垃圾宽度约为三米左右，厚度约为 0.8 米，同时开挖探井，能够清楚看到夯土与垃圾分界面，经询问附近居民及经过开挖探井，确认此段垃圾为生活垃圾与建筑垃圾混合堆砌，探井所测深度为 0.8 米，与地质雷达探测数据一致。

（3）东城墙汴京大道北 50 米处，垃圾厚度为 0.8 米左右。

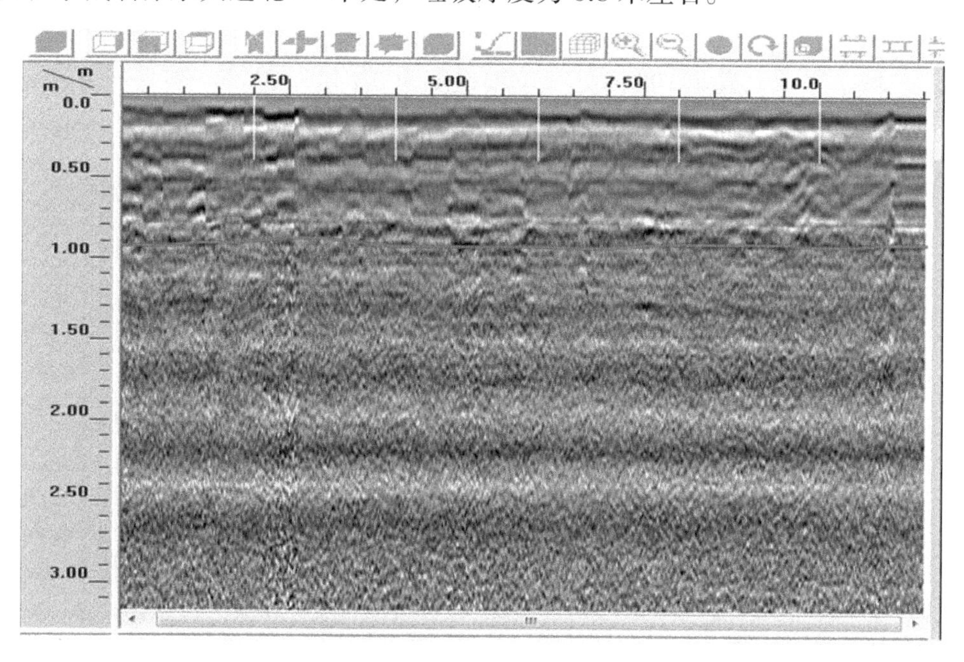

地质雷达探测东城墙汴京大道北 50 米处（400MHz）

探井测量东城墙汴京大道北 50 米处

此段为东城墙汴京大道南 50 米处垃圾现状，经 100MHz 地质雷达测试，该段垃圾宽度约为三米左右，厚度约为 0.8 米，同时开挖探井，能够清楚看到夯土与垃圾分界面，经询问附近居民及经过开挖探井，确认此段垃圾为生活垃圾与建筑垃圾混合堆砌，探井所测深度为 0.8 米，与地质雷达探测数据一致。

运用地质雷达和探井的结合，经过多处的探测，证明了两种方法的数据基本上一致。因此，在以后的工作中，为了保护古城墙，我方普遍采用地质雷达技术进行测量。

（4）东城墙汴京大道北 100 米处，垃圾厚度为 0.7 米左右。

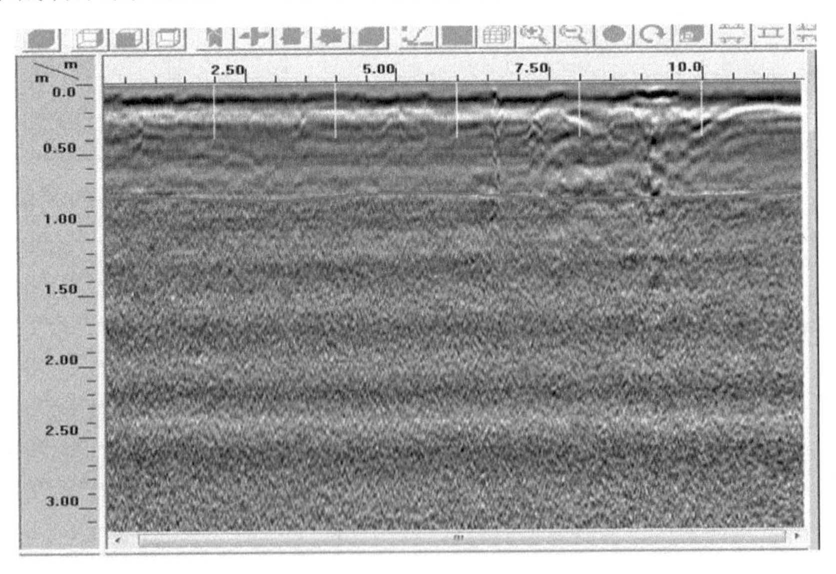

地质雷达探测东城墙汴京大道北 100 米处（400MHz）

（5）东城墙汴京大道北 150 米处，垃圾厚度为 0.8 米左右。

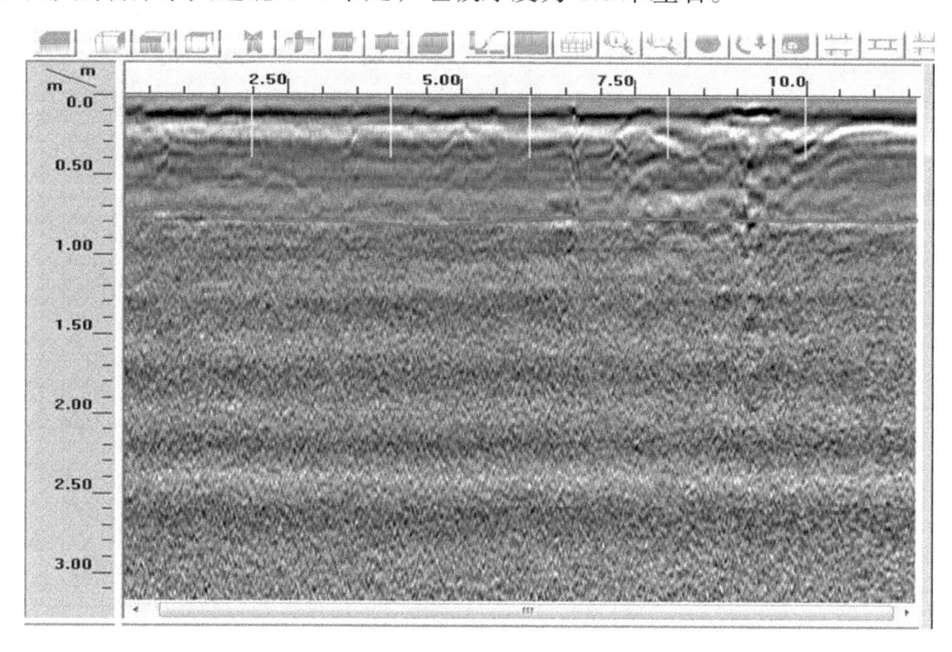

地质雷达探测东城墙汴京大道北 150 米处（400MHz）

（6）东城墙汴京大道北 200 米处，垃圾厚度为 0.7 米左右。

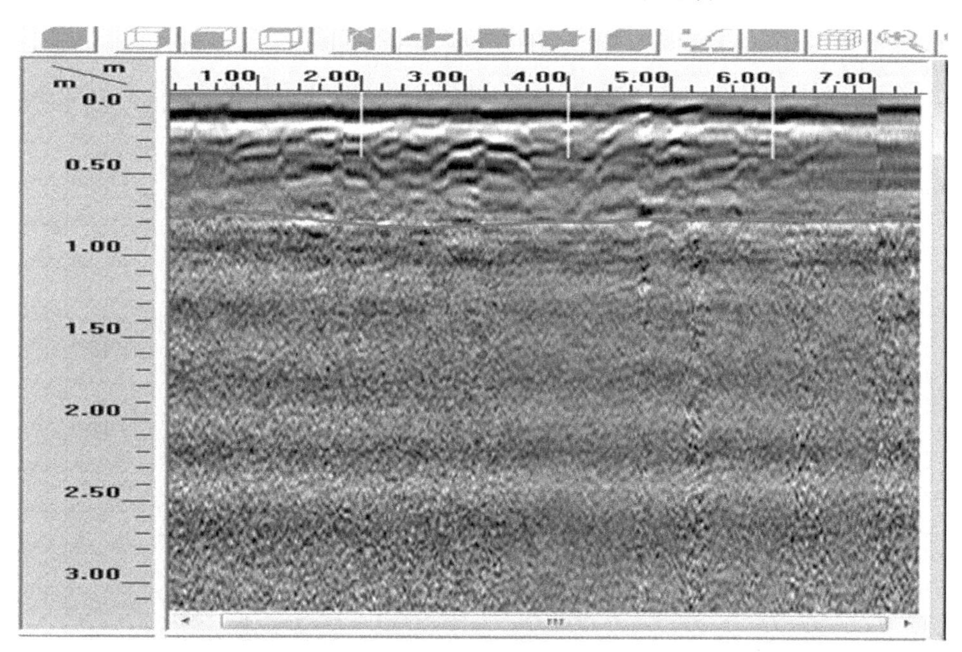

地质雷达探测东城墙汴京大道北 200 米处（400MHz）

（7）东城墙汴京大道北 250 米处，垃圾厚度为 0.7 米。

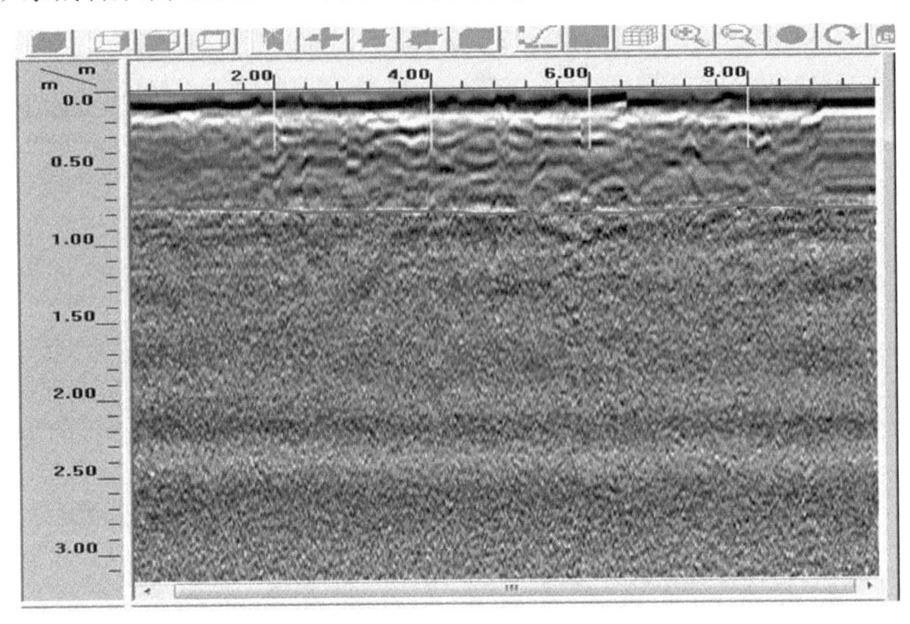

地质雷达探测东城墙汴京大道北 250 米处（400MHz）

（8）东城墙汴京大道北 300 米处，垃圾厚度为 0.8 米。

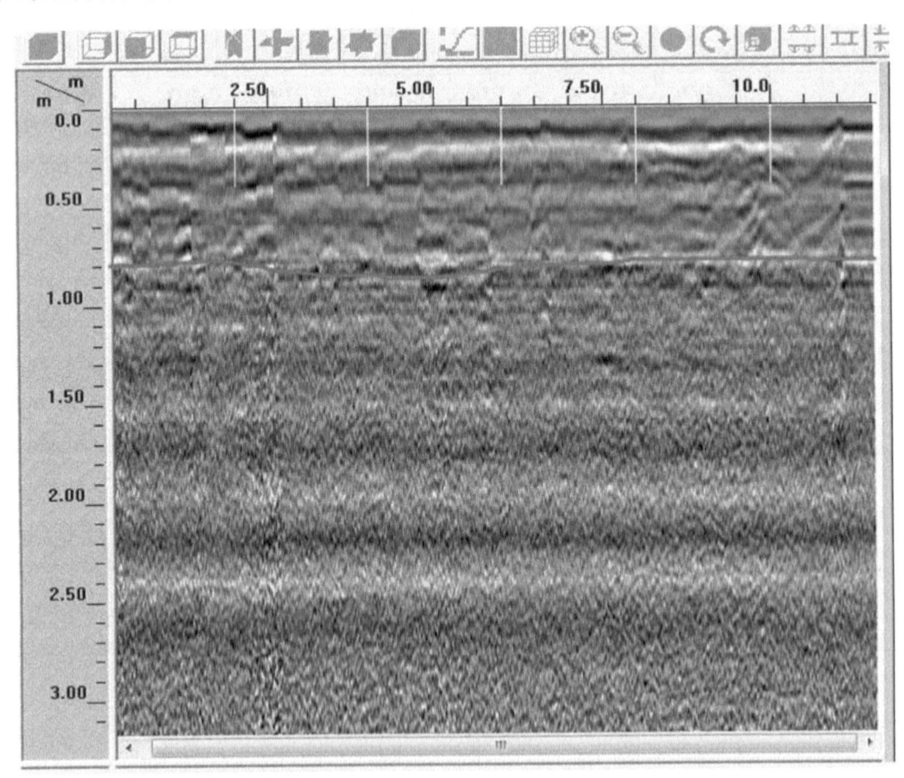

地质雷达探测东城墙汴京大道北 300 米处（400MHz）

（9）东城墙汴京大道北 350 米处，垃圾厚度为 0.8 米。

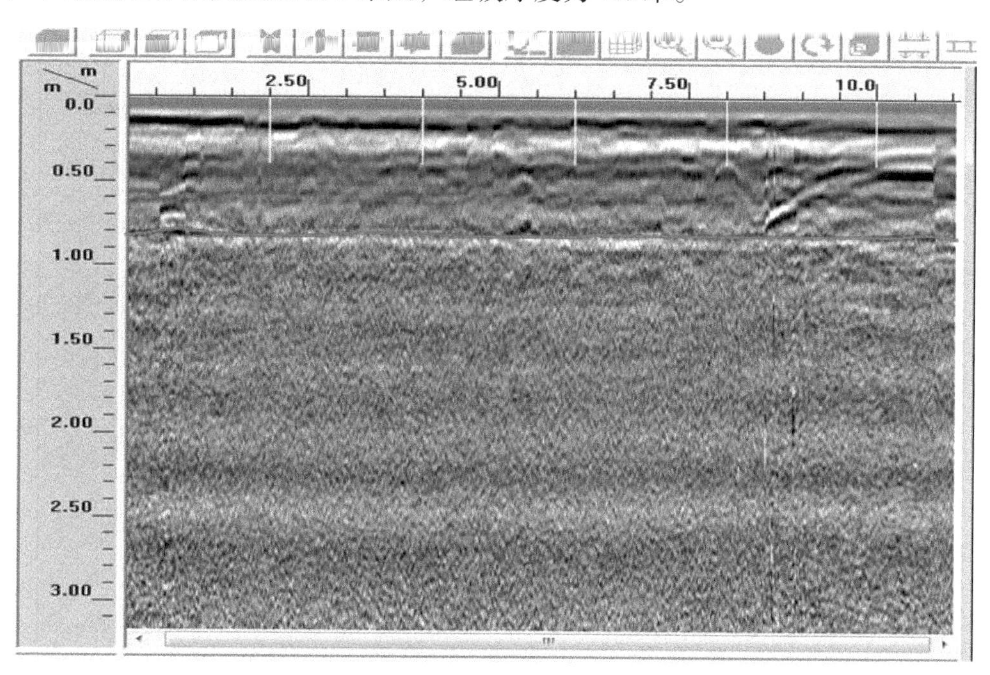

地质雷达探测东城墙汴京大道北 350 米处（400MHz）

（10）东城墙汴京大道北 400 米处，垃圾厚度为 0.7 米。

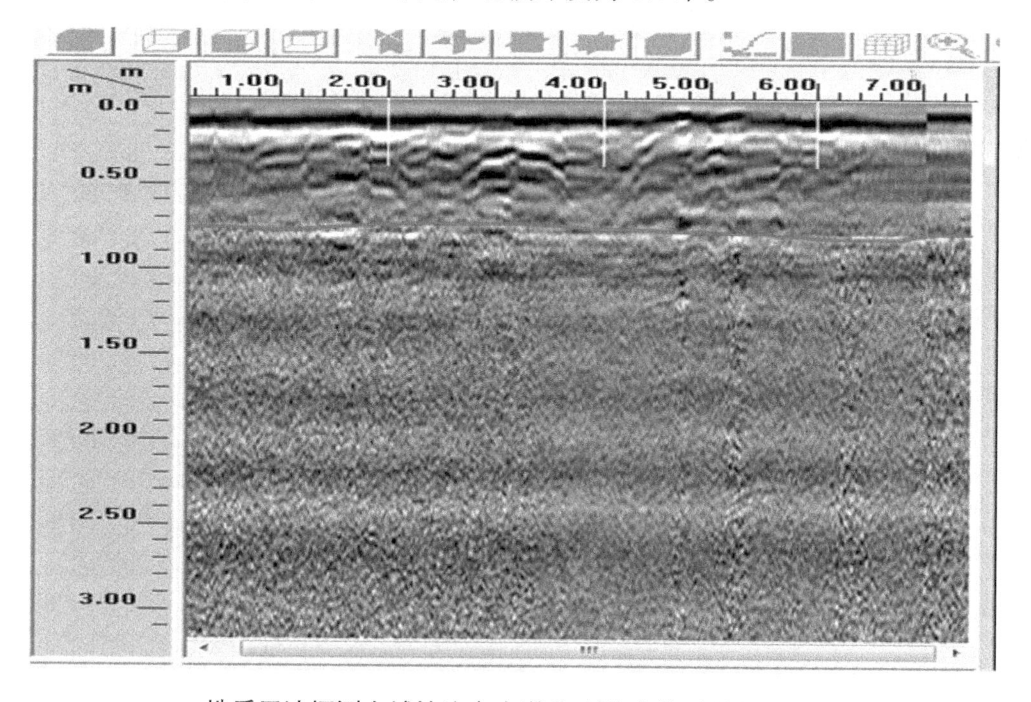

地质雷达探测东城墙汴京大道北 400 米处（400MHz）

（11）东城墙汴京大道北 450 米处，垃圾厚度为 0.7 米。

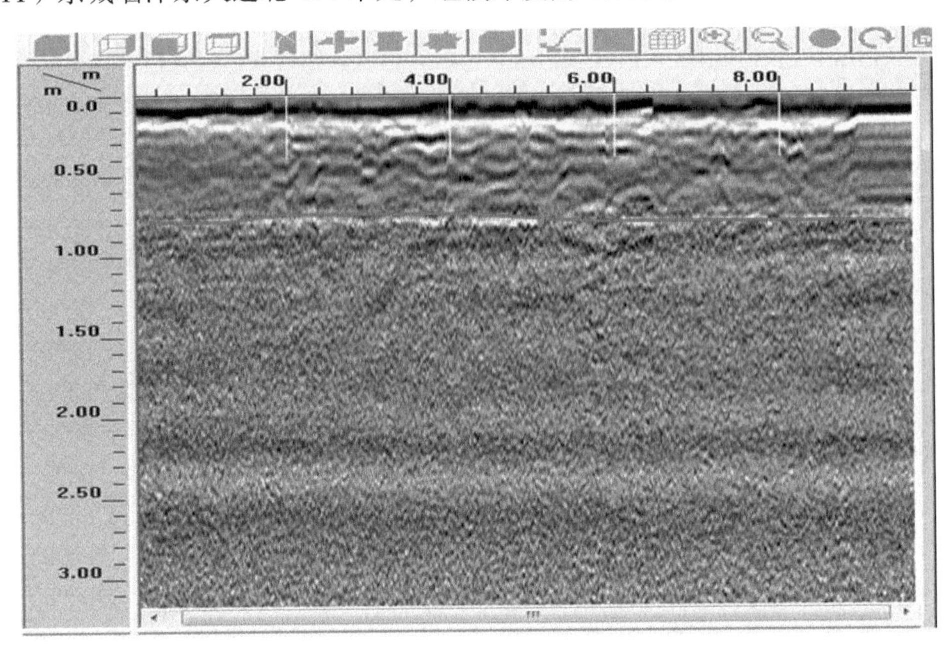

地质雷达探测东城墙汴京大道北 450 米处（400MHz）

（12）东城墙汴京大道北 500 米处，垃圾厚度为 0.7 米。

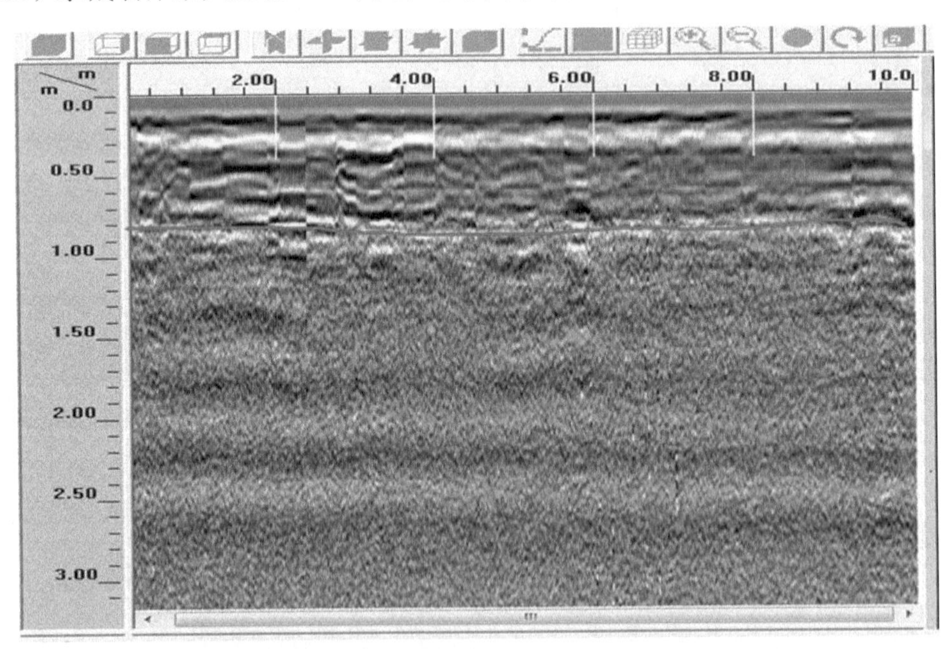

地质雷达探测东城墙汴京大道北 500 米处（400MHz）

（13）东城墙汴京大道北 550 米处，垃圾厚度为 0.7 米。

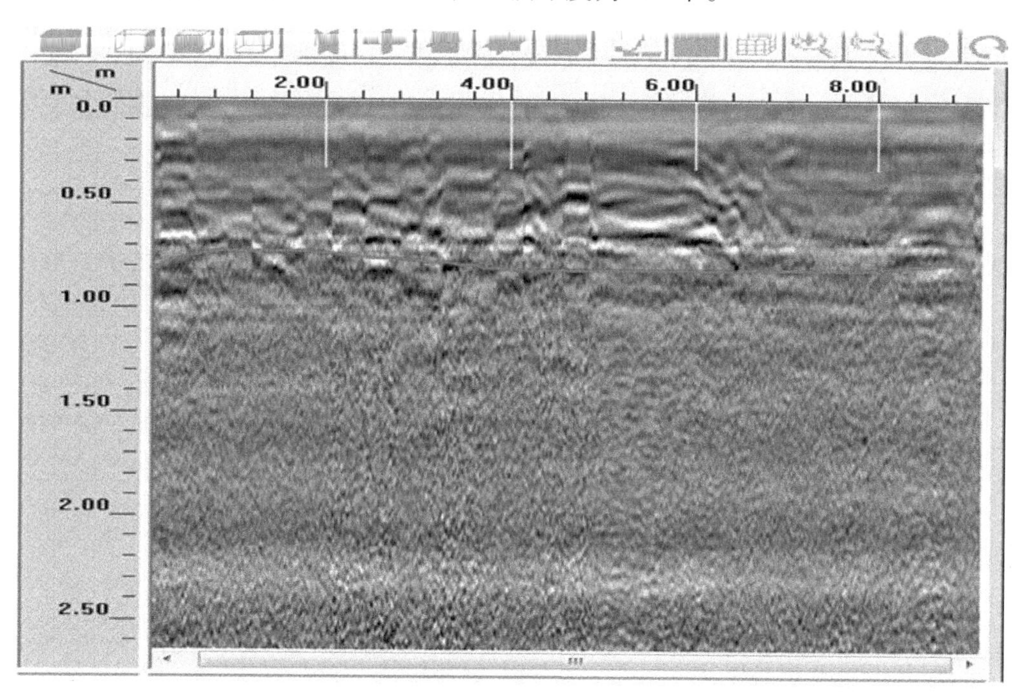

地质雷达探测东城墙汴京大道北 250 米处（400MHz）

（14）东城墙汴京大道北 600 米处，垃圾厚度为 0.7 米。

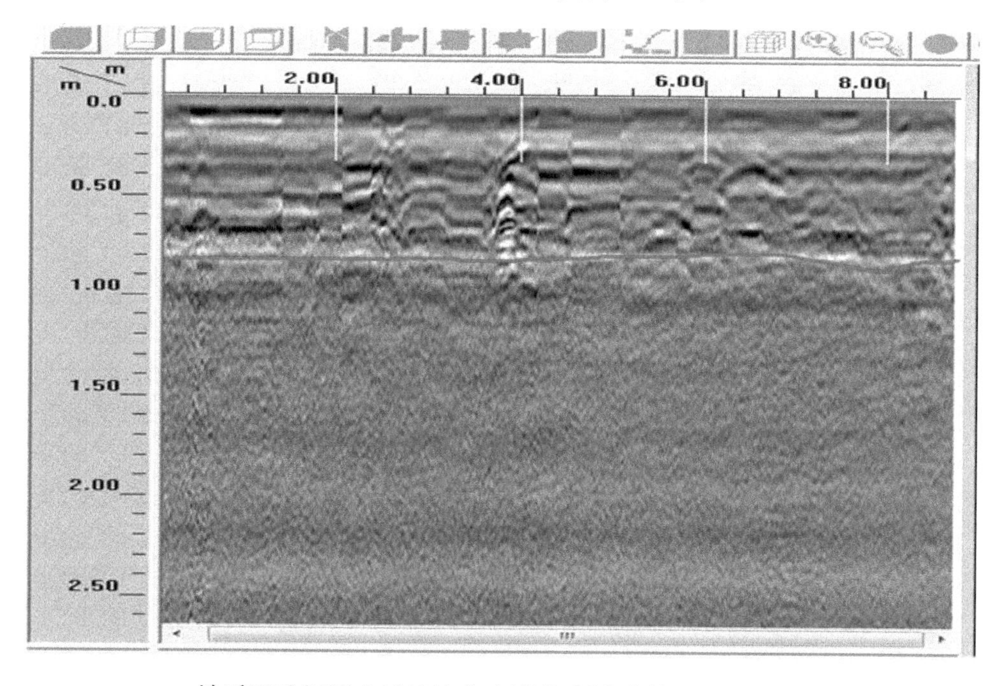

地质雷达探测东城墙汴京大道北 250 米处（400MHz）

（15）东城墙汴京大道北 650 米处，垃圾厚度为 0.7 米。

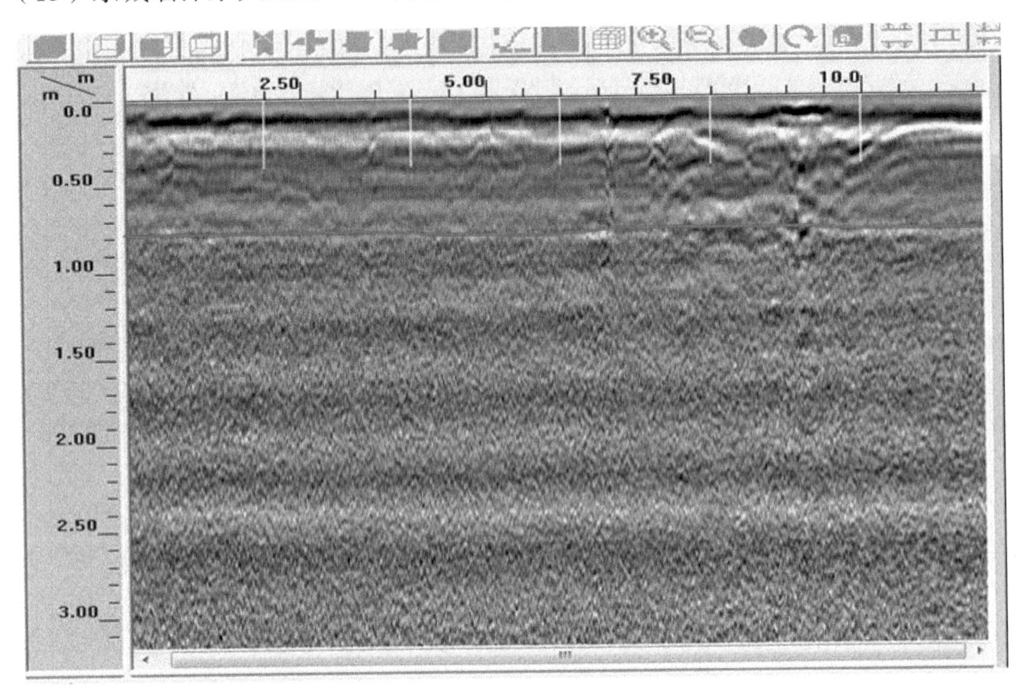

地质雷达探测东城墙汴京大道北 650 米处（400MHz）

（16）东城墙曹门北 100 米处，垃圾厚度为 0.6 米左右。

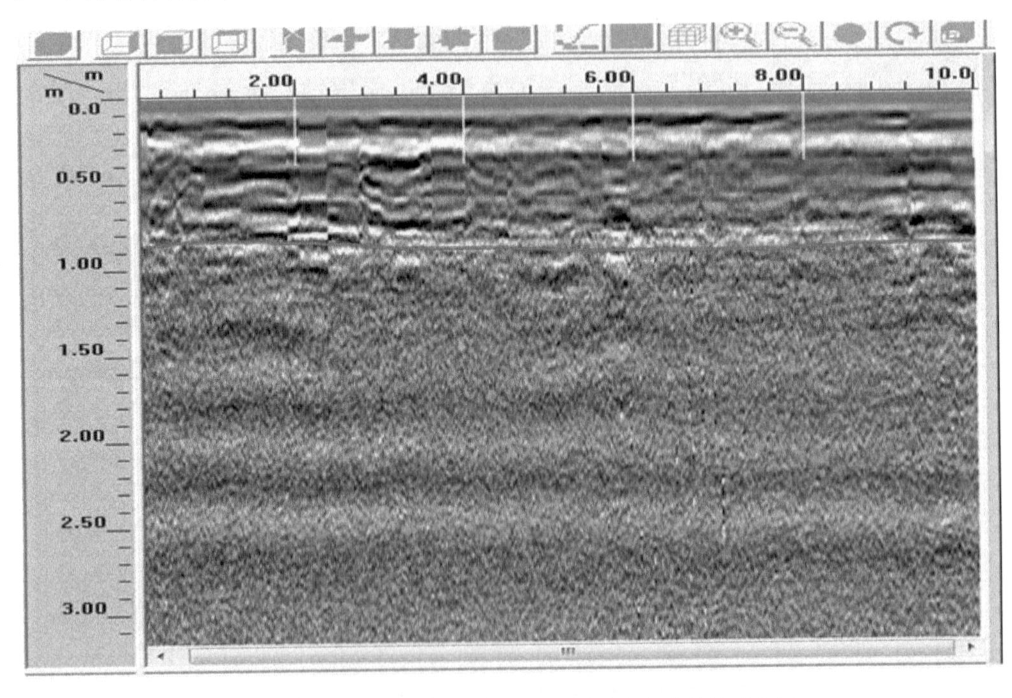

地质雷达探测东城墙曹门南 100 米处（400MHz）

（17）东城墙明伦街缺口南 100 米处，无垃圾。

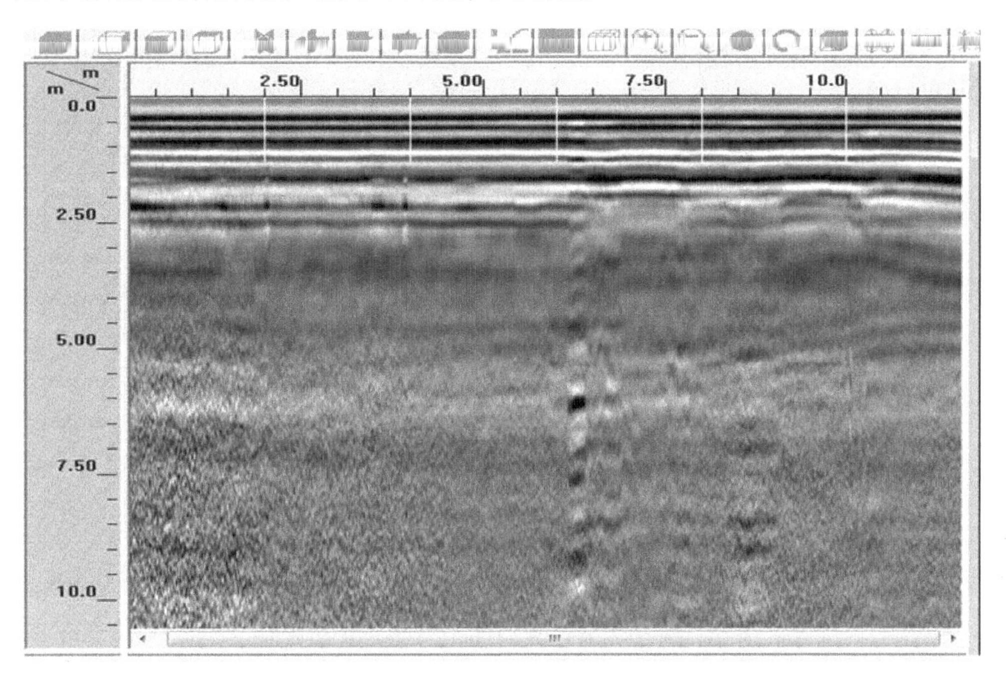

地质雷达探测东城墙明伦街缺口南 100 米处（100MHz）

（18）北城墙西段，部分墙段位于万岁山景区内，治理良好。万岁山至西墙此墙段约 300 米，边坡上有散落零星生活垃圾，附近存在施工场地，施工遗留建筑垃圾，简易房屋等。

北城墙西段万岁山入口西 50 米处垃圾现状

北城墙西段万岁山入口西 100 米处垃圾现状

5. 垃圾方量汇总

经过地质雷达技术的应用，快速准确地找到了开封城墙夯土与垃圾层的分界面，测量出了开封城墙的垃圾方量及分布范围。

垃圾方量见下表，表中序号 L1 代表第一处垃圾，为了便于区分，L1-1 代表同一处垃圾在不同垃圾分布平面图中的位置，以此类推。本次测量范围包括开封城墙东城墙与北城墙约 4.5 千米的长度范围，由下表可得，测量所得垃圾分布共 33 处，总方量约 3424.82 立方米，其中建筑垃圾 3 处，垃圾方量约 115.26 立方米，生活垃圾 9 处，垃圾方量约 73.62 立方米，生活垃圾与建筑垃圾混合垃圾共 29 处，垃圾方量约 3235.94 立方米，在垃圾总量中占有很大比重。其余为零星生活垃圾。

垃圾方量表

序号		位置	长度（米）	宽度（米）	厚度（米）	垃圾类别	垃圾方量（立方米）
L1	L1-1	东 02-03	122.9	1.8	0.8	建筑垃圾、生活垃圾混合	176.976
	L1-2	东 03-04	101.8	1.5	0.7		106.89
	L1-3	东 04-05	109.4	1.6	0.6		105.024
	L1-4	东 05-06	119.5	1.5	0.5		89.625
L2		东 02-03				零星生活垃圾	
L3	L3-1	东 06-07	47.8	1.8	0.9	建筑垃圾、生活垃圾混合	77.436
	L3-2	东 07-08	146	1.7	0.6		148.92
	L3-3	东 08-09	124	1.6	0.5		99.2
	L3-4	东 09-10	106	1.5	0.5		79.5
L4		东 07-08	2.1	5.5	3.5	建筑垃圾	40.425
L5	L5-1	东 10-11	98	2.8	0.8	建筑垃圾、生活垃圾混合	219.52
	L5-2	东 11-12	103	2.6	0.7		187.46
L6		东 08-09	8	1.5	0.55	生活垃圾	6.6
L7		东 08-09	6	1.4	1.1	生活垃圾	9.24
L8		东 08-09				零星生活垃圾	
L9		东 11-12	2	0.8	0.3	生活垃圾	0.48
L10	L10-1	东 13-14	93	2.8	0.8	建筑垃圾、生活垃圾混合	208.32
	L10-2	东 14-15	84	2.8	0.8		188.16
L11		东 15-16	43.7	2.7	0.8		94.392
L12		东 16-17	8	2.6	0.5	生活垃圾	10.4
L13	L13-1	东 16-17	73.6	1.8	0.8	建筑垃圾、生活垃圾混合	105.984
	L13-2	东 17-18	13.7	1.8	0.8		19.728

序号		位置	长度（米）	宽度（米）	厚度（米）	垃圾类别	垃圾方量（立方米）
L14	L14-1	东 17-18	34	1.5	0.8	建筑垃圾、生活垃圾混合	40.8
	L14-2	东 18-19	55.7	1.5	0.8		66.84
L15		东 19-20	70	1.8	0.5	建筑垃圾、生活垃圾混合	63
L16		东 19-20	3	1.5	0.5	生活垃圾	2.25
L17		东 20-21	7.9	7.8	0.9	建筑垃圾	55.458
L18		东 21-22	8.5	3.8	0.6	建筑垃圾	19.38
L19		东 21-22	10	1.8	1.5	建筑垃圾、生活垃圾混合	27
L20		东 21-22	13.3	2.7	1.5	建筑垃圾、生活垃圾混合	53.865
L21	L21-1	东 21-22	44.3	7.7	0.8	建筑垃圾、生活垃圾混合	272.888
	L21-2	东 22-23	42	7.7	0.6	建筑垃圾、生活垃圾混合	194.04
L22	L22-1	东 23-24	10	7.5	0.8	建筑垃圾、生活垃圾混合	60
	L22-2	东 24-25	46.5	7.5	0.8	建筑垃圾、生活垃圾混合	279
L23		东 24-25	2	0.9	0.8	建筑垃圾、生活垃圾混合	1.44
L24		东 24-25	20	0.8	1.8	建筑垃圾、生活垃圾混合	28.8
L25		东 24-25	20	1.8	0.2	建筑垃圾、生活垃圾混合	7.2
L26		东 25-26	5	1.6	0.5	生活垃圾	4
L27	L27-1	东 25-26	44.3	5.5	0.6	建筑垃圾、生活垃圾混合	146.19
	L27-2	东 26-27	107.8	1.6	0.5	建筑垃圾、生活垃圾混合	86.24
L28		东 28-29	2	1.5	0.5	生活垃圾	1.5
L29		北 26-27				零星生活垃圾	
L30		北 26-27				零星生活垃圾	
L31		北 26-27				零星生活垃圾	

序号		位置	长度（米）	宽度（米）	厚度（米）	垃圾类别	垃圾方量（立方米）
L32		北 27–28	5	3.8	1.5	生活垃圾	28.5
L33		北 27–28	3	2.7	1.5	生活垃圾	12.15
总计							3424.821

6. 结论

本次检测采用地质雷达与探槽相结合的方法，查明所测区垃圾的分布范围及方量取得了较好的效果，部分区域已经现场标记。经本次检测，综合判定结论如下：

（1）本次测量共布置地质雷达测线 41 条，其中 6 条测线采用 100MHz 探地雷达进行探测，35 条测线采用 400MHz 探地雷达进行探测。结合地质雷达，在测线附近共计开挖探井 15 处。

（2）经过地质雷达的准确测量，结合探井数据，证明了地质雷达确实能够快速的分辨城墙的垃圾分界面，而且能够准确测量垃圾方量，地质雷达技术可以得到广泛的应用。

（3）本次测量范围包括开封城墙东城墙与北城墙约 4.5 千米的长度范围，测量所得垃圾分布共 33 处，总方量约 3424.82 立方米，其中建筑垃圾 3 处，垃圾方量约 115.26 立方米，生活垃圾 9 处，垃圾方量约 73.62 立方米，生活垃圾与建筑垃圾混合垃圾共 29 处，垃圾方量约 3235.94 立方米，在垃圾总量中占有很大比重。其余为零星生活垃圾。

1）东城墙南起点至宋门墙段

此墙段约 350 米，城墙内侧紧邻建筑物，两侧之间均有大量垃圾。从墙上俯视，下有坍塌陡沟和散落土及居民堆砌物，有大量杂草及灌木丛。

2）东城墙宋门至汴京大道墙段

此墙段约 500 米紧邻城墙有大量违规建筑，两侧之间均有居民废弃生活垃圾，汴京大道南 100 米无房屋建筑，经询问附近居民，土坡均为建筑垃圾与生活垃圾混合。

东城墙汴京大道南150米范围内垃圾现状，经100MHz地质雷达测试，该段垃圾宽度约为三米左右，厚度约为0.8米，同时开挖探井，能够清楚看到夯土与垃圾分界面，经询问附近居民及经过开挖探井，确认此段垃圾为生活垃圾与建筑垃圾混合堆砌，探井所测深度为0.8米，与地质雷达探测数据一致。

3）东城墙汴京大道至曹门墙段

此墙段约700米范围内有四处居民违规建筑，房屋后均有大量生活垃圾，煤渣等废弃物。此范围内地质雷达探测处，均加以探井或铲出断面进行验证。

4）东城墙曹门至明伦街墙段

此墙段约800米，其中紧邻城墙有四处违规居民建筑，之间均发现有大量生活垃圾，该段有阶梯形建筑垃圾，煤渣，生活垃圾等堆砌成城墙边坡。

5）东城墙明伦街至河南大学东门墙段

此墙段属于河南大学保护范围内，无须再进行治理。

6）北城墙万岁山至西城墙墙段

此墙段约300米，边坡上有散落零星生活垃圾，附近存在施工场地，施工遗留建筑垃圾，简易房屋等。

（4）地质雷达应用领域逐渐扩大，在考古、建筑、铁路、公路、水利、电力、采矿、航空各领域都有重要的应用，解决场地勘查、线路选择、工程质量检测、病害诊断、超前预报、地质构造研究等问题。

第三章　开封城墙东墙及北墙成分分析研究

开封城墙是国务院公布的第四批全国重点文物保护单位，全程长度为14.4千米，是目前仅次于南京城墙的全国第二大古代城垣建筑，是河南省保留下来的最大一处古代城墙，该城墙是开封这座历史文化名城的首要标志，由古城墙围合的老城区是历史文化名城的风貌体现区，精华所在。古城墙丰富了城市旅游的内容，也是城市旅游的重要文化资源。

现存的开封城墙北墙与东墙外侧为青砖包砌、内侧为黄土及灰土夯筑，城墙由于长期风雨剥蚀及人为破坏，局部墙面存在风化现象，内城墙夯土大量流失，如不妥善采取有效措施加以保护，其自然损毁再加以人为破坏，将会加速这处宝贵的古代遗址的毁坏。查明城墙土的成分为科学保护提供理论依据。

1. 试样及仪器

1.1 取样

本次试验所用试样分别为开封城墙北墙、开封城墙东墙的土样。具体取样部分现场照片见下图，共6组。

取样点 1

取样点 2

1.2 测试仪器

本次测试使用的仪器是荷兰 FEI 公司生产的扫描电子显微镜 FEI Quanta 200。FEI Quanta 200 广泛应用于各种导电材料、绝缘材料、生物材料及含水材料等固体材料的形貌观察和元素（5B–92U）分析。非导电样品不需要表面导电处理，可直接在低真空和环境真空模式下进行成像及成分分析。

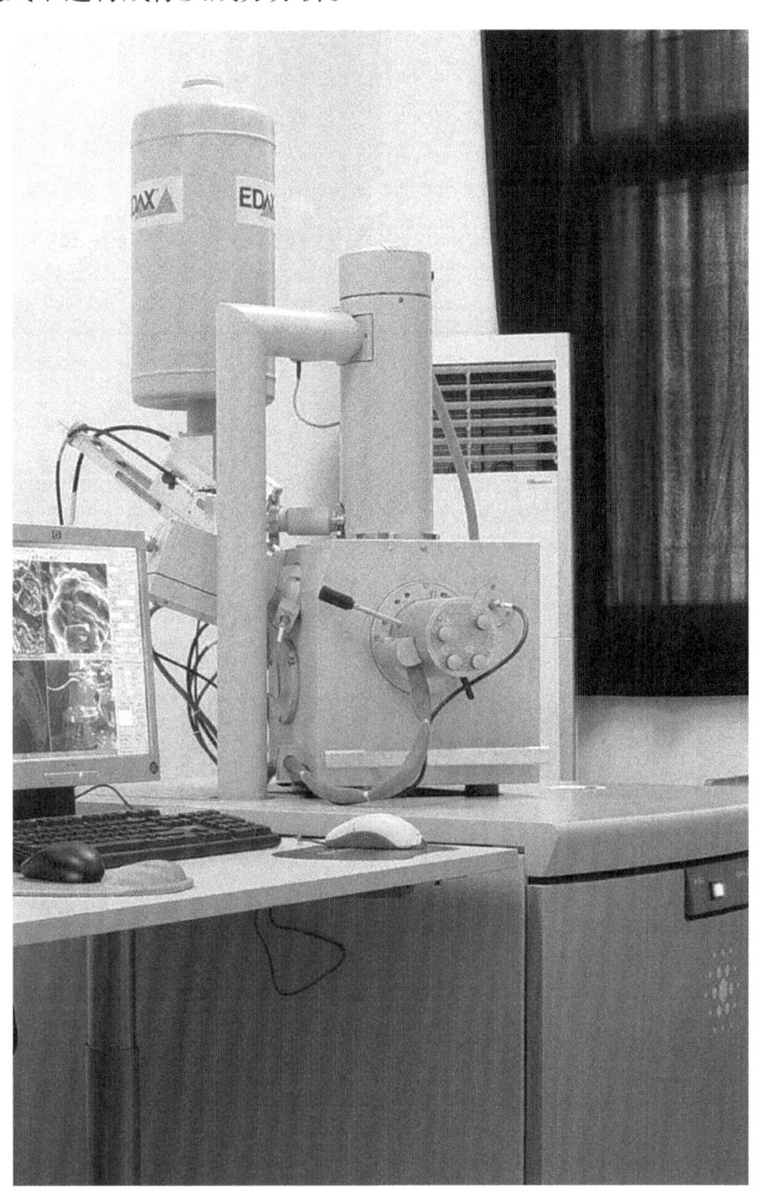

扫描电子显微镜 FEI Quanta 200

型号：FEI Quanta 200

生产厂家：荷兰 FEI 公司

仪器简介：

加速电压：200V ~ 30KV

放大倍率：×25 ~ ×200,000

分辨率：3.5 nm

真空度：

高真空：6×10^{-4} Pa

低真空：13 ~ 133 Pa

环境真空：133 ~ 2600 Pa

探测系统：

SE 探头：ETD/LFD/GSED

BSE 探头：SSD

最大样品尺寸：F 200 毫米

附件配置：

EDAX Genesis 2000 X- 射线能谱仪（EDS）

谱仪分辨率：<131 eV

Peltier 冷台：−5 ~ +50℃

2. 测试结果及分析

2.1 测试土样衍射图

土样的衍射检测结果，见下图。

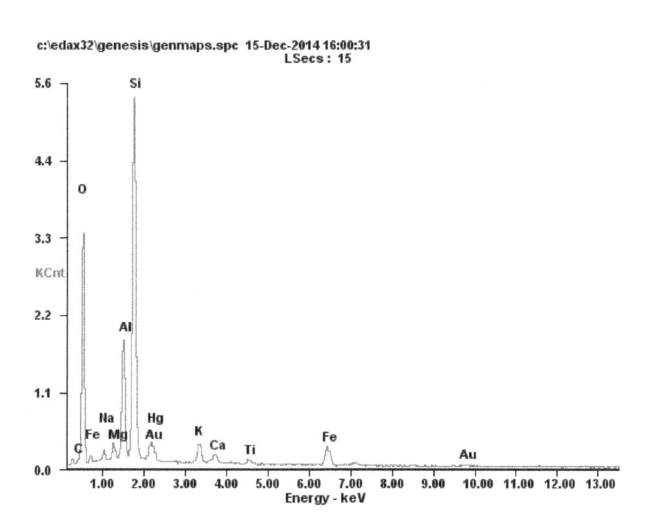

土样 1 衍射

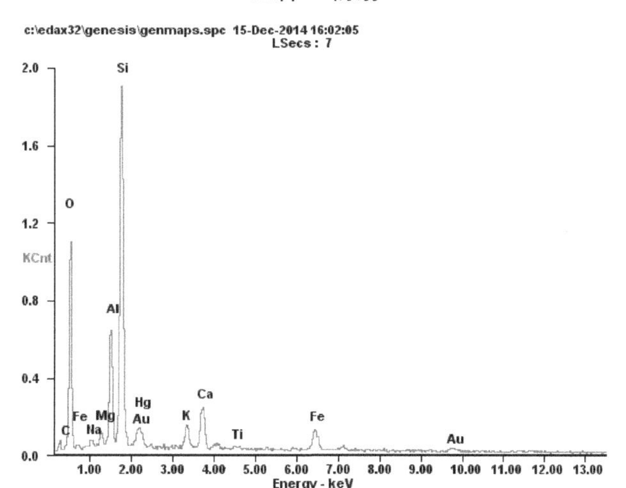

土样 2 衍射

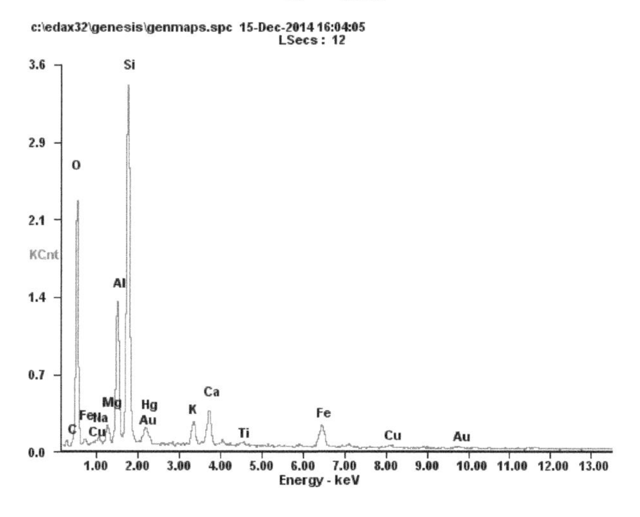

土样 3 衍射

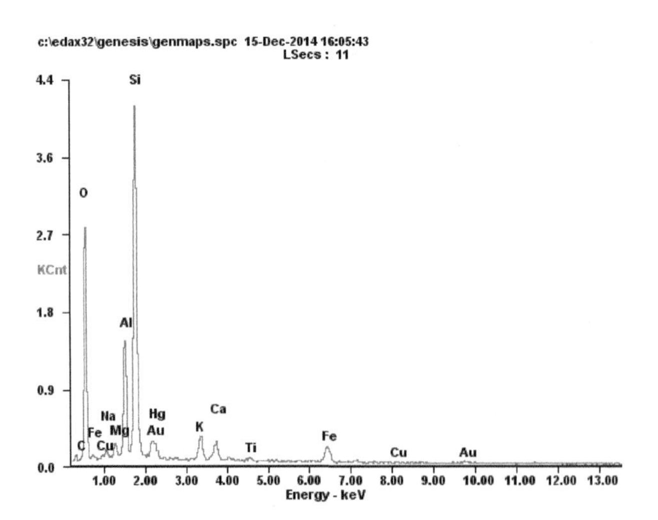

土样 4 衍射

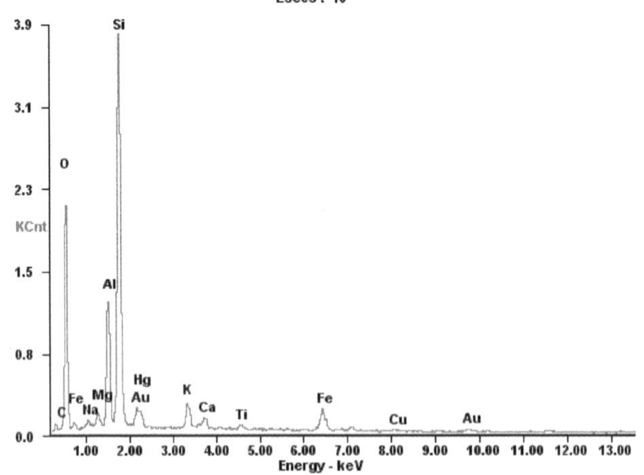

土样 5 衍射

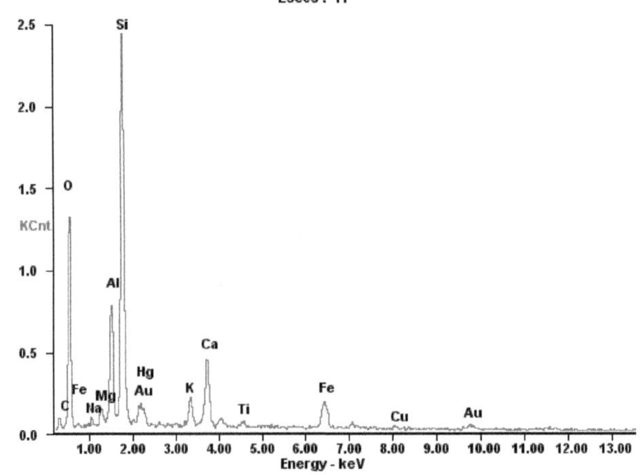

土样 6 衍射

3.2 测试土样微观结构

土样的微观结构，见下图。

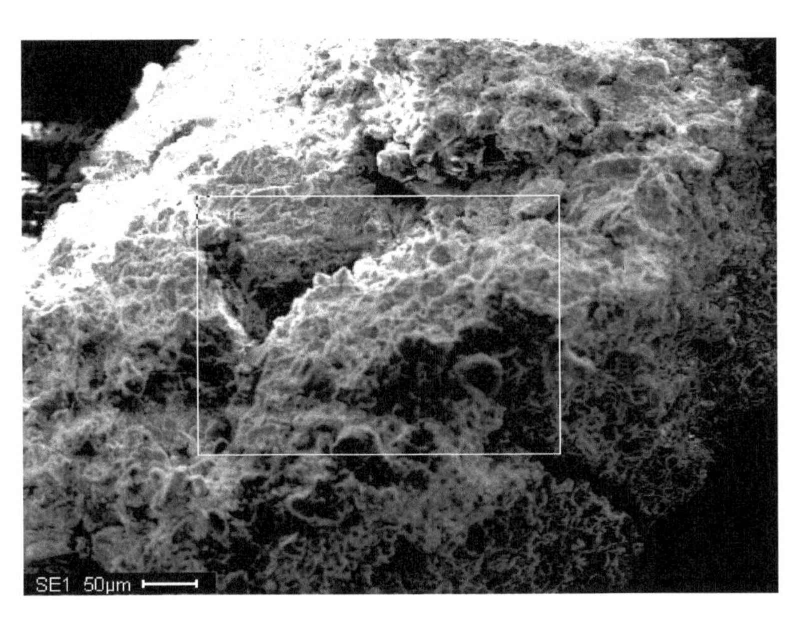

土样 1 微观结构图

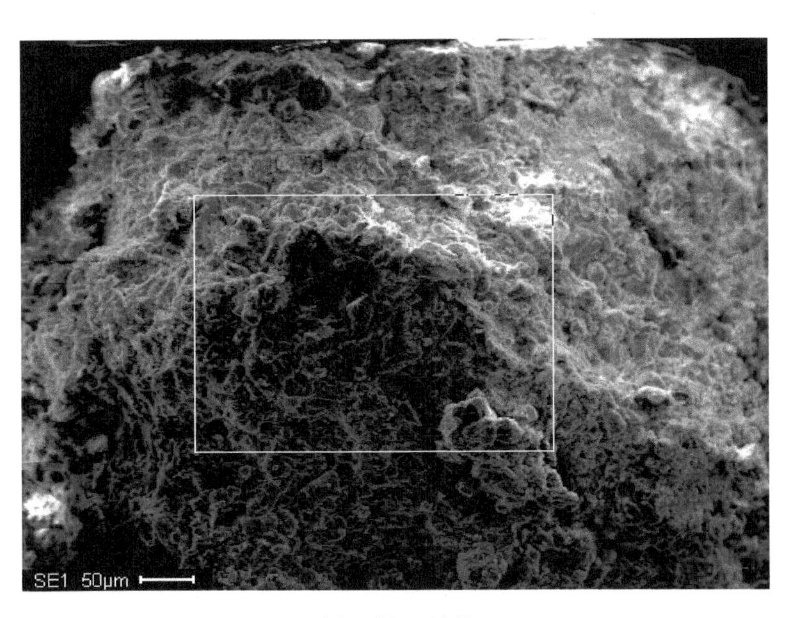

土样 2 微观结构图

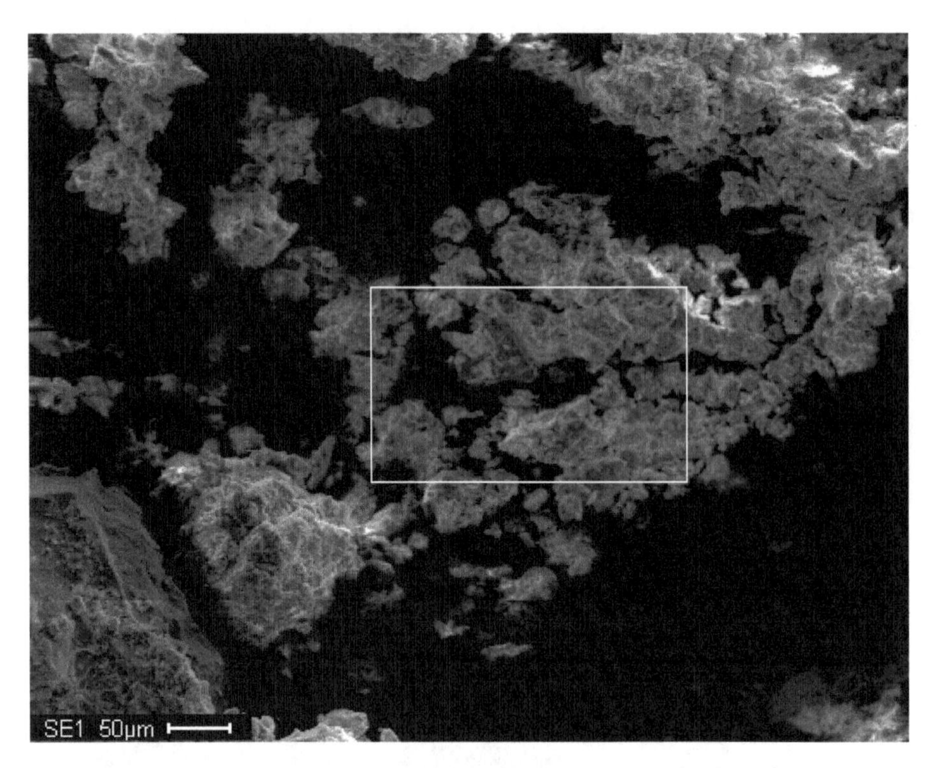

土样 3 微观结构图

土样 4 微观结构图

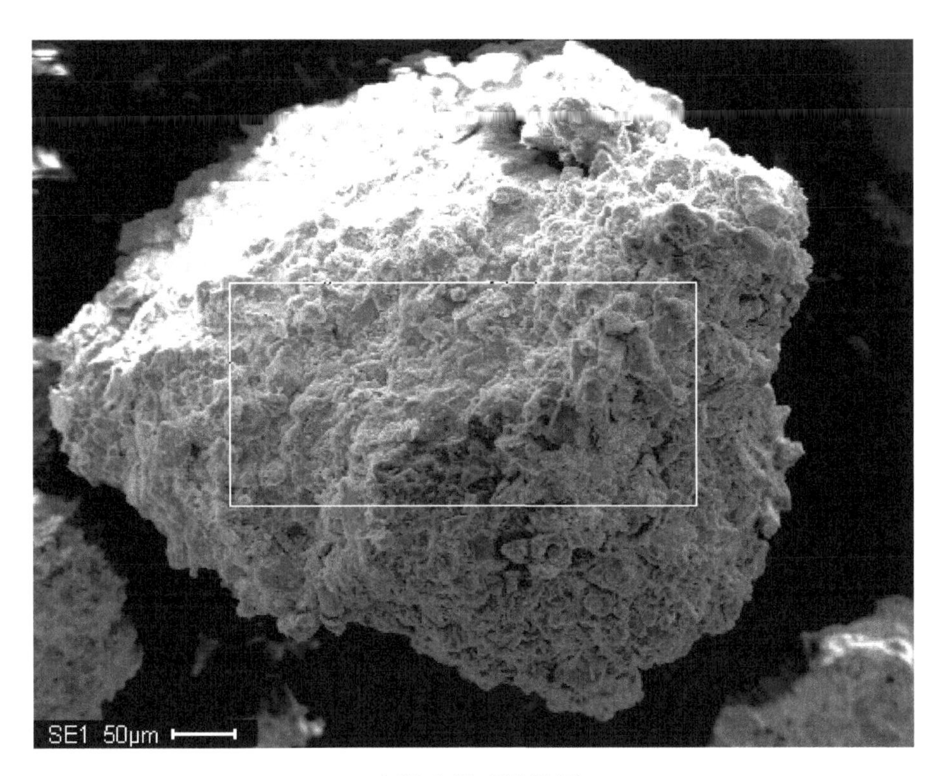

土样 5 微观结构图

土样 6 微观结构图

3.3 测试土样元素含量分析

开封城墙土样的化学成分主要组成见下表。

土样主要元素含量表

Element	Wt%					
	土样 1	土样 2	土样 3	土样 4	土样 5	土样 6
CK	5.90	6.72	5.70	5.99	5.95	7.77
OK	40.68	36.08	39.29	40.67	37.88	33.78
NaK	0.77	0.68	0.60	0.80	0.48	0.42
MgK	1.12	0.93	1.45	1.12	0.89	0.99
AlK	7.93	7.04	8.58	8.05	7.97	6.33
SiK	25.41	21.96	22.99	24.84	25.47	20.44
HgM	2.13	2.15	1.64	1.89	1.39	1.28
KK	2.41	2.29	2.26	2.67	2.73	2.29
CaK	1.03	4.47	3.23	1.97	1.35	5.94
TiK	0.66	0.43	0.48	0.39	0.58	0.65
FeK	5.40	5.96	6.26	4.74	6.01	6.47
CuK	0.00	0.00	1.45	0.48	0.84	0.94
AuL	6.57	11.27	6.06	6.37	8.46	12.70
Matrix	Correction	Correction	Correction	Correction	Correction	Correction

第四章　开封城墙北墙与东墙稳定性研究

开封城墙是国务院公布的第四批全国重点文物保护单位，全程长度为14.4千米，是目前仅次于南京城墙的全国第二大古代城垣建筑，是河南省保留下来的最大一处古代城墙，该城墙是开封这座历史文化名城的首要标志，由古城墙围合的老城区是历史文化名城的风貌体现区，精华所在。古城墙丰富了城市旅游的内容，也是城市旅游的重要文化资源。

现存的开封城墙北墙与东墙外侧为青砖包砌、内侧为黄土及灰土夯筑，城墙由于长期风雨剥蚀及人为破坏，局部墙面存在风化现象，内城墙夯土大量流失，如不妥善采取有效措施加以保护，其自然损毁再加以人为破坏，将会加速这处宝贵的古代遗址的毁坏。

通过现场调查查明开封城墙北墙与东墙破坏现状，通过室内试验查明城墙土的物理力学性质；对开封城墙北墙与东墙现有边坡稳定性进行理论分析和评价；提出加固措施并对加固后的城墙边坡稳定性和城墙地基稳定性进行验算，为城墙的加固处理提供参考和建议。

研究采用定性分析与定量分析相结合的方式，通过现场详细查勘、资料收集、室内试验等多种手段获取古城墙的特性数据，在此基础上，进行城墙的稳定性分析，同时分析回填土的性能，提出合理的施工工艺，分析城墙加固后的稳定性。针对研究目的，本项目主要开展以下几个方面的工作：

通过现场查勘，进行简单地质素描，查清北城墙与东城墙现状，工程地质条件与水文地质条件，掌握墙面风化程度和外城墙缺损严重部位的情况，确定稳定性分析典型断面及计算范围；同时根据现场情况与计算需要，确定室内试验项目及工作量，采取试验样品。

根据现场选取的典型断面，在不同高程、不同层位，取原状土样及扰动样进行物理力学性质及化学性质试验，选取城墙砖进行抗压强度实验，为城墙的稳定性分析提供必要的参数。

根据选取典型剖面分别进行数值模拟分析，计算分析城墙的稳定性。

分析回填土的性能，提出城墙合理有效的施工工艺，分析加固后城墙的稳定特征，论证加固措施的有效性。

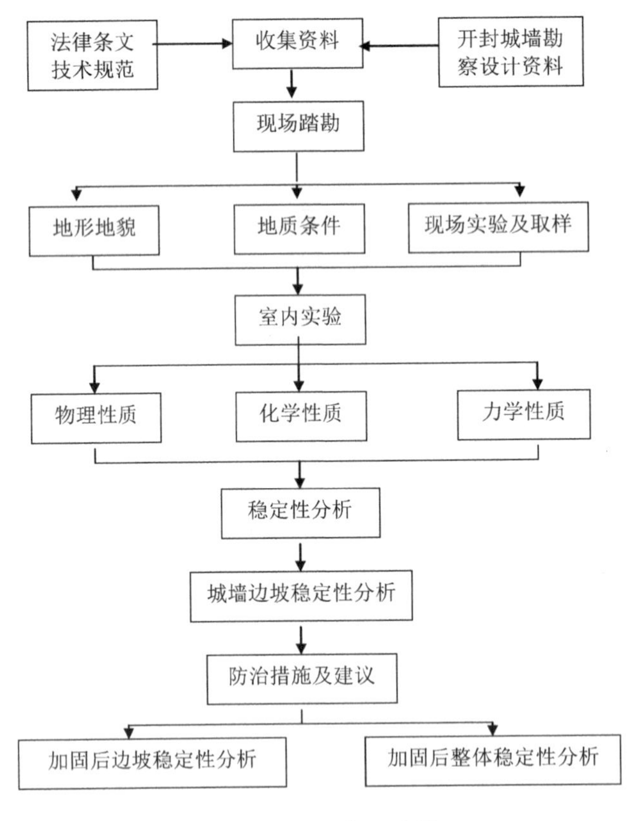

研究思路图

1. 地理、地质环境

1.1 地理环境

开封城墙是明洪武元年（1368 年）在金代城墙基址上砌筑而成，后历经多次战祸水患，损毁严重，清代又多次修补。墙代上部为清代修筑，下部为明代修筑。城墙高 8 米，上部宽 6.5 米，周长 14.4 千米，青砖结构。位于开封市内，交通十分便利。

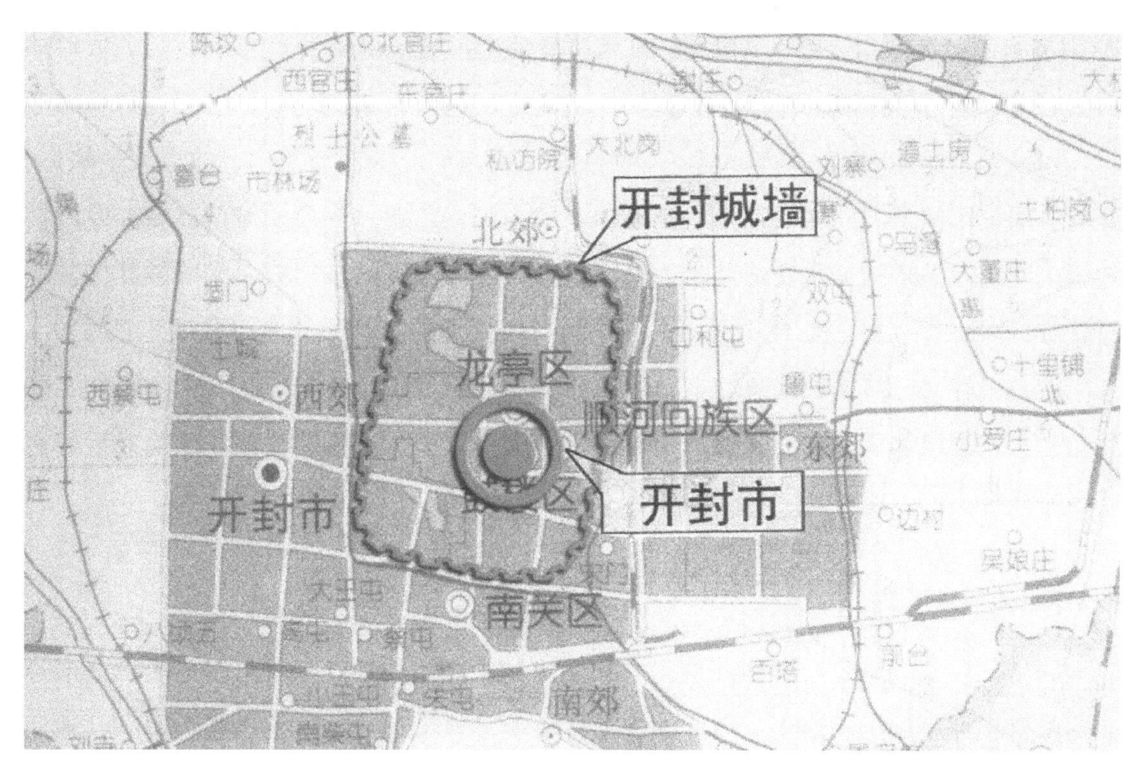

交通位置图

开封市属暖温带大陆性气候，四季分明，春季温和多风，夏季炎热、降雨集中，秋季晴朗、凉爽、多雨，冬季干旱少雪。午平均气温 14 摄氏度。历年极端最高温度 42.9 摄氏度，历年极端最低温度 –16 摄氏度，平均湿度为 70 ~ 80%，多年平均降水量由东南向西北递减，由 650 毫米降至 600 毫米，最大年降水量为 1180.0 毫米，最小年降水量为 179.2 毫米，最大日降水量为 254.4 毫米。年降水量分布不均，7 ~ 9 月降水量占全年降水量的 70% 以上。全年无霜期 212 天。春季多风，平均风速 3.5 ~ 4.5 米 / 秒，历年最大风速为 28 米 / 秒。

1.2 地质环境

1.2.1 地形地貌

开封市位于黄河冲积平原的中部。地形平坦，地势由西北向东南倾斜，海拔 53 ~ 78 米，平均坡降为 1/2000 ~ 1/5000。

北墙总长约 3600，北门以东外侧墙体曾进行过维修，目前保存较好。北门以西外侧墙体雉蝶全部佚失，残墙砖块被掏蚀及开裂现象普遍。北 25–26 墙段处有一面积约

90 平方米的较大缺口，系人为所致。1 米高度范围内墙根酥碱面积约 60%。北段墙体内侧夯土未进行过维修，流失、垮塌严重，凹陷及冲沟部位较多。

东墙总长约 4000 米，墙身现有五处缺口，自南向北依次为宋门、汴京大道缺口、曹门、明伦街缺口、东城墙河南大学东门，其中宋门、曹门为原始城门，城台及城楼均毁，其余三处均为满足交通要求而开设。东城墙河南大学东门口以东墙段外侧砖墙经过维修，保存完好。东城墙河南大学东门口以西墙体上部雉堞全部佚失，残墙高 4 米左右，残存墙砖被掏蚀现象严重，墙面开裂部位较多。墙根 1 米以下酥碱量约在 60 %左右。东段墙体内侧夯土未进行修整，夯土流失严重，冲沟、大面积凹陷及后辟登墙小路众多。

1.2.2 地质地层

开封市所辖区域在大地构造上处于中国巨型秦岭——昆仑纬向构造体系与华夏第二沉降带、华北坳陷复合交接部位，沉积层厚达 1000 ~ 5000 米，由于地质构造形迹大都隐伏在巨厚的沉积层下，因此地表形迹不明显，大部分地区构造较为单一，地质条件比较简单。地层主要由第三系泥岩、沙泥质砾岩和第四系黏性沙及松散岩构成。该区土壤多为沙壤土和轻壤土，还有部分沙洼地、盐碱地。构造带对线路方案均无明显影响。

根据《中国地震动参数区划分图（1/400 万）》（GB18306-2001），开封城墙场地区地震峰值加速度为 0.15g（相当于地震基本烈度为七度），地震动反应谱特征周期为 0.4s。

开封城墙为外砖内夯土结构，由外侧砖墙、内侧夯土墙体和海墁组成。外侧砖墙以灰砖砌筑，砖之里侧土城部分，基本呈垂直状，外侧有底至拔檐处，逐渐收分，底宽上窄。内侧夯土墙体由夯土和外壳二部分组成，夯土内芯由黄土夯筑，每层厚约 20 ~ 30 厘米不等。外壳为七三灰土护层，外壳夯筑同时亦向上逐渐收分，使城墙内侧呈梯形坡。根据岩土工程勘察资料，可把城墙土层划分为二层；表层风化土层、中部夯土层、底部夯土。

2. 城墙土性能室内试验研究及分析

2.1 现场取样

通过现场查勘，选择开封城墙北墙与东墙的5个典型断面进行取样，每个断面按照表层风化土层、中部夯土层、底部夯土的不同进行取样分析，共取样15组，完成了大量的室内试验，为城墙稳定性分析和加固设计提供了依据。取样点位置见下图所示。

取样点1

取样点 2

试验分为三类，城墙土的物理性质试验、力学试验和化学试验，砖墙的强度试验。本报告完成的试验工作量见表 3.1. 部分试验现场图片见下图。

试验工作量统计表（单位：组）

样品状态	土的物性试验						土的力学试验				化学分析	墙砖
	含水率	密度	颗分	比重	液塑限	膨胀率	压缩	直剪	渗透	击实	有机质	抗压强度
原状		25					13	23	11		6	3 组
散状	23		23	23	23	23				6		

2.2 土的物理性质试验及结果

2.2.1 天然含水率试验

土的含水率是试样在 105 ~ 110 摄氏度下烘到恒量时所失去的水质量和达恒量后干土质量的比值，以百分数表示。采用烘干法，试验方法见《土工试验方法标准》

（GB/T50123-004-1999）。

试验结果表明：表层土含水率较小，在 6.8 ~ 8.7% 之间，中部夯土含水率在 9.6 ~ 13.6% 之间，基底底部含水率最大，在 15.8 ~ 17.3% 之间。

2.2.2 密度试验

土的密度是土的单位体积质量。采用环刀法，在现场切取。试验方法见《土工试验方法标准》（GB/T50123-005-1999）。

试验结果表明：表层土较松散，干密度较低，在 1.39 ~ 1.61 克 / 立方厘米之间，中部夯土密度最大，在 1.55 ~ 1.67 克 / 立方厘米之间，基底底部干密度为 1.49 ~ 1.60 克 / 立方厘米之间。

2.2.3 比重试验

土的颗粒比重是土在 105 ~ 110℃下烘至恒值时的质量与土粒同体积 4℃纯水质量的比值。采用比重瓶（容量 100ml）法，用煮沸过的纯水测定，排气方法为砂浴煮沸法。试验方法见《土工试验方法标准》（GB/T50123-006-1999）。

试验结果表明：土样的土粒比重变化不大，均为 2.5。

2.2.4 颗粒分析试验

颗粒分析试验是测定干土中各粒组所占该土总质量的百分数的方法。土的颗粒组成在一定程度上反映了土的某些性质，根据土的颗粒组成可以概略判断土的工程性质以供建筑选材之用，样品中的粗粒组用筛析法，细粒组采用比重计（甲种）法，分散剂为六偏磷酸钠，排气方法为砂浴煮沸法。试验方法见《土工试验方法标准》（GB/T50123-007-1999）。

试验结果表明：试验测得的土样皆为低液限黏土，砂粒含量少，粉粒含量大。液塑限结果比较接近，塑性指数在 8.9 ~ 14.3 之间。

2.2.5 界限含水率试验（液塑限试验）

采用液、塑限联合测定法测定细粒土的液限和塑限，划分土类。试验仪器为光电式液塑限联合测定仪，锥重 76g。试验方法见《土工试验方法标准》（GB/T50123-008-1999）。

试验结果表明：试验测得的土样液塑限结果比较接近，塑性指数在 11.1 ~ 58 之间。

2.2.6 自由膨胀率试验

自由膨胀率是土试样在纯水中膨胀稳定后的体积增量与原体积之比。试验方法见土工试验方法标准》(GB/T5012') '-024-1999)。

试验结果表明：土样的自由膨胀率在 0 ~ 23 之间，大部分低于 10，均为弱膨胀性土。

2.3 土的力学性质试验

力学试验样品按规程及相应项目要求在现场制取原状样。

2.3.1 固结试验

固结试验的目的是测定试样在侧限与轴向排水条件下的变形（s）和压力（P）或孔隙比（e）和压力（P）的关系，以便计算土的压缩系数 a、压缩模量 ES 等，对于大部分土样采用饱和样，少部分土样采用自然样。压缩试验荷载等级为 50，100，200，400 千帕，采用标准固结试验，试验方法见《土工试验方法标准》(GB/T50123-014-1999)。

试验结果表明：土样其中 xcq1-3，xcq2-1，xcq2-4 三组试样为高压缩性，其余的土样为中低压缩性。

2.3.2 直剪试验

试验仪器为应变控制式直剪仪。对大部分土样进行饱和状态下的快剪（Q）试验，少部分样进行自然状态下的快剪（Q）试验。在剪断后再进行第二次剪切，以模拟裂隙间的强度。直剪试验为城墙边坡稳定性分析提供数据，试验方法见《土工试验方法标准》(GB/T50123-018-1999)。

试验结果表明：表层土凝聚力和内摩擦角相对较低，凝聚力在 6.49 ~ 16.31 千帕，摩擦角在 10.2 ~ 23.5 度；中部夯土凝聚力较高，凝聚力在 25.3 ~ 43.2 千帕，摩擦角在 20.3 ~ 30.8 度之间，可见中部夯土在天然条件下其抗剪强度较高。基底底部土凝聚力较小，为 6.2 ~ 9.6 千帕之间，摩擦角在 8.9 ~ 21.5 度之间，抗剪强度较低。

2.3.3 渗透试验

试验仪器为南 55 型渗透仪。采用变水头法进行试验，试验用水为煮沸过的纯水。试验前对土样进行饱和。试验方法见《土工试验方法标准》(GB/T50123-013-1999)。

试验结果表明：表层土试验由于存在一些细毛根，其渗透系数略大，在 6.9×10^{-5} ~ 2.1×10^{-4} 厘米 / 秒之间，中部夯土渗透性较小，在 2.1×10^{-6} ~ 1.2×10^{-5} 厘米 / 秒之间，基底底部土渗透系数较大，在 8.3×10^{-6} ~ 9.1×10^{-6} 厘米 / 秒之间，

属于低渗透性土。

2.3.4 击实试验

击实试验的目的是用标准的击实方法，测定土的密度与含水率的关系，从而确定土的最大干密度与最优含水率，本试验采用轻型击实，试验方法见《土工试验方法标准》(GB/T50123-013-1999)。本研究进行5组击实试验，其中2组表层土，2组中间夯土，1组城墙底部土。

试验结果表明：最大干密度和最优含水量变化不大，分别为1.70 ~ 1.71克/立方厘米和16.5 ~ 17.1%。

2.3.5 土的有机质试验

土中有机质含量的多少，对土的性质有着直接的影响，当其在黏性土中的含量达到或超过5%(在砂土中的含量达到或超过3%)时，有机质对土的工程性质具有显著的影响，土在天然状态下含水量显著增大，呈现高压缩性和低强度等，因此有机质的含量是评价土质的重要指标。本试验采用重铬酸钾容量法测定其中的有机碳，试验方法见《土工试验规程》(SL237-066-1999)。

试验结果表明：该土中有机质含量少，在0.20 ~ 0.33%之间，对土的工程性质影响不大。

2.4 墙砖的抗压强度试验

墙砖的强度实验是为了验证开封古城墙砖的强度能否满足强度验算标准，试验样砖随机抽取，共3组，每组制备3个试样，试验现场见下图；试验具体方法见《砌墙砖检验规则》(JC466-96)。

试验结果表明：墙砖的最大抗压最大为6.35兆帕，最小为5.84兆帕，平均值为6.25兆帕。

回弹强度测试

回弹强度测试

颗分试验

比重计（甲种）法试验

液塑限试验

含水率试验

膨胀性试验

固结试验

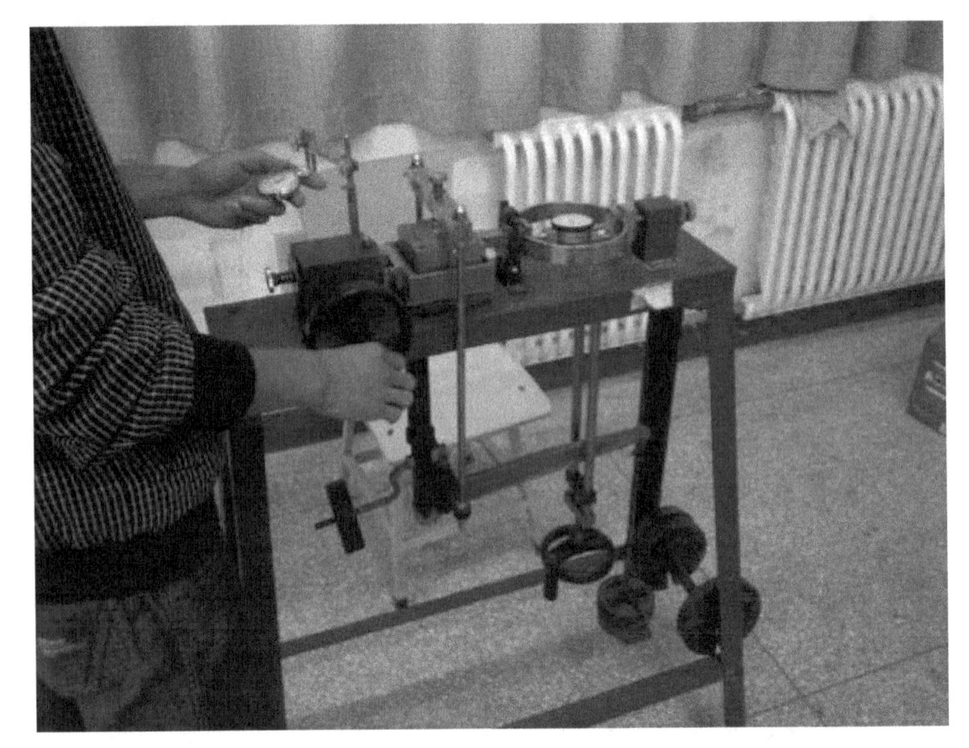

抗剪试验

击实试验

土工试验成果汇总表

编号	取样位置	室内定名（塑性图）	室内定名（颗分）	颗粒组成（mm）						含水率	湿密度	干密度	孔隙比	孔隙率	饱和度	土粒比重	液限	塑限	液性指数	塑性指数	自由膨胀率	压缩系数	压缩模量	渗透系数	凝聚力	摩擦角	最大干密度	最优含水率	有机质	备注
				2-0.5	0.5-0.25	0.25-0.075	0.075-0.05	0.05-0.005	<0.005																					
				%						%	g/cm3			%	%		%	%			%	Mpa-1	Mpa	cm/s	kpa	°	g/cm3	%	%	
XCQ1-1	表层土	重粉质砂壤土	低液限粘土	0.4	1.4	10.3	30.4	49.8	7.7	7.6	1.531	1.42	0.75	42.9	35	2.7	28.5	15.3	-0.58	13.2	1	0.48	5	7.40E-05	8.3	10.2	1.71	16.	0.33	
XCQ1-2	表层土	重粉质砂壤土	低液限粘土	0.0	1.3	5.8	46.7	40.1	6.1	7.9	1.721	1.59	0.79	44.1	25	2.7	30.1	17.8	-0.80	12.3	7	0.51	3	8.60E-05	9.8	23.5	1.72	17.	0.31	
XCQ1-3	表层土	重粉质砂壤土	低液限粘土	0.0	0.0	4.3	46.1	48.3	1.3	7.4	1.621	1.51	0.85	45.9	33	2.7	29.8	16.7	-0.71	13.1	8	0.33	12	1.10E-04	10.3	16.6				
XCQ1-4	表层土	重粉质砂壤土	低液限粘土	0.0	1.0	3.1	49.3	37.8	8.8	8.2	1.562	1.44	0.76	43.2	27	2.7	31.1	19.5	-0.97	11.6	5	0.52	3	9.40E-05	13.3	18.7				
XCQ1-5	表层土	重粉质砂壤土	低液限粘土	1.1	0.0	6.0	47.9	33.8	11.2	8.9	1.736	1.59	0.77	43.5	30	2.7	29.8	20.1	-1.15	9.7	2	0.36	12	1.30E-04	14.3	17.6				
XCQ2-1	中部夯土	重粉质壤土	低液限粘土	0.0	0.8	6.0	59.4	22.9	10.9	11.1	1.774	1.60	0.83	45.4	42	2.7	30.6	18.5	-0.61	12.1	1	0.48	8	7.90E-05	25.3	22.8	1.72	16.	0.22	
XCQ2-2	中部夯土	重粉质壤土	低液限粘土	0.0	1.8	2.1	12.6	60.7	22.8	13.2	1.936	1.71	0.87	46.5	36	2.7	31.1	19.6	-0.56	11.5	14	0.39	10	1.10E-04	35.5	25.1	1.72	1	0.23	
XCQ2-3	中部夯土	重粉质壤土	低液限粘土	0.0	1.1	5.7	9.8	64.8	18.6	12.8	1.921	1.70	0.89	47.1	40	2.7	30	18.5	-0.50	11.5	12	0.41	12	8.90E-05	43.2	26.2				
XCQ2-4	中部夯土	重粉质壤土	低液限粘土	0.0	2.1	5.3	16.7	60.7	15.2	12.7	1.854	1.65	0.73	42.2	37	2.7	31.2	19.9	-0.64	11.3	5	0.38	10	7.4*10^-5	37.5	25.9				
XCQ2-5	中部夯土	重粉质壤土	低液限粘土	0.7	2.7	8.3	10.7	66.5	11.1	13.5	1.894	1.67	0.86	46.2	39	2.7	29.6	17.7	-0.35	11.9	7	0.32	12	7.90E-05	40.1	23.4				
XCQ3-1	底部土	重粉质壤土	低液限粘土	0.7	2.2	4.9	53.2	30.8	8.2	16.8	1.983	1.70	0.88	46.8	57	2.7	29.8	17.8	-0.08	12	9	0.44	3	8.30E-05	8.7	10.3	1.71	16.	0.28	
XCQ3-2	底部土	重粉质壤土	低液限粘土	1.4	0.5	7.4	50.7	31.9	8.1	17.3	1.876	1.60	0.76	43.2	56	2.7	30.7	17.9	-0.05	12.8	20	0.49	6	8.20E-05	7.9	15.6	1.72	16.	0.29	
XCQ3-3	底部土	重粉质壤土	低液限粘土	0.8	1.8	6.9	49.9	33.7	6.9	16.2	1.873	1.61	0.71	41.5	51	2.7	31.1	19.7	-0.31	11.4	18	0.29	8	7.30E-05	6.9	16.1				
XCQ3-4	底部土	重粉质壤土	低液限粘土	0.7	2.6	5.6	52.5	31.8	6.8	17.3	1.793	1.53	0.81	44.8	50	2.7	30.7	19.7	-0.22	11	19	0.39	8	7.30E-05	9.1	21.5				
XCQ3-5	底部土	重粉质壤土	低液限粘土	1.1	1.9	4.9	53.9	33.8	4.4	17.9	1.901	1.61	0.79	44.1	54	2.7	31.1	18.8	-0.07	12.3	21	0.23	7	7.20E-05	6.8	14.1				

3. 城墙稳定性分析

3.1 计算方法

三维快速拉格朗日法是一种基于三维显式有限差分法的数值分析方法，它可以模拟岩土或其他材料的三维力学行为。三维快速拉格朗日分析将计算区域划分为若干四面体单元，每个单元在给定的边界条件下遵循指定的线性或非线性本构关系，如果单元应力使得材料屈服或产生塑性流动，则单元网格可以随着材料的变形而变形，这就是所谓的拉格朗日算法，这种算法非常适合于模拟大变形问题。三维快速拉格朗日分析采用了显式有限差分格式来求解场的控制微分方程，并应用了混合单元离散模型，可以准确地模拟材料的屈服、塑性流动、软化大变形，尤其在材料的弹塑性分析、大变形分析以及模拟施工过程等领域有其独到的优点。

FLAC3D（Three Dimensional Fast Lagrangian Analysis of Continua）是美国Itasca Consulting Group Inc开发的三维快速拉格朗日分析程序，FLAC3D程序采用显式拉格朗日算法及混合离散单元划分技术，代替了原先广泛使用的隐式有限元法，能较好地模拟地质材料在达到强度极限或屈服极限时发生的破坏或塑性流动的力学行为，特别适用于分析渐进破坏和失稳以及模拟大变形，因为不需要形成刚度矩阵，故占用微机内存小，便于求解大型工程问题。它包含10种弹塑性材料本构模型，有静力、动力、蠕变、渗流、温度五种计算模式，各种模式间可以互相祸合，可以模拟多种结构形式，如岩体、土体或其他材料实体，梁、锚元、桩、壳以及人工结构如支护、衬砌、锚索、岩栓、土工织物、摩擦桩、板桩、界面单元等，可以模拟复杂的岩土工程或力学问题。

本研究采用岩土工程分析专业软件FLAC3D对城墙进行稳定性分析，具有以下优点：

（1）该软件采用solve fos命令能自动计算边坡稳定安全系数；

（2）能快速地进行墙体和夯土之间的耦合分析；

（3）能够模拟土工织物对结构的影响，实时给出相应的位移和应力。

北 05-06 剖面现场

北 06-07 剖面现场

北 08-09 剖面现场

北 20-21 剖面现场

东 10-11 剖面现场

东 23-24 剖面现场

东 30-31 剖面现场

东 33-34 剖面现场

剖面测量 1

剖面测量

3.2 计算模型及参数选取

根据现场详细查勘及《开封城墙维修保护工程设计方案》，对开封城墙北墙与东墙各个剖面进行分析，最终从北墙段中选取北05–06剖面、北06–07剖面、北07–08剖面、北08–09剖面、北12–13剖面、北17–18剖面、北19–20剖面、北20–21剖面共八个剖面作为北城墙的典型剖面，从东墙段中选取东01–02剖面、东04–05剖面、东10–11剖面、东12–13剖面、东18–19剖面、东23–24剖面、东30–31剖面、东33–34剖面共八个剖面作为东城墙的典型剖面，进行分析。将各剖面进行简化处理后建立模型，根据岩土工程勘察资料，把城墙土层划分为两层：表层土层、基础土层，土层剖面如下图所示。

城墙夯土材料采用摩尔—库伦理想弹塑性模型，城墙墙体和防空洞支护采用弹性模型。

FLAC3D计算要求输入的材料特性参数可分为两类：弹性变形特性参数和强度参数，另外当考虑重力作用时，需要输入材料密度。一般来说，弹性状态按各向同性弹性模型考虑，由体积模量（K）和剪切模量（G）来描述其性质。对于土体来说，一般提供的弹性参数为弹性模量（E）和泊松比（ν），其转换方程为：

$$K = \frac{E}{3(1-2\nu)} \tag{4-1}$$

$$G = \frac{E}{2(1+\nu)} \tag{4-2}$$

采用Mohr–Coulomb模型，则可选的强度输入参数有黏聚力（c）、内摩擦角（φ）、剪胀角（ψ）和抗拉强度（σt）。由于一般忽略土体的抗拉强度，因此抗拉强度参数取零。

根据土工试验成果，并对试验数据进行优化处理，得出模型计算参数，如下表所示：

模型计算参数

剖面	岩土名称	天然密度（kg/m^{-3}）	黏聚力（kPa）	内摩擦角（°）	弹性模量（MPa）	泊松比	体积模量（K/MPa）	剪切模量（G/MPa）
北 05-06	表层土	1500	12	10	3	0.25	2	1.2
	基础土	1700	30	24	8	0.25	5.3	3.2
北 06-07	表层土	1520	12	12	4	0.25	2.7	1.6
	基础土	1690	28	22	10	0.25	6.7	4
北 07-08	表层土	1520	12	10	4	0.25	2.7	1.6
	基础土	1680	28	22	10	0.25	6.7	4
北 08-09	表层土	1500	14	12	4	0.28	3	1.6
	基础土	1700	30	26	10	0.28	7.6	3.9
北 12-13	表层土	1540	14	12	3	0.25	2	1.2
	基础土	1700	30	24	8	0.25	5.3	3.2
北 17-18	表层土	1580	16	15	5	0.28	3.8	2.0
	基础土	1690	32	26	12	0.28	9.1	4.7
北 19-20	表层土	1500	14	12	4	0.25	2.7	1.6
	基础土	1680	28	22	10	0.25	6.7	4
北 20-21	表层土	1580	16	15	5	0.28	3.8	2.0
	基础土	1690	32	26	12	0.28	9.1	4.7
东 01-02	表层土	1550	14	14	6	0.25	4	2.4
	基础土	1710	32	27	10	0.25	6.7	4
东 04-05	表层土	1530	14	12	6	0.25	4	2.4
	基础土	1710	30	28	12	0.25	8	4.8
东 10-11	表层土	1560	16	14	6	0.25	4	2.4
	基础土	1720	32	27	10	0.25	6.7	4
东 12-13	表层土	1520	12	12	5	0.26	3.5	2.0
	基础土	1700	30	26	12	0.26	8.3	4.8
东 18-19	表层土	1580	16	14	6	0.26	4.2	2.4
	基础土	1720	30	28	12	0.26	8.3	4.8

剖面	岩土名称	天然密度（kg/m^{-3}）	黏聚力（kPa）	内摩擦角（°）	弹性模量（MPa）	泊松比	体积模量（K/MPa）	剪切模量（G/MPa）
东 23–24	表层土	1540	14	12	6	0.25	4	2.4
	基础土	1720	30	28	12	0.25	8	4.8
东 30–31	表层土	1500	12	12	5	0.26	3.5	2.0
	基础土	1710	30	26	12	0.26	8.3	4.8
东 33–34	表层土	1600	16	14	6	0.26	4.2	2.4
	基础土	1720	30	28	12	0.26	8.3	4.8
墙体	墙体	2200	–	–	200	0.2	111	83
防空洞支护	支护	2400	–	–	300	0.2	167	125

计算时，只考虑自重作用，不考虑构造应力场。顶部为自由面，底面固定，其他为滚动绞支约束。应用强度折减系数法，通过监测模型中的最大不平衡力和某一控制点的位移，来判断计算是否收敛。

以下为根据所选取的剖面建立的模型，如图所示。

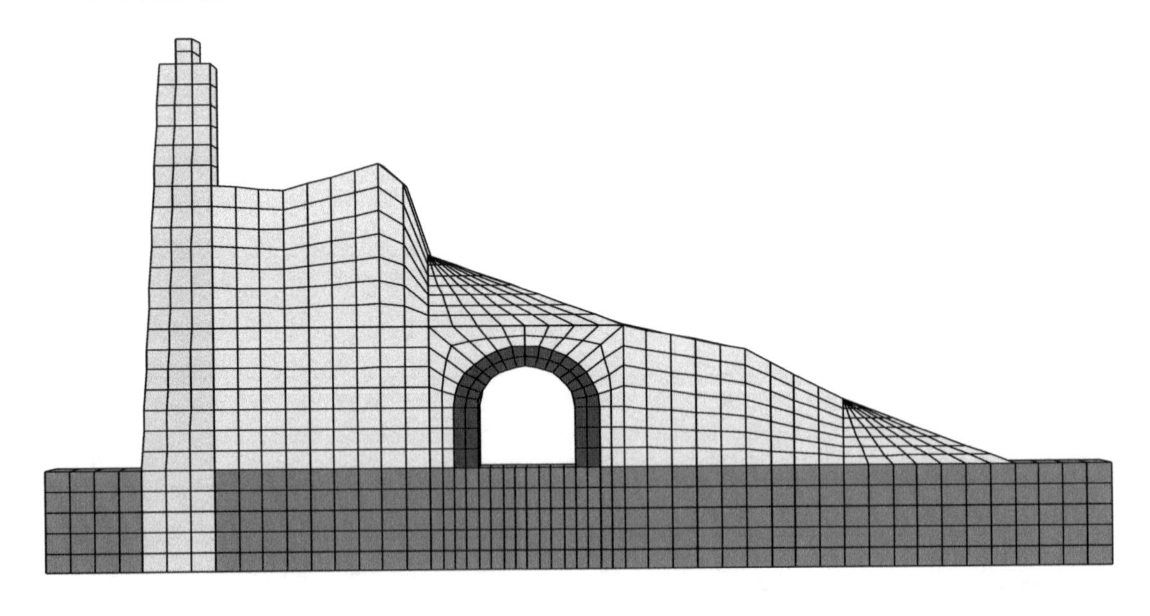

北 05-06 剖面的计算模型

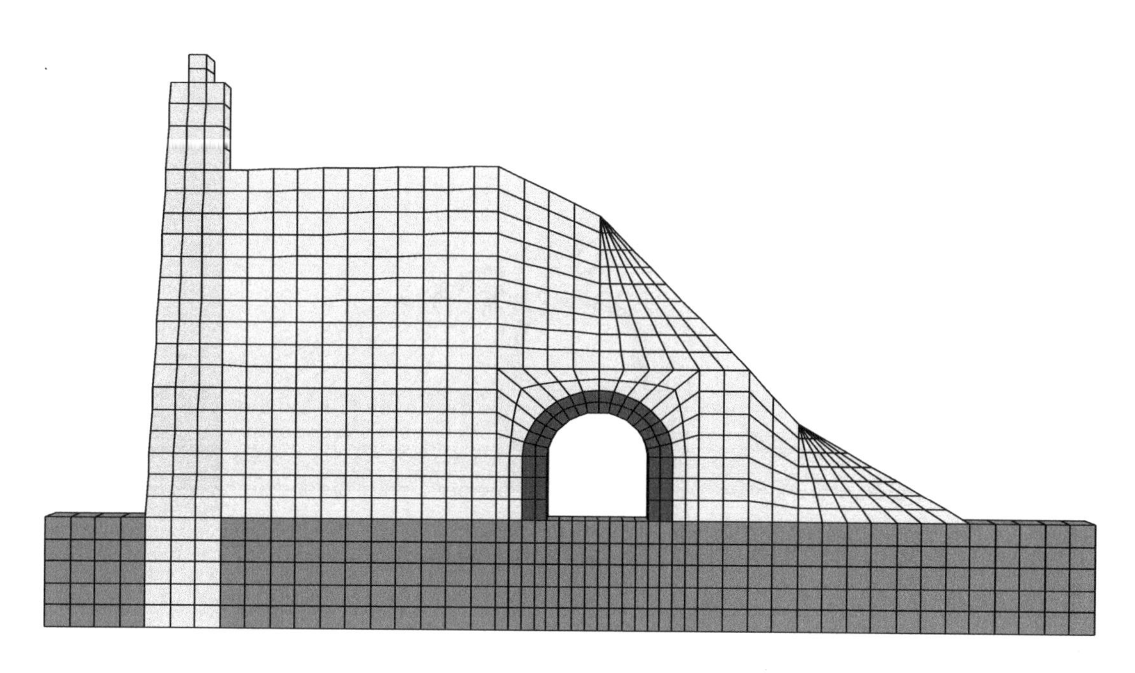

北 06-07 剖面的计算模型

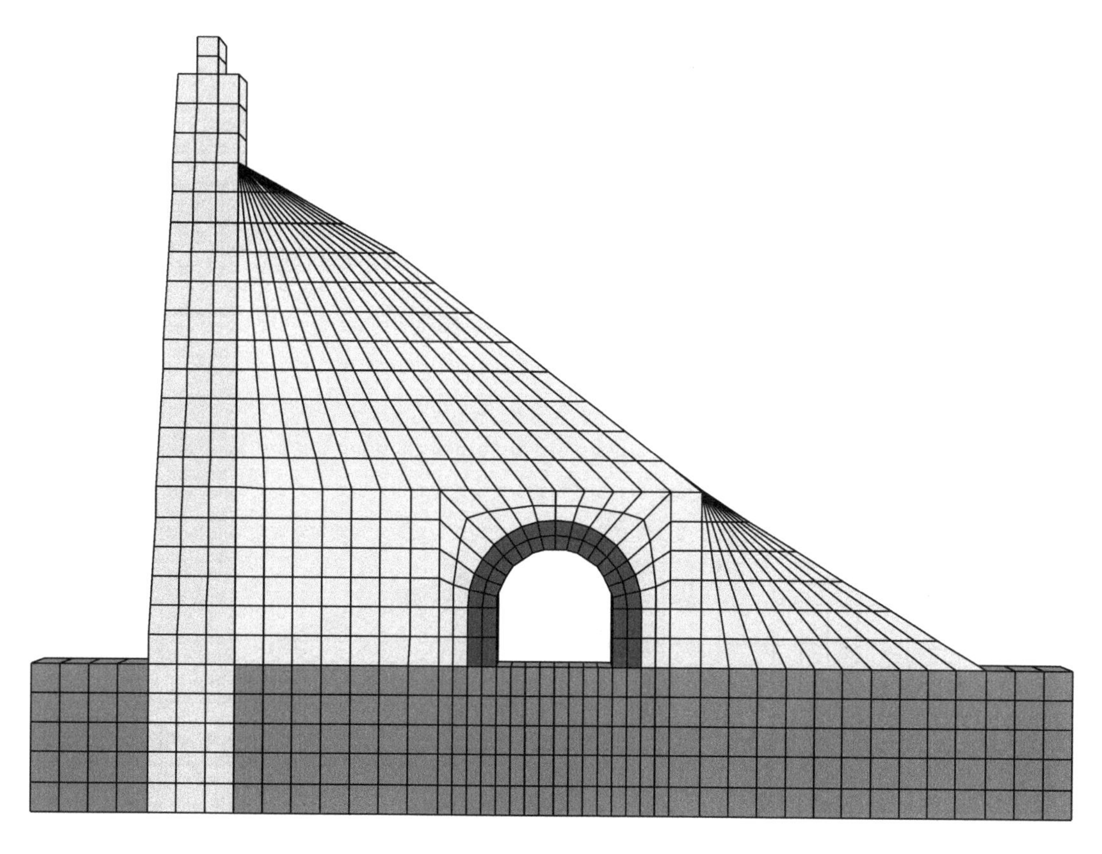

北 07-08 剖面的计算模型

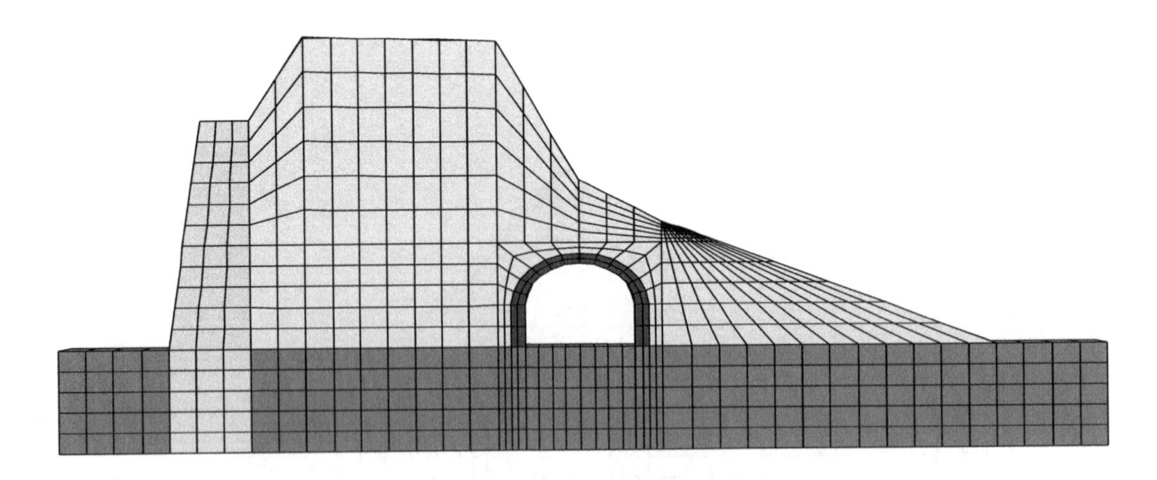

北 08-09 剖面的计算模型

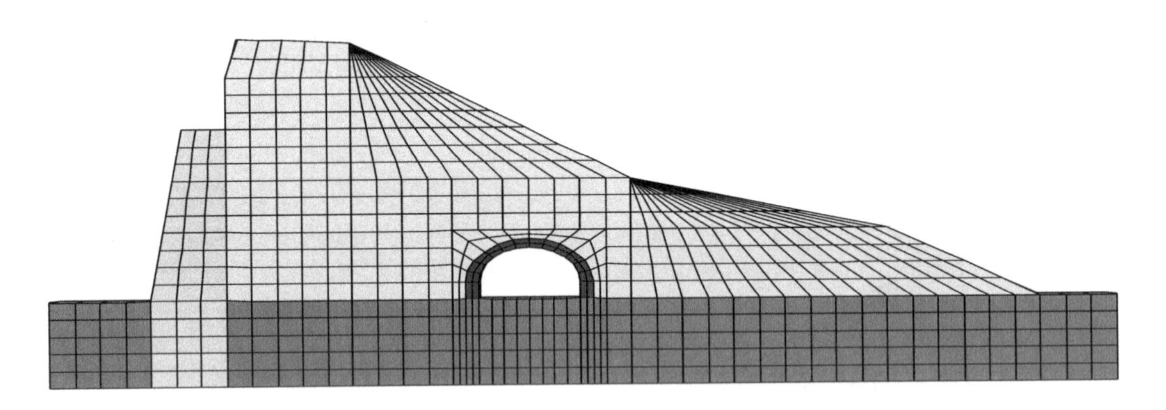

北 12-13 剖面的计算模型

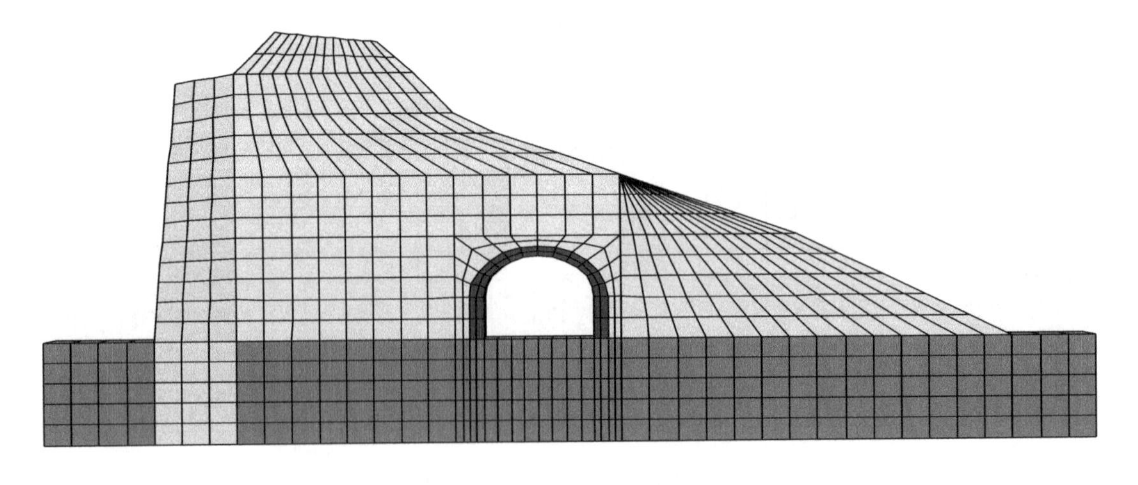

北 17-18 剖面的计算模型

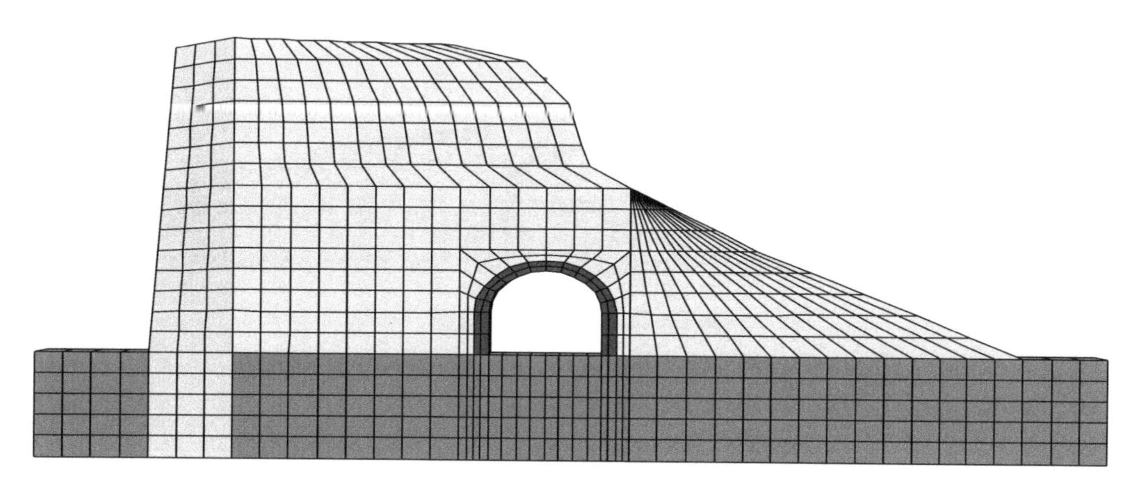

北 19-20 剖面的计算模型

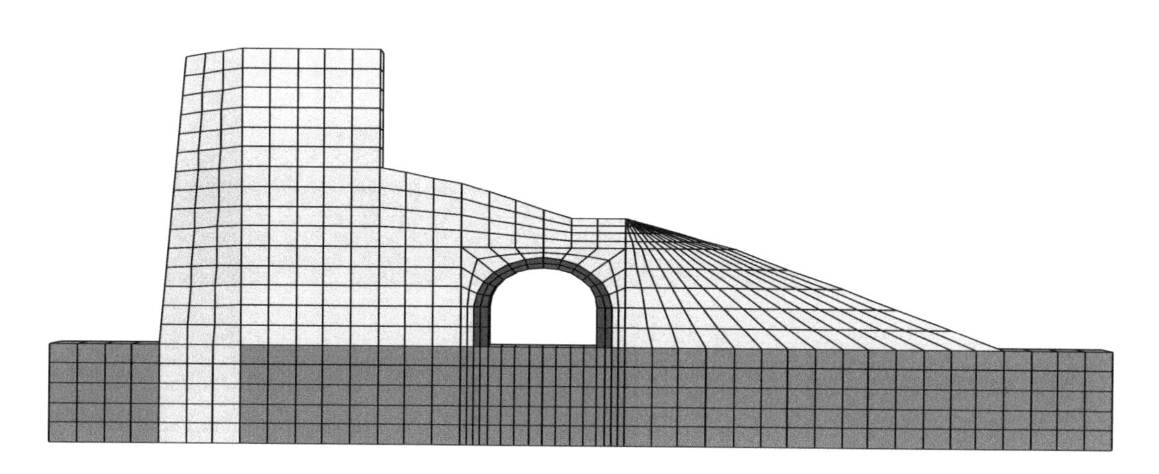

北 20-21 剖面的计算模型

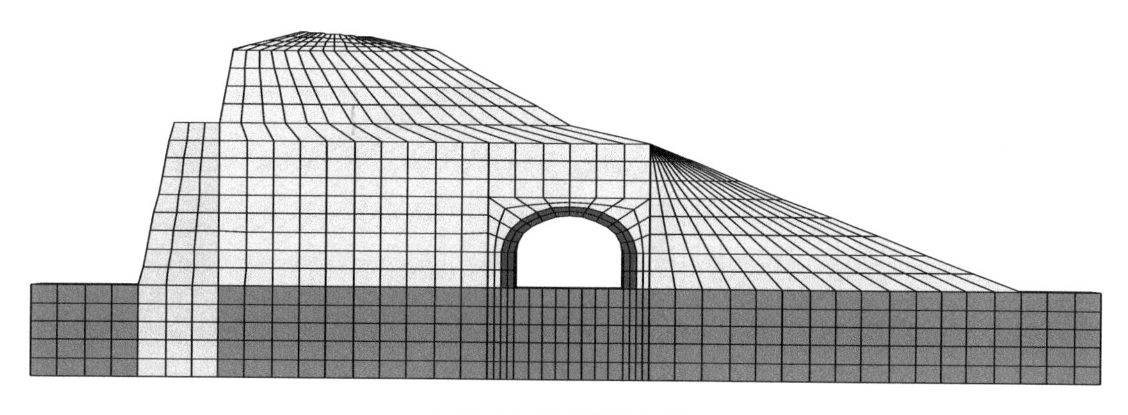

东 01-02 剖面的计算模型

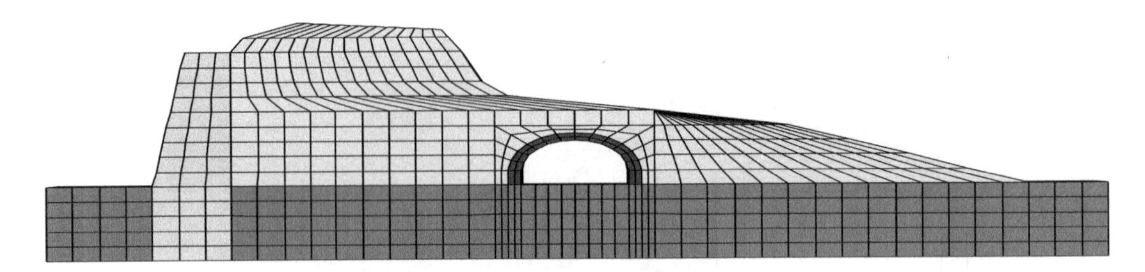

东 04-05 剖面的计算模型

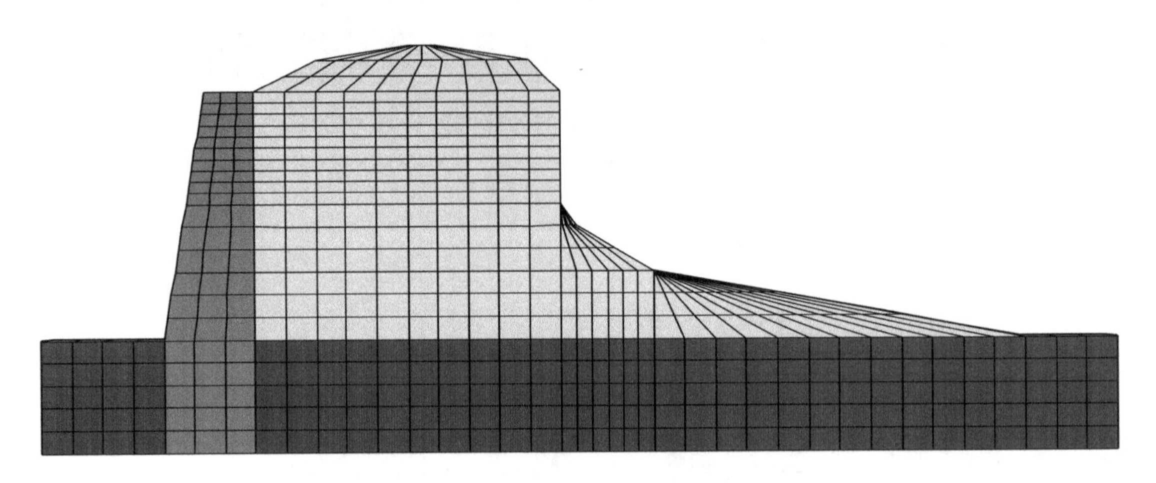

东 10-11 剖面的计算模型

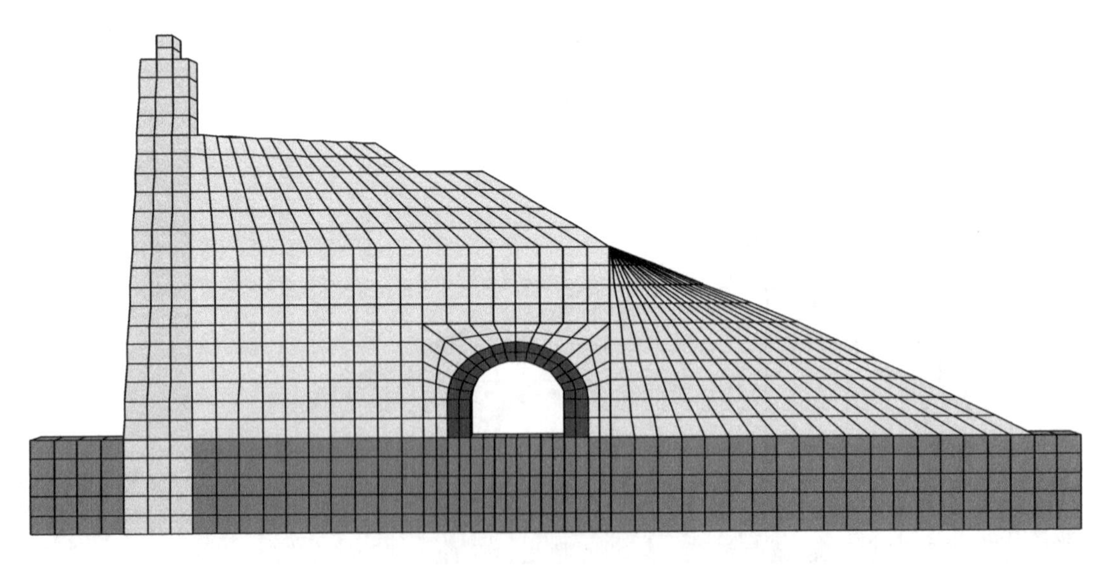

东 12-13 剖面的计算模型

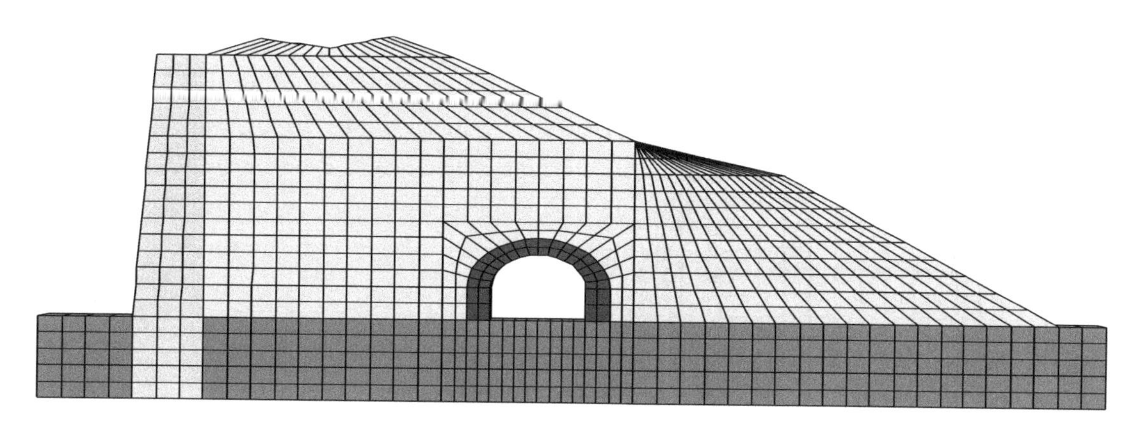

东 18-19 剖面的计算模型

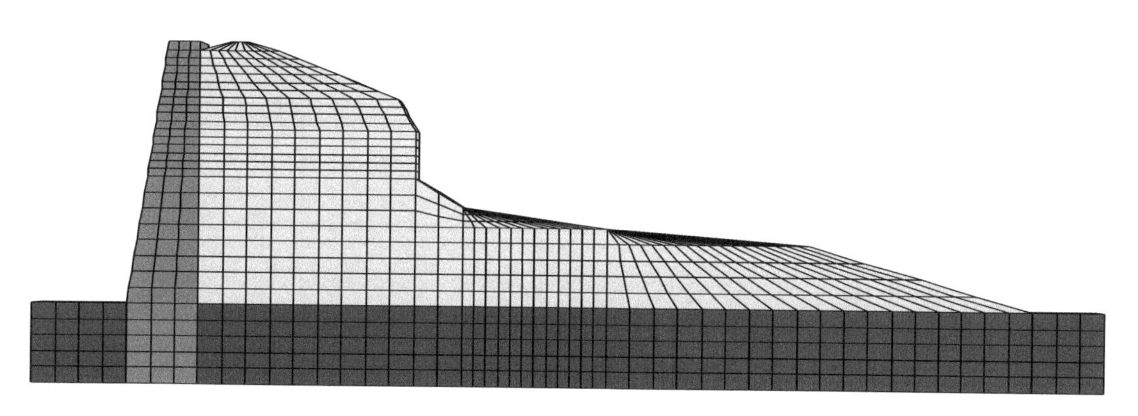

东 23-24 剖面的计算模型

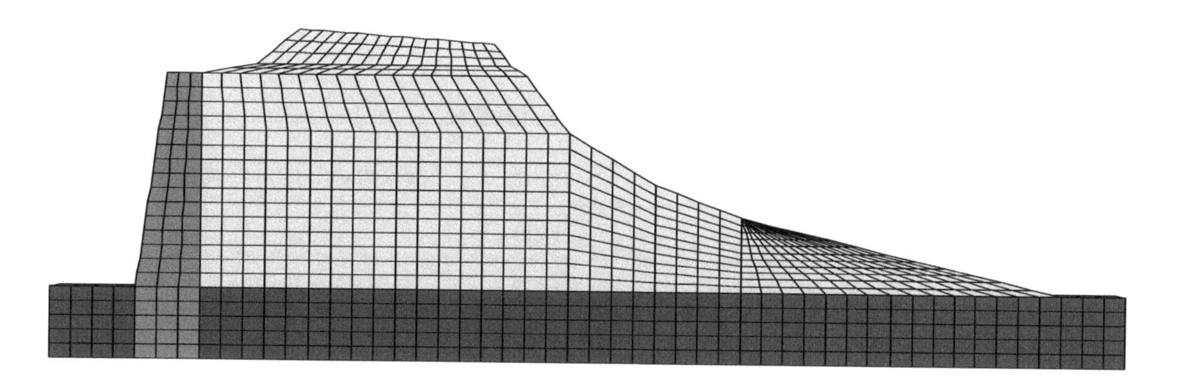

东 30-31 剖面的计算模型

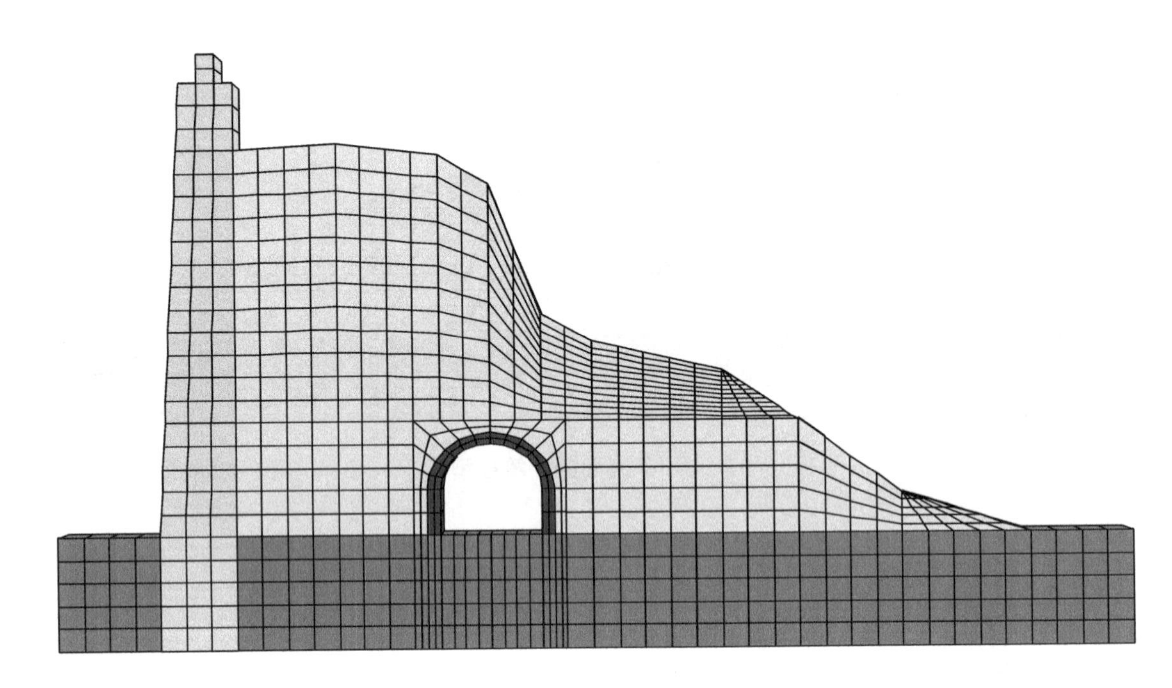

东 33-34 剖面的计算模型

3.3 计算工况

开封北、东城墙处于不同的工况下，其边坡滑动面的力学参数不一样，滑坡稳定性就不相同。本次评估分为三种工况进行模拟研究：工况Ⅰ，自然工况；工况Ⅱ，自重 +20 年一遇暴雨；工况Ⅲ，自重 + 地震作用。

计算参数见下表。

北 05-06 剖面土坡计算参数

剖面	工况	土层	密度	凝聚力（千帕）	内摩擦角（°）
北 05-06	工况Ⅰ	表层土	1500	12	10
		基础土	1700	30	24
	工况Ⅱ	表层土	1550	10	8
		基础土	1750	24	20
	工况Ⅲ	表层土	1520	9	8
		基础土	1720	22	18

北 06–07 剖面土坡计算参数

剖面	工况	土层	密度	凝聚力（千帕）	内摩擦角（°）
北 06–07	工况Ⅰ	表层土	1520	12	12
		基础土	1690	28	22
	工况Ⅱ	表层土	1560	10	10
		基础土	1750	22	20
	工况Ⅲ	表层土	1550	9	8
		基础土	1700	20	18

北 07–08 剖面土坡计算参数

剖面	工况	土层	密度	凝聚力（千帕）	内摩擦角（°）
北 07–08	工况Ⅰ	表层土	1520	12	10
		基础土	1680	28	22
	工况Ⅱ	表层土	1560	10	10
		基础土	1760	22	20
	工况Ⅲ	表层土	1540	10	8
		基础土	1700	20	18

北 08–09 剖面土坡计算参数

剖面	工况	土层	密度	凝聚力（千帕）	内摩擦角（°）
北 08–09	工况Ⅰ	表层土	1500	14	12
		基础土	1700	30	26
	工况Ⅱ	表层土	1560	12	10
		基础土	1760	24	20
	工况Ⅲ	表层土	1540	12	8
		基础土	1730	22	16

北 12–13 剖面土坡计算参数

剖面	工况	土层	密度	凝聚力（千帕）	内摩擦角（°）
北 12–13	工况Ⅰ	表层土	1540	14	12
		基础土	1700	30	24
	工况Ⅱ	表层土	1580	12	10
		基础土	1760	24	20
	工况Ⅲ	表层土	1560	12	8
		基础土	1740	22	16

北 17–18 剖面土坡计算参数

剖面	工况	土层	密度	凝聚力（千帕）	内摩擦角（°）
北 17–18	工况Ⅰ	表层土	1580	16	15
		基础土	1690	32	26
	工况Ⅱ	表层土	1620	14	12
		基础土	1750	24	20
	工况Ⅲ	表层土	1600	12	12
		基础土	1720	22	18

北 19–20 剖面土坡计算参数

剖面	工况	土层	密度	凝聚力（千帕）	内摩擦角（°）
北 19–20	工况Ⅰ	表层土	1500	14	12
		基础土	1680	28	22
	工况Ⅱ	表层土	1600	12	10
		基础土	1740	24	20
	工况Ⅲ	表层土	1560	12	10
		基础土	1720	22	18

北 20-21 剖面土坡计算参数

剖面	工况	土层	密度	凝聚力（千帕）	内摩擦角（°）
北 20-21	工况 I	表层土	1580	16	15
		基础土	1690	32	26
	工况 II	表层土	1620	12	12
		基础土	1720	22	20
	工况 III	表层土	1600	12	8
		基础土	1700	20	16

东 01-02 剖面土坡计算参数

剖面	工况	土层	密度	凝聚力（千帕）	内摩擦角（°）
东 01-02	工况 I	表层土	1550	14	14
		基础土	1710	32	27
	工况 II	表层土	1610	12	10
		基础土	1770	22	20
	工况 III	表层土	1580	10	9
		基础土	1730	21	17

东 04-05 剖面土坡计算参数

剖面	工况	土层	密度	凝聚力（千帕）	内摩擦角（°）
东 04-05	工况 I	表层土	1530	14	12
		基础土	1710	30	28
	工况 II	表层土	1600	12	10
		基础土	1760	23	20
	工况 III	表层土	1560	10	8
		基础土	1730	20	18

东 10–11 剖面土坡计算参数

剖面	工况	土层	密度	凝聚力（千帕）	内摩擦角（°）
东 10–11	工况 I	表层土	1540	14	12
		基础土	1720	32	27
	工况 II	表层土	1600	12	10
		基础土	1770	22	20
	工况 III	表层土	1550	10	8
		基础土	1730	21	17

东 12–13 剖面土坡计算参数

剖面	工况	土层	密度	凝聚力（千帕）	内摩擦角（°）
东 12–13	工况 I	表层土	1520	12	12
		基础土	1700	30	26
	工况 II	表层土	1570	10	8
		基础土	1760	22	18
	工况 III	表层土	1540	8	8
		基础土	1730	20	16

东 18–19 剖面土坡计算参数

剖面	工况	土层	密度	凝聚力（千帕）	内摩擦角（°）
东 18–19	工况 I	表层土	1580	16	14
		基础土	1720	30	28
	工况 II	表层土	1640	12	12
		基础土	1760	22	17
	工况 III	表层土	1620	12	10
		基础土	1700	20	16

东 23-24 剖面土坡计算参数

剖面	工况	土层	密度	凝聚力（千帕）	内摩擦角（°）
东 23-24	工况Ⅰ	表层土	1540	14	12
		基础土	1720	30	28
	工况Ⅱ	表层土	1600	12	10
		基础土	1760	23	20
	工况Ⅲ	表层土	1550	10	8
		基础土	1730	20	16

东 30-31 剖面土坡计算参数

剖面	工况	土层	密度	凝聚力（千帕）	内摩擦角（°）
东 30-31	工况Ⅰ	表层土	1500	12	12
		基础土	1710	30	26
	工况Ⅱ	表层土	1550	10	8
		基础土	1760	22	18
	工况Ⅲ	表层土	1520	9	8
		基础土	1730	20	17

东 33-34 剖面土坡计算参数

剖面	工况	土层	密度	凝聚力（千帕）	内摩擦角（°）
东 33-34	工况Ⅰ	表层土	1600	16	14
		基础土	1720	30	28
	工况Ⅱ	表层土	1660	12	12
		基础土	1760	22	18
	工况Ⅲ	表层土	1620	12	10
		基础土	1700	20	16

3.4 计算结果

3.4.1 工况 Ⅰ

考虑自然工况下，城墙和土坡的变形情况如图所示：

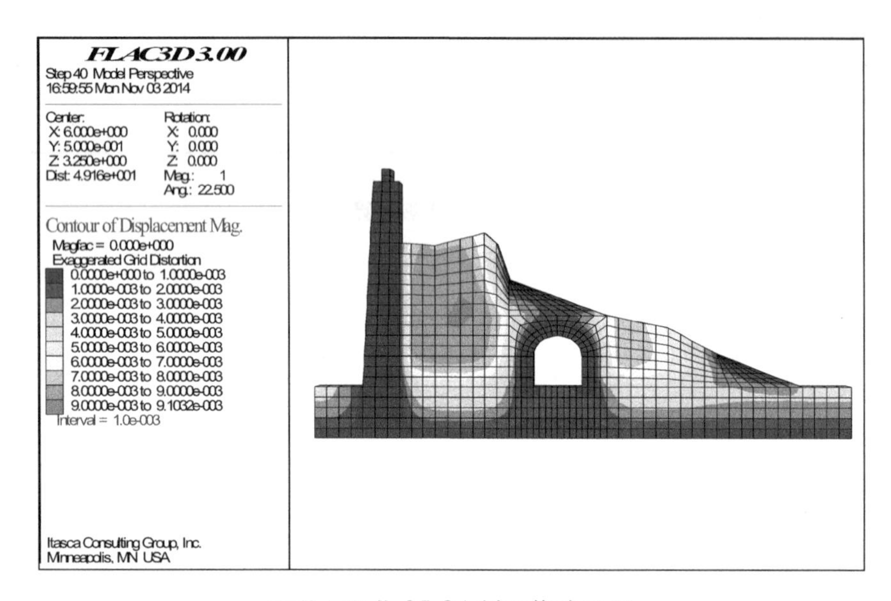

工况 Ⅰ 下北 05-06 剖面位移云图

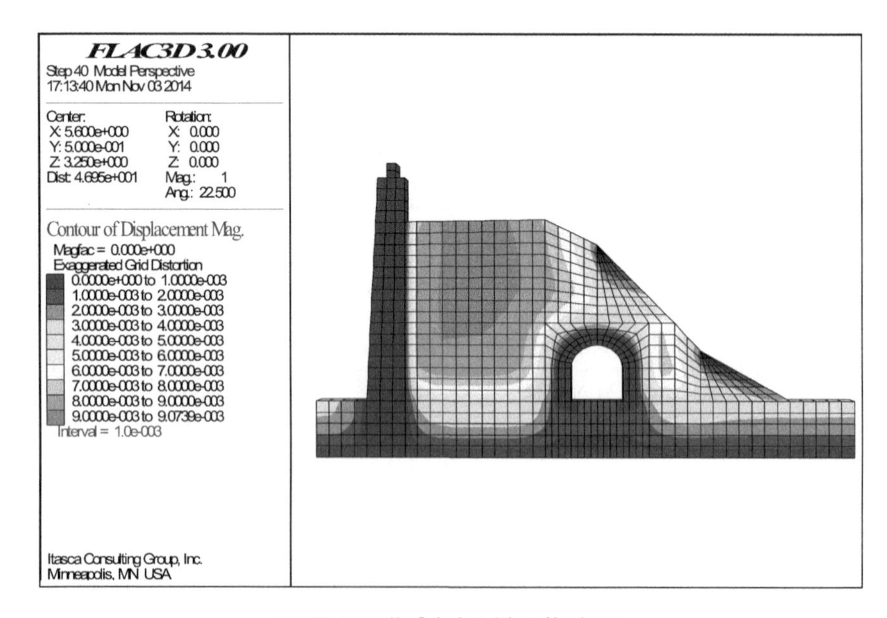

工况 Ⅰ 下北 06-07 剖面位移云

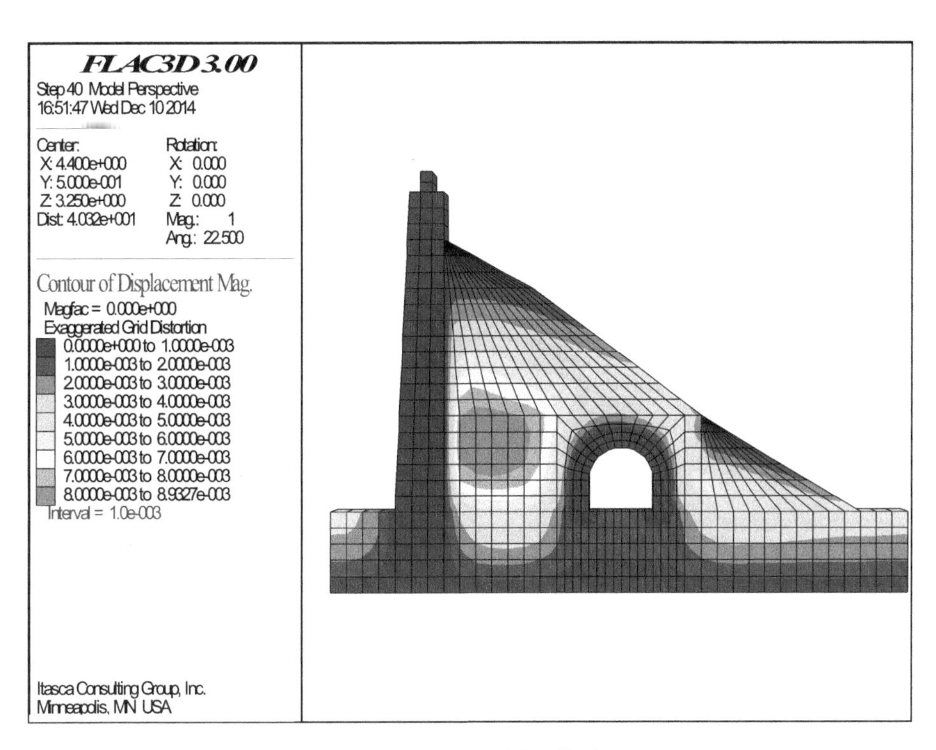

工况Ⅰ下北 07-08 剖面位移云图

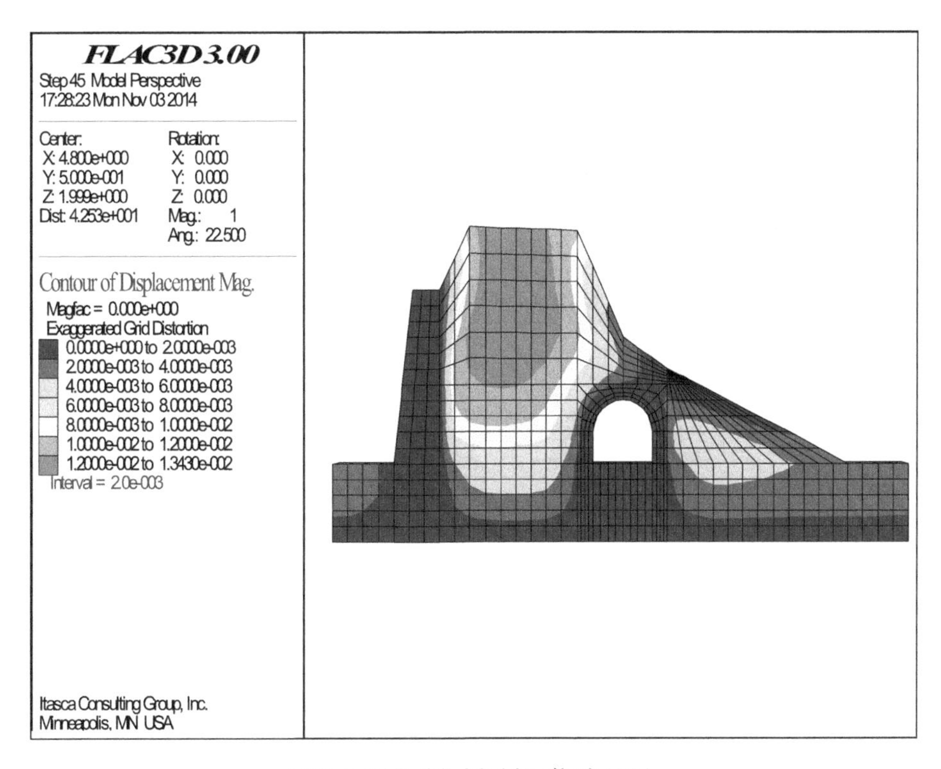

工况Ⅰ下北 08-09 剖面位移云图

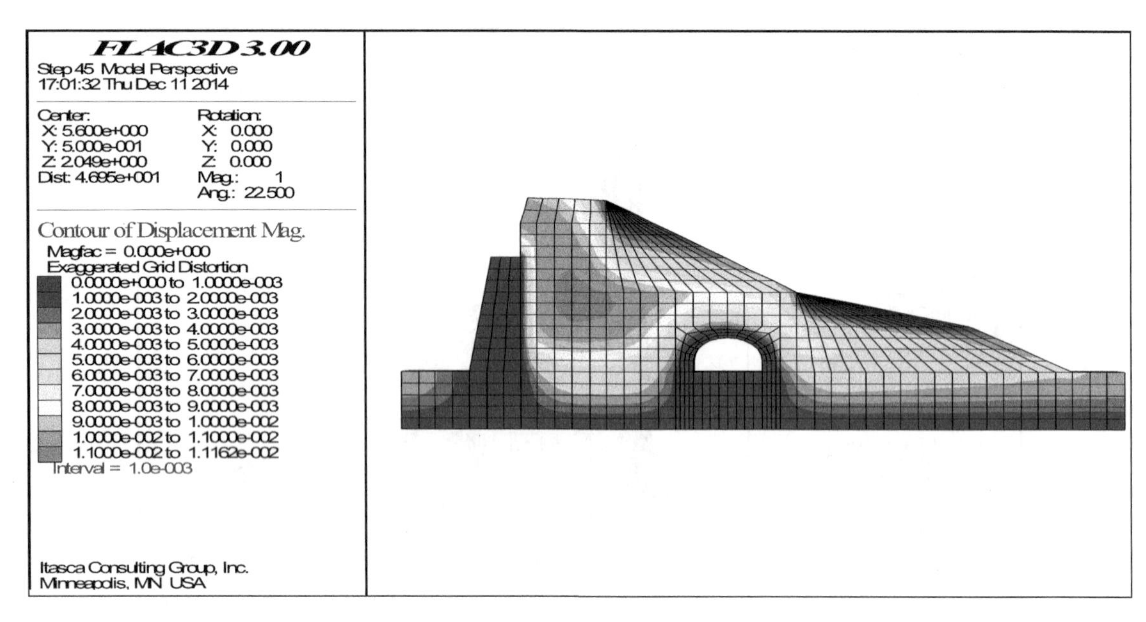

工况Ⅰ下北 12-13 剖面位移云图

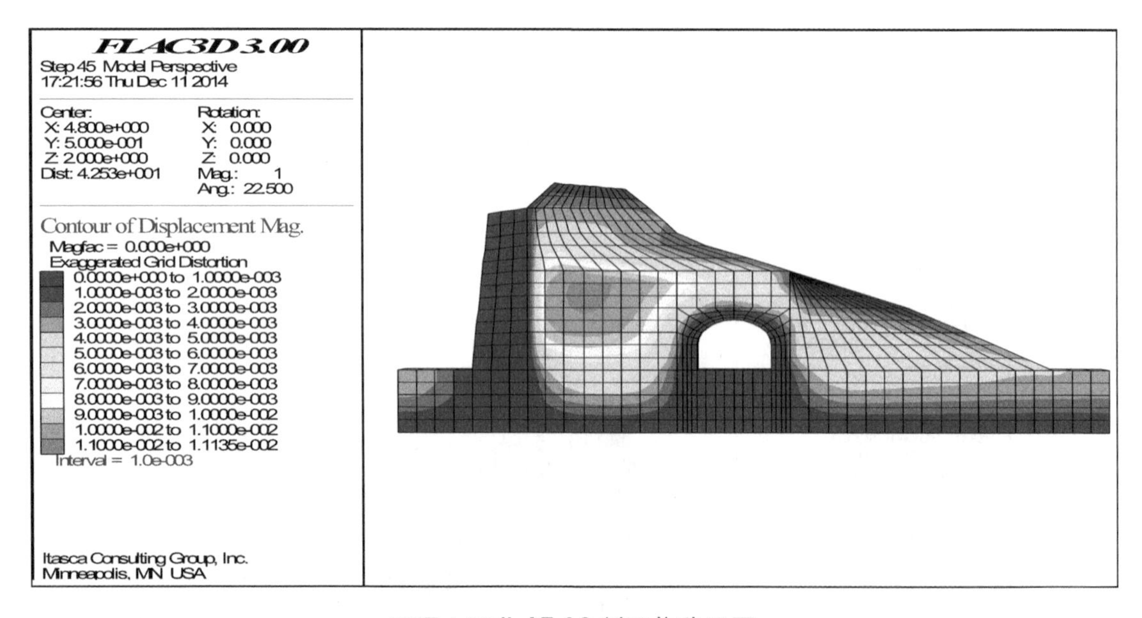

工况Ⅰ下北 17-18 剖面位移云图

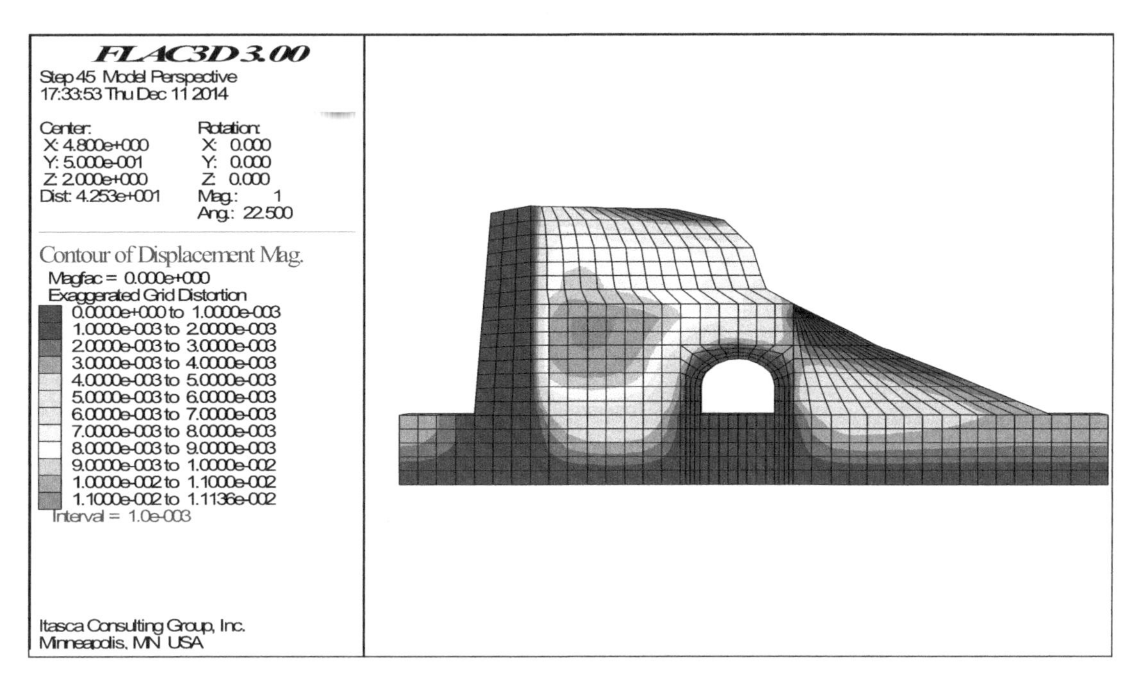

工况 I 下北 19-20 剖面位移云图

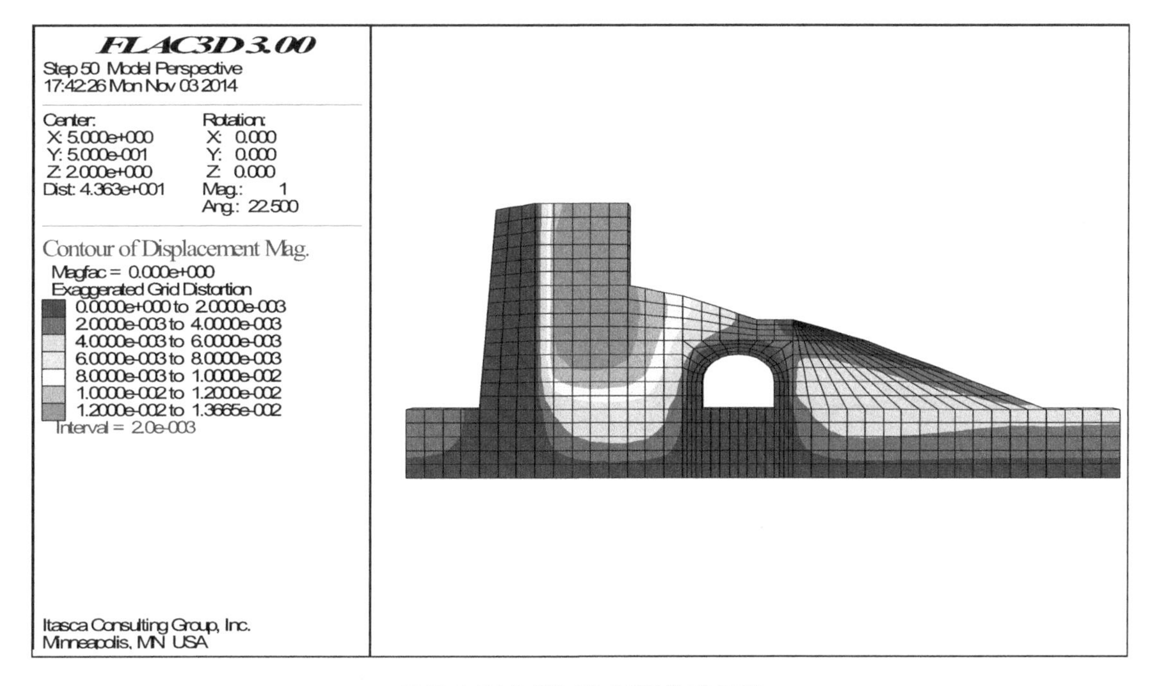

工况 I 下北 20-21 剖面位移云图

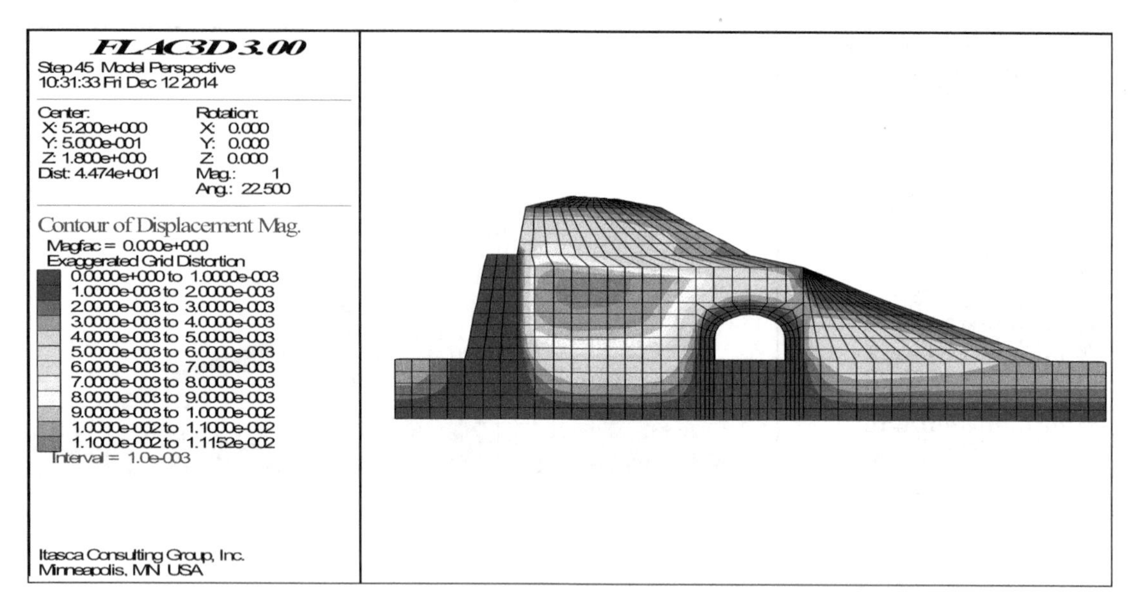

工况Ⅰ下东 01-02 剖面位移云图

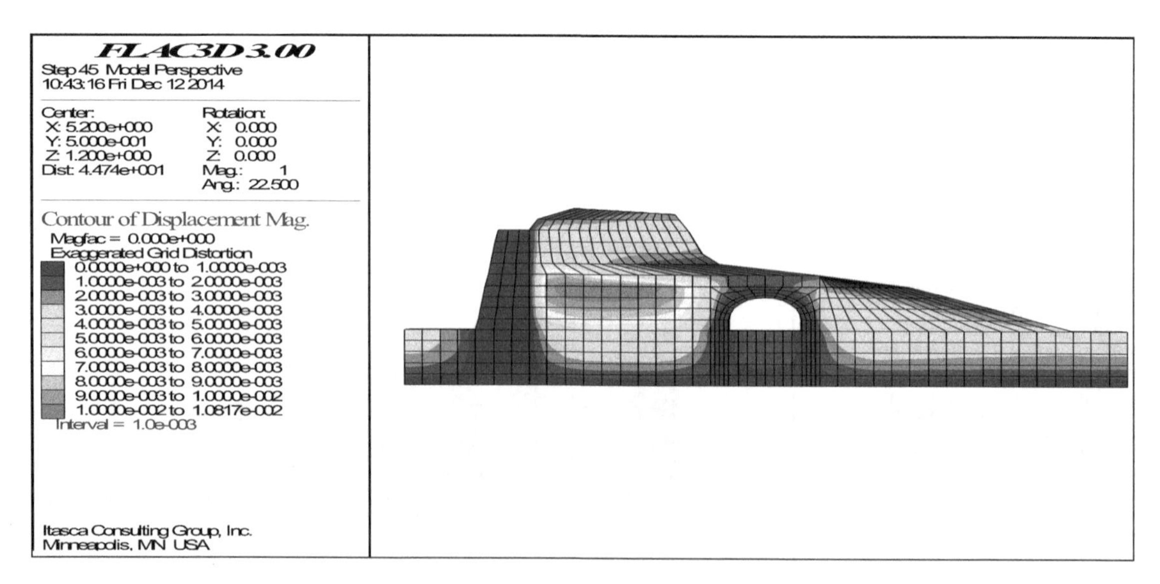

工况Ⅰ下东 04-05 剖面位移云

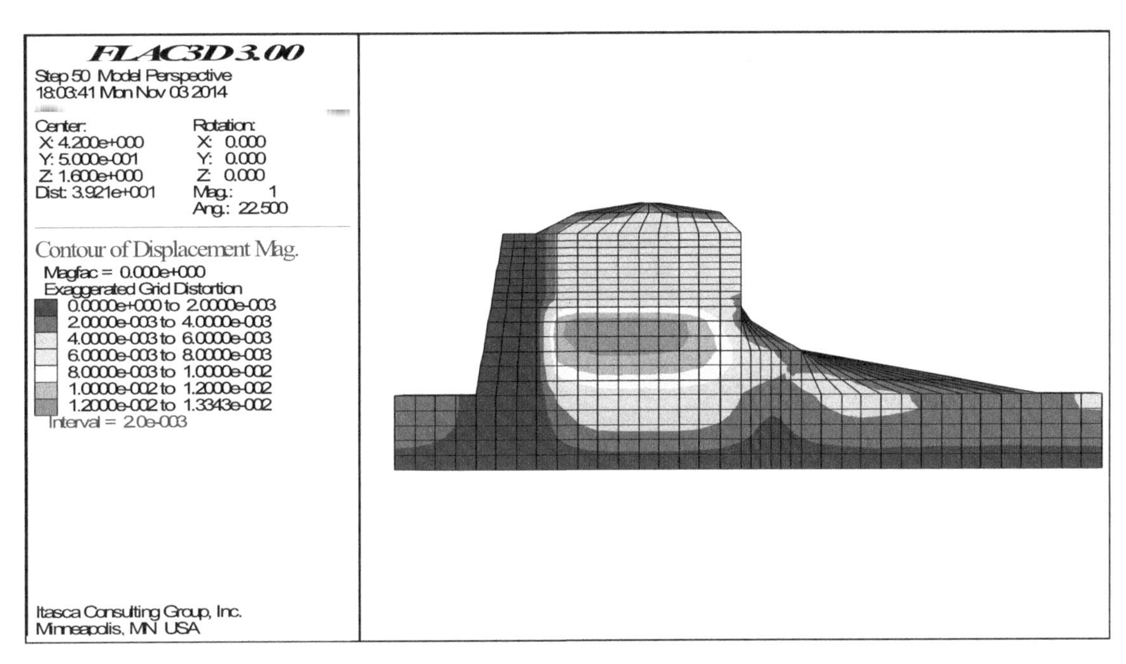

工况Ⅰ下东10-11剖面位移云图

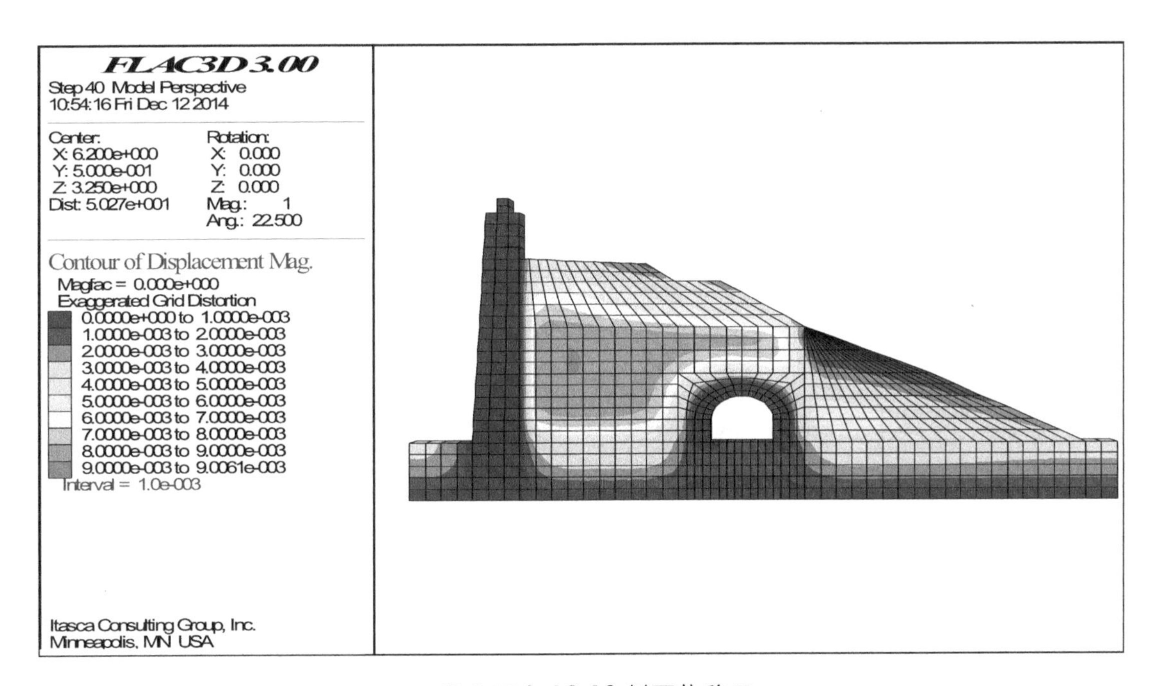

工况Ⅰ下东12-13剖面位移云

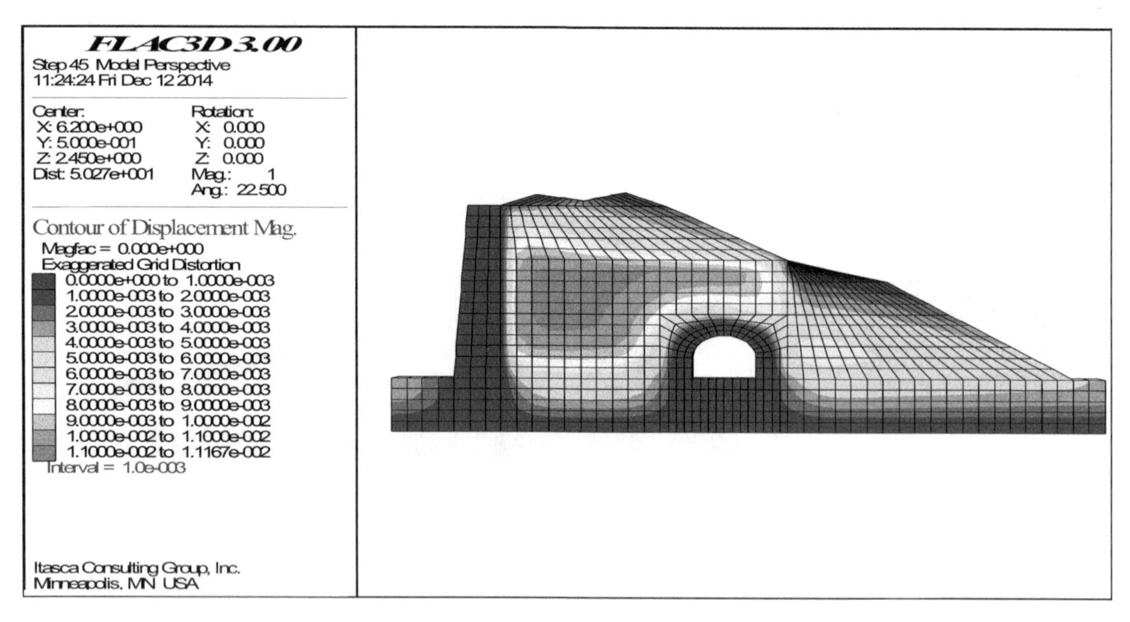

工况Ⅰ下东 18-19 剖面位移云图

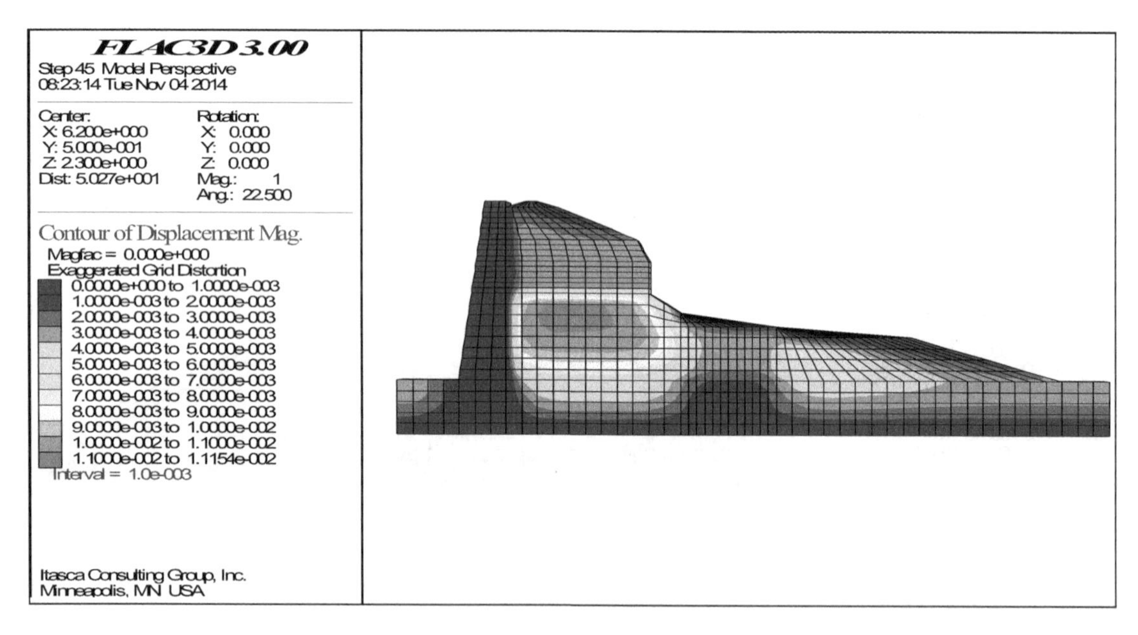

工况Ⅰ下东 23-24 剖面位移云

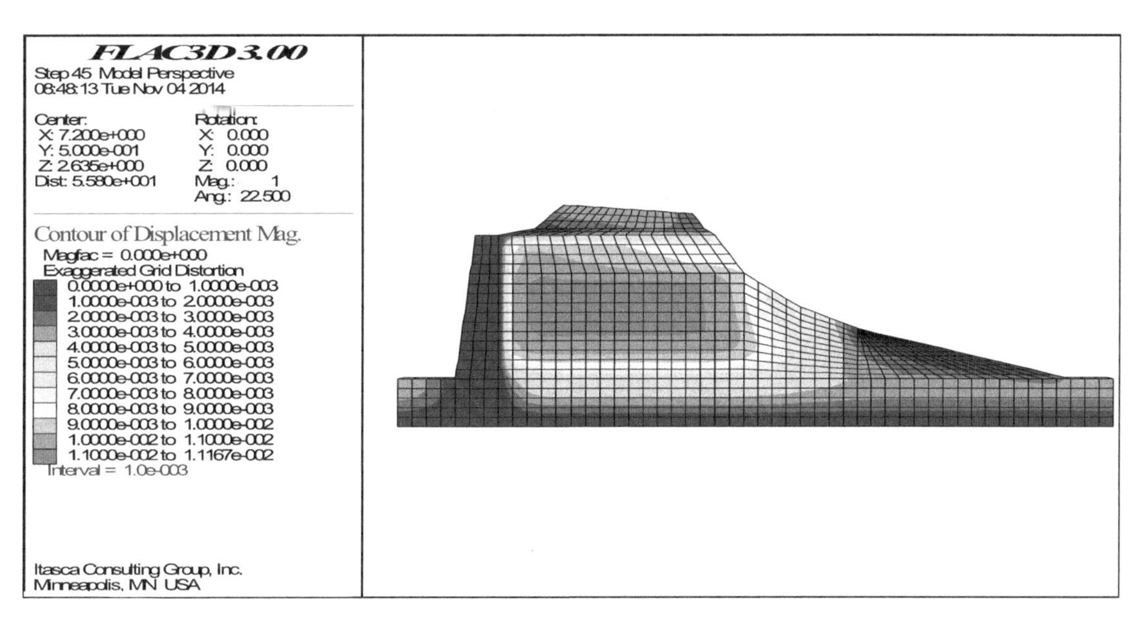

工况Ⅰ下东 30-31 剖面位移云图

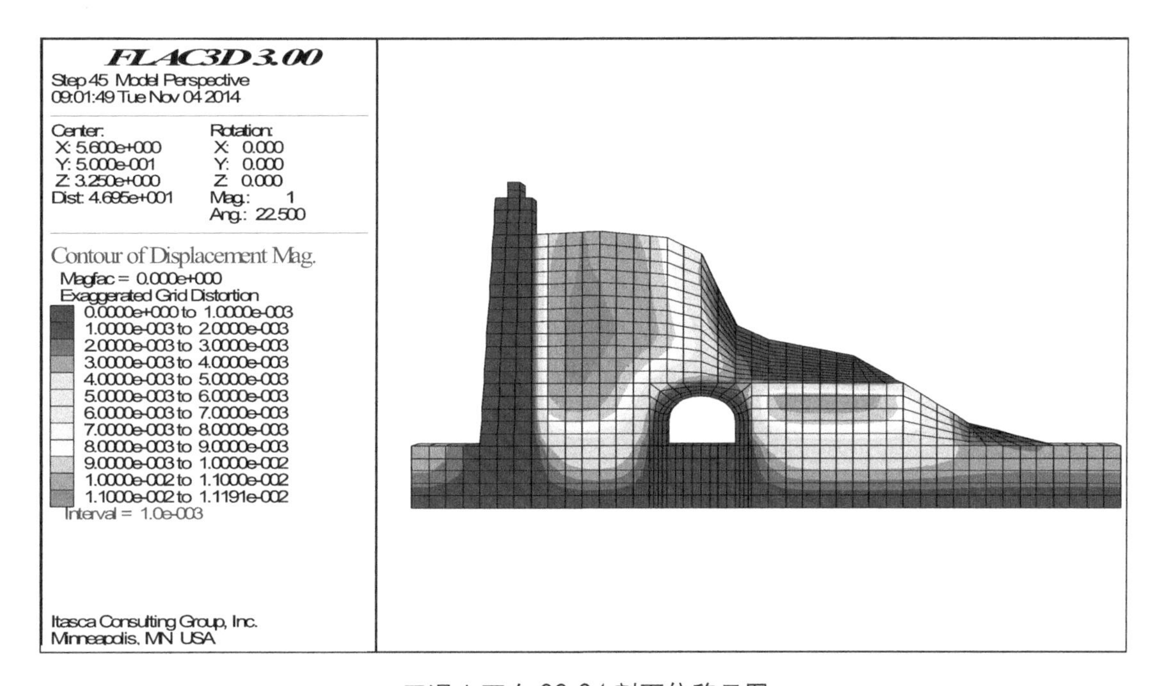

工况Ⅰ下东 33-34 剖面位移云图

从以上位移云图中可知：在工况Ⅰ的条件下，城墙墙体和防空洞墙体位移较小，处于稳定状态，城墙土坡的最大位移，在 8.9 ~ 13.7 毫米之间，位移不大，在土坡正常的变形范围内；边坡稳定安全系数为 1.08 ~ 1.28 之间，除北 05–06 剖面、北 12–13 剖面、北 20–21 剖面和东 01–02 剖面处于基本稳定状态以外，其他剖面均处于稳定状态，城墙安全。

具体结果如下表所示。

工况Ⅰ城墙边坡模拟运行结果

剖面	北 05–06	北 06–07	北 07–08	北 08–09	北 12–13	北 17–18	北 19–20	北 20–21
最大位移 / 毫米	9.1	9.1	8.9	13.4	11.2	11.1	11.1	13.7
安全系数	1.12	1.24	1.20	1.18	1.14	1.15	1.26	1.08
稳定性	基本稳定	稳定	稳定	稳定	基本稳定	稳定	稳定	基本稳定
剖面	东 01–02	东 04–05	东 10–11	东 12–13	东 18–19	东 23–24	东 30–31	东 33–34
最大位移 / 毫米	11.2	10.8	13.3	9.0	11.2	11.2	11.2	11.2
安全系数	1.14	1.16	1.16	1.28	1.22	1.18	1.17	1.21
稳定性	基本稳定	稳定	稳定	稳定	稳定	稳定	稳定	稳定

3.4.2 工况Ⅱ

考虑自重 +20 年一遇暴雨情况下，城墙和边坡的变形情况如下图所示：

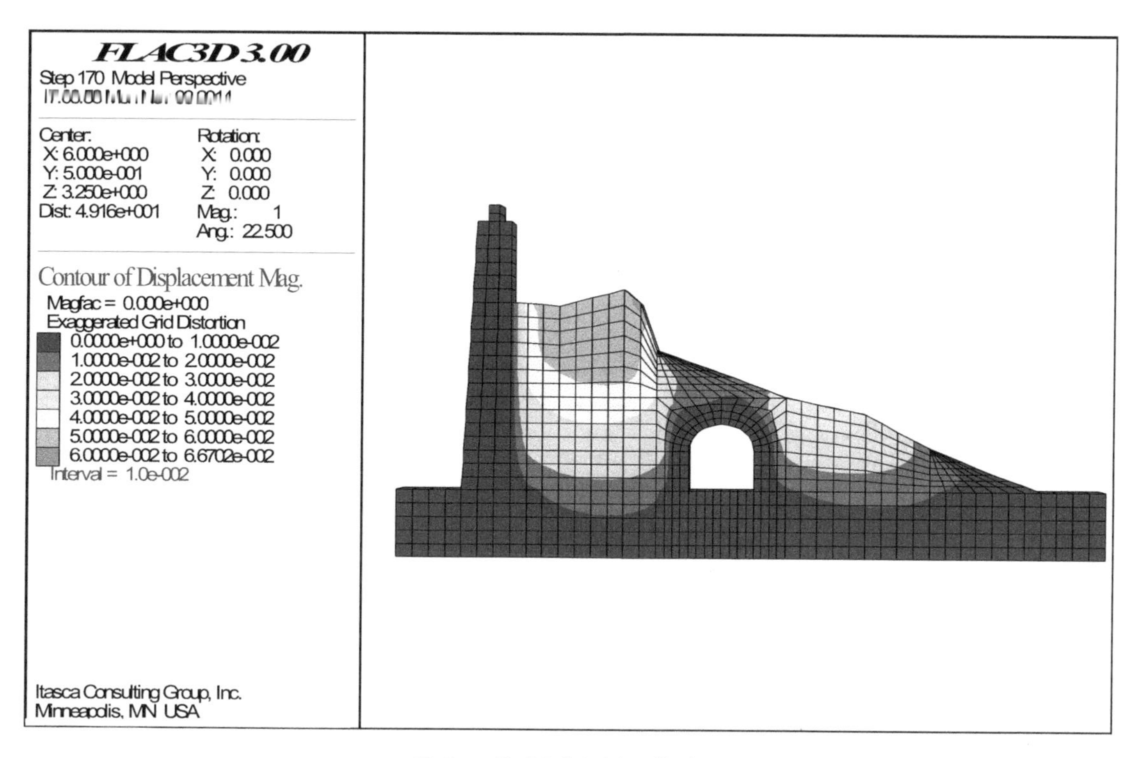

工况 II 下北 05-06 剖面位移云图

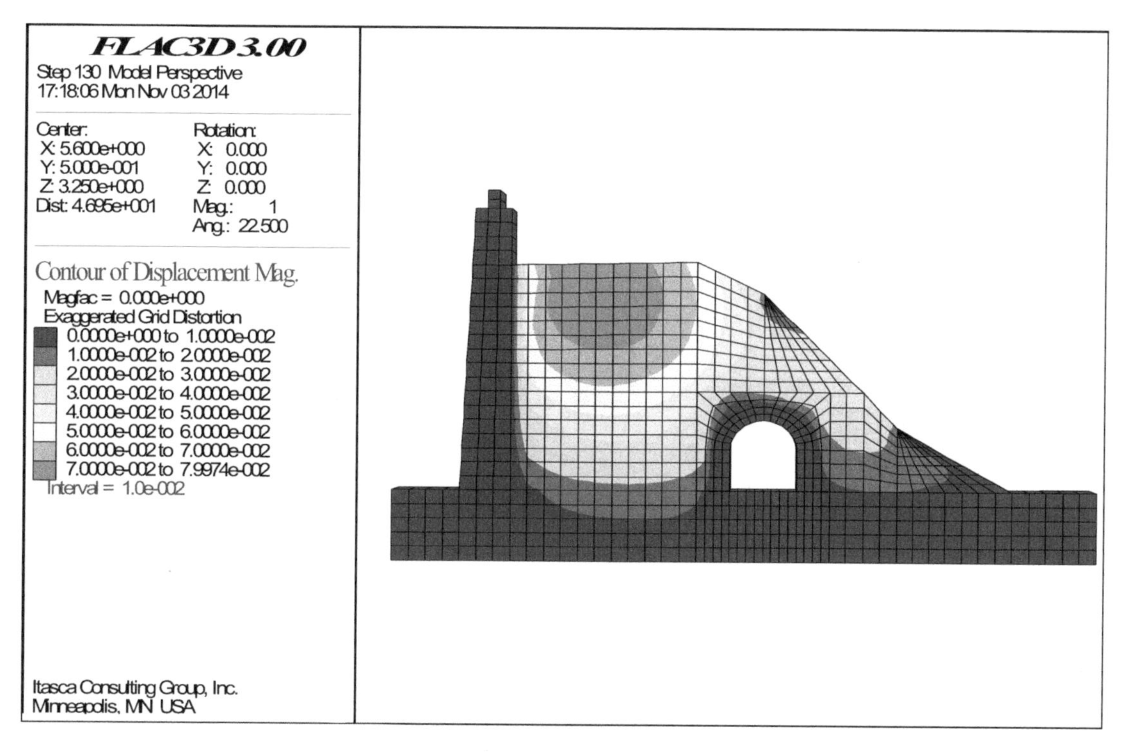

工况 II 下北 06-07 剖面位移云图

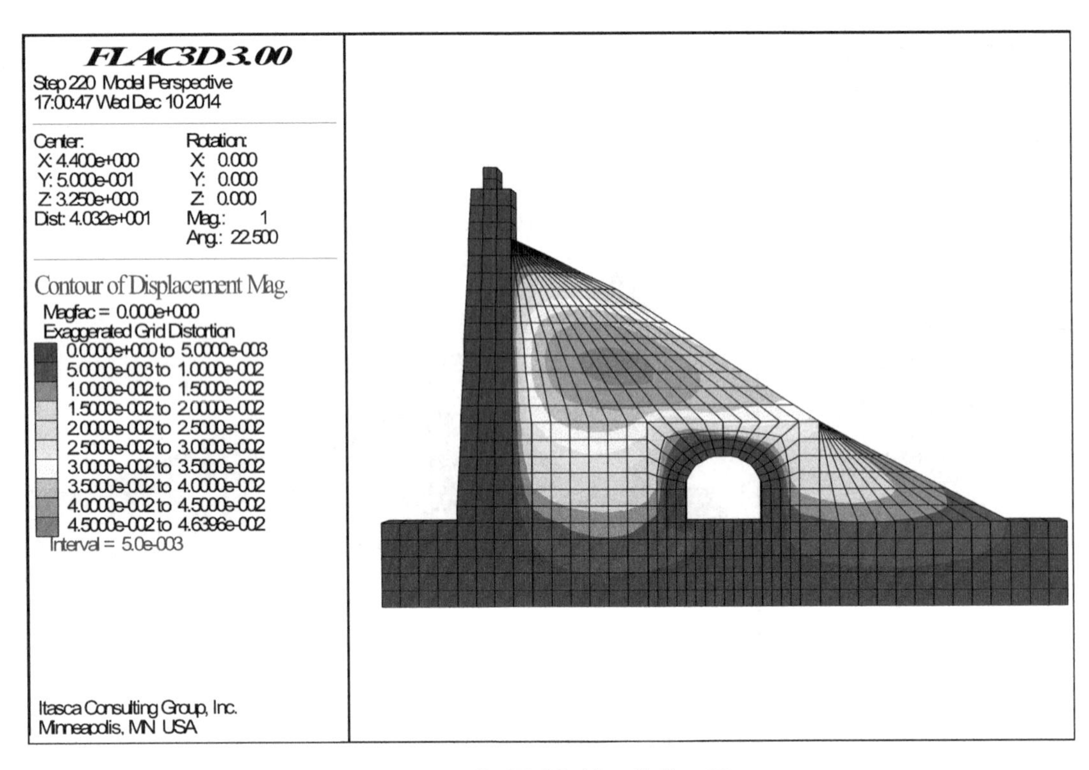

工况 II 下北 07-08 剖面位移云图

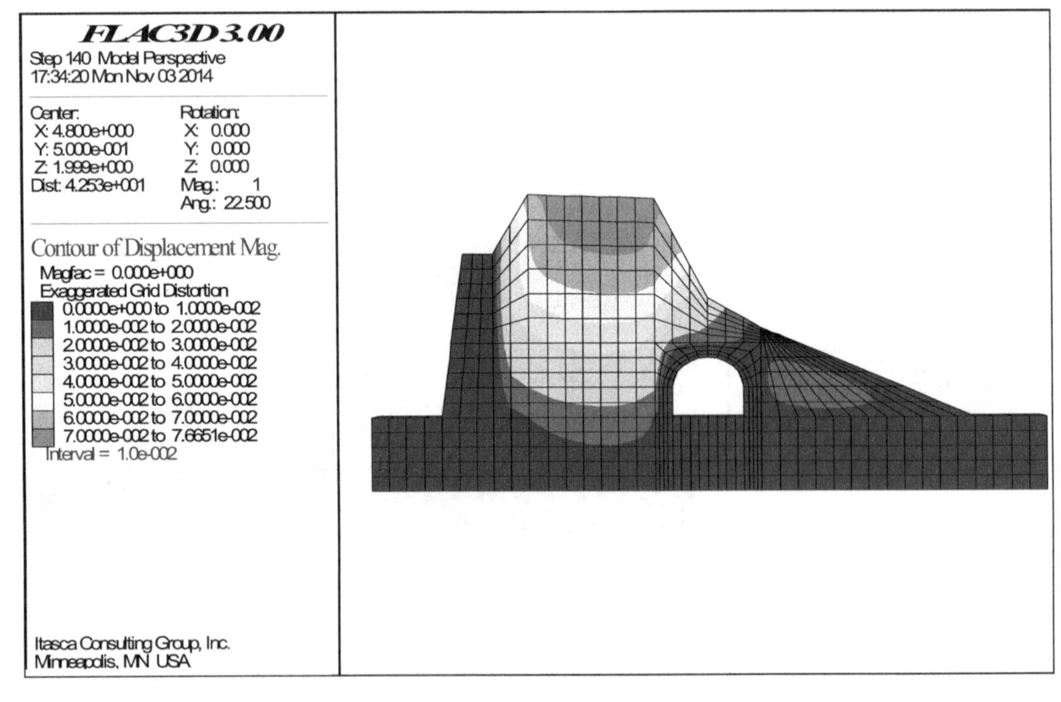

工况 II 下北 08-09 剖面位移

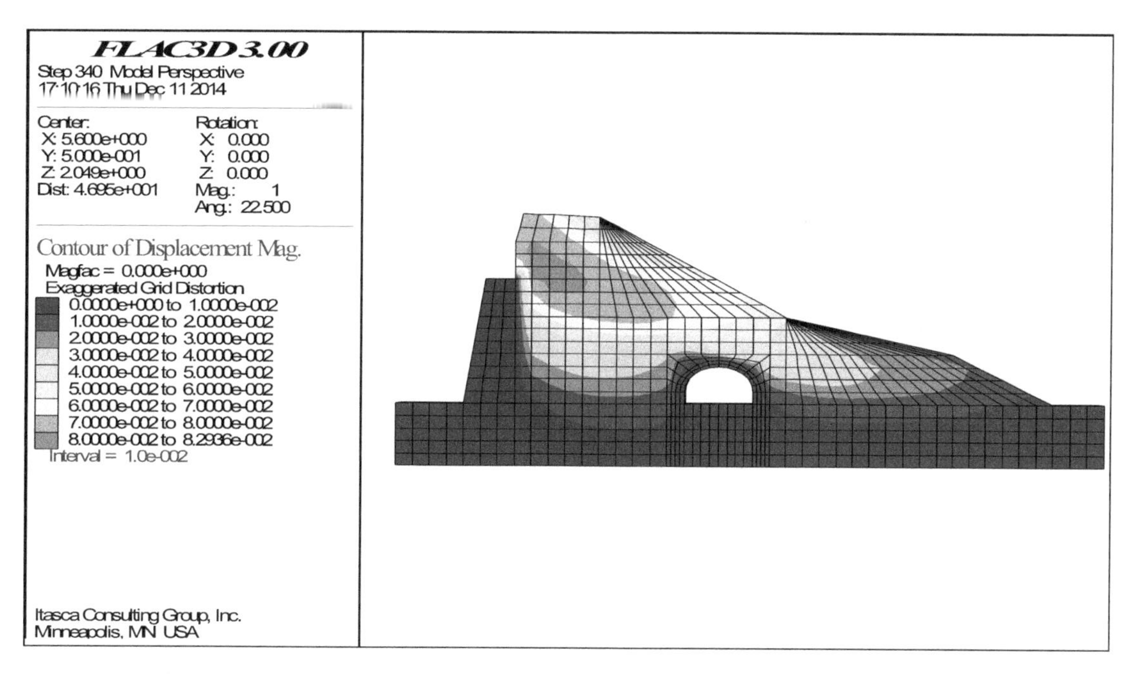

工况Ⅱ下北 12-13 剖面位移云图

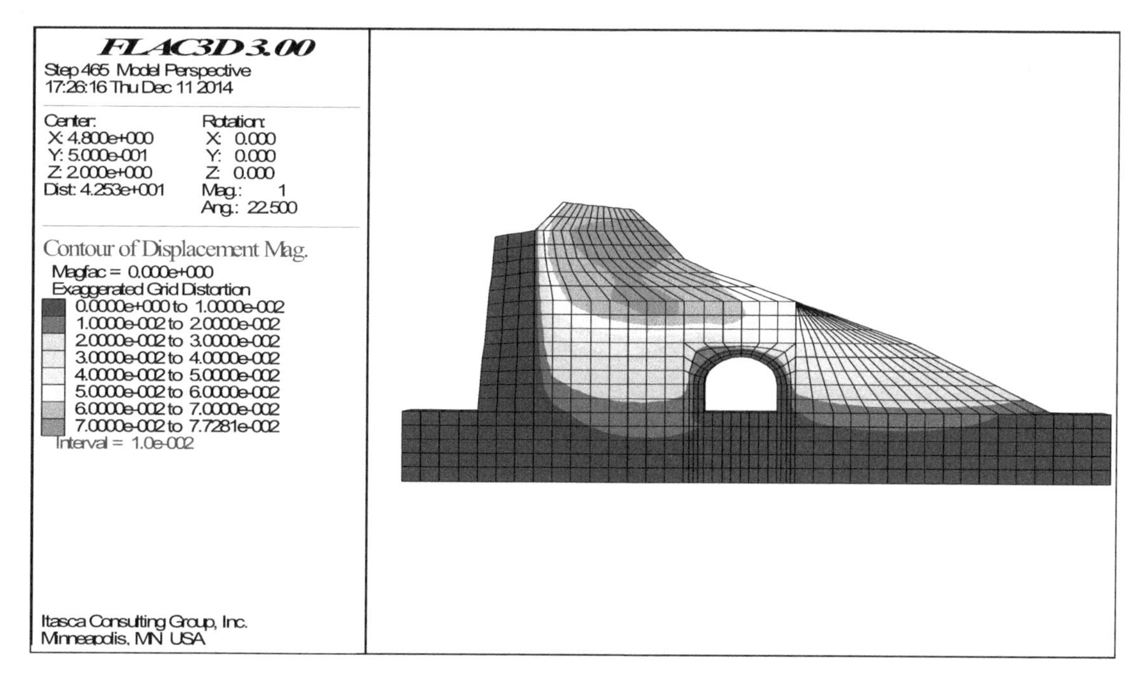

工况Ⅱ下北 17-18 剖面位移

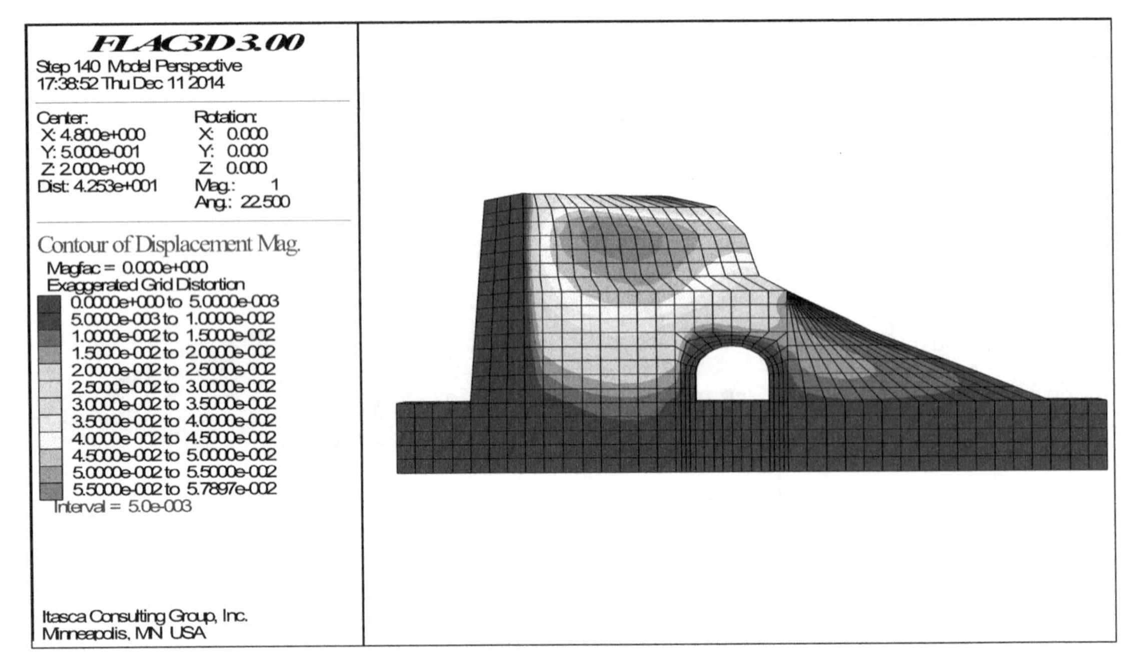

工况 II 下北 19-20 剖面位移云图

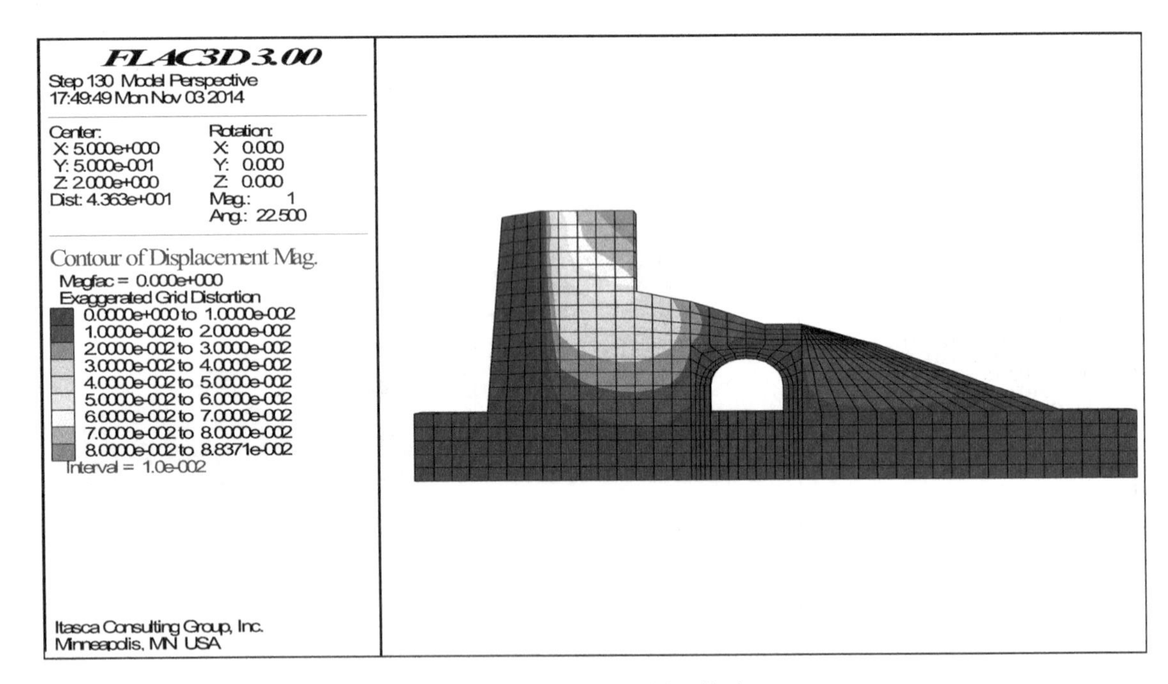

工况 II 下北 20-21 剖面位移

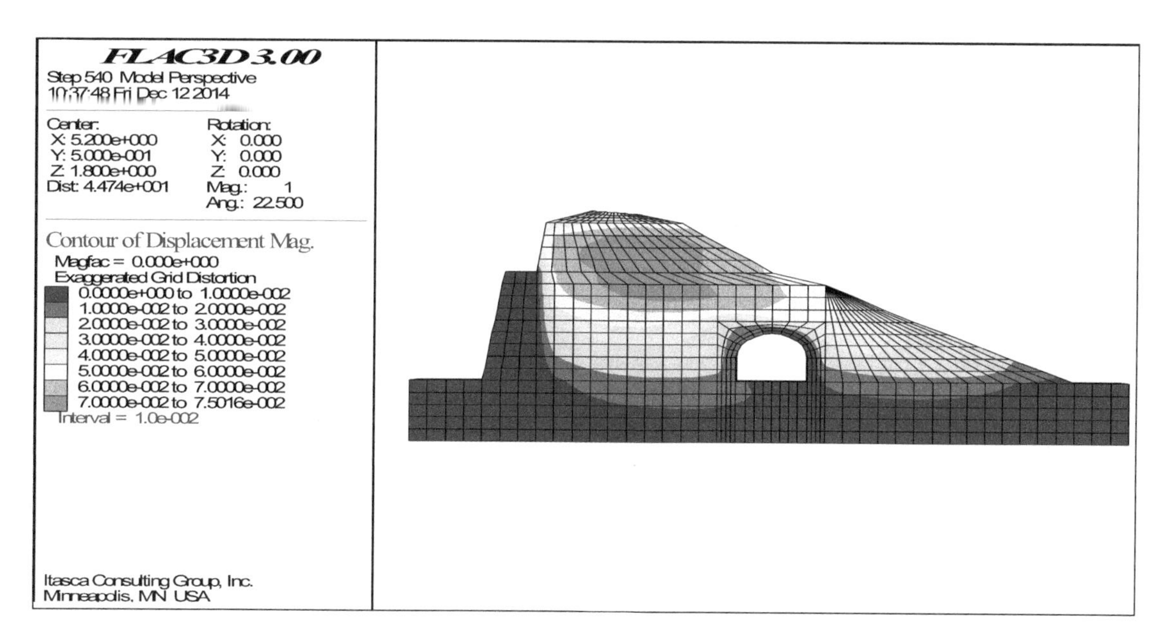

工况Ⅱ下东 01-02 剖面位移云图

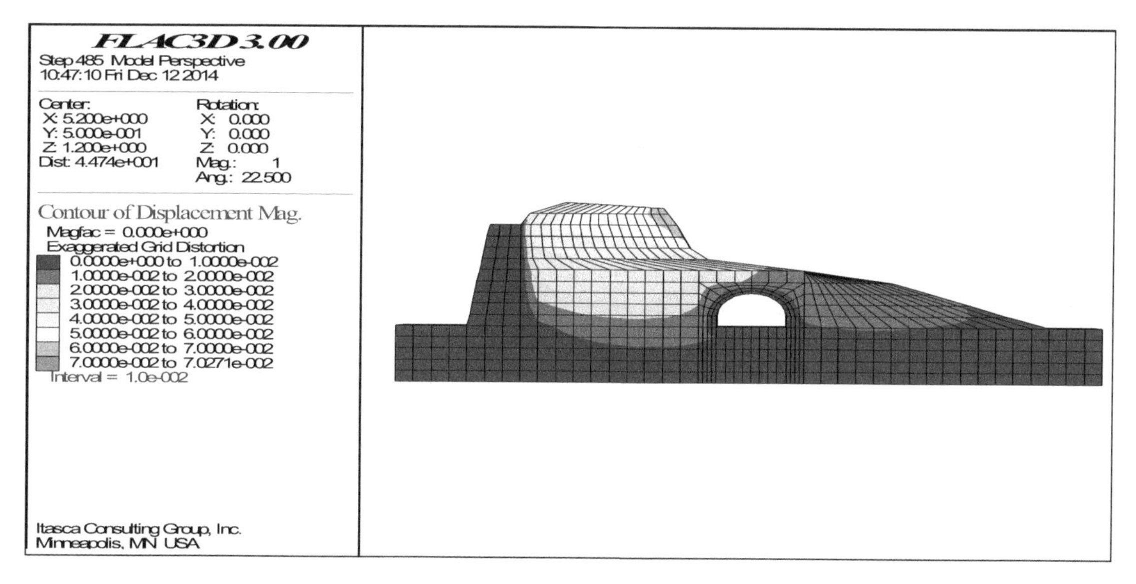

工况Ⅱ下东 04-05 剖面位移云图

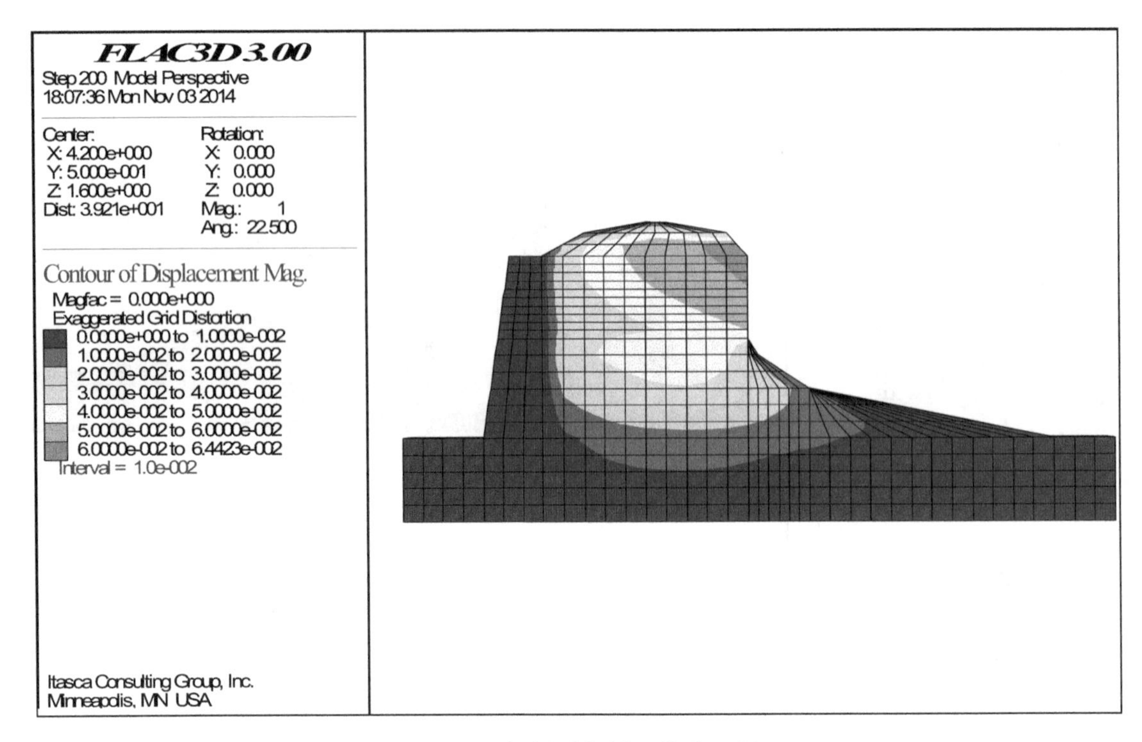

工况Ⅱ下东 10-11 剖面位移云图

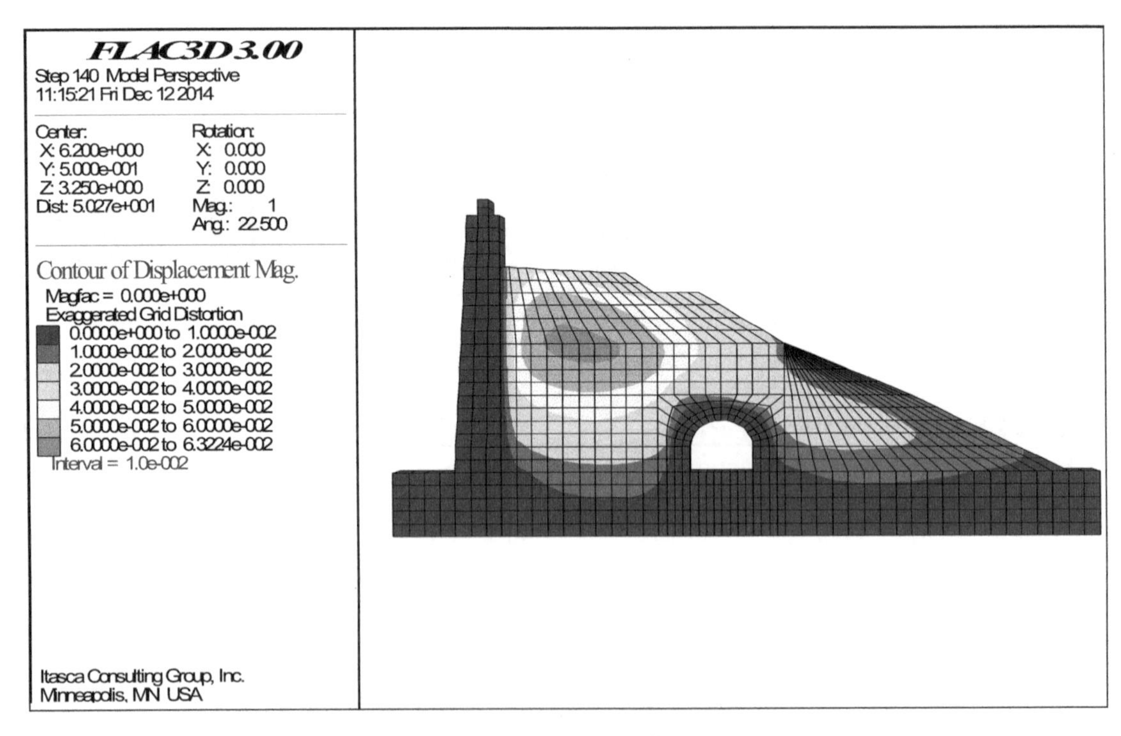

工况Ⅱ下东 12-13 剖面位移云图

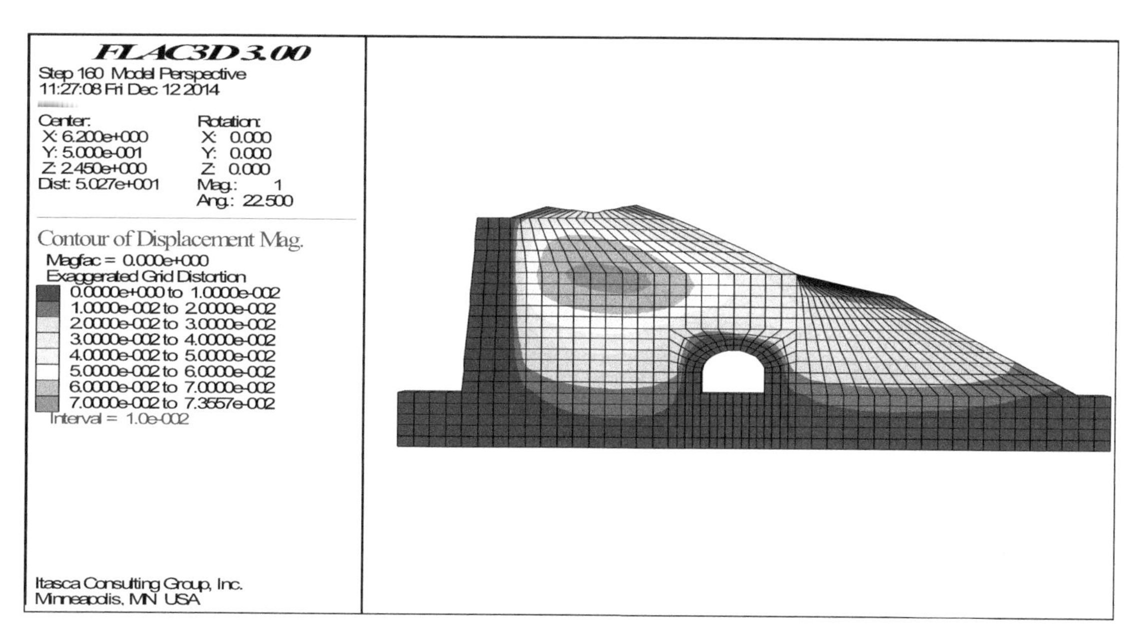

工况 II 下东 18-19 剖面位移云图

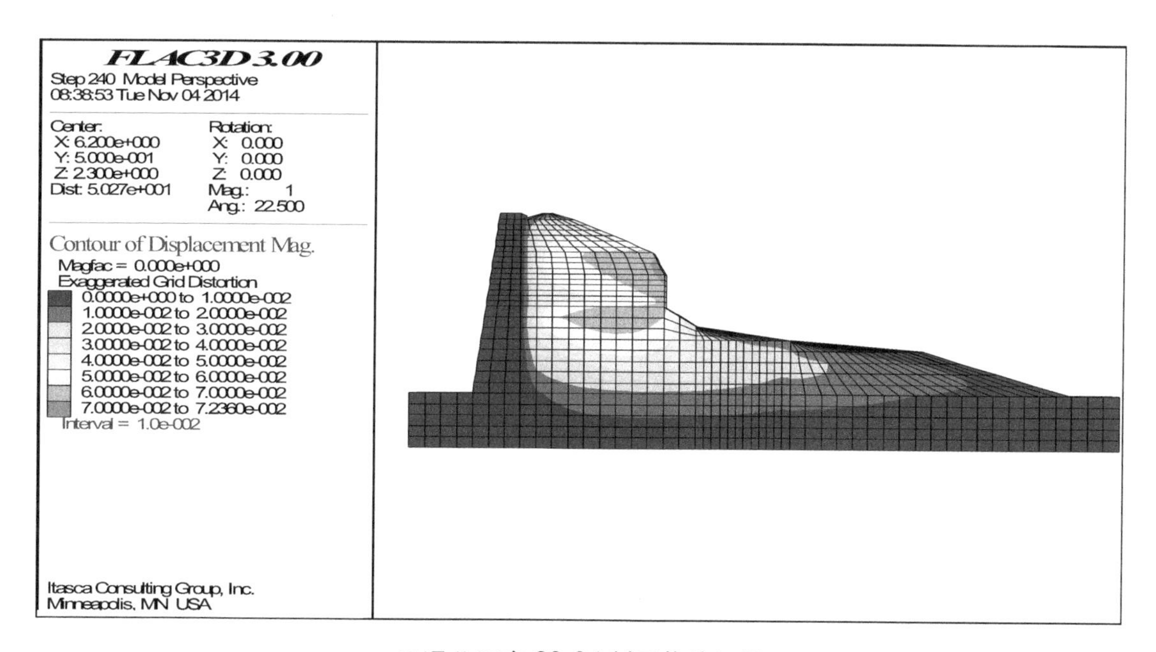

工况 II 下东 23-24 剖面位移云图

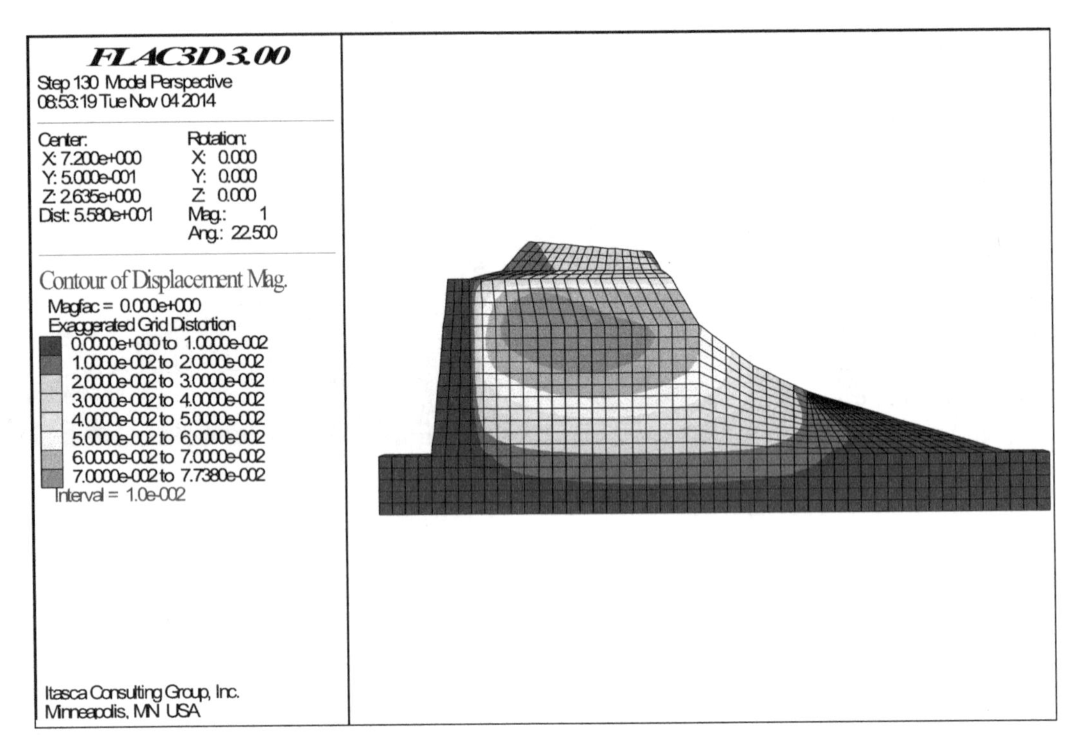

工况 II 下东 30-31 剖面位移云图

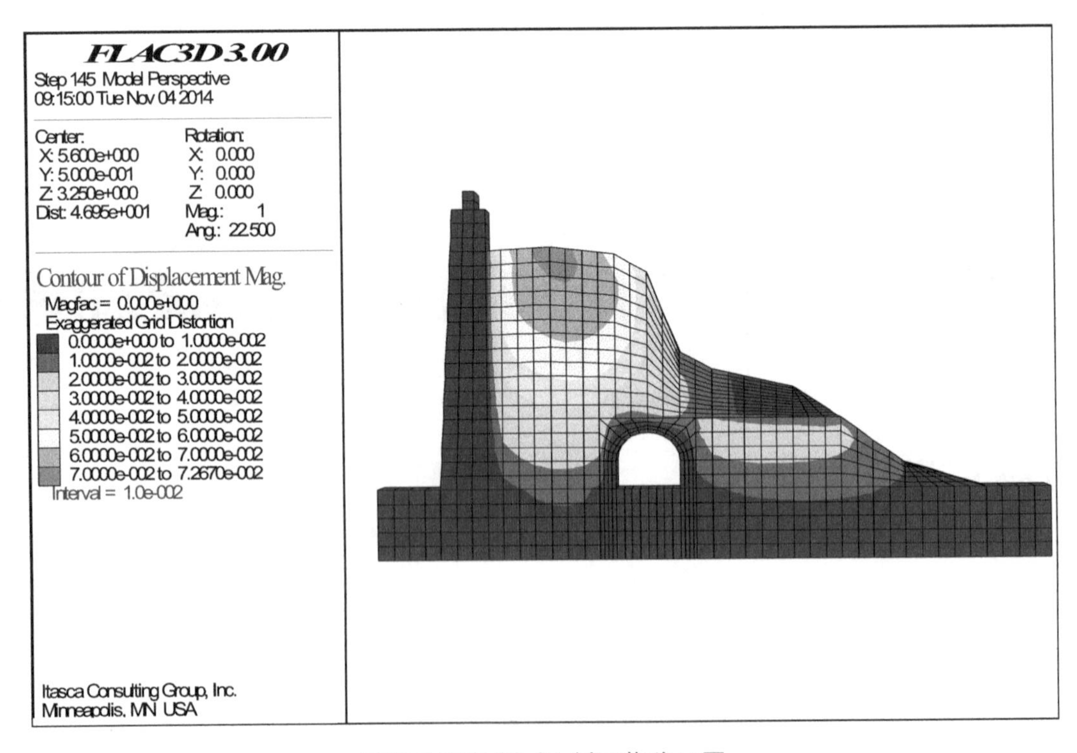

工况 II 下东 33-34 剖面位移云图

从图位移云图中可知：在工况Ⅱ自重加20年一遇暴雨的条件下，城墙墙体的位移相对较小。城墙土的位移较大，其中北20–21剖面位移最大，达到88.4毫米，如位移云图所示，橙色和棕色部分为可能发生滑塌的部分，城墙边坡稳定安全系数为0.94，表示在此工况下边坡失稳，将产生边坡滑塌；北05–06剖面、北08–09剖面、北12–13剖面、北17–18剖面、东04–05剖面、东10–11剖面、东23–24剖面和东30–31剖面位移分别为66.7毫米、76.7毫米、82.9毫米、77.3毫米、70.3毫米、64.4毫米、72.4毫米和77.4毫米，边坡稳定安全系数为0.97、0.96、0.96、0.97、0.98、0.96、0.96和0.98，边坡处于不稳定状态，在暴雨发生时，可能发生边坡滑塌，威胁城墙和防空洞安全；其中北08–09剖面、北17–18剖面和东10–11剖面可观察到明显的滑移面，北20–21剖面、东04–05剖面、东10–11剖面和东23–24剖面可观察到明显的潜在滑动体，在暴雨发生时，边坡会延潜在滑动面发生滑移，滑动体塌落。北06–07剖面、北07–08剖面、北19–20剖面和东18–19剖面稳定性系数均大于1.05，边坡处于基本稳定状态。东01–02剖面和东33–34剖面稳定性系数均于1.02，边坡处于欠稳定状态。

具体计算结果如下表。

工况Ⅱ城墙边坡模拟运行结果

剖面	北05–06	北06–07	北07–08	北08–09	北12–13	北17–18	北19–20	北20–21
最大位移/毫米	66.7	80.0	46.4	76.7	82.9	77.3	57.9	88.4
安全系数	0.97	1.10	1.12	0.96	0.96	0．97	1.08	0.94
稳定性	不稳定	基本稳定	基本稳定	不稳定	不稳定	不稳定	基本稳定	不稳定
剖面	东01–02	东04–05	东10–11	东12–13	东18–19	东23–24	东30–31	东33–34
最大位移/毫米	75.0	70.3	64.4	63.2	73.5	72.4	77.4	72.7
安全系数	1.02	0.98	0.96	1.15	1.08	0．96	0.98	1.02
稳定性	欠稳定	不稳定	不稳定	稳定	基本稳定	不稳定	不稳定	欠稳定

3.4.3 工况Ⅲ

考虑自重+地震作用情况下，城墙和边坡的变形情况如图所示：

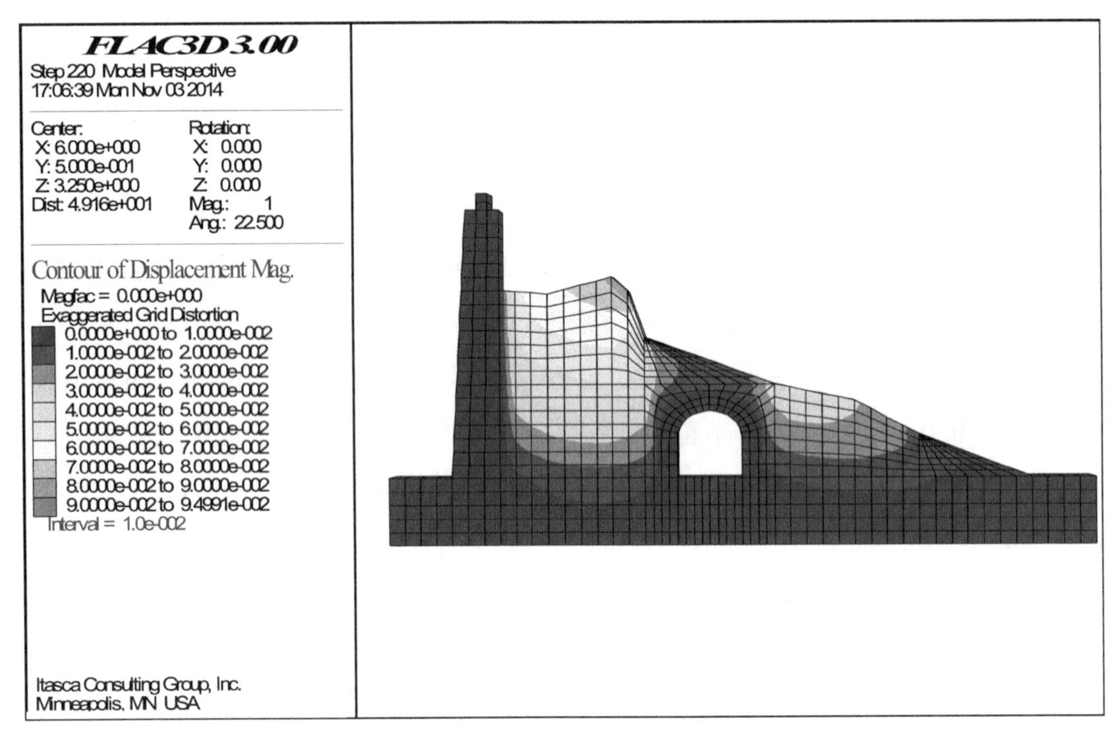

工况Ⅲ下北 05-06 剖面位移云图

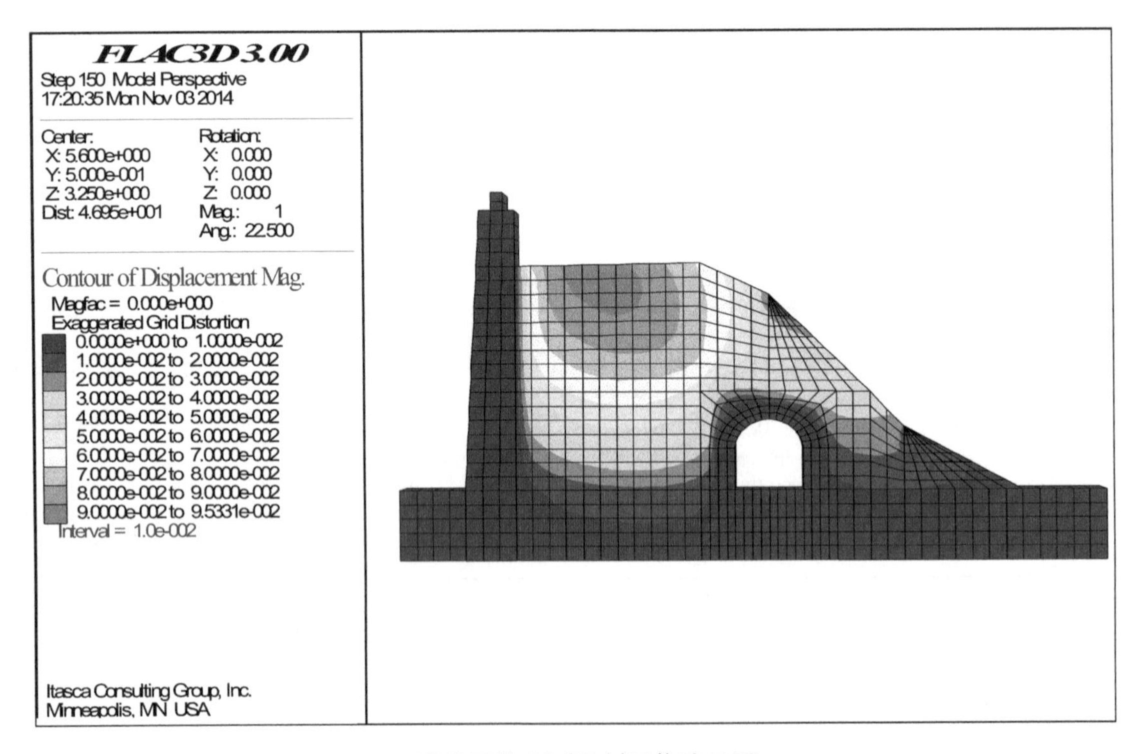

工况Ⅲ下北 06-07 剖面位移云图

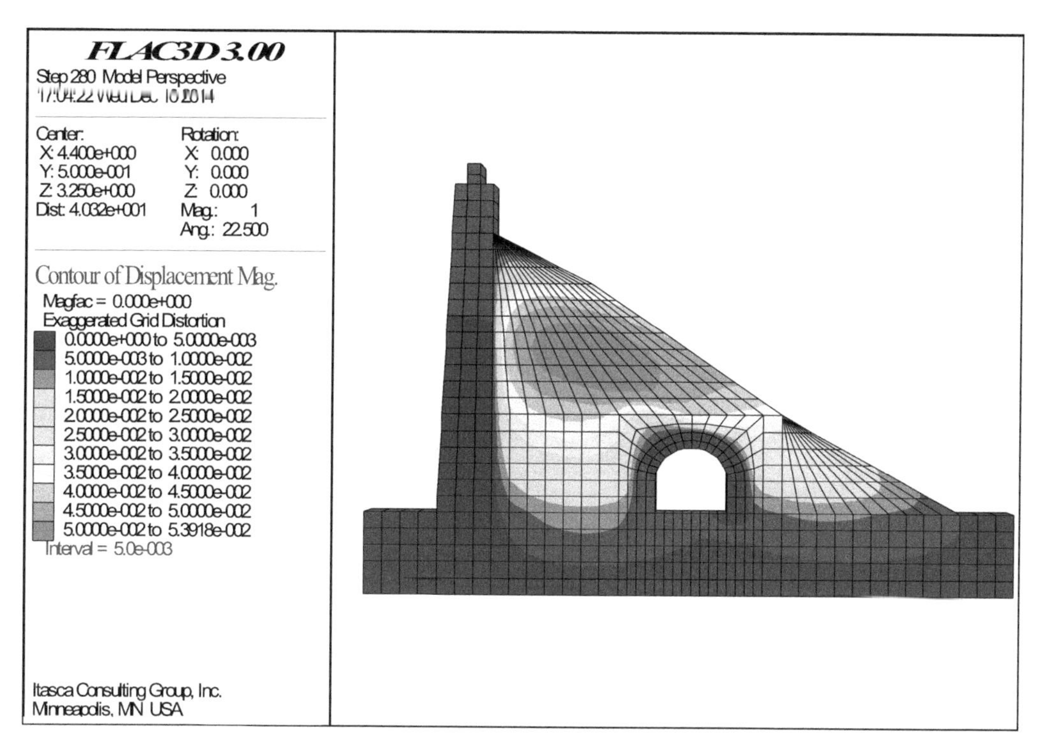

工况Ⅲ下北 07-08 剖面位移云图

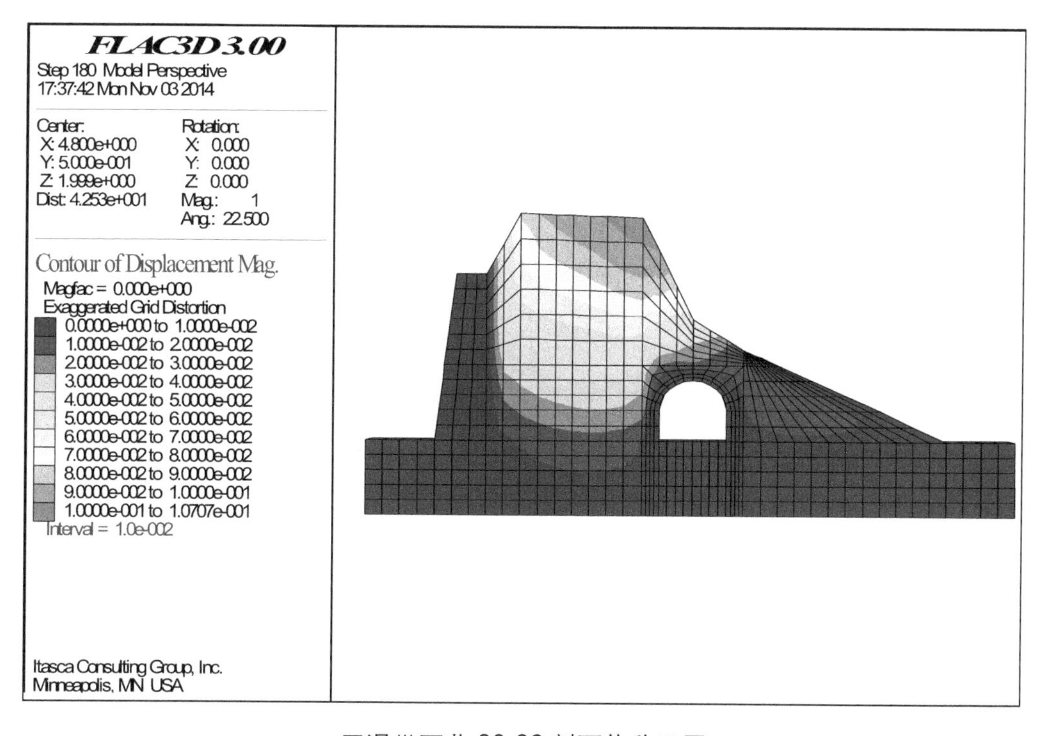

工况Ⅲ下北 08-09 剖面位移云图

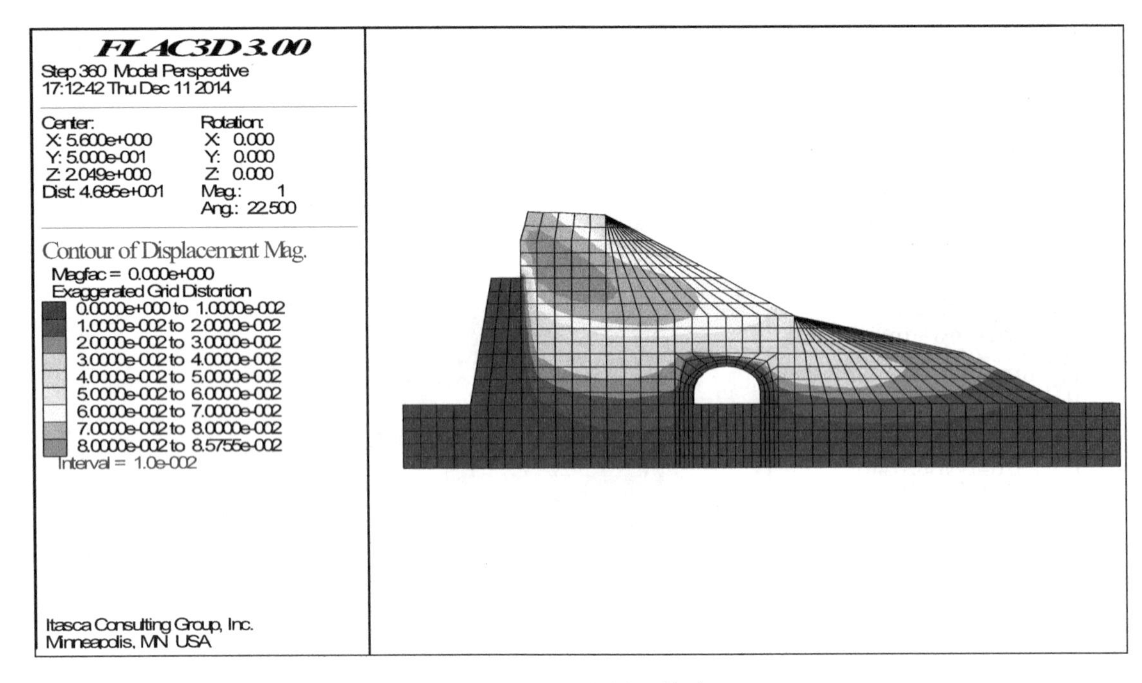

工况Ⅲ下北 12-13 剖面位移云图

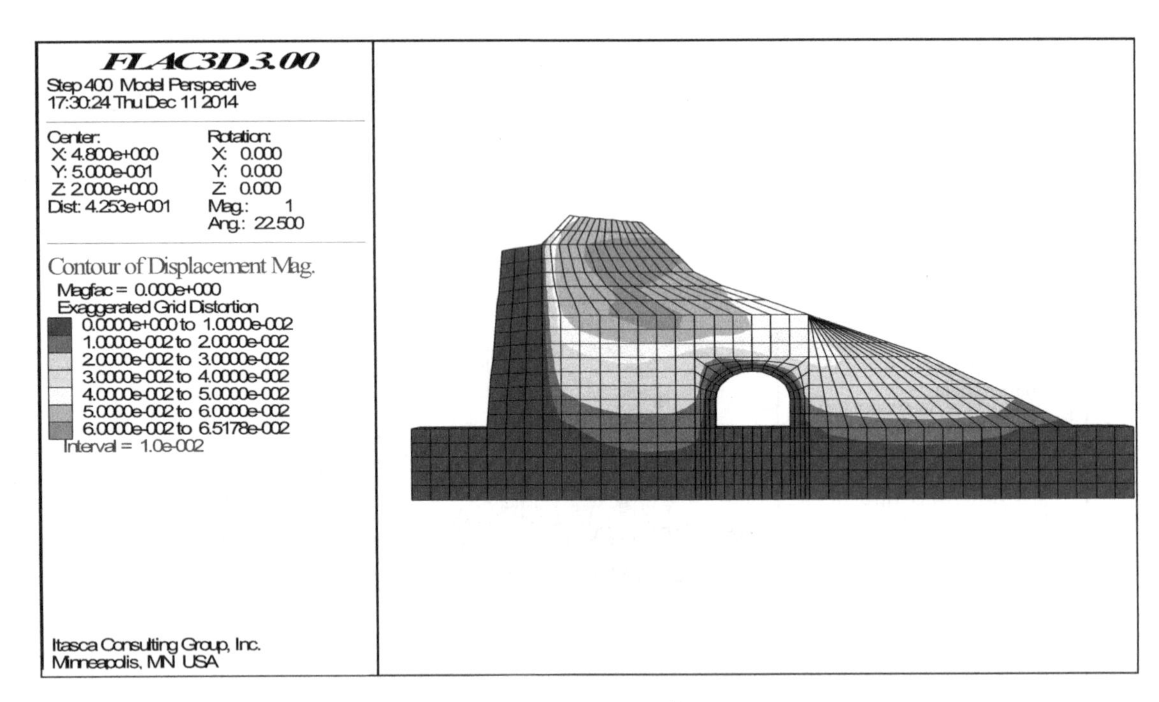

工况Ⅲ下北 17-18 剖面位移云图

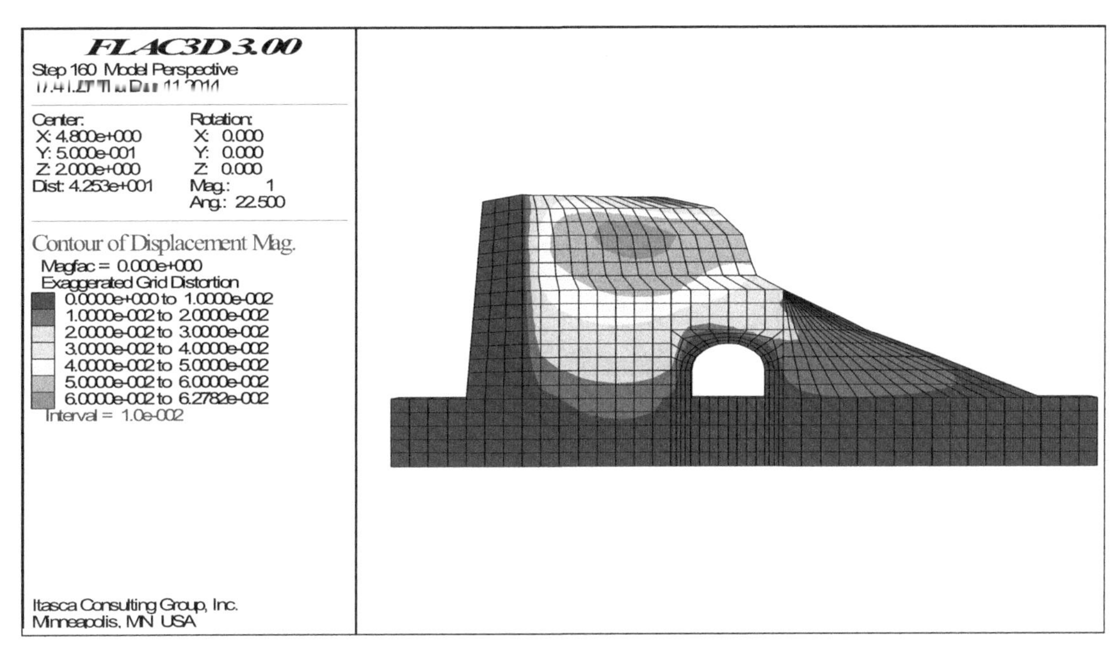

工况Ⅲ下北 19-20 剖面位移云图

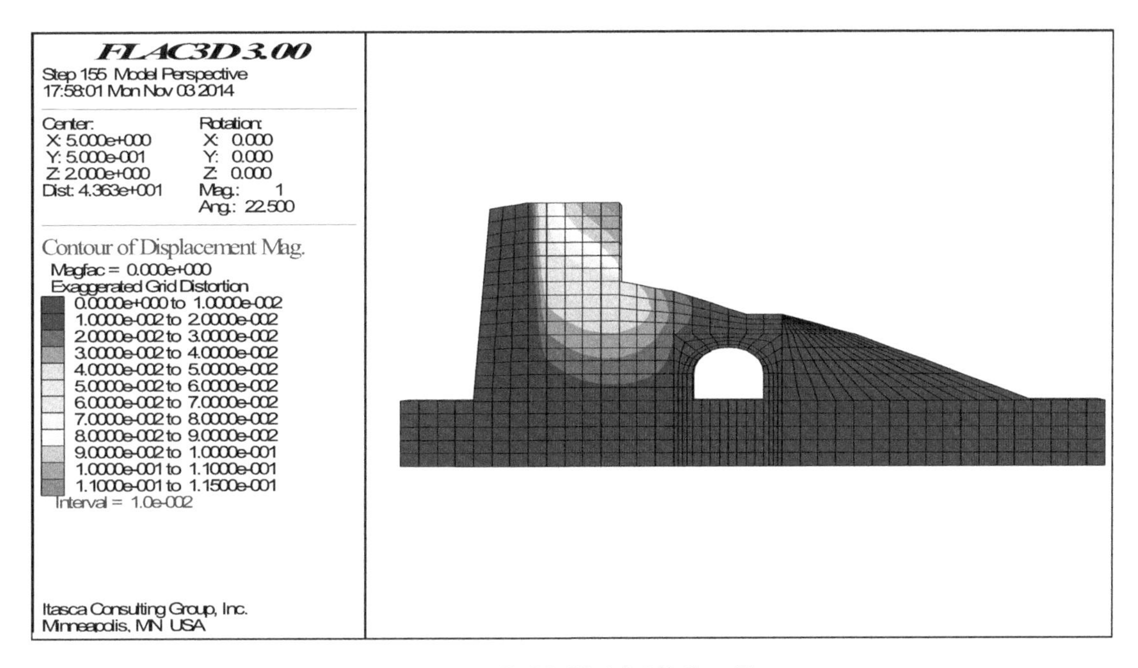

工况Ⅲ下北 20-21 剖面位移云图

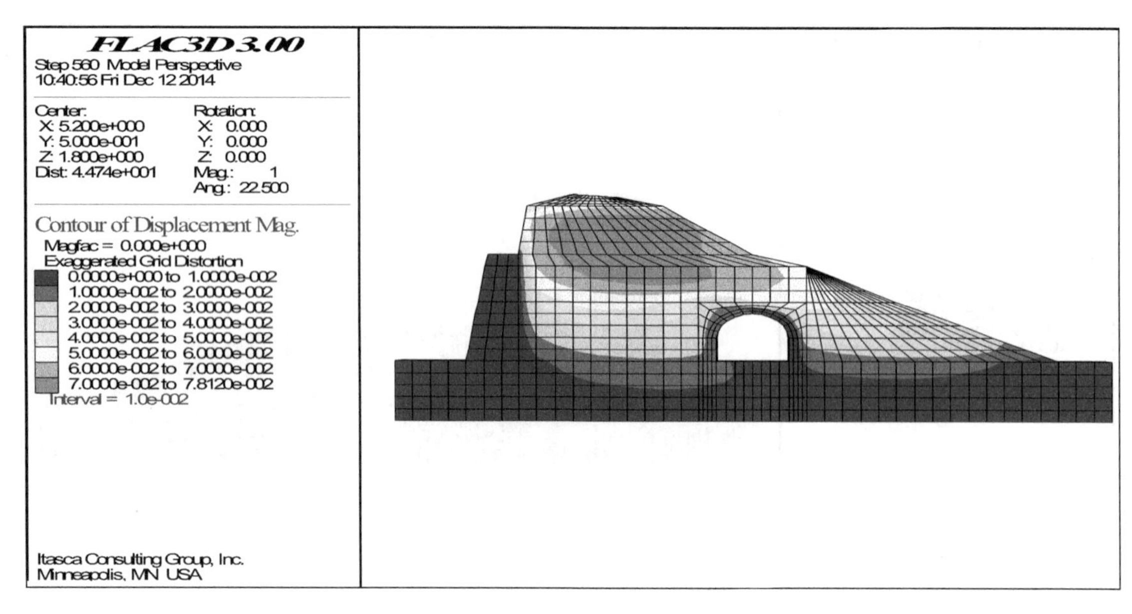

工况Ⅲ下东 01-02 剖面位移云图

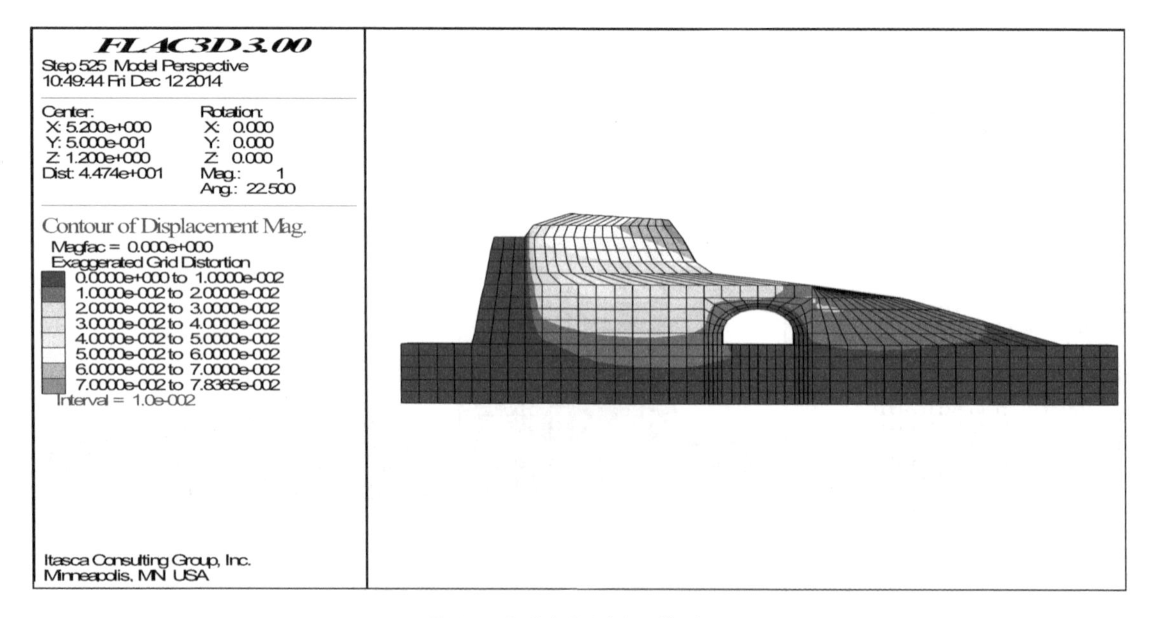

工况Ⅲ下东 04-05 剖面位移云图

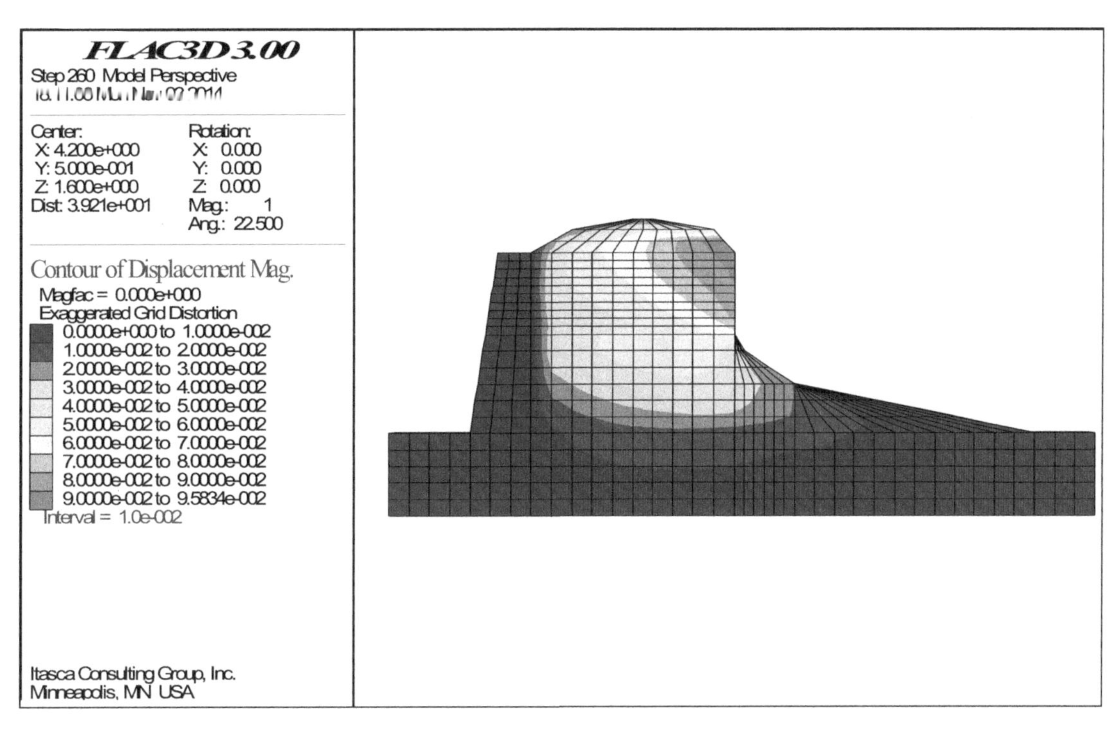

工况Ⅲ下东 10-11 剖面位移云图

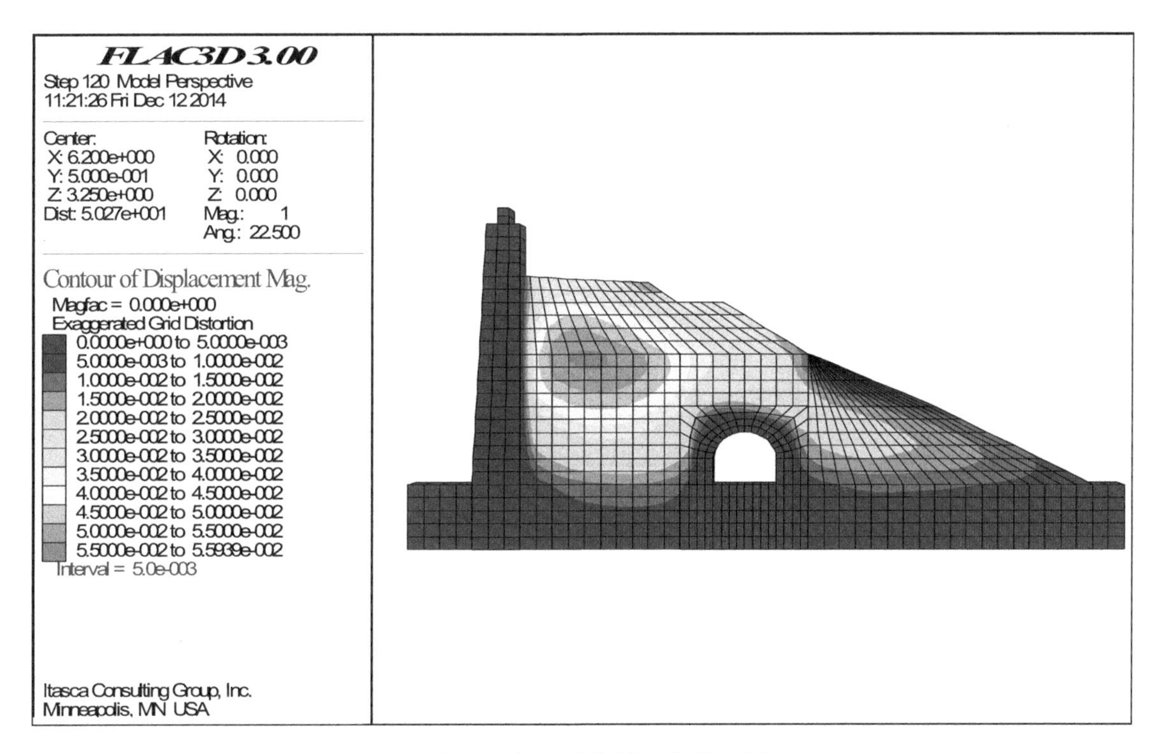

工况Ⅲ下东 12-13 剖面位移云图

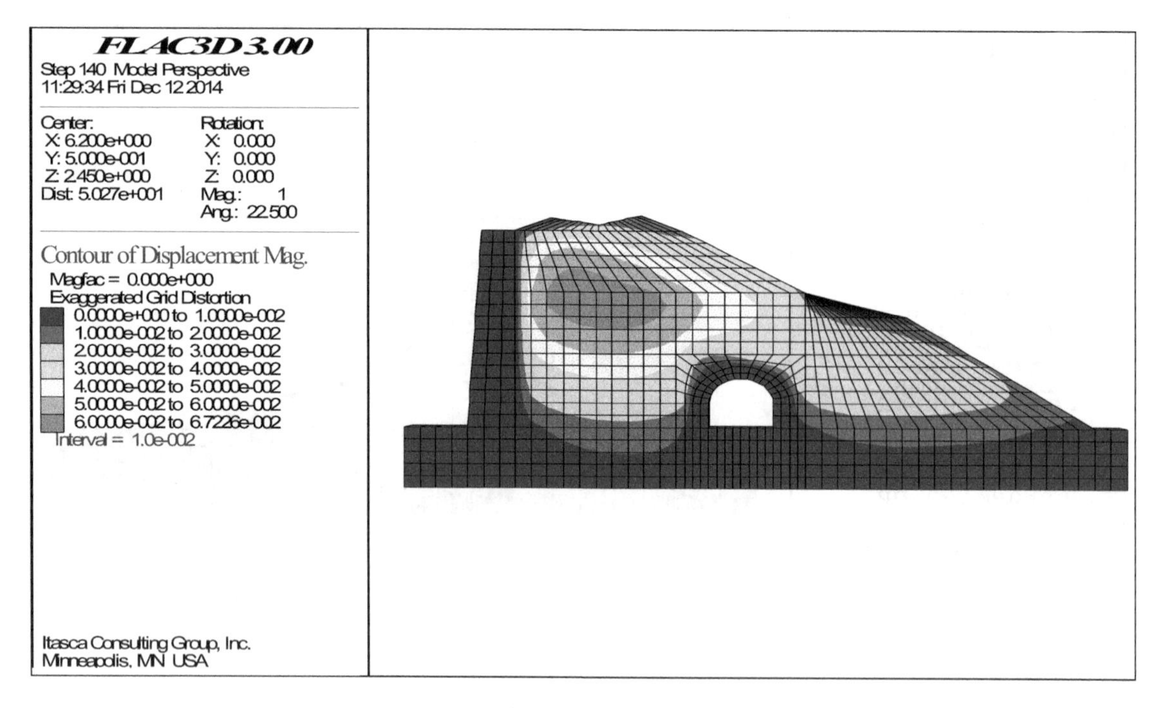

工况Ⅲ下东 18-19 剖面位移云图

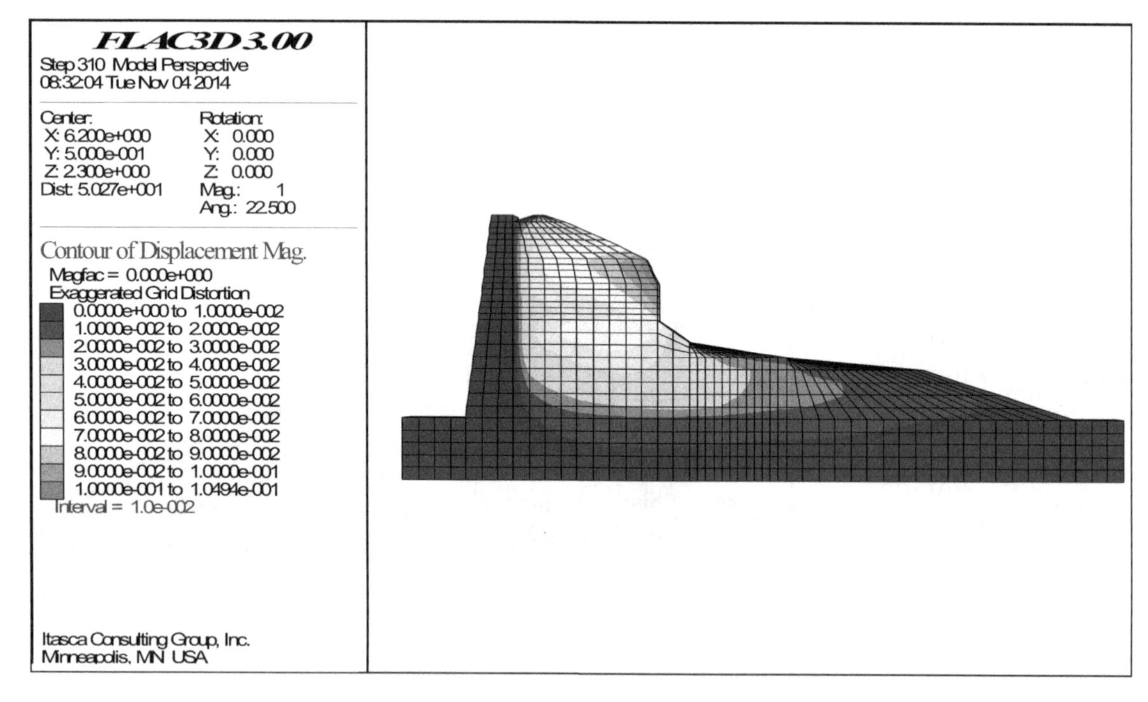

工况Ⅲ下东 23-24 剖面位移云图

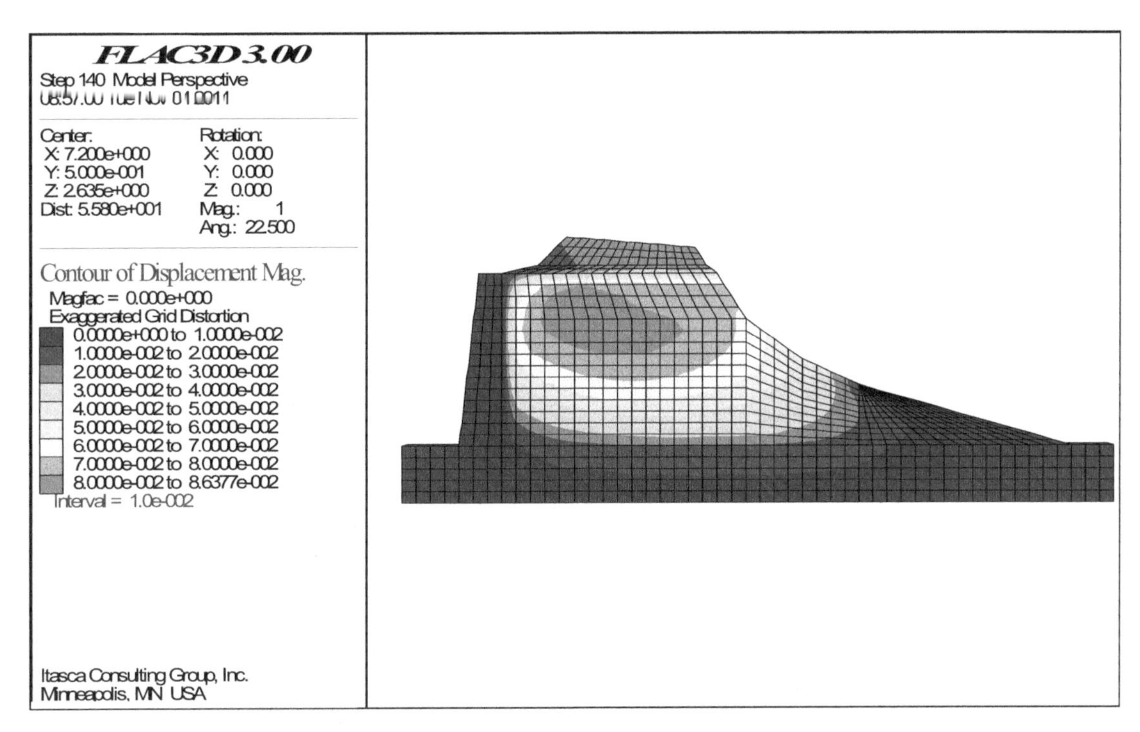

工况Ⅲ下东 30-31 剖面位移云图

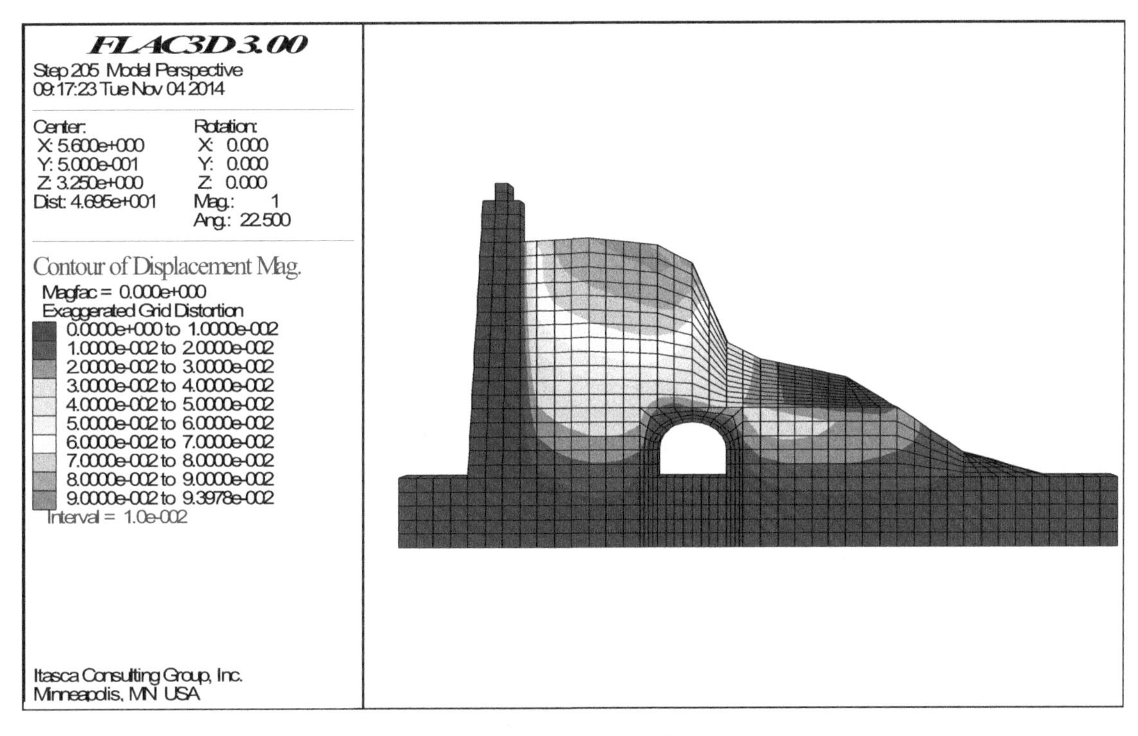

工况Ⅲ下东 33-34 剖面位移云图

从图位移云图中可知：在工况Ⅲ自重加地震条件下，城墙土的位移较大，其中北20-21剖面位移最大，达到115.0毫米，城墙边坡稳定安全系数为0.93，表示在此工况下边坡失稳，将产生边坡滑塌；北05-06剖面、北08-09剖面、北17-18剖面、东04-05剖面、东10-11剖面、东23-24剖面、东30-31剖面和东33-34剖面位移分别为95.0毫米、107.1毫米、65.2毫米、78.4毫米、95.8毫米、104.9毫米、86.4毫米和94.0毫米，边坡稳定安全系数为0.97、0.95、0.98、0.98、0.93、0.92、0.95和0.96，边坡存在明显的潜在滑移体，在地震发生时，会发生表层滑动；北06-07剖面和东30-31剖面会发生大面积的土体整体位移，对城墙和防空洞支护产生很大的推力，威胁城墙和防空洞的安全。东12-13剖面位移为55.9毫米，稳定性系数为1.18，边坡处于稳定状态，此时城墙和防空洞均为安全。北07-08剖面、北19-20剖面和东18-19剖面的稳定性系数均大于1.05，土坡处于基本稳定状态。北06-07剖面、北12-13剖面和东01-02剖面的稳定性系数在1.0 ~ 1.05之间，处于欠稳定状态。

具体结果如表4.12。

工况Ⅲ城墙边坡模拟运行结果

剖面	北05-06	北06-07	北07-08	北08-09	北12-13	北17-18	北19-20	北20-21
最大位移/毫米	95.0	95.3	53.9	107.1	85.8	65.2	62.8	115.0
安全系数	0.97	1.02	1.08	0.95	1.00	0.98	1.05	0.93
稳定性	不稳定	欠稳定	基本稳定	不稳定	欠稳定	不稳定	基本稳定	不稳定
剖面	东01-02	东04-05	东10-11	东12-13	东18-19	东23-24	东30-31	东33-34
最大位移/毫米	78.1	78.4	95.8	55.9	67.2	104.9	86.4	94.0
安全系数	1.02	0.98	0.93	1.18	1.12	0.92	0.95	0.96
稳定性	欠稳定	不稳定	不稳定	稳定	基本稳定	不稳定	不稳定	不稳定

从以上分析可知，不稳定土坡存在临空面。

在工况Ⅰ（自然状态）的情况下，16个剖面中4个剖面处于基本稳定状态，其余剖面均处于稳定状态。

在工况Ⅱ（自重+20年一遇降雨）的情况下，北05-06剖面、北08-09剖面、北12-13剖面、北17-18剖面、北20-21剖面、东04-05剖面、东10-11剖面、东

23-24 剖面和东 30-31 剖面稳定性系数均小于 1，边坡处于不稳定状态。北 06-07 剖面、北 07-08 剖面、北 19-20 剖面和东 18-19 剖面稳定性系数均大于 1.05，边坡处于基本稳定状态。东 01-02 剖面和东 33-34 剖面稳定性系数均于 1.02，边坡处于欠稳定状态。

在工况Ⅲ（自重 + 地震作用）的情况下，北 05-06 剖面、北 08-09 剖面、北 17-18 剖面、北 20-21 剖面、东 04-05 剖面、东 10-11 剖面、东 23-24 剖面、东 30-31 剖面和东 33-34 剖面稳定性系数均小于 1，边坡处于不稳定状态。东 12-13 剖面，稳定性系数为 1.18，边坡处于稳定状态。北 07-08 剖面、北 19-20 剖面和东 18-19 剖面的稳定性系数均大于 1.05，土坡处于基本稳定状态。北 06-07 剖面、北 12-13 剖面和东 01-02 剖面的稳定性系数在 1.0 ~ 1.05 之间，处于欠稳定状态。

不同工况下城墙边坡的最大位移和安全系数计算结果见下表。

分析结果表明：在工况Ⅱ（自重 +20 年一遇降雨）或工况Ⅲ（自重 + 地震作用）情况下，开封北、东城墙部分边坡处于不稳定状态，存在安全隐患，易产生城墙土边坡崩塌、滑动破坏，影响城墙安全，应及时采取加固措施进行处理。而对于工况Ⅱ和工况Ⅲ情况下仍处于基本稳定和稳定状态的边坡，可原状保护。

最大位移（毫米）和安全系数计算结果统计表

工况	北 05-06 剖面		北 06-07 剖面		北 07-08 剖面		北 08-09 剖面		北 12-13 剖面		北 17-18 剖面		北 19-20 剖面		北 20-21 剖面		东 01-02 剖面		东 04-05 剖面		东 10-11 剖面		东 12-13 剖面		东 18-19 剖面		东 23-24 剖面		东 30-31 剖面		东 33-34 剖面	
	最大位移	安全系数	最大位移	安全系数	最大位移	安全系数	最大位移	安全系数	最大位移	安全系数	最大位移	安全系数	最大位移	安全系数	最大位移	安全系数	最大位移	安全系数	最大位移	安全系数	最大位移	安全系数	最大位移	安全系数	最大位移	安全系数	最大位移	安全系数	最大位移	安全系数	最大位移	安全系数
工况Ⅰ	9.1	1.12	9.1	1.24	8.9	1.20	13.4	1.18	11.2	1.14	11.1	1.15	11.1	1.26	13.7	1.08	11.2	1.14	10.8	1.16	13.3	1.16	9.0	1.28	11.2	1.22	11.2	1.18	11.2	1.17	11.2	1.21
工况Ⅱ	66.7	0.97	80.0	1.10	46.4	1.12	76.7	0.96	82.9	0.96	77.3	0.97	57.9	1.08	88.4	0.94	75.0	1.02	70.3	0.98	64.4	0.96	63.2	1.15	73.5	1.08	72.4	0.96	77.4	0.98	72.7	1.02
工况Ⅲ	95.0	0.97	95.3	1.02	53.9	1.08	107.1	0.95	85.8	1.00	65.2	0.98	62.8	1.05	115.0	0.93	78.1	1.02	78.4	0.98	95.8	0.93	55.9	1.18	67.2	1.12	104.9	0.92	86.4	0.95	94.0	0.96

4. 结论和建议

4.1 结论

（1）开封城墙北墙北门以西外侧墙体雉蝶全部佚失，残墙砖块被掏蚀及开裂现象普遍。1 米高度范围内墙根酥碱面积约 60%。北段墙体内侧夯土未进行过维修，流失、垮塌严重，凹陷及冲沟部位较多。东城墙河南大学东门口以西墙体上部雉蝶全部佚失，残墙高 4 米左右，残存墙砖被掏蚀现象严重，墙面开裂部位较多。墙根 1 米以下酥碱量约在 60% 左右。东段墙体内侧夯土未进行修整，夯土流失严重，冲沟、大面积凹陷及后辟登墙小路众多。

（2）城墙土物理力学性质如下：

1）物理性质：①城墙土土样皆为低液限黏土，砂粒含量少，粉粒含量大。液塑限结果比较接近，塑性指数在 8.9 ~ 14.3 之间；②表层土含水率较小，在 6.8 ~ 8.7% 之间，中部夯土含水率在 9.6 ~ 13.6% 之间，基底底部含水率最大，在 15.8 ~ 17.3% 之间；③表层土较松散，干密度较低，在 1.39 ~ 1.61 克 / 立方厘米之间，中部夯土密度最大，在 1.55 ~ 1.67 克 / 立方厘米之间，基底底部干密度为 1.49 ~ 1.60 克 / 立方厘米之间；④表层土试验由于存在一些细毛根，其渗透系数略大，在 6.9×10^{-5} ~ 2.1×10^{-4} 厘米 / 秒之间，中部夯土渗透性较小，在 2.1×10^{-6} ~ 1.2×10^{-5} 厘米 / 秒之间，基底底部土渗透系数较大，在 8.3×10^{-6} ~ 9.1×10^{-6} 厘米 / 秒之间，属于低渗透性土。

2）力学性质：①土样其中 xcq1-3，xcq2-1，xcq2-4 三组试样为高压缩性，其余的土样为中低压缩性；②表层土凝聚力和内摩擦角相对较低，凝聚力在 6.49 ~ 16.31 千帕，摩擦角在 10.2 ~ 23.5 度；中部夯土凝聚力较高，凝聚力在 25.3 ~ 43.2 千帕，摩擦角在 20.3 ~ 30.8 度之间，可见中部夯土在天然条件下其抗剪强度较高。基底底部土凝聚力较小，为 6.2 ~ 9.6 千帕之间，摩擦角在 9.9 ~ 21.5 度之间，抗剪强度较低

3）化学性质：该土中有机质含量在 0.20 ~ 0.33% 之间，测量结果表明，有机质含量较低，对土的性质影响很小。

（3）采用 FLAC3D 软件对开封城墙的北城墙和东城墙的共 16 个典型剖面进行稳定性分析，根据条件的不同分为三个工况计算。

1）在工况Ⅰ（自然工况）的情况下，16个剖面中4个剖面处于基本稳定状态，其余剖面均处于稳定状态。

2）在工况Ⅱ（自重+20年一遇降雨）的情况下，北05–06剖面、北08–09剖面、北12–13剖面、北17–18剖面、北20–21剖面、东04–05剖面、东10–11剖面、东23–24剖面和东30–31剖面稳定性系数均小于1，边坡处于不稳定状态。北06–07剖面、北07–08剖面、北19–20剖面和东18–19剖面稳定性系数均大于1.05，边坡处于基本稳定状态。东01–02剖面和东33–34剖面稳定性系数均于1.02，边坡处于欠稳定状态。

（3）在工况Ⅲ（自重+地震作用）的情况下，北05–06剖面、北08–09剖面、北17–18剖面、北20–21剖面、东04–05剖面、东10–11剖面、东23–24剖面、东30–31剖面和东33–34剖面稳定性系数均小于1，边坡处于不稳定状态。东12–13剖面，稳定性系数为1.18，边坡处于稳定状态。北07–08剖面、北19–20剖面和东18–19剖面的稳定性系数均大于1.05，土坡处于基本稳定状态。北06–07剖面、北12–13剖面和东01–02剖面的稳定性系数在1.0～1.05之间，处于欠稳定状态。

分析结果表明：在工况Ⅱ（自重+20年一遇降雨）或工况Ⅲ（自重+地震作用）情况下，开封北、东城墙部分边坡处于不稳定状态，存在安全隐患，易产生城墙土边坡崩塌、滑动破坏，影响城墙安全，应及时采取加固措施进行处理。而对于工况Ⅱ和工况Ⅲ情况下仍处于基本稳定和稳定状态的边坡，可保持原状。

4.2 建议

（1）建议城墙加固在选取填料进行夯实前对其进行矿物组成、化学学成分、有机质含量进行分析，由于城墙属历史文物，设计使用寿命较一般建筑物长，因此，土工格栅、加固铁钉和捆绑铁丝等材料的选取应注意使用寿命和防腐处理。

（2）建议对城墙进行在地震荷载作用下动力学方面的稳定性评价。

（3）维修前如未采取必要措施，不应在城墙边坡附近采用有振动力的施工工艺，如沉重的锤击桩和强夯等，也不得在边坡附近采用深井降水措施的施工方法。城墙脚下一定范围内不能开挖卸载，即在范围以外开挖做好支挡结构，以防卸载墙角发生位移。在修缮保护工程中，施工期间应做好排水工作和开挖临时支护。

勘察篇

第一章　勘察情况

现有的开封城墙，上部为清代修筑，下部为明代修筑，局部地段，分层清晰，是清道光二十二年（1842 年），在明代城墙基础上修筑的，距今已有 600 多年。

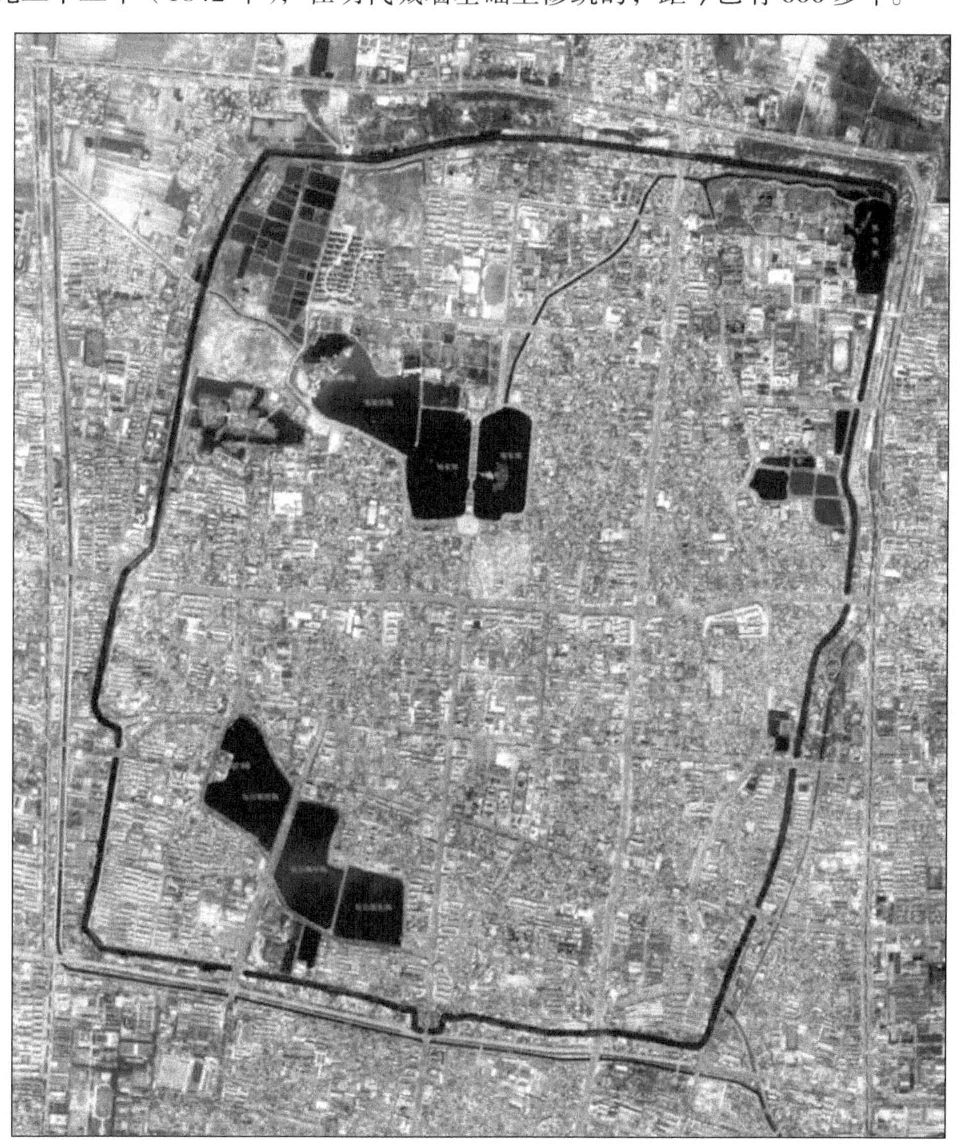

现开封城墙航拍影像

全长 14.4 千米，是我国目前保存较好，长度仅次于南京城墙的第二大古代城垣建筑。城墙平均高度为 10.54 米，女墙高 2 米，上宽 5 米，（局部破损严重的地方不到 5 米），计有马面 81 座，水门 2 个。城墙顶面北段高程为 7.9 米左右，南段为 7.8 米。据史料记载，清道光二十二年（1842 年），重修开封城墙时，“以浚池濠”，护城河得以疏浚，当时护城河宽 5 丈，深 1 丈，绕城一周，基本保持了明末时的规模，护城河，东、南二面俱存，北面城河已填塞，城墙西侧河道是后期为引黄河水而新开挖河道。因此城防一体保护的护城河仅有东、南侧的两条河道，其长度为 7324 米。目前护城河与城市其他河道共同承担开封市西北部及城市防洪排涝作用。

1. 开封城墙主要遗存现状

（1）城墙墙体

城墙全段虽有不同程度的破损，但绵延不断，环绕老市区一周，保存基本完好。大致呈长方形，南北略长约 3.8 千米；东西稍短约 3.4 千米，全长 14.4 千米。

此次修缮的城墙部位见下图：

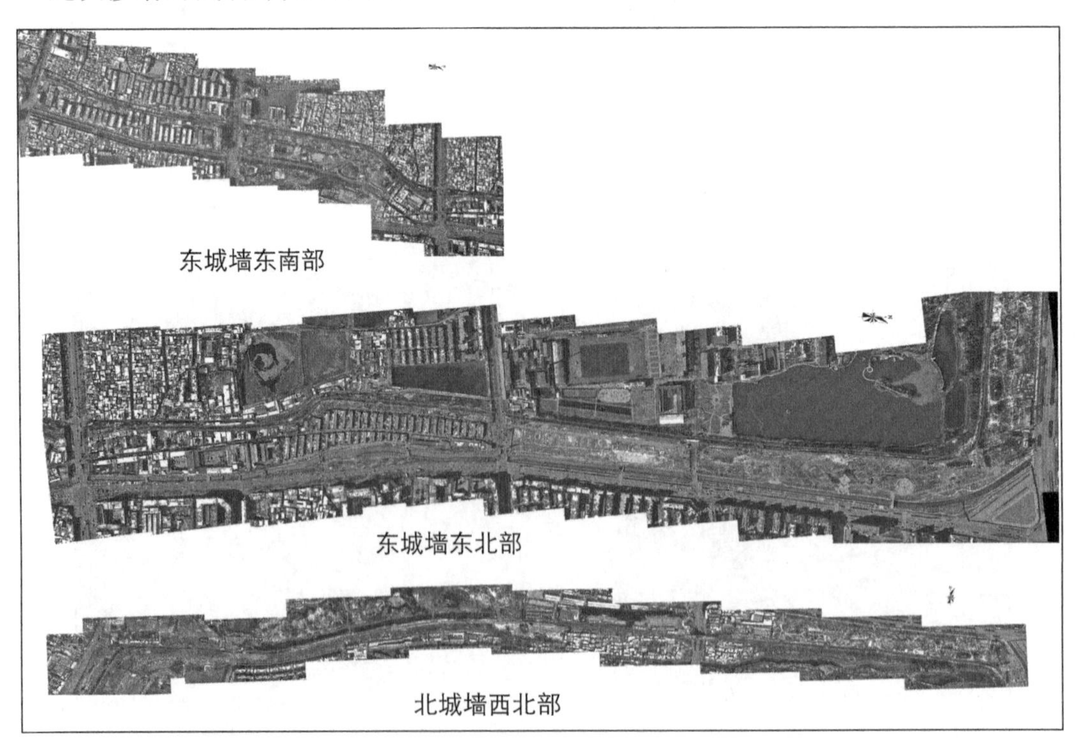

开封城墙修缮图

1971年在城墙下修筑人防工程，现存城墙内的人防工程，基本废弃不用，且已不符合现今人防工程的标准，部分地段为居民储物所用，局部地段开设为小型旅馆，人防工程的存在，对城墙保护极为不利。

防空洞开设的店铺

（2）城门情况

开封城墙随着历史的演变，城市地位变换，城门数量亦在变化，至明清时期，仅设五门，五座城门即南薰门、宋门、曹门、北门、大梁门为明清时期的城门。另有两处水门，沿用至今。现增开设了6处为后期修路时开通之路口，即汴京大道开口、明伦街开口、河南大学开口、万岁山开口金耀门开口、小南门开口。此次修缮项目包含在内的有：宋门、汴京大道缺口、曹门、明伦街缺口、河大东门缺口、北门、万岁山缺口、计7处。

宋门

汴京大道缺口（后开口）

曹门

明伦街豁口（后开口）

河南大学东门（后开口）

北门

万岁山豁口（后开口）

（3）角楼，马面，敌楼，碉堡

角楼：建设于城墙转角处的防御性建筑，明清时期，开封城墙有四座角楼，现今角楼不存，但在城墙四角，仅存有半圆形的角台，角台上宽阔平坦。

马面和敌楼：城墙突出部分的城面为马面，马面上所建的防御建筑为敌楼，明代开封城墙有马面 84 座，清道光二十二年（1842 年）重建后的城墙马面剩 81 座，马面平面为矩形，有大小两种，一种为 12 米 ×20 米和 8 米 ×12 米，间距 80 ~ 160 米。敌楼现在都已不存在。

（4）城墙结构

开封城墙为外砖内夯土结构，由外侧砖墙、内侧夯土墙体和海墁组成。

外侧砖墙以 4600 毫米 ×2200 毫米 ×110 毫米灰砖砌筑，砖缝 8 毫米，砖之里侧贴土城部分，基本呈垂直状，外侧由底至拨檐处，逐渐收分，底宽上窄。

拨檐以上为雉堞。雉堞由女墙及垛墙两部分组成。城垛有大小之分，炮眼砌筑在大城垛下女墙上，由 45 厘米 ×45 厘米的城砖构成方框，中间挖孔而成。明代城墙有垛口 7322 个，炮眼约有 9020 多个。现存城墙雉堞除 1998 年复建部分外其他损毁严重。

内侧夯土墙体由夯土和外壳二部分组成，夯土内芯由黄土夯筑，每层厚约 20 ~ 30 厘米不等。外壳为七三灰土护层。下自地面起，上与外砖墙之拨檐砖部位齐平，外壳质地坚硬，起到加固，保护土城的重要作用。外壳夯筑厚度每层厚度一般在 10 ~ 50 厘米，层与层之间相互叠压，异常坚固。

外壳夯筑同时亦向上渐渐收分，使城墙内侧呈梯形坡，但整段城墙护层坡度不同，东段、西段平均坡度约为 30 度，南段、北段平均坡度约为 25 度。

现有城墙城身下部有约 2 ~ 3 米高度被泥沙掩埋，外砖墙和夯土墙体亦遭到不同程度地破坏。夯土墙体外壳所剩无几。

夯土墙体上部为海墁，为墙上交通和集结兵马之用。海墁由七三灰土夯筑，分为上下两层，分两次夯筑，总厚约 40 厘米。海墁从内向外有一定倾斜，以便雨水向外排出。目前海墁毁坏严重，多数墙段海墁宽度小于 1.2 米。

（5）城门现状

宋门位于东墙中部偏南处，因此门曾直通古宋地（今河南商丘），俗称宋门。现有宋门宽 28.4 米，两侧保留有高约 7 米的城台，城台两侧马道已不存在，排水槽也遭破坏。

曹门位于东城墙偏北处，与大梁门大体相对，是市区连通东部的咽喉要道之一。现曹门宽42米，城台高7.68米，南北两侧保留有马道。城台里侧还保留有排水槽之残迹。

北门位于北墙偏东部，是老城区与城北联系的唯一出口。北门原保留有城台，城门宽16米，高约8米。2003年5月，在其原址上建城门楼，城门楼为重檐歇山式仿古建筑，下面三个券洞。

其余4处修路时开通之路口分别为汴京大道缺口、明伦街城口、河大东门城口、万岁山缺口。城墙开口宽度依据道路宽度各有不同，墙体断开部位两侧均用青砖进行包砌，其上的女墙和垛墙也进行了修复。

城墙上另有两处水门，分别为济梁闸和利汴闸。

济梁闸水门位于城墙东南角北侧，城外连接东护城河，内连东支河；东支河现为暗河，上即为内环路。济梁闸主要负担将老城区南部污水，经此提升到城外，城外设有泵房、蓄水池，由管道穿进城墙与城内排水干管相连。

利汴闸水门位于大梁门北1353米，该水门为清末民初开辟，是利汴河进入城区的闸门，利汴河由此沟通老城区龙亭湖和城外黄汴河，由黄汴河引黄河水经利汴河，为老城区水系灌换清水，是开封市十分重要的一座水门。现两处水门，均因年久失修，河道淤塞严重。（注：利汴闸水门此次不维修）

（6）城墙受损情况

①城门：现有城门中，大梁门、安远门（北门）、新门（小南门）、河大东门四座城门为城楼形式，迎宾门、南薰门、宋门、汴京大道缺口、曹门、明伦街城口、小西门为城口形式，严重破坏城墙的连续性。

②自然力对文物的影响：

城墙排水问题，现存城墙的排水系统破坏殆尽，海墁及护坡外层硬壳惨遭破坏后，土城夯土层裸露，雨水冲刷成为破坏城墙最严重的自然原因。

自然老化、风雨侵蚀，也是城墙破坏的重要因素。

由于黄河决口和风沙淤积，使城墙被掩埋于地下的有2 ~ 3米。

③人为干预对文物的影响：

人为破坏严重，主要是周边居民城墙取土、取砖，城墙上建房、建围墙等。

1970 ~ 1971年在城墙下修筑的人防工程，对城墙造成极大破坏，使城墙内部大部分墙体被掏空，土城外壳护坡被毁坏，大大减弱了城墙对自然灾害的抵抗能力。

由于历史原因，开封城墙未与城市其他建设用地完全剥离，形成建筑包围城墙的不利局面，城墙沿线用地复杂，环境质量差，对城墙的保护和展示极为不利。

北城墙段在北门两侧，现有粮食五库、粮油、食品库、预制厂等，对城墙影响破坏较严重，其中尤以粮食五库对城墙破坏最大，粮食五库地下粮仓深入到城墙内部，并在城墙墙体上加筑一道砖体围墙；在北门内侧东西两边，有部分低层民居，对城墙破坏较严重，居民拆城砖建房及攀爬邻近城墙，对城墙造成破坏。

东城墙明伦街以北，城墙基本已经修缮，明伦街以南至城墙东南角，外包砖和内墙均遭到人为的严重破坏。

1974年，因城市道路建设开辟明伦街城口，使得本身连续的城墙就此分段，严重破坏了城墙的整体性。

1980年，因拓宽马路宋门被拆除。同样对城墙造成了严重破坏。

1994年，整修南薰门瓮城，拓宽曹门，整修小西门、迎宾门。皆因城市发展改造，将几门修整，但是严重破坏了城门原貌。

④遗址保存状态评价：

遗址保存的有10处：城摞城遗址，南薰门遗址，4处角楼和宋门、曹门、北门、大梁门瓮城遗址。按照保存状态较好、一般、差三级划分。

城摞城遗址（大梁门内北侧马道）、南薰门遗址、大梁门瓮城遗址保存情况好。

4处角楼遗址保存一般。

宋门、曹门、北门瓮城遗址保存状态较差。

⑤评估结论：

开封城墙虽有不同程度的破损，但其布局基完本整。

现存文物人为和自然破坏很严重，城墙整体正在快速衰变中，急需修缮。

城墙的雨水冲刷和浸泡严重，排水问题急需解决。

2. 传统工艺、材质分析

2.1 城墙结构分析

开封城墙为外砖内夯土结构，由外侧砖墙、内侧夯土墙体和海墁组成。

外侧砖墙以480毫米 ×210毫米 ×100毫米，灰缝80毫米，砖之里侧贴土城部分，基本呈垂直状，外侧由底至拨檐处，逐渐收分，底宽上窄。

拨檐以上为雉堞。雉堞由女墙及垛墙两部分组成。城垛有大小之分，炮眼砌筑在大城垛下女墙上，由45厘米 ×45厘米的城砖构成方框，中间挖孔而成。

内侧夯土墙体由夯土和外壳二部分组成，夯土内芯由黄土夯筑，每层厚约20 ~ 30厘米不等。外壳为七三灰土护层。下自地面起，上与外砖墙之拨檐砖部位齐平，外壳质地坚硬，起到加固，保护土城的重要作用。外壳夯筑厚度每层厚度一般在10 ~ 50厘米，层与层之间相互叠压，异常坚固。

外壳夯筑同时亦向上渐渐收分，使城墙内侧呈梯形坡，但整段城墙护层坡度不同，东段平均坡度约为30度，北段平均坡度约为25度。

夯土墙体上部为海墁，为墙上交通和集结兵马之用。海墁由七三灰土（7∶3的白灰、素土）夯筑，分为上下两层，分两次夯筑，总厚约40厘米。海墁从内向外有一定倾斜，以便雨水向外排出。

2.2 土质分析

（1）土的选择：应选用与现存夯土性质、成分类似的土质。（详见郑州大学对现在土体的取样测试分析检验报告），为达到原始夯筑效果，施工取土时还应对土质进行矿物组成、化学分析、有机质含量的检测。其各种有机质含量应小于0.5%。

（2）施工时将原夯土层上部硝碱土铲除，探察原有夯土坡度并修整成阶梯状。阶梯的尺寸形状应在施工中结合夯土的坡度灵活决定，一般情况下，其表层风化硝碱土削铲厚度应不少于30厘米。

（3）夯筑自下而上分层夯筑。夯筑需铺每层30厘米，夯实后每层厚20厘米。每层应分步均匀，留槎合理，接槎密实，平整夯筑。虚铺厚度及夯实程度应按规定取样检查，做到用料正确、拌和均匀。

海墁层做法：恢复城墙部分海墁层，海墁为 20 厘米厚的七三灰土。顶面由内（砖墙一侧）向外设置 3% 的排水坡度。

3. 主要残损程度分类

依据整个文物遗存的保存情况及郑州大学做的《开封城墙北墙与东墙稳定性分析及防护对策研究 2、开封城墙东墙及北墙成分分析检测报告》将城墙分为四 I 类：已修缮墙段。在尊重历史真实性的前提下，已经抢修加固的地段。外砖墙修缮内夯土未整修的墙段，主要是北墙北门以东、铁塔公园、河南大学处墙段，其长度为 2992 米。

II 类：轻度残损墙段。指外砖墙内夯土墙体残损程度较轻，如外砖墙大部分地段没有女墙，部分地段保留有垛墙，内土城及墙顶有所残损但相对保存较好。轻度残损墙段长度约 4636 米，主要分布在北墙，东墙北段。占总长度的 32.2%。

III 类：中度残损墙段。指外砖墙墙身（拨檐砖以下部分）保存完好，内侧护坡破坏较为严重的地段。主要分布在北城墙北门东侧。中度残损墙段全长约 954 米，占总长度的 6.6%。

IV 类：重度残损墙段。指外砖墙内土墙破损均较严重的地段。如东墙局部地段。一些地段内护坡土层被全部挖掘，一些地段外砖墙残缺，低于内土城。重度残损墙段全长约 4528 米，占总长度的 31.4%。

根据勘察情况，保存现状分为 A—H 类：

A 类现状：城墙外包砖或雉堞砖大量佚失。城墙砖严重风化酥碱、墙体裂缝。

B 类现状：城墙夯土垮塌，形成陡壁。城墙夯土流失、堆积、城墙夯土冲沟。

C 类现状：城墙海墁层缺失、凹陷。

D 类现状：防空洞入口及透气口。

E 类现状：城墙上的植被、树木及其他植物。

F 类现状：墙体上部、两侧电线杆、变压器等构筑物。

G 现状：不当修缮，如水泥抹面，红机砖补砌坍塌墙体等。

H 现状：城墙周围的违章建筑及民用垃圾。

第二章　现状情况

1. 墙体总体保存现状

开封城墙尽管有不同程度破损，但全线主体连续留存，没有大段荡然无存现象。由于长期历史原因，城墙与其他城市用地没有完全剥离，沿线居民、单位密集，对城墙破坏较大，电线杆、配电房等各种设施沿城墙随意设置，一些垃圾中转站、公厕等也在城墙周边随意加建。自然灾害的破坏，也使得城墙损毁严重，尽管近年来加大城墙保护和建设力度，但局部地区仍在遭受毁灭性破坏。

一些地段的外侧墙体曾进行过维修。维修过的墙体基本稳定，局部墙面存在风化酥碱，也有少量墙面修缮不当。

东墙河大门口以南以及南墙迎宾门以东地段。外砖墙缺损严重，或墙砖大面积被掏蚀，最低处墙高不足 2 米，内护坡夯土也大量流失，有些甚至被全部挖掘。

1971 年在城墙下修筑的人防工程，对城墙造成极大破坏，使城墙内侧大量夯土被掏空，夯土墙体外壳护坡被毁坏。人防工程部分结构复杂，券洞宽窄各阶段不一，局部地段两层叠压。目前部分人防工程已坍塌掩埋，另有部分券体结构存在危险，保存较好地段为居民储物所用，或局部开设小型旅馆，原有人防功能已不复存在由于夯土的大量流失加之建人防工程时期土城外壳遭到严重毁灭性破坏，夯土墙体上自然生长出诸多植被，大部分地段的海墁上，亦生长有各种植被。植物有防止夯土流失的作用，但过于粗壮的植物根系，对墙体结构也造成一定的危害。

夯土流失使海墁层大量缺失、凹陷。流失严重部位形成众多冲沟、凹坑。周围居民为登城方便，人为在护坡墙上踩出许多小路，也破坏了墙体的完整性。

2. 东城墙墙体现状

东墙总长约 4000 米，墙身现有五处缺口，自南向北依次为宋门、汴京大道缺口、曹门、明伦街缺口、河南大学东门，其中宋门、曹门为原始城门，城台及城楼均毁，其余三处均为满足交通要求而开设。

河南大学东门口以东墙段外侧砖墙经过维修，保存完好。河南大学东门口以西墙体上部雉蝶全部佚失，残墙高 4 米左右，残存墙砖被掏蚀现象严重，墙面开裂部位较多。墙根 1 米以下酥碱量约在 60% 左右。

东段墙体内侧夯土未进行修整，夯土流失严重，冲沟、大面积凹陷及后辟登墙小路众多。

海墁灰土层 95% 损毁。海墁凹陷、缺失严重。

为方便绘图，此次勘察是以每面两端角台为起、终点，每段平均长度约为 50 米，现状勘测及维修加固设计图均将北城墙划分为 28 段，东城墙分为 38 段，分别标注为实测（设计）01-02 段、02-03 段、……37-38 段等。

城墙残损现状登记表

序号	名称		外檐砖墙保存情况		夯土墙留存、树木植被情况	主要残损原因
1	城墙	东段城墙	东城墙（01-38 段）	墙体局部风化、酥碱，面积 9943.1 平方米，酥碱深达 5 ~ 30 毫米；墙体裂隙 3 道，缝宽 1 ~ 15 毫米；不当修缮（红砖砌筑），面积约 2390.1 平方米	夯土缺失 51985.7 立方米；残存夯土，高约为 4 ~ 6 米。海曼层缺失 90%。树木植被覆盖 88%	自然风化、酥碱，雨水侵蚀及人为取土
		北段城墙	北城墙（18-28 段）	墙体局部风化、酥碱，面积 1450.7 平方米，酥碱深度达 3 ~ 30 毫米，不当修缮约 612 平方米	夯土缺失 25330 立方米；残存夯土高约为 2 ~ 3 米。海曼层缺失 85%。树木制备覆盖 90%。	自然风化、酥碱，雨水侵蚀及人为取土

东城墙墙体大面积酥碱上部树木植被丛生

东城墙墙体大面积酥碱上部树木植被丛生夯土流失坍塌

东城墙内城墙夯土流失冲沟

东城墙树木植被丛生对夯土造成严重伤害

东城墙城墙上部安插电线杆

东城墙夯土佚失形成深坑植被

东城墙上部植被丛生

东城墙夯土流失造成冲沟

东城墙上部安置的电线杆

东城墙下部酥碱严重

东城墙树木及违章建筑

东城墙冲沟

东城墙上部种植的菜园

东城墙上部树木植被丛生

东城墙夯土冲沟

东城墙夯土坍塌

东城墙夯土冲沟及树木植被

东城墙墙体上树木丛生

东城墙雉堞佚失及违章建筑

东城墙植被丛生

东城墙夯土佚失形成深坑

东城墙冲沟及树木丛生

东城墙上部树木植被丛生

东城墙夯土坍塌及违章建筑

东城墙夯土流失形成冲沟严重影响到了夯土的整体性

东城墙外墙酥碱严重影响外观

东城墙酥碱及不当修缮水泥抹面，红机砖补砌影响整个墙体外观

东城墙酥碱及上半部分不当修缮严重影响墙体外观

东城墙马面外砖佚失造成内部夯土外漏佚失

东城墙红机砖不当修缮影响外观

东城墙红机砖不当修缮形象墙体外观

东城墙夯土佚失形成陡壁很容易造成坍塌

东城墙夯土佚失形成陡壁容成土易造成坍塌，破土建造违章建筑拆除后成土不复存在

东城墙夯土佚失形成陡壁容成土易造成坍塌，破土建造违章建筑拆除后成土不复存在

东城墙违章建筑及变压器

东城墙夯土佚失及电线杆

东城墙夯土全部佚失搭建废品收购站

外墙城砖佚失，造成上部城墙土坍塌流失

东城墙城砖酥碱严重影响墙体外观

东城墙树木藤曼及违章建筑植被根系影响夯土稳定

东城墙树木藤曼及违章建筑

东城墙树木藤曼及垃圾

东城墙树木藤曼及垃圾

东城墙树木藤曼及垃圾

东城墙树木藤曼、垃圾及违章建筑

东城墙树木藤蔓丛生

东城墙树木藤蔓及冲沟

东城墙树木藤蔓及开辟的登城小路

开封城墙汴京大道至曹门段海墁残损夯土佚失树木藤蔓蔓生

东城墙汴京大道至曹门段树木藤蔓蔓生

东城墙汴京大道至曹门段人防工程入口

东城墙树木藤蔓及生活垃圾

东城墙汴京大道至曹门段树木藤蔓蔓生

东城墙汴京大道至曹门段树木藤蔓蔓生

东城墙汴京大道至曹门段树木藤蔓蔓生

东城墙树木藤蔓蔓生及生活垃圾

东城墙树木藤蔓蔓生及生活垃圾

东城墙树木藤蔓蔓生及生活垃圾

东城墙树木藤蔓蔓生及生活垃圾

东城墙树木藤蔓蔓生及生活垃圾

东城墙树木藤蔓蔓生及生活垃圾

东城墙树木藤蔓蔓生及生活垃圾

东城墙汴京大道至曹门段树木藤蔓蔓

东城墙树木藤蔓蔓生夯土佚失生活垃圾

东城墙树木藤蔓蔓生、海墁破碎佚失

夯土下部被掏空容易造成上部夯土垮塌

东城墙树木藤蔓蔓生及生活垃圾

东城墙树木藤蔓蔓生及生活垃圾

东城墙树木藤蔓蔓生及生活垃圾

东城墙树木藤蔓蔓生及生活垃圾、另开辟

东城墙树木藤蔓蔓生及生活垃圾

东城墙树木藤蔓蔓生及生活垃圾

东城墙树木藤蔓蔓生及生活垃圾

东城墙树木藤蔓蔓生及生活垃圾

东城墙段树木藤蔓蔓生及生活垃圾

东城墙树木藤蔓蔓生及生活垃圾

东城墙树木藤蔓蔓生及生活垃圾

东城墙树木藤蔓蔓生及生活垃圾

树木蔓生挖土仅剩余局部夯土及海墁

东城墙树木藤蔓蔓生及生活垃圾

东城墙树木藤蔓蔓生及生活垃圾

东城墙汴京大道至曹门段树木藤蔓蔓生及生活垃圾

东城墙汴京大道至曹门段树木藤蔓蔓生及生活垃圾

东城墙汴京大道至曹门段树木藤蔓蔓生及生活垃圾

东城墙汴京大道至曹门段树木藤蔓蔓生及生活垃圾

东城墙汴京大道至曹门段树木藤蔓蔓生及生活垃圾

东城墙汴京大道至曹门段不当修缮严重影响城墙外观，生活垃圾腐蚀墙根部

东城墙汴京大道至曹门段不当修缮及生活垃圾

东城墙汴京大道至曹门不当修缮及生活垃圾

东城墙汴京大道至曹门不当修缮，影响墙体外观

东城墙汴京大道至曹门段不当修缮影响墙体外观

东城墙汴京大道至曹门段不当修缮影响墙体外观

东城墙汴京大道至曹门段不当修缮影响墙体外观

东城墙汴京大道至曹门段墙体酥碱，违章建筑紧邻墙体

东城墙汴京大道至曹门段墙体酥碱，违章建筑

东城墙汴京大道至曹门段不当修缮

3. 北城墙西段墙体现状

北门以东外侧墙体曾进行过维修，目前保存较好。北门以西外侧墙体雉蝶全部佚失，残墙砖块被掏蚀及开裂现象普遍。北 25–26 墙段处有一面积约 90 平米的较大缺口，系人为所致。1 米高度范围内墙根酥碱面积约 60%。

北段墙体内侧夯土未进行过维修，流失、垮塌严重，凹陷及冲沟部位较多。

海墁灰土层 95% 损毁。海墁凹陷不平，缺失严重。

北外雉堞佚失墙体坍塌影响外观

北外雉堞佚失影响外观

北外墙体坍塌雉堞佚失影响连续性

北外防空洞外漏

北外雉堞佚失影响外观

北外拔檐以上佚失

北外雉堞佚失

北外雉堞佚失

北外防空洞外漏顺城而建

北外雉堞佚失影响外观

北外雉堞佚失

北外雉堞佚失

北外雉堞佚失

北外雉堞佚失及防空洞通气口

北外雉堞佚失

北外雉堞佚失

北外雉堞佚失

北外雉堞佚失

北内夯土流失，植被生长垃圾成堆

北内夯土流失植被生长垃圾成堆

北内夯土流失植被生长

北内夯土流失

北内夯土流失

北内夯土流失树木植被滋生

北内夯土流失树木滋生

北内夯土流失树木滋生

北内夯土流失

4. 城墙稳定性分析

由于城墙大面积出现夯土流失、人为取土、随意搭建多出出现了垮塌，坍塌现象，并且很多地方出现陡壁，随时面临着塌方的隐患，为了更合理的保护开封城墙，所以针对城墙的特殊情况做了城墙稳定性分析报告。

稳定性分析：

A、开封城墙北墙北门以西外侧墙体雉蝶全部佚失，残墙砖块被掏蚀及开裂现象普遍。1 米高度范围内墙根酥碱面积约 60%。北段墙体内侧夯土未进行过维修，流失、垮塌严重，凹陷及冲沟部位较多。东城墙河南大学东门口以西墙体上部雉蝶全部佚失，残墙高 4 米左右，残存墙砖被掏蚀现象严重，墙面开裂部位较多。墙根 1 米以下酥碱量约在 60% 左右。东段墙体内侧夯土未进行修整，夯土流失严重，冲沟、大面积凹陷及后辟登墙小路众多。

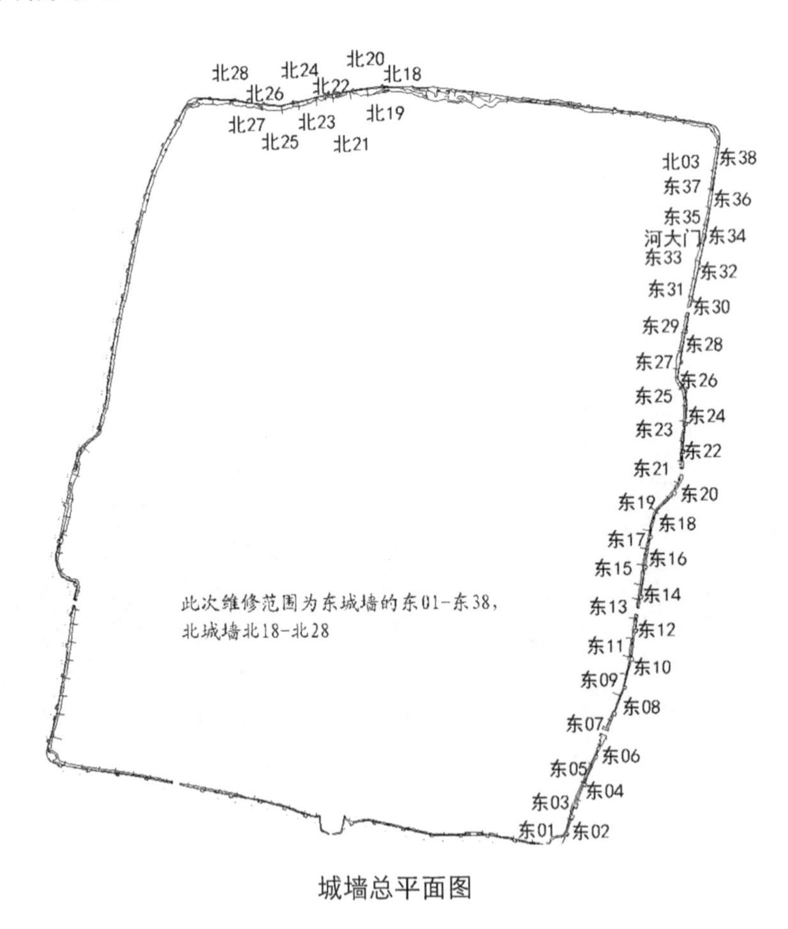

城墙总平面图

B、城墙土物理力学性质如下：

（1）物理性质：①城墙土土样皆为低液限黏土，砂粒含量少，粉粒含量大，液塑限结果比较接近，塑性指数在 8.9 ~ 14.3 之间；②表层土含水率较小，在 6.8 ~ 8.7% 之间，中部夯土含水率在 9.6 ~ 13.6% 之间，基底底部含水率最大，在 15.8 ~ 17.3% 之间；③表层土较松散，干密度较低，在 1.39 ~ 1.61 克 / 立方厘米之间，中部夯土密度最大，在 1.55 ~ 1.67 克 / 立方厘米之间，基底底部干密度为 1.49 ~ 1.60 克 / 立方厘米之间；④表层土试验由于存在一些细毛根，其渗透系数略大，在 6.9×10^{-5} ~ 2.1×10^{-4} 厘米 / 秒之间，中部夯土渗透性较小，在 2.1×10^{-6} ~ 1.2×10^{-5} 厘米 / 秒之间，基底底部土渗透系数较大，在 8.3×10^{-6} ~ 9.1×10^{-6} 厘米 / 秒之间，属于低渗透性土。

（2）力学性质：①土样其中 xcq1-3，xcq2-1，xcq2-4 三组试样为高压缩性，其余的土样为中低压缩性；②表层土凝聚力和内摩擦角相对较低，凝聚力在 6.49 ~ 16.31 千帕，摩擦角在 10.2 ~ 23.5 度；中部夯土凝聚力较高，凝聚力在 25.3 ~ 43.2 千帕，摩擦角在 20.3 ~ 30.8 度之间，可见中部夯土在天然条件下其抗剪强度较高。基底底部土凝聚力较小，为 6.2 ~ 9.6 千帕之间，摩擦角在 9.9 ~ 21.5 度之间，抗剪强度较低。

（3）化学性质：该土中有机质含量在 0.20 ~ 0.33% 之间，测量结果表明，有机质含量较低，对土的性质影响很小。

C、采用 FLAC3D 软件对开封城墙的北城墙和东城墙的共 16 个典型剖面进行稳定性分析，根据条件的不同分为三个工况计算。

（1）在工况 1（自然工况）的情况下，16 个剖面中 4 个剖面处于基本稳定状态，其余剖面均处于稳定状态。

（2）在工况 II（自重 +20 年一遇降雨）的情况下，北 17-18 剖面、北 20-21 剖面、东 04-05 剖面、东 10-11 剖面、东 23-24 剖面和东 30-31 剖面稳定性系数均小于 1，边坡处于不稳定状态。北 19-20 剖面和东 18-19 剖面稳定性系数均大于 1.05，边坡处于基本稳定状态。东 01-02 剖面和东 33-34 剖面稳定性系数均于 1.02，边坡处于欠稳定状态。

（3）在工况 III（自重 + 地震作用）的情况下，北 17-18 剖面、北 20-21 剖面、东 04-05 剖面、东 10-11 剖面、东 23-24 剖面、东 30-31 剖面和东 33-34 剖面稳定性系数均小于 1，边坡处于不稳定状态。东 12-13 剖面，稳定性系数为 1.18，边坡处于稳定状态。北 19-20 剖面和东 18-19 剖面的稳定性系数均大于 1.05，土坡处于基本稳定状态。北 06–07 剖面、北 12–13 剖面和东 01–02 剖面的稳定性系数在 1.0 ~ 1.05 之间，处于欠稳定状态。

分析结果表明：在工况 II（自重 +20 年一遇降雨）或工况 III（自重 + 地震作用）情况下，开封北、东城墙部分边坡处于不稳定状态，存在安全隐患，易产生城墙土边坡崩塌、滑动破坏，影响城墙安全，应及时采取加固措施进行处理。而对于工况 II 和工况 III 情况下仍处于基本稳定和稳定状态的边坡，可保持原状。

稳定性分析报告中的建议：

1. 建议城墙加固在选取填料进行夯实前对其进行矿物组成、化学学成分、有机质含量进行分析。

2. 建议对城墙进行在地震荷载作用下动力学方面的稳定性评价。

3. 维修前如未采取必要措施，不应在城墙边坡附近采用有振动力的施工工艺，如沉重的锤击粧和强夯等，也不得在边坡附近采用深井降水措施的施工方法；。城墙脚下一定范围内不能开挖卸载，即在范围以外开挖做好支挡结构，以防卸载墙角发生位移。在修缮保护工程中，施工期间应做好排水工作和开挖临时支护。

（详见附件一：开封城墙稳定性分析及防护对策研究）

5. 西城墙墙体现状

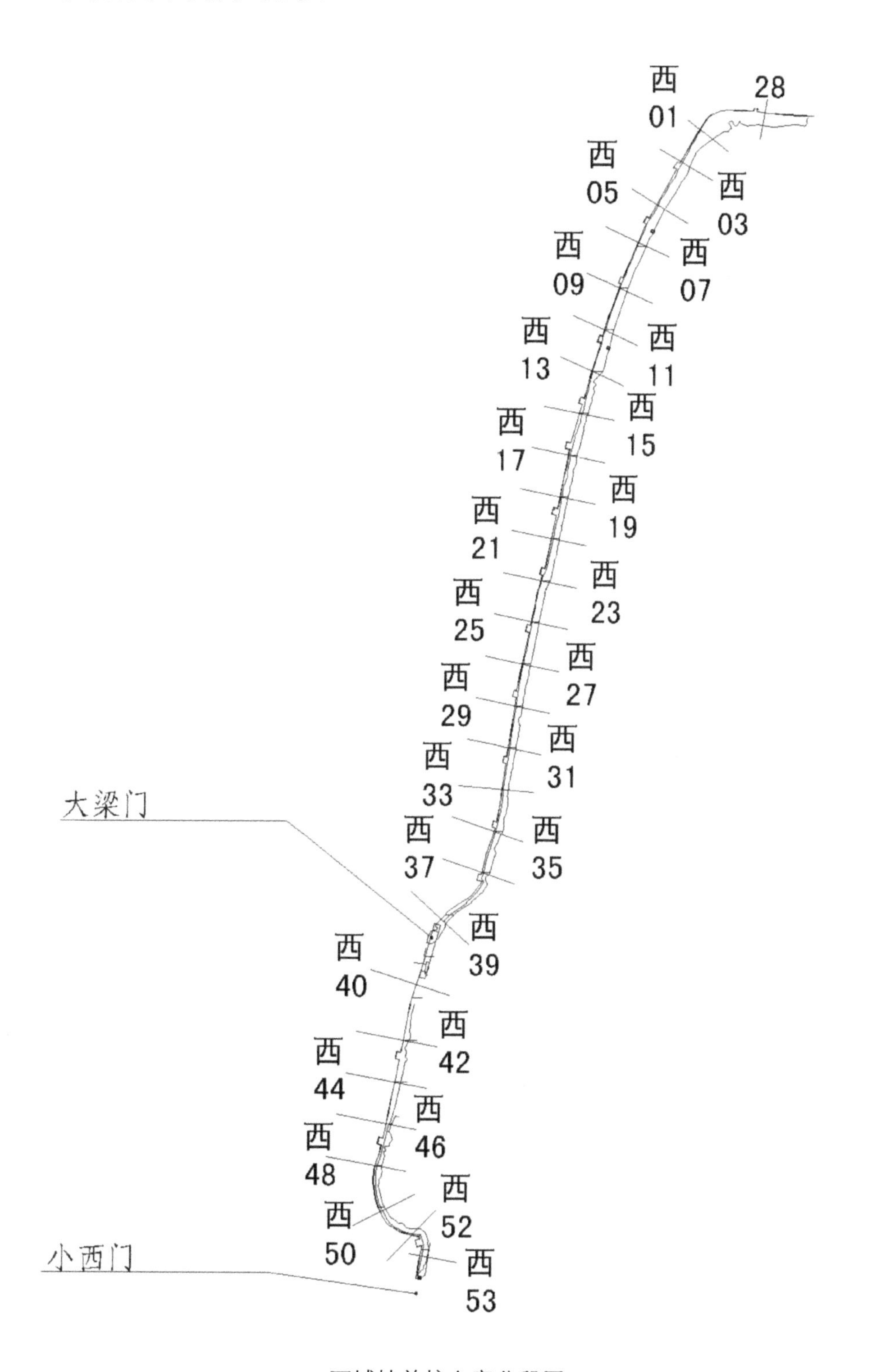

西城墙养护方案分段图

城墙：开封西城墙范围是从西城墙北转角向南至小西门段城墙，总长度1220米。该段城墙虽有不同程度的破损，但绵延不断，与其他段的城墙环绕老市区一周，保存基本完好。

城门：开封城墙随着历史的演变，城市地位变换，城门数量亦在变化，至明清时期，仅设五门，五座城门即南薰门、宋门、曹门、北门、大梁门为明清时期的城门。另有两处水门，沿用至今。现增开设了6处为后期修路时开通之路口，即汴京大道开口、明伦街开口、河南大学开口、万岁山开口金耀门开口、小南门开口。此次日常养护项目包含在内的有：大梁门、金耀路缺口计2处。

马面：城墙突出部分的城面为马面，明代开封城墙有马面84座，清道光二十二年（1842年）重建后的城墙马面剩81座，马面平面为矩形，有大小两种，一种为12米×20米和8米×12米，间距80～160米。此次日常养护项目包含在内的马面共有16处。

从西城墙北转角向南至小西门段城墙，总长度1220米，此次勘察按照城墙45米至53米长度为一段，共分为53段进行。

为了图纸绘制方便，本次将拟进行日常养护的开封西城墙（即西北角台至小西门段）按照50米一段分为53段，即西01－西53段。经过本次现场对该段城墙的实地勘察，发现需要日常养护的病害类型共有以下5种：①内城墙、海墁层上杂草滋生；②内城墙、海墁层上藤蔓植被覆盖；③内城墙夯土雨水冲刷、垮塌，形成冲沟；④内、外城墙本体及周边建筑堆积生活垃圾；⑤外城墙小面积城墙砖佚失。

5.1 内城墙、海墁层上杂草滋生

因为该段西城墙多年未经修缮，现阶段内城墙海墁层、护坡灰土大面积流失，城墙夯土裸露在外，造成内城墙、海墁层上杂草滋生。虽然部分浅根系植被对城墙有着固土作用，但是大多数杂草根系发达，对城墙本体的破坏远远大于其保护作用。如照片所示：

西 01-02 段 杂草丛生

西 07-08 段 杂草丛生

西 11-12 段 杂草丛生

西 17-18 段 杂草丛生

5.2 内城墙、海墁层上藤蔓植被覆盖

西城墙除了杂草以外，最厉害的植物病害为藤蔓植物对城墙本体造成的破坏。灌木植物根系发达，错综复杂，不但生命力顽强同时繁殖能力也是很强。这些植物春夏季节疯长严重，布满整个城墙，根系对城墙土体破坏巨大。如照片所示：

西 03-04 段 藤蔓植被覆盖

西 11-12 段 藤蔓植被覆盖

西 17-18 段 藤蔓植被覆盖

西 23-24 段 藤蔓植被覆盖

西 35-37 段 藤蔓植被覆盖

西 49-51 段 城墙外藤蔓植被覆盖

5.3 内城墙夯土雨水冲刷、垮塌，形成冲沟

开封城墙排水方式为自然排水，但是由于海墁层和护坡灰土的缺失及植物病害对其土体的破坏，再经过长年的雨水冲刷，内城墙形成了许多冲沟。这些冲沟宽度由 25 厘米～150 厘米不等。冲沟对城墙造成的直接影响便是水土流失严重，局部城墙垮塌。如照片所示：

西 04-05 段 冲沟

西 07-09 段 冲沟

西 17-18 段 冲沟

西 44-45 段 冲沟

西 45-46 段 冲沟

西 46-47 段 冲沟

5.4 内、外城墙本体及周边建筑堆积生活垃圾

开封城墙挨近居民生活区，部分内、外城墙本体及周边建筑堆积了大量的生活垃圾。这些垃圾因为不常清扫，时间长了与城墙土体混在一起形成了垃圾层，对文物本体的扰动巨大，急需清理。

西 09-10 段 生活垃圾堆积

西 34-35 段 生活垃圾堆积

西 09-10 段 生活垃圾堆积

西 47-48 段 外墙生活垃圾堆积

5.5 外城墙小面积城墙砖遗失

因年久失修，外城墙局部城墙砖遗失，造成植物从墙体青砖缺失部位长出，久而久之植物根系对城墙破坏严重。

西 52-51 段城墙砖佚失

西 45-46 段城墙砖佚失

西 30-31 段城墙砖佚失

西 15-16 段城墙砖佚失

5.6 西城墙 01-53 段残损表

西城墙 01 段 –53 段 残损表

序号	残损类别	残 损 内 容	残损主要部位	工程量
1	A 类残损	内城墙、海墁层上杂草滋生	内侧夯土	66783.9 平方米
2	B 类残损	内城墙、海墁层上藤蔓植被覆盖	内侧夯土	44479.01 平方米
3	C 类残损	内城墙夯土雨水冲刷、垮塌，形成冲沟	内侧夯土	233.17 立方米
4	D 类残损	内、外城墙本体及周边建筑堆积生活垃圾	外墙周边及内侧夯土	61.2 立方米
5	E 类残损	外城墙小面积城墙砖遗失	外墙面	61.2 平方米

第三章　现状实测图

1. 东城墙 01—02 段平面、立面、剖面图

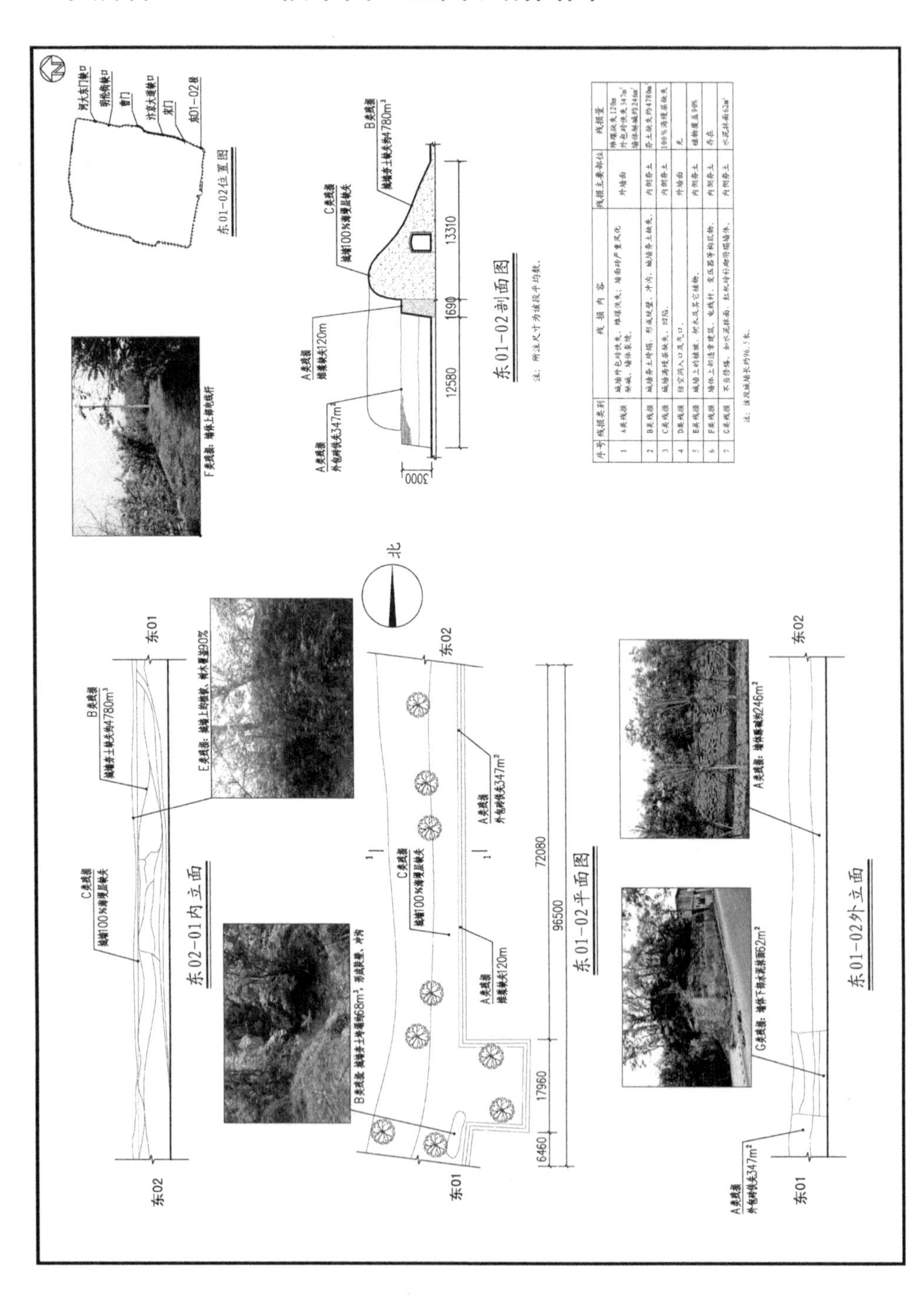

2. 东城墙02—03段平面、立面、剖面图

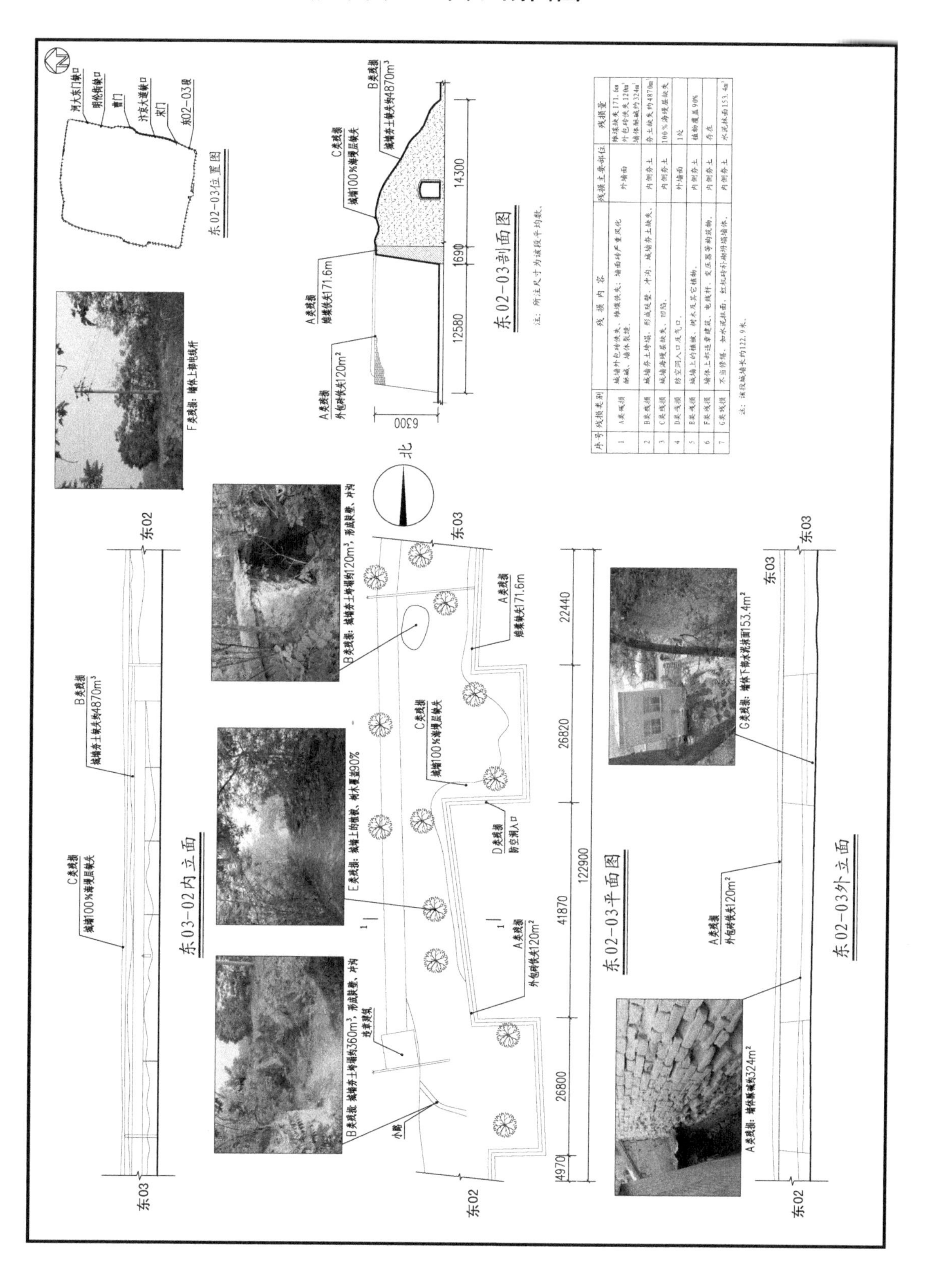

3. 东城墙 03—04 段平面、立面、剖面图

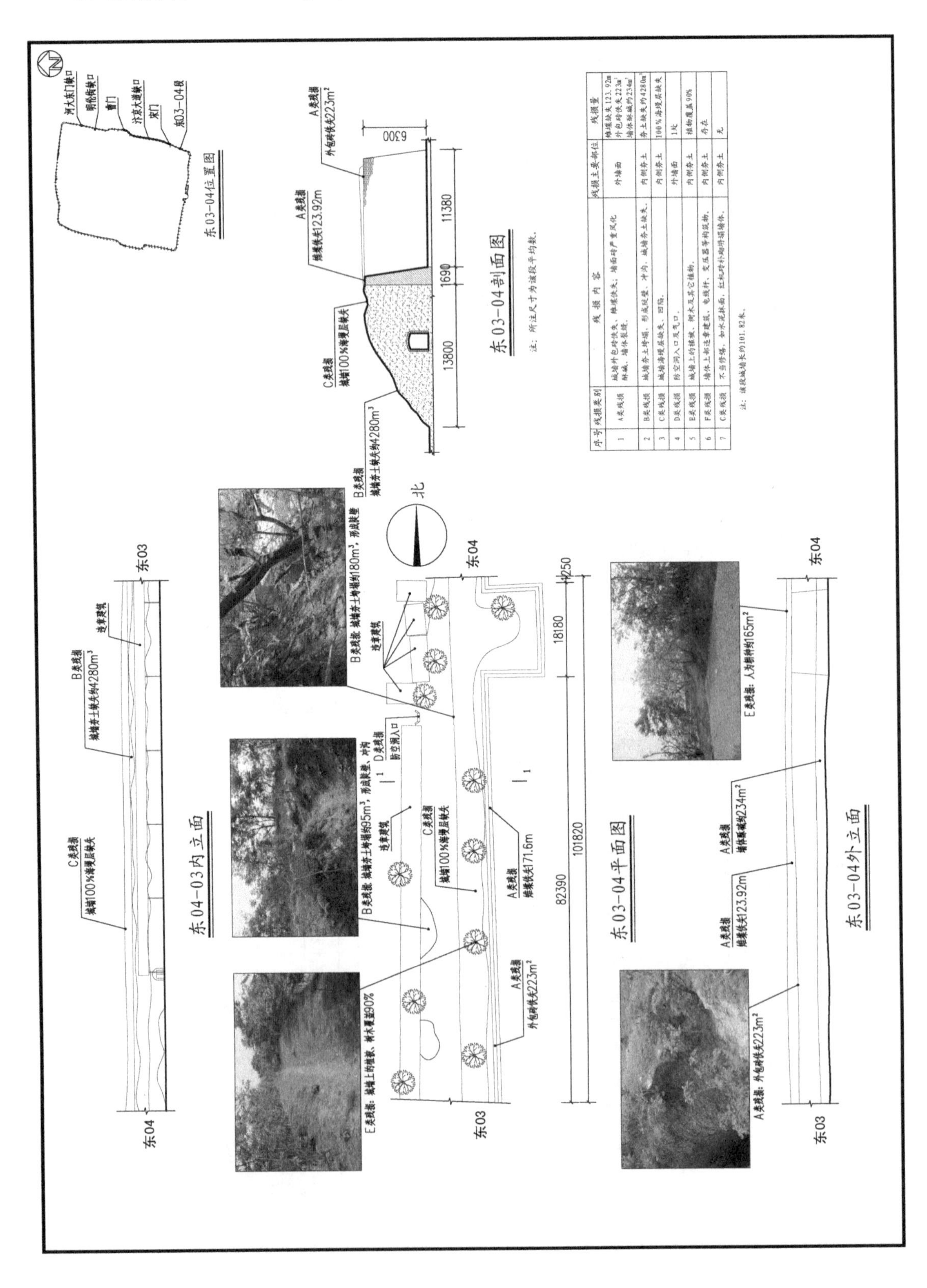

序号	残损类别	残损内容	残损主要部位	残损量
1	A类残损	城墙外包砖佚失、雉堞佚失；墙面砖严重风化酥碱、墙体裂缝。	外墙面	雉堞缺失123.92m 外包砖佚失223m² 墙体酥碱约234m²
2	B类残损	城墙夯土垮塌，形成陡壁、冲沟，城墙夯土缺失。	内侧夯土	夯土缺失约4280m³
3	C类残损	城墙海墁层缺失、凹陷。	内侧夯土	100%海墁层缺失
4	D类残损	防空洞入口及气口。	外墙面	1处
5	E类残损	城墙上的植被、树木及其它植物。	内侧夯土	植物覆盖90%
6	F类残损	墙体上部违章建筑、电线杆、变压器等构筑物。	内侧夯土	存在
7	C类残损	不当修缮，如水泥抹面，红机砖补砌坍塌墙体。	内侧夯土	无

注：该段城墙长约101.82米。

4. 东城墙 04—05 段平面、立面、剖面图

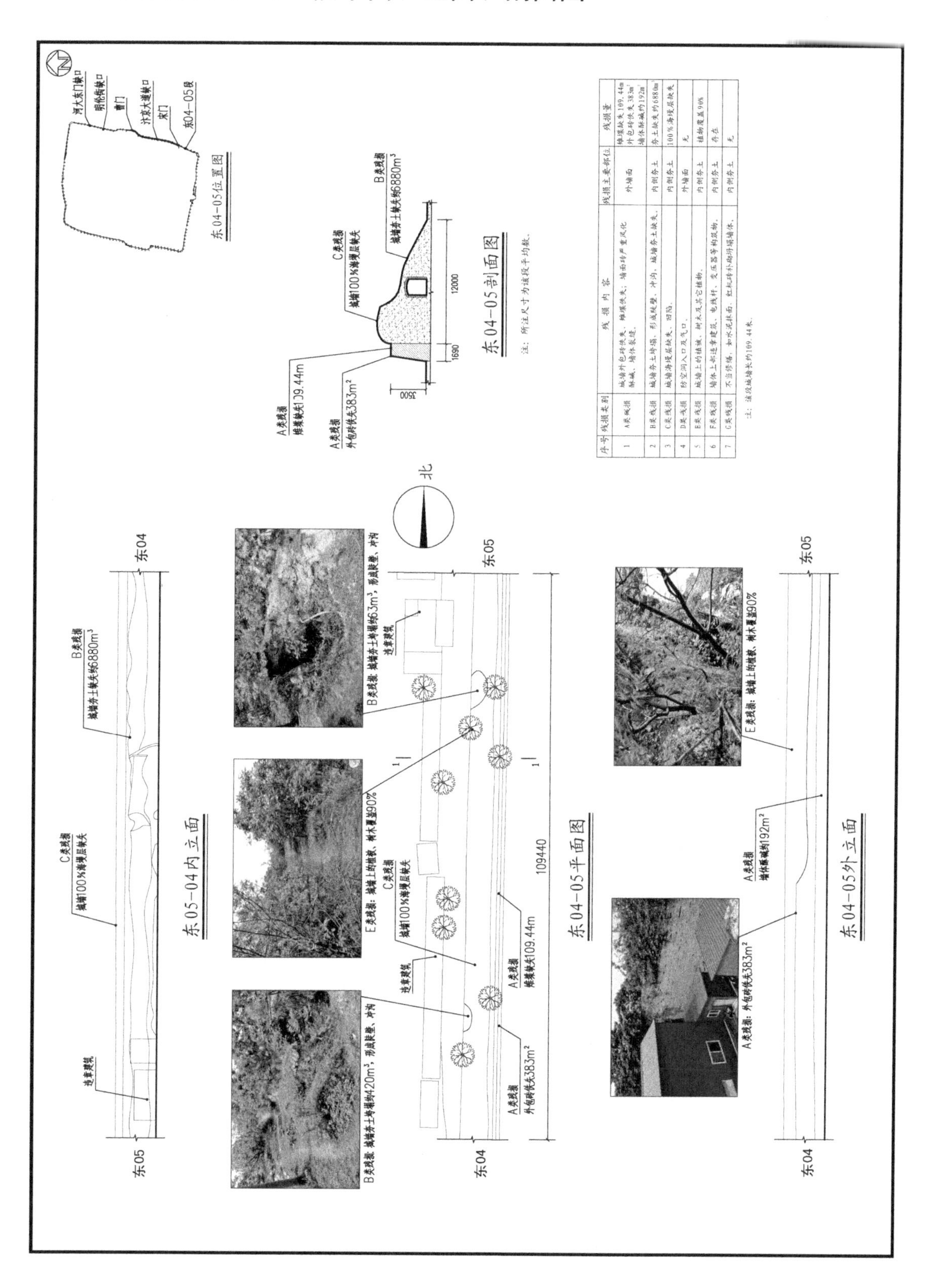

5. 东城墙05—06段平面、立面、剖面图

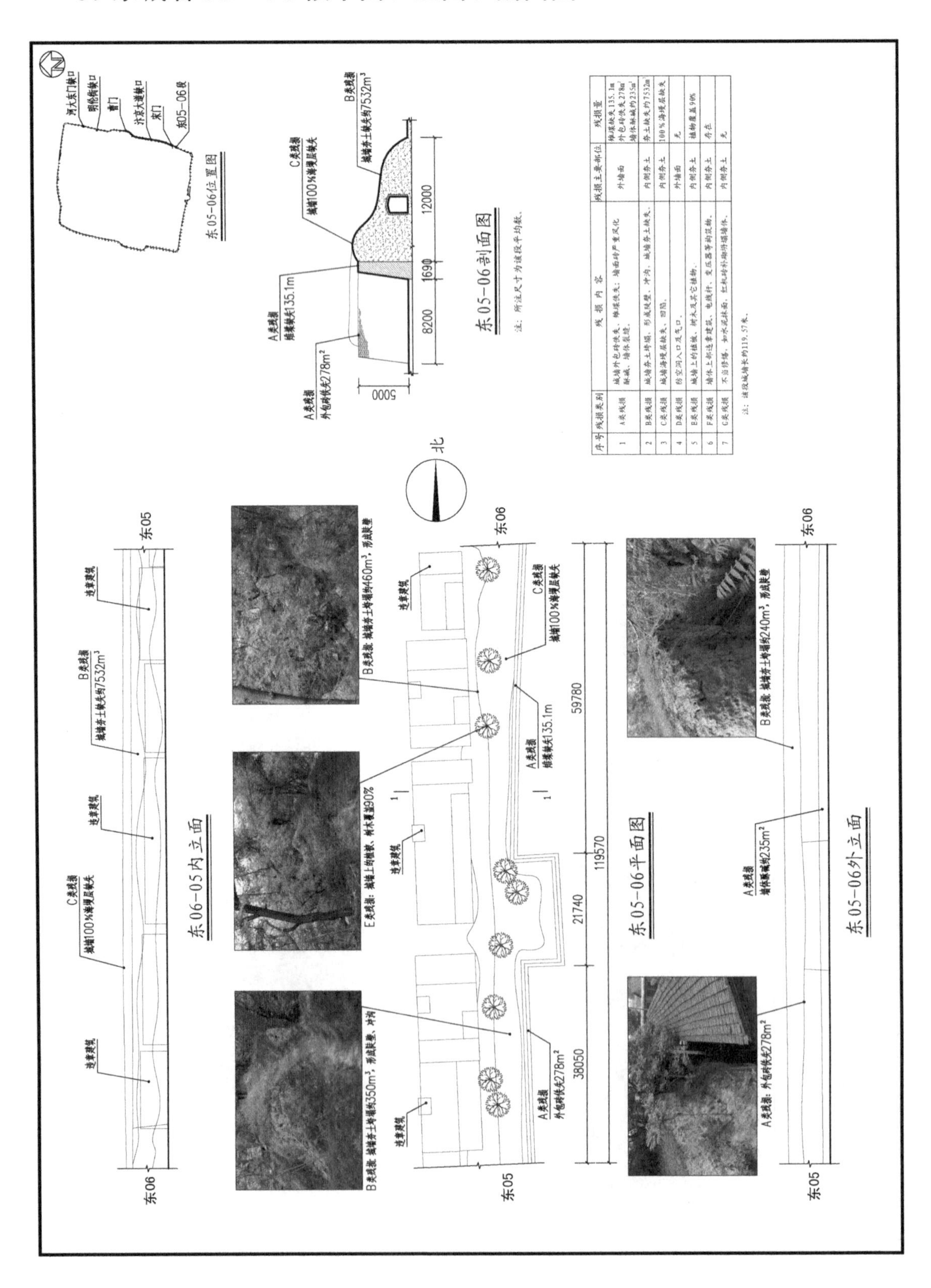

6. 东城墙 06—07 段平面、立面、剖面图

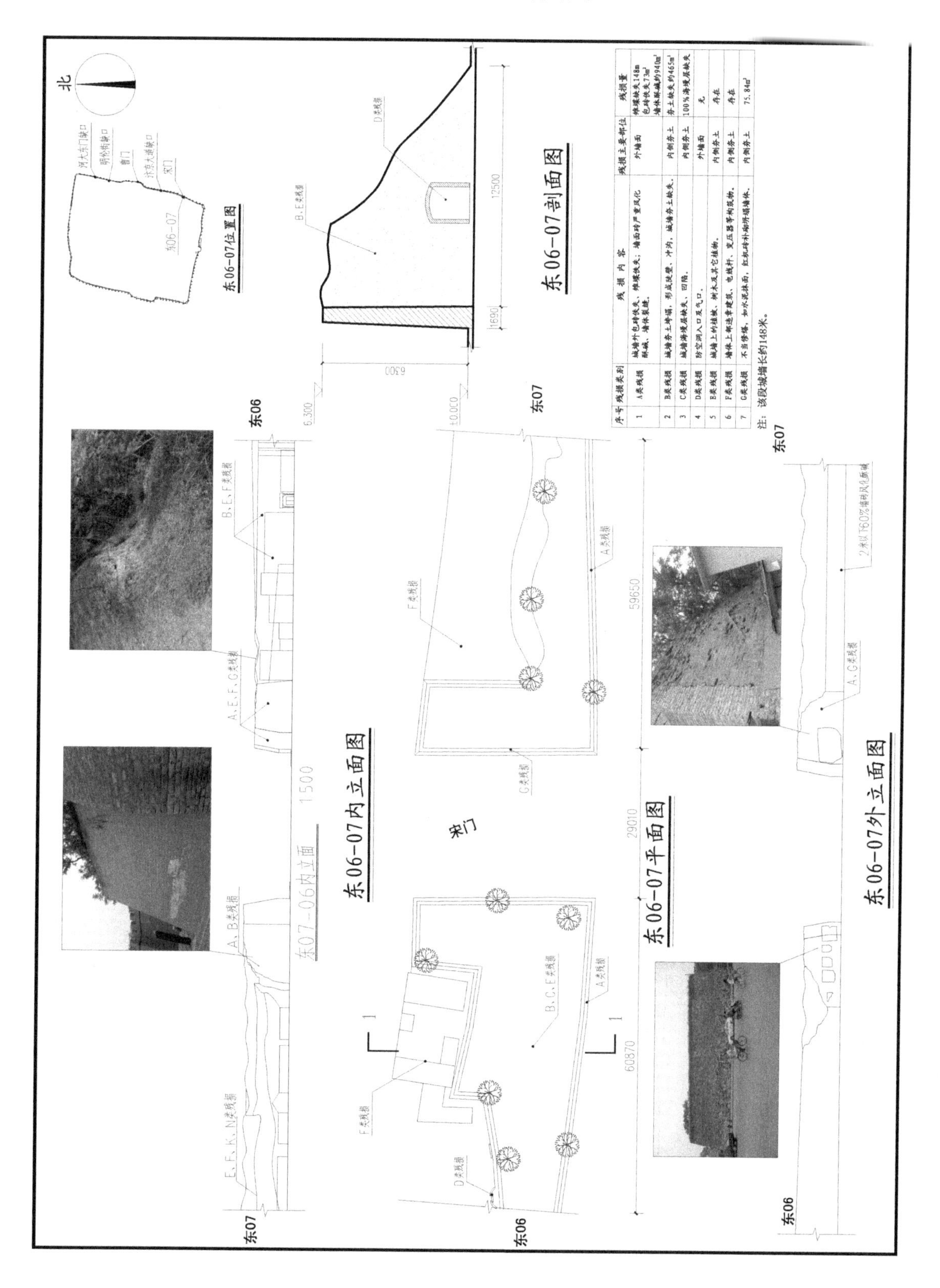

7. 东城墙07—08段平面、立面、剖面图

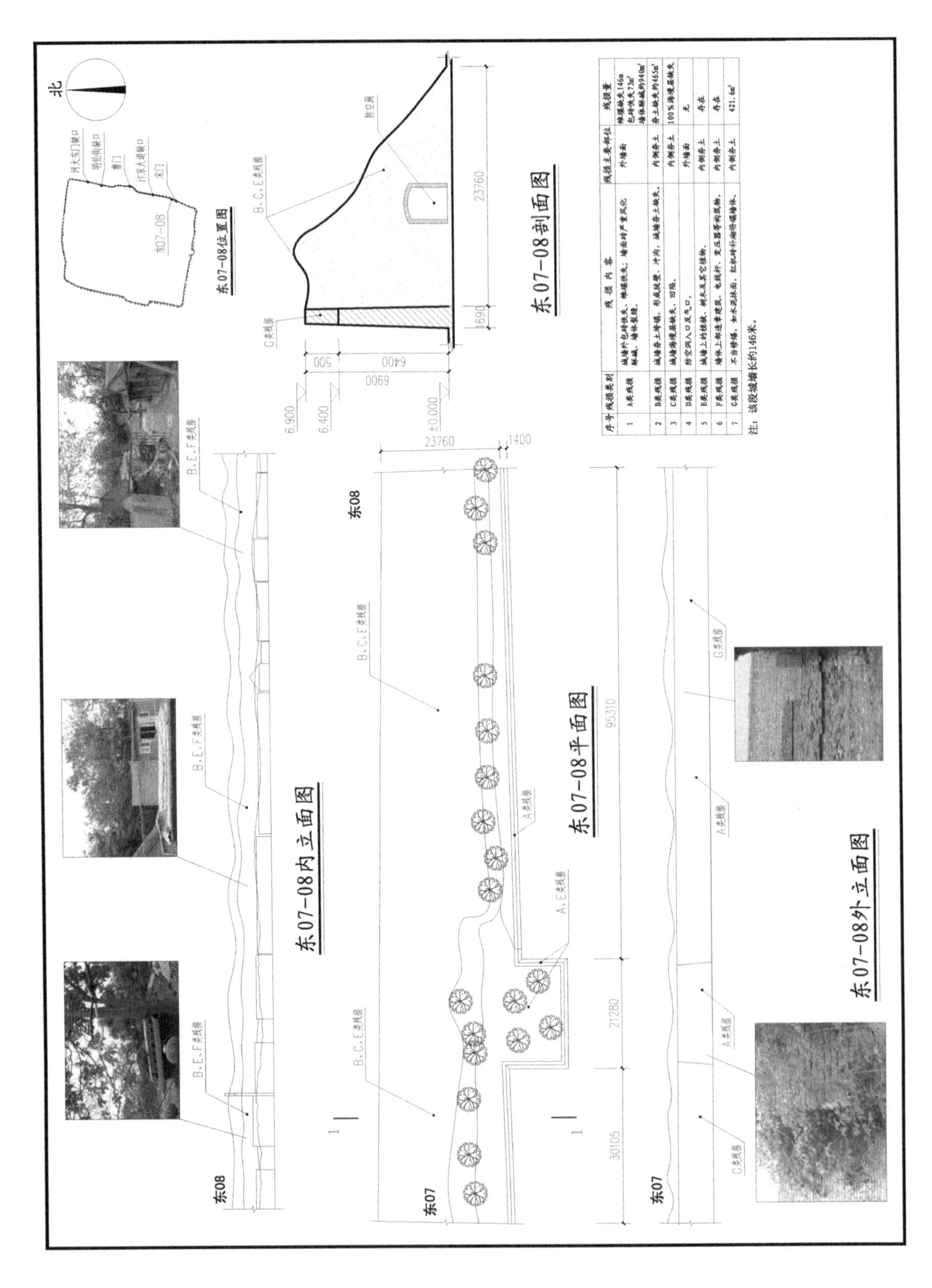

8. 东城墙 08—09 段平面、立面、剖面图

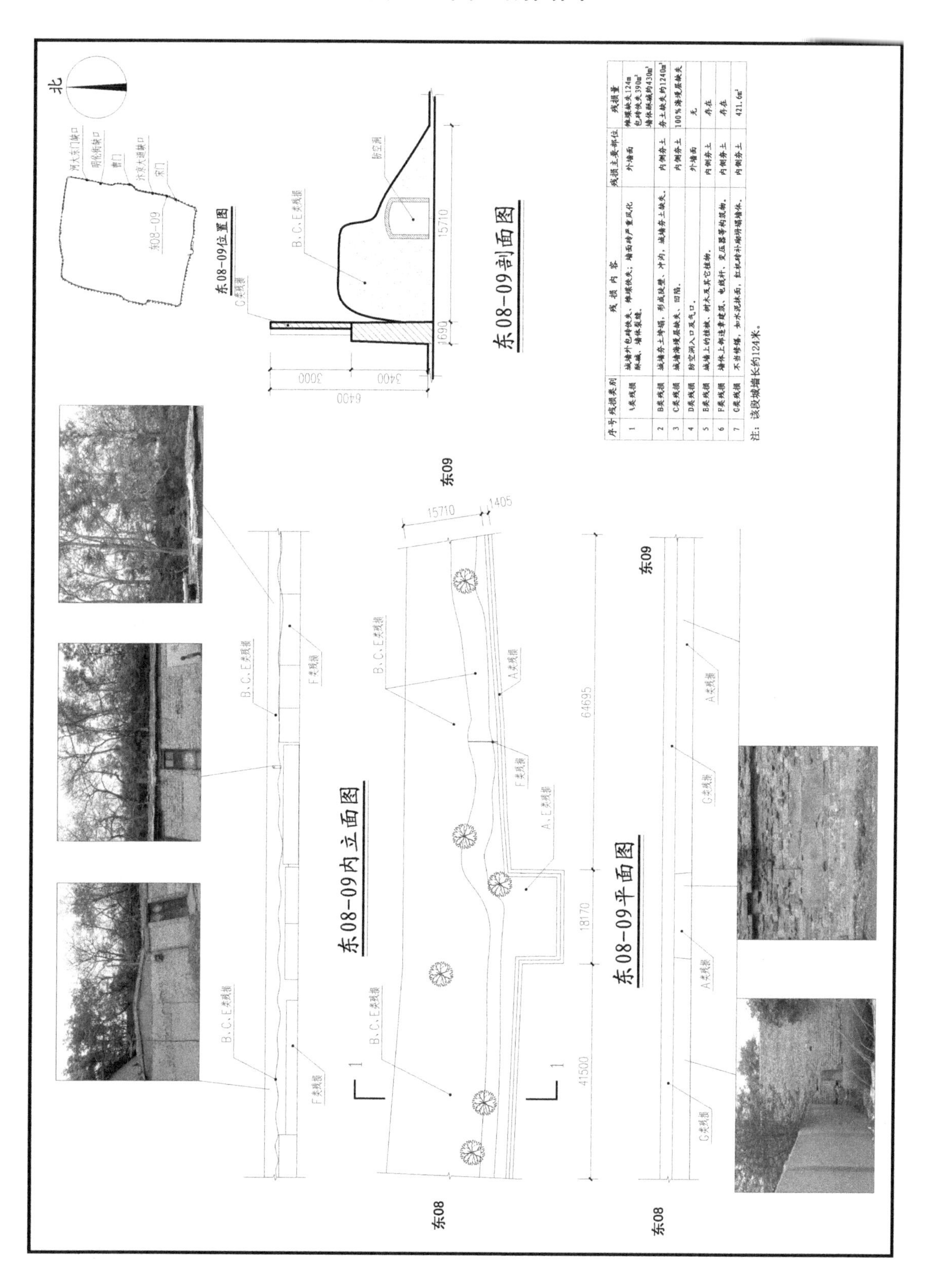

9. 东城墙 09—10 段平面、立面、剖面图

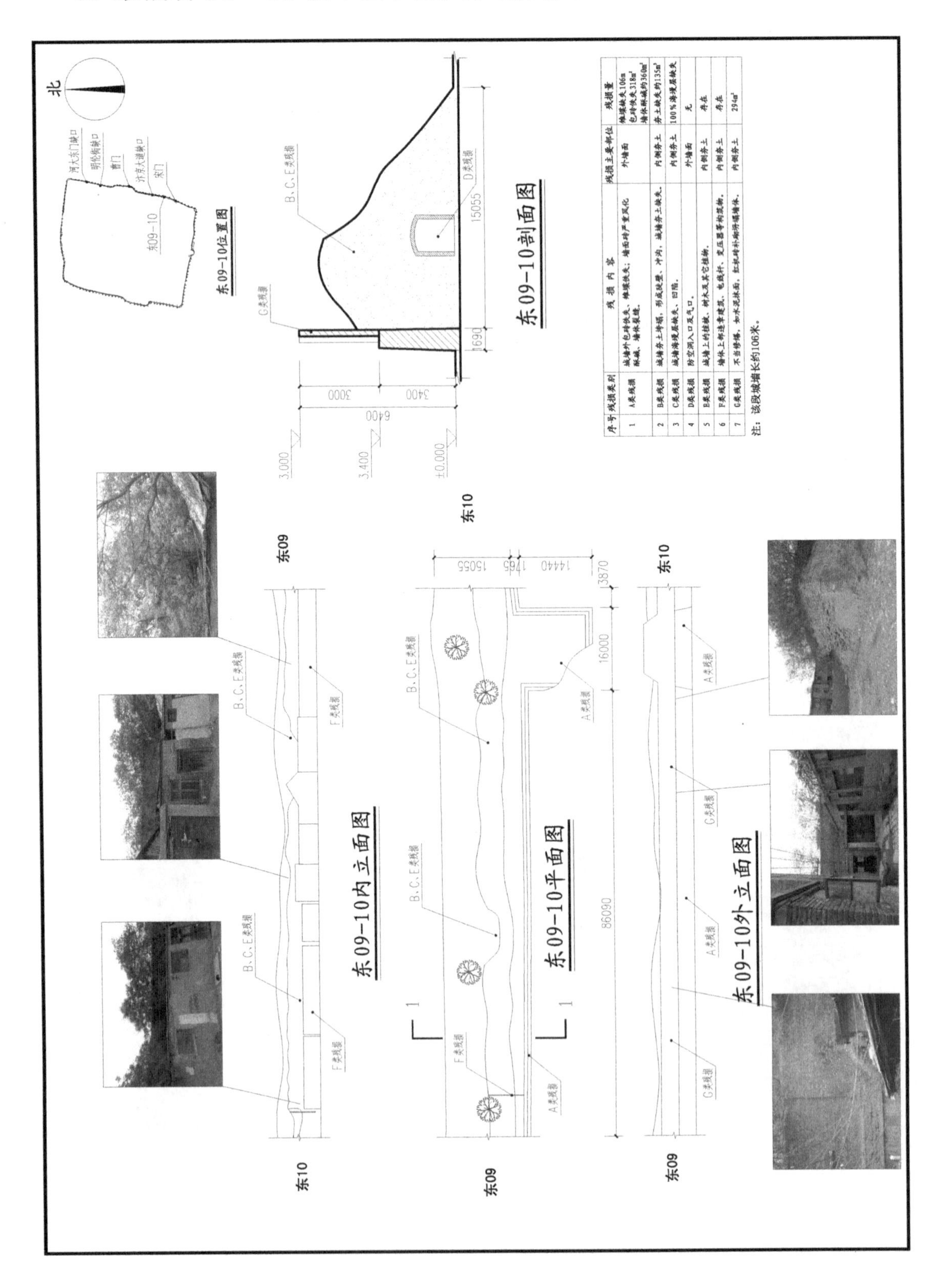

序号	残损类别	残 损 内 容	残损主要部位	残损量
1	A类残损	城墙外包砖佚失、雉堞佚失；墙面砖严重风化酥碱、墙体裂缝。	外墙面	雉堞缺失106m 包砖佚失318m² 墙体酥碱约360m²
2	B类残损	城墙夯土垮塌，形成陡壁、冲沟，城墙夯土缺失。	内侧夯土	夯土缺失约135m³
3	C类残损	城墙海墁层缺失、凹陷。	内侧夯土	100%海墁层缺失
4	D类残损	防空洞入口及气口。	外墙面	无
5	B类残损	城墙上的植被、树木及其它植物。	内侧夯土	存在
6	F类残损	墙体上部违章建筑、电线杆、变压器等构筑物。	内侧夯土	存在
7	G类残损	不当修缮，如水泥抹面，红机砖补砌坍塌墙体。	内侧夯土	294m²

注：该段城墙长约106米。

10. 东城墙 10—11 段平面、立面、剖面图

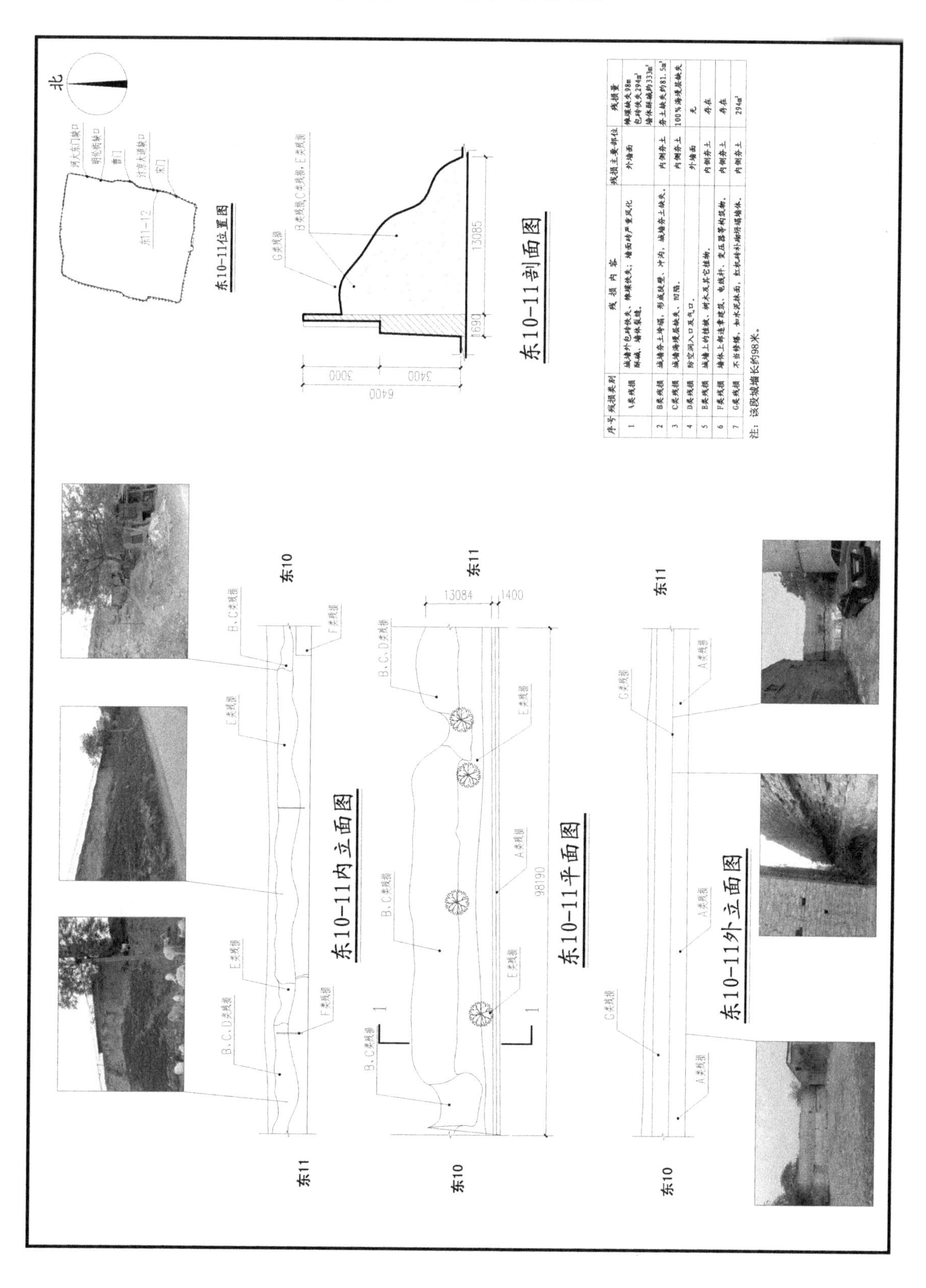

序号	残损类别	残损内容	残损主要部位	残损量
1	A类残损	城墙外包砖佚失、雉堞佚失；墙面砖严重风化酥碱，墙体裂缝。	外墙面	雉堞缺失98m 包砖佚失294m² 墙体酥碱约333m²
2	B类残损	城墙夯土垮塌，形成陡壁、冲沟，城墙夯土缺失。	内侧夯土	夯土缺失约81.5m³
3	C类残损	城墙海墁层缺失，凹陷。	内侧夯土	100%海墁层缺失
4	D类残损	防空洞入口及气口。	外墙面	无
5	E类残损	城墙上的植被，树木及其它植物。	内侧夯土	存在
6	F类残损	墙体上部违章建筑、电线杆、变压器等构筑物。	内侧夯土	存在
7	G类残损	不当修缮，如水泥抹面，红机砖补砌坍塌墙体。	内侧夯土	294m²

注：该段城墙长约98米。

11. 东城墙 11—12 段平面、立面、剖面图

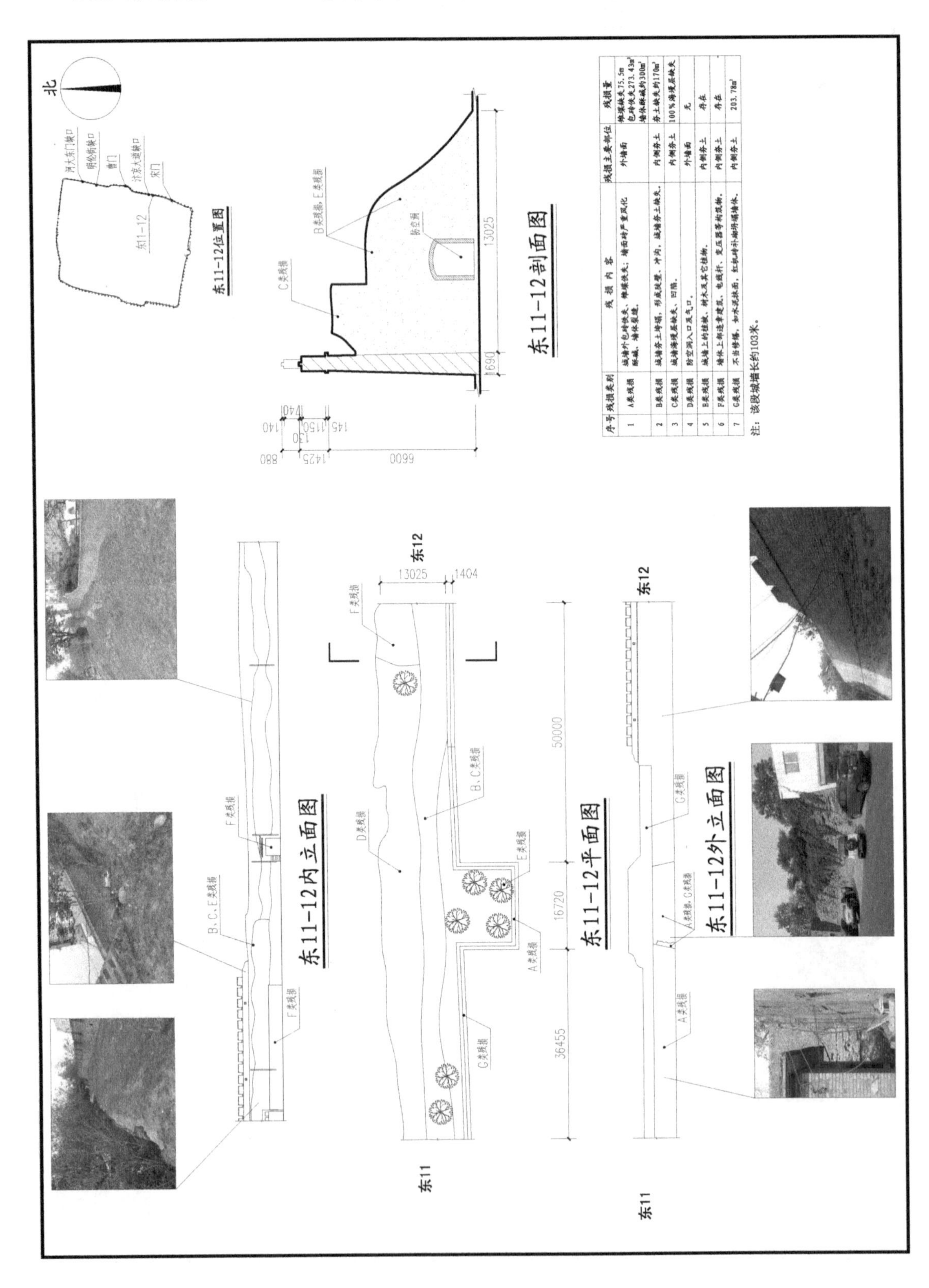

序号	残损类别	残损内容	残损主要部位	残损量
1	A类残损	城墙外包砖佚失、雉堞佚失；墙面砖严重风化酥碱、墙体裂缝。	外墙面	雉堞缺失75.5m 包砖佚失273.43m² 墙体酥碱约300m²
2	B类残损	城墙夯土垮塌，形成陡壁、冲沟，城墙夯土缺失。	内侧夯土	夯土缺失约170m³
3	C类残损	城墙海墁层缺失、凹陷。	内侧夯土	100%海墁层缺失
4	D类残损	防空洞入口及气口。	外墙面	无
5	B类残损	城墙上的植被、树木及其它植物。	内侧夯土	存在
6	F类残损	墙体上部违章建筑、电线杆、变压器等构筑物。	内侧夯土	存在
7	G类残损	不当修缮，如水泥抹面，红机砖补砌坍塌墙体。	内侧夯土	203.78m²

注：该段城墙长约103米。

12. 东城墙 12—13 段平面、立面、剖面图

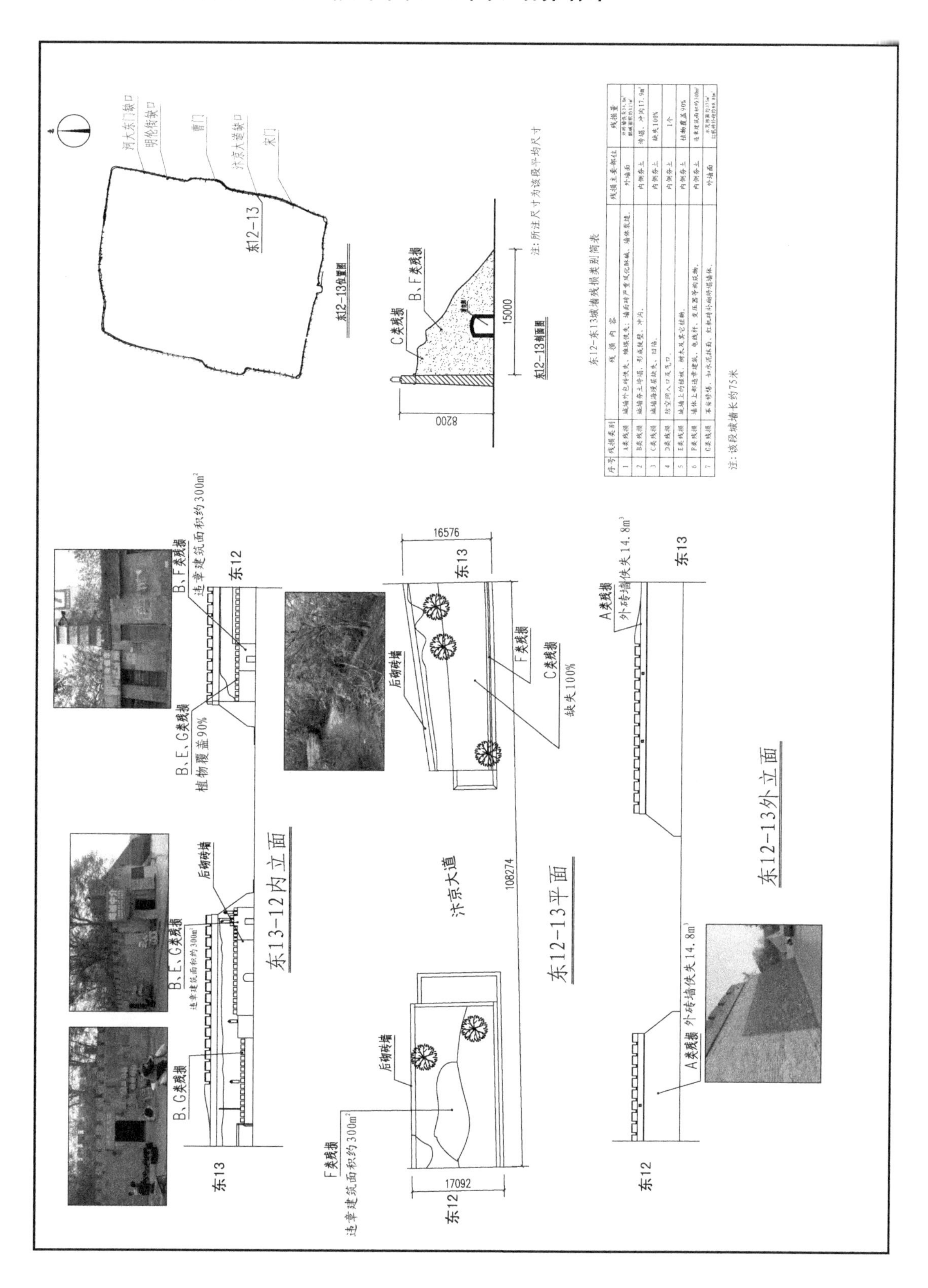

13. 东城墙 13—14 段平面、立面、剖面图

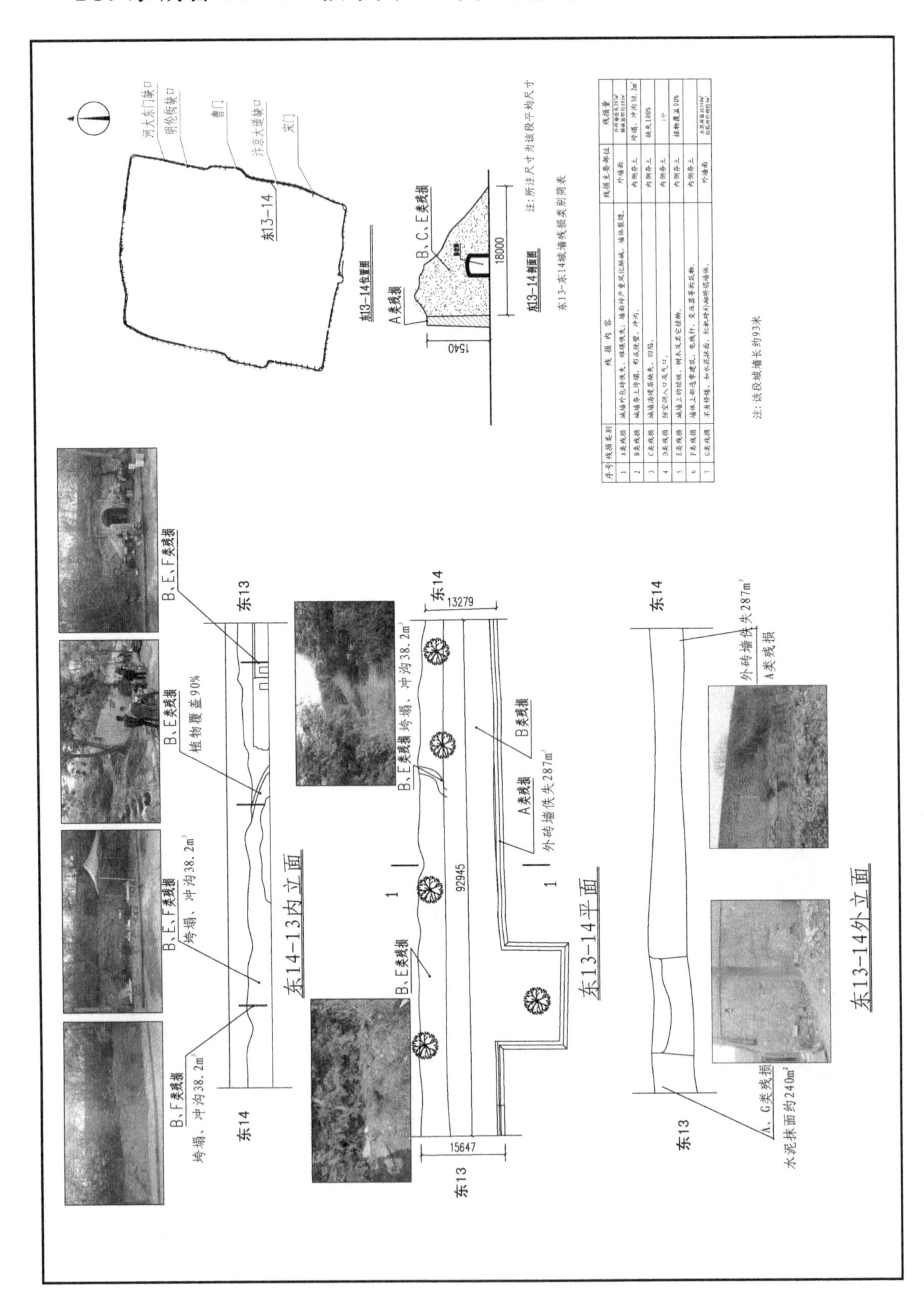

14. 东城墙 14—15 段平面、立面、剖面图

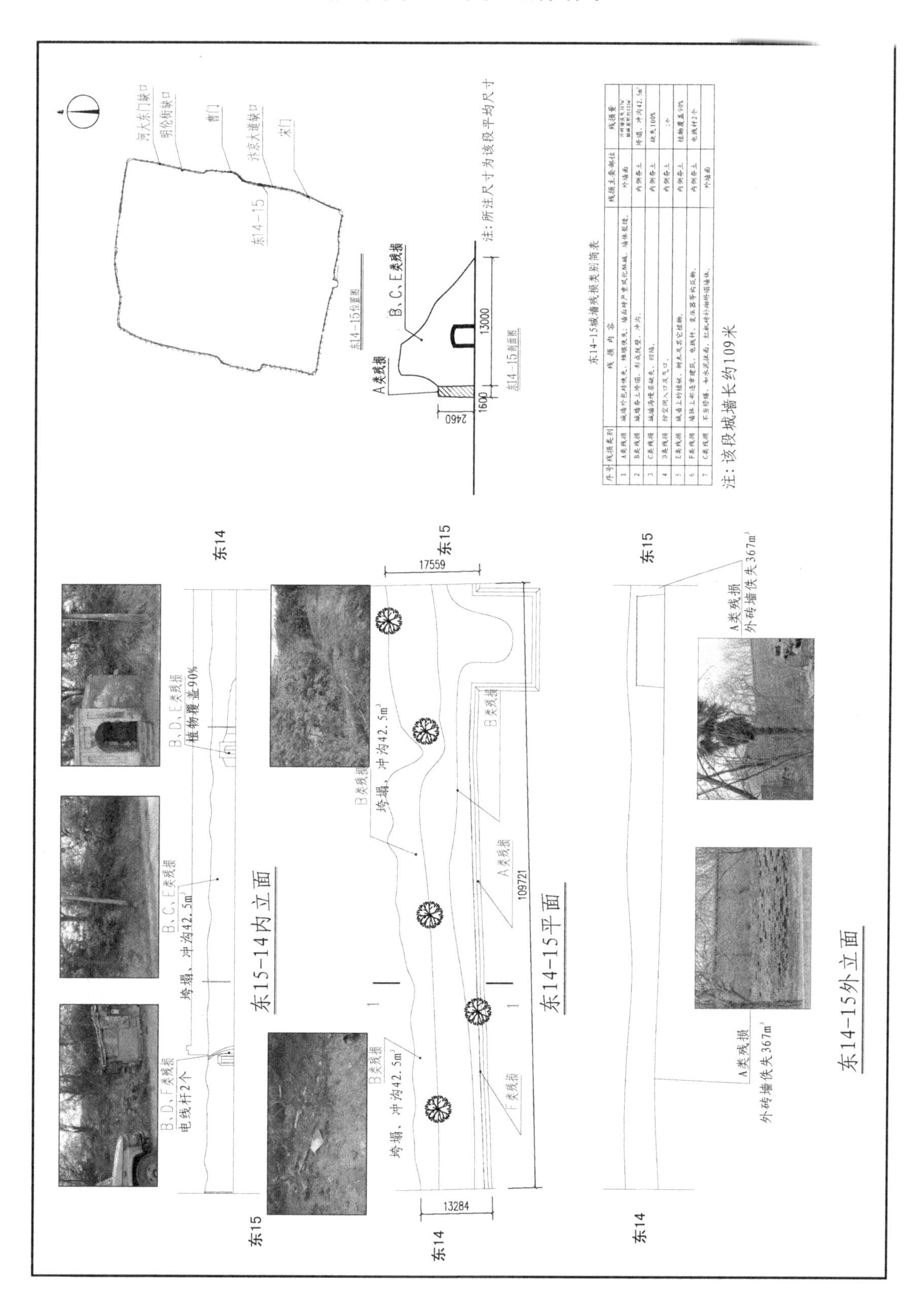

15. 东城墙 15—16 段平面、立面、剖面图

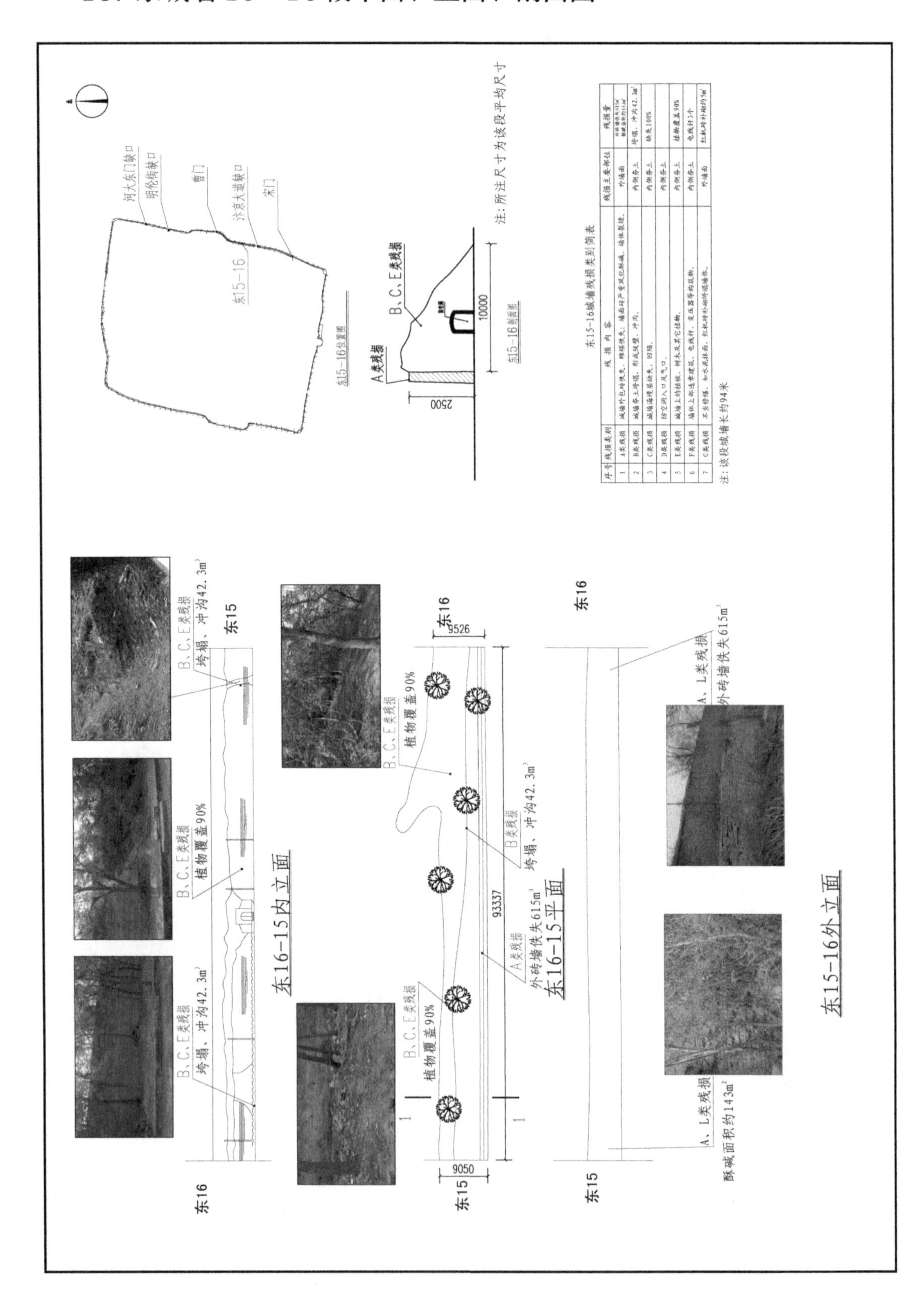

16. 东城墙 16—17 段平面、立面、剖面图

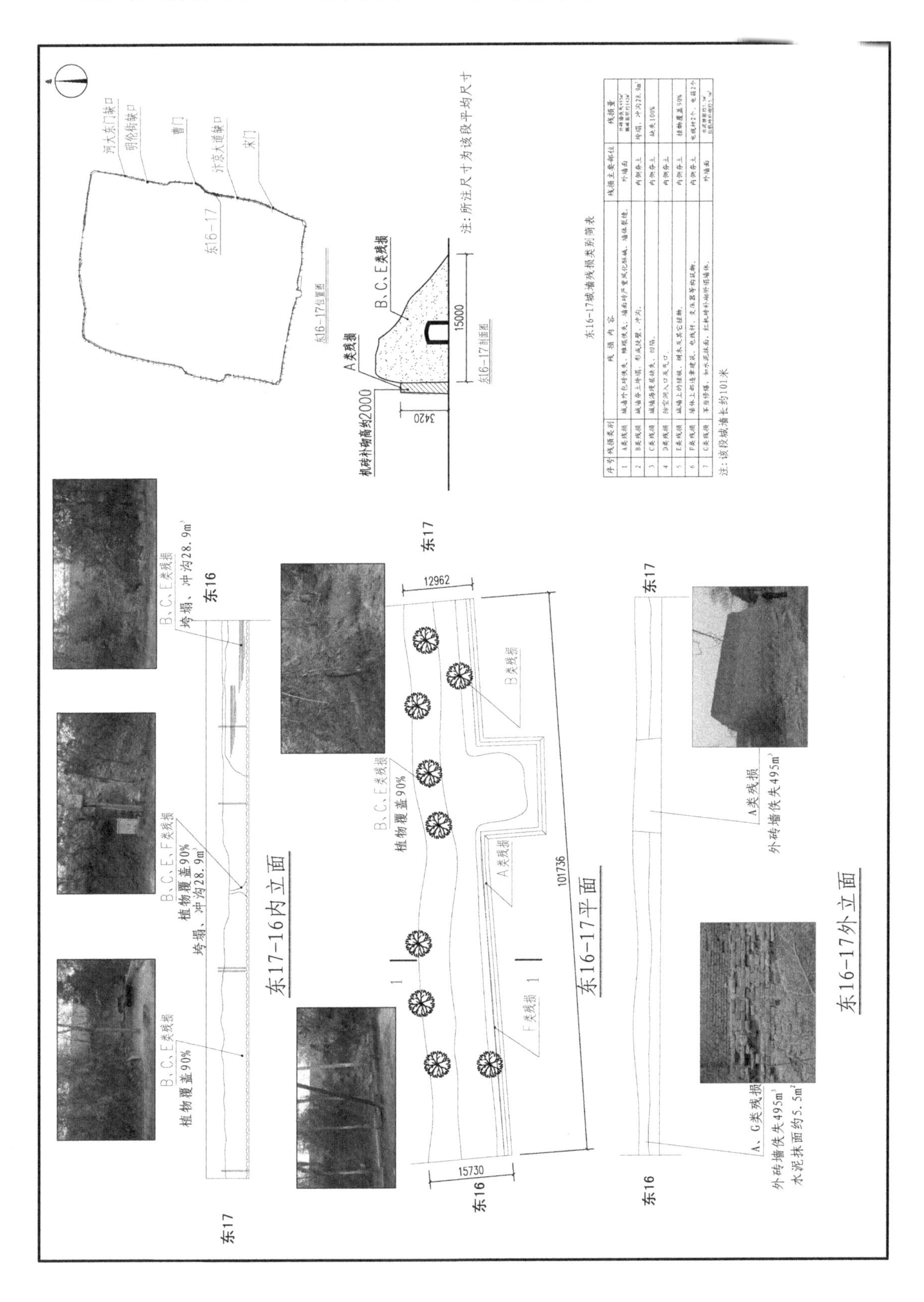

东16-17城墙残损类别简表

序号	残损类别	残损内容	残损主要部位	残损量
1	A类残损	城墙外包砖佚失，雉堞佚失；墙面砖严重风化酥碱、墙体裂缝。	外墙面	外砖墙佚失495m² 酥碱面积约142m²
2	B类残损	城墙夯土垮塌，形成陡壁、冲沟。	内侧夯土	垮塌、冲沟28.9m²
3	C类残损	城墙海墁层缺失、凹陷。	内侧夯土	缺失100%
4	D类残损	防空洞入口及气口。	内侧夯土	
5	E类残损	城墙上的植被、树木及其它植物。	内侧夯土	植物覆盖90%
6	F类残损	墙体上部违章建筑、电线杆、变压器等构筑物。	内侧夯土	电线杆2个、电箱2个
7	G类残损	不当修缮，如水泥抹面，红机砖补砌坍塌墙体。	外墙面	水泥抹面约5.5m² 红机砖补砌约5.5m²

注：该段城墙长约101米

17. 东城墙 17—18 段平面、立面、剖面图

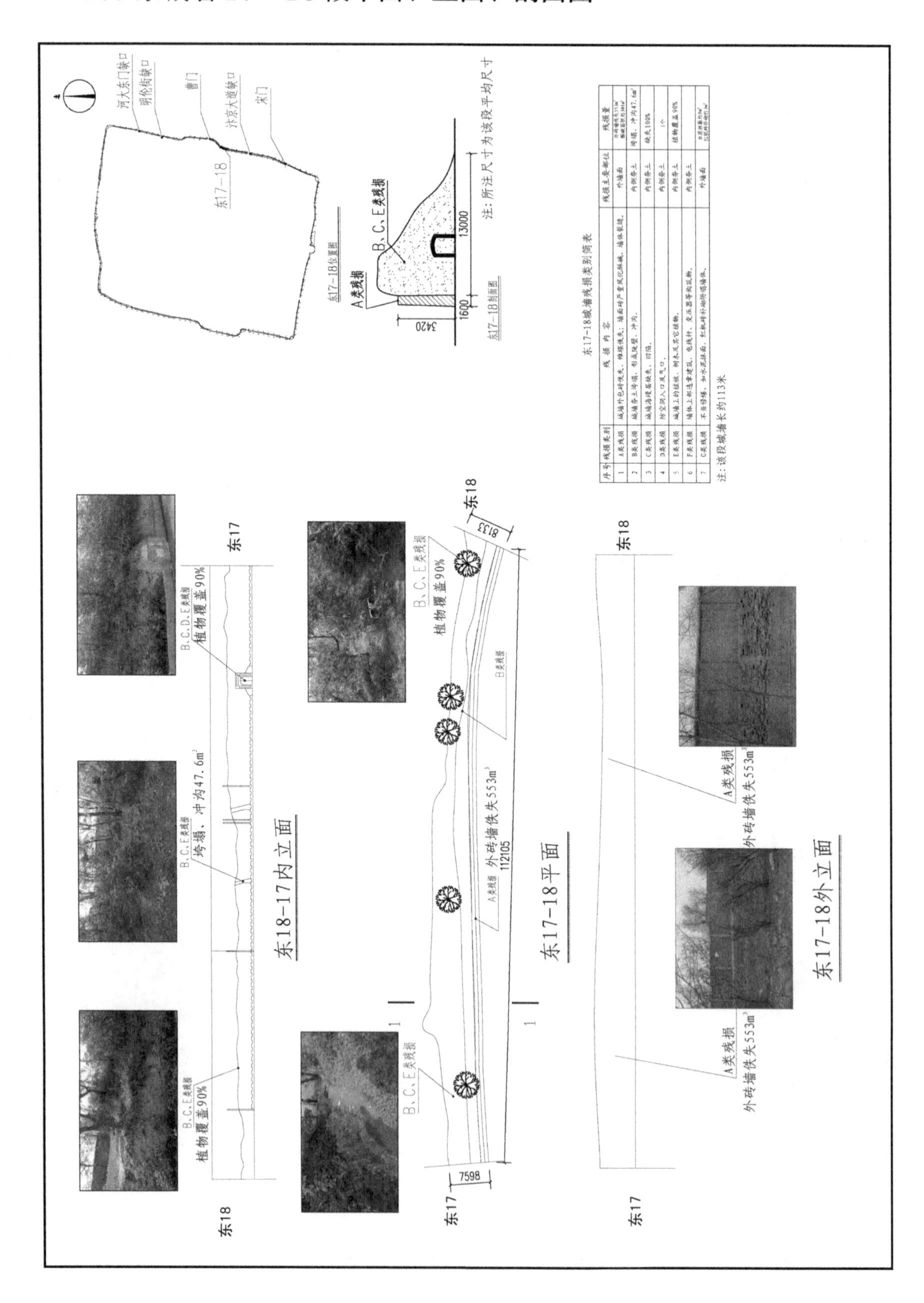

18. 东城墙 18—19 段平面、立面、剖面图

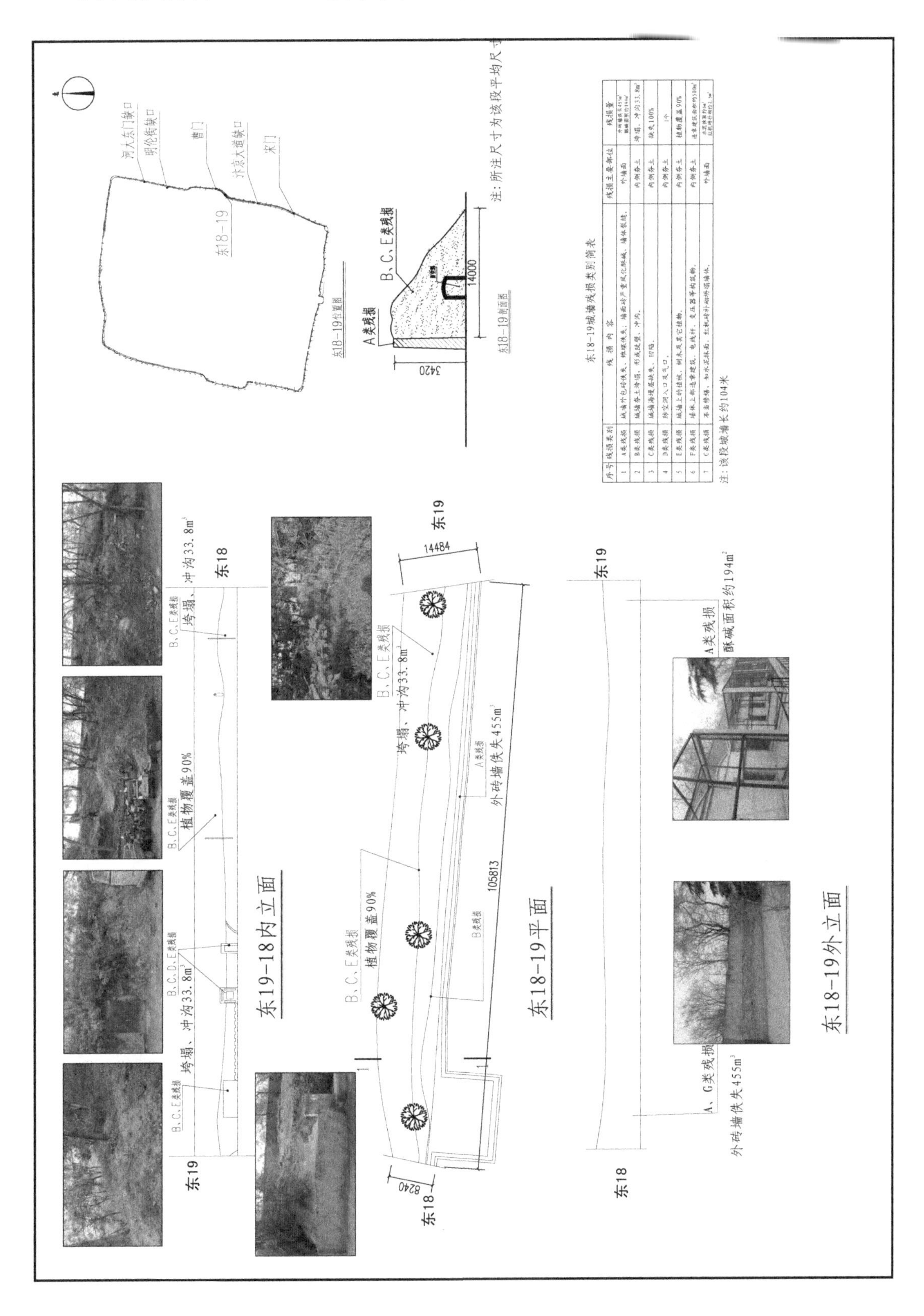

东18-19城墙残损类别简表

序号	残损类别	残损内容	残损主要部位	残损量
1	A类残损	城墙外包砖佚失、雉堞佚失；墙面砖严重风化酥碱、墙体裂缝。	外墙面	外砖墙佚失455m² 酥碱面积约194m²
2	B类残损	城墙夯土垮塌、形成陡壁、冲沟。	内侧夯土	垮塌、冲沟33.8m³
3	C类残损	城墙海墁层缺失、凹陷。	内侧夯土	缺失100%
4	D类残损	防空洞入口及气口。	内侧夯土	1个
5	E类残损	城墙上的植被、树木及其它植物。	内侧夯土	植物覆盖90%
6	F类残损	墙体上部违章建筑、电线杆、变压器等构筑物。	内侧夯土	违章建筑面积约500m²
7	G类残损	不当修缮，如水泥抹面，红机砖补砌坍塌墙体。	外墙面	水泥抹面约6m² 红机砖补砌约2.5m²

注：该段城墙长约104米

19. 东城墙 19—20 段平面、立面、剖面图

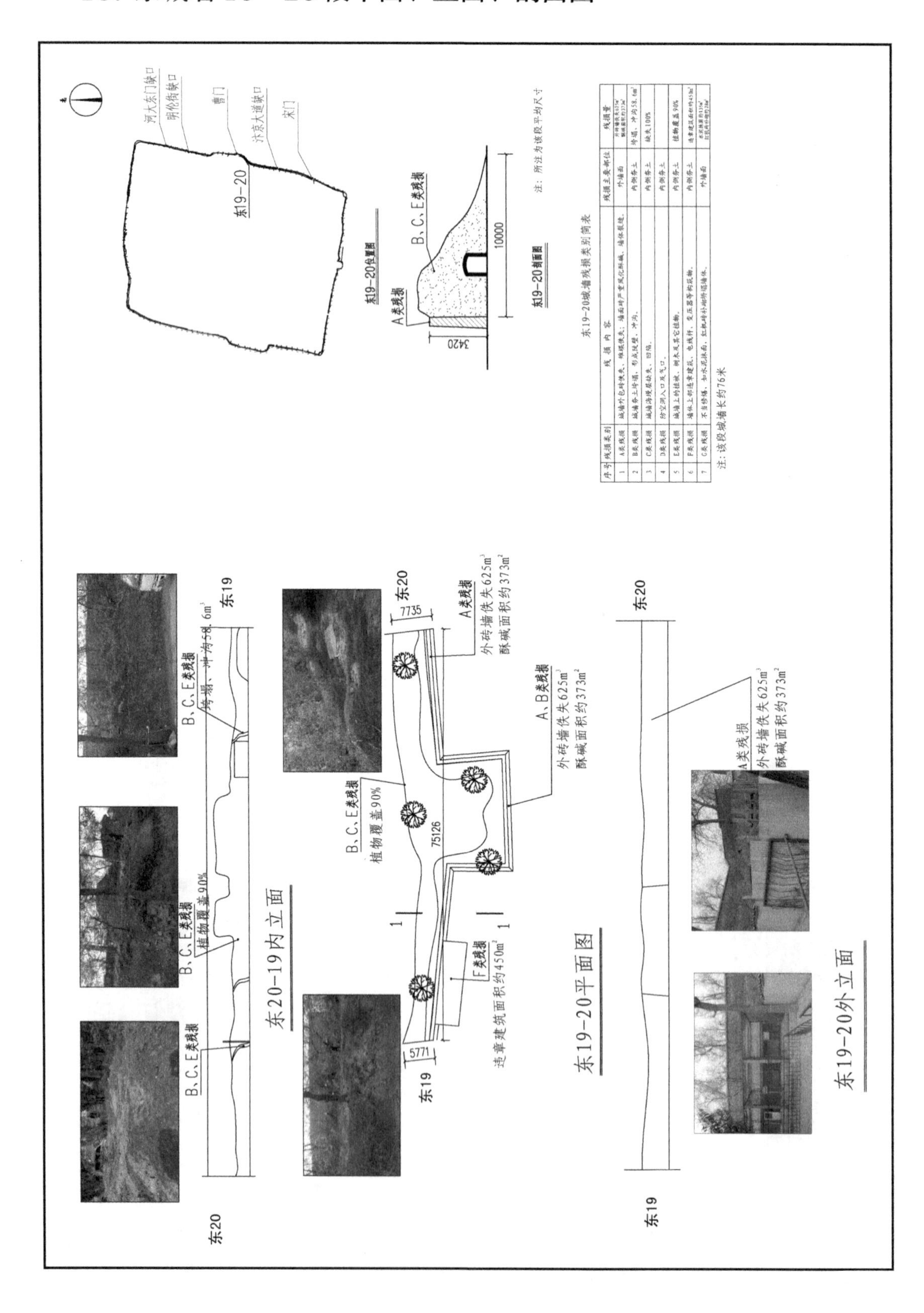

20. 东城墙 20—21 段平面、立面、剖面图

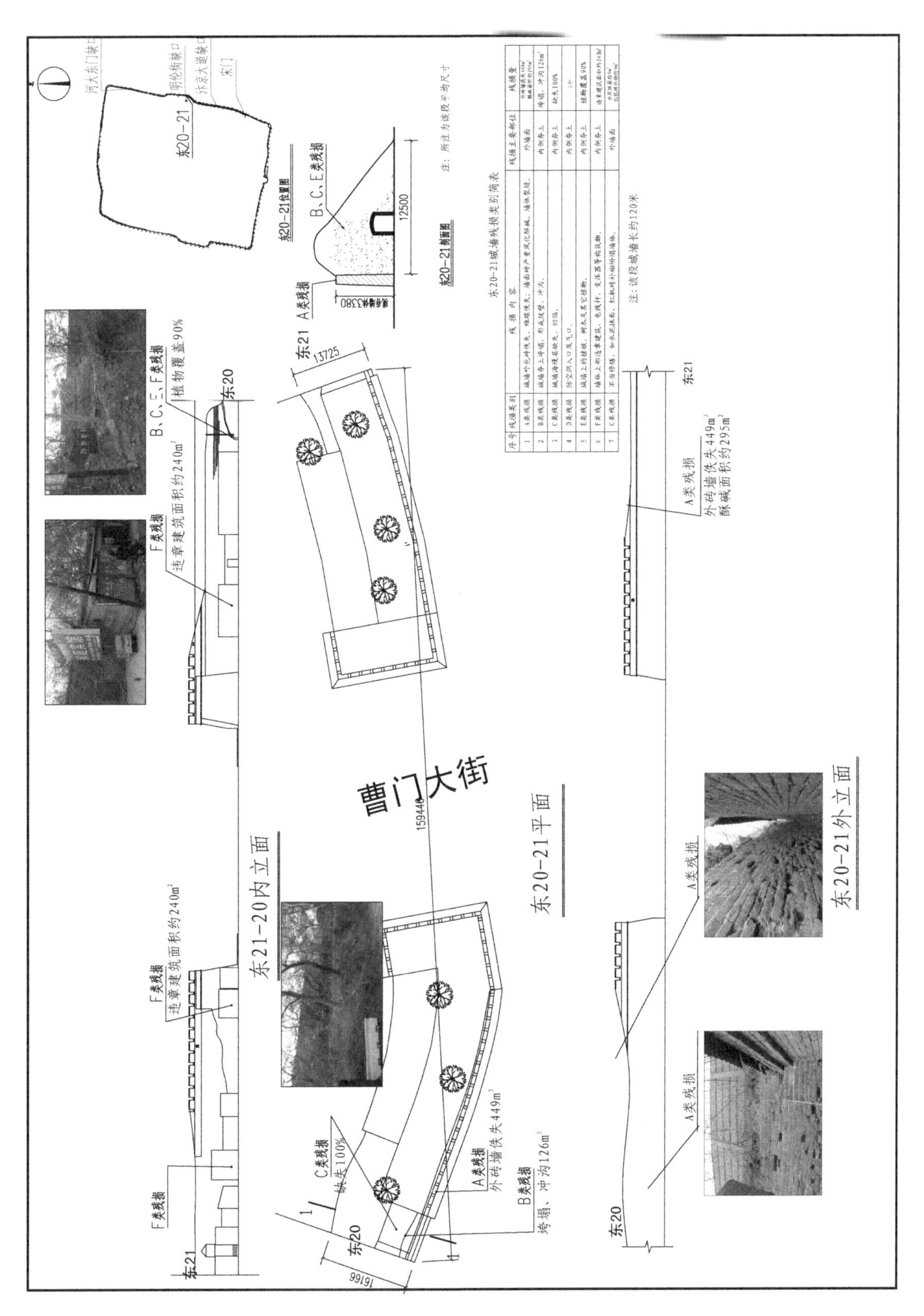

东20-21城墙残损类别简表

序号	残损类别	残损内容	残损主要部位	残损量
1	A类残损	城墙外包砖佚失，雉堞佚失；墙面砖严重风化酥碱，墙体裂缝。	外墙面	外砖墙佚失449m³ 酥碱面积约295m²
2	B类残损	城墙夯土垮塌，形成陡壁，冲沟。	内侧夯土	垮塌、冲沟126m³
3	C类残损	城墙海墁层缺失，凹陷。	内侧夯土	缺失100%
4	D类残损	防空洞入口及气口。	内侧夯土	1个
5	E类残损	城墙上的植被，树木及其它植物。	内侧夯土	植物覆盖90%
6	F类残损	墙体上部违章建筑，电线杆，变压器等构筑物。	内侧夯土	违章建筑面积约240m²
7	G类残损	不当修缮，如水泥抹面，红机砖补砌坍塌墙体。	外墙面	水泥抹面约9m² 红机砖补砌约9m²

21. 东城墙 21—22 段平面、立面、剖面图

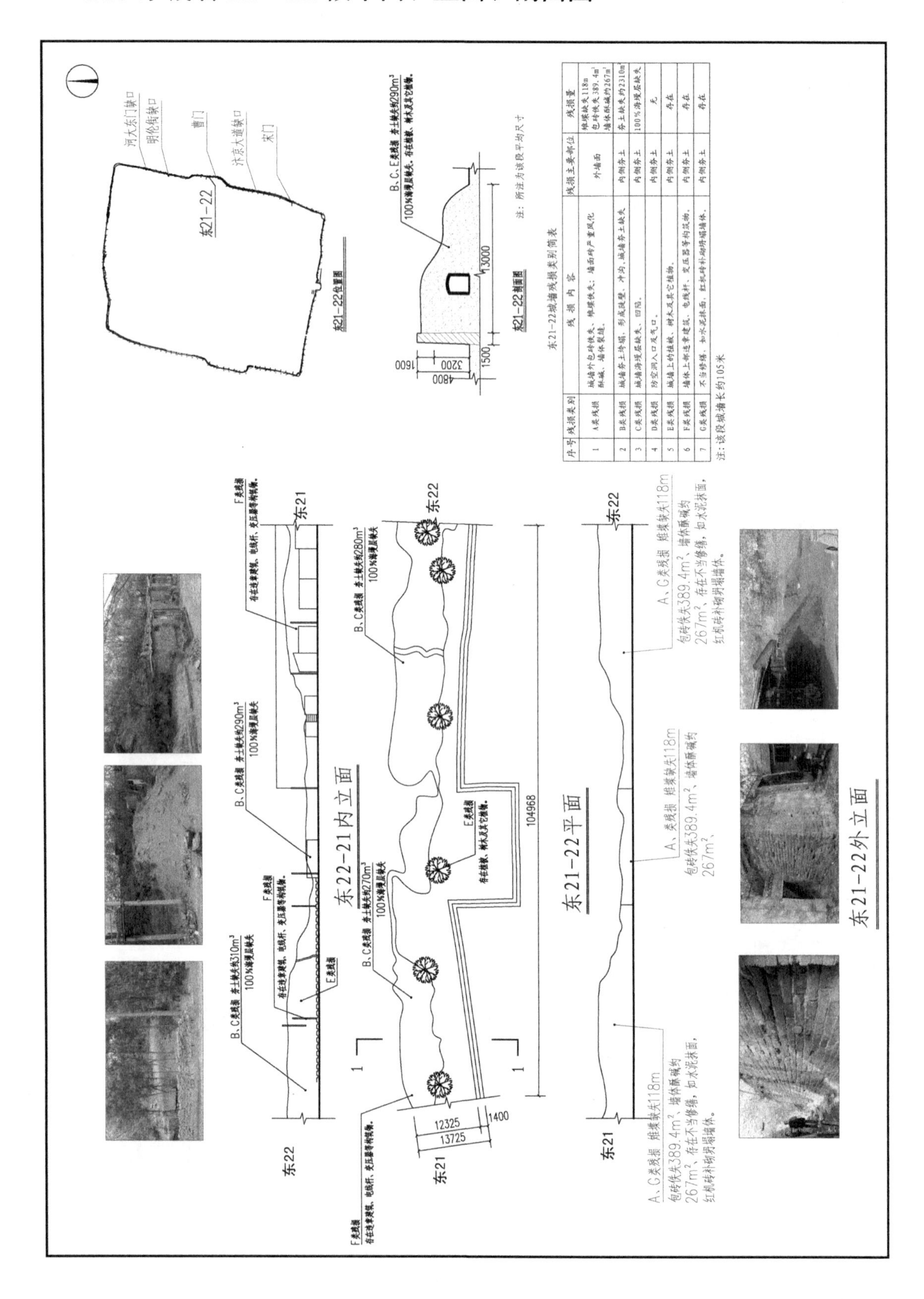

东21-22城墙残损类别简表

序号	残损类别	残损内容	残损主要部位	残损量
1	A类残损	城墙外包砖佚失、雉堞佚失；墙面砖严重风化酥碱、墙体裂缝。	外墙面	雉堞缺失118m 包砖佚失389.4m² 墙体酥碱约267m²
2	B类残损	城墙夯土垮塌，形成陡壁、冲沟、城墙夯土缺失	内侧夯土	夯土缺失约2310m³
3	C类残损	城墙海墁层缺失、凹陷。	内侧夯土	100%海墁层缺失
4	D类残损	防空洞入口及气口。	内侧夯土	无
5	E类残损	城墙上的植被、树木及其它植物。	内侧夯土	存在
6	F类残损	墙体上部违章建筑、电线杆、变压器等构筑物。	内侧夯土	存在
7	G类残损	不当修缮，如水泥抹面，红机砖补砌坍塌墙体。	内侧夯土	存在

注：该段城墙长约105米

22. 东城墙 22—23 段平面、立面、剖面图

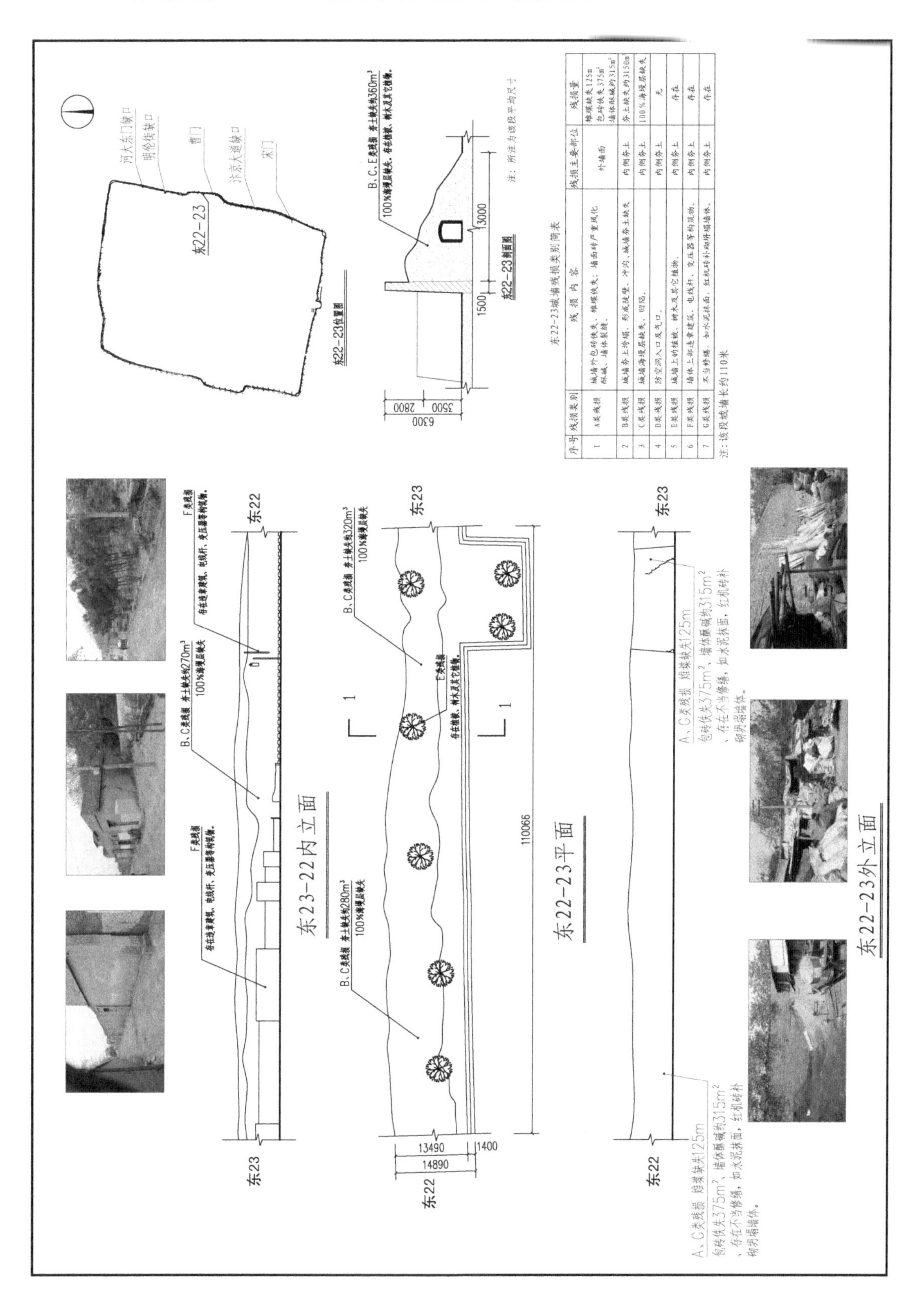

23. 东城墙 23—24 段平面、立面、剖面图

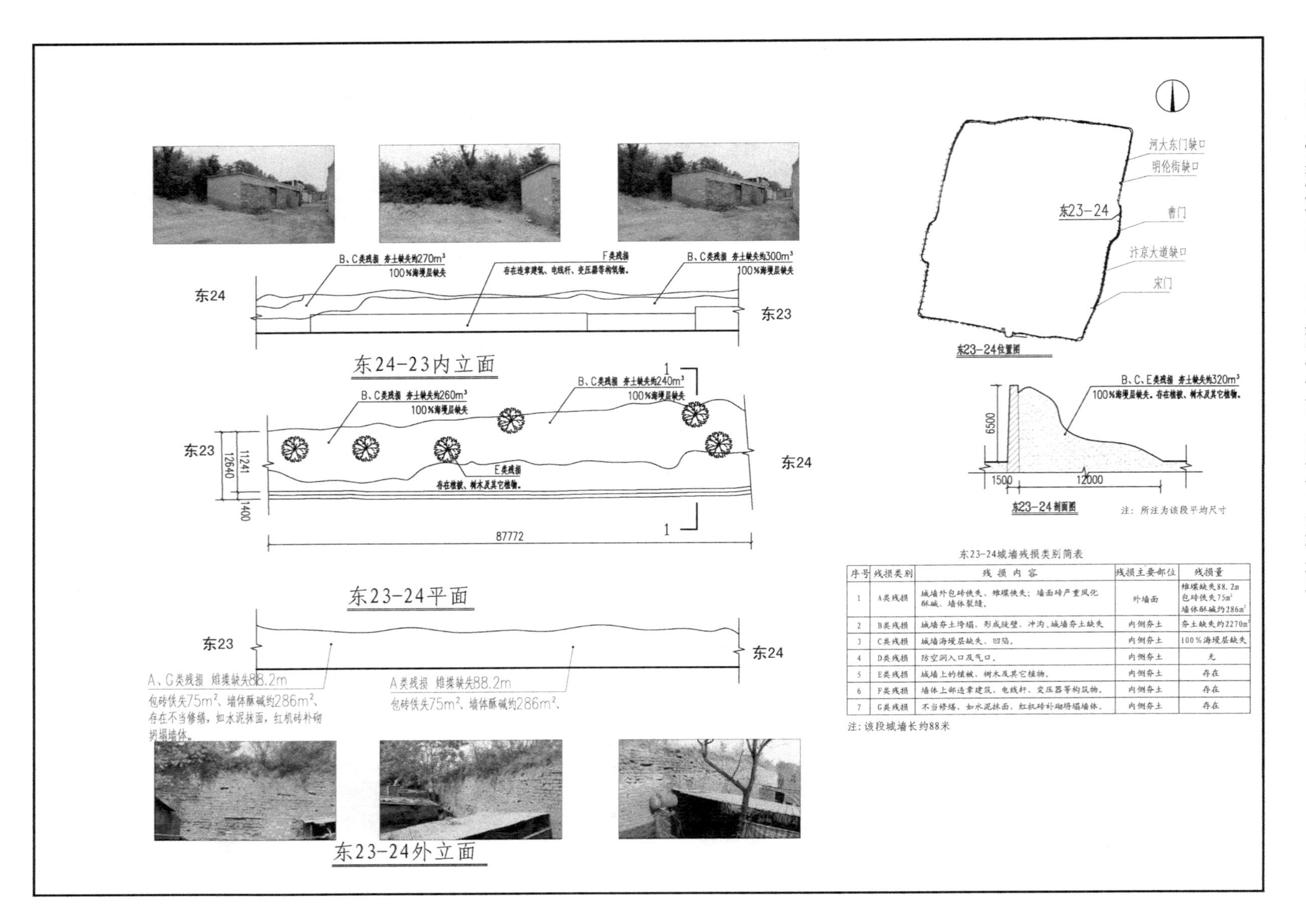

东23-24城墙残损类别简表

序号	残损类别	残损内容	残损主要部位	残损量
1	A类残损	城墙外包砖佚失、雉堞佚失；墙面砖严重风化酥碱、墙体裂缝。	外墙面	雉堞缺失88.2m 包砖佚失75m² 墙体酥碱约286m²
2	B类残损	城墙夯土垮塌、形成陡壁、冲沟、城墙夯土缺失	内侧夯土	夯土缺失约2270m³
3	C类残损	城墙海墁层缺失、凹陷。	内侧夯土	100%海墁层缺失
4	D类残损	防空洞入口及气口。	内侧夯土	无
5	E类残损	城墙上的植被、树木及其它植物。	内侧夯土	存在
6	F类残损	墙体上部违章建筑、电线杆、变压器等构筑物。	内侧夯土	存在
7	G类残损	不当修缮，如水泥抹面，红机砖补砌坍塌墙体。	内侧夯土	存在

注：该段城墙长约88米

24. 东城墙 24—25 段平面、立面、剖面图

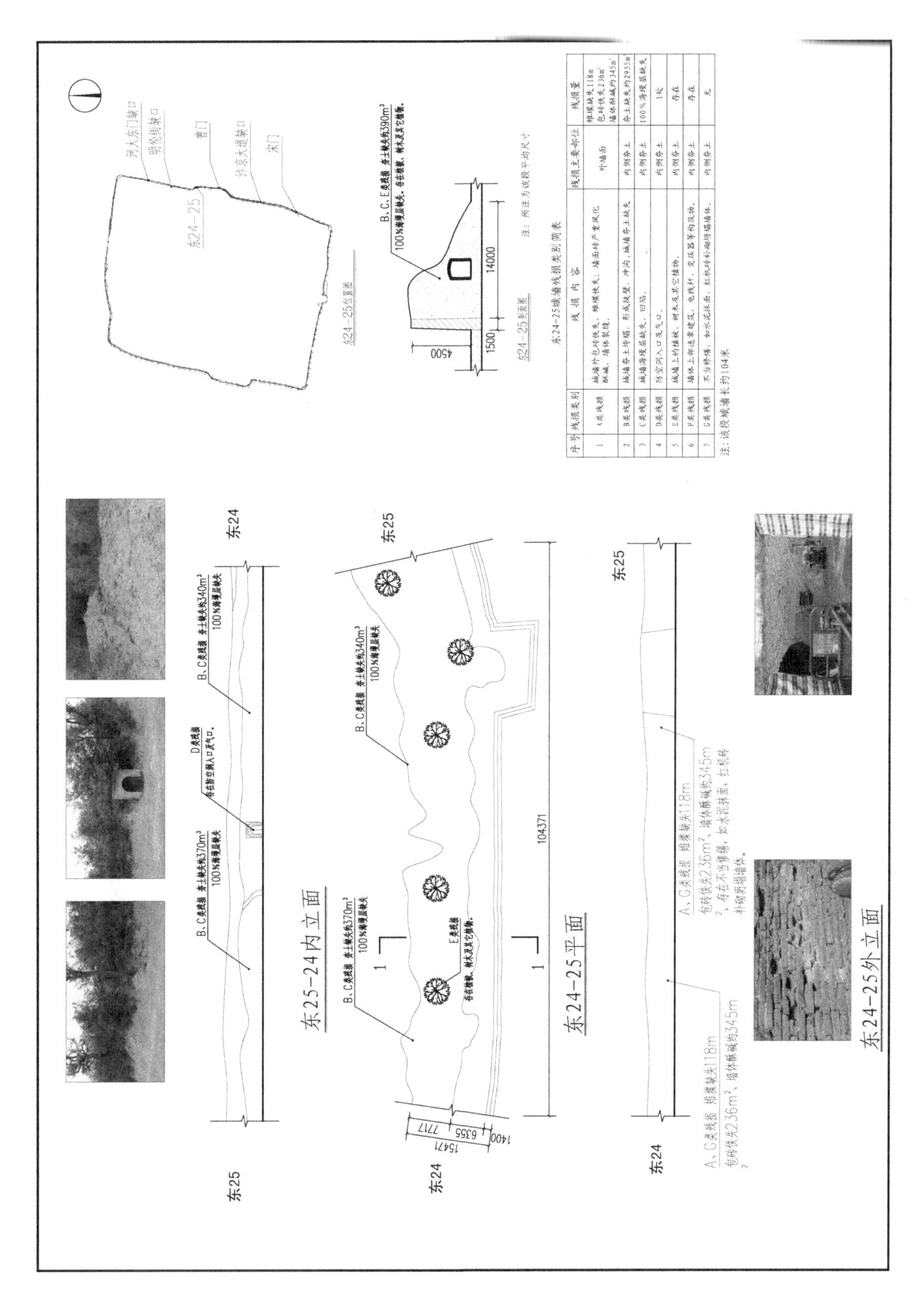

东24-25城墙残损类别简表

序号	残损类别	残损内容	残损主要部位	残损量
1	A类残损	城墙外包砖佚失、雉堞佚失；墙面砖严重风化酥碱、墙体裂缝。	外墙面	雉堞缺失118m 包砖佚失236m² 墙体酥碱约345m²
2	B类残损	城墙夯土垮塌，形成陡壁、冲沟，城墙夯土缺失	内侧夯土	夯土缺失约2955m³
3	C类残损	城墙海墁层缺失、凹陷。	内侧夯土	100％海墁层缺失
4	D类残损	防空洞入口及气口。	内侧夯土	1处
5	E类残损	城墙上的植被、树木及其它植物。	内侧夯土	存在
6	F类残损	墙体上部违章建筑、电线杆、变压器等构筑物。	内侧夯土	存在
7	G类残损	不当修缮，如水泥抹面，红机砖补砌坍塌墙体。	内侧夯土	无

注：该段城墙长约104米

25. 东城墙 25—26 段平面、立面、剖面图

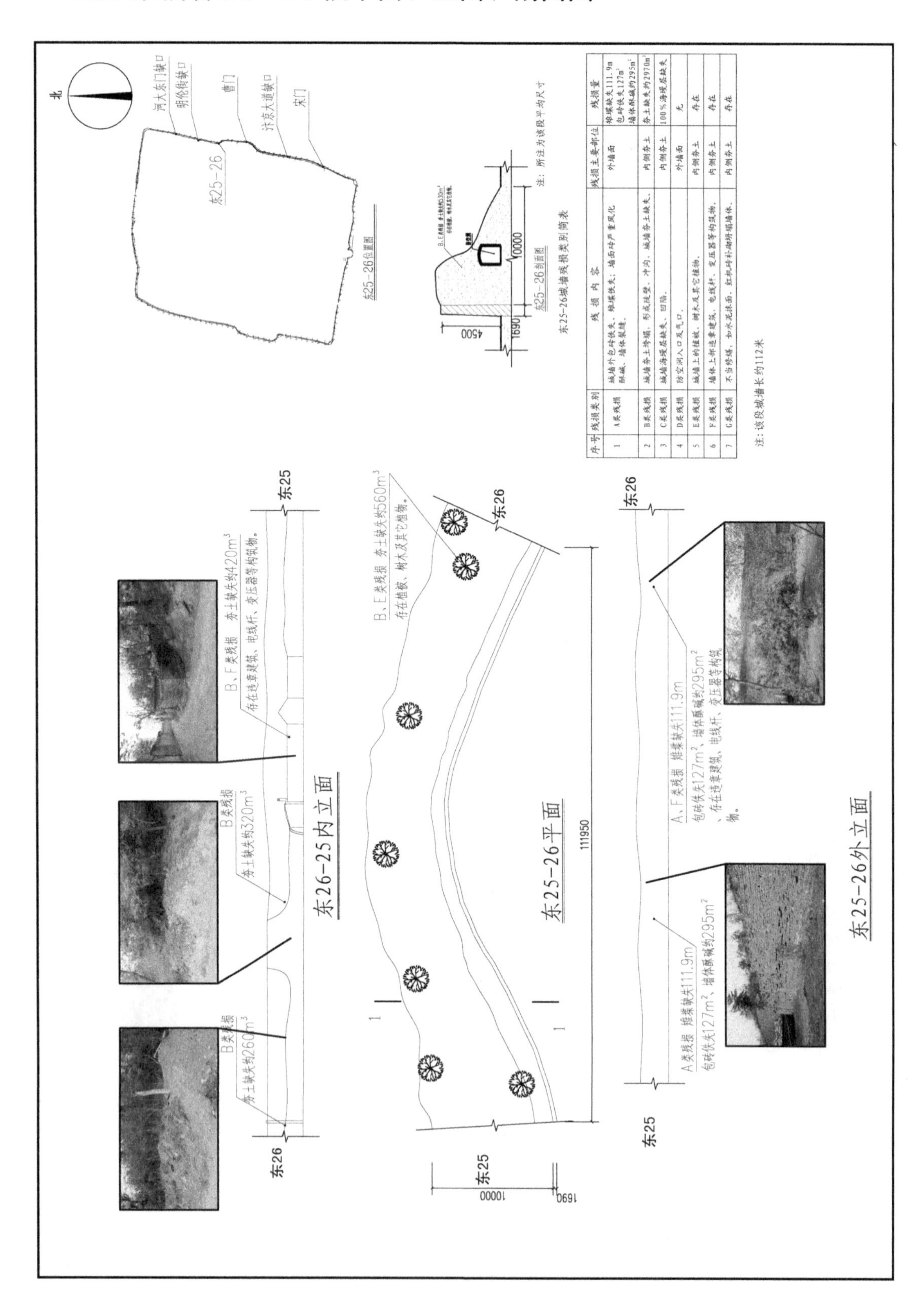

26. 东城墙 26—27 段平面、立面、剖面图

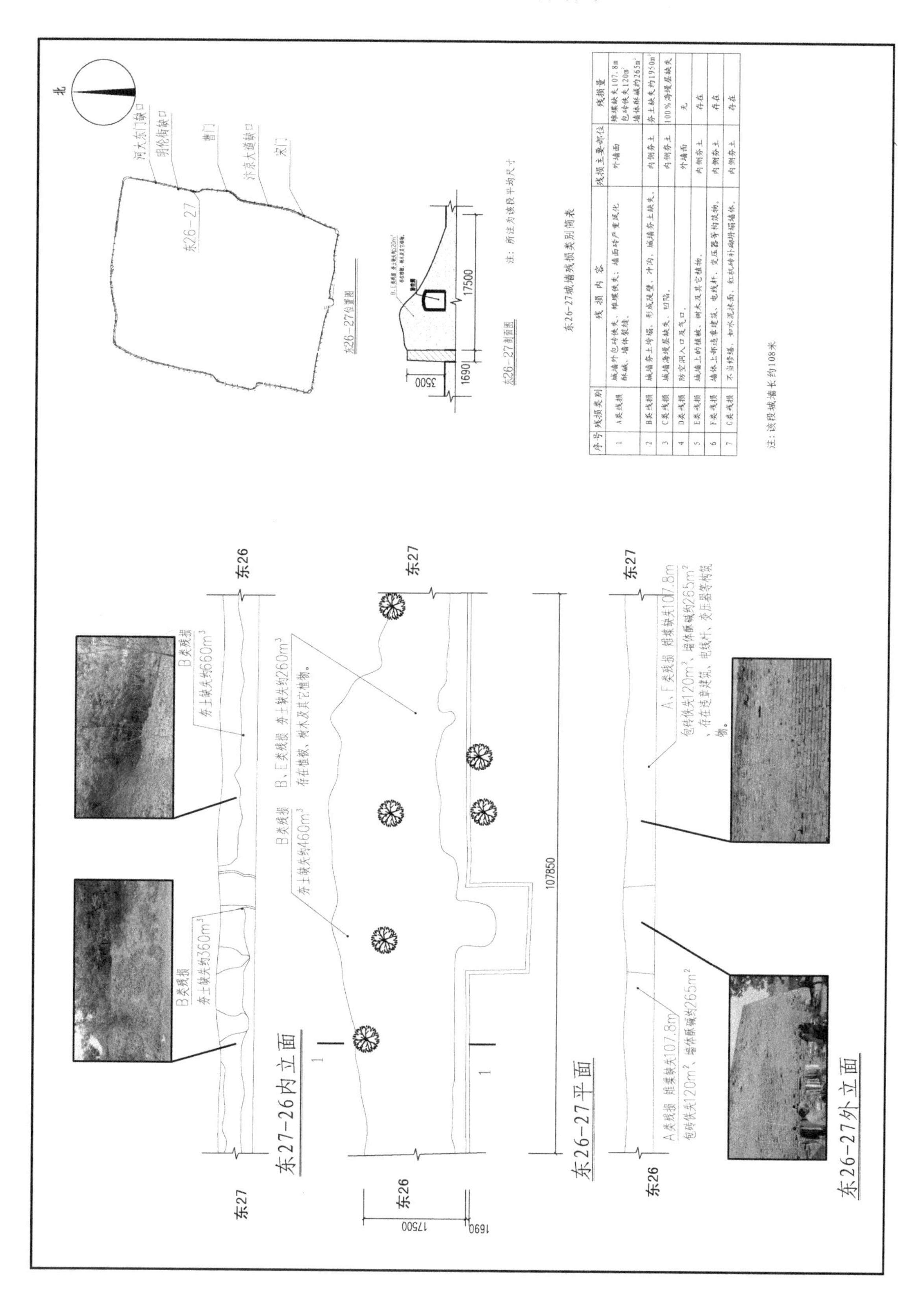

27. 东城墙 27—28 段平面、立面、剖面图

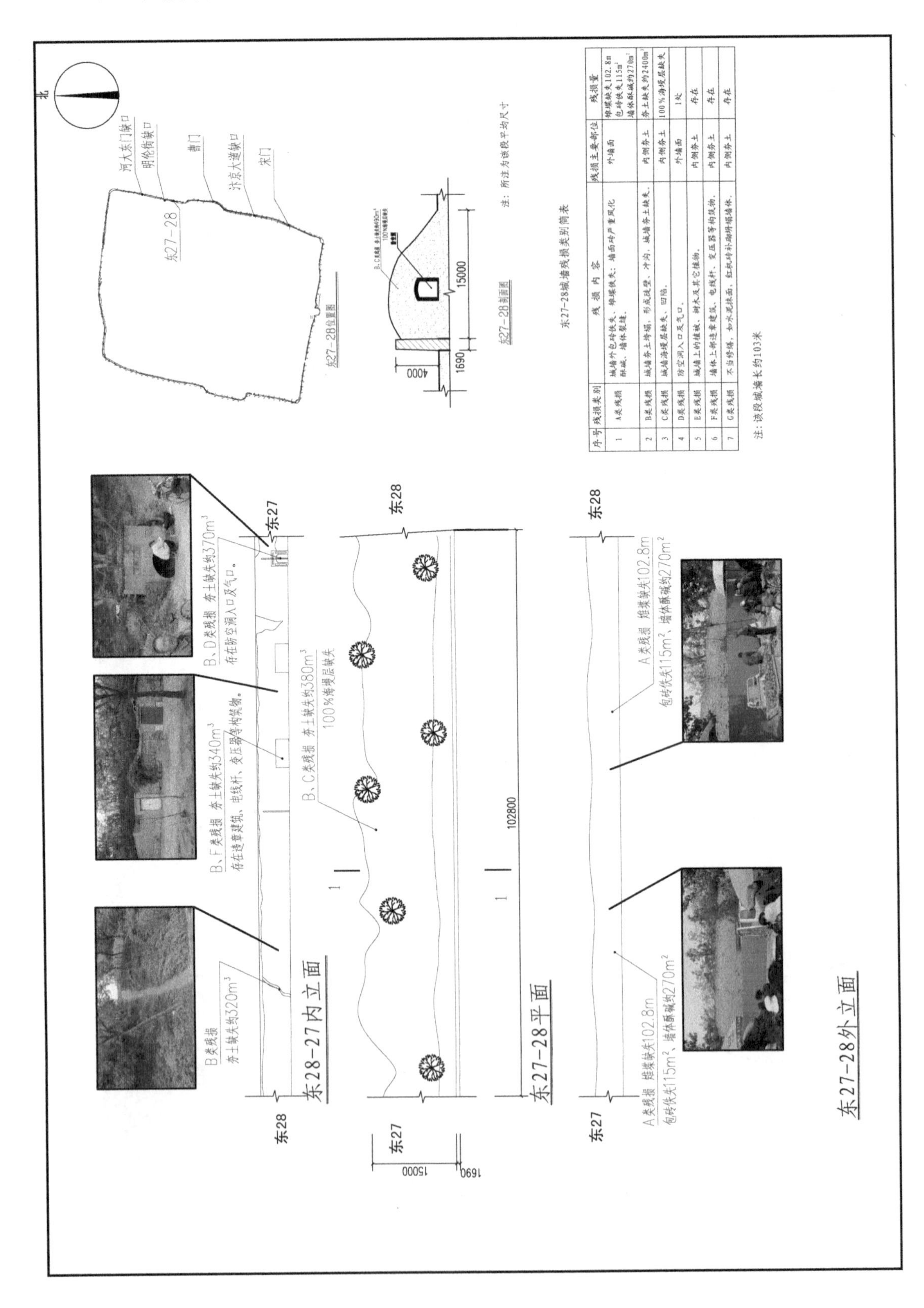

28. 东城墙 28—29 段平面、立面、剖面图

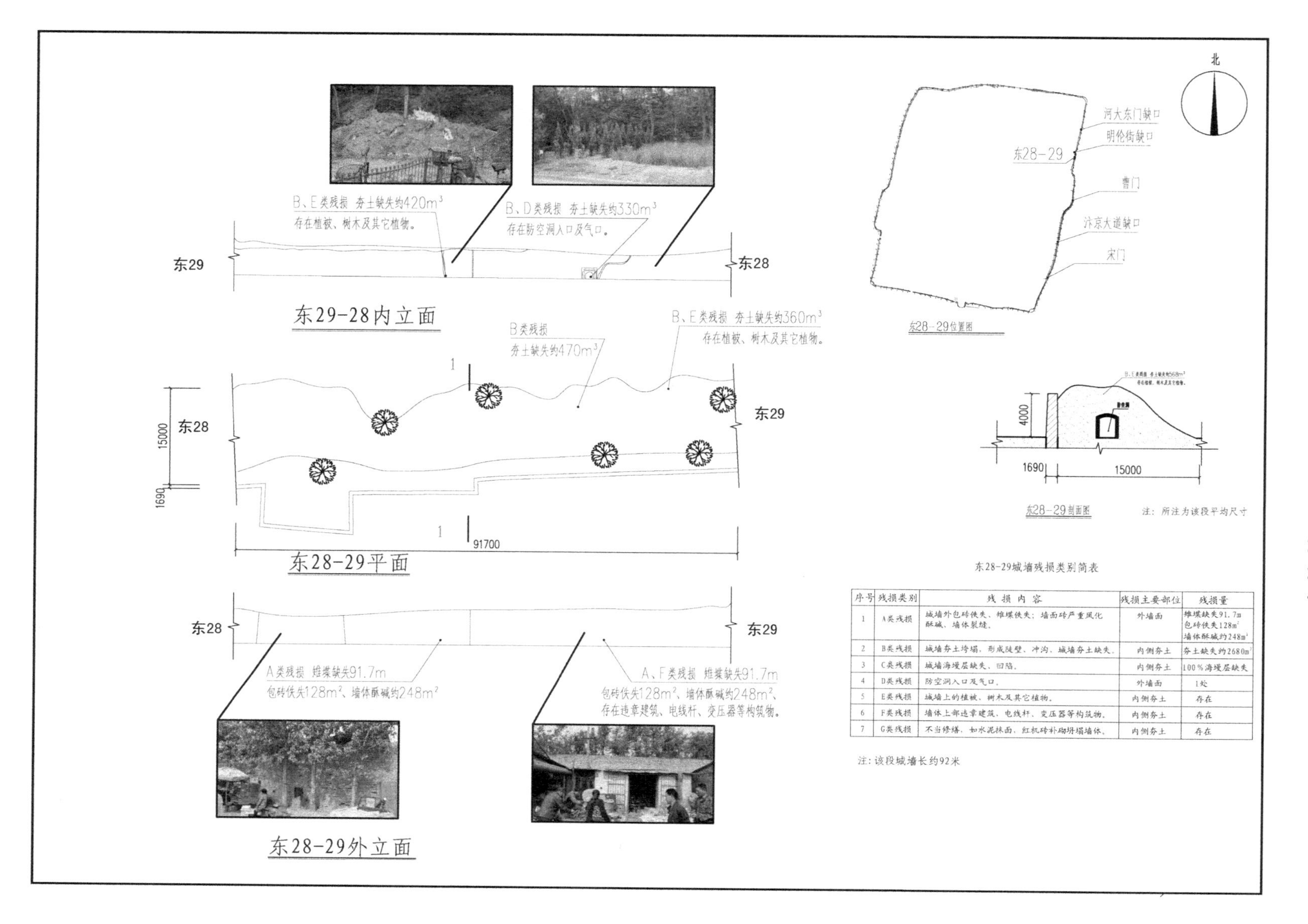

东28-29城墙残损类别简表

序号	残损类别	残损内容	残损主要部位	残损量
1	A类残损	城墙外包砖佚失、雉堞佚失；墙面砖严重风化酥碱、墙体裂缝。	外墙面	雉堞缺失91.7m 包砖佚失128m² 墙体酥碱约248m²
2	B类残损	城墙夯土垮塌，形成陡壁、冲沟，城墙夯土缺失。	内侧夯土	夯土缺失约2680m³
3	C类残损	城墙海墁层缺失、凹陷。	内侧夯土	100%海墁层缺失
4	D类残损	防空洞入口及气口。	外墙面	1处
5	E类残损	城墙上的植被、树木及其它植物。	内侧夯土	存在
6	F类残损	墙体上部违章建筑、电线杆、变压器等构筑物。	内侧夯土	存在
7	G类残损	不当修缮，如水泥抹面，红机砖补砌坍塌墙体。	内侧夯土	存在

注：该段城墙长约92米

29. 东城墙 29—30 段平面、立面、剖面图

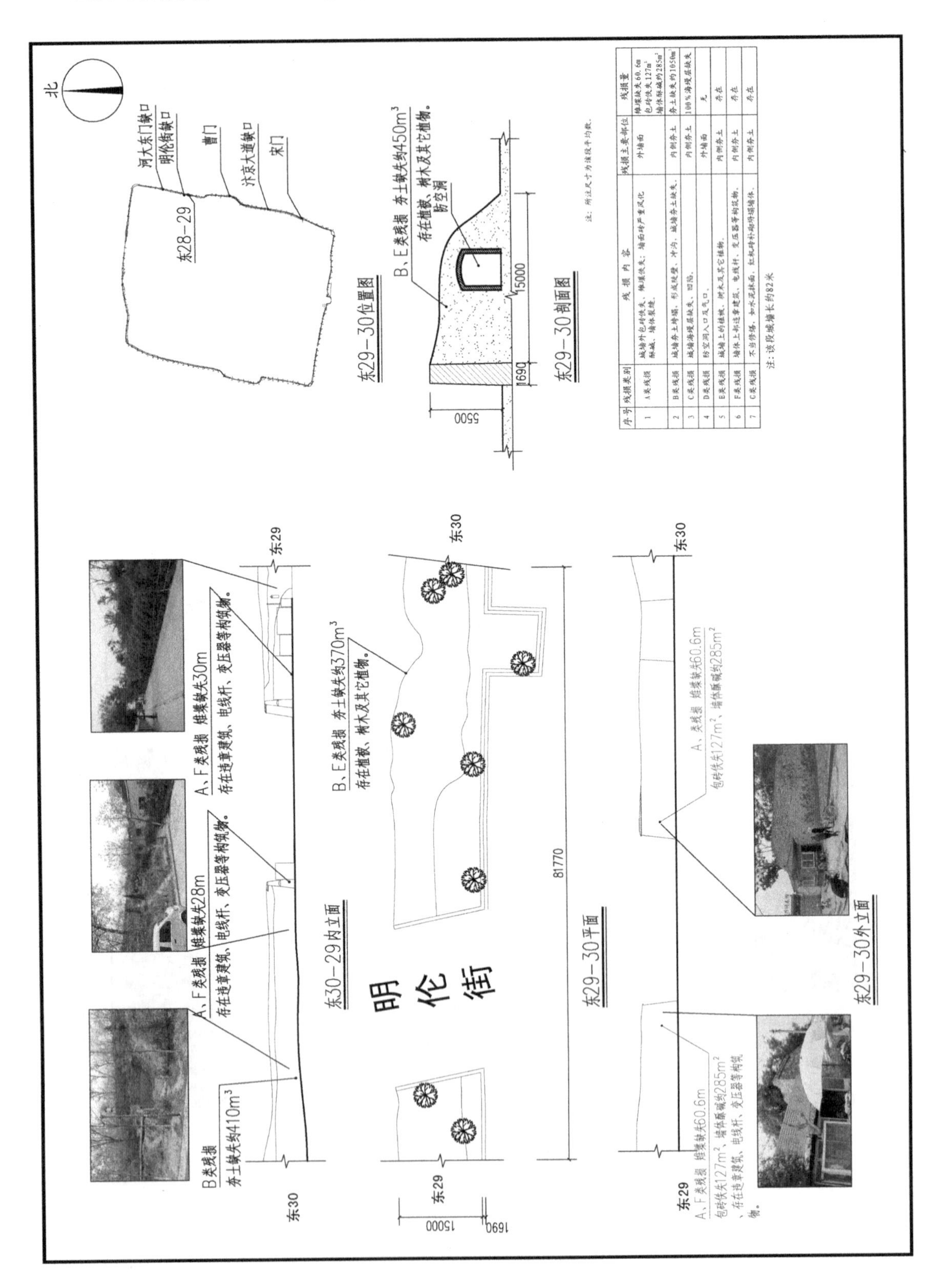

序号	残损类别	残损内容	残损主要部位	残损量
1	A类残损	城墙外包砖佚失、雉堞佚失；墙面砖严重风化酥碱、墙体裂缝。	外墙面	雉堞缺失60.6m 包砖佚失127m² 墙体酥碱约285m²
2	B类残损	城墙夯土垮塌，形成陡壁、冲沟，城墙夯土缺失。	内侧夯土	夯土缺失约1050m³
3	C类残损	城墙海墁层缺失、凹陷。	内侧夯土	100％海墁层缺失
4	D类残损	防空洞入口及气口。	外墙面	无
5	E类残损	城墙上的植被、树木及其它植物。	内侧夯土	存在
6	F类残损	墙体上部违章建筑、电线杆、变压器等构筑物。	内侧夯土	存在
7	G类残损	不当修缮，如水泥抹面，红机砖补砌坍塌墙体。	内侧夯土	存在

注：该段城墙长约82米

30. 东城墙 30—31 段平面、立面、剖面图

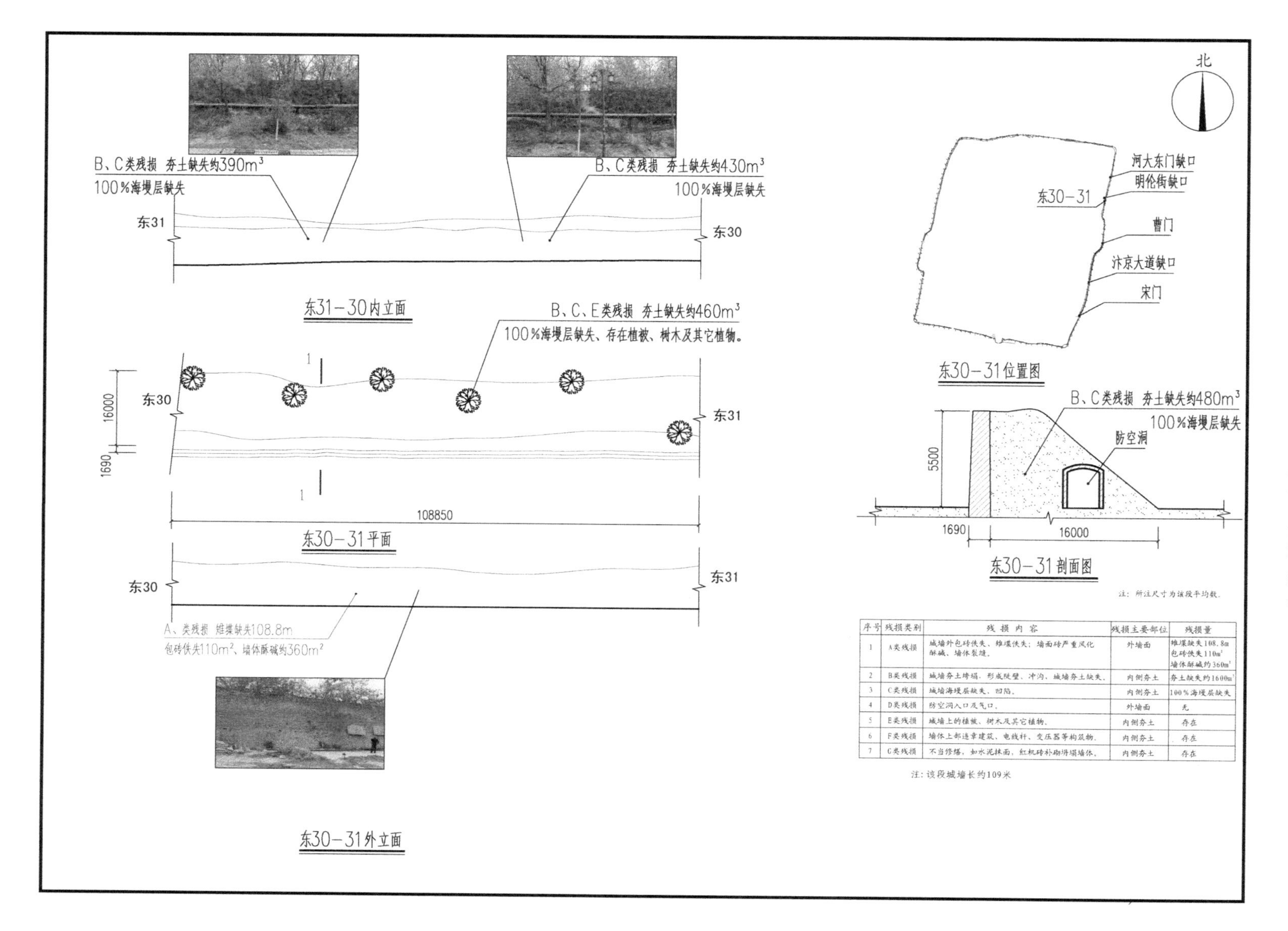

序号	残损类别	残损内容	残损主要部位	残损量
1	A类残损	城墙外包砖佚失、雉堞佚失；墙面砖严重风化酥碱、墙体裂缝。	外墙面	雉堞缺失108.8m 包砖佚失110m² 墙体酥碱约360m²
2	B类残损	城墙夯土垮塌，形成陡壁、冲沟、城墙夯土缺失。	内侧夯土	夯土缺失约1600m³
3	C类残损	城墙海墁层缺失、凹陷。	内侧夯土	100％海墁层缺失
4	D类残损	防空洞入口及气口。	外墙面	无
5	E类残损	城墙上的植被、树木及其它植物。	内侧夯土	存在
6	F类残损	墙体上部违章建筑、电线杆、变压器等构筑物。	内侧夯土	存在
7	G类残损	不当修缮，如水泥抹面，红机砖补砌坍塌墙体。	内侧夯土	存在

注：该段城墙长约109米

31. 东城墙 31—32 段平面、立面、剖面图

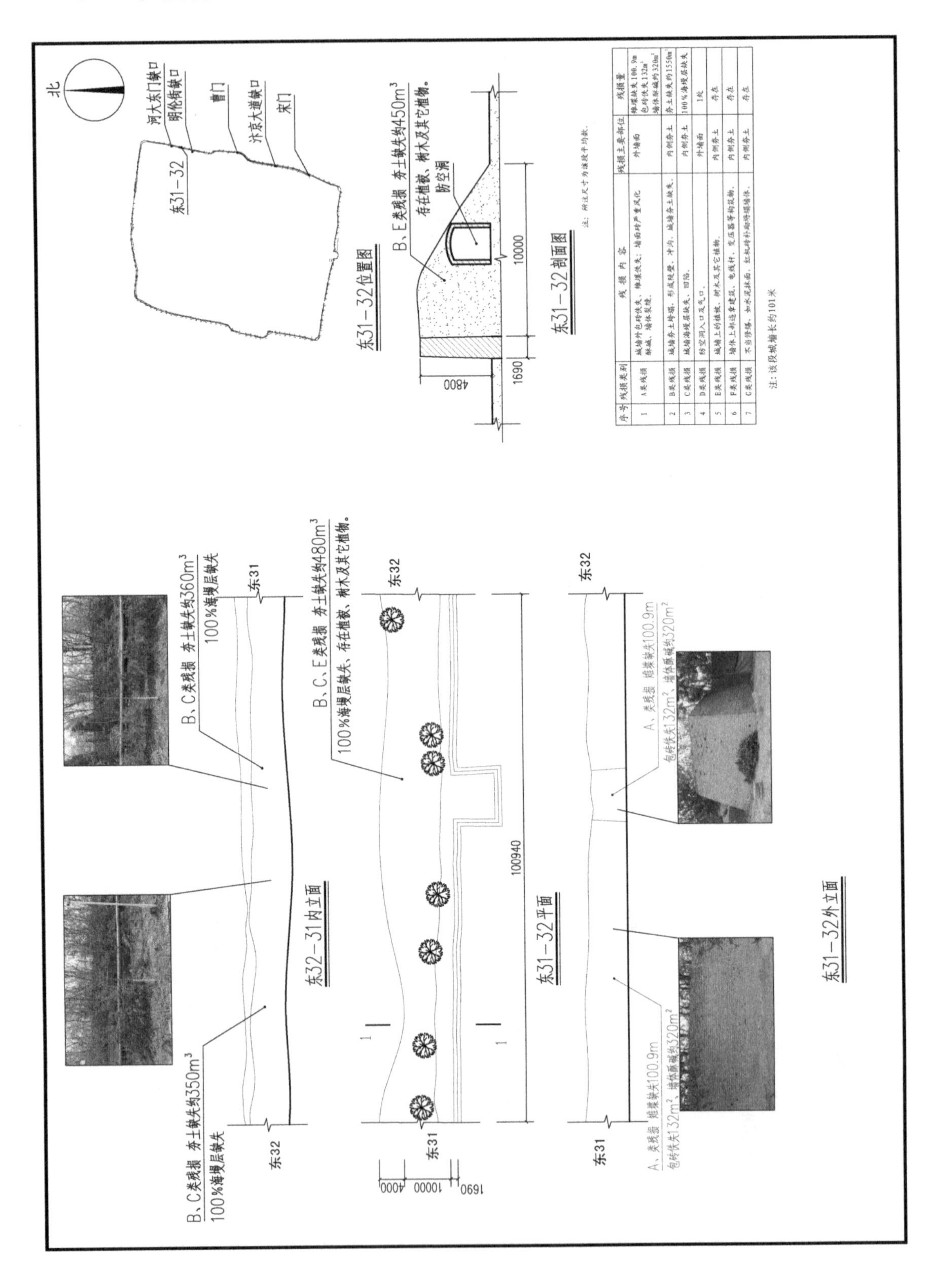

32. 东城墙 32—33 段平面、立面、剖面图

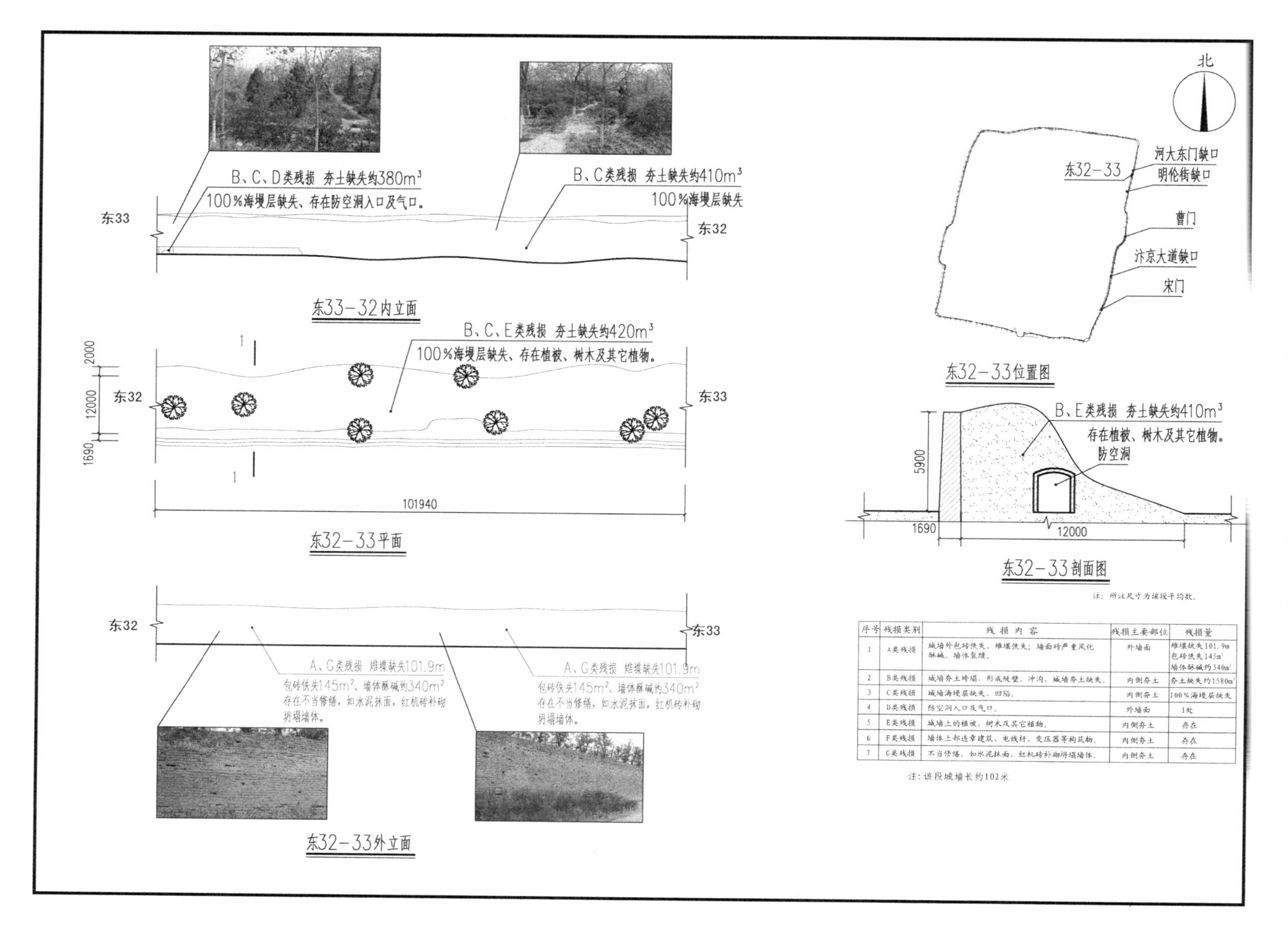

序号	残损类别	残损内容	残损主要部位	残损量
1	A类残损	城墙外包砖佚失、雉堞佚失；墙面砖严重风化酥碱、墙体裂缝。	外墙面	雉堞缺失101.9m 包砖佚失145m² 墙体酥碱约340m²
2	B类残损	城墙夯土垮塌，形成陡壁、冲沟，城墙夯土缺失。	内侧夯土	夯土缺失约1580m³
3	C类残损	城墙海墁层缺失、凹陷。	内侧夯土	100%海墁层缺失
4	D类残损	防空洞入口及气口。	外墙面	1处
5	E类残损	城墙上的植被、树木及其它植物。	内侧夯土	存在
6	F类残损	墙体上部违章建筑、电线杆、变压器等构筑物。	内侧夯土	存在
7	G类残损	不当修缮，如水泥抹面，红机砖补砌坍塌墙体。	内侧夯土	存在

注：该段城墙长约102米

33. 东城墙 33—34 段平面、立面、剖面图

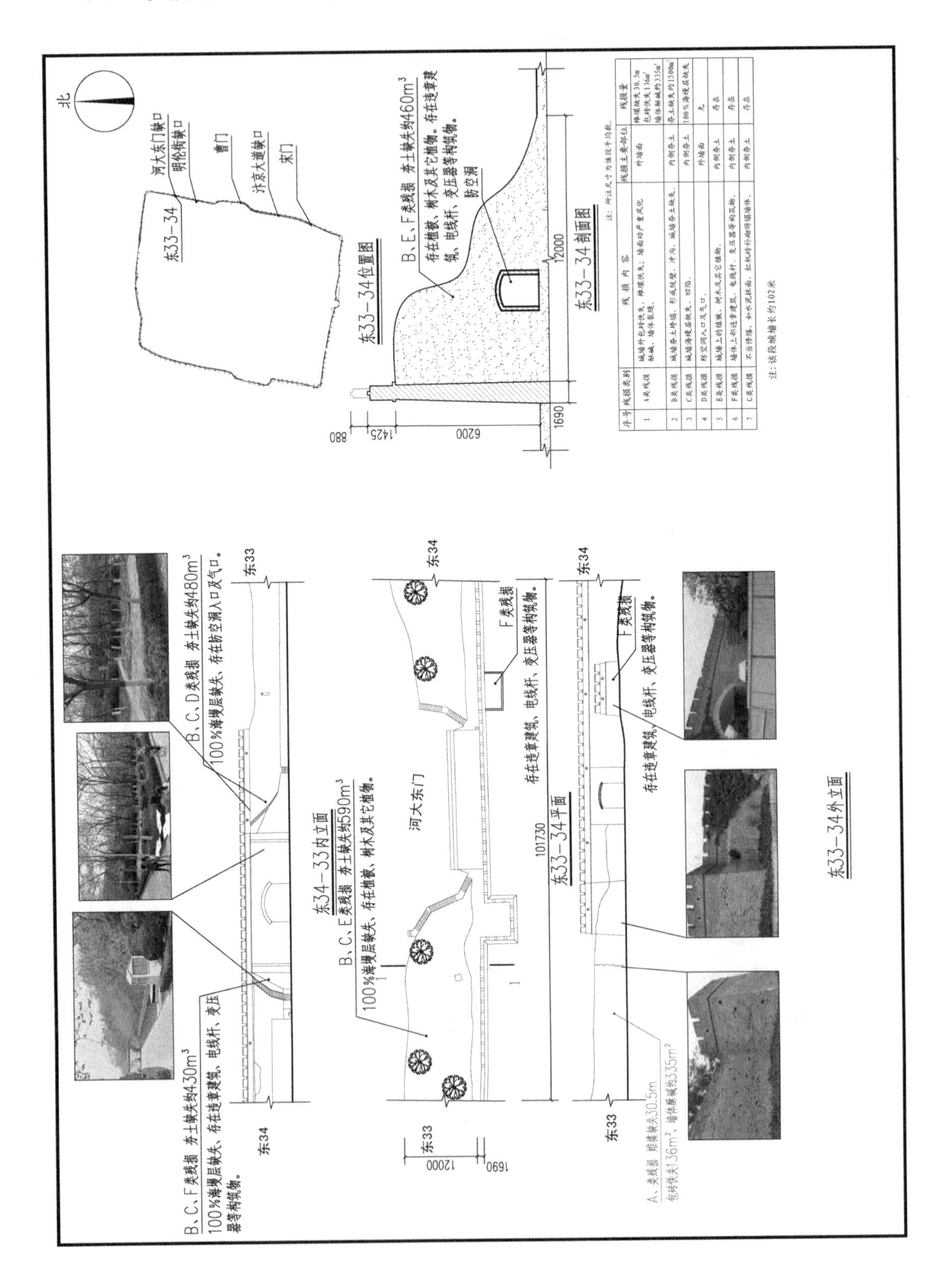

34. 北城墙 18—19 段平面、立面、剖面图

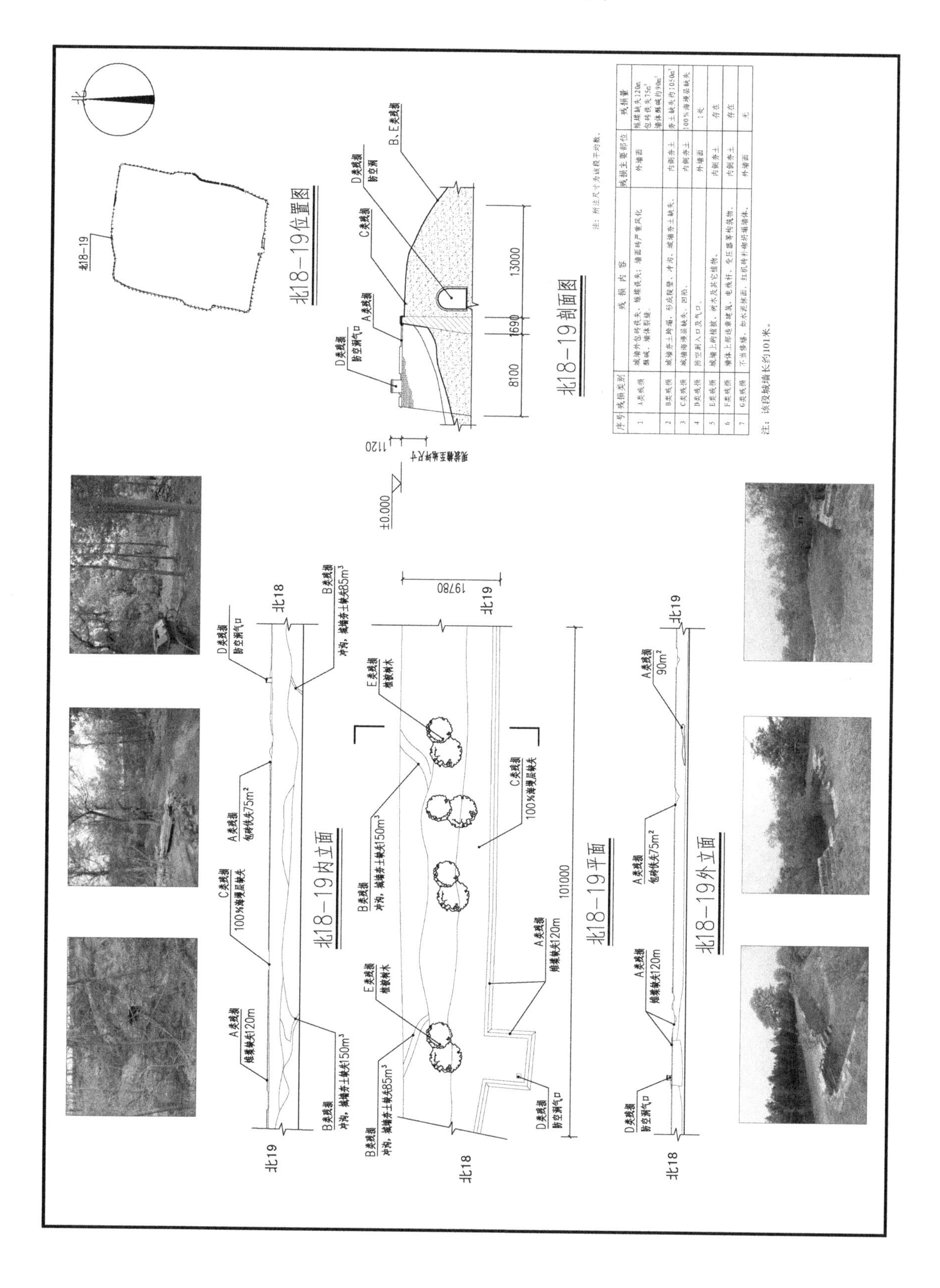

35. 北城墙 19—20 段平面、立面、剖面图

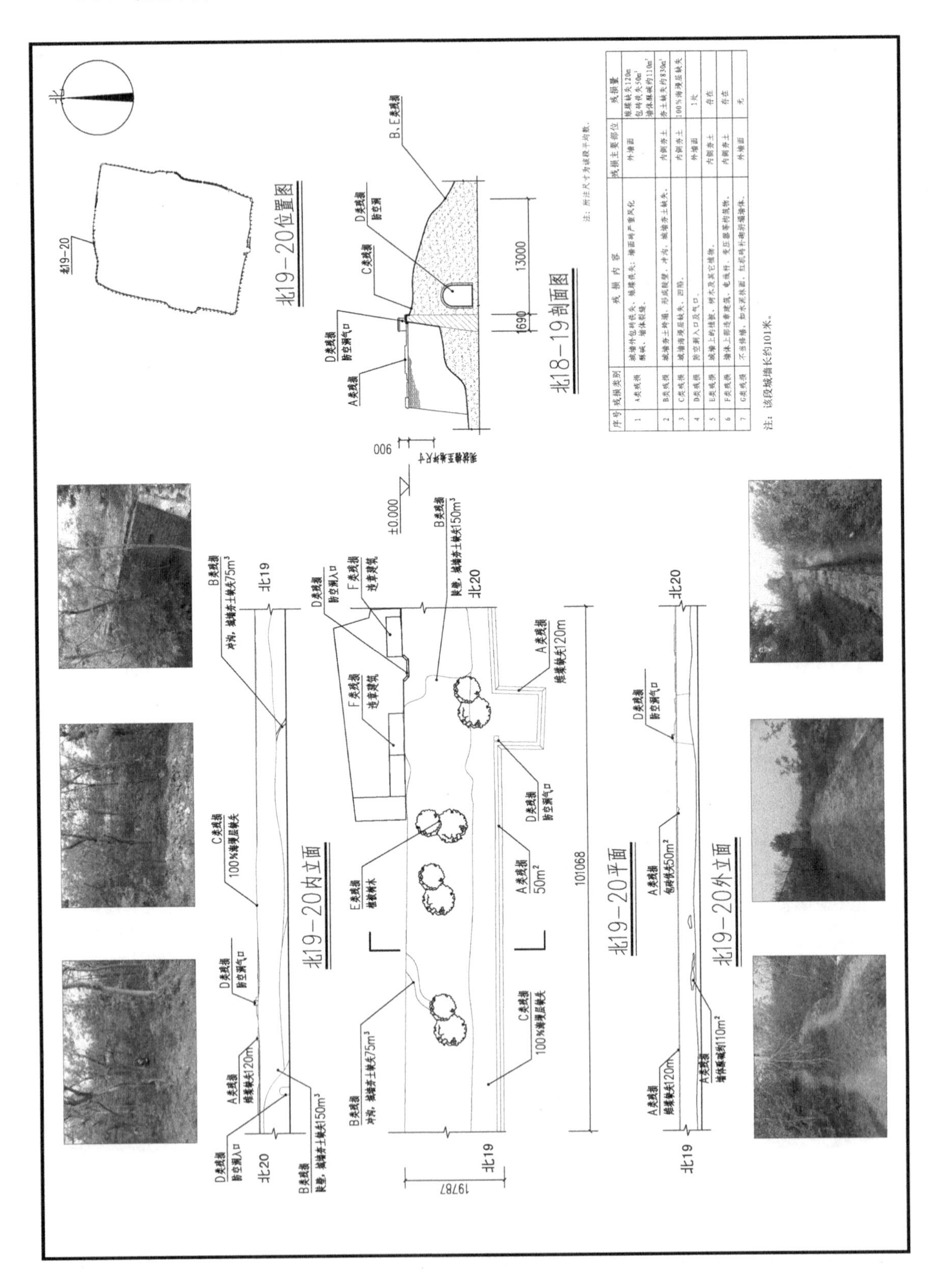

36. 北城墙 20—21 段平面、立面、剖面图

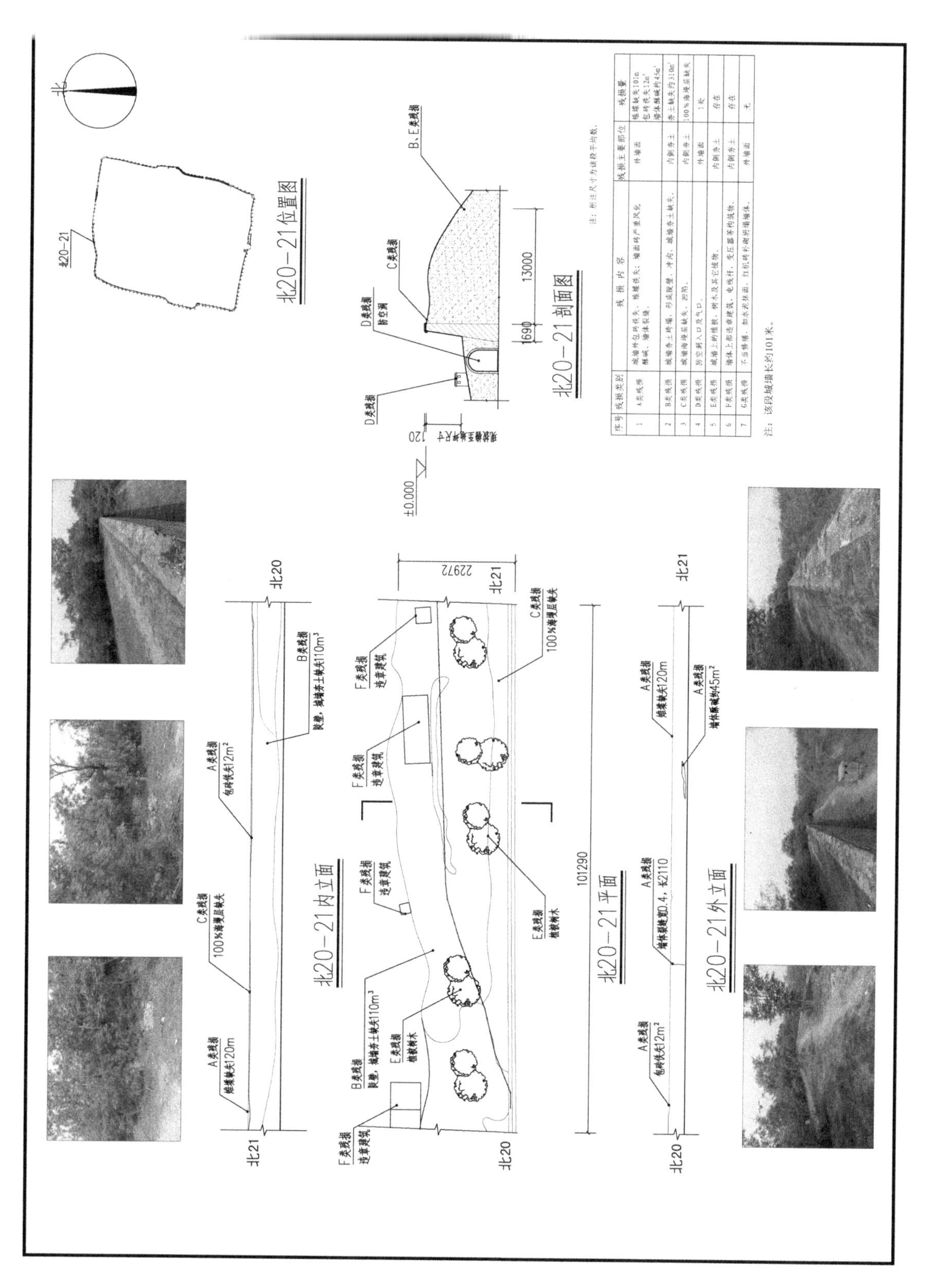

37. 北城墙 21—22 段平面、立面、剖面图

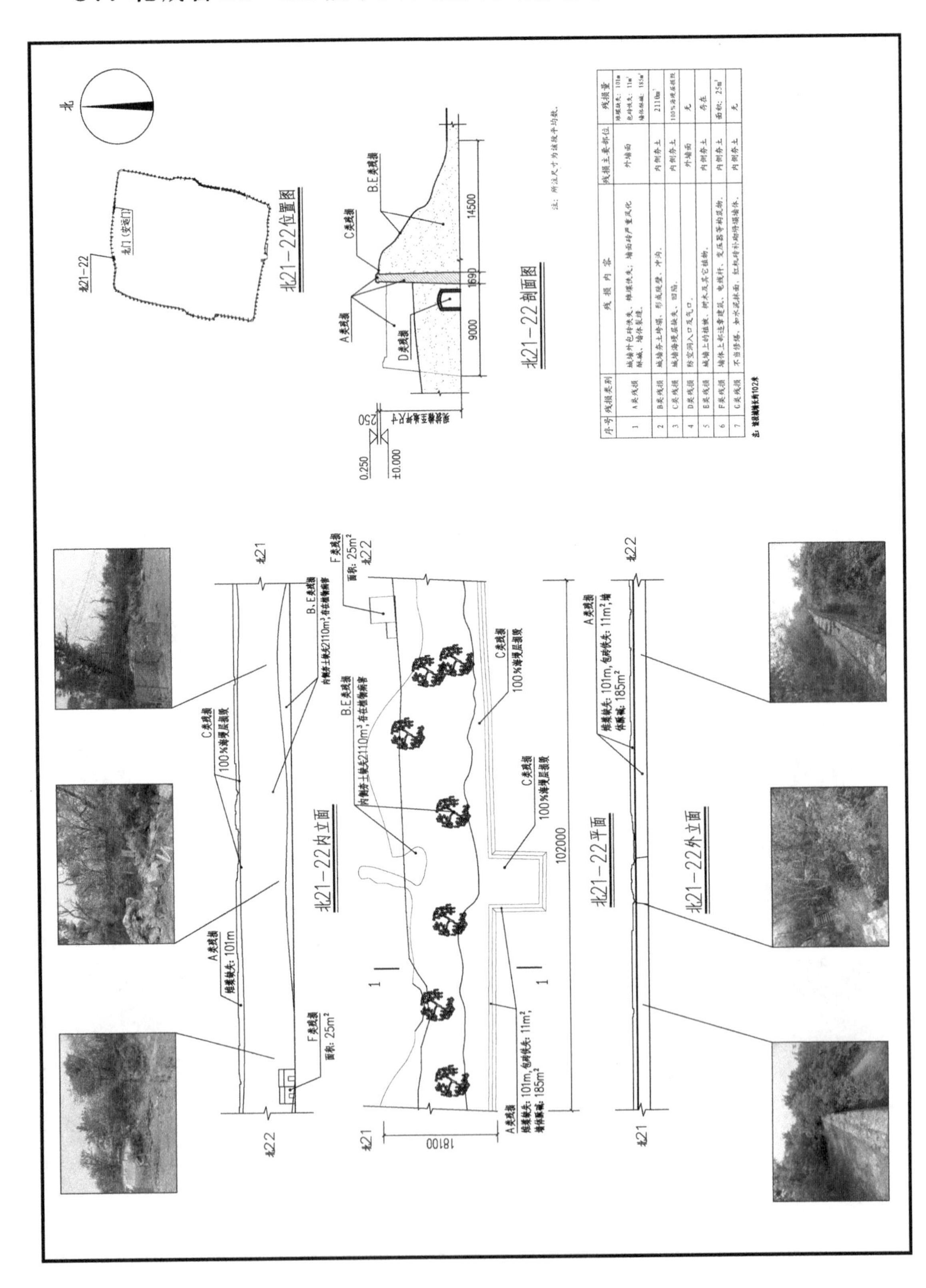

38. 北城墙 22—23 段平面、立面、剖面图

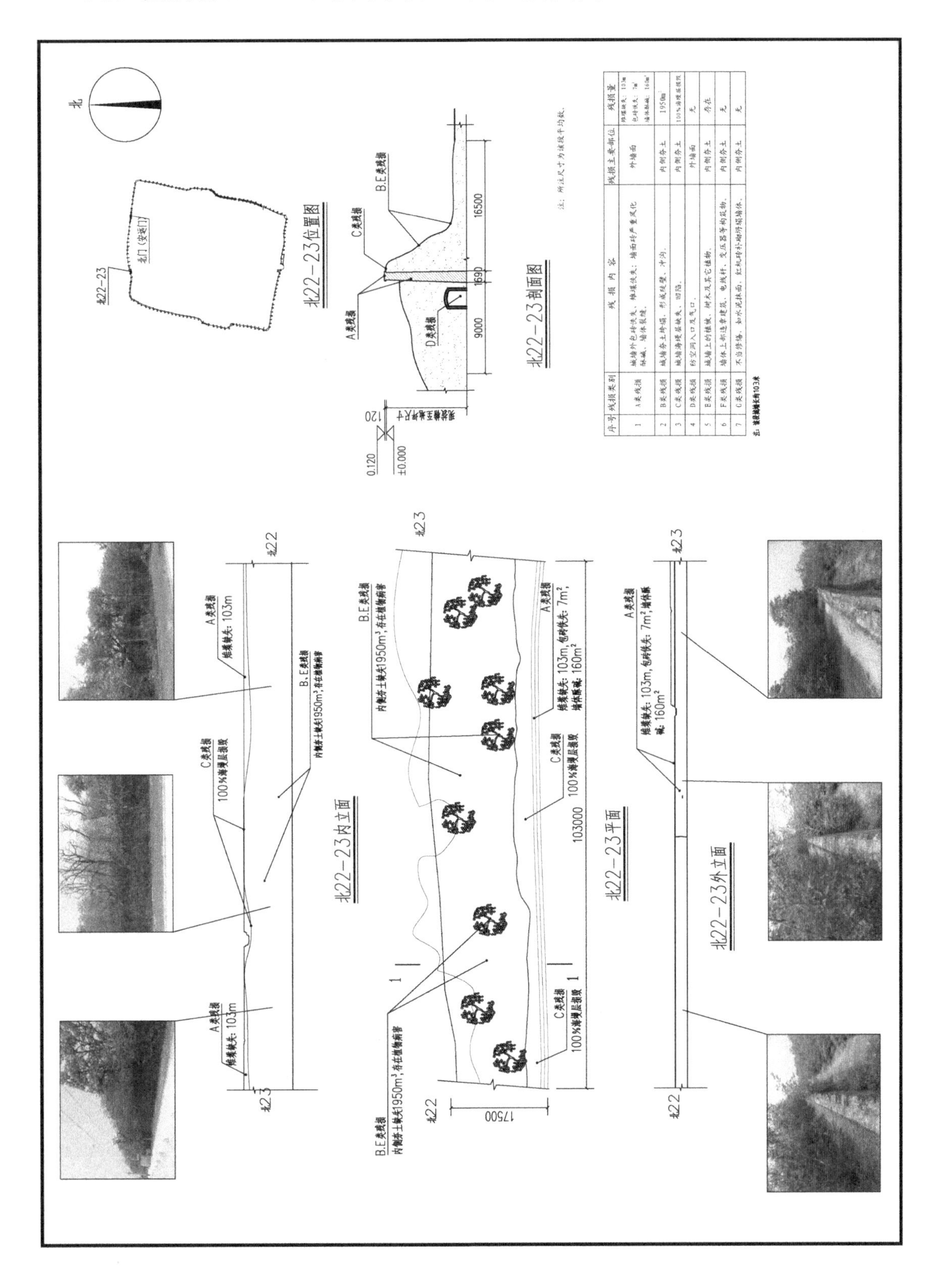

39. 北城墙 23—24 段平面、立面、剖面图

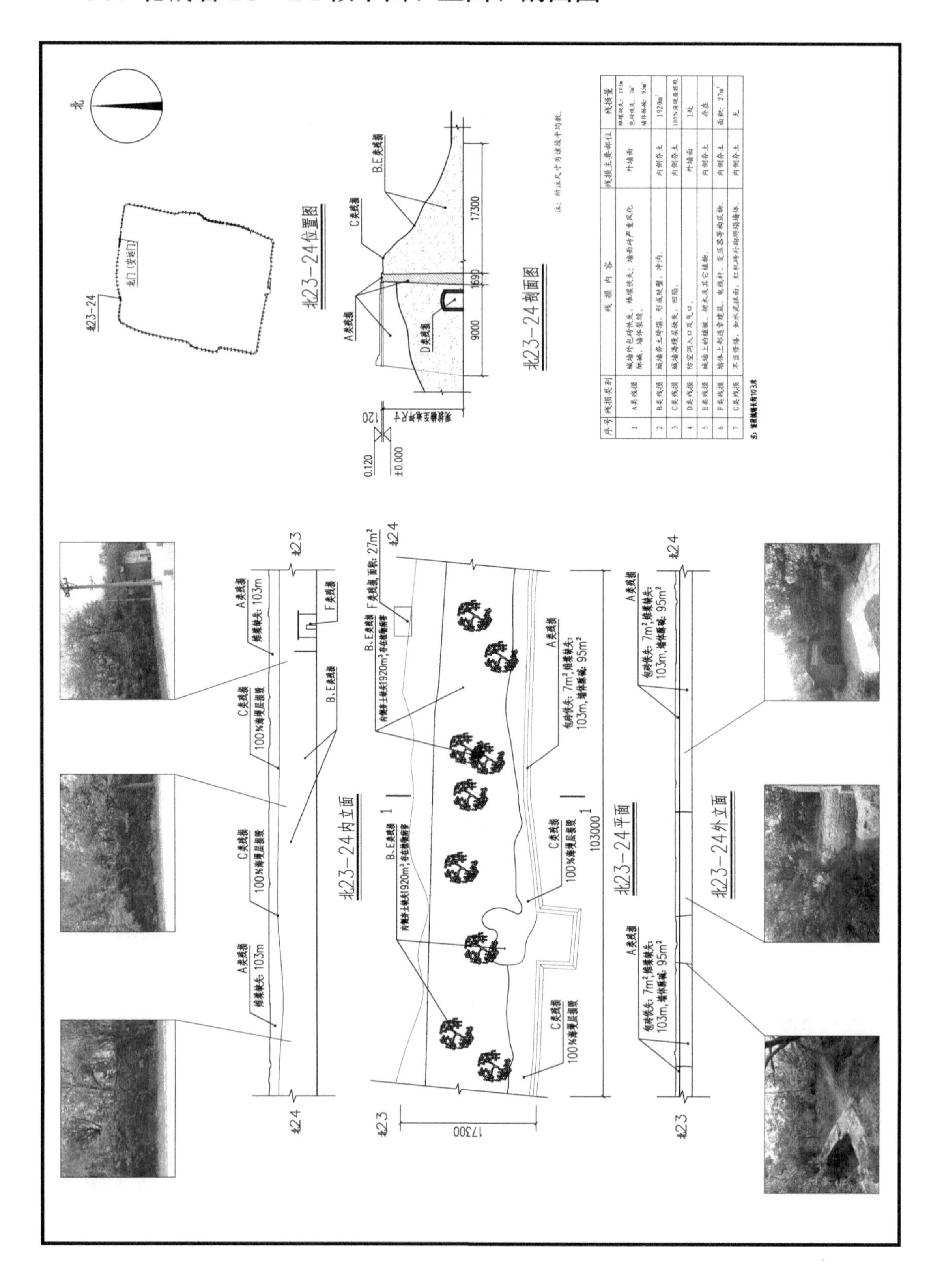

40. 北城墙 24—25 段平面、立面、剖面图

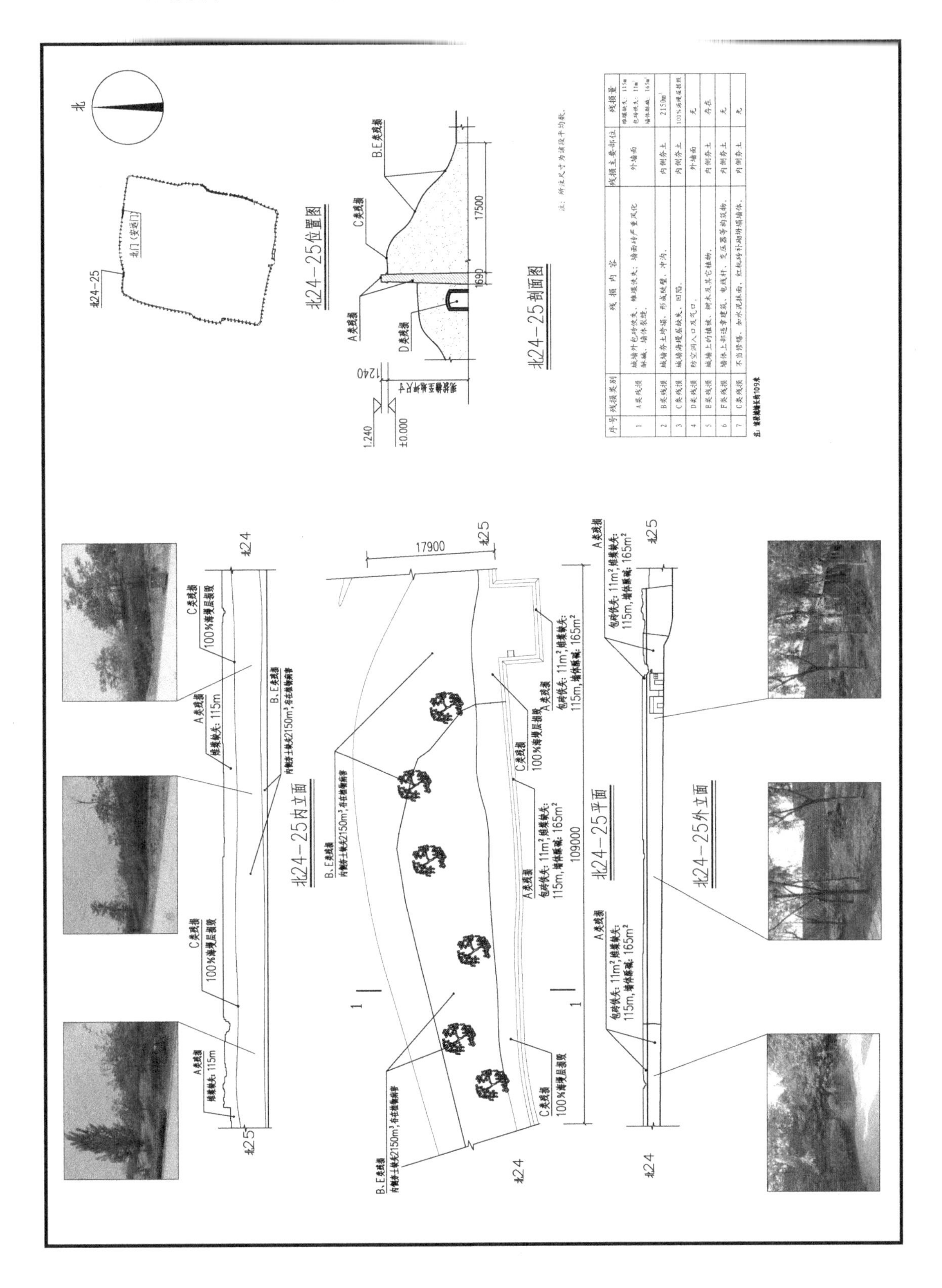

41. 北城墙25—26段平面、立面、剖面图

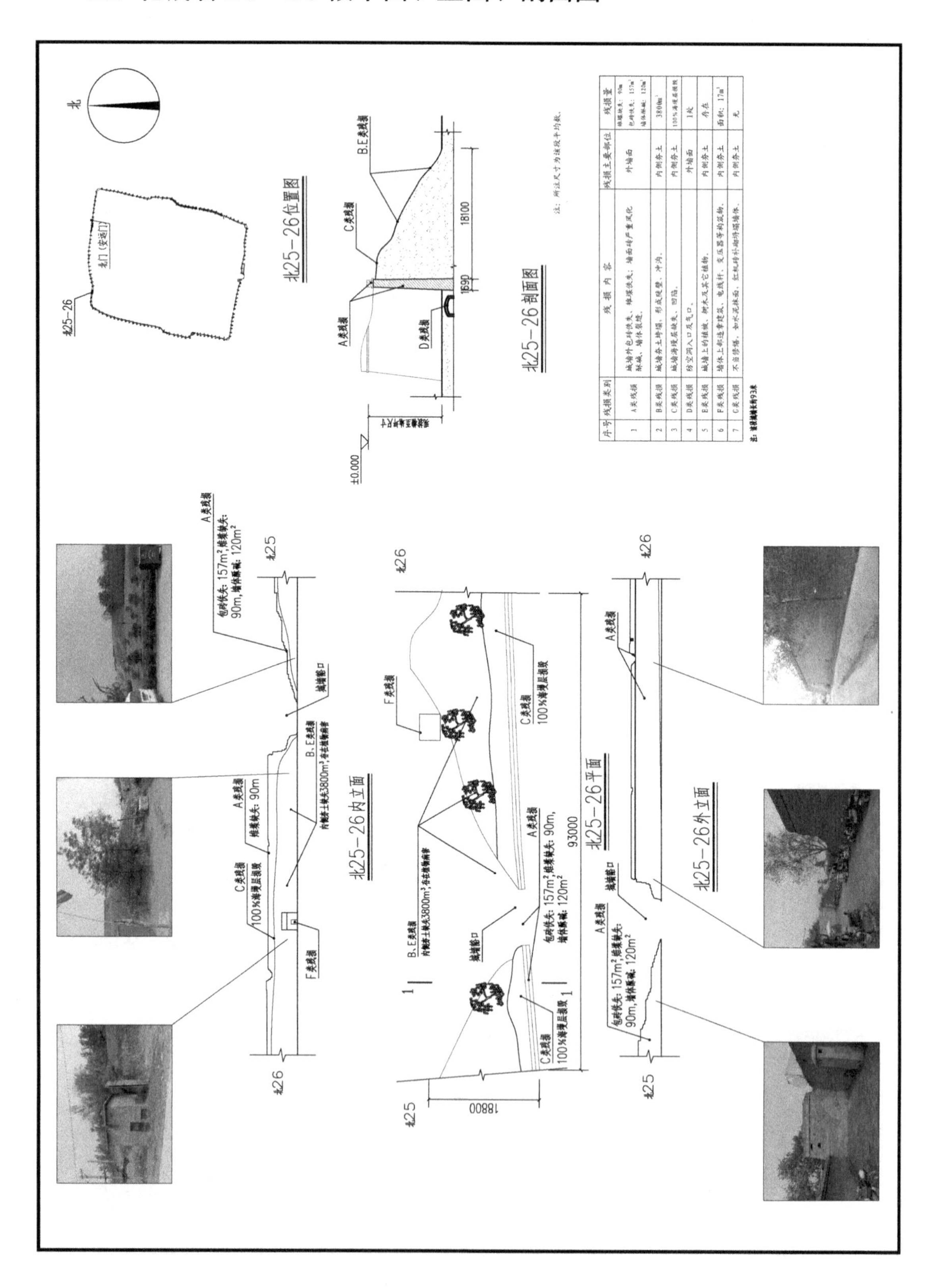

42. 北城墙 26—27 段平面、立面、剖面图

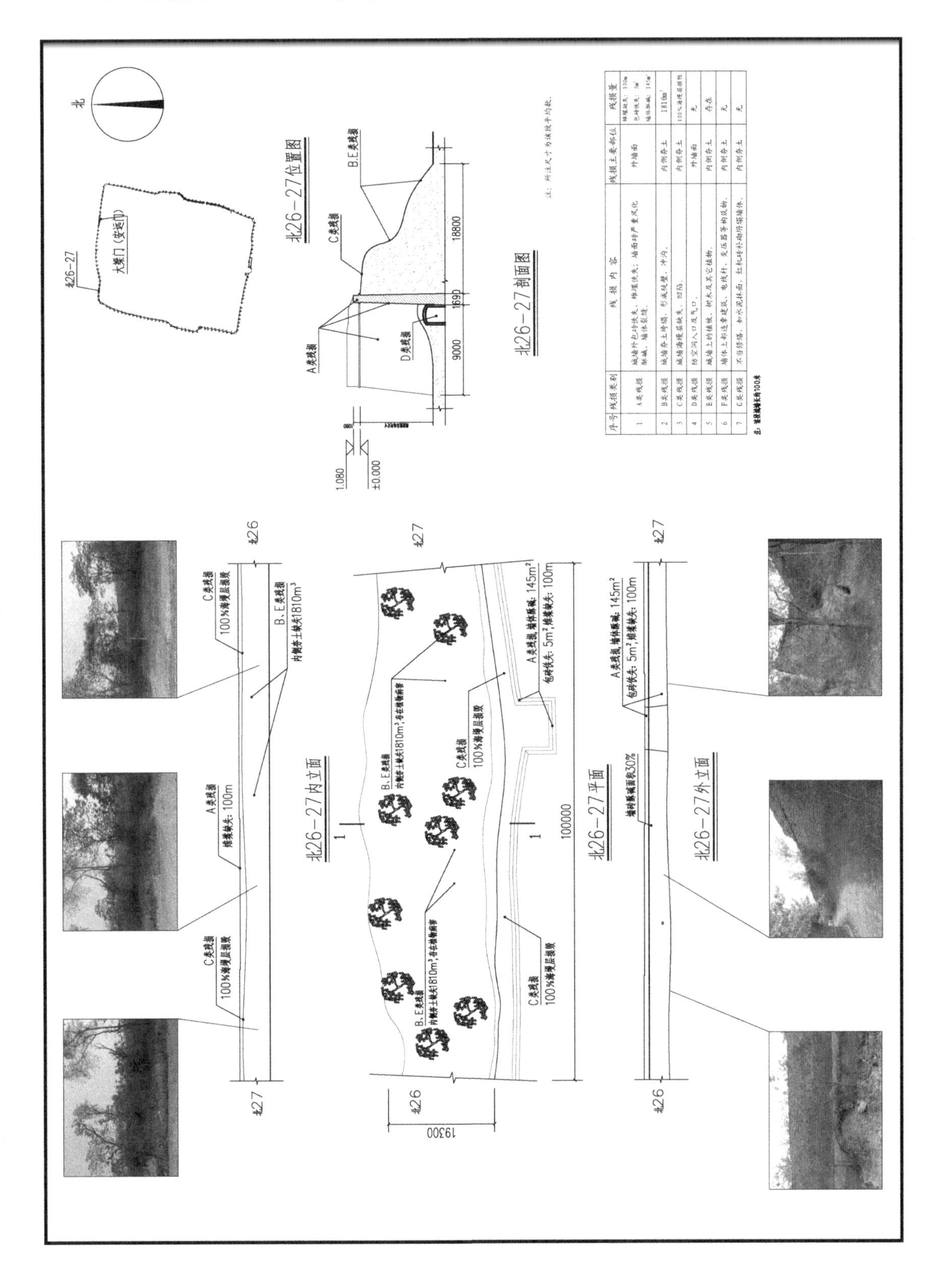

43. 北城墙 27—28 段平面、立面、剖面图

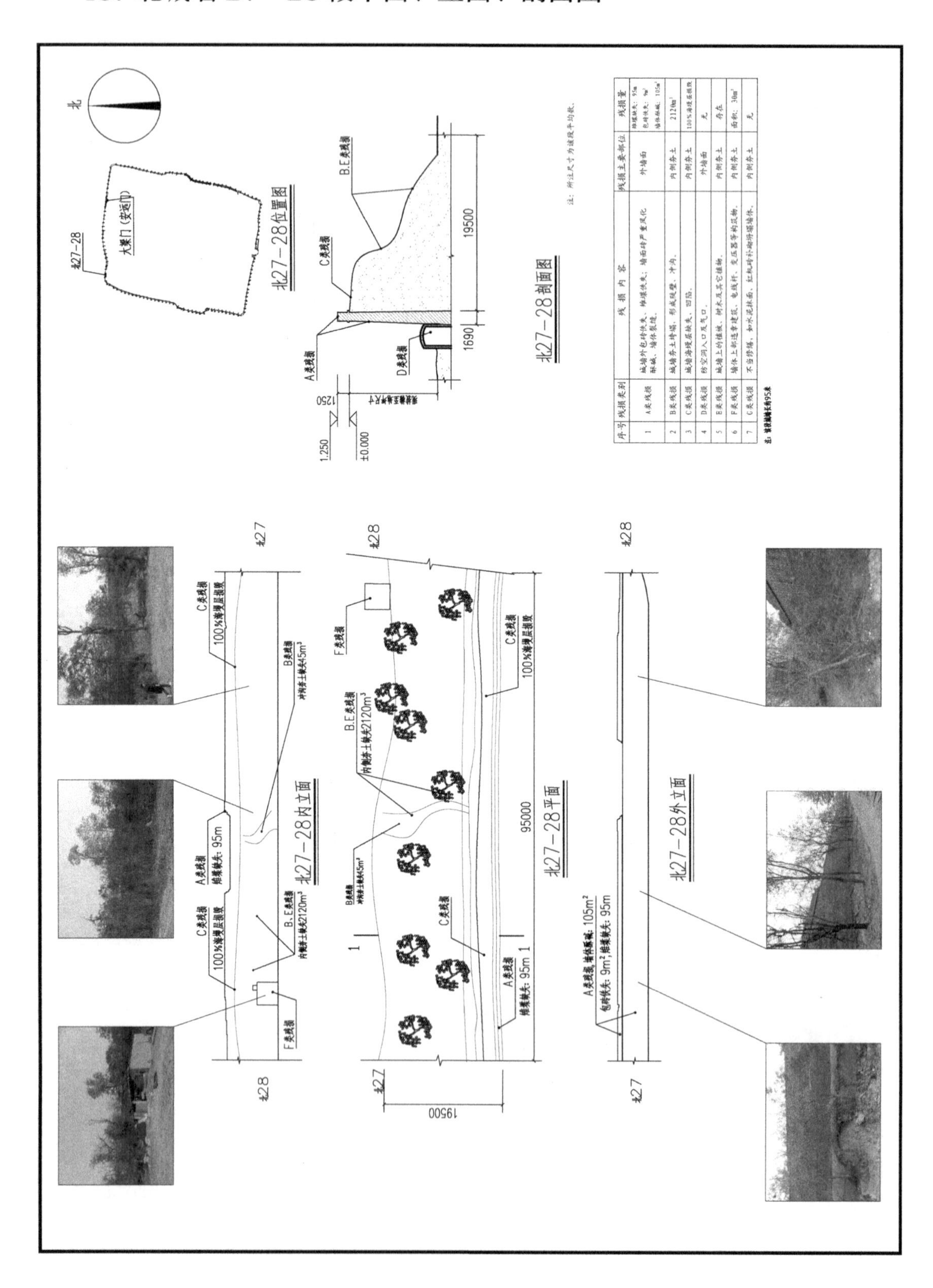

44. 西城墙 01—02 段平面、立面图

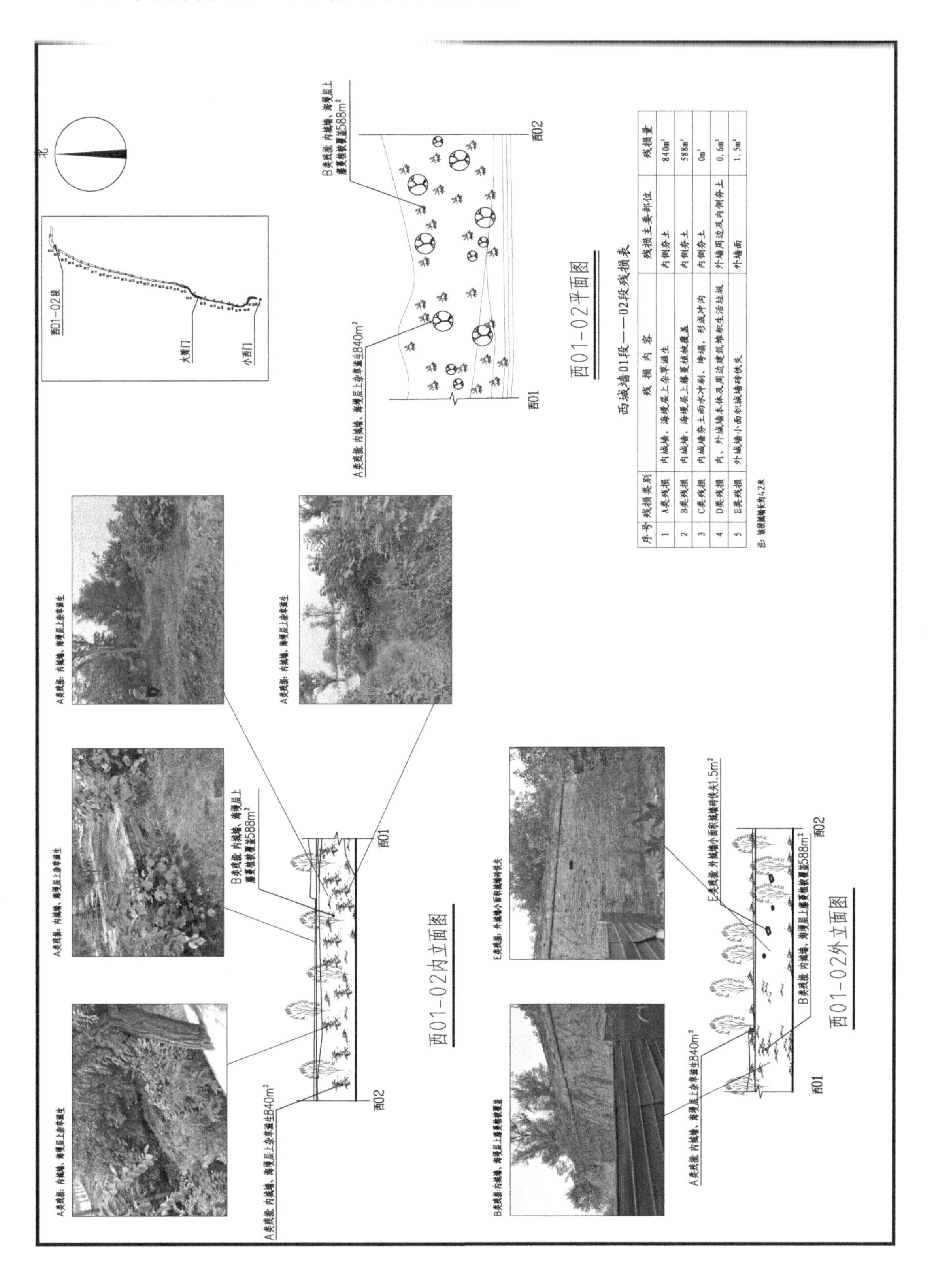

西城墙01段——02段残损表

序号	残损类别	残损内容	残损主要部位	残损量
1	A类残损	内城墙、海墁层上杂草滋生	内侧夯土	840m²
2	B类残损	内城墙、海墁层上藤蔓植被覆盖	内侧夯土	588m²
3	C类残损	内城墙夯土雨水冲刷、垮塌，形成冲沟	内侧夯土	0m³
4	D类残损	内、外城墙本体及周边建筑堆积生活垃圾	外墙周边及内侧夯土	0.6m³
5	E类残损	外城墙小面积城墙砖佚失	外墙面	1.5m³

注：该段城墙长约42米

45. 西城墙 02—03 段平面、立面图

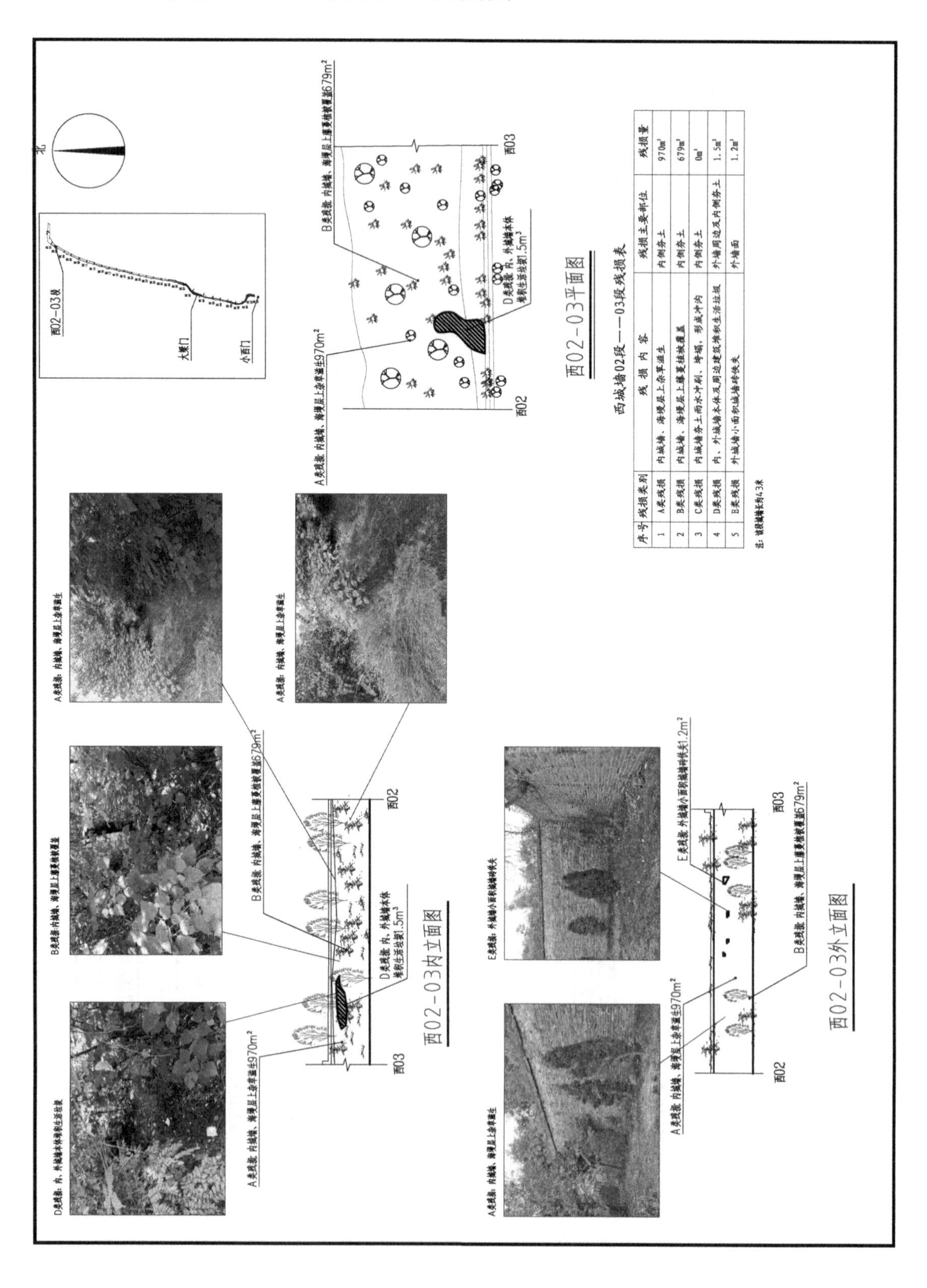

西城墙02段——03段残损表

序号	残损类别	残损内容	残损主要部位	残损量
1	A类残损	内城墙、海墁层上杂草滋生	内侧夯土	970m²
2	B类残损	内城墙、海墁层上藤蔓植被覆盖	内侧夯土	679m²
3	C类残损	内城墙夯土雨水冲刷、垮塌，形成冲沟	内侧夯土	0m³
4	D类残损	内、外城墙本体及周边建筑堆积生活垃圾	外墙周边及内侧夯土	1.5m³
5	E类残损	外城墙小面积城墙砖佚失	外墙面	1.2m²

注：该段城墙长约43米

46. 西城墙 03—04 段平面、立面图

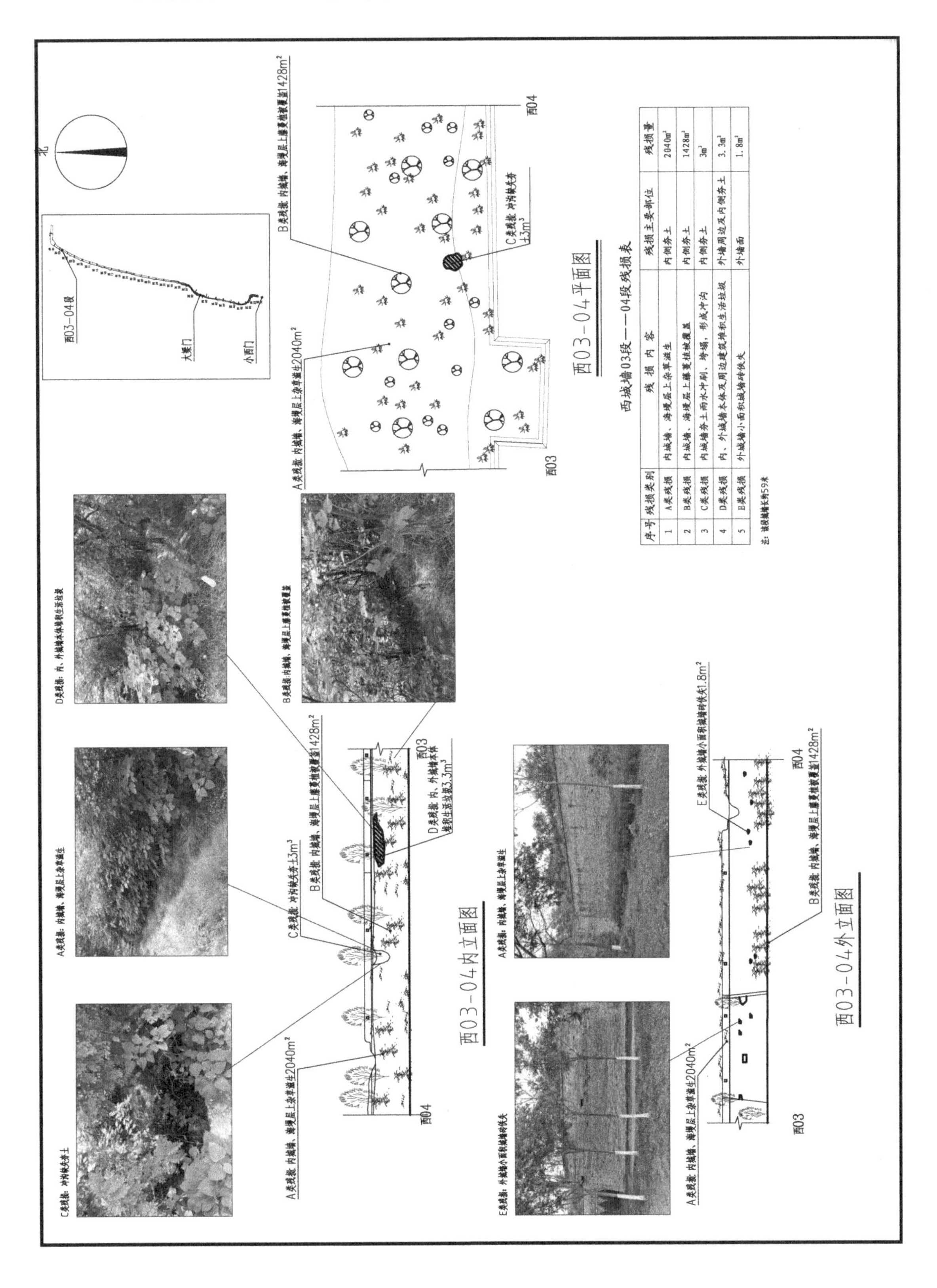

序号	残损类别	残损内容	残损主要部位	残损量
1	A类残损	内城墙、海墁层上杂草滋生	内侧夯土	2040m²
2	B类残损	内城墙、海墁层上藤蔓植被覆盖	内侧夯土	1428m²
3	C类残损	内城墙夯土雨水冲刷、垮塌，形成冲沟	内侧夯土	3m³
4	D类残损	内、外城墙本体及周边建筑堆积生活垃圾	外墙周边及内侧夯土	3.3m³
5	E类残损	外城墙小面积城墙砖佚失	外墙面	1.8m²

47. 西城墙 04—05 段平面、立面图

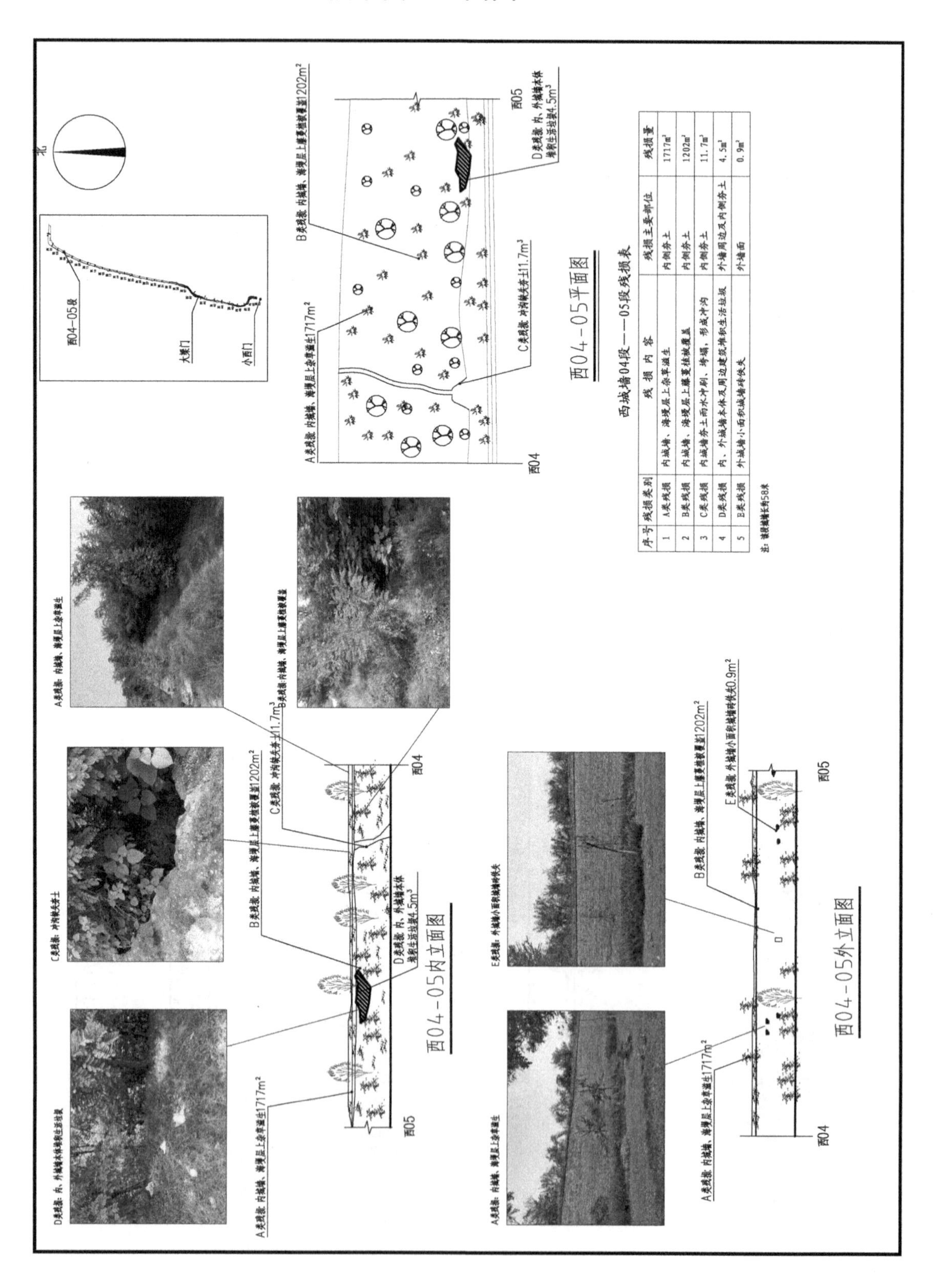

西城墙04段——05段残损表

序号	残损类别	残损内容	残损主要部位	残损量
1	A类残损	内城墙、海墁层上杂草滋生	内侧夯土	1717m²
2	B类残损	内城墙、海墁层上藤蔓植被覆盖	内侧夯土	1202m²
3	C类残损	内城墙夯土雨水冲刷、垮塌，形成冲沟	内侧夯土	11.7m³
4	D类残损	内、外城墙本体及周边建筑堆积生活垃圾	外墙周边及内侧夯土	4.5m³
5	E类残损	外城墙小面积城墙砖佚失	外墙面	0.9m²

注：该段城墙长约58米

48. 西城墙 05—06 段平面、立面图

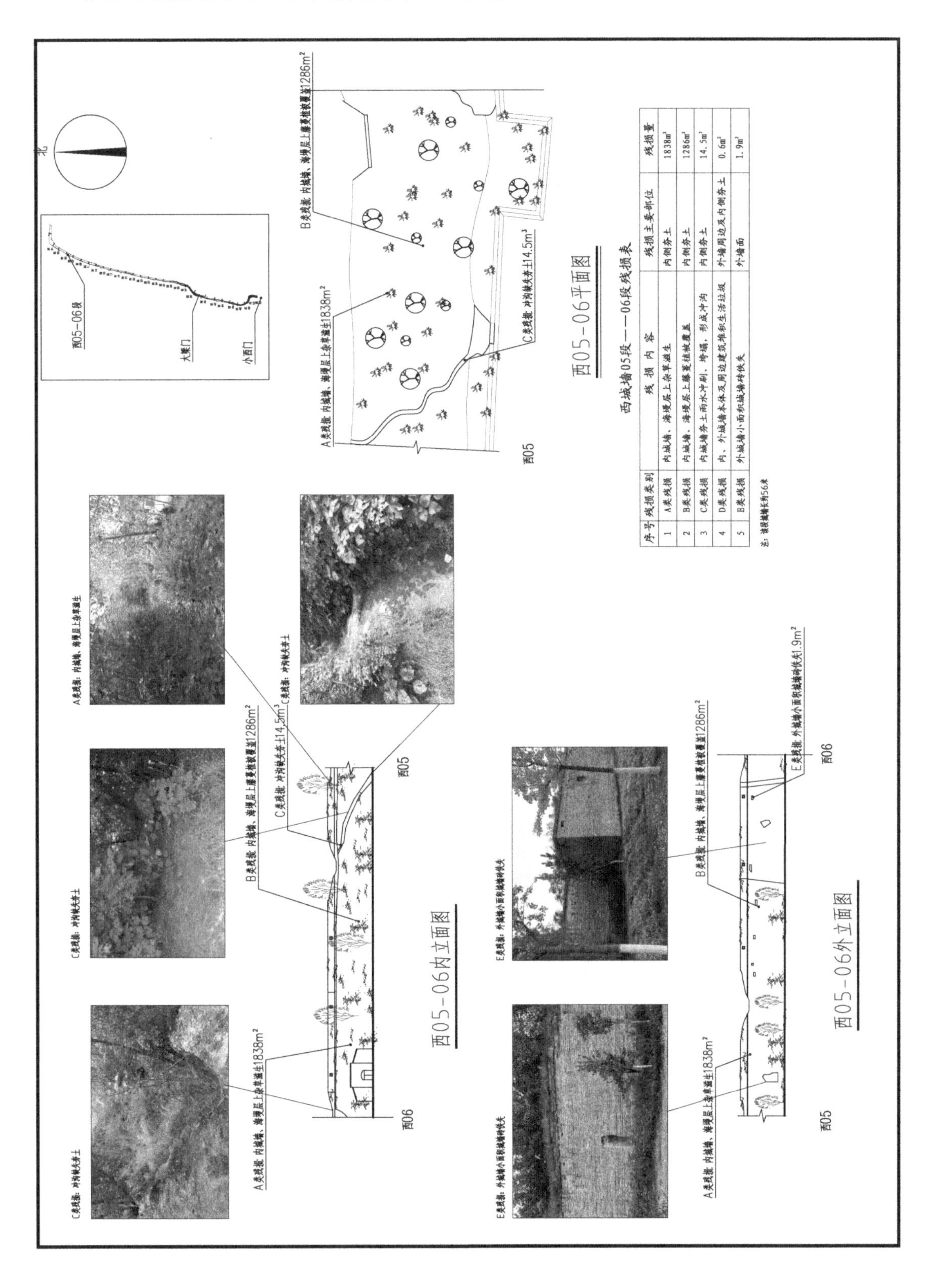

西城墙05段——06段残损表

序号	残损类别	残损内容	残损主要部位	残损量
1	A类残损	内城墙、海漫层上杂草滋生	内侧夯土	1838m²
2	B类残损	内城墙、海漫层上藤蔓植被覆盖	内侧夯土	1286m²
3	C类残损	内城墙夯土雨水冲刷、坍塌，形成冲沟	内侧夯土	14.5m³
4	D类残损	内、外城墙夯土体及周边建筑堆积生活垃圾	外墙周边及内侧夯土	0.6m³
5	E类残损	外城墙小面积城砖残失	外墙面	1.9m²

注：该段城墙长约56米

49. 西城墙 06—07 段平面、立面图

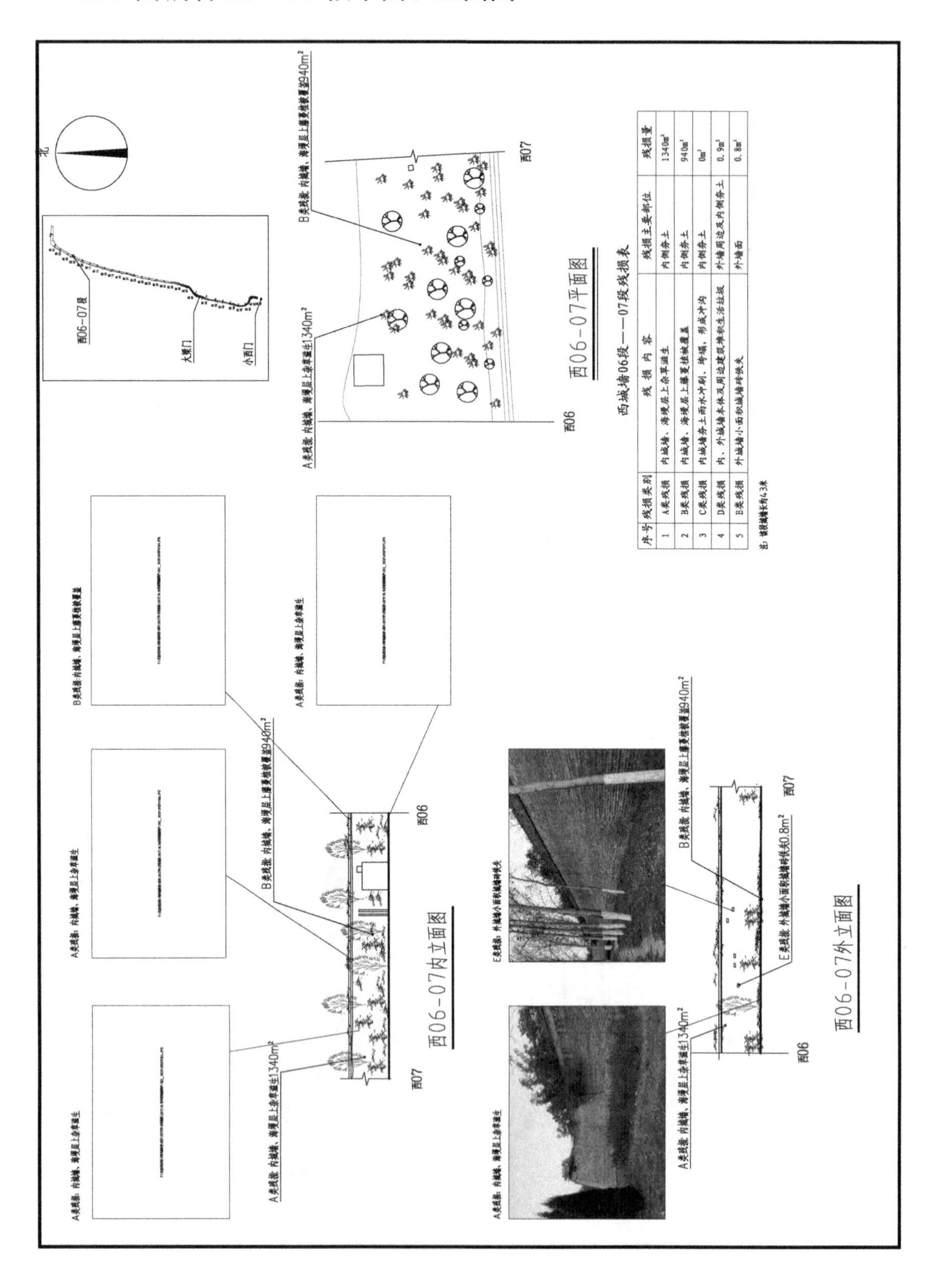

西城墙06段——07段残损表

序号	残损类别	残损内容	残损主要部位	残损量
1	A类残损	内城墙、海墁层上杂草滋生	内侧夯土	1340m²
2	B类残损	内城墙、海墁层上藤蔓植被覆盖	内侧夯土	940m²
3	C类残损	内城墙夯土雨水冲刷、垮塌，形成冲沟	内侧夯土	0m³
4	D类残损	内、外城墙本体及周边建筑堆积生活垃圾	外墙周边及内侧夯土	0.9m²
5	E类残损	外城墙小面积城墙砖佚失	外墙面	0.8m²

注：该段城墙长约43米

50. 西城墙 07—08 段平面、立面图

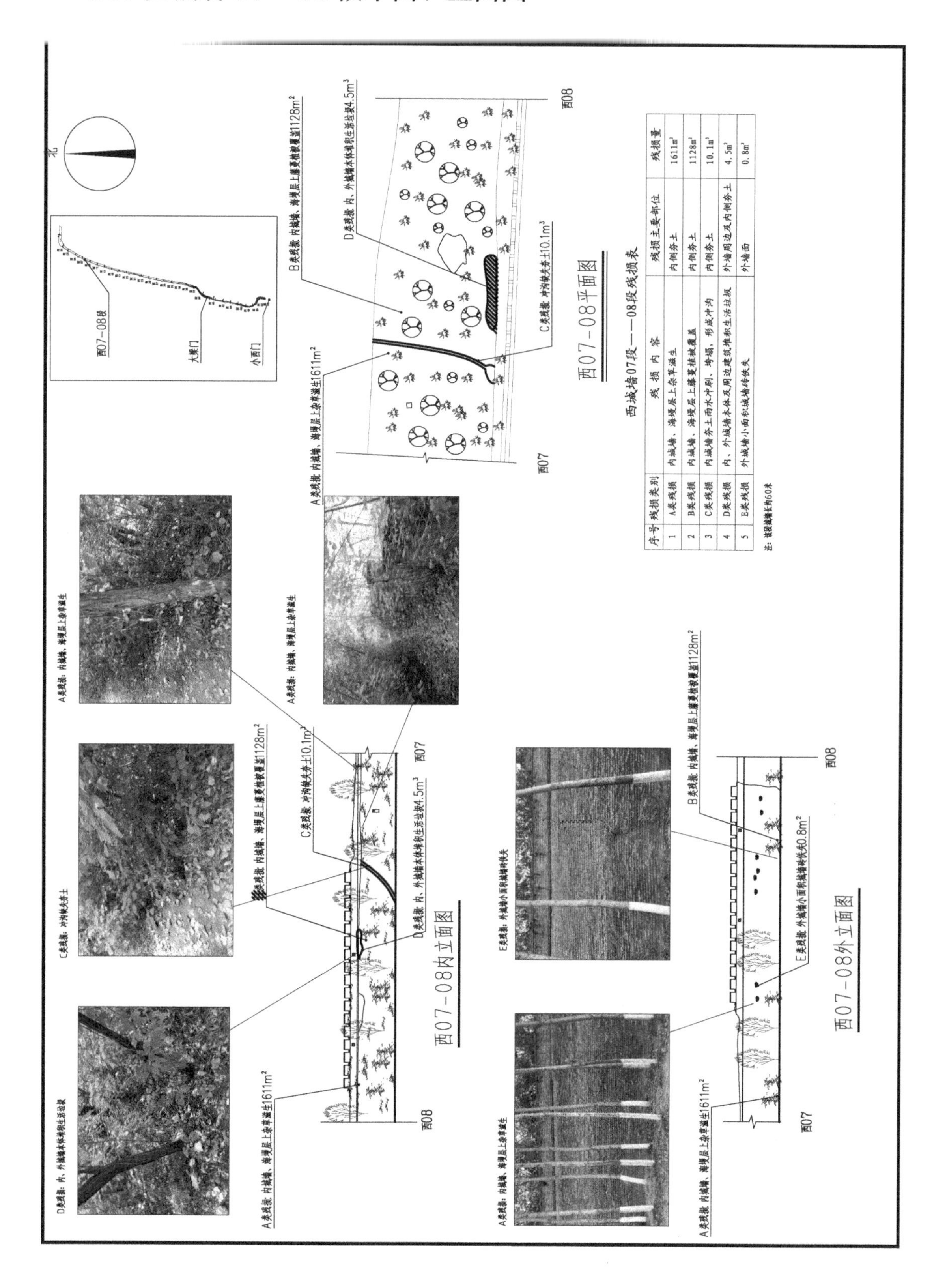

西城墙07段——08段残损表

序号	残损类别	残损内容	残损主要部位	残损量
1	A类残损	内城墙、海墁层上杂草滋生	内侧夯土	1611m²
2	B类残损	内城墙、海墁层上藤蔓植被覆盖	内侧夯土	1128m²
3	C类残损	内城墙夯土雨水冲刷、垮塌，形成冲沟	内侧夯土	10.1m³
4	D类残损	内、外城墙本体及周边建筑堆积生活垃圾	外墙周边及内侧夯土	4.5m³
5	B类残损	外城墙小面积城墙砖佚失	外墙面	0.8m²

注：该段城墙长约60米

51. 西城墙 08—09 段平面、立面图

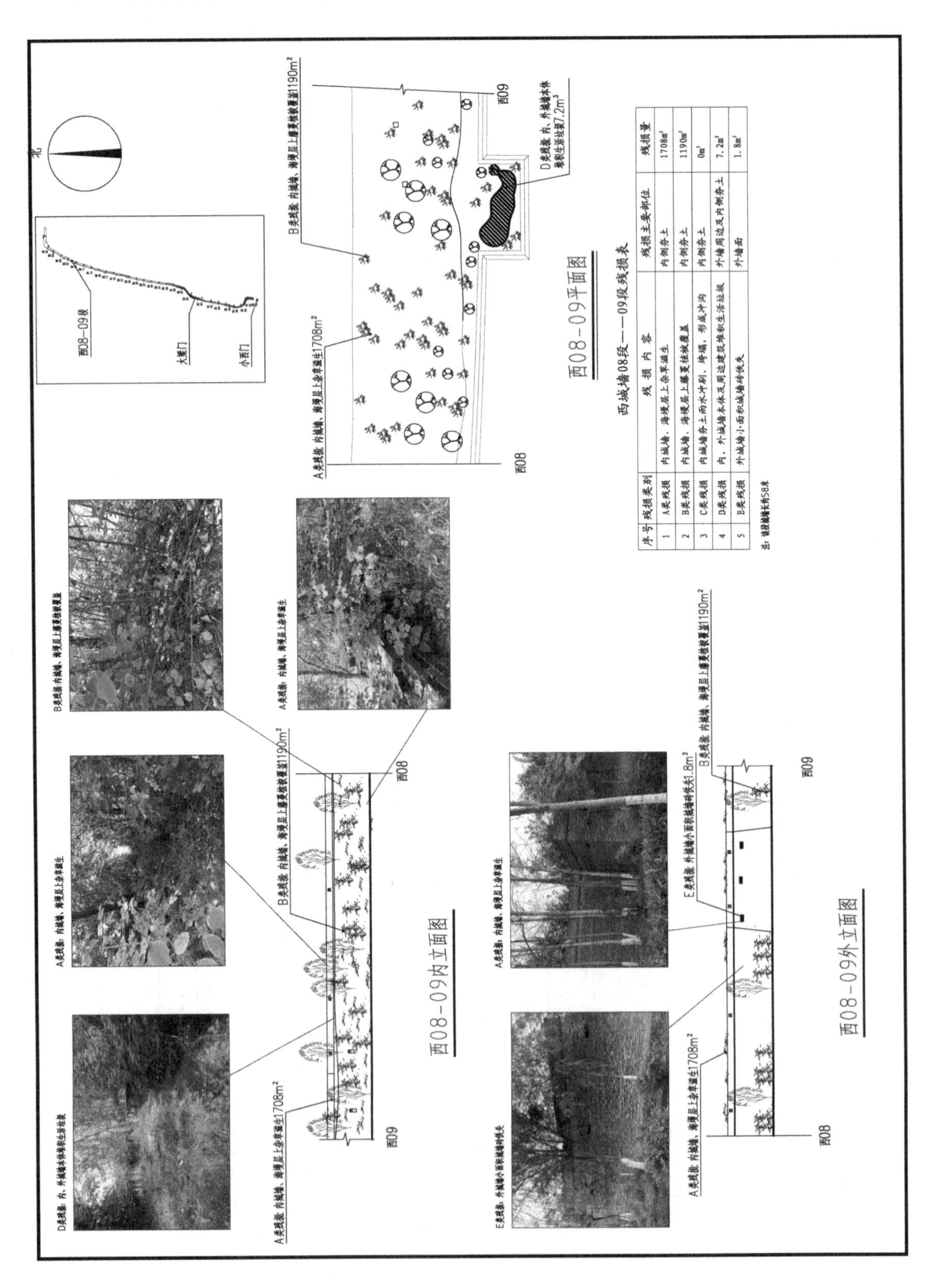

西城墙08段——09段残损表

序号	残损类别	残损内容	残损主要部位	残损量
1	A类残损	内城墙、海墁层上杂草滋生	内侧夯土	$1708m^2$
2	B类残损	内城墙、海墁层上藤蔓植被覆盖	内侧夯土	$1190m^2$
3	C类残损	内城墙夯土雨水冲刷、垮塌，形成冲沟	内侧夯土	$0m^3$
4	D类残损	内、外城墙本体及周边建筑堆积生活垃圾	外墙周边及内侧夯土	$7.2m^3$
5	B类残损	外城墙小面积城墙砖佚失	外墙面	$1.8m^2$

注：该段城墙长约58米

52. 西城墙 09—10 段平面、立面图

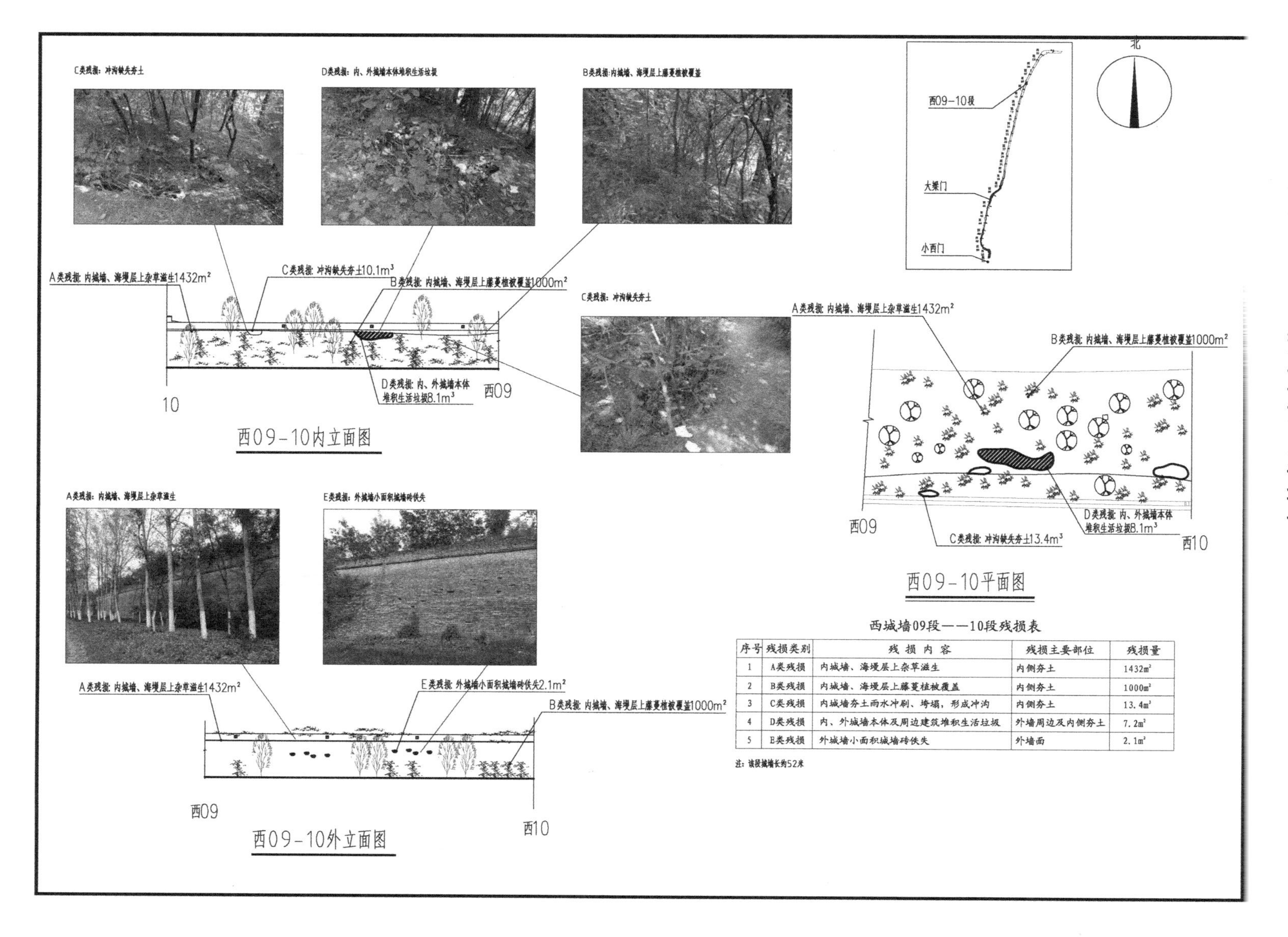

西城墙09段——10段残损表

序号	残损类别	残损内容	残损主要部位	残损量
1	A类残损	内城墙、海墁层上杂草滋生	内侧夯土	1432m²
2	B类残损	内城墙、海墁层上藤蔓植被覆盖	内侧夯土	1000m²
3	C类残损	内城墙夯土雨水冲刷、垮塌，形成冲沟	内侧夯土	13.4m³
4	D类残损	内、外城墙本体及周边建筑堆积生活垃圾	外墙周边及内侧夯土	7.2m²
5	E类残损	外城墙小面积城墙砖佚失	外墙面	2.1m²

注：该段城墙长约52米

53. 西城墙 10—11 段平面、立面图

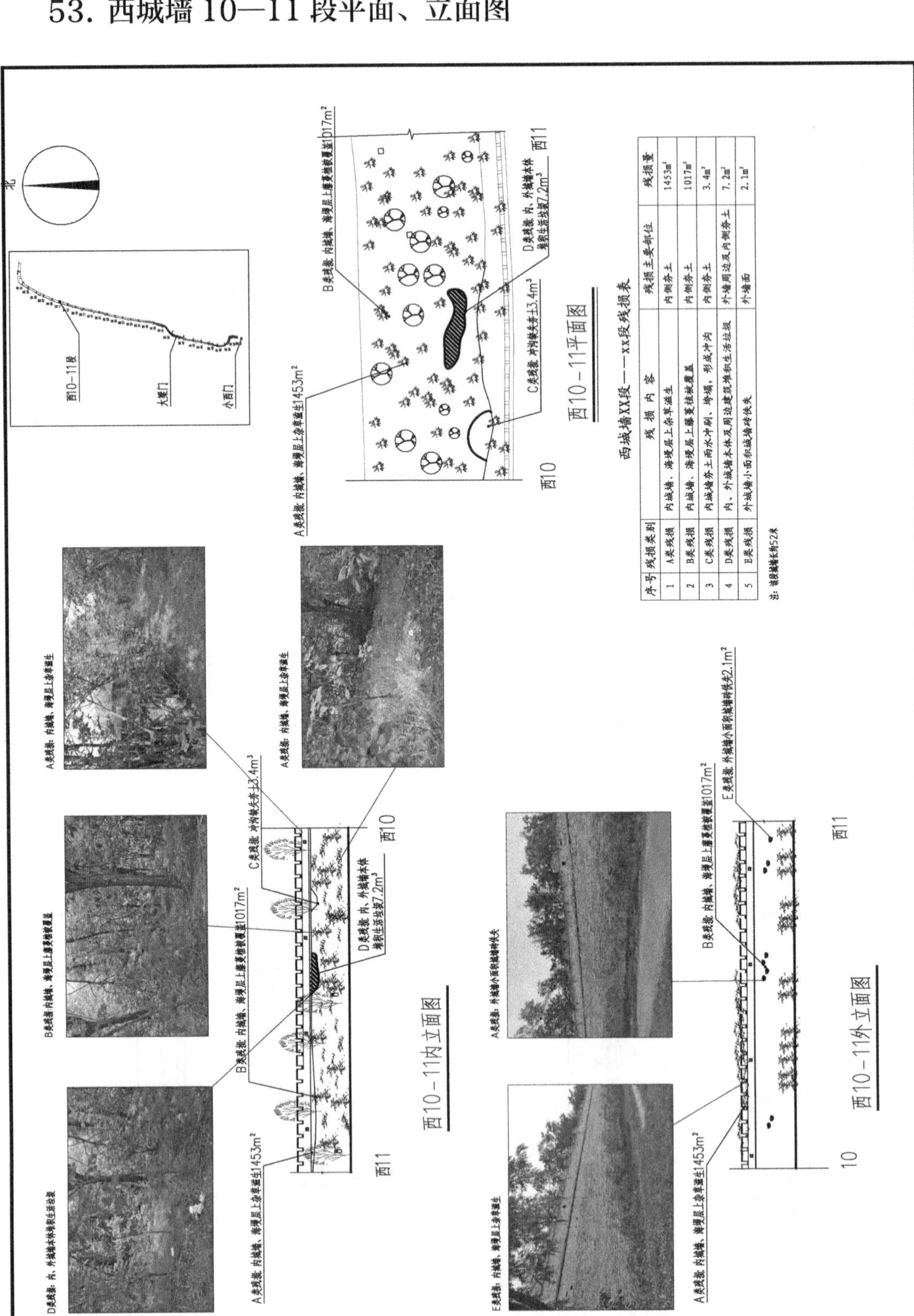

序号	残损类别	残损内容	残损主要部位	残损量
1	A类残损	内城墙、海墁层上杂草滋生	内侧夯土	1453m²
2	B类残损	内城墙、海墁层上藤蔓植被覆盖	内侧夯土	1017m²
3	C类残损	内城墙夯土雨水冲刷、垮塌，形成冲沟	内侧夯土	3.4m³
4	D类残损	内、外城墙本体及周边建筑堆积生活垃圾	外墙周边及内侧夯土	7.2m³
5	E类残损	外城墙小面积城墙砖佚失	外墙面	2.1m²

注：该段城墙长约52米

54. 西城墙 11—12 段平面、立面图

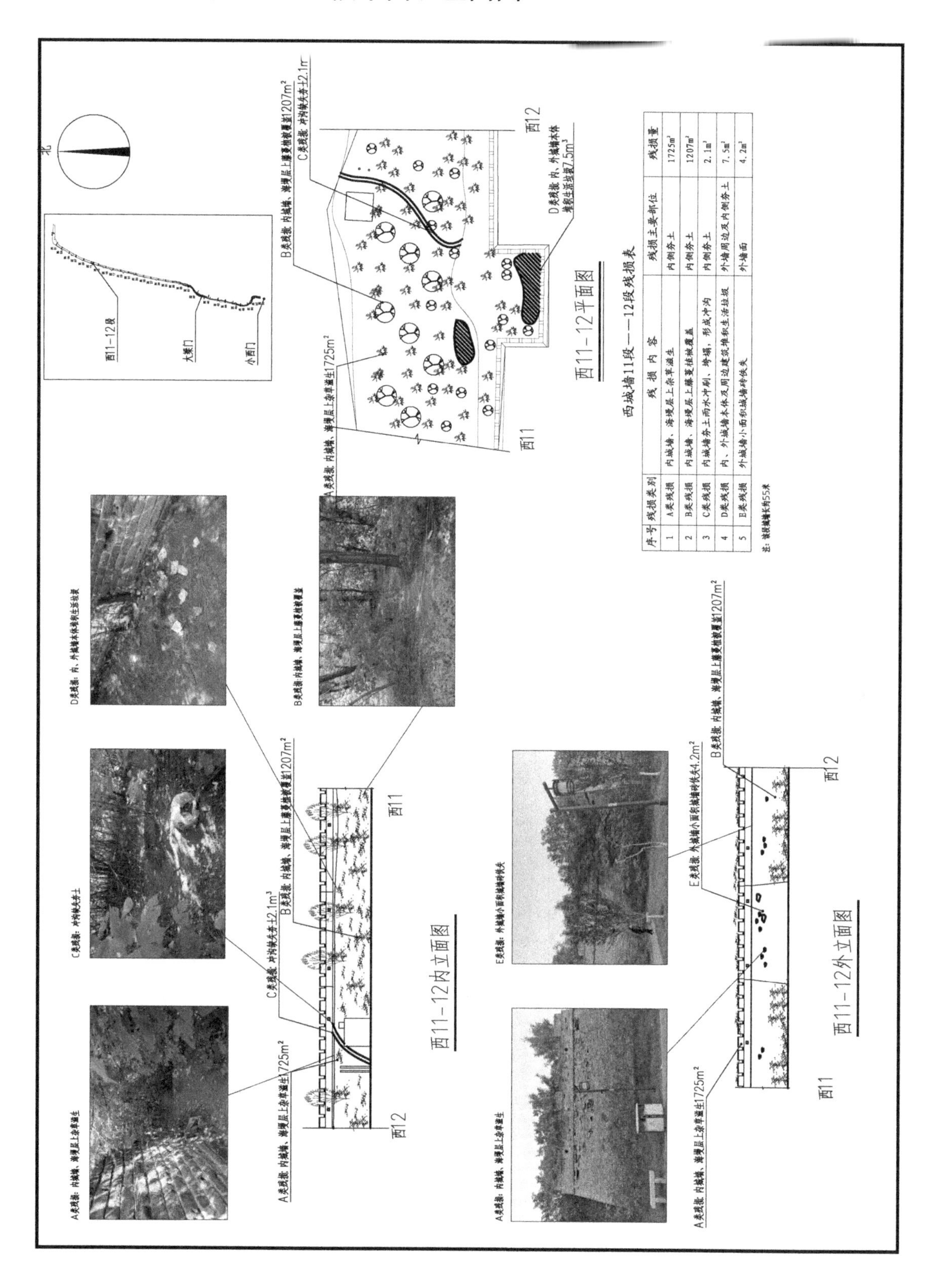

55. 西城墙 12—13 段平面、立面图

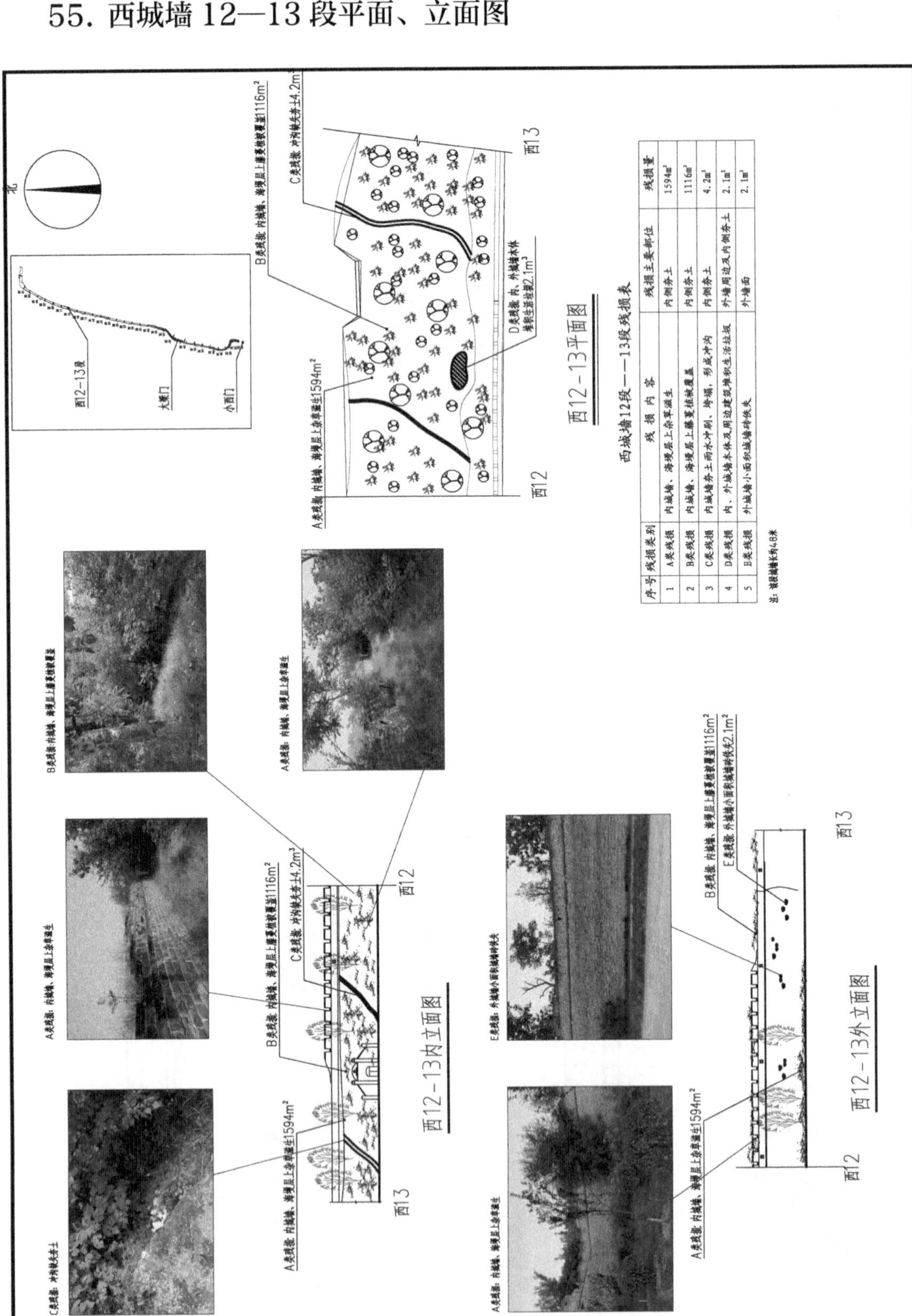

序号	残损类别	残损内容	残损主要部位	残损量
1	A类残损	内城墙、海墁层上杂草滋生	内侧夯土	1594m²
2	B类残损	内城墙、海墁层上藤蔓植被覆盖	内侧夯土	1116m²
3	C类残损	内城墙夯土雨水冲刷、垮塌，形成冲沟	内侧夯土	4.2m³
4	D类残损	内、外城墙本体及周边建筑堆积生活垃圾	外墙周边及内侧夯土	2.1m³
5	E类残损	外城墙小面积城墙砖佚失	外墙面	2.1m²

注：该段城墙长约48米

56. 西城墙 13—14 段平面、立面图

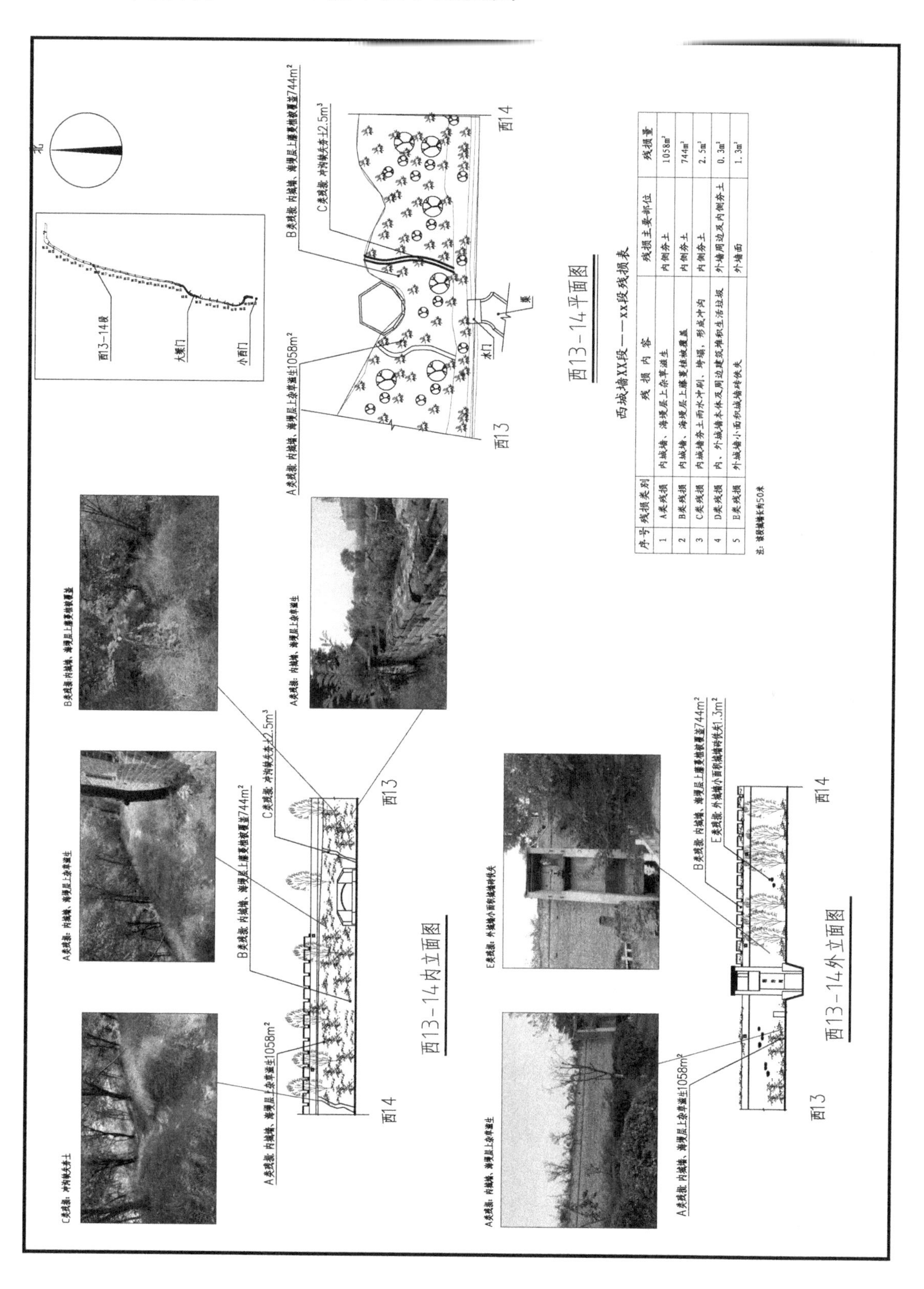

西城墙XX段——xx段残损表

序号	残损类别	残损内容	残损主要部位	残损量
1	A类残损	内城墙、海墁层上杂草滋生	内侧夯土	1058m²
2	B类残损	内城墙、海墁层上藤蔓植被覆盖	内侧夯土	744m²
3	C类残损	内城墙夯土雨水冲刷、垮塌，形成冲沟	内侧夯土	2.5m³
4	D类残损	内、外城墙本体及周边建筑堆积生活垃圾	外墙周边及内侧夯土	0.3m²
5	E类残损	外城墙小面积城墙砖佚失	外墙面	1.3m²

注：该段城墙长约50米

57. 西城墙 14—15 段平面、立面图

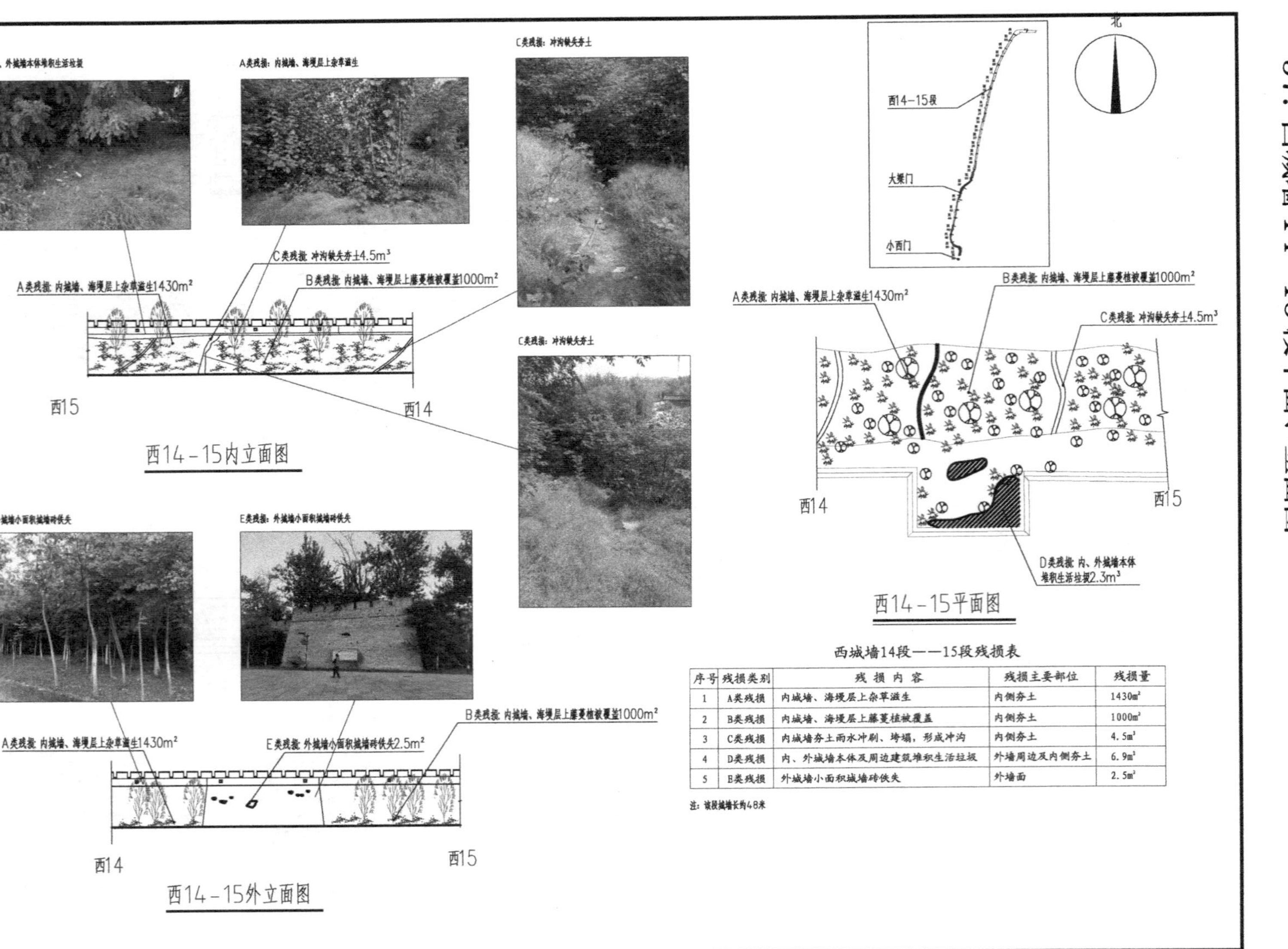

西城墙14段——15段残损表

序号	残损类别	残损内容	残损主要部位	残损量
1	A类残损	内城墙、海墁层上杂草滋生	内侧夯土	1430m²
2	B类残损	内城墙、海墁层上藤蔓植被覆盖	内侧夯土	1000m²
3	C类残损	内城墙夯土雨水冲刷、垮塌，形成冲沟	内侧夯土	4.5m³
4	D类残损	内、外城墙本体及周边建筑堆积生活垃圾	外墙周边及内侧夯土	6.9m³
5	E类残损	外城墙小面积城墙砖佚失	外墙面	2.5m²

注：该段城墙长约48米

58. 西城墙 15—16 段平面、立面图

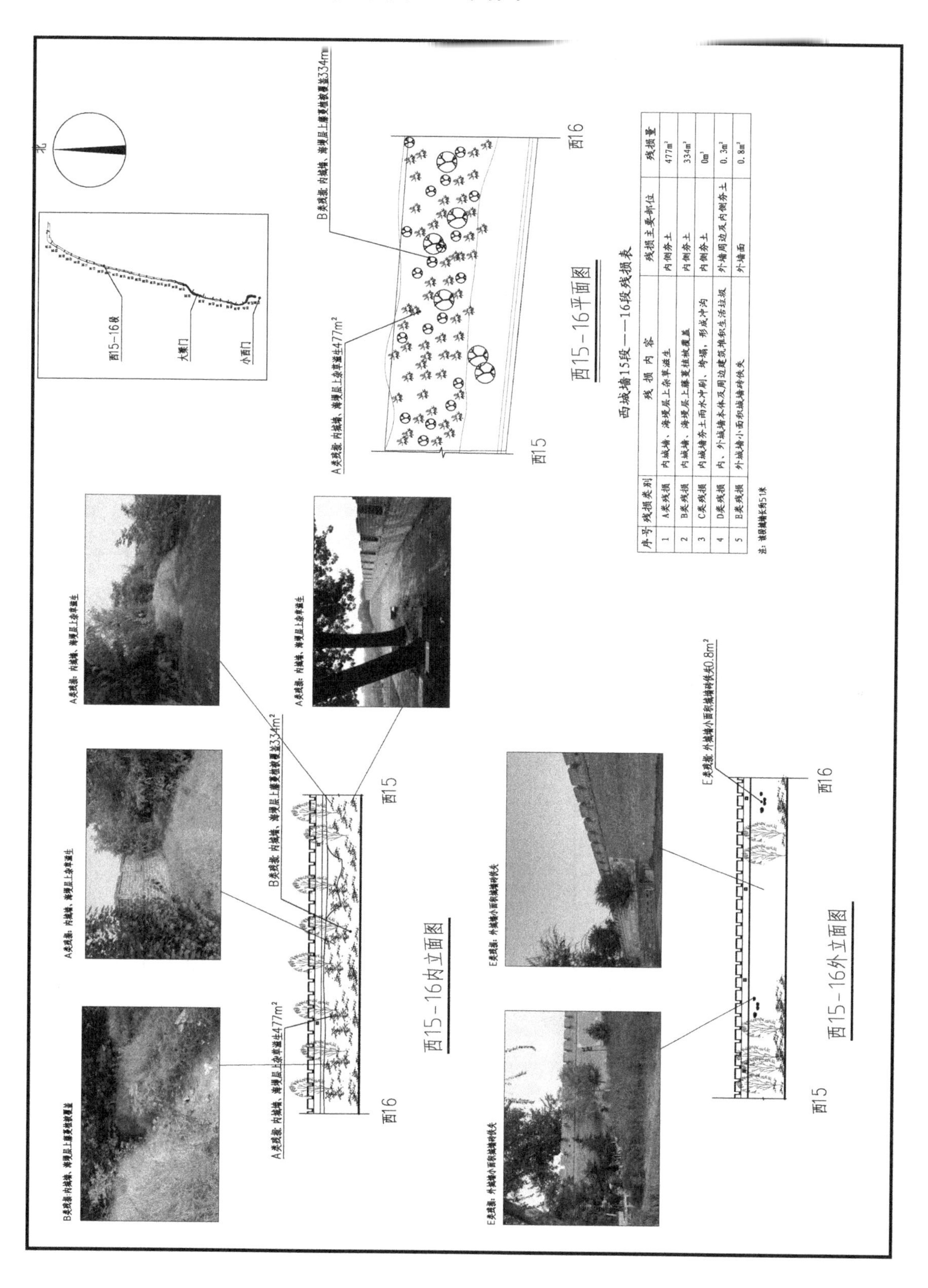

西城墙15段——16段残损表

序号	残损类别	残损内容	残损主要部位	残损量
1	A类残损	内城墙、海墁层上杂草滋生	内侧夯土	477m²
2	B类残损	内城墙、海墁层上藤蔓植被覆盖	内侧夯土	334m²
3	C类残损	内城墙夯土雨水冲刷、垮塌，形成冲沟	内侧夯土	0m³
4	D类残损	内、外城墙本体及周边建筑堆积生活垃圾	外墙周边及内侧夯土	0.3m²
5	E类残损	外城墙小面积城墙砖佚失	外墙面	0.8m²

注：该段城墙长约51米

59. 西城墙 16—17 段平面、立面图

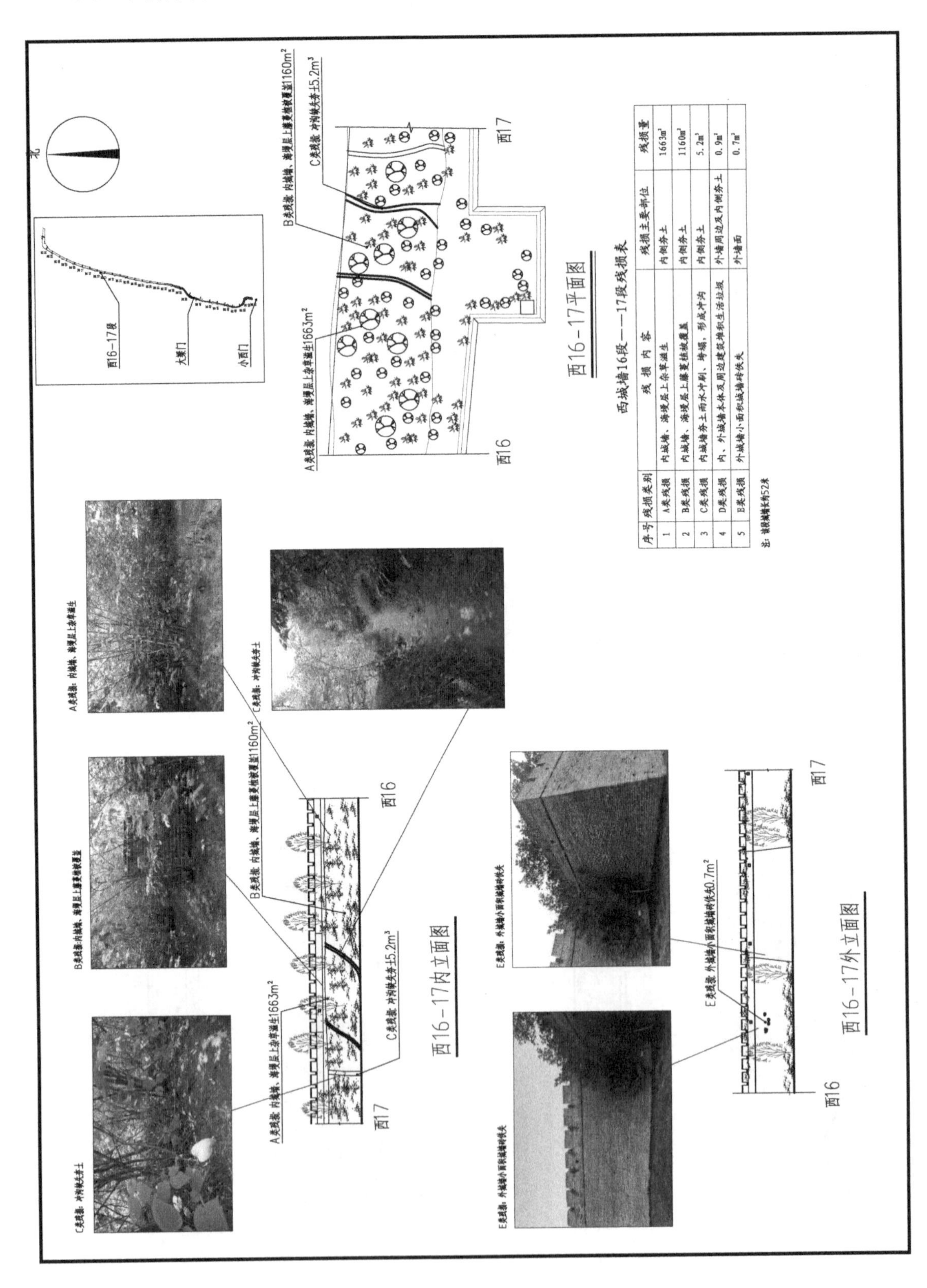

西城墙16段——17段残损表

序号	残损类别	残损内容	残损主要部位	残损量
1	A类残损	内城墙、海墁层上杂草滋生	内侧夯土	1663m²
2	B类残损	内城墙、海墁层上藤蔓植被覆盖	内侧夯土	1160m²
3	C类残损	内城墙夯土雨水冲刷、垮塌，形成冲沟	内侧夯土	5.2m³
4	D类残损	内、外城墙本体及周边建筑堆积生活垃圾	外墙周边及内侧夯土	0.9m²
5	E类残损	外城墙小面积城墙砖佚失	外墙面	0.7m²

注：该段城墙长约52米

60. 西城墙 17—18 段平面、立面图

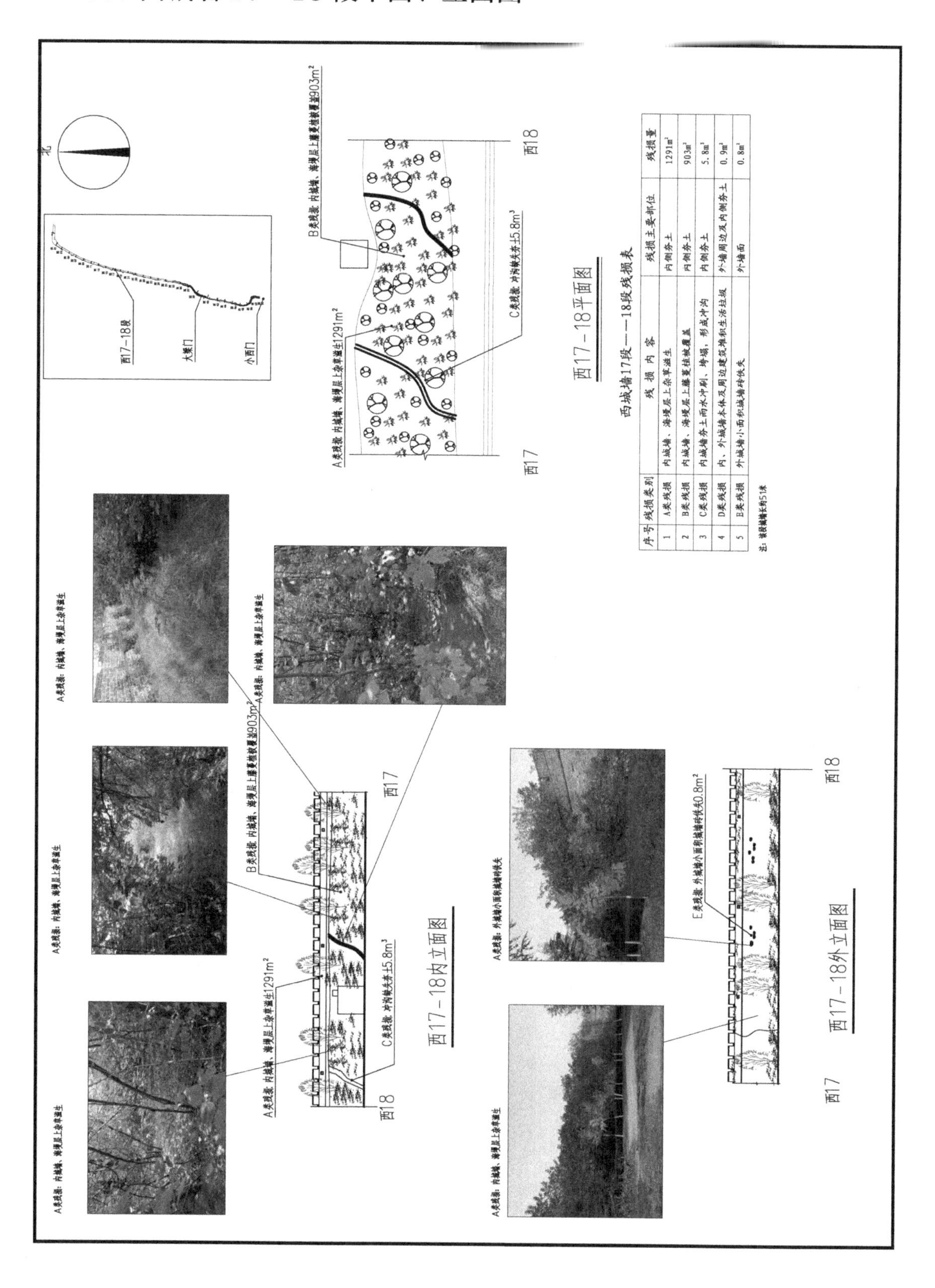

西城墙17段——18段残损表

序号	残损类别	残损内容	残损主要部位	残损量
1	A类残损	内城墙、海墁层上杂草滋生	内侧夯土	1291m²
2	B类残损	内城墙、海墁层上藤蔓植被覆盖	内侧夯土	903m²
3	C类残损	内城墙夯土雨水冲刷、垮塌，形成冲沟	内侧夯土	5.8m³
4	D类残损	内、外城墙本体及周边建筑堆积生活垃圾	外墙周边及内侧夯土	0.9m²
5	B类残损	外城墙小面积城墙砖佚失	外墙面	0.8m²

注：该段城墙长约51米

61. 西城墙 18—19 段平面、立面图

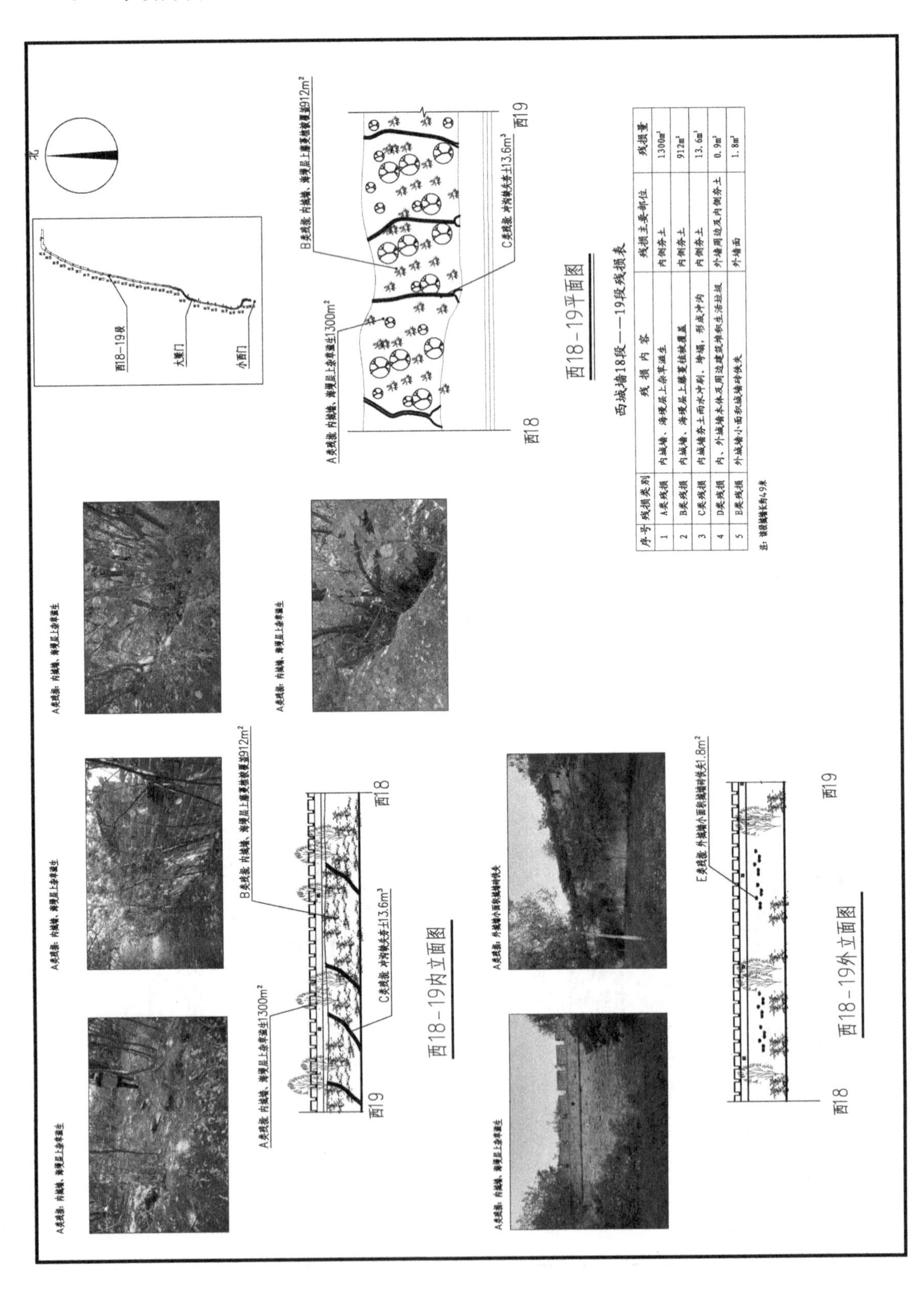

西城墙18段——19段残损表

序号	残损类别	残损内容	残损主要部位	残损量
1	A类残损	内城墙、海墁层上杂草滋生	内侧夯土	1300m²
2	B类残损	内城墙、海墁层上藤蔓植被覆盖	内侧夯土	912m²
3	C类残损	内城墙夯土雨水冲刷、垮塌，形成冲沟	内侧夯土	13.6m³
4	D类残损	内、外城墙本体及周边建筑堆积生活垃圾	外墙周边及内侧夯土	0.9m²
5	E类残损	外城墙小面积城墙砖佚失	外墙面	1.8m²

注：该段城墙长约49米

62. 西城墙 19—20 段平面、立面图

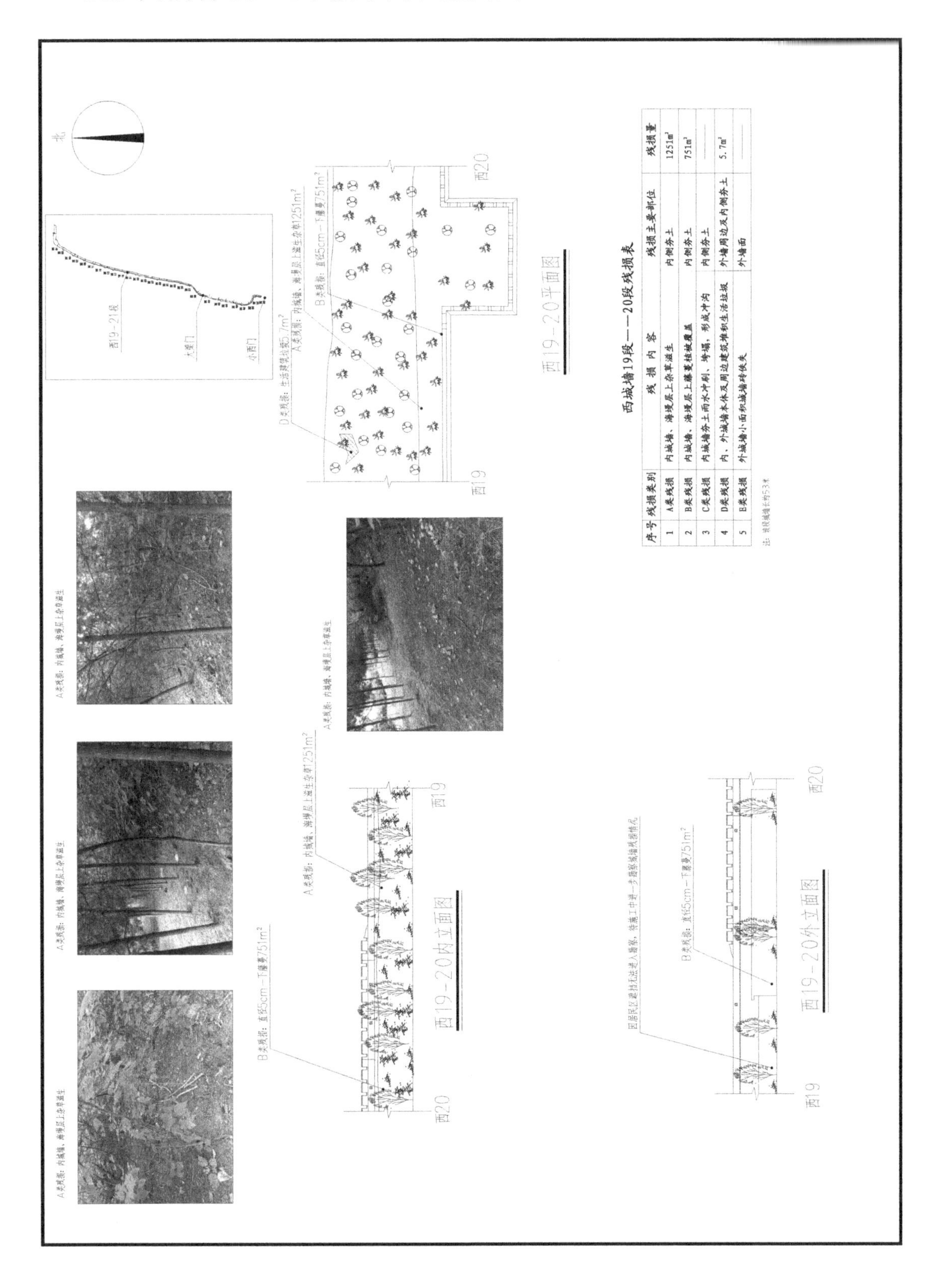

西城墙19段——20段残损表

序号	残损类别	残 损 内 容	残损主要部位	残损量
1	A类残损	内城墙、海墁层上杂草滋生	内侧夯土	1251m²
2	B类残损	内城墙、海墁层上藤蔓植被覆盖	内侧夯土	751m²
3	C类残损	内城墙夯土雨水冲刷、垮塌，形成冲沟	内侧夯土	——
4	D类残损	内、外城墙本体及周边建筑堆积生活垃圾	外墙周边及内侧夯土	5.7m²
5	E类残损	外城墙小面积城墙砖佚失	外墙面	——

注：该段城墙长约53米

63. 西城墙 20—21 段平面、立面图

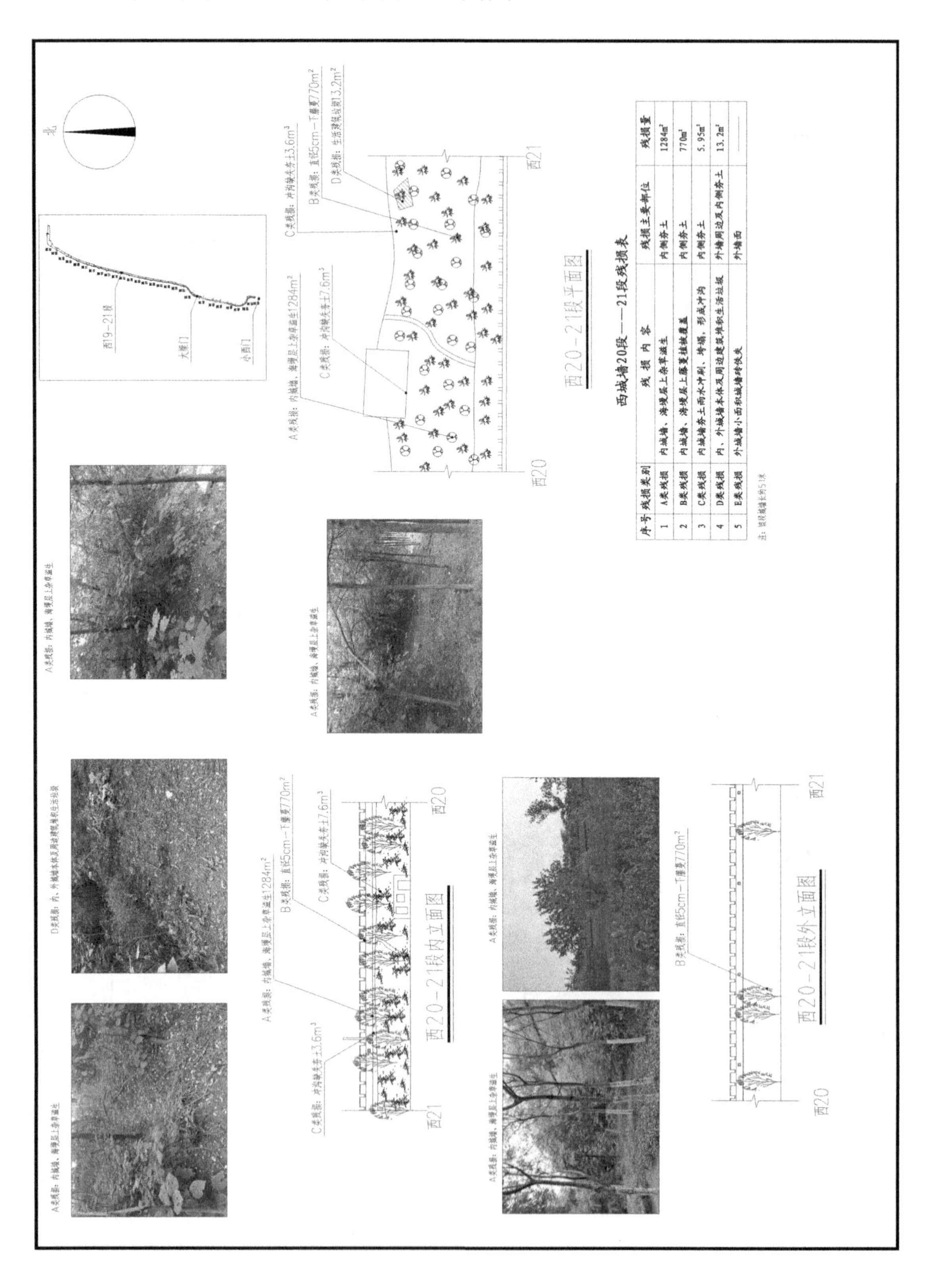

西城墙20段——21段残损表

序号	残损类别	残损内容	残损主要部位	残损量
1	A类残损	内城墙、海墁层上杂草滋生	内侧夯土	1284m²
2	B类残损	内城墙、海墁层上藤蔓植被覆盖	内侧夯土	770m²
3	C类残损	内城墙夯土雨水冲刷、垮塌，形成冲沟	内侧夯土	5.95m³
4	D类残损	内、外城墙本体及周边建筑堆积生活垃圾	外墙周边及内侧夯土	13.2m²
5	E类残损	外城墙小面积城墙砖佚失	外墙面	——

注：该段城墙长约51米

64. 西城墙 21—22 段平面、立面图

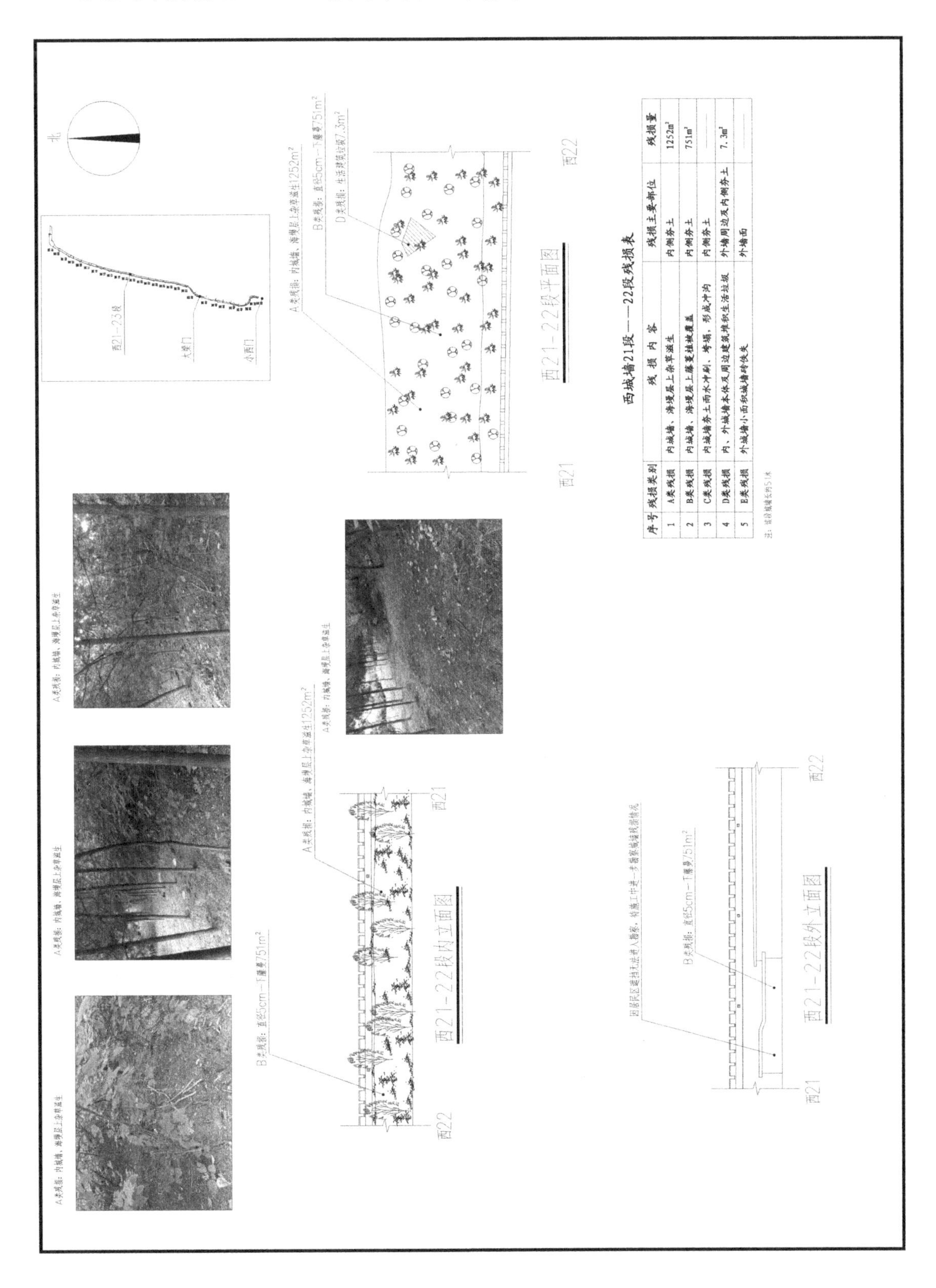

西城墙21段——22段残损表

序号	残损类别	残 损 内 容	残损主要部位	残损量
1	A类残损	内城墙、海墁层上杂草滋生	内侧夯土	1252m²
2	B类残损	内城墙、海墁层上藤蔓植被覆盖	内侧夯土	751m²
3	C类残损	内城墙夯土雨水冲刷、垮塌，形成冲沟	内侧夯土	——
4	D类残损	内、外城墙本体及周边建筑堆积生活垃圾	外墙周边及内侧夯土	7.3m²
5	E类残损	外城墙小面积城墙砖佚失	外墙面	——

注：该段城墙长约51米

65. 西城墙 22—23 段平面、立面图

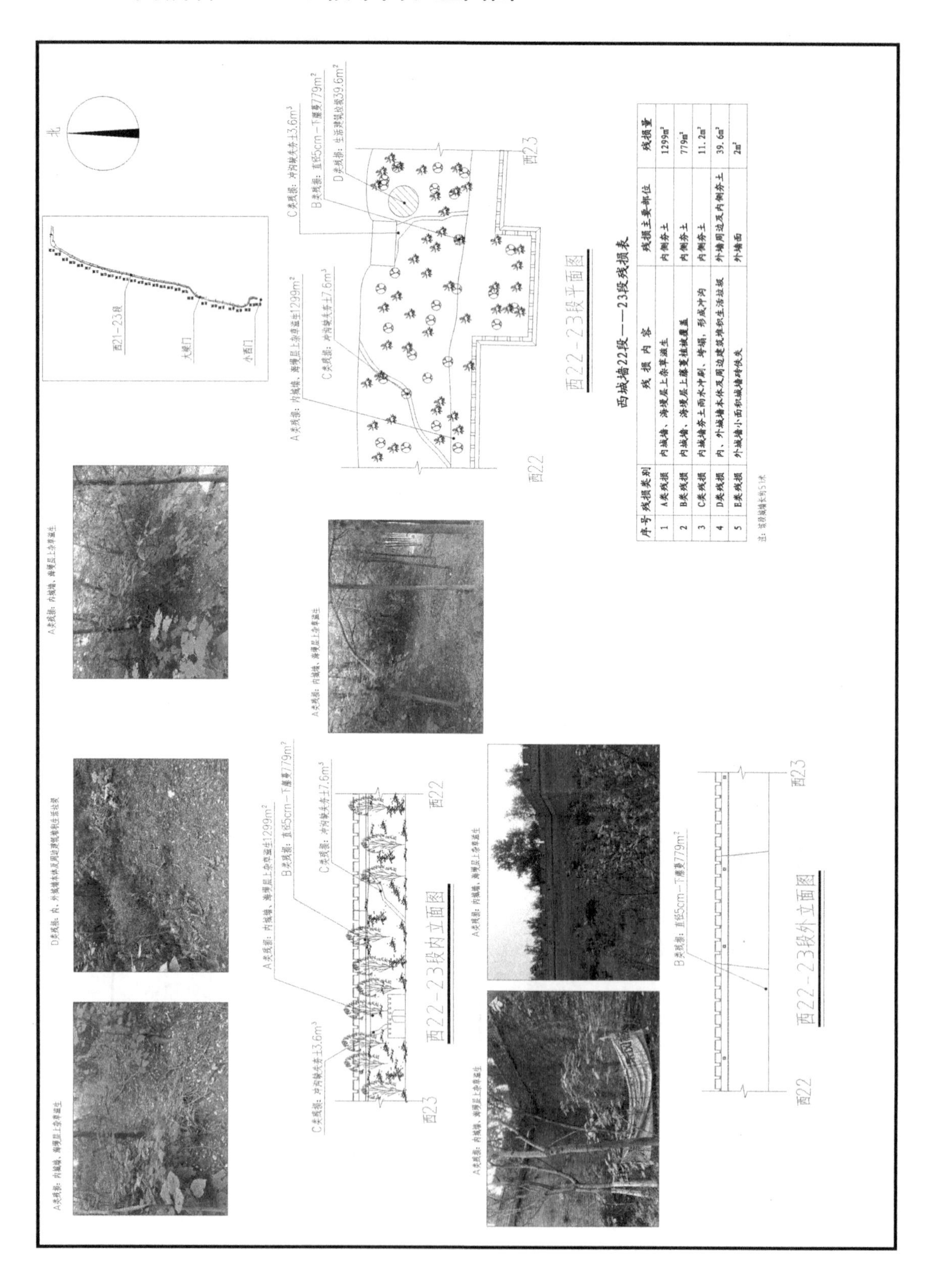

西城墙22段——23段残损表

序号	残损类别	残损内容	残损主要部位	残损量
1	A类残损	内城墙、海墁层上杂草滋生	内侧夯土	1299m²
2	B类残损	内城墙、海墁层上藤蔓植被覆盖	内侧夯土	779m²
3	C类残损	内城墙夯土雨水冲刷、垮塌，形成冲沟	内侧夯土	11.2m³
4	D类残损	内、外城墙本体及周边建筑堆积生活垃圾	外墙周边及内侧夯土	39.6m²
5	E类残损	外城墙小面积城墙砖佚失	外墙面	2m²

注：该段城墙长约51米

66. 西城墙 23—24 段平面、立面图

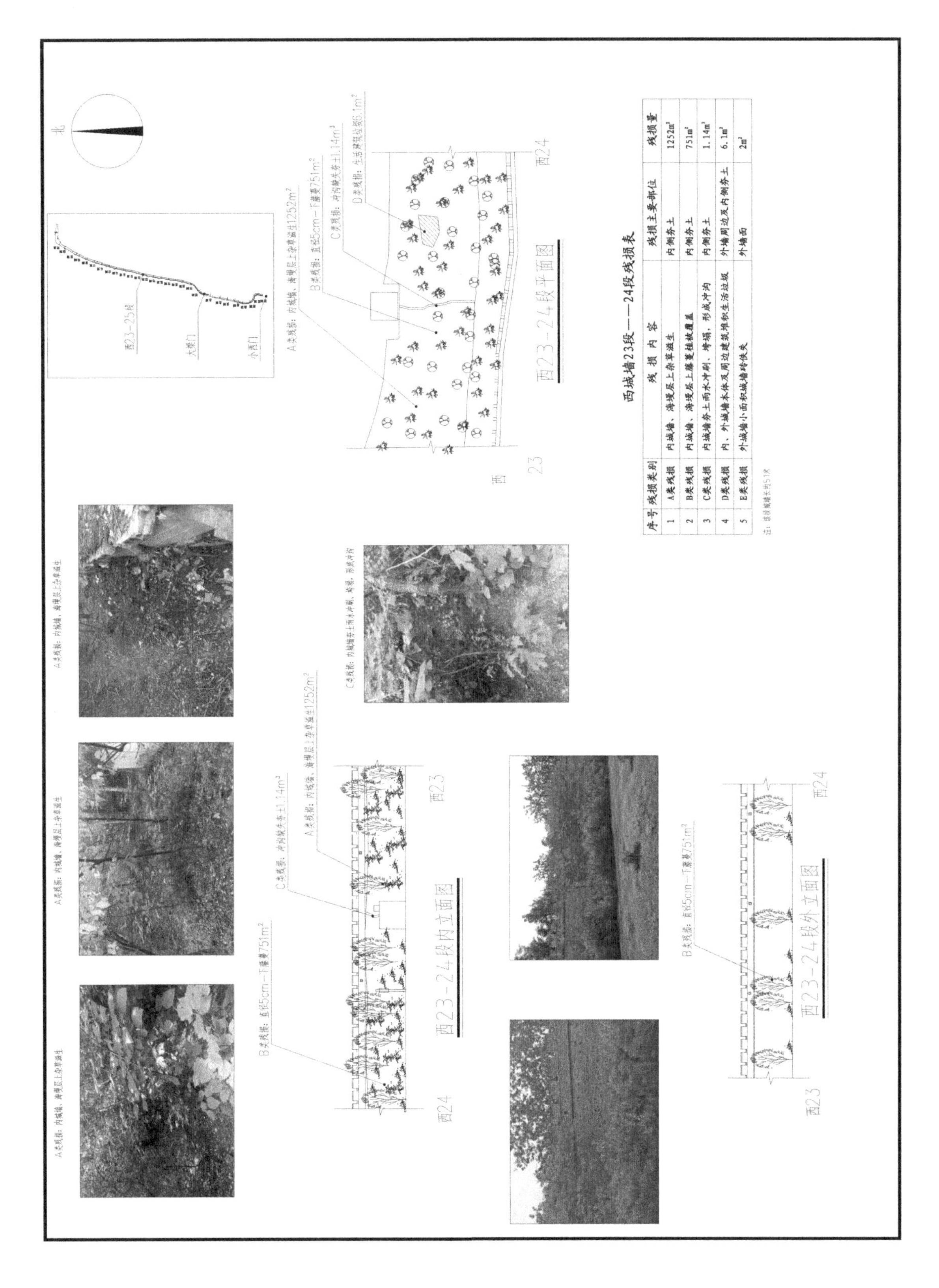

67. 西城墙 24—25 段平面、立面图

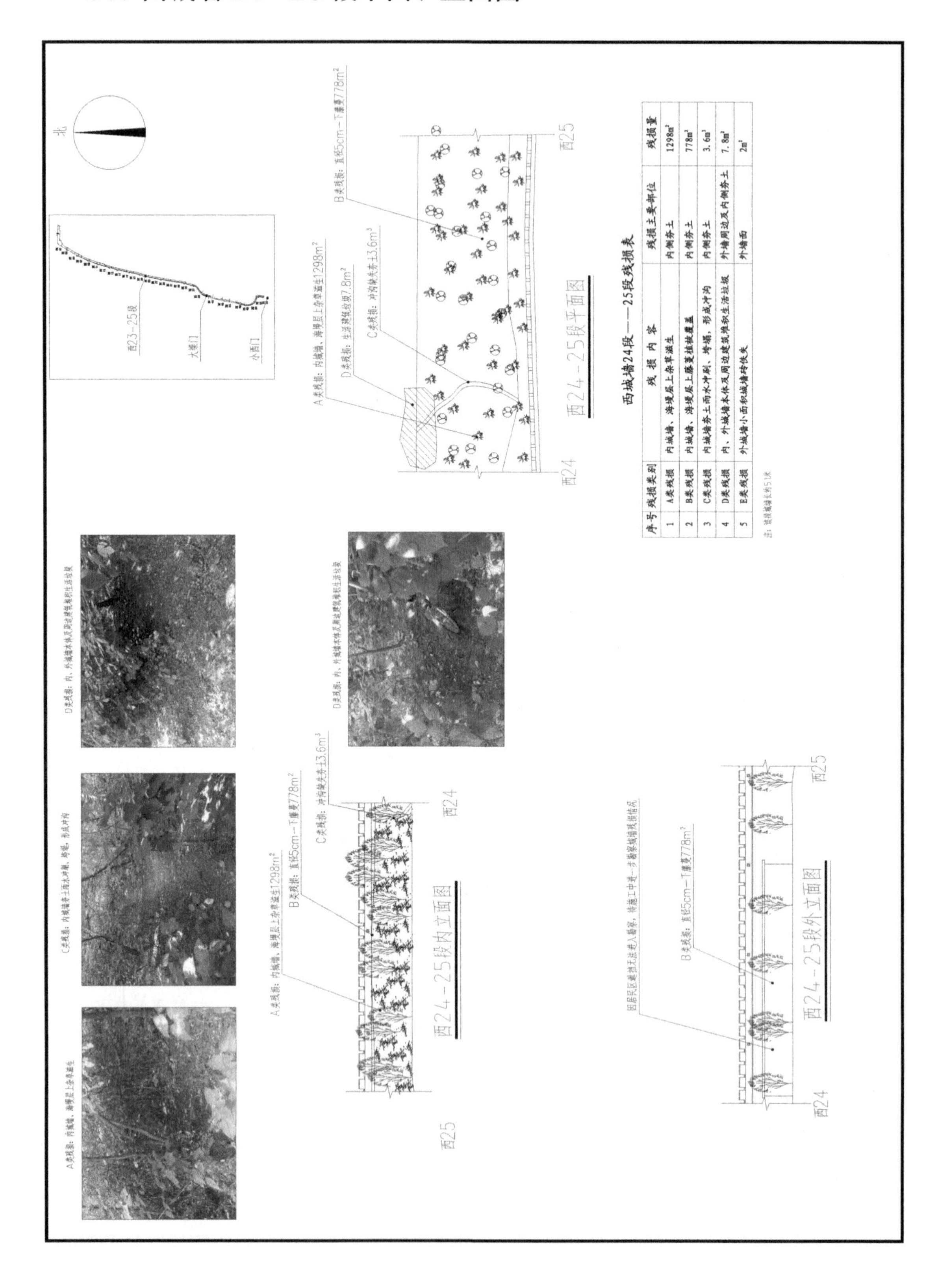

序号	残损类别	残 损 内 容	残损主要部位	残损量
1	A类残损	内城墙、海墁层上杂草滋生	内侧夯土	1298m²
2	B类残损	内城墙、海墁层上藤蔓植被覆盖	内侧夯土	778m²
3	C类残损	内城墙夯土雨水冲刷、垮塌，形成冲沟	内侧夯土	3.6m³
4	D类残损	内、外城墙本体及周边建筑堆积生活垃圾	外墙周边及内侧夯土	7.8m²
5	E类残损	外城墙小面积城墙砖佚失	外墙面	2m²

注：该段城墙长约51米

68. 西城墙 25—26 段平面、立面图

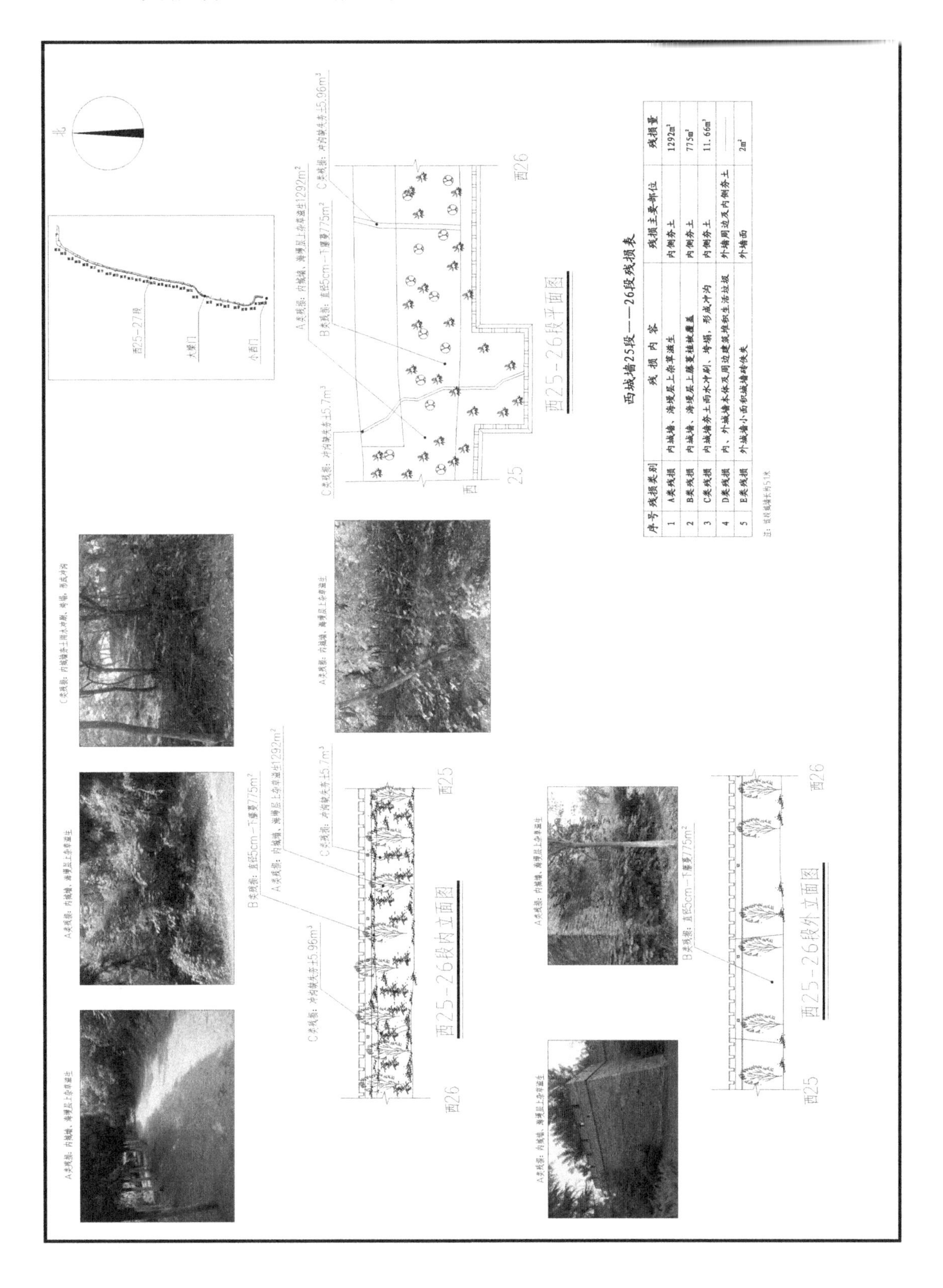

西城墙25段——26段残损表

序号	残损类别	残损内容	残损主要部位	残损量
1	A类残损	内城墙、海墁层上杂草滋生	内侧夯土	1292m²
2	B类残损	内城墙、海墁层上藤蔓植被覆盖	内侧夯土	775m²
3	C类残损	内城墙夯土雨水冲刷、垮塌，形成冲沟	内侧夯土	11.66m³
4	D类残损	内、外城墙本体及周边建筑堆积生活垃圾	外墙周边及内侧夯土	——
5	E类残损	外城墙小面积城墙砖佚失	外墙面	2m²

注：该段城墙长约51米

69. 西城墙 26—27 段平面、立面图

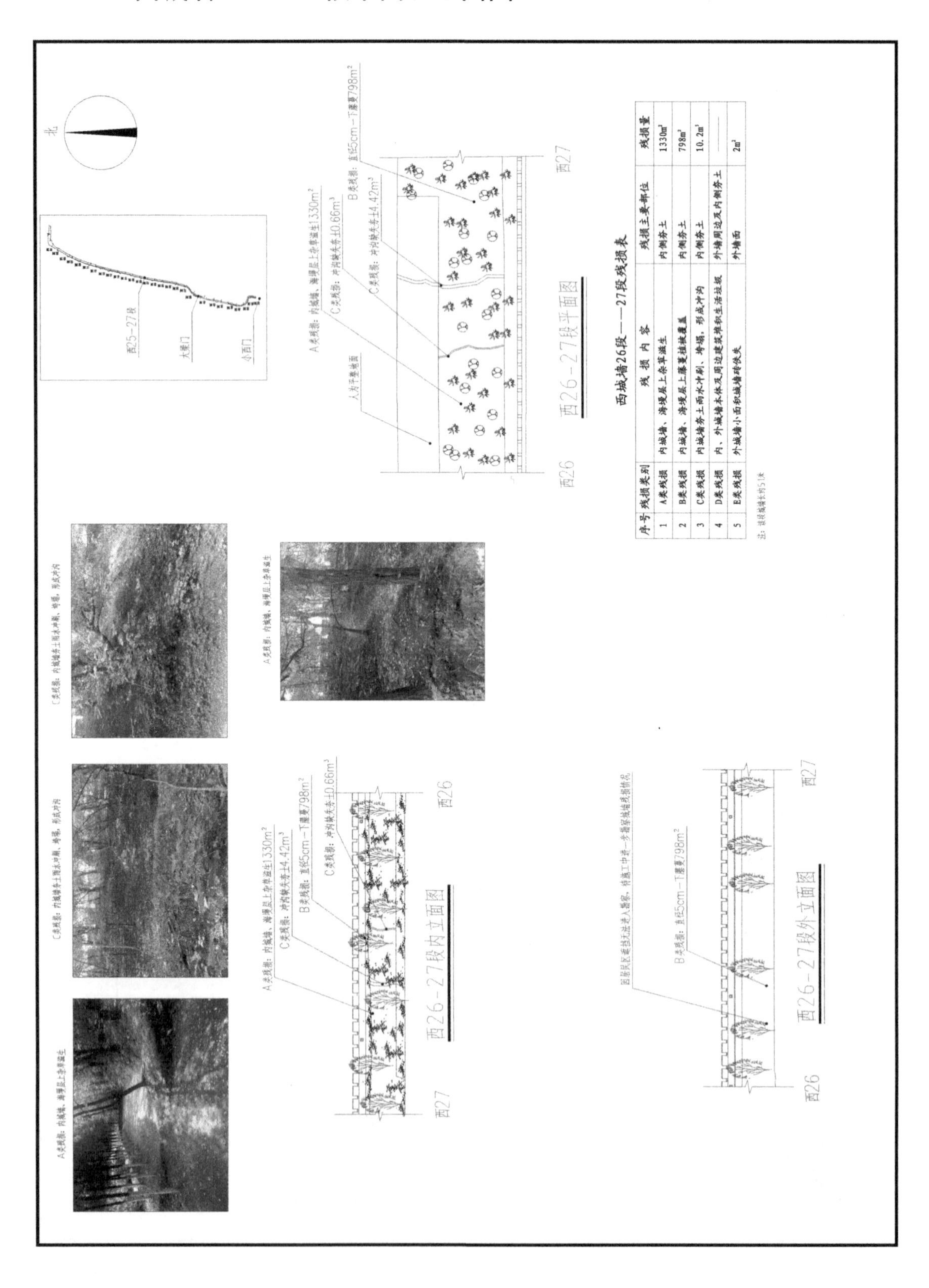

西城墙26段——27段残损表

序号	残损类别	残损内容	残损主要部位	残损量
1	A类残损	内城墙、海墁层上杂草滋生	内侧夯土	1330m²
2	B类残损	内城墙、海墁层上藤蔓植被覆盖	内侧夯土	798m²
3	C类残损	内城墙夯土雨水冲刷、垮塌，形成冲沟	内侧夯土	10.2m³
4	D类残损	内、外城墙本体及周边建筑堆积生活垃圾	外墙周边及内侧夯土	——
5	E类残损	外城墙小面积城墙砖佚失	外墙面	2m²

注：该段城墙长约51米

70. 西城墙 27—28 段平面、立面图

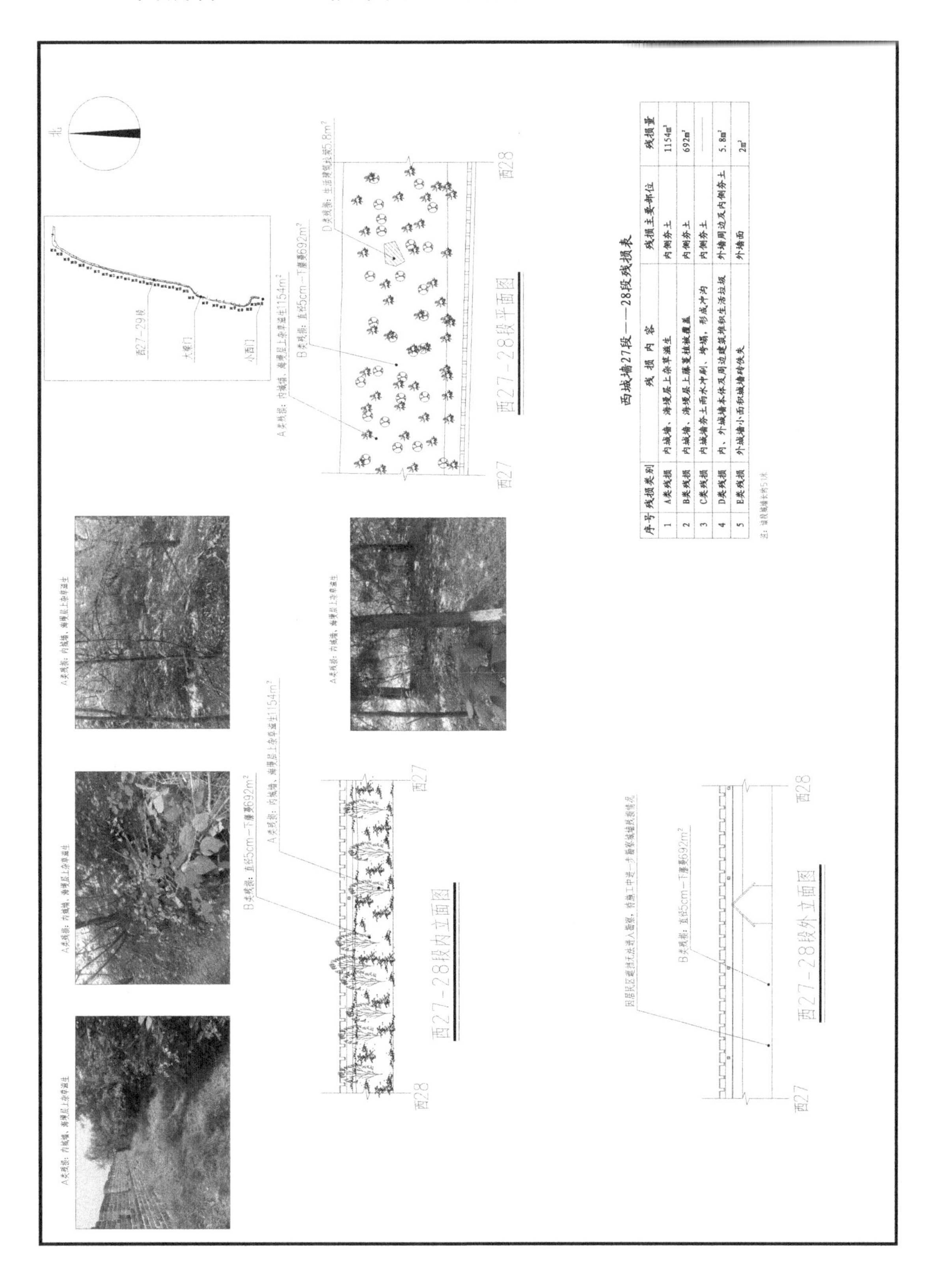

西城墙27段——28段残损表

序号	残损类别	残损内容	残损主要部位	残损量
1	A类残损	内城墙、海墁层上杂草滋生	内侧夯土	1154m²
2	B类残损	内城墙、海墁层上藤蔓植被覆盖	内侧夯土	692m²
3	C类残损	内城墙夯土雨水冲刷、垮塌，形成冲沟	内侧夯土	——
4	D类残损	内、外城墙本体及周边建筑堆积生活垃圾	外墙周边及内侧夯土	5.8m²
5	E类残损	外城墙小面积城墙砖佚失	外墙面	2m²

注：该段城墙长约51米

71. 西城墙 28—29 段平面、立面图

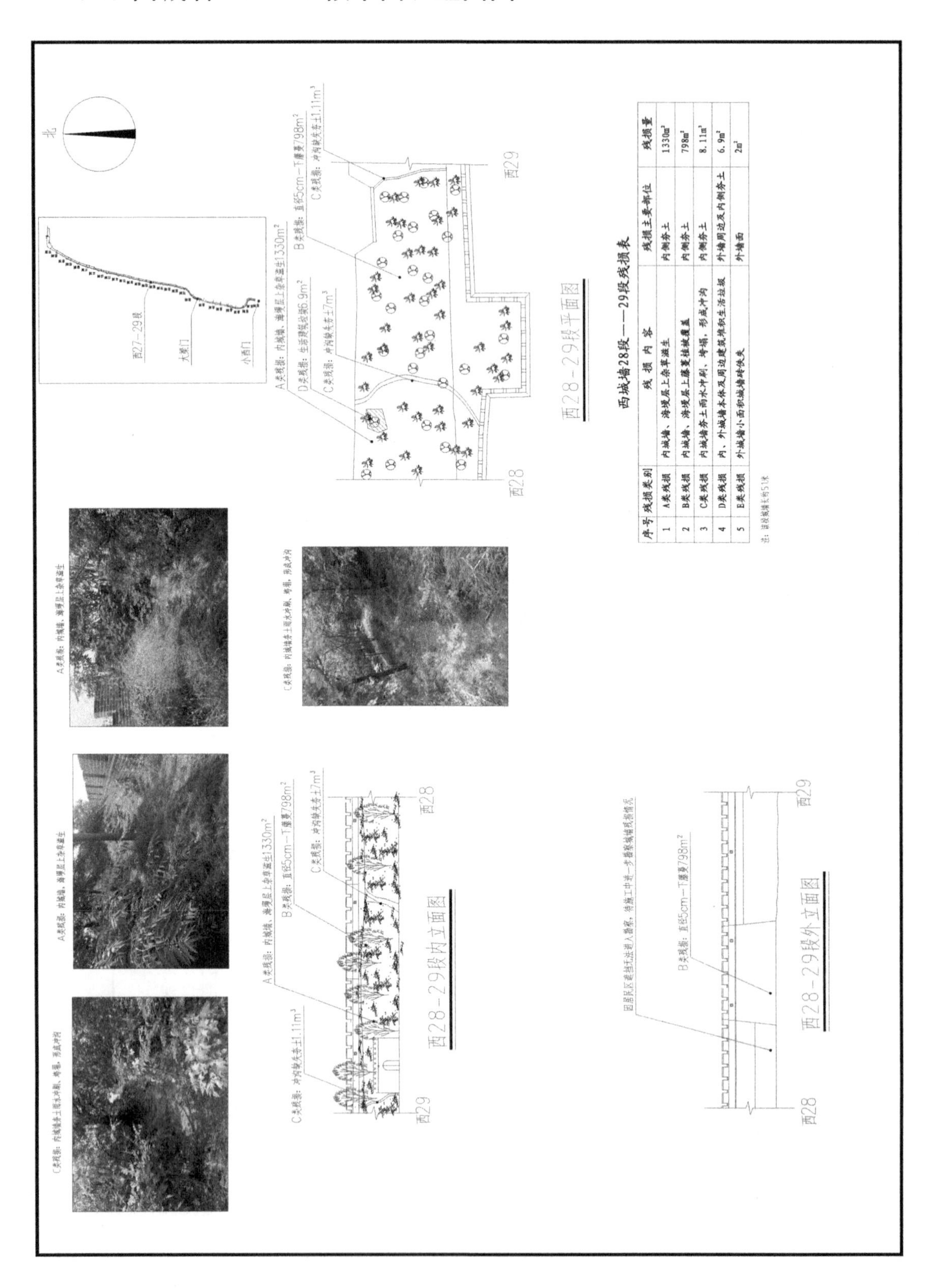

西城墙28段——29段残损表

序号	残损类别	残 损 内 容	残损主要部位	残损量
1	A类残损	内城墙、海墁层上杂草滋生	内侧夯土	1330m²
2	B类残损	内城墙、海墁层上藤蔓植被覆盖	内侧夯土	798m²
3	C类残损	内城墙夯土雨水冲刷，垮塌，形成冲沟	内侧夯土	8.11m³
4	D类残损	内、外城墙本体及周边建筑堆积生活垃圾	外墙周边及内侧夯土	6.9m²
5	E类残损	外城墙小面积城墙砖缺失	外墙面	2m²

注：该段城墙长约51米

72. 西城墙 29—30 段平面、立面图

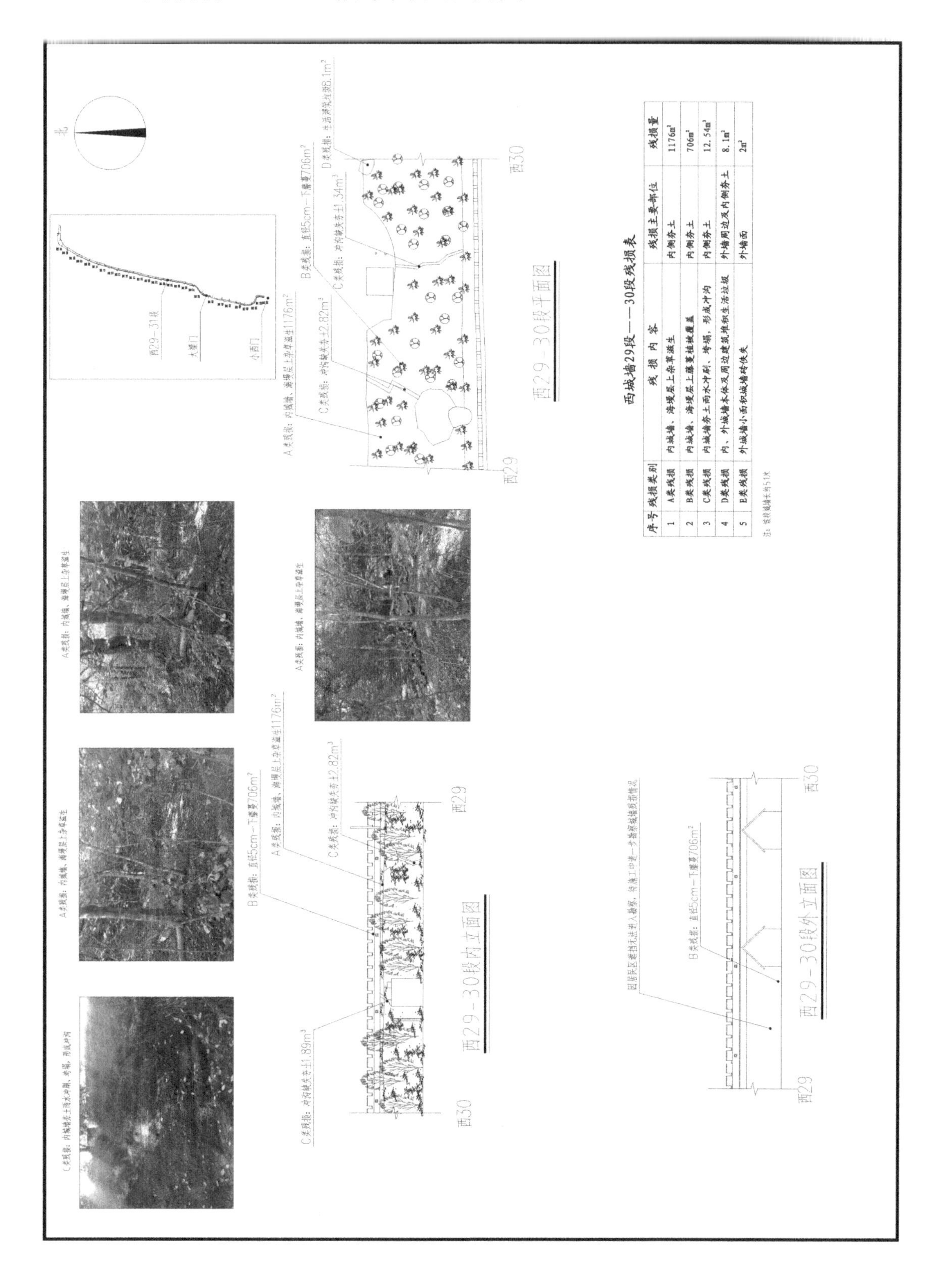

西城墙29段——30段残损表

序号	残损类别	残损内容	残损主要部位	残损量
1	A类残损	内城墙、海墁层上杂草滋生	内侧夯土	1176m²
2	B类残损	内城墙、海墁层上藤蔓植被覆盖	内侧夯土	706m²
3	C类残损	内城墙夯土雨水冲刷、坍塌，形成冲沟	内侧夯土	12.54m³
4	D类残损	内、外城墙本体及周边建筑堆积生活垃圾	外墙周边及内侧夯土	8.1m²
5	E类残损	外城墙小面积城墙砖佚失	外墙面	2m²

注：该段城墙长约51米

73. 西城墙30—31段平面、立面图

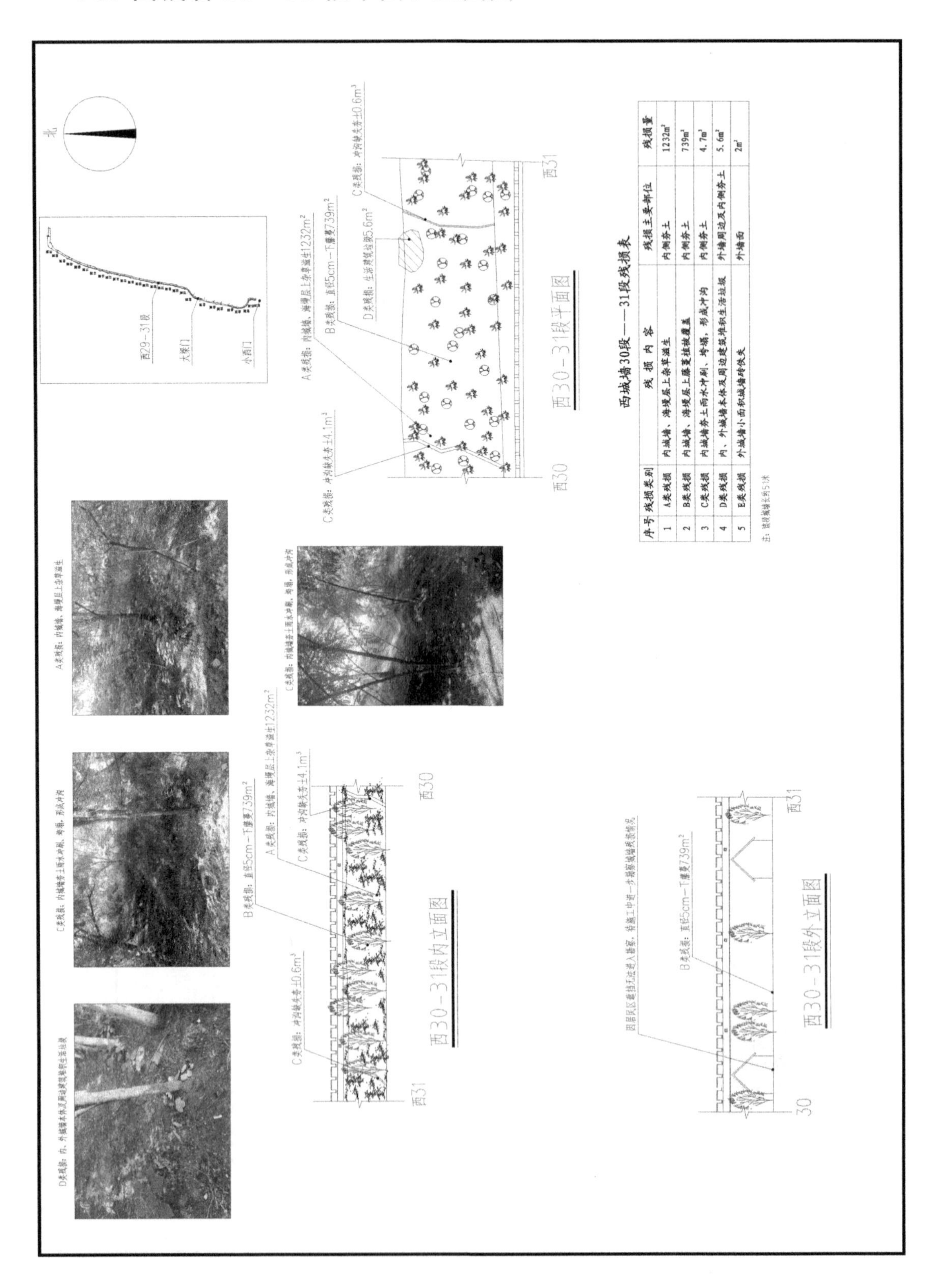

西城墙30段——31段残损表

序号	残损类别	残损内容	残损主要部位	残损量
1	A类残损	内城墙、海墁层上杂草滋生	内侧夯土	1232m²
2	B类残损	内城墙、海墁层上藤蔓植被覆盖	内侧夯土	739m²
3	C类残损	内城墙夯土雨水冲刷、垮塌，形成冲沟	内侧夯土	4.7m³
4	D类残损	内、外城墙本体及周边建筑堆积生活垃圾	外墙周边及内侧夯土	5.6m²
5	E类残损	外城墙小面积城墙砖佚失	外墙面	2m²

注：该段城墙长约51米

74. 西城墙31—32段平面、立面图

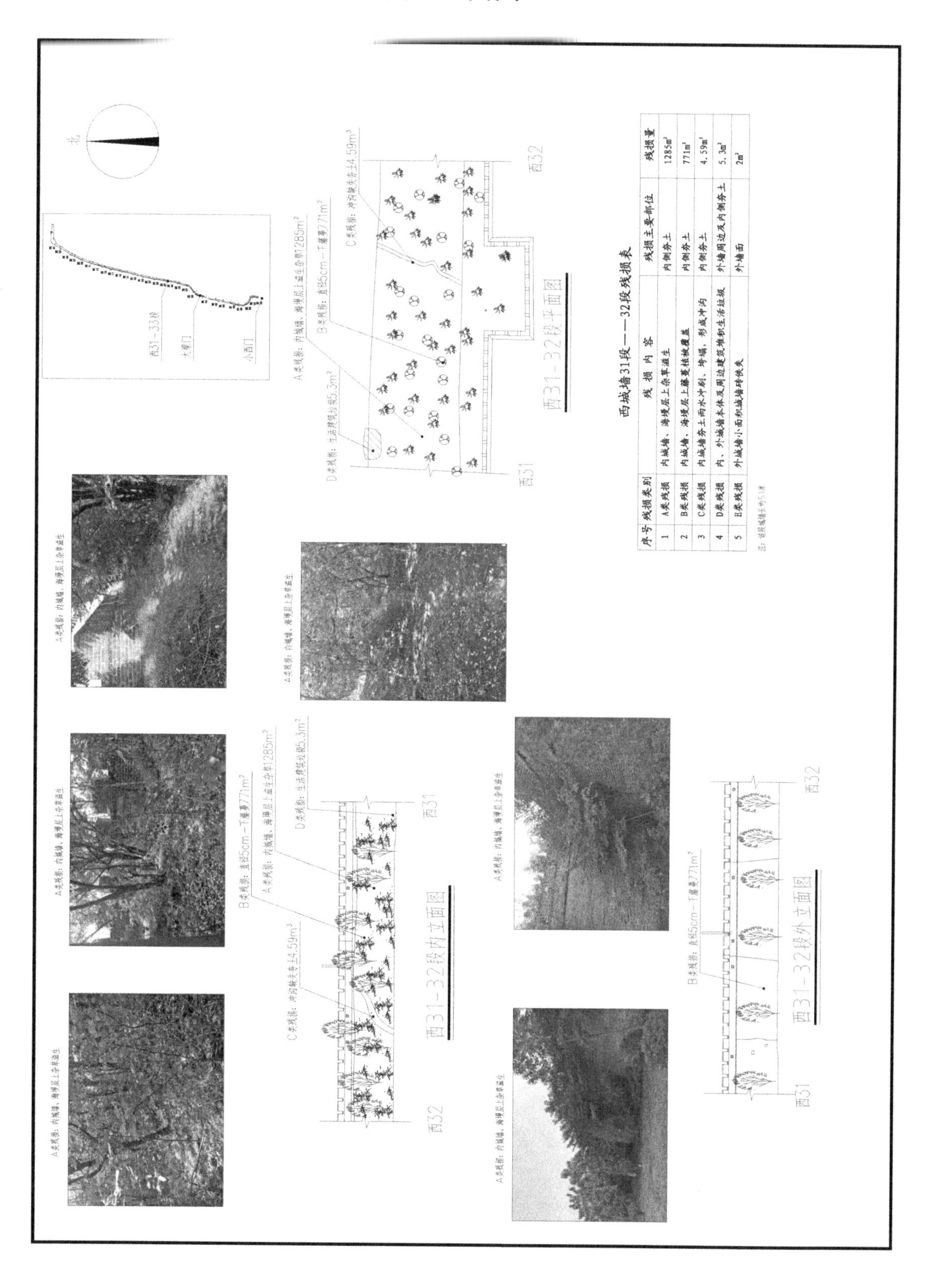

序号	残损类别	残损内容	残损主要部位	残损量
1	A类残损	内城墙、海墁层上杂草滋生	内侧夯土	1285m²
2	B类残损	内城墙、海墁层上藤蔓植被覆盖	内侧夯土	771m²
3	C类残损	内城墙夯土雨水冲刷、垮塌，形成冲沟	内侧夯土	4.59m³
4	D类残损	内、外城墙本体及周边建筑堆积生活垃圾	外墙周边及内侧夯土	5.3m²
5	B类残损	外城墙小面积城墙砖缺失	外墙面	2m²

75. 西城墙 32—33 段平面、立面图

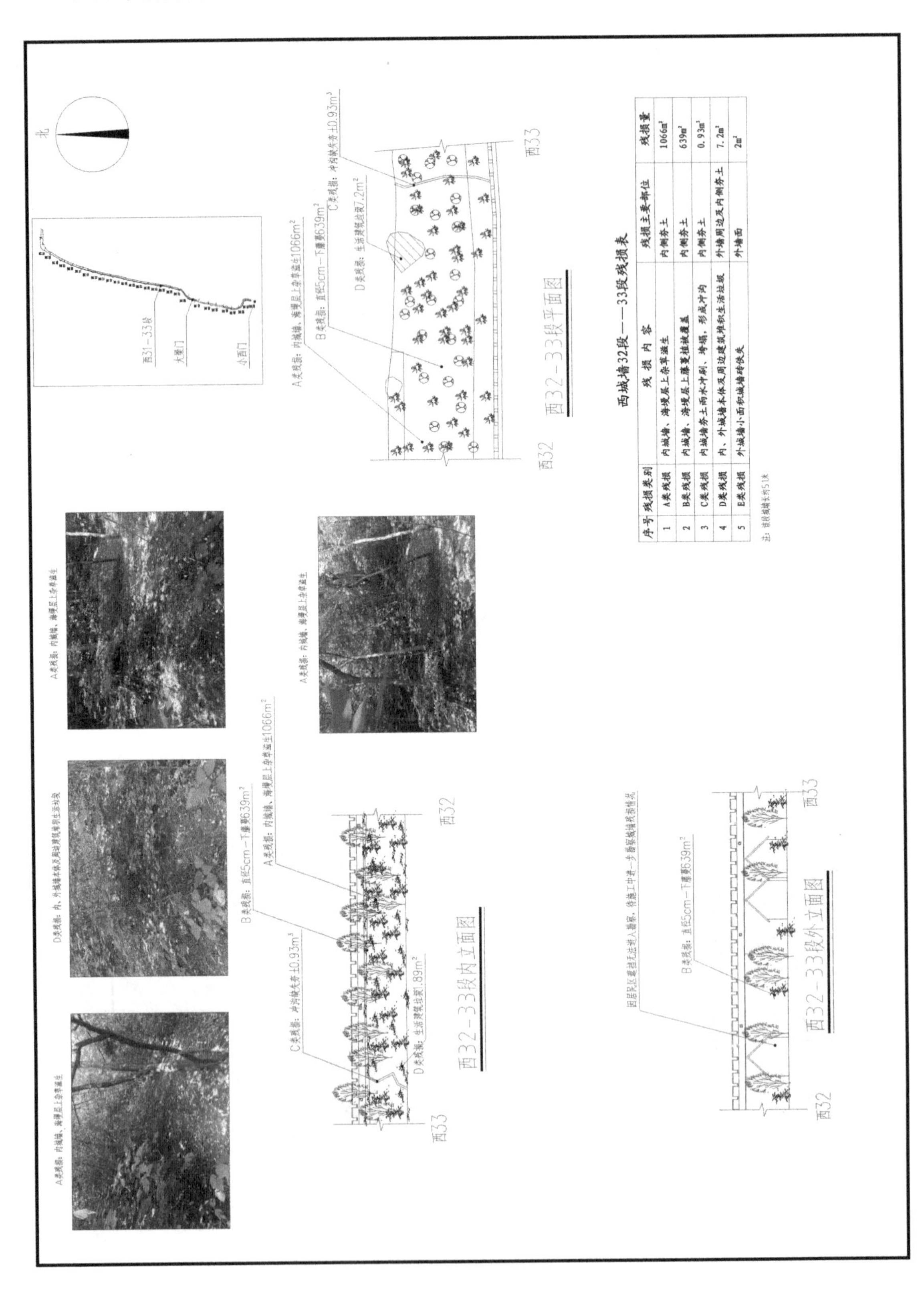

西城墙32段——33段残损表

序号	残损类别	残损内容	残损主要部位	残损量
1	A类残损	内城墙、海墁层上杂草滋生	内侧夯土	1066m²
2	B类残损	内城墙、海墁层上藤蔓植被覆盖	内侧夯土	639m²
3	C类残损	内城墙夯土雨水冲刷、垮塌，形成冲沟	内侧夯土	0.93m³
4	D类残损	内、外城墙本体及周边建筑堆积生活垃圾	外墙周边及内侧夯土	7.2m²
5	E类残损	外城墙小面积城墙砖佚失	外墙面	2m²

注：该段城墙长约51米

76. 西城墙 33—34 段平面、立面图

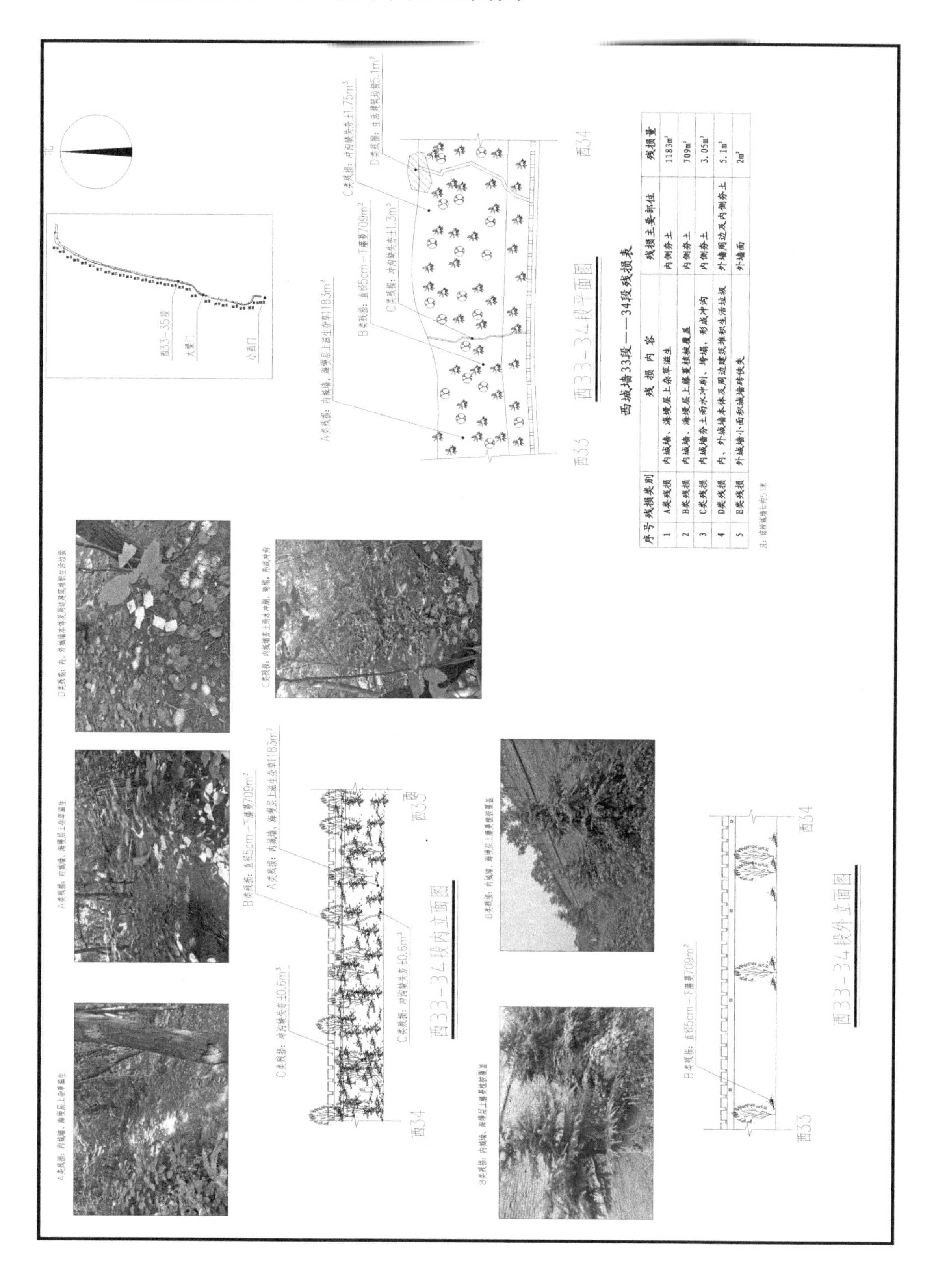

77. 西城墙 34—35 段平面、立面图

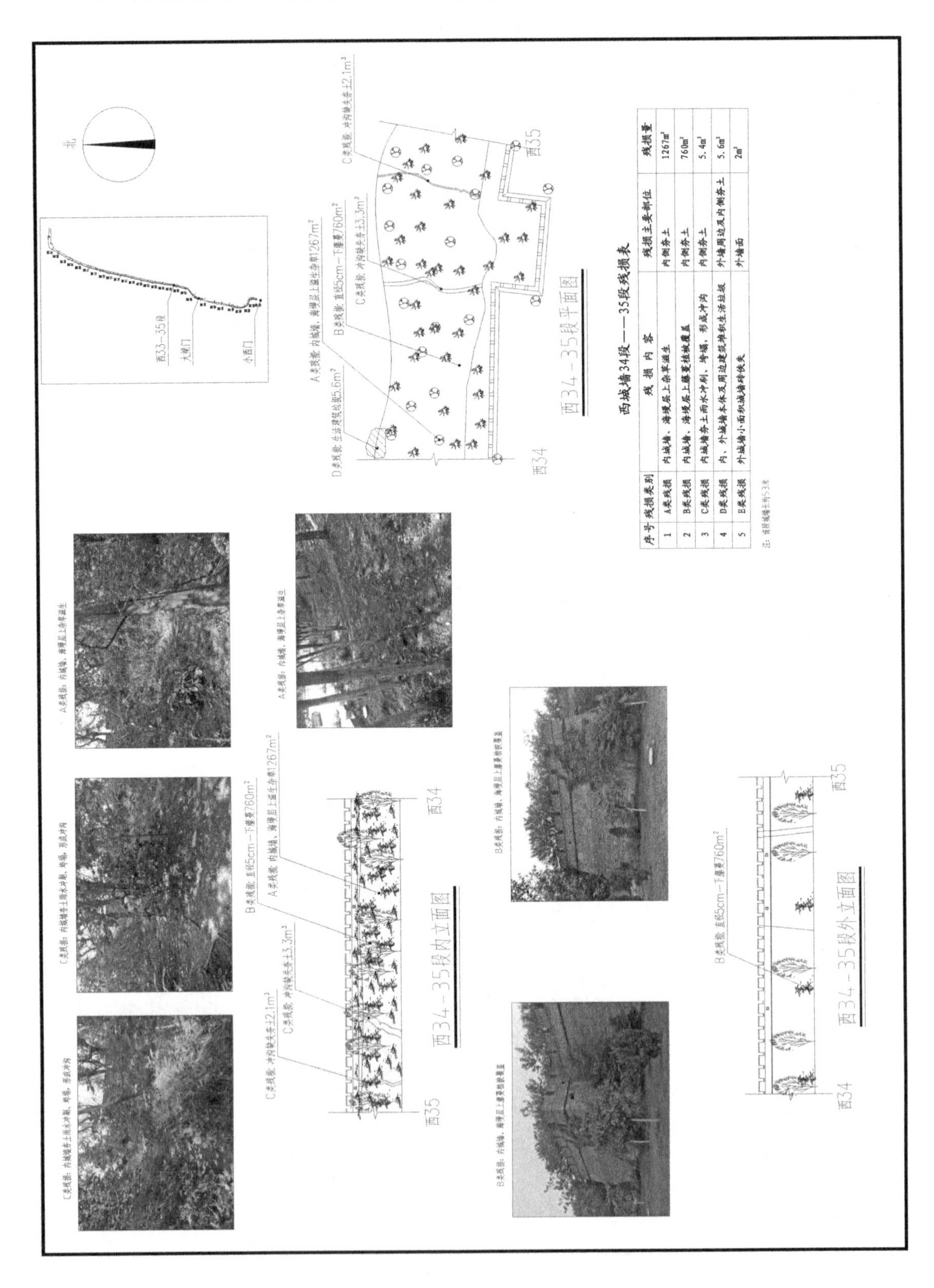

西城墙34段——35段残损表

序号	残损类别	残损内容	残损主要部位	残损量
1	A类残损	内城墙、海墁层上杂草滋生	内侧夯土	1267m²
2	B类残损	内城墙、海墁层上藤蔓植被覆盖	内侧夯土	760m²
3	C类残损	内城墙夯土雨水冲刷、垮塌，形成冲沟	内侧夯土	5.4m³
4	D类残损	内、外城墙本体及周边建筑堆积生活垃圾	外墙周边及内侧夯土	5.6m²
5	B类残损	外城墙小面积城墙砖缺失	外墙面	2m²

注：该段城墙长约53米

78. 西城墙35—36段平面、立面图

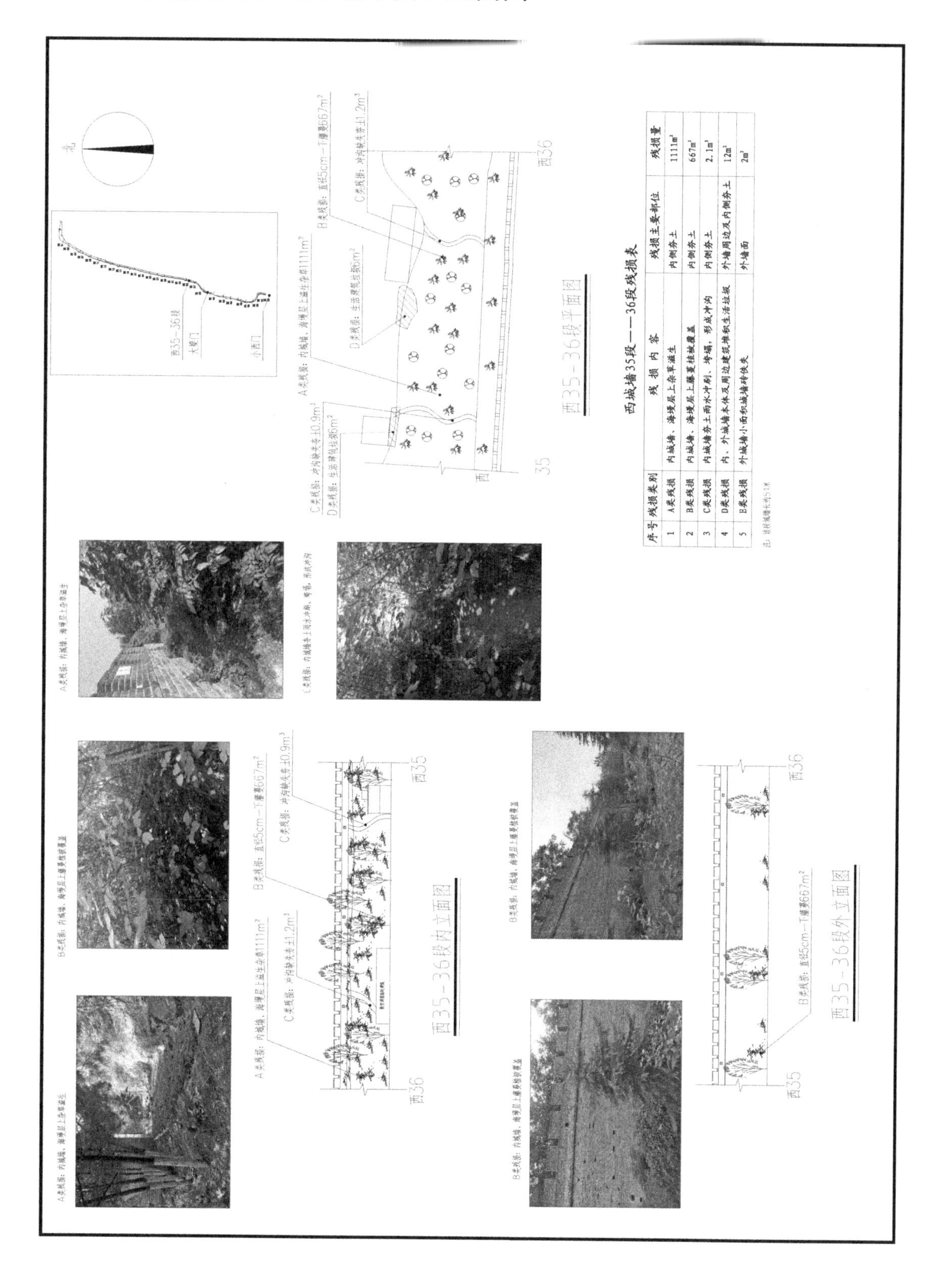

西城墙35段——36段残损表

序号	残损类别	残损内容	残损主要部位	残损量
1	A类残损	内城墙、海墁层上杂草滋生	内侧夯土	1111m²
2	B类残损	内城墙、海墁层上藤蔓植被覆盖	内侧夯土	667m²
3	C类残损	内城墙夯土雨水冲刷、垮塌，形成冲沟	内侧夯土	2.1m³
4	D类残损	内、外城墙本体及周边建筑堆积生活垃圾	外墙周边及内侧夯土	12m²
5	E类残损	外城墙小面积城墙砖佚失	外墙面	2m²

注：该段城墙长约51米

79. 西城墙 36—37 段平面、立面图

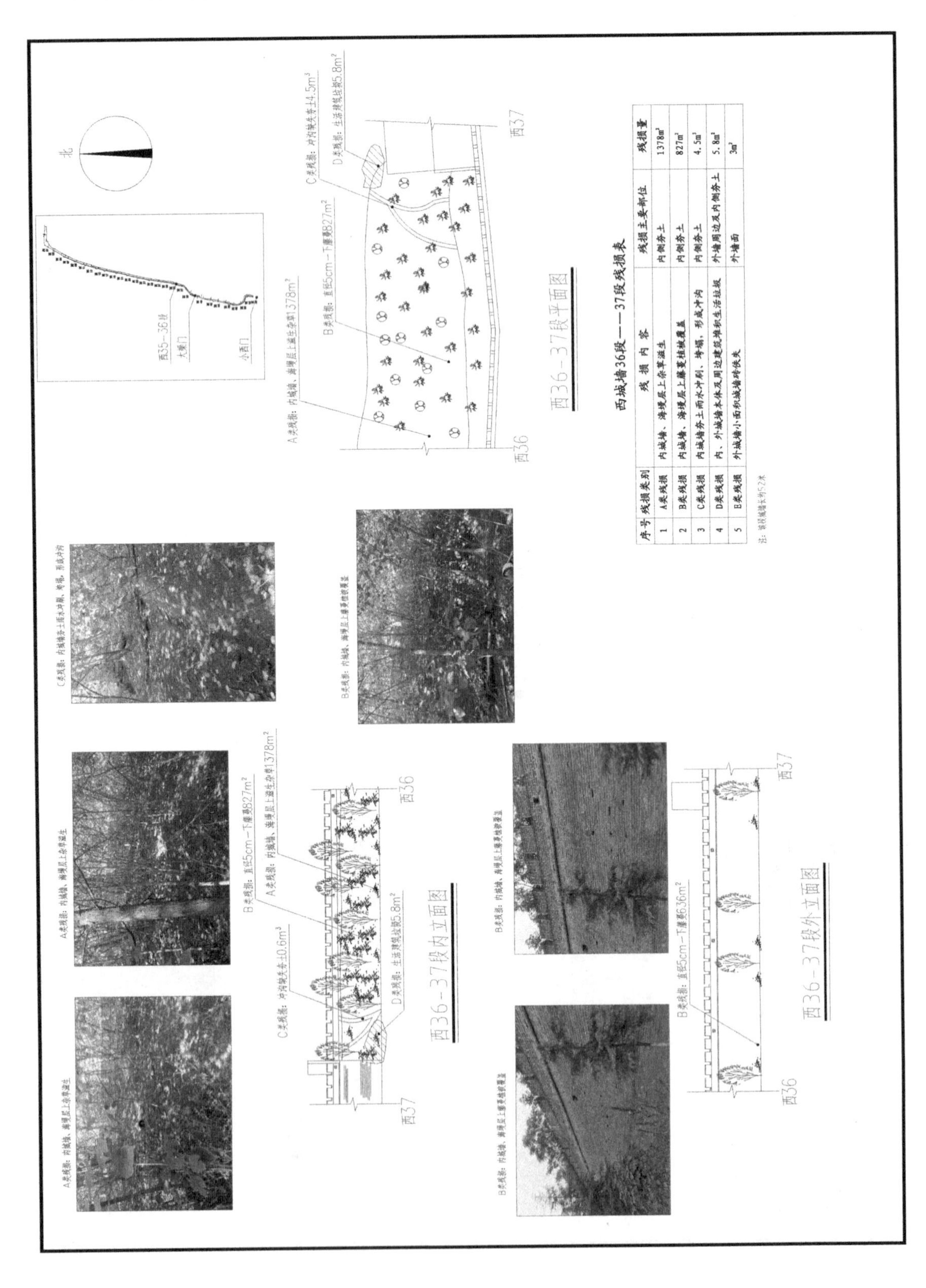

序号	残损类别	残损内容	残损主要部位	残损量
1	A类残损	内城墙、海墁层上杂草溢生	内侧夯土	$1378m^2$
2	B类残损	内城墙、海墁层上藤蔓植被覆盖	内侧夯土	$827m^2$
3	C类残损	内城墙夯土雨水冲刷、垮塌，形成冲沟	内侧夯土	$4.5m^3$
4	D类残损	内、外城墙本体及周边建筑堆积生活垃圾	外墙周边及内侧夯土	$5.8m^2$
5	E类残损	外城墙小面积城墙砖佚失	外墙面	$3m^2$

80. 西城墙 37—38 段平面、立面图

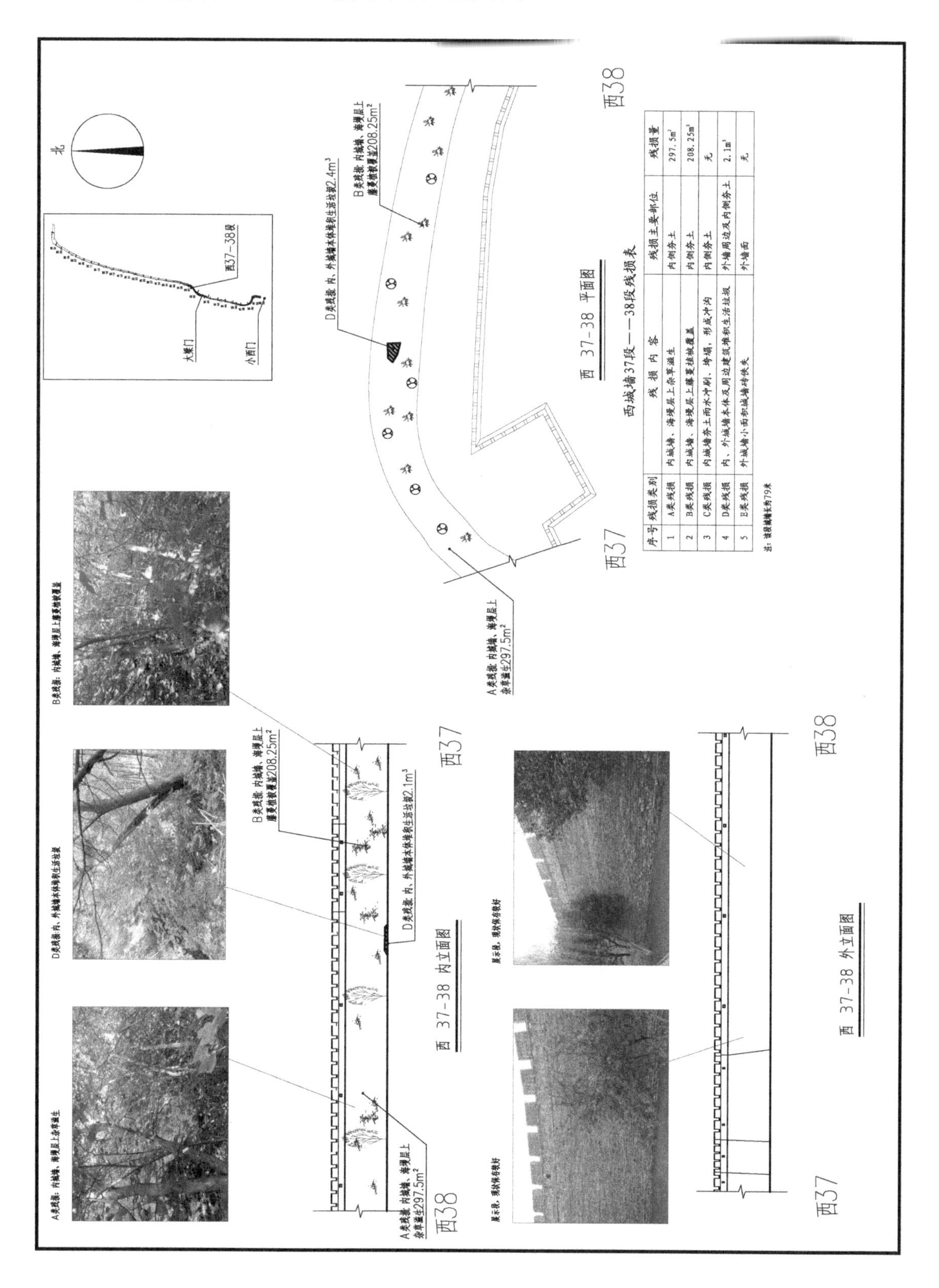

西城墙37段——38段残损表

序号	残损类别	残 损 内 容	残损主要部位	残损量
1	A类残损	内城墙、海墁层上杂草滋生	内侧夯土	297.5m²
2	B类残损	内城墙、海墁层上藤蔓植被覆盖	内侧夯土	208.25m²
3	C类残损	内城墙夯土雨水冲刷、垮塌，形成冲沟	内侧夯土	无
4	D类残损	内、外城墙本体及周边建筑堆积生活垃圾	外墙周边及内侧夯土	2.1m³
5	E类残损	外城墙小面积城墙砖佚失	外墙面	无

注：该段城墙长约79米

81. 西城墙 38—39 段平面、立面图

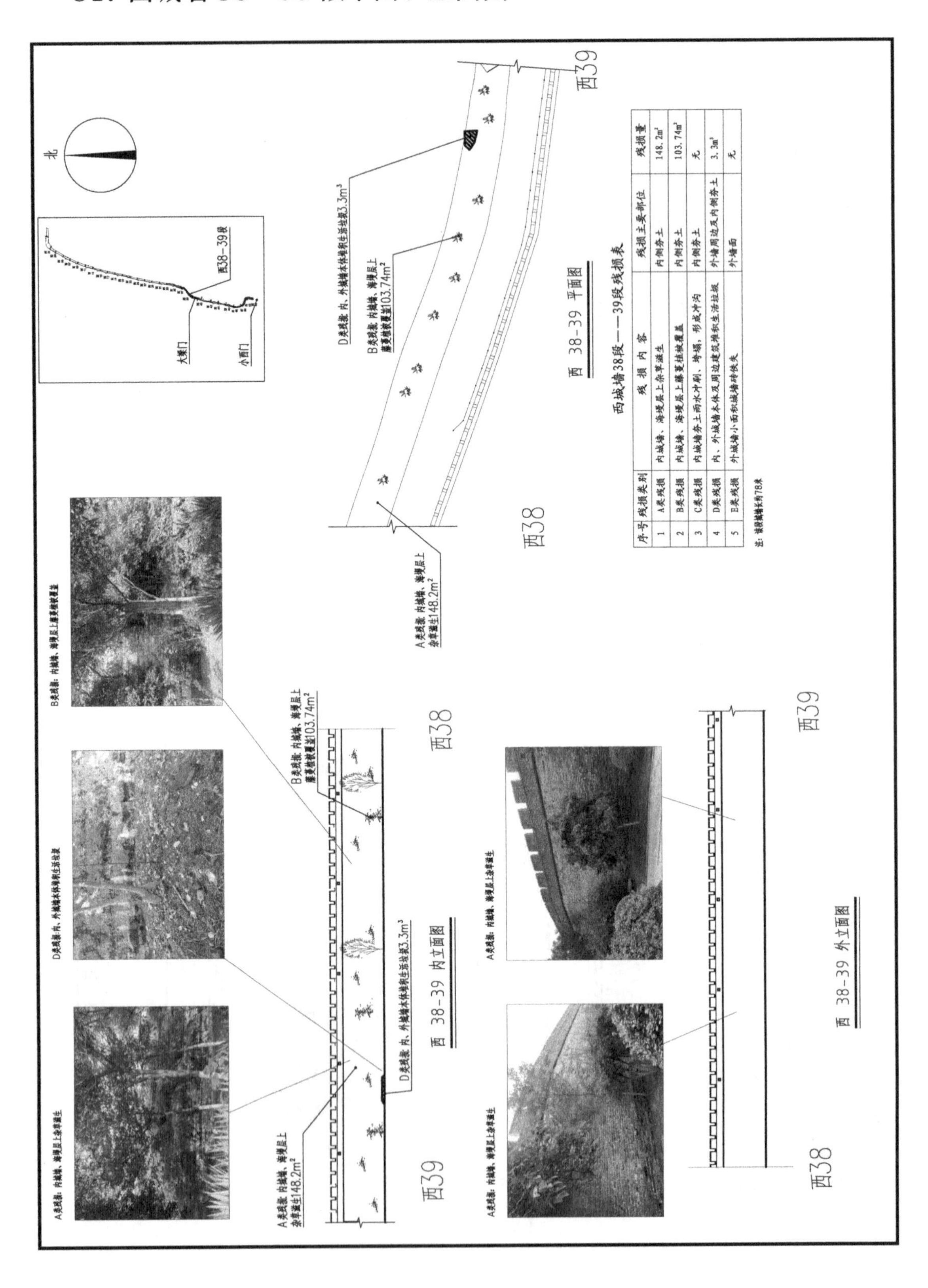

西城墙38段——39段残损表

序号	残损类别	残损内容	残损主要部位	残损量
1	A类残损	内城墙、海墁层上杂草滋生	内侧夯土	148.2m²
2	B类残损	内城墙、海墁层上藤蔓植被覆盖	内侧夯土	103.74m²
3	C类残损	内城墙夯土雨水冲刷、垮塌，形成冲沟	内侧夯土	无
4	D类残损	内、外城墙本体及周边建筑堆积生活垃圾	外墙周边及内侧夯土	3.3m³
5	E类残损	外城墙小面积城墙砖佚失	外墙面	无

注：该段城墙长约78米

82. 西城墙 39—40 段平面、立面图

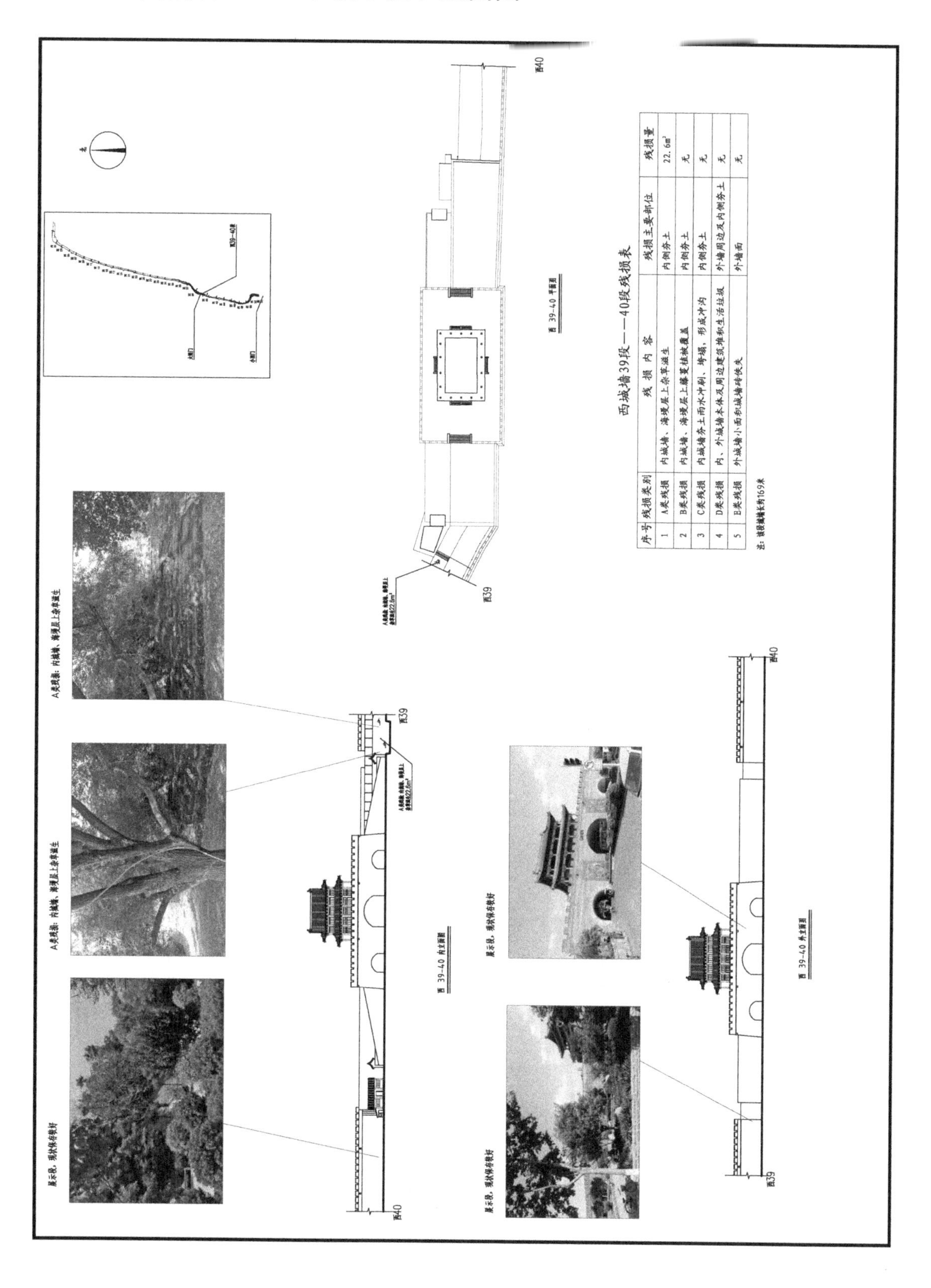

序号	残损类别	残损内容	残损主要部位	残损量
1	A类残损	内城墙、海墁层上杂草滋生	内侧夯土	22.6m²
2	B类残损	内城墙、海墁层上藤蔓植被覆盖	内侧夯土	无
3	C类残损	内城墙夯土雨水冲刷、坍塌，形成冲沟	内侧夯土	无
4	D类残损	内、外城墙本体及周边建筑堆积生活垃圾	外墙周边及内侧夯土	无
5	E类残损	外城墙小面积城墙砖佚失	外墙面	无

注：该段城墙长约169米

83. 西城墙 40—41 段平面、立面图

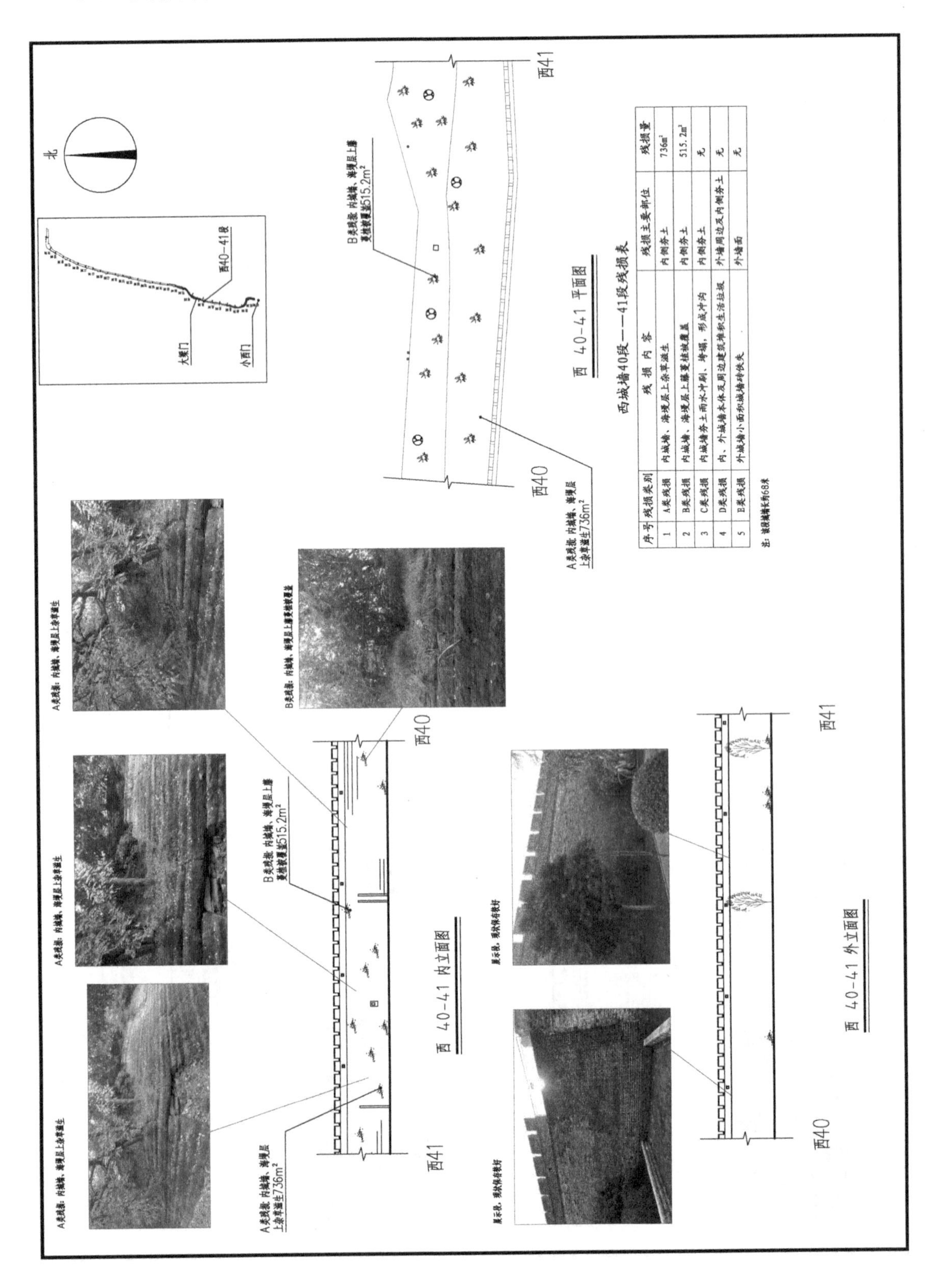

西城墙40段——41段残损表

序号	残损类别	残损内容	残损主要部位	残损量
1	A类残损	内城墙、海墁层上杂草滋生	内侧夯土	736m²
2	B类残损	内城墙、海墁层上藤蔓植被覆盖	内侧夯土	515.2m²
3	C类残损	内城墙夯土雨水冲刷、垮塌，形成冲沟	内侧夯土	无
4	D类残损	内、外城墙本体及周边建筑堆积生活垃圾	外墙周边及内侧夯土	无
5	E类残损	外城墙小面积城墙砖缺失	外墙面	无

注：该段城墙长约68米

84. 西城墙41—42段平面、立面图

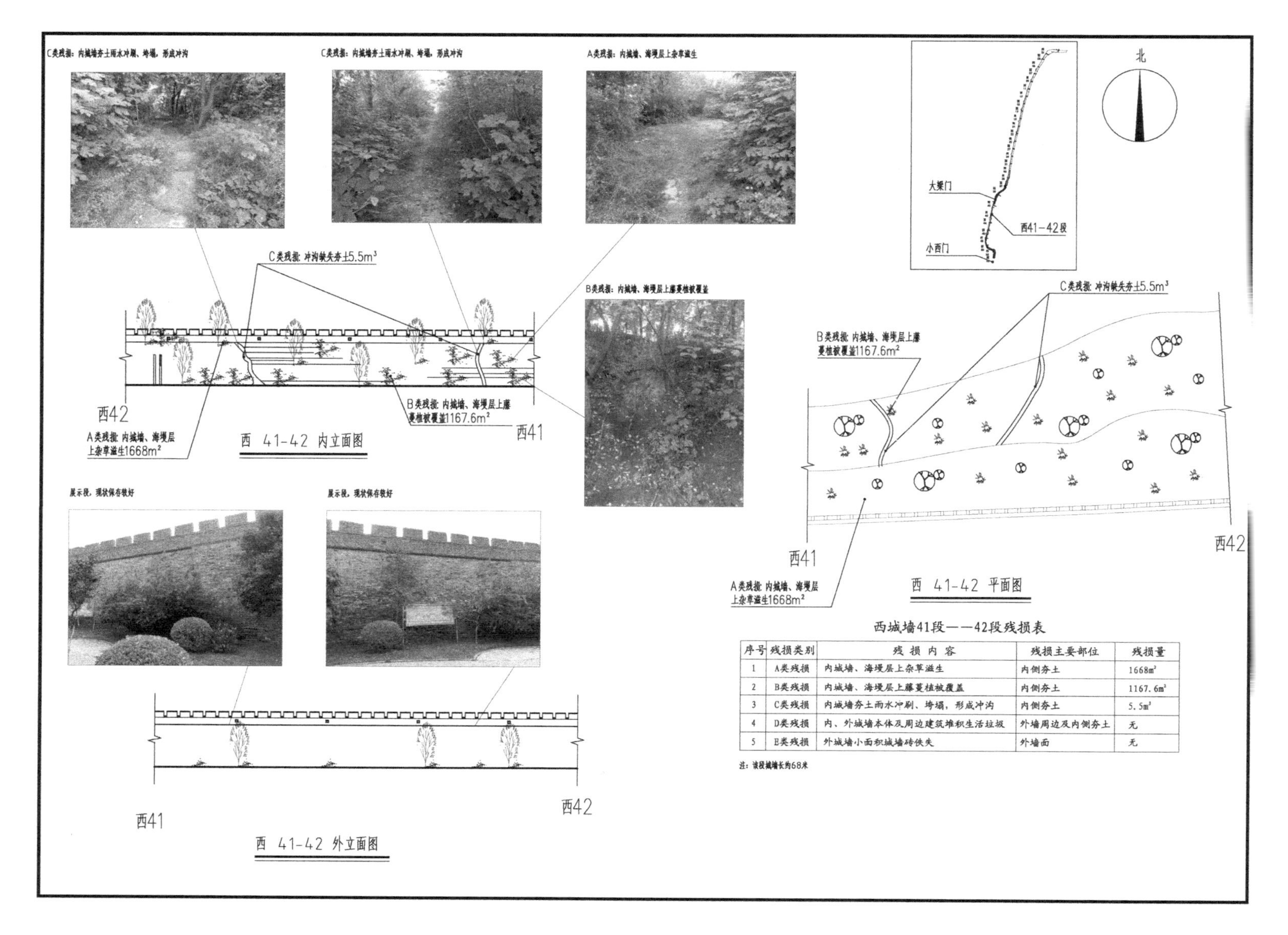

西城墙41段——42段残损表

序号	残损类别	残损内容	残损主要部位	残损量
1	A类残损	内城墙、海墁层上杂草溢生	内侧夯土	1668m²
2	B类残损	内城墙、海墁层上藤蔓植被覆盖	内侧夯土	1167.6m²
3	C类残损	内城墙夯土雨水冲刷、垮塌，形成冲沟	内侧夯土	5.5m³
4	D类残损	内、外城墙本体及周边建筑堆积生活垃圾	外墙周边及内侧夯土	无
5	E类残损	外城墙小面积城墙砖佚失	外墙面	无

注：该段城墙长约68米

85. 西城墙 42—43 段平面、立面图

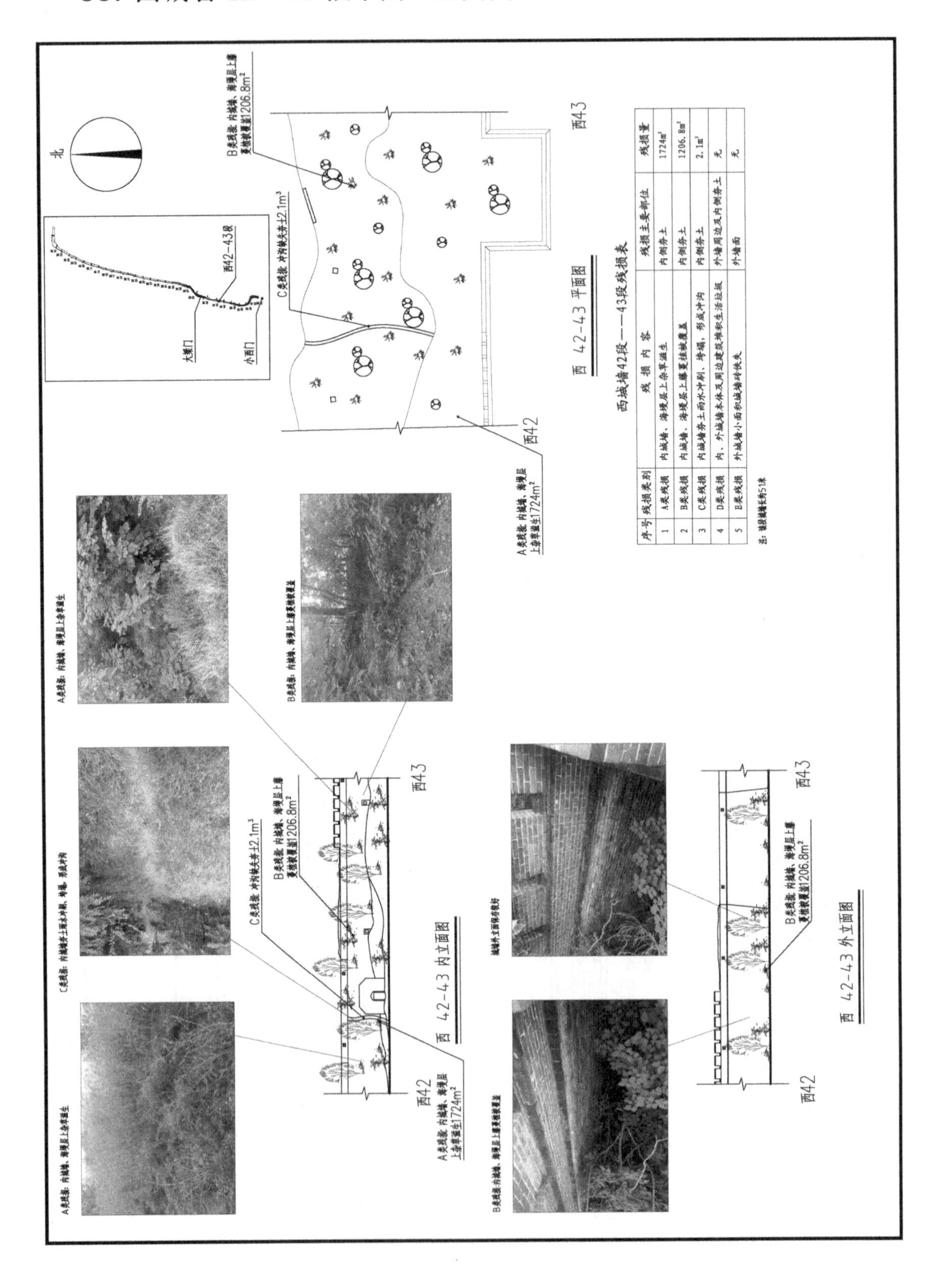

西城墙42段——43段残损表

序号	残损类别	残损内容	残损主要部位	残损量
1	A类残损	内城墙、海墁层上杂草滋生	内侧夯土	1724m²
2	B类残损	内城墙、海墁层上藤蔓植被覆盖	内侧夯土	1206.8m²
3	C类残损	内城墙夯土雨水冲刷、垮塌，形成冲沟	内侧夯土	2.1m³
4	D类残损	内、外城墙本体及周边建筑堆积生活垃圾	外墙周边及内侧夯土	无
5	E类残损	外城墙小面积城墙砖缺失	外墙面	无

注：该段城墙长约51米

86. 西城墙 43—44 段平面、立面图

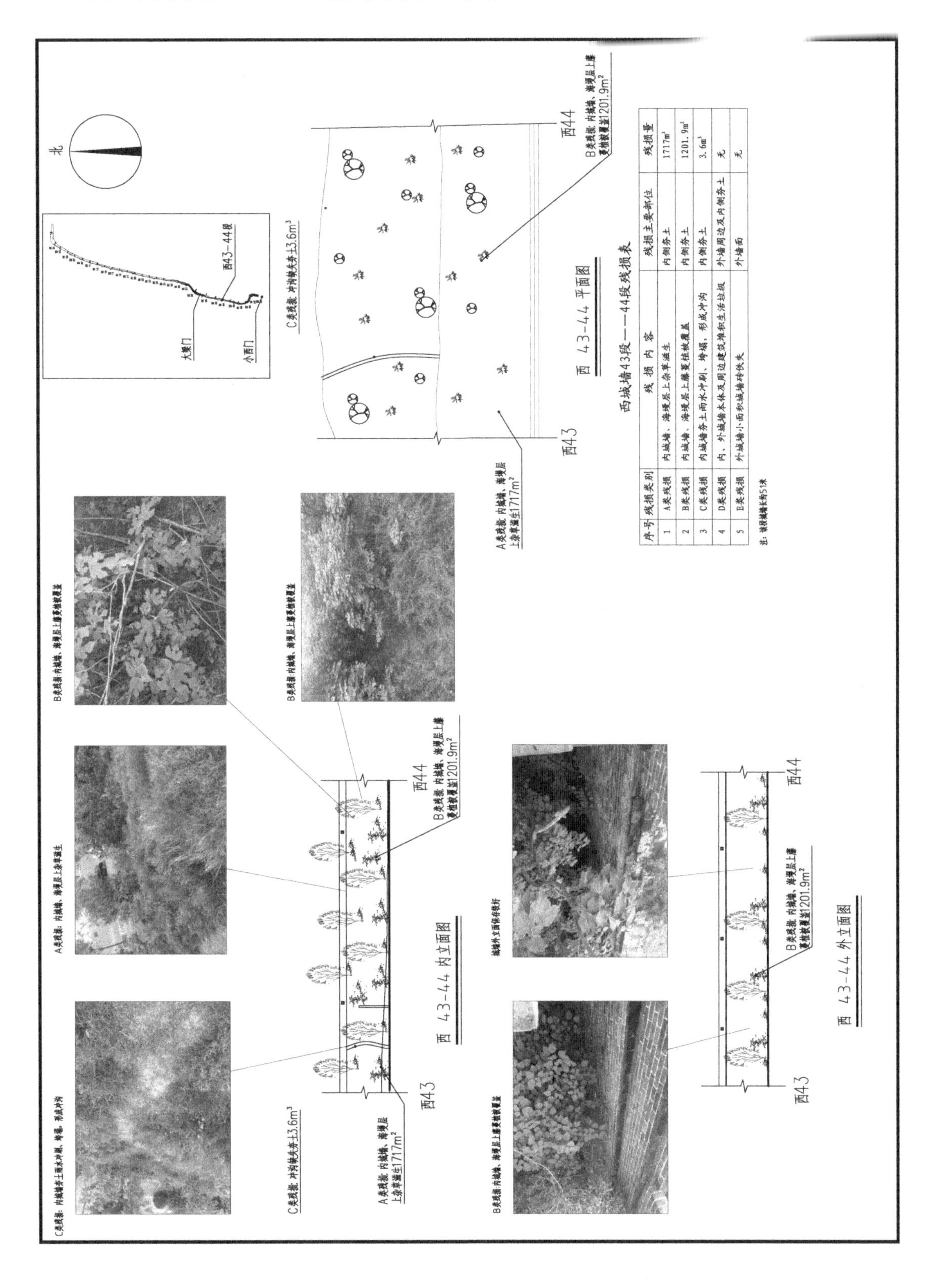

西城墙43段——44段残损表

序号	残损类别	残损内容	残损主要部位	残损量
1	A类残损	内城墙、海墁层上杂草滋生	内侧夯土	1717m²
2	B类残损	内城墙、海墁层上藤蔓植被覆盖	内侧夯土	1201.9m²
3	C类残损	内城墙夯土雨水冲刷、垮塌，形成冲沟	内侧夯土	3.6m³
4	D类残损	内、外城墙本体及周边建筑堆积生活垃圾	外墙周边及内侧夯土	无
5	E类残损	外城墙小面积城墙砖佚失	外墙面	无

注：该段城墙长约51米

87. 西城墙 44—45 段平面、立面图

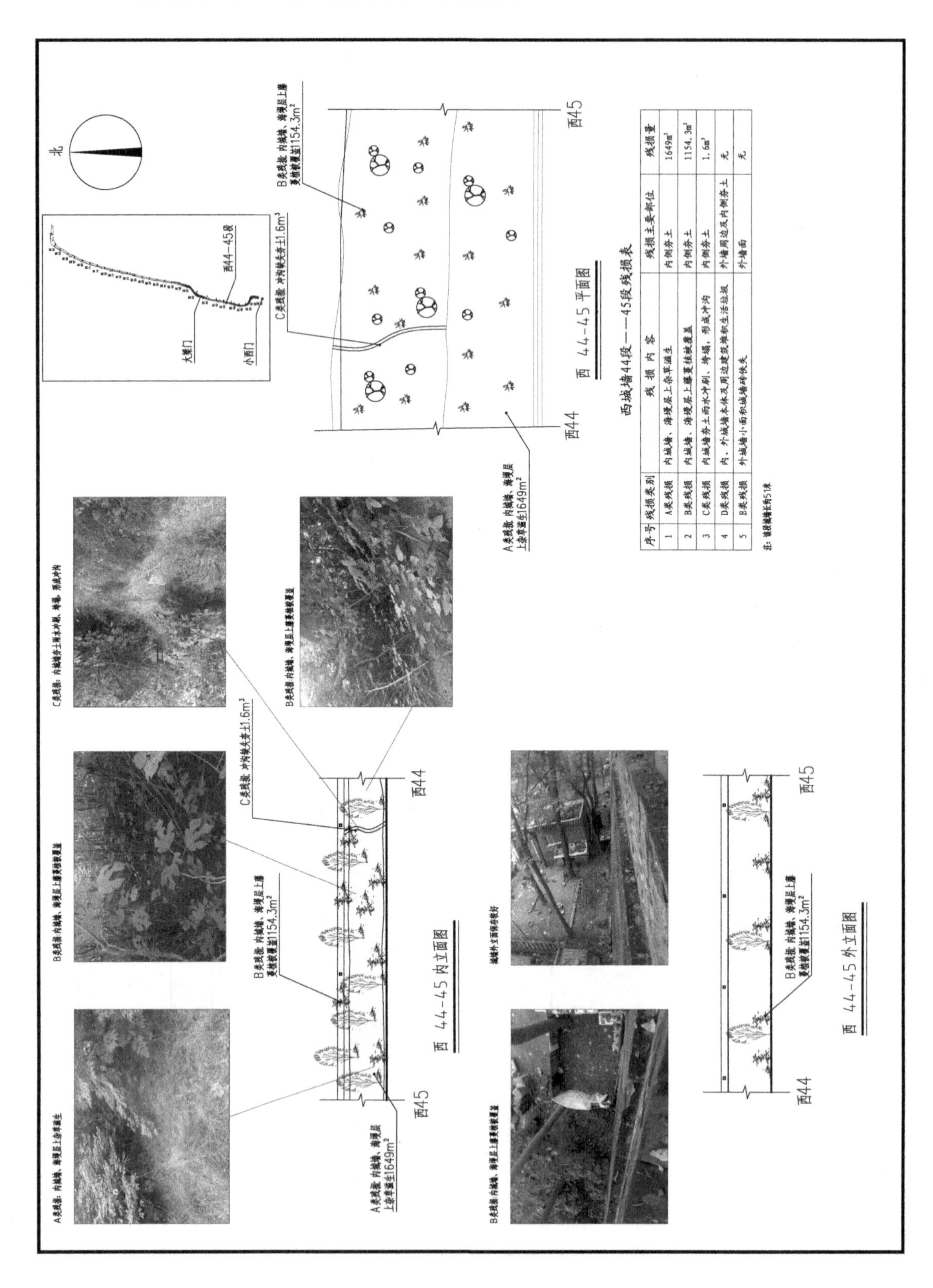

西城墙44段——45段残损表

序号	残损类别	残损内容	残损主要部位	残损量
1	A类残损	内城墙、海墁层上杂草滋生	内侧夯土	1649m²
2	B类残损	内城墙、海墁层上藤蔓植被覆盖	内侧夯土	1154.3m²
3	C类残损	内城墙夯土雨水冲刷、垮塌，形成冲沟	内侧夯土	1.6m³
4	D类残损	内、外城墙本体及周边建筑堆积生活垃圾	外墙周边及内侧夯土	无
5	B类残损	外城墙小面积城墙砖佚失	外墙面	无

注：该段城墙长约51米

88. 西城墙 45—46 段平面、立面图

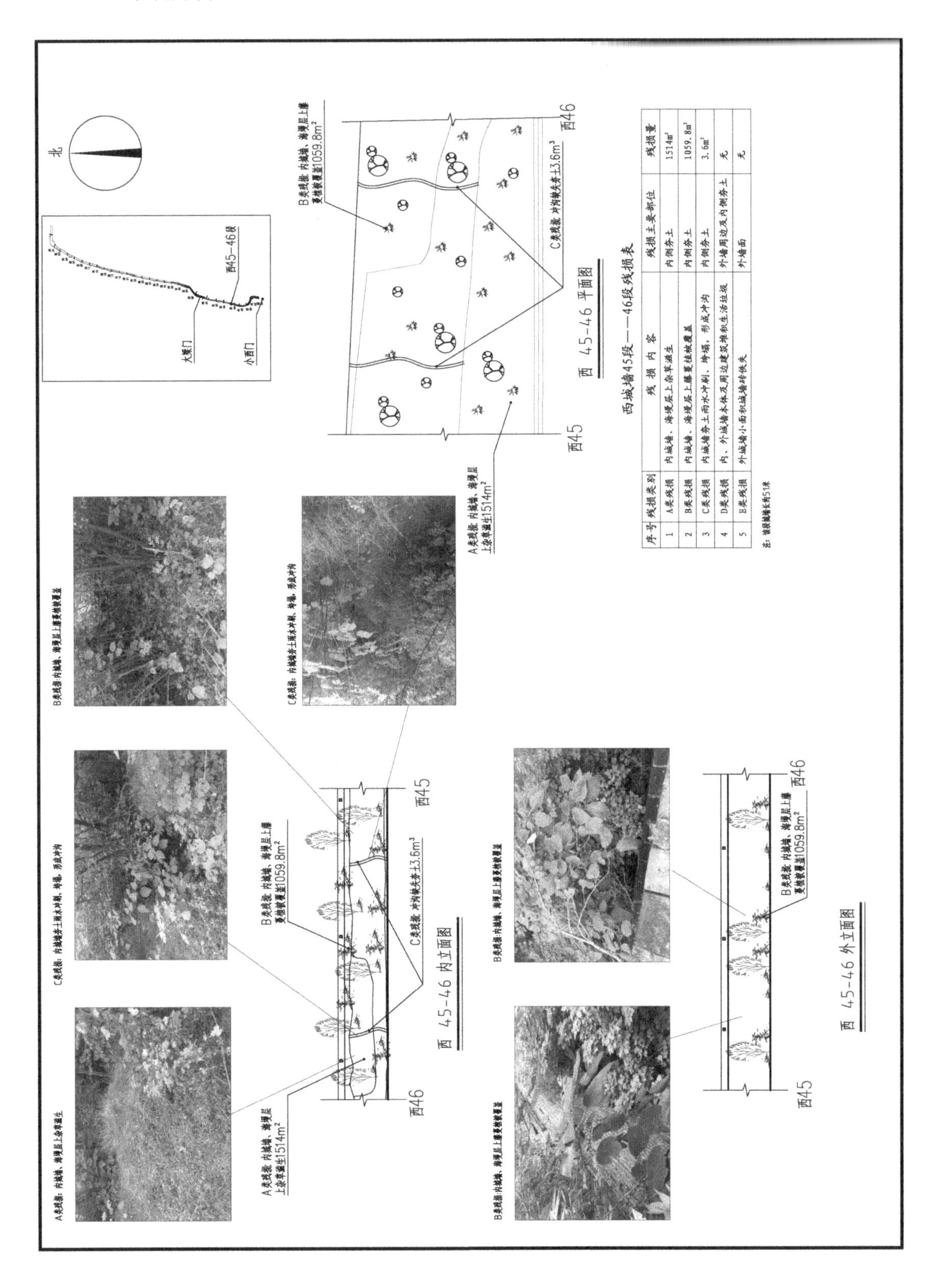

89. 西城墙 46—47 段平面、立面图

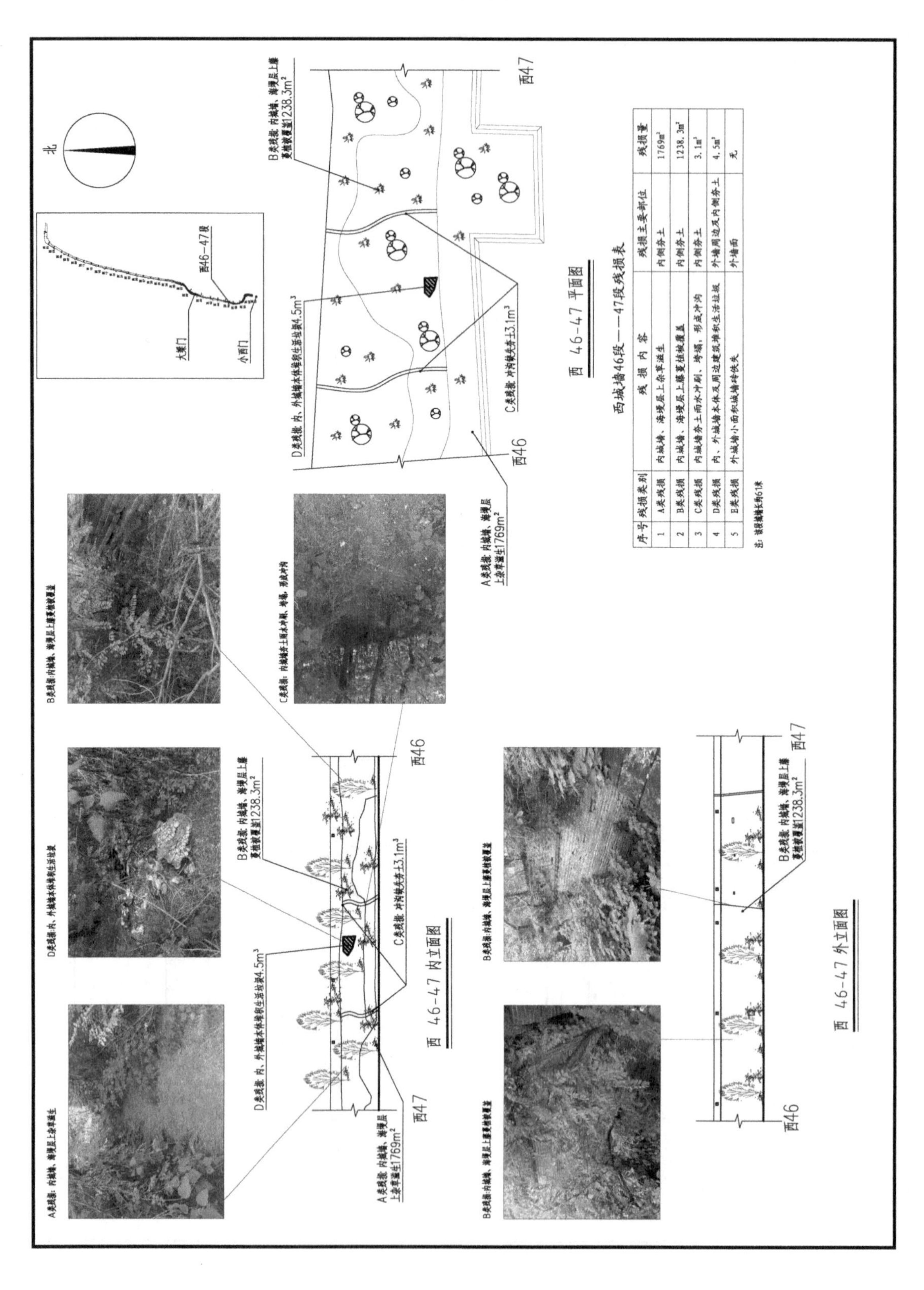

西城墙46段——47段残损表

序号	残损类别	残损内容	残损主要部位	残损量
1	A类残损	内城墙、海墁层上杂草溢生	内侧夯土	1769m²
2	B类残损	内城墙、海墁层上藤蔓植被覆盖	内侧夯土	1238.3m²
3	C类残损	内城墙夯土雨水冲刷、垮塌，形成冲沟	内侧夯土	3.1m³
4	D类残损	内、外城墙本体及周边建筑堆积生活垃圾	外墙周边及内侧夯土	4.5m³
5	E类残损	外城墙小面积城墙砖佚失	外墙面	无

注：该段城墙长约61米

90. 西城墙 47—48 段平面、立面图

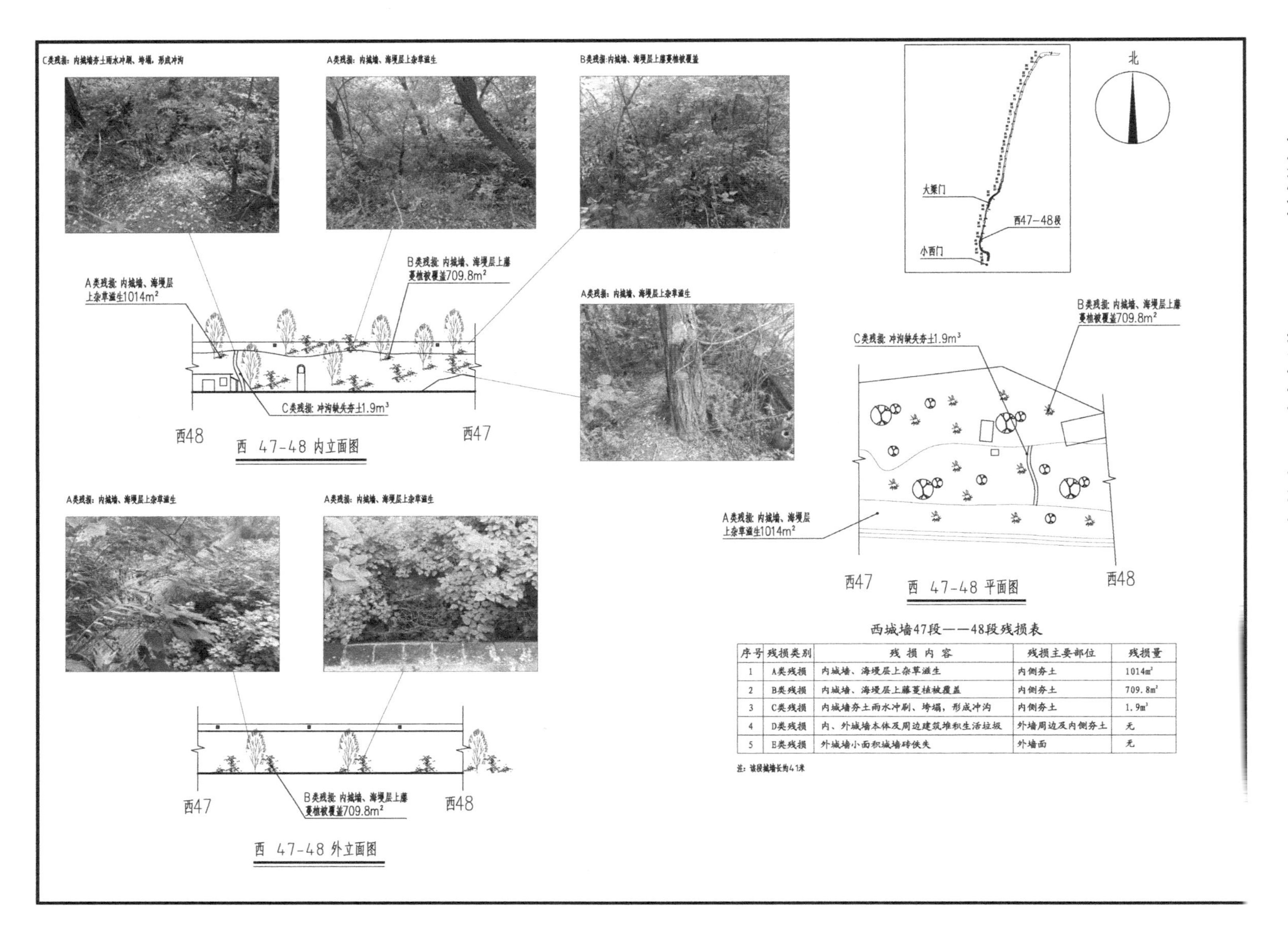

西城墙47段——48段残损表

序号	残损类别	残损内容	残损主要部位	残损量
1	A类残损	内城墙、海墁层上杂草滋生	内侧夯土	1014m²
2	B类残损	内城墙、海墁层上藤蔓植被覆盖	内侧夯土	709.8m²
3	C类残损	内城墙夯土雨水冲刷、垮塌，形成冲沟	内侧夯土	1.9m³
4	D类残损	内、外城墙本体及周边建筑堆积生活垃圾	外墙周边及内侧夯土	无
5	E类残损	外城墙小面积城墙砖佚失	外墙面	无

注：该段城墙长约41米

91. 西城墙 48—49 段平面、立面图

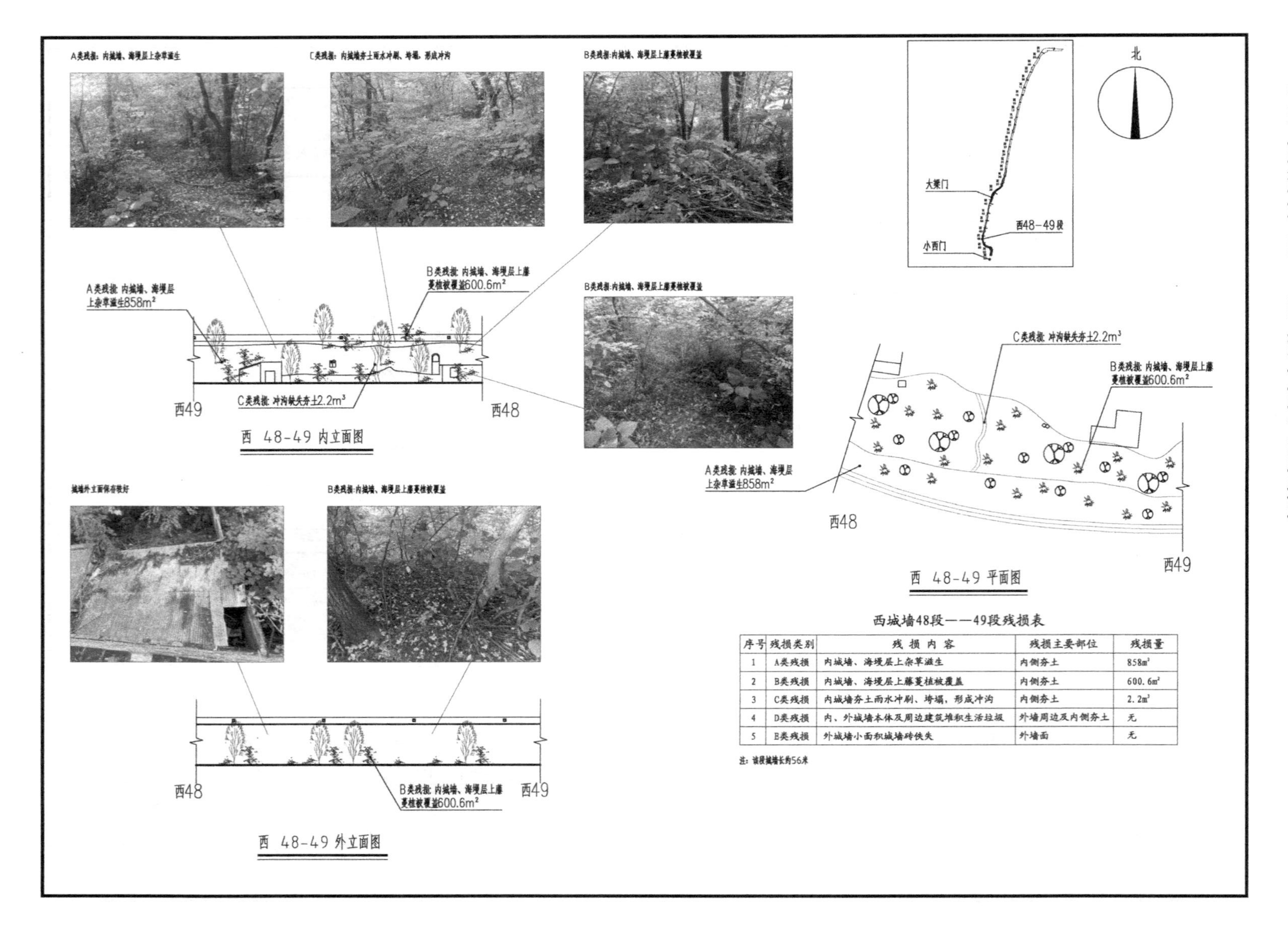

西城墙48段——49段残损表

序号	残损类别	残损内容	残损主要部位	残损量
1	A类残损	内城墙、海墁层上杂草滋生	内侧夯土	858m²
2	B类残损	内城墙、海墁层上藤蔓植被覆盖	内侧夯土	600.6m²
3	C类残损	内城墙夯土雨水冲刷、垮塌，形成冲沟	内侧夯土	2.2m³
4	D类残损	内、外城墙本体及周边建筑堆积生活垃圾	外墙周边及内侧夯土	无
5	B类残损	外城墙小面积城墙砖铁失	外墙面	无

注：该段城墙长约56米

92. 西城墙 49—50 段平面、立面图

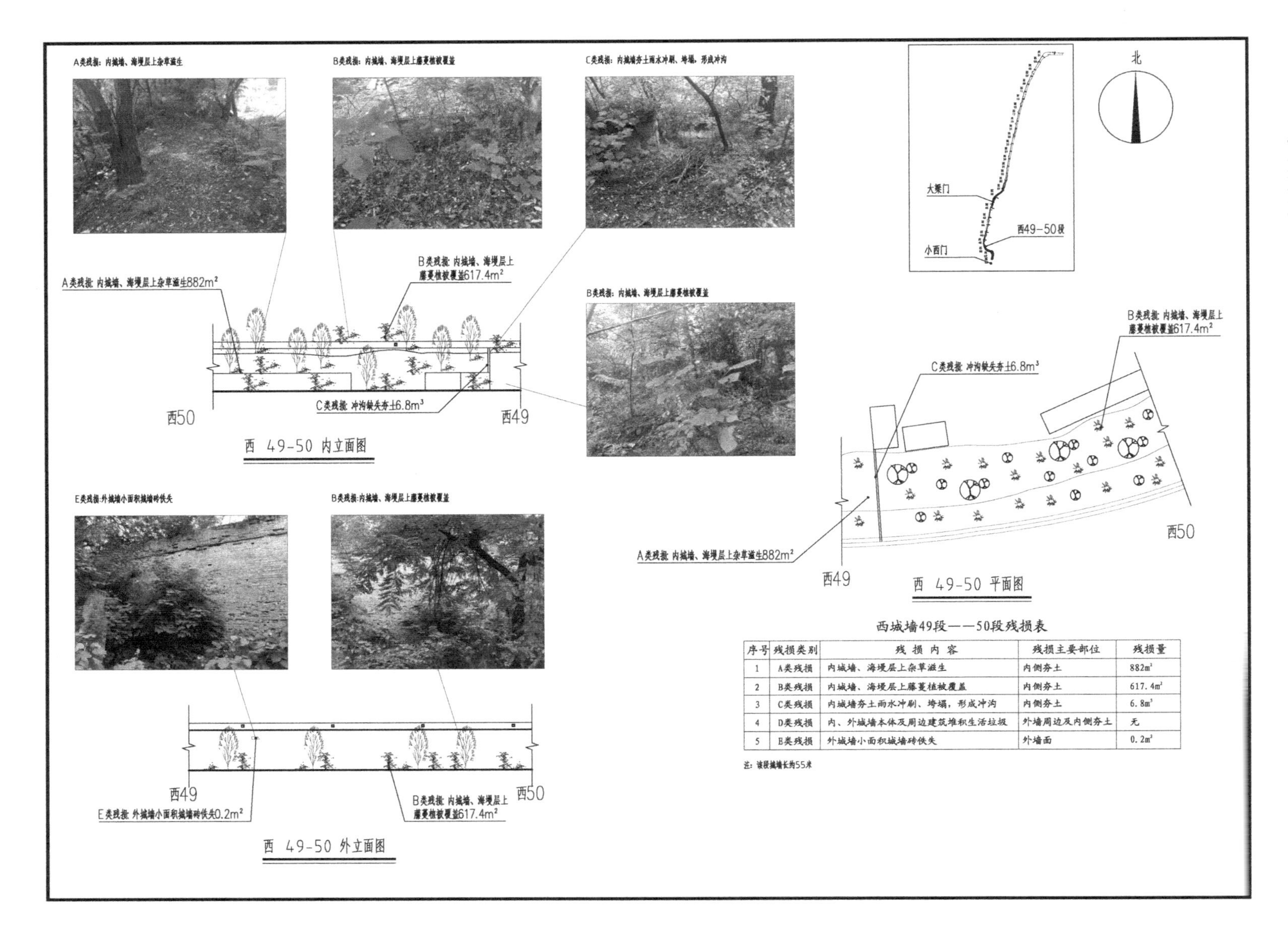

西城墙49段——50段残损表

序号	残损类别	残损内容	残损主要部位	残损量
1	A类残损	内城墙、海墁层上杂草滋生	内侧夯土	882m²
2	B类残损	内城墙、海墁层上藤蔓植被覆盖	内侧夯土	617.4m²
3	C类残损	内城墙夯土雨水冲刷、垮塌，形成冲沟	内侧夯土	6.8m³
4	D类残损	内、外城墙本体及周边建筑堆积生活垃圾	外墙周边及内侧夯土	无
5	B类残损	外城墙小面积城墙砖佚失	外墙面	0.2m²

注：该段城墙长约55米

93. 西城墙 50—51 段平面、立面图

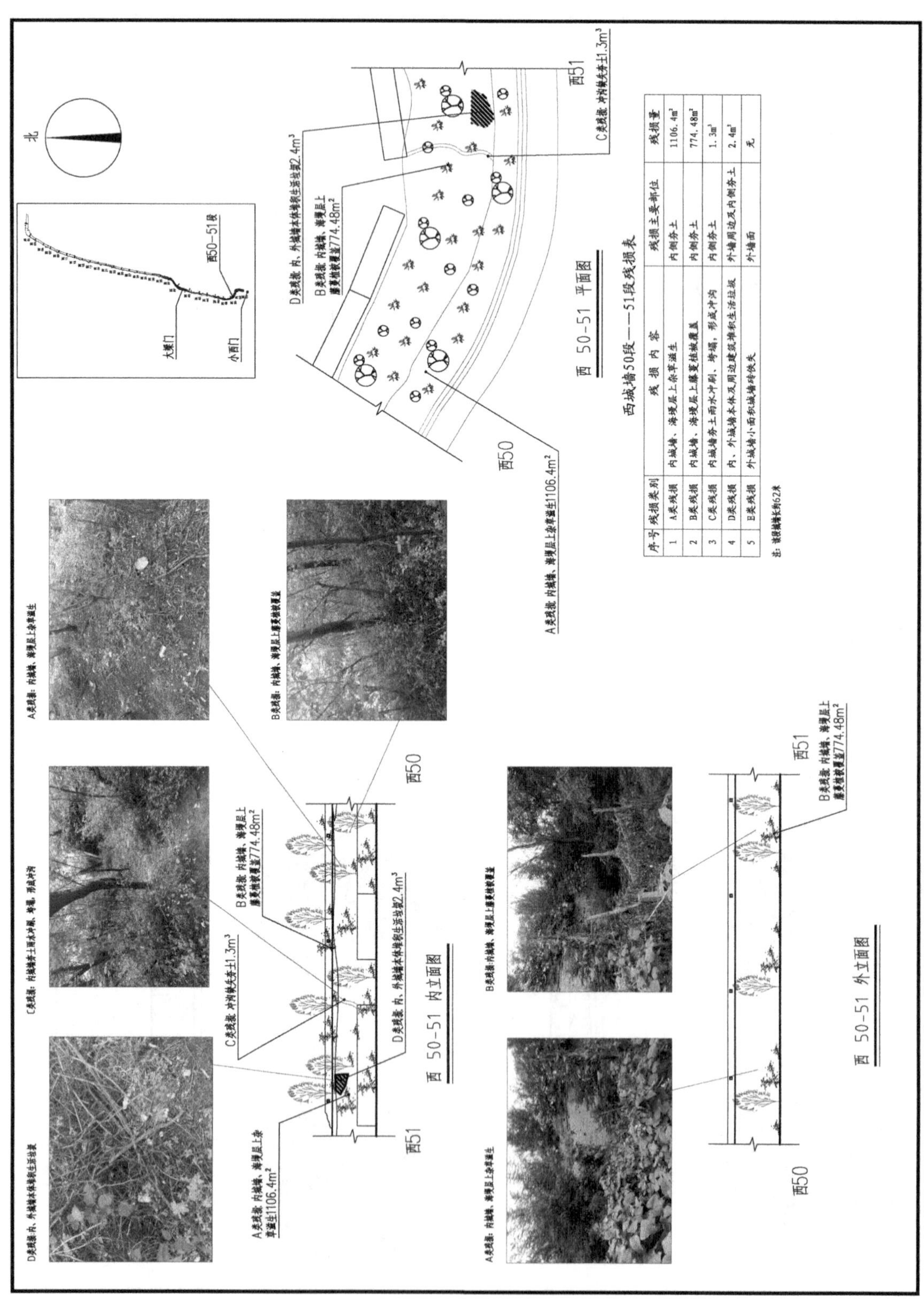

94. 西城墙 51—52 段平面、立面图

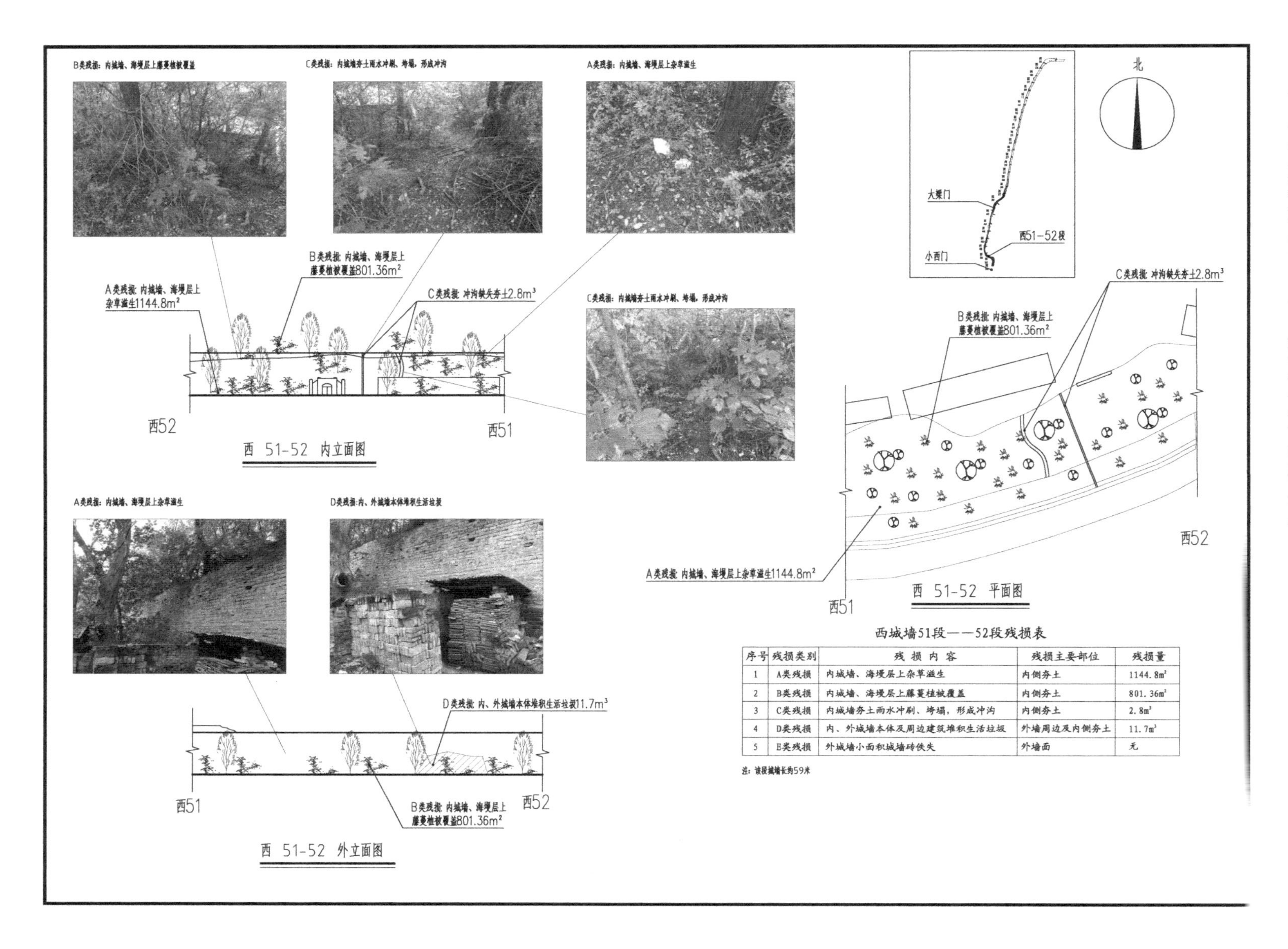

西城墙51段——52段残损表

序号	残损类别	残损内容	残损主要部位	残损量
1	A类残损	内城墙、海墁层上杂草滋生	内侧夯土	1144.8m²
2	B类残损	内城墙、海墁层上藤蔓植被覆盖	内侧夯土	801.36m²
3	C类残损	内城墙夯土雨水冲刷，垮塌，形成冲沟	内侧夯土	2.8m³
4	D类残损	内、外城墙本体及周边建筑堆积生活垃圾	外墙周边及内侧夯土	11.7m³
5	E类残损	外城墙小面积城墙砖佚失	外墙面	无

注：该段城墙长约59米

95. 西城墙 52—53 段平面、立面图

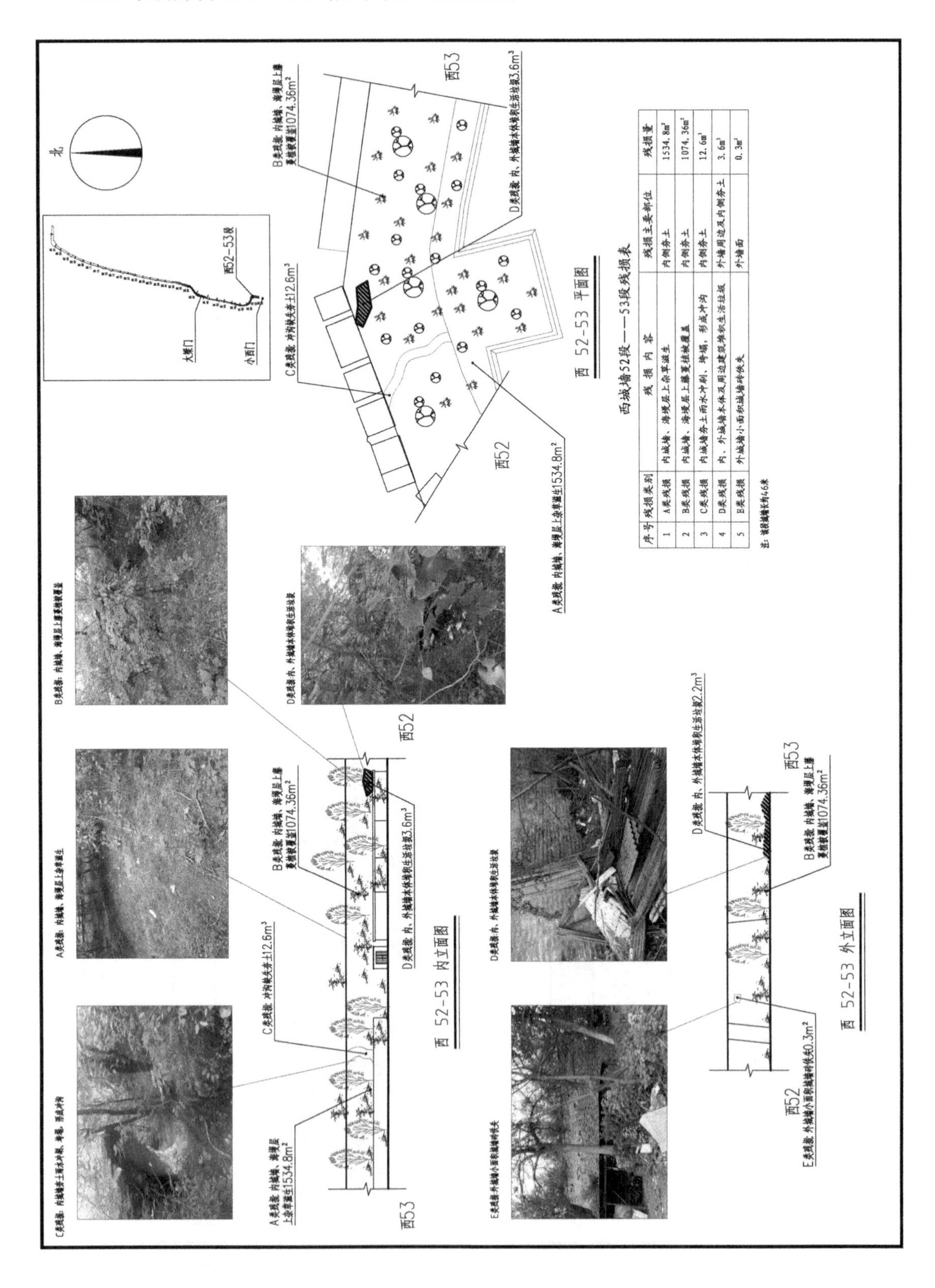

西城墙52段——53段残损表

序号	残损类别	残 损 内 容	残损主要部位	残损量
1	A类残损	内城墙、海墁层上杂草滋生	内侧夯土	1534.8m²
2	B类残损	内城墙、海墁层上藤蔓植被覆盖	内侧夯土	1074.36m²
3	C类残损	内城墙夯土雨水冲刷、坍塌，形成冲沟	内侧夯土	12.6m³
4	D类残损	内、外城墙本体及周边建筑堆积生活垃圾	外墙周边及内侧夯土	3.6m³
5	E类残损	外城墙小面积城墙砖缺失	外墙面	0.3m²

注：该段城墙长约46米

96. 西城墙 53 段平面、立面图

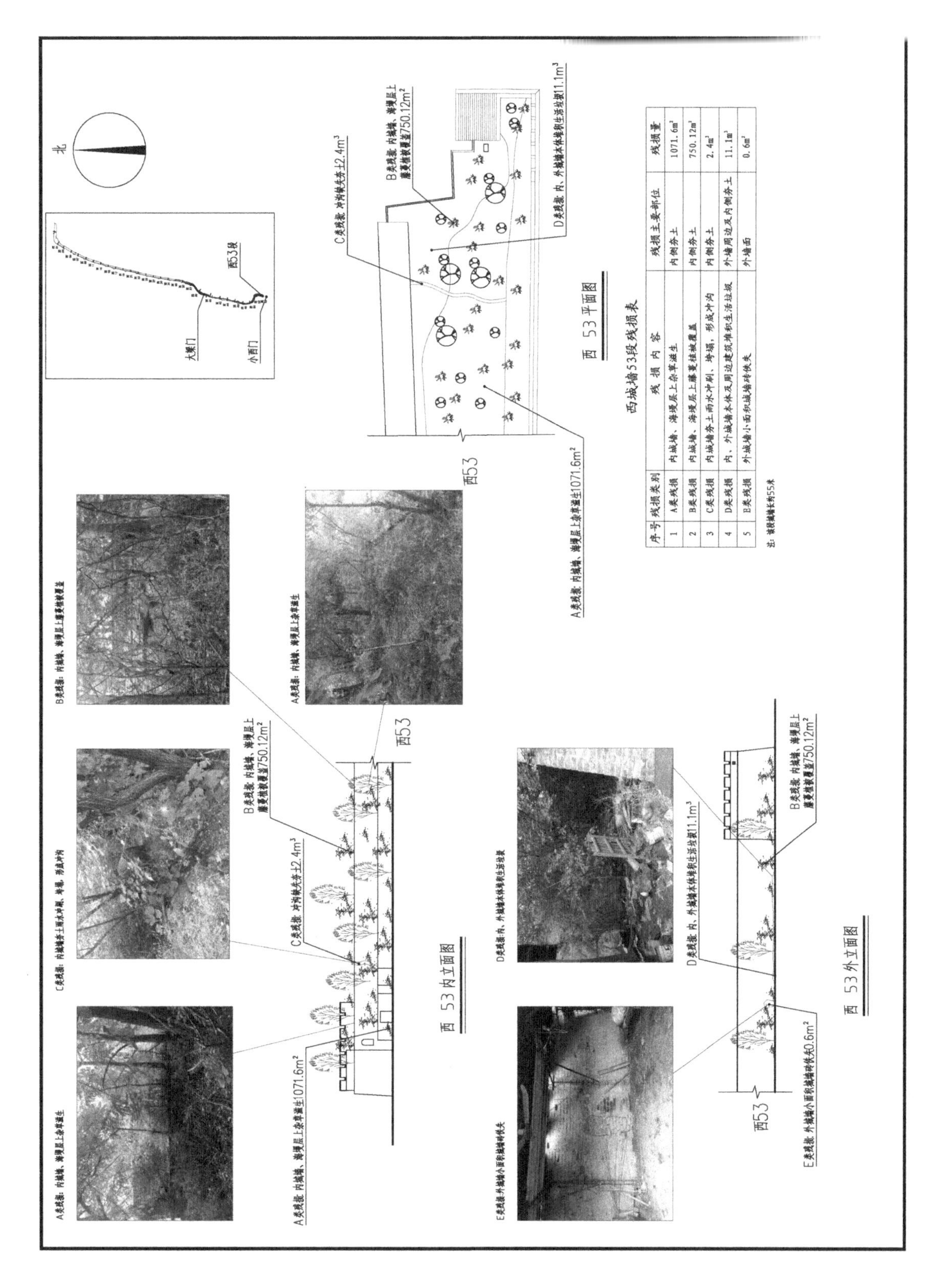

西城墙53段残损表

序号	残损类别	残 损 内 容	残损主要部位	残损量
1	A类残损	内城墙、海墁层上杂草滋生	内侧夯土	1071.6m²
2	B类残损	内城墙、海墁层上藤蔓植被覆盖	内侧夯土	750.12m²
3	C类残损	内城墙夯土雨水冲刷、垮塌，形成冲沟	内侧夯土	2.4m³
4	D类残损	内、外城墙本体及周边建筑堆积生活垃圾	外墙周边及内侧夯土	11.1m³
5	E类残损	外城墙小面积城墙砖佚失	外墙面	0.6m²

注：该段城墙长约55米

设计篇

第一章 修缮方案

2014年4月8日至11日，中共中央政治局委员、国务院副总理刘延东在河南调研，陪同调研的有，国务院秘书长江小娟，文化部副部长、国家文物局局长励小捷，河南省人民政府副省长徐济超等。视察了文物工作。调研期间，深入开封、安阳、登封等地，视察了众多文物点，刘延东指出，文物是人类文明的物化成果，是不可再生的宝贵资源，是中华民族悠久历史和灿烂文化的生动见证。她强调，在新的形势下，要统筹解决好文物保护与经济发展、旅游开发、民生改善的关系，深化理论和实践研究，积极探索创新文物保护特别是大遗址保护的新理念、新机制，努力将文化资源优势转变为经济发展优势、富民优势。

开封城墙布置大致呈长方形，全长14.4千米，作为古代军事防御工程，规模宏大，是我国目前保存较好，长度仅次于南京城墙的第二大古城垣建筑。同时亦是平原城市都市城垣的代表作

东墙河大门口以南。外砖墙缺损严重，或墙砖大面积被掏蚀，最低处墙高不足2米，内护坡夯土也大量流失，有些甚至被全部挖掘。

东段墙体内侧夯土未进行修整，夯土流失严重，冲沟、大面积凹陷及后辟登墙小路众多。海墁灰土层95%损毁。海墁凹陷、缺失严重。

东南角台至宋门段外砖墙缺损严重，墙砖大面积被掏蚀，墙垛全部损毁。残存的砖墙存在严重风化、酥碱现象，最低处墙高不足2米；内侧夯土大量流失，居民紧挨城墙建房子或建在墙身中部。周围居民为登城方便，人为在护坡墙上踩出许多小路，对夯土破坏严重；内护坡及顶面七三灰土夯筑层残留量不足5%。

北墙总长约3000米，安远门以东外侧墙体曾进行过维修，目前保存较好。北门以西外侧墙体雉蝶全部佚失，残墙砖块被掏蚀及开裂现象普遍。北25-26墙段处有一面积约90平方米的较大缺口，系人为所致。1米高度范围内墙根酥碱面积约60%。北段

墙体内侧夯土未进行过维修，流失、垮塌严重，凹陷及冲沟部位较多。

由于长期历史原因，城墙与其他城市用地没有完全剥离，沿线居民、单位密集，对城墙破坏较大，电线杆、配电房等各种设施沿城墙随意设置，一些垃圾中转站、公厕等也在城墙周边随意加建。自然灾害的破坏，也使得城墙损毁严重，尽管近年来加大城墙保护和建设力度，但局部地区仍在遭受毁灭性破坏。

1971 年在城墙下修筑的人防工程，对城墙造成极大破坏，使城墙内侧大量夯土被掏空，夯土墙体外壳护坡被毁坏。人防工程部分结构复杂，券洞宽窄各阶段不一，局部地段两层叠压。目前部分人防工程已坍塌掩埋，另有部分券体结构存在危险，保存较好地段为居民储物所用，或局部开设小型旅馆，原有人防功能已不复存在。

由于夯土的大量流失加之建人防工程时期土城外壳遭到严重毁灭性破坏，夯土墙体上自然生长出诸多植被，大部分地段的海墁上，亦生长有各种植被。植物有防止夯土流失的作用，但过于粗壮的植物根系，对墙体结构也造成一定的危害。

夯土流失使海墁层大量缺失、凹陷。流失严重部位形成众多冲沟、凹坑。周围居民为登城方便，人为在护坡墙上开挖、踩出许多小路，也破坏了墙体的完整性。

开封城墙为国家重点文物保护单位，城墙保较为完整，保存环境较差，城墙风化、酥碱严重。城墙内侧夯土缺失严重，夯土墙缺失造成城墙墙体存在失稳，且在临空面上易产生应力集中，经过雨水侵蚀或者在外力的作用下，容易产生坍塌破坏。文物本体现状岌岌可危，亟待行之有效的保护措施和实施方案。编制切实可行的维修保护设计方案，尽快开展维修保护工作迫在眉睫。本保护设计方案以《中华人民共和国文物保护法》为原则，以历史文献资料，现状勘查、考古发掘报告、稳定性分析报告及走访群众调查资料为依据，在开封城墙布局完整、遗存构件真实性较好的条件下，制定科学、严谨的保护设计方案是必要的。

同时该项目有以下可行条件：

（1）《开封城墙保护规划》已于 2008 年 11 月通过国家文物局评审，文物保函 [2008]1166。

（2）《开封城墙南墙维修保护设计方案》已于 2009 年 1 月通过国家文物局评审，文物保函 [2009]9。

（3）开封城墙全段虽有不同程度的破损，但全线主体连续留存，没有大段荡然无存现象，其真实性与完整性保存较好。

（4）开封城墙文物保护管理所，产权明晰，为修缮工作奠定了良好的基础。

（5）委托具有文物甲级设计资质的单位河南省文物建筑保护设计研究中心组织专业人员对开封城墙东墙及北墙进行勘察设计工作。在设计和施工中严格按照“不改变文物原状”的原则，遵照《中国文物古迹保护准则》及有关古建筑修缮管理办法的要求，参照国际文物建筑保护范例，并深入研究开封城墙的价值及特点，对其进行修缮保护设计。

（6）开封城墙文物保护管理所对维修工程的实施，提供必要的施工条件。

（7）开封城墙文物保护管理所作为项目实施的监管单位，对资金的运用和工程质量进行严格的监管和监督。

（8）通过招标择优选取由具备文物保护工程施工一级资质的施工单位实施修缮工程。

（9）开封市政府对修缮工程提供必要的政策支持，并承诺解决实施过程中临时用地及水电保障。

（10）为更好保护城墙完整、遗存构件真实性，且地方政府高度重视，周边居民愿配合施工方施工，同时与地方主管部门多次交换意见，依据国家局批复《开封城墙保护规划》“6.2.2 条，保护范围内有损于城墙保护的现存建筑拆除具有可行性。

1. 设计依据

（1）《中华人民共和国文物保护法》及其实施细则。

（2）《中国文物古迹保护准则》。

（3）开封城墙历史文献资料及有关研究成果。

（4）开封城墙发掘资料、近年维修中的一些重要发现及维修经验。

（5）《国家文物局保函 2014、2002 号》，拟原则通过关于开封城墙东墙及北墙维修工程立项的批复。

（6）《全国重点文物保护单位—开封城墙保护规划》。

（7）《开封城墙东城墙、北城墙稳定性分析报告》

2. 原则和指导思想

（1）遵照中华人民共和国文物保护法有关精神，按照《中华人民共和国文物保护法》的有关规定，参照国际文物建筑保护工程范例并结合开封城墙的特点，对开封城墙进行整修。

（2）贯彻落实“保护为主、抢救第一、合理利用、加强管理”的文物保护工作方针。

（3）保护维修所采取的措施主要是为了减少危及古城墙存在的病害，满足消除建筑结构及构造安全隐患，在满足合理利用条件前提下，延长文物本体寿命，遵循文物真实性原则，最大限度地保存城墙原状与历史信息；遵循完整性原则，确保城墙本体历史信息和建造信息的完整；遵循原材料、原形制、原工艺设计施工原则；遵循最小干预原则，既能根除安全隐患，保障安全，又尽可能减少干预；遵循可逆性原则，在制定具体保护方案时，采取审慎态度，强调保护措施的可逆性；遵循详细记录保护维修方案、过程、结果的原则，保证保护维修部分留有详细的记录档案。

（4）此次设计过程中，我们又查阅了大量城墙历史文献资料、相关研究成果以及城墙的各种发掘资料等，并聘请有关专家进行现场指导，充分论证，对修缮依据进行了更加翔实的补充和确认。

3. 工程性质及范围

根据现状残损勘察结果，此次工程属于修缮保护工程。

本次修缮工程主要包括以下内容：

东、北城墙；九个马面；东南、东北、西北三个角台；五处缺口（自南向北依次为宋门、汴京大道缺口、曹门、明伦街缺口、河南大学东门，其中宋门、曹门为原始城门）的断面城墙维修。

4. 修缮工程具体维修措施

4.1 保护思路及保护维修方案预期达到的目标综述

开封城墙的维修，应始终贯彻“保护为主，抢救第一，合理利用、加强管理”的文物保护工作方针。

八十年代，开封城墙被定为河南省重点文物保护单位时，城墙的破坏现象未得以遏制。大量建于城墙之上的建筑没有迁移，反而紧挨城墙新建了许多居民临时建筑及工业厂房，使城墙夯土墙及原有的周边环境遭到不同程度的破坏。现当务之急，应将重点保护区内的所有占压建筑及设施物全部拆除，并禁止兴建任何新建工程。从城墙整体保护考虑，恢复夯土墙以确保城墙的安全，城墙抢救保护和合理利用给予整体考虑，为今后的旅游业发展奠定良好基础。

古城墙的维修，应最大限度地保持原有的环境氛围，充分展现其原貌、原状，按照《中华人民共和国文物保护法》的要求，依据《全国重点文物保护单位——开封城墙保护规划》，城墙重点保护区内的所有违章建筑及构筑物全部拆除，并禁止兴建任何新建项目。城市市政及基础设施管网的铺设应远离城墙，在进行城市道路系统规划时，应进行科学的分析论证，不得在城墙上随意增设城门。控制参观城墙展示的游客规模，限制参观人数，以保证建筑及游客的安全。

（1）消除城墙结构安全隐患，对城墙结构安全隐患部位进行结构可靠性鉴定（详见附件一《开封城墙北墙与东墙稳定性分析及防护对策研究》），可见北、东城墙部分内侧夯土边坡处于不稳定状态，存在安全隐患，易产生城墙土边坡崩塌、滑动破坏，影响城墙安全，在鉴定结论的基础上，增加夯土墙的稳定性，使之结构安全更加稳定。

（2）对风化破损严重砖体进行剔补，对风化破损较轻砖体原状保护，使之延年益寿，保障墙体安全。按照《古建筑木结构维修与加固技术规范》的规定，当承重墙面的风化酥碱深度超过墙厚的1/5时，即达到残损点。开封城墙平均墙厚按1.2米计，残损点的标准是25厘米.。经勘察，墙砖酥碱深度大部分在5厘米以下，尚未涉及墙体的稳定。墙砖酥碱深5厘米以上的，对砖体进行剔补，对风化、酥碱深5厘米以下的砖体，即保留原状，不做处理。酥碱过深若达砖块厚度的1/2时，应将砖块抽换，补配新砖。

（3）由于地方政府高度重视，要求局部展示城墙的完整性，因此修缮加固保护设计方案进行了局部夯土补夯，依据现存雉堞形制，补砌佚失雉堞，恢复历史原貌。

（4）清除在城墙上滋生的杂树（直径 10 厘米以下），防止再生。直径在 10 厘米以下的名贵树种予以保留，对影响墙体安全的乔木进行清除或移植，并对其根系进行灭活处理保障墙体安全。

（5）对墙体裂缝部位视情况进行白灰浆灌浆或采用表层断裂砖块抽取，用整砖替换加固措施，并做好日常保养和检测。

（6）修整不当维修墙面，按原形制、原工艺，重新砌筑，恢复历史原貌，保证墙体的真实性和完整性。

（7）夯土墙按老城墙夯土做法夯补流失、垮塌、缺失部分。具体做法详见施工做法及工艺。

（8）万岁山处城墙豁口断面做重点保护和展示，边侧夯土裸露处用土色砂压砖退台包砌，既起到保护城墙断面的作用，也具有可辨识性与可逆性。

（9）清理城墙上垃圾。

（10）拆除内外（侧）城墙上的违章建筑，确保墙体安全。

（11）修补内夯土墙使夯土内部新旧夯土拉结力增强。补夯时，横向间隔加设竹筋，以提高内城墙的抗拉强度，增强土体间的结合力。

（12）恢复部分海墁层。补夯七三灰土垫层 20 厘米厚，找平后，素土夯实，解决墙顶部渗水问题。具体做法详见施工做法及工艺。

（13）由于历史上的兵祸和水害，开封城墙屡毁屡修，加之城市道路改造，墙根地面高度不一，因此现存地表以上城墙的高度、夯土宽度均没有统一规制。按照不改变文物原状的维修原则，结合城市市政总体布局，施工时应根据各残留墙段的实际情况及清理时发现的遗迹确定墙体各部位具体尺寸。

4.2 城墙维修措施

维修方案中为方便绘图，现状勘测及维修加固设计图均将东城墙划分为 38 段，北城墙分为 28 段，每段平均长度约为 100 米，分别标注为实测（设计）01–02 段……

37–38 段等。见城墙总平面图：

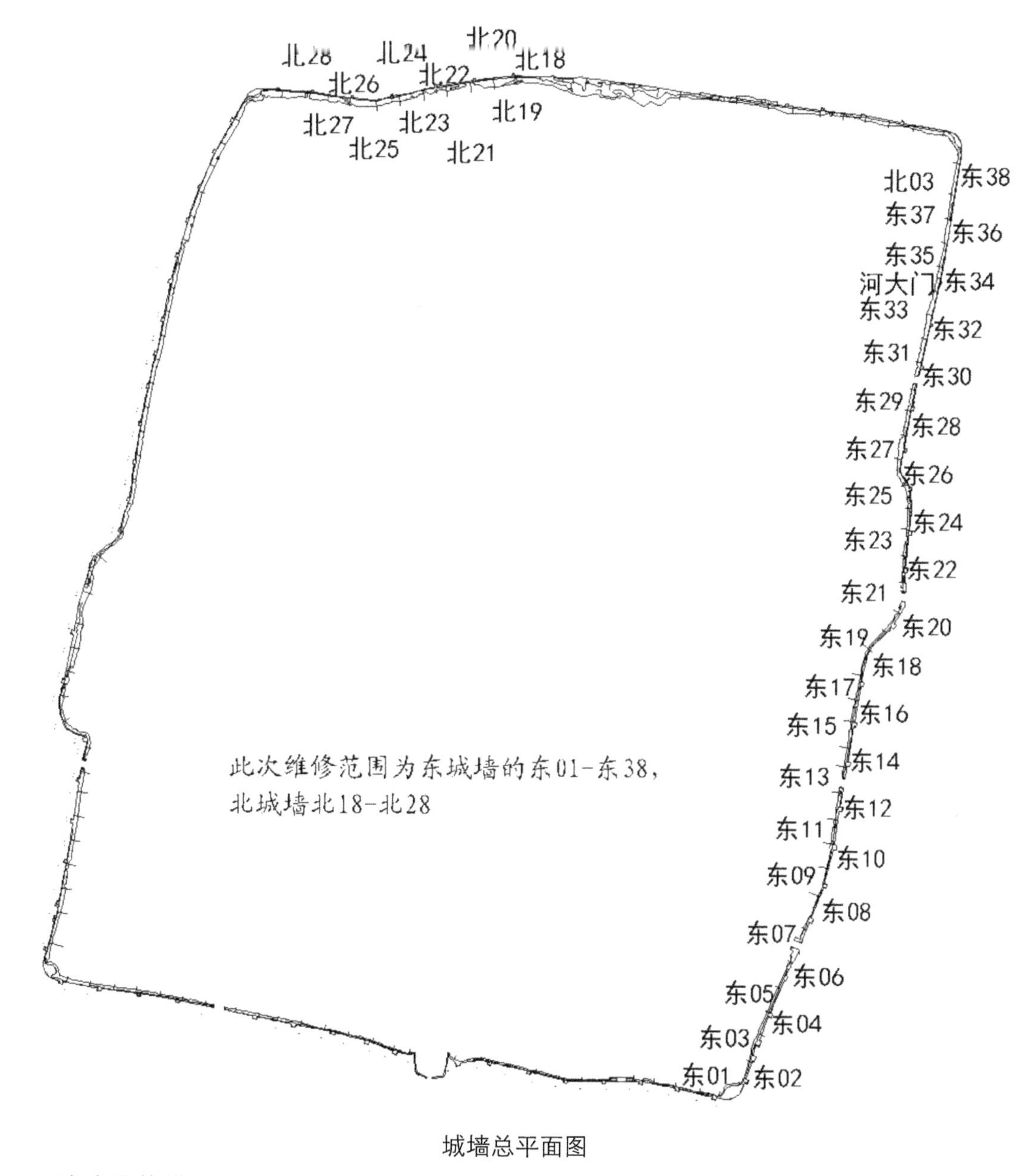

城墙总平面图

城墙维修措施为：

（1）东墙：清除城墙上直径 10 厘米以上的树木及后建房屋，恢复部分内夯土墙及海墁；恢复遗失雉堞。墙体酥碱处分别进行剔补，墙体裂缝部位视情况进行白灰浆灌浆或采用表层断裂砖块抽取，用整砖替换加固措施。详细节点设计见维修保护设计图。

（2）北墙：

根据现状勘测的残损分类制定了维修保护措施。详细分类保护措施如下：

A 维修类措施：

按老城墙砖尺寸、材质补砌佚失城墙外包砖、雉堞砖及墙面局部孔洞。做法详见城墙外砖墙施工做法及工艺。

按照《古建筑木结构维修与加固技术规范》的规定，当承重墙面的风化酥碱深度超过墙厚的 1/5 时，即达到残损点。商丘城墙平均墙厚按 1.2 米计，残损点的标准是 25 厘米。经勘察，墙砖酥碱深度大部分在 5 厘米以下，尚未涉及墙体的稳定。墙砖酥碱深 5 厘米以上的，对砖体进行剔补，其具体方法是：将酥碱部分剔除干净，砖（尽量使用遗存的原有城砖，新砖应符合原质地、原制作工艺、原尺寸造型的要求）砍磨加工好后，按原位置镶嵌，内侧粘贴牢固，外表仍采用传统的白灰膏勾缝。对风化、酥碱深 5 厘米以下的砖体，即保留原状，不做处理。酥碱过深若达砖块厚度的 1/2 时，应将砖块抽换，补配新砖。

新砖规格及强度不低于旧砖，新砖色泽与旧砖应保持一致。新砖烧制其抗压强度应大于 5.0 兆帕。（根据郑州大学所做的《开封城墙材料检验报告》得知，城墙原始青砖抗压强度为 4.5 兆帕。考虑到历经几百余年材料老化、强度降低的原因，设计补配城砖的强度选用 10.0 兆帕。符合现行建筑材料强度要求）

鉴于墙面的裂缝大多是夯土缺失或墙体砌浆流失、砌体强度降低造成。随着城墙整体的维修，裂缝不会继续发展，故可采取自下至上加压灌注白灰浆的方式对裂缝进行加固。对墙体开裂较大（缝宽大于 10 厘米）且表面不平整部分，应将表层断裂砖块抽取，用整砖替换。对细微裂缝（5 毫米以下），定期观测裂缝发展情况。

B 类维修措施：

依据考古资料及评审通过的《开封城墙保护规划》及以往南城墙的修缮经验及效果，恢复北墙 18–28 段夯土墙。依据城墙残存的内护坡遗迹得知，夯土墙体由夯土和外壳二部分组成，夯土墙底宽 11.5 米，顶宽 6.5 米，护坡其与地面的水平夹角 52.8 度。夯土墙顶面也为七三灰土海墁，顶面标高与外砖墙拔檐高度平。夯土采用 3：7 白灰与黄土掺和土进行分层夯筑。具体做法详见施工做法及工艺。

形成陡壁的根据陡壁的高度进行覆土夯筑回填，并形成对陡壁支撑的护坡。护坡的高度一般不小于陡壁的高度的 1/2，护坡角度根据城墙内坡设计角度保持一致。覆土夯筑回填采用素土分层夯筑回填，素土要求过筛后纯净素土，每层铺素土厚度在 15 ~ 20 厘米，机械夯筑，夯筑时要求压实系数不小于 0.9。为了确保夯筑密实和护坡的自然，在保证设计坡脚的前提下，护坡夯土可以进行适当的削坡处理，形成较为自然的坡面。

C 类维修措施：

依据考古资料及评审通过的《开封城墙保护规划》补筑北墙 18-28 佚失海墁。

为最大限度地保存城墙原状与历史信息，遵循最小干预原则，大部分缺失海墁暂不做处理，现状保护。

D 类措施：防空洞入口现状保留，气口做统一形式修葺。建议将废弃的防空洞回填（征求人防办公室意见后再定）

E 类措施：除了名贵和与墙共生的树木及直径 10 厘米以上树木外，清除直径 10 厘米以下树木、藤蔓、杂草。

F 类措施：将电线杆、变压器移位设置。

G 类措施：清除砖墙水泥抹面及局部不当修缮的红机砖，用城墙同材质、规格城砖补砌。

H 类措施：拆除城墙重点保护区范围内的违章建筑，清理民用垃圾。

5. 施工做法及工艺

5.1 砖墙做法及工艺

按现存雉堞尺寸补砌佚失雉堞。具体尺寸详见城墙设计图。

墙体补砌时，应保持原来的形制、结构以及丁、顺排列方式（现状勘测外砖墙砌法为一顺、一丁），青砖尺寸平均为 460 毫米 ×225 毫米 ×110 毫米，灰缝 80 毫米。尽量使用夯土上散落的原有城砖。采用新添配砖应符合原质地、原制作工艺、原尺寸造型的要求。补砌灰膏应用素灰膏填缝。为使新砌城砖有足够时间沉降，设计每天砌筑高度不超过 1 米。

根据 2015 年 2 月郑州大学对开封城墙砖的强度检验报告，其城砖平均强度值为 4.5 兆帕。考虑到历经几百余年材料老化、强度降低的原因，设计补配城砖的强度选用 10.0 兆帕，（国家现行建筑用砖强度标准）。经勘察，原城墙砌浆材料为白灰，补配墙体仍采用白灰浆砌筑。

5.2 夯土墙做法

土的选择：应选用与现存夯土性质、成分类似的土质。（详见郑州大学对现在土体的取样测试分达到原始夯筑效果，析检验报告），为施工取土时还应对土质进行矿物组成、化学分析、有机质含量的检测。其各种有机质含量应小于 0.5%。

施工时将原夯土层上部硝碱土铲除，探察原有夯土坡度并修整成阶梯状。阶梯的尺寸形状应在施工中结合夯土的坡度灵活决定，一般情况下，其表层风化硝碱土削铲厚度应不少于 30 厘米。

夯筑内芯时应与内护坡同时进行，其夯筑高度为每步 200 毫米或根据施工现场酌情定。

夯筑自下而上分层夯筑。夯筑虚铺每层 30 厘米，夯实后每层厚 20 厘米。每层应分步均匀，留槎合理，接槎密实，平整夯筑。虚铺厚度及夯实程度应按规定取样检查，做到用料正确、拌和均匀。

夯筑时若分几个作业段施工时，接头部位如不能交替填筑，则先填地段，应按 1∶1 坡度分层留台阶；如能交替填筑，则应分层相互交替搭接，搭接长度不小于 2 米。

内城墙夯土分段稳定性验算结果见附件一。

内城墙夯土具体做法及说明详见维修设计图。

夯筑城墙时，先在砖墙外侧做保护和支顶，维护砖墙的稳定安全。

5.3 夯土墙护坡做法

根据文献记载及城墙残存的内护坡遗迹进行恢复设计。内护坡为七三灰土夯筑而成，宽约 100 厘米，由下至上逐渐收分。分层夯筑，虚铺每层 30 厘米，夯实后每层厚 20 厘米。内护坡与地表水平夹角为 52.8 度。

为保证城墙原墙体基础部分安全、稳定，墙基底底部夯土密度要求为 1.49 ~ 1.60 克 / 立方厘米之间，最优含水率在 15.8 ~ 17.3% 之间（根据郑州大学所做的《开封城墙稳定性分析及防护对策研究》得知），详见附件一）。

生石灰应选用一级灰，并经过充分熟化。粉化过筛粒径在 0.5 厘米以下。护坡土的选择标准与内芯相同。

素土的密实系数不小于0.95，灰土的密实系数不小于0.97。

土色砂压砖包砌夯土做法：按现夯土墙轮廓，用240毫米 ×115毫米 ×70毫米砂压砖包砌裸露夯土。

5.4 海墁做法

局部恢复城墙顶层海墁。海墁为200厚七三灰土，分二层铺设，每层虚土厚15 ~ 20厘米，夯实后厚度要在9 ~ 10厘米，压实系数不小于0.90。

顶面由内向外设置3%的排水坡度。

材料要求：

素土：过筛素土，黏粒含量不小于15%、塑性指数大于12的粉质黏土。

灰土：七三灰土（体积比）。其中石灰要求钙镁含量不小于80%。石灰消化后与素土充分拌合后使用。

5.5 其他说明

施工前，应抽取少量墙体做材料配比、夯筑工艺等各方面试验，待满足要求后，再大面积开展施工。特别是内墙顶面及护坡施工前，应制作试块，另进行防渗漏测验，并根据测试结果及时调整相关数据。

勘测过程中，内、外墙体两侧均有大量民居、单位及临时构筑物，许多地段不能近距离接近墙体，还有一些情况目前无法探明，测绘可能存在不到位及一定数据误差。

施工时，应做进一步详细勘察，并对测绘不足及时与设计单位协商解决。

第二章　修缮设计图纸

1. 东城墙 01—02 段平面、立面、剖面图

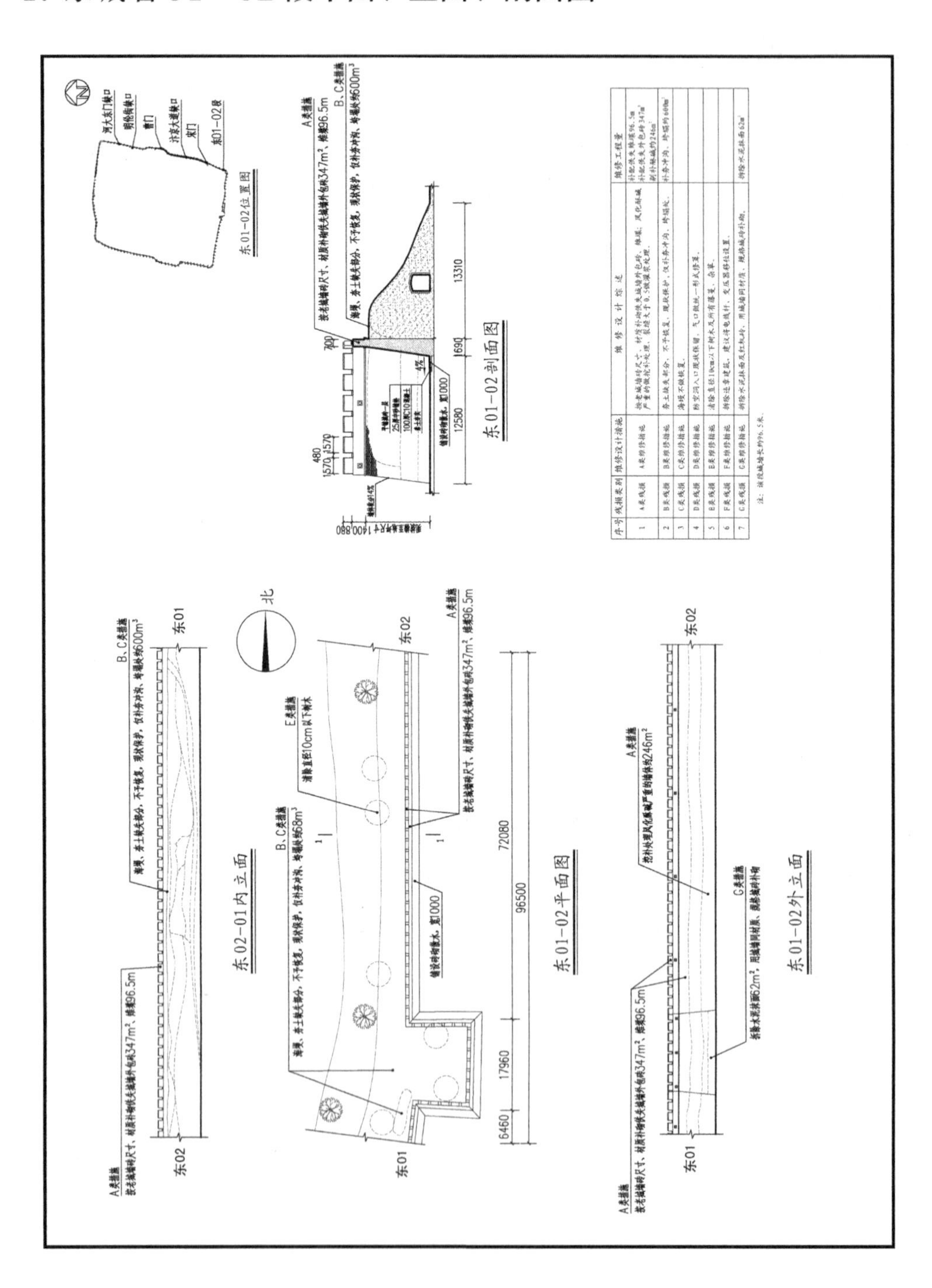

2. 东城墙 02—03 段平面、立面、剖面图

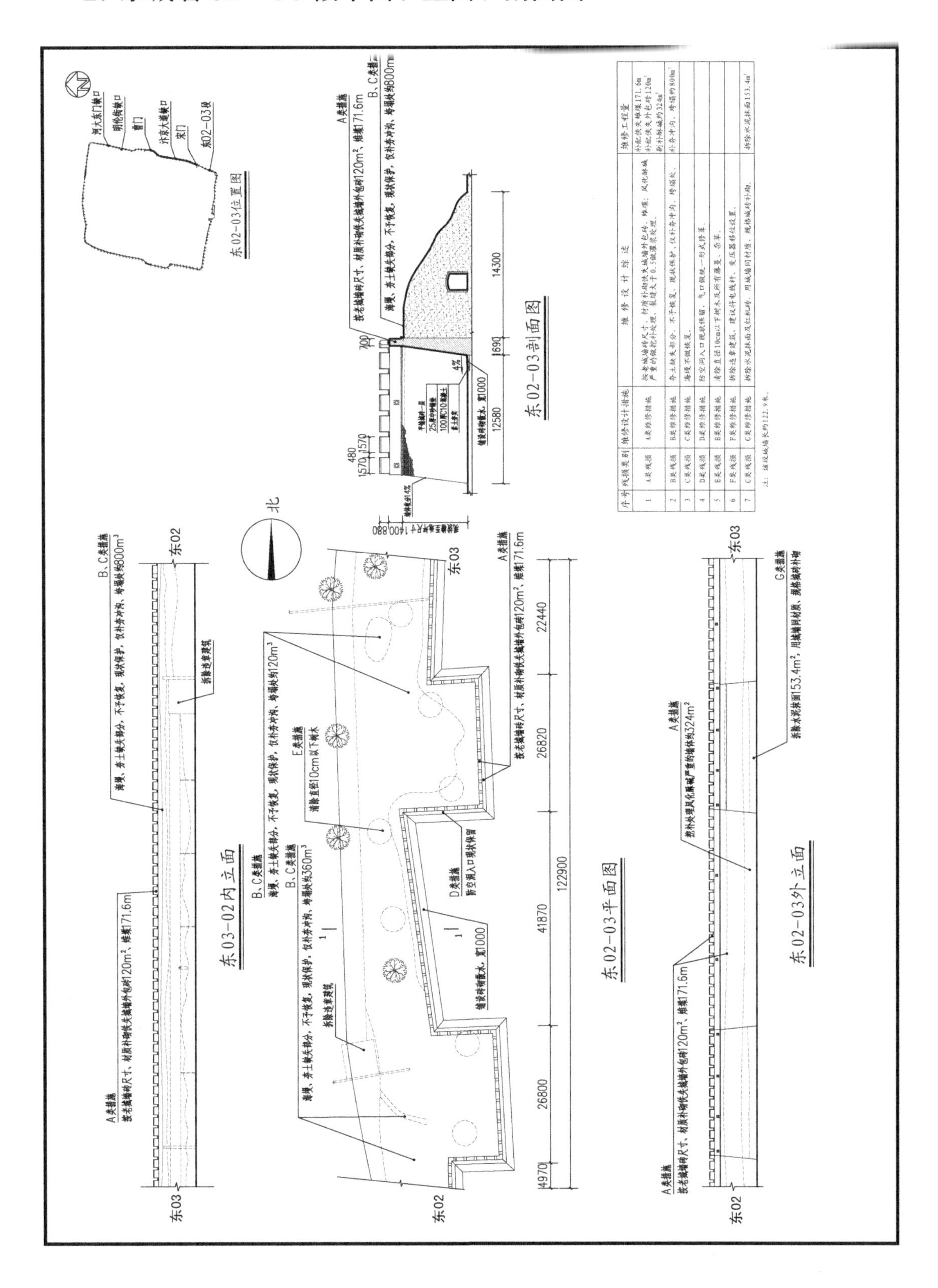

3. 东城墙 03—04 段平面、立面、剖面图

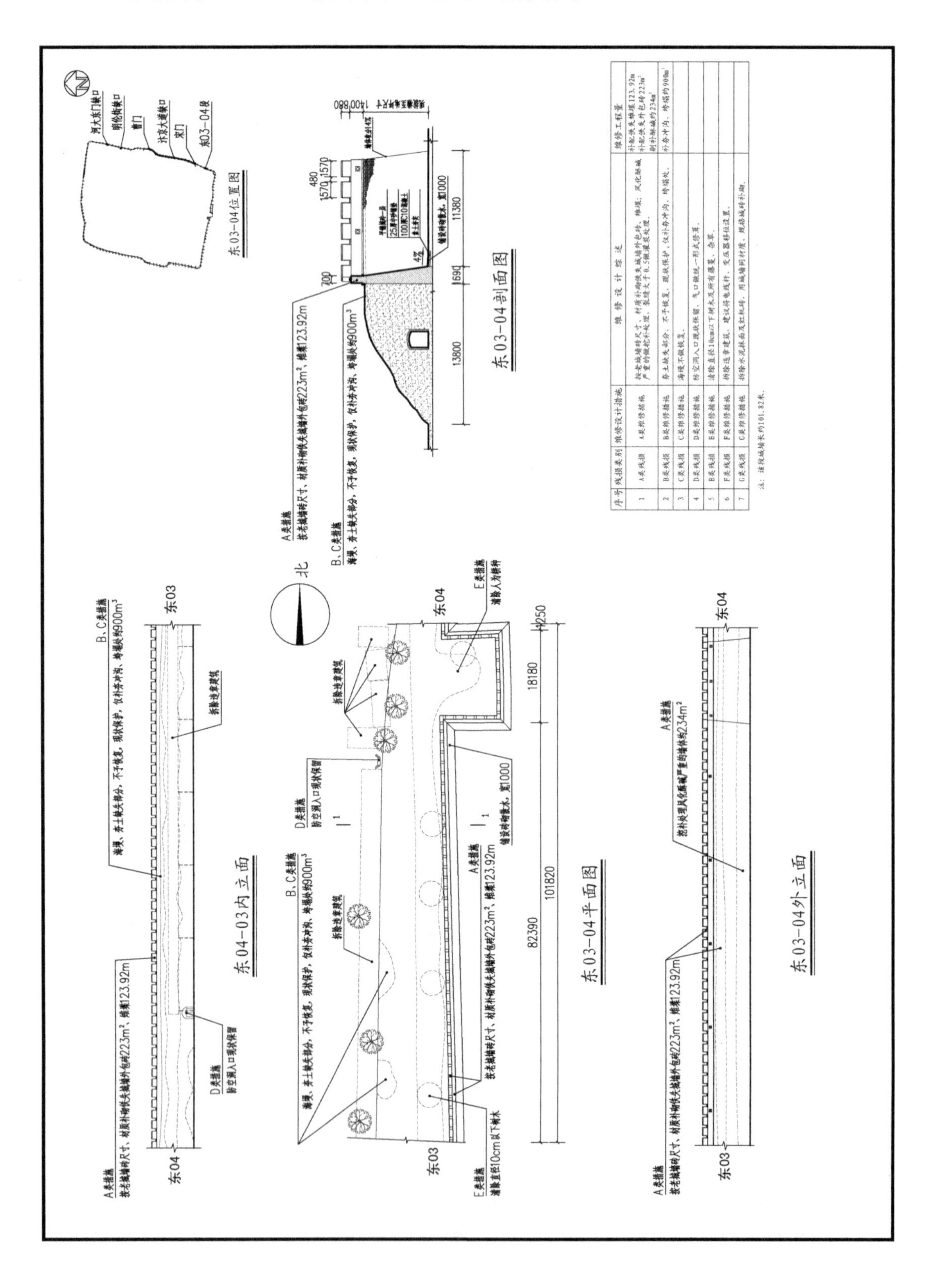

4. 东城墙 04—05 段平面、立面、剖面图

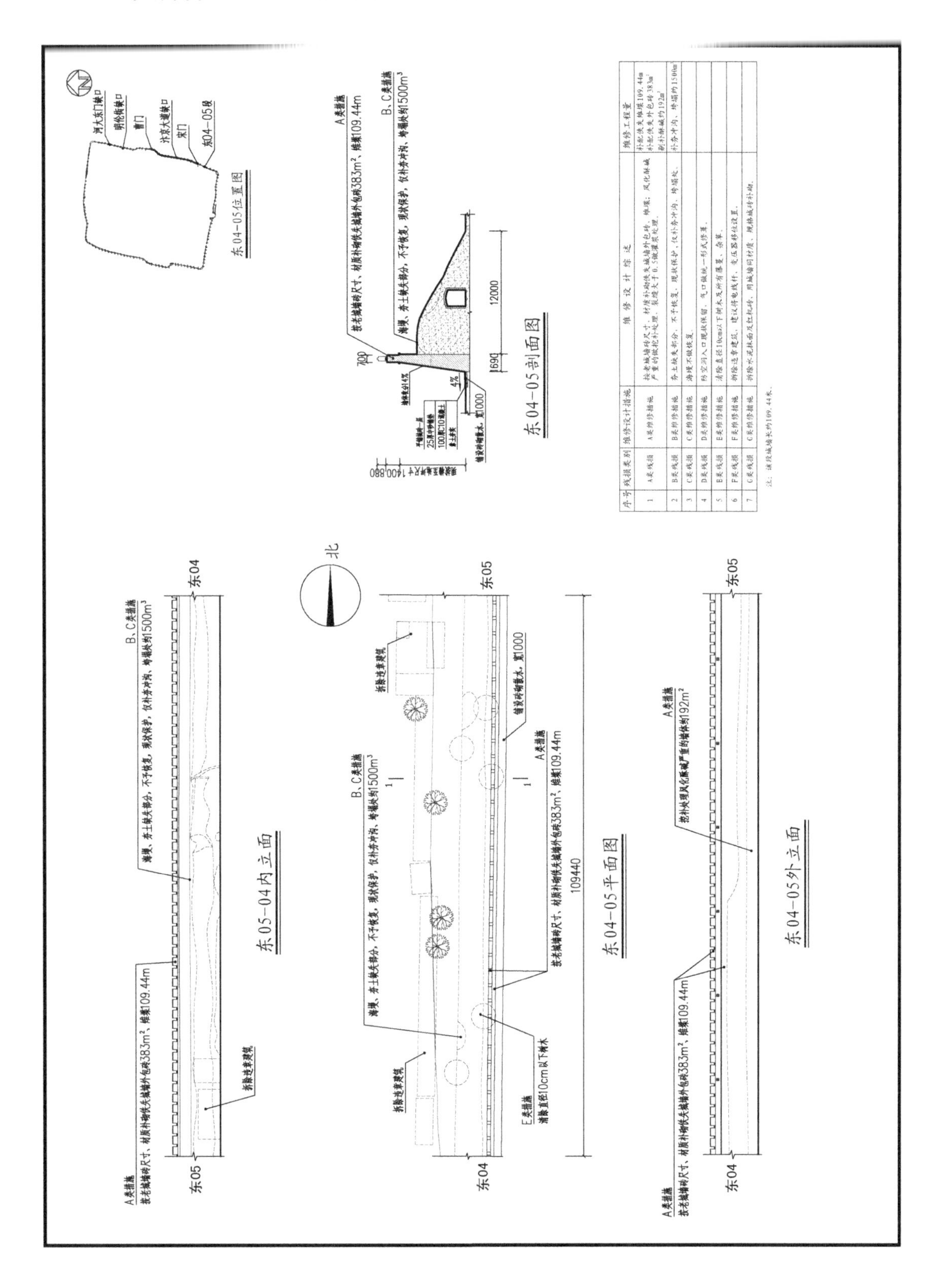

5. 东城墙 05—06 段平面、立面、剖面图

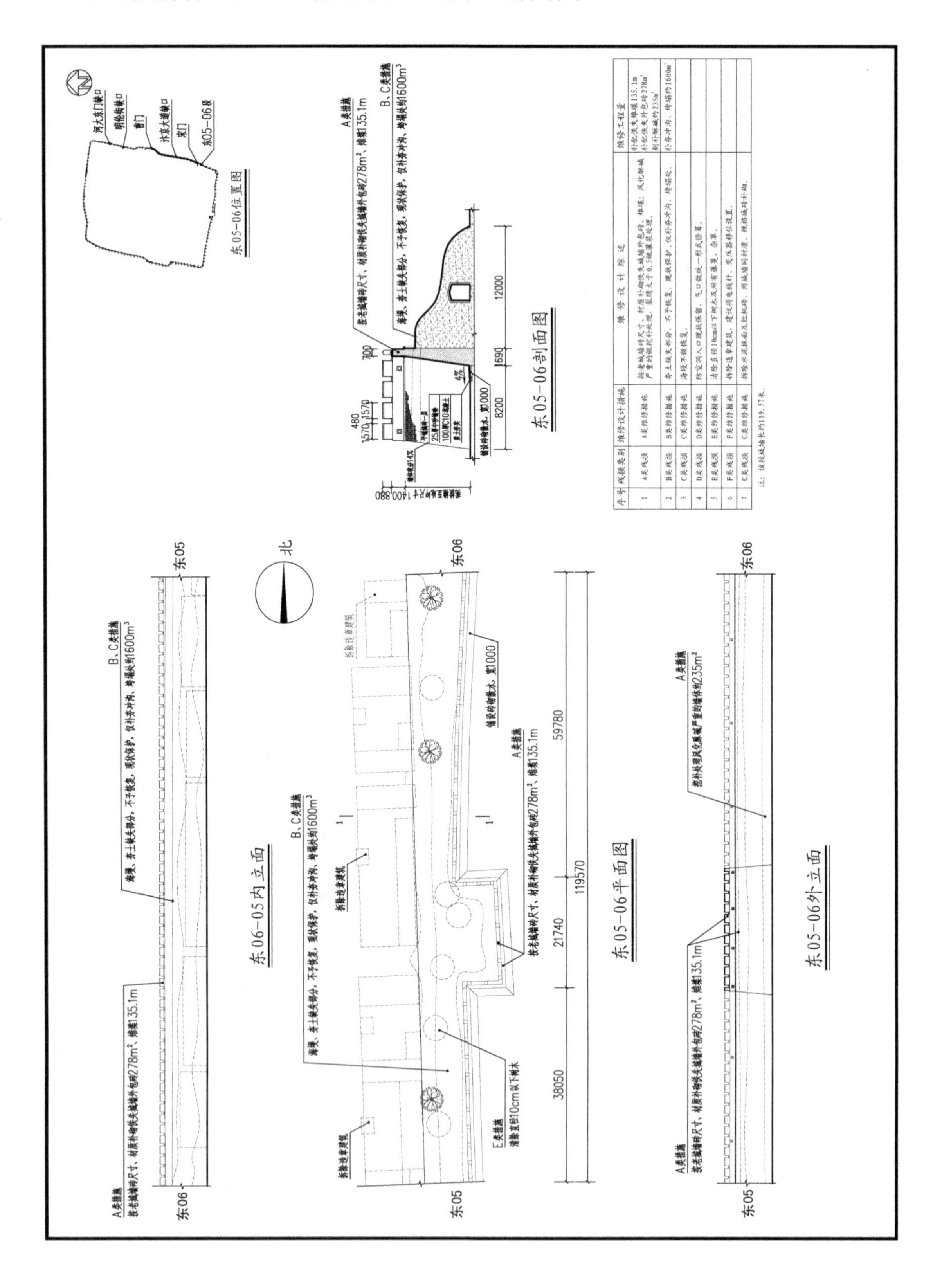

6. 东城墙 06—07 段平面、立面、剖面图

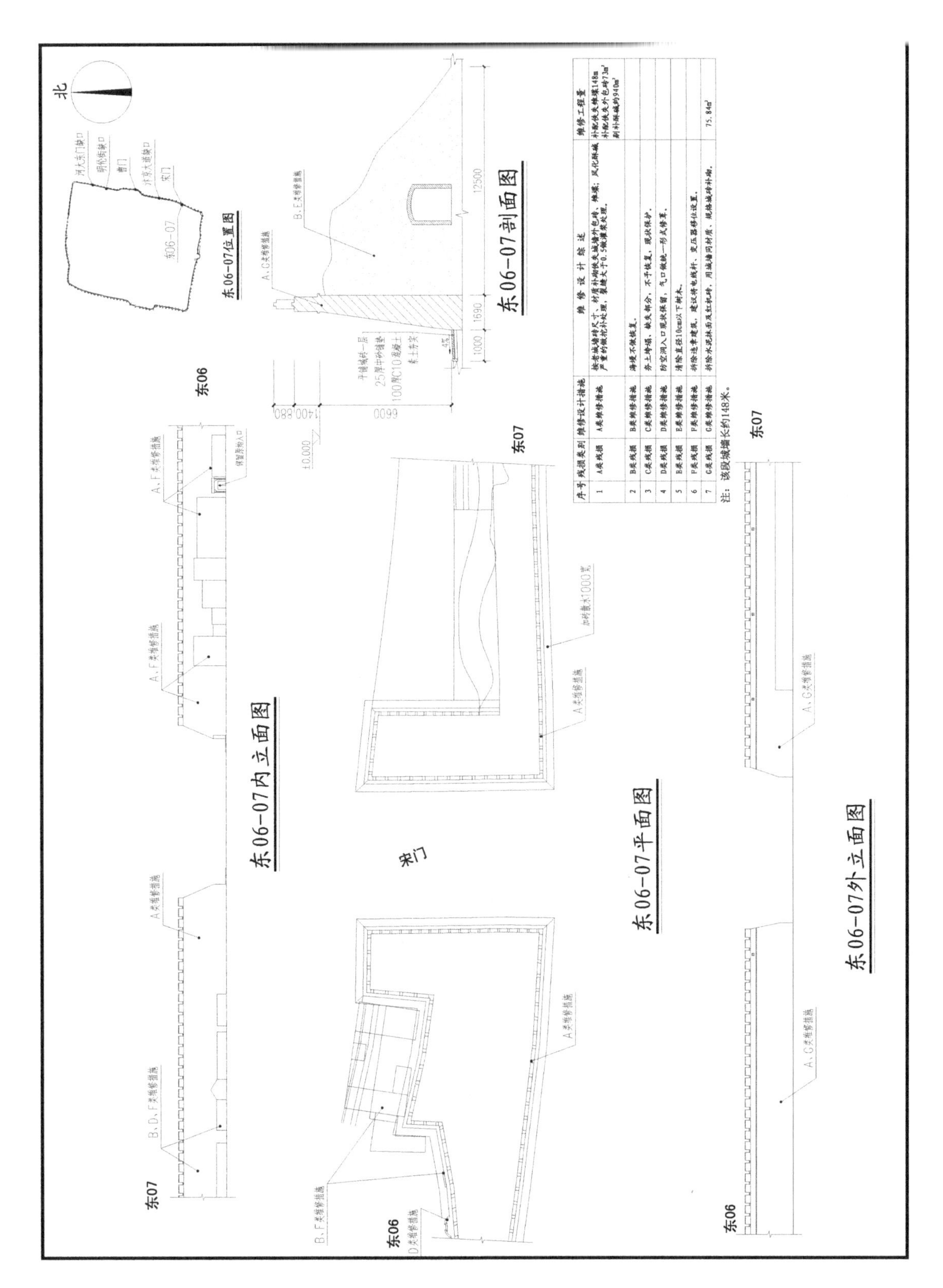

7. 东城墙 07—08 段平面、立面、剖面图

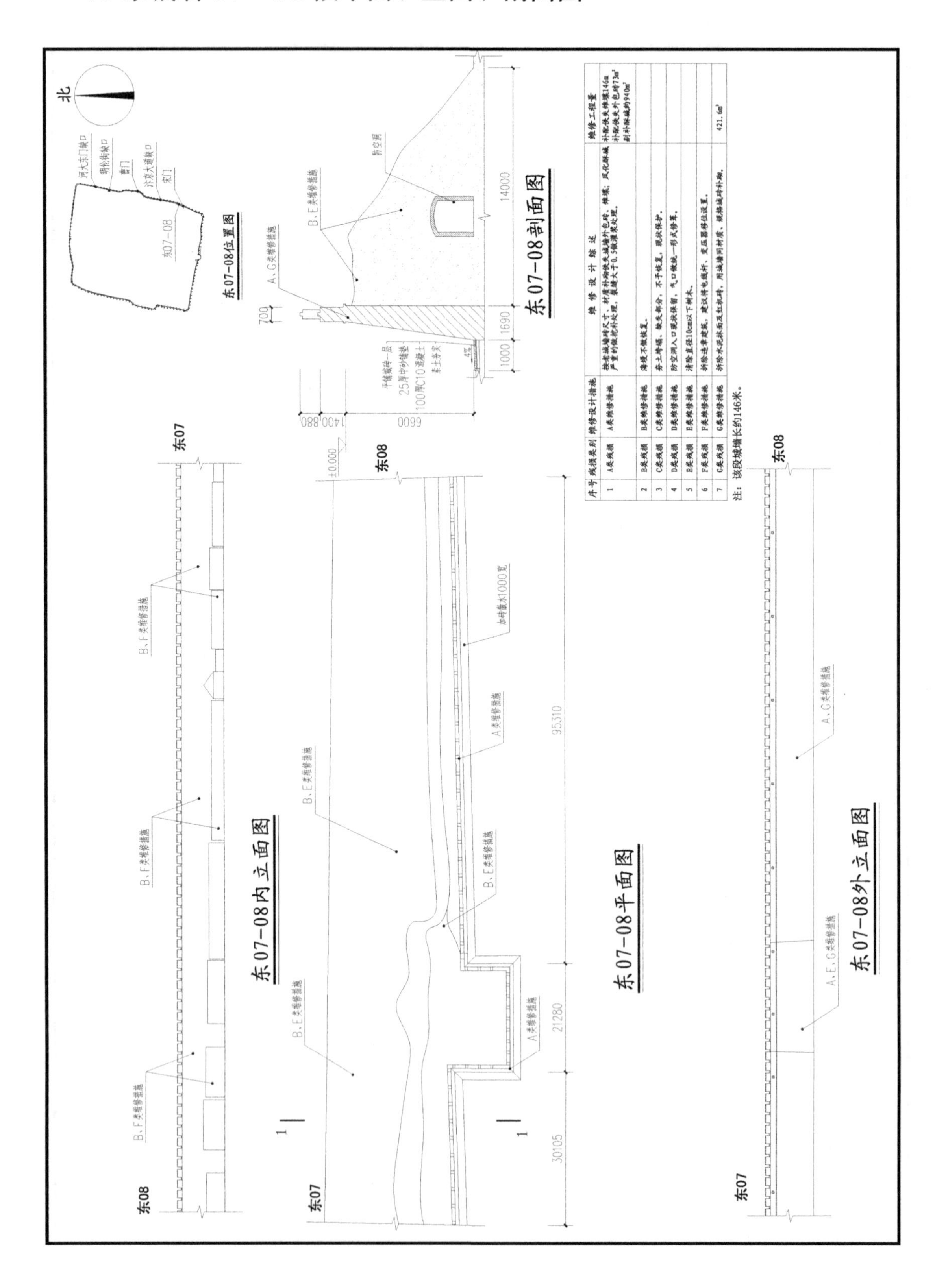

8. 东城墙 08—09 段平面、立面、剖面图

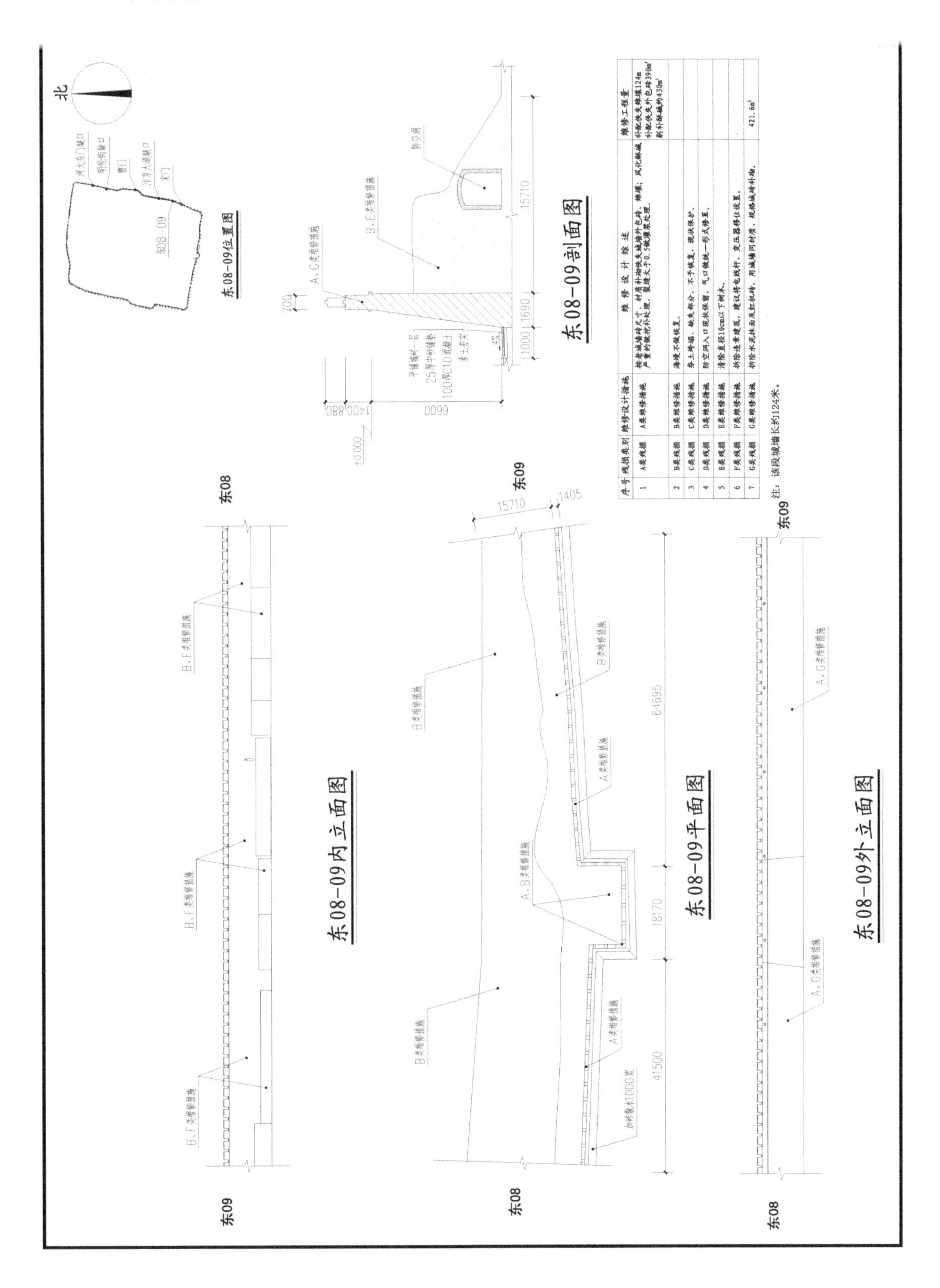

序号	残损类别	维修设计措施	维 修 设 计 综 述	维修工程量
1	A类残损	A类维修措施	按老城墙砖尺寸、材质补砌佚失城墙外包砖、雉堞；风化酥碱严重的做挖补处理，裂缝大于0.5做灌浆处理。	补配佚失雉堞124m 补配佚失外包砖390m² 剔补酥碱约430m²
2	B类残损	B类维修措施	海墁不做恢复。	
3	C类残损	C类维修措施	夯土垮塌、缺失部分，不予恢复，现状保护。	
4	D类残损	D类维修措施	防空洞入口现状保留，气口做统一形式修葺。	
5	E类残损	E类维修措施	清除直径10cm以下树木。	
6	F类残损	F类维修措施	拆除违章建筑，建议将电线杆、变压器移位设置。	
7	G类残损	G类维修措施	拆除水泥抹面及红机砖，用城墙同材质、规格城砖补砌。	421.6m²

注：该段城墙长约124米。

9. 东城墙 09—10 段平面、立面、剖面图

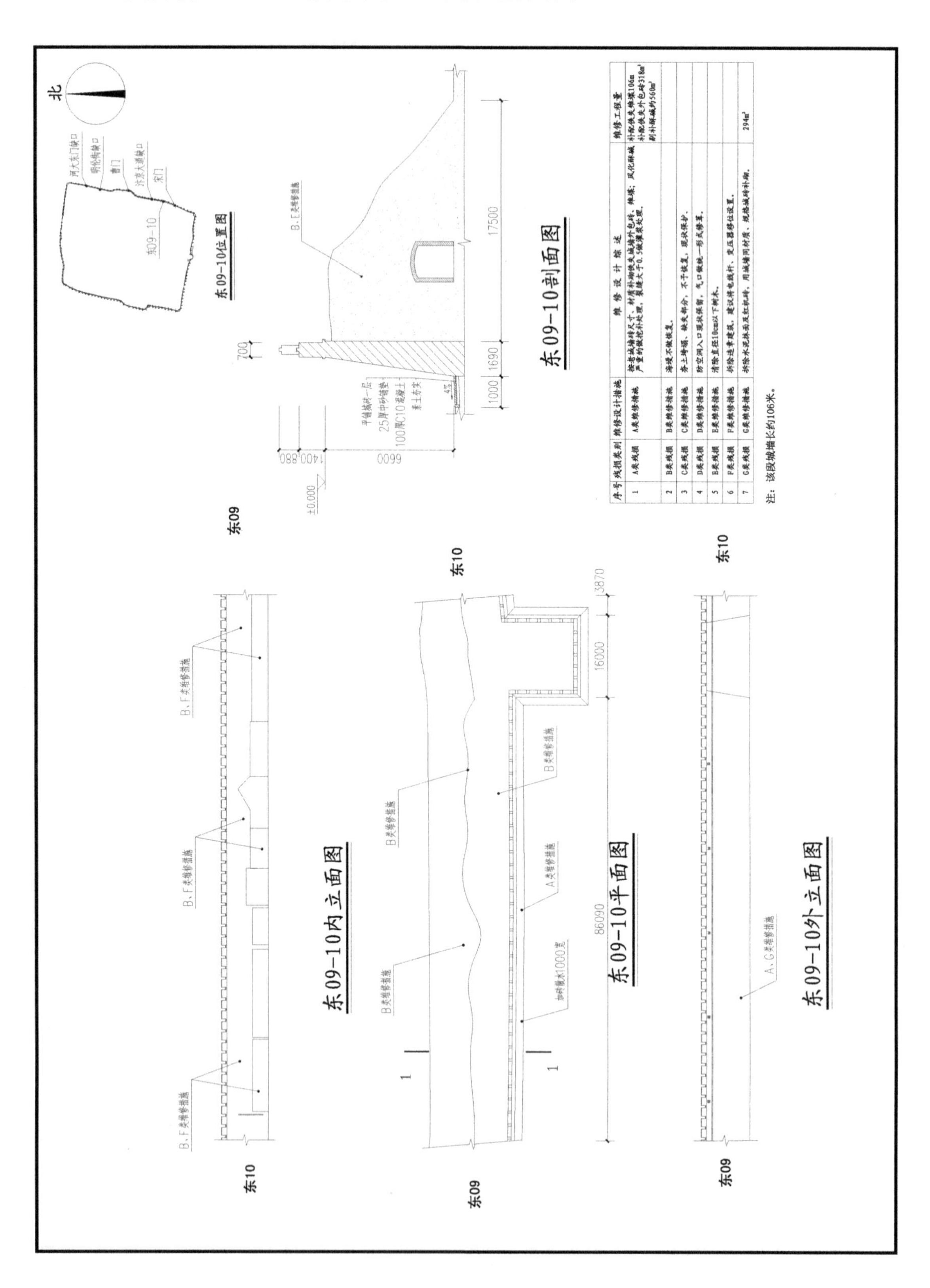

序号	残损类别	维修设计措施	维修设计综述	维修工程量
1	A类残损	A类维修措施	按老城墙砖尺寸、材质补砌佚失城墙外包砖、雉堞；风化酥碱严重的做挖补处理，裂缝大于0.5做灌浆处理。	补配佚失雉堞106m 补配佚失外包砖318m² 剔补酥碱约560m²
2	B类残损	B类维修措施	海墁不做恢复。	
3	C类残损	C类维修措施	夯土垮塌、缺失部分，不予恢复，现状保护。	
4	D类残损	D类维修措施	防空洞入口现状保留，气口做统一形式修葺。	
5	B类残损	E类维修措施	清除直径10cm以下树木。	
6	F类残损	F类维修措施	拆除违章建筑，建议将电线杆、变压器移位设置。	
7	G类残损	G类维修措施	拆除水泥抹面及红机砖，用城墙同材质、规格城砖补砌。	294m²

注：该段城墙长约106米。

10. 东城墙 10—11 段平面、立面、剖面图

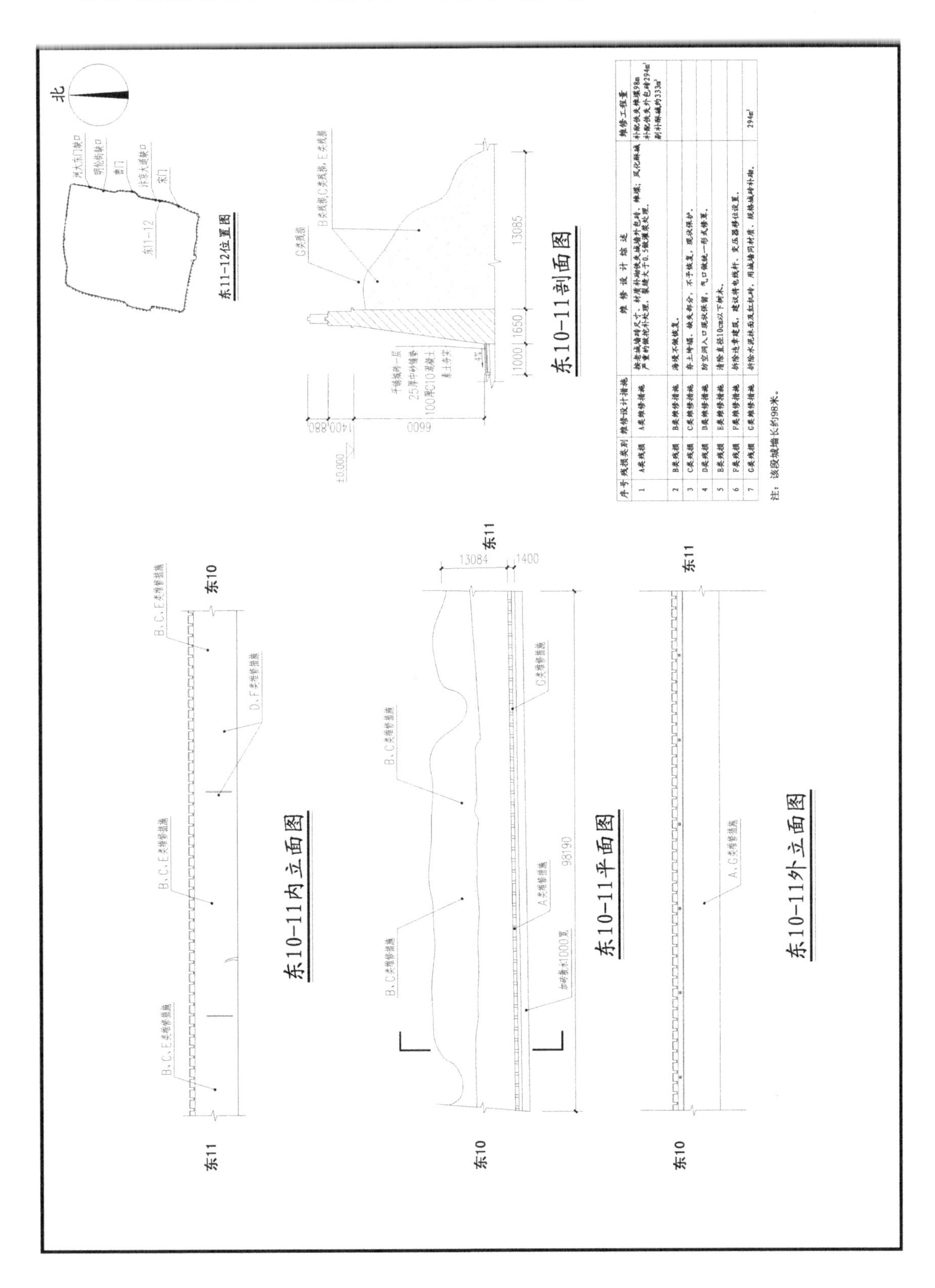

11. 东城墙 11—12 段平面、立面、剖面图

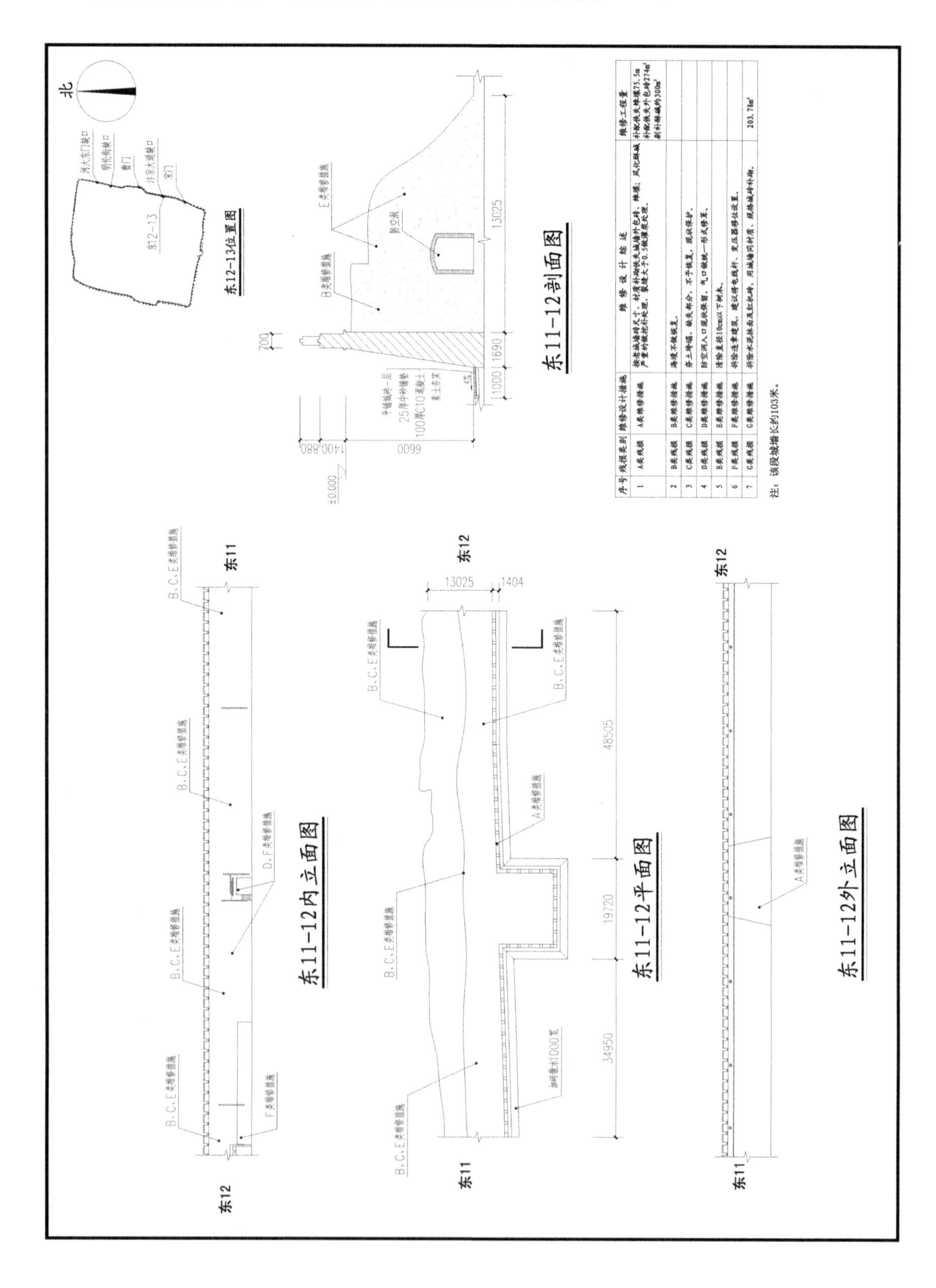

12. 东城墙 12—13 段平面、立面、剖面图

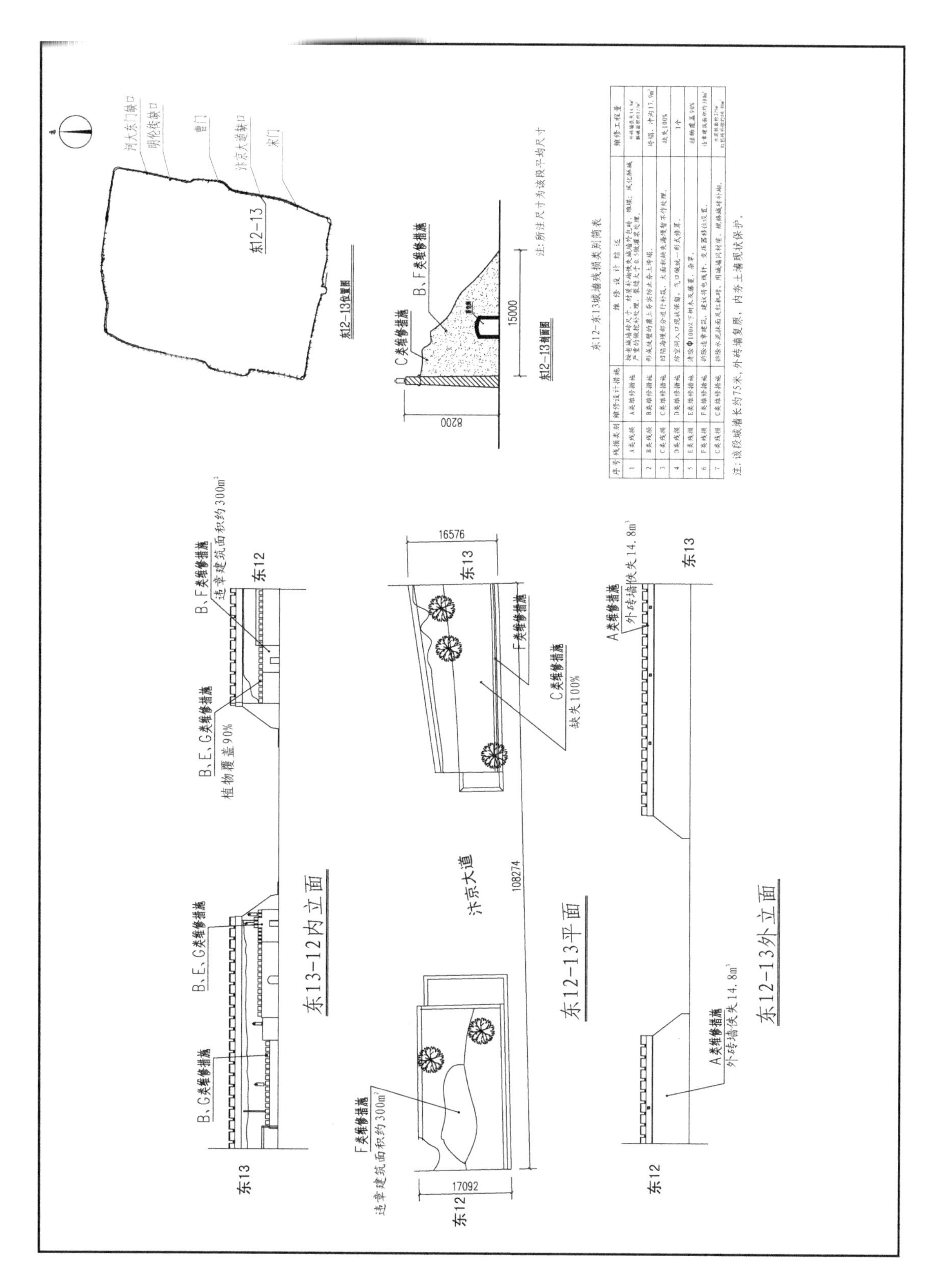

东12-东13城墙残损类别简表

序号	残损类别	维修设计措施	维修设计综述	维修工程量
1	A类残损	A类维修措施	按老城墙砖尺寸、材质补砌佚失城墙外包砖、墙堞;风化酥碱严重的做挖补处理,裂缝大于0.5做灌浆处理。	外砖墙佚失14.8m² 酥碱面积约[illegible]
2	B类残损	B类维修措施	形成陡壁的覆土夯实防止夯土垮塌。	垮塌、冲沟17.9m²
3	C类残损	C类维修措施	凹陷海墁部分进行补筑,大面积缺失海墁暂不作处理。	缺失100%
4	D类残损	D类维修措施	防空洞入口现状保留,气口做统一形式修葺。	1个
5	E类残损	E类维修措施	清除Φ100以下树木及藤蔓、杂草。	植物覆盖90%
6	F类残损	F类维修措施	拆除违章建筑,建议将电线杆、变压器移位设置。	违章建筑面积约300m²
7	G类残损	G类维修措施	拆除水泥抹面及红机砖,用城墙同材质、规格城砖补砌。	水泥抹面约375m² 红机砖补砌约60.86m²

注:该段城墙长约75米,外砖墙复原,内夯土墙现状保护。

13. 东城墙 13—14 段平面、立面、剖面图

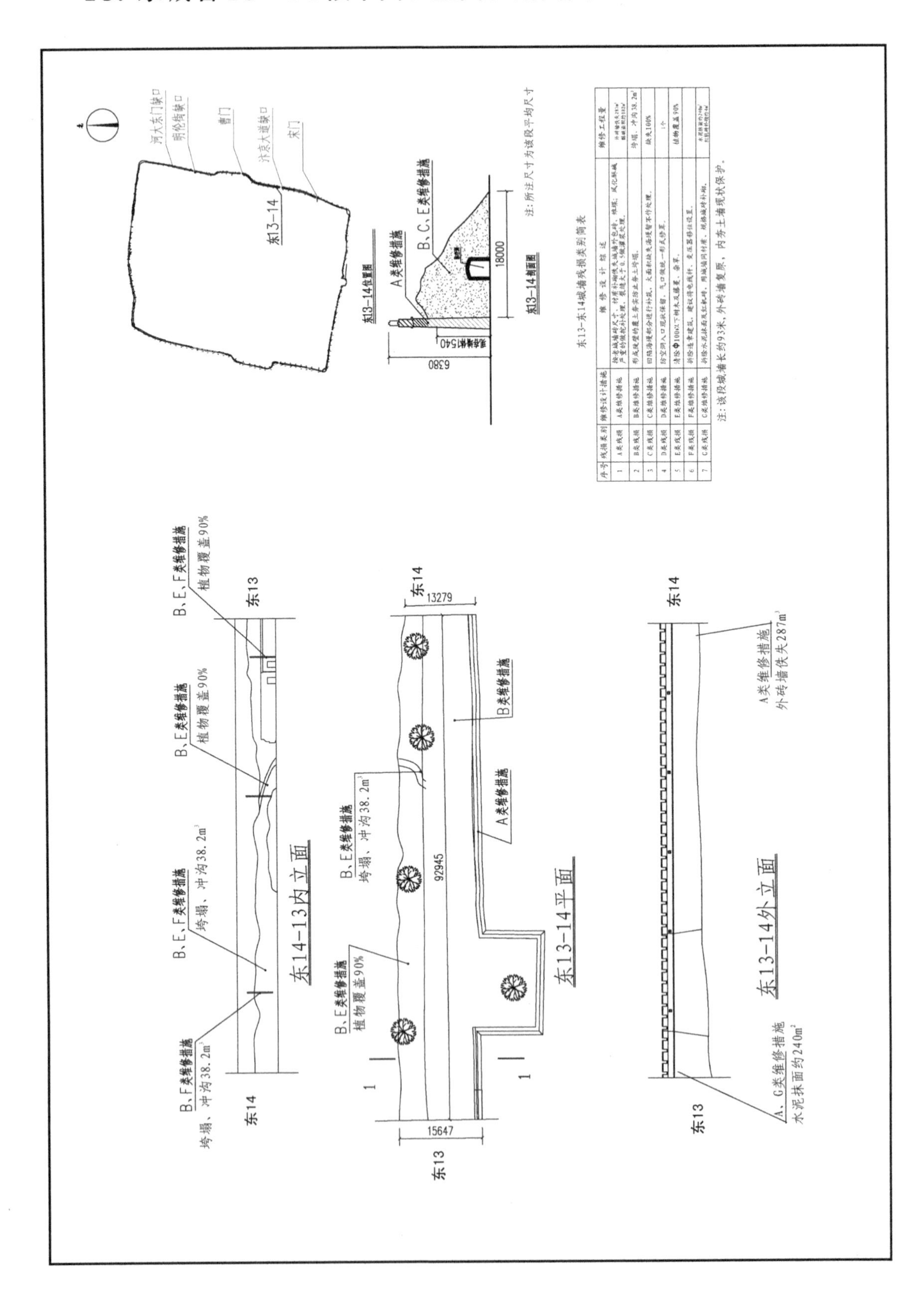

14. 东城墙 14—15 段平面、立面、剖面图

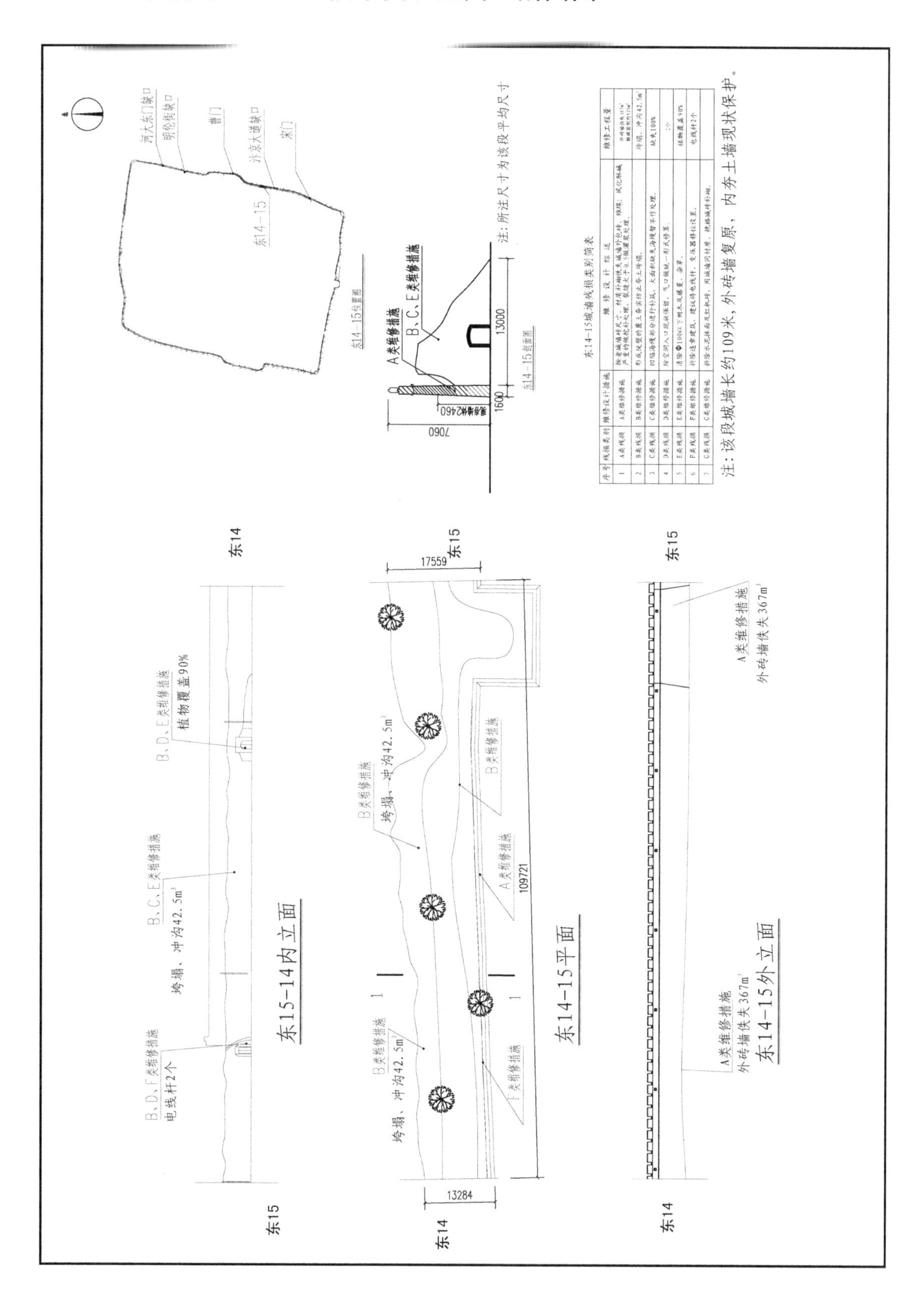

15. 东城墙 15—16 段平面、立面、剖面图

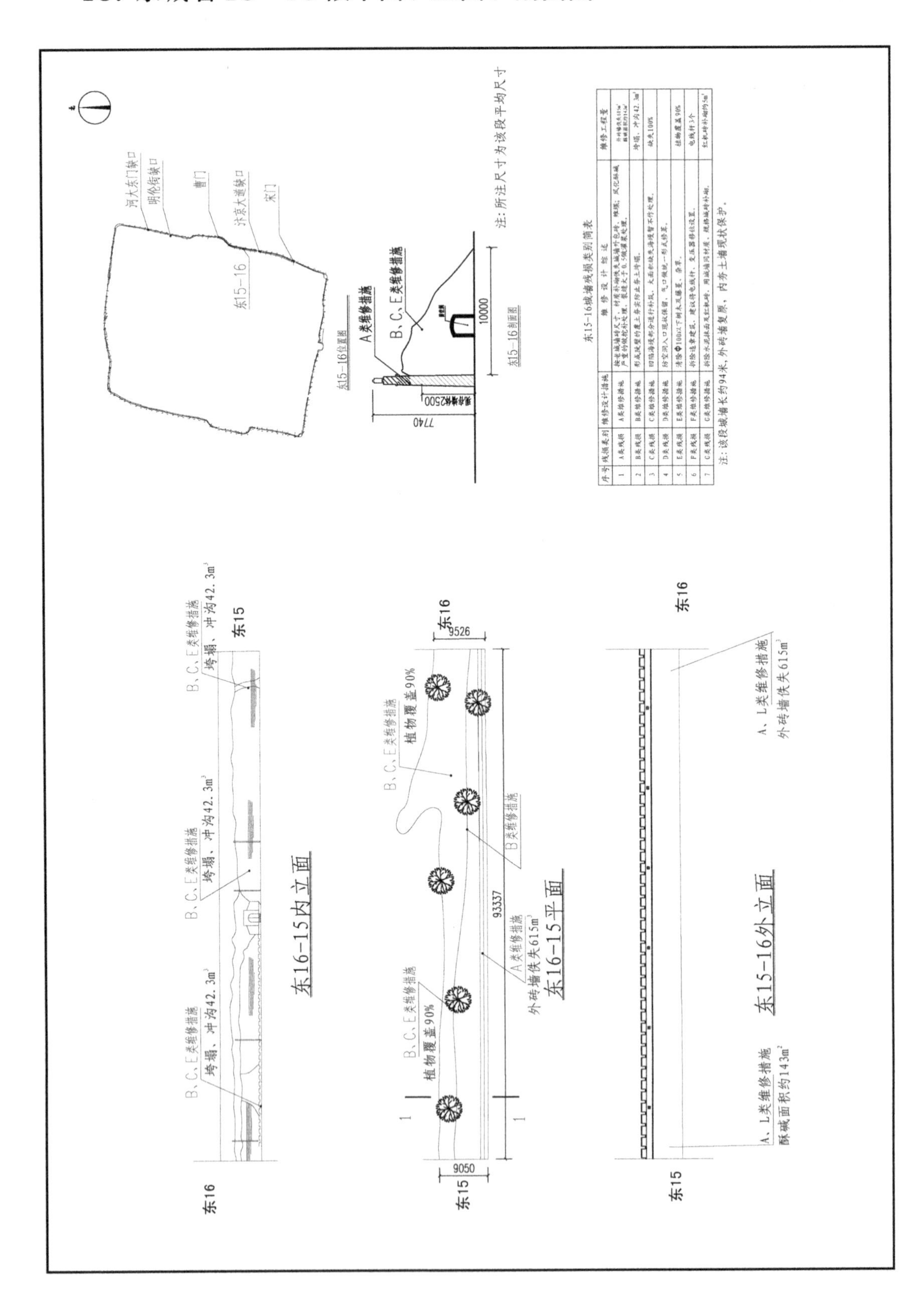

16. 东城墙 16—17 段平面、立面、剖面图

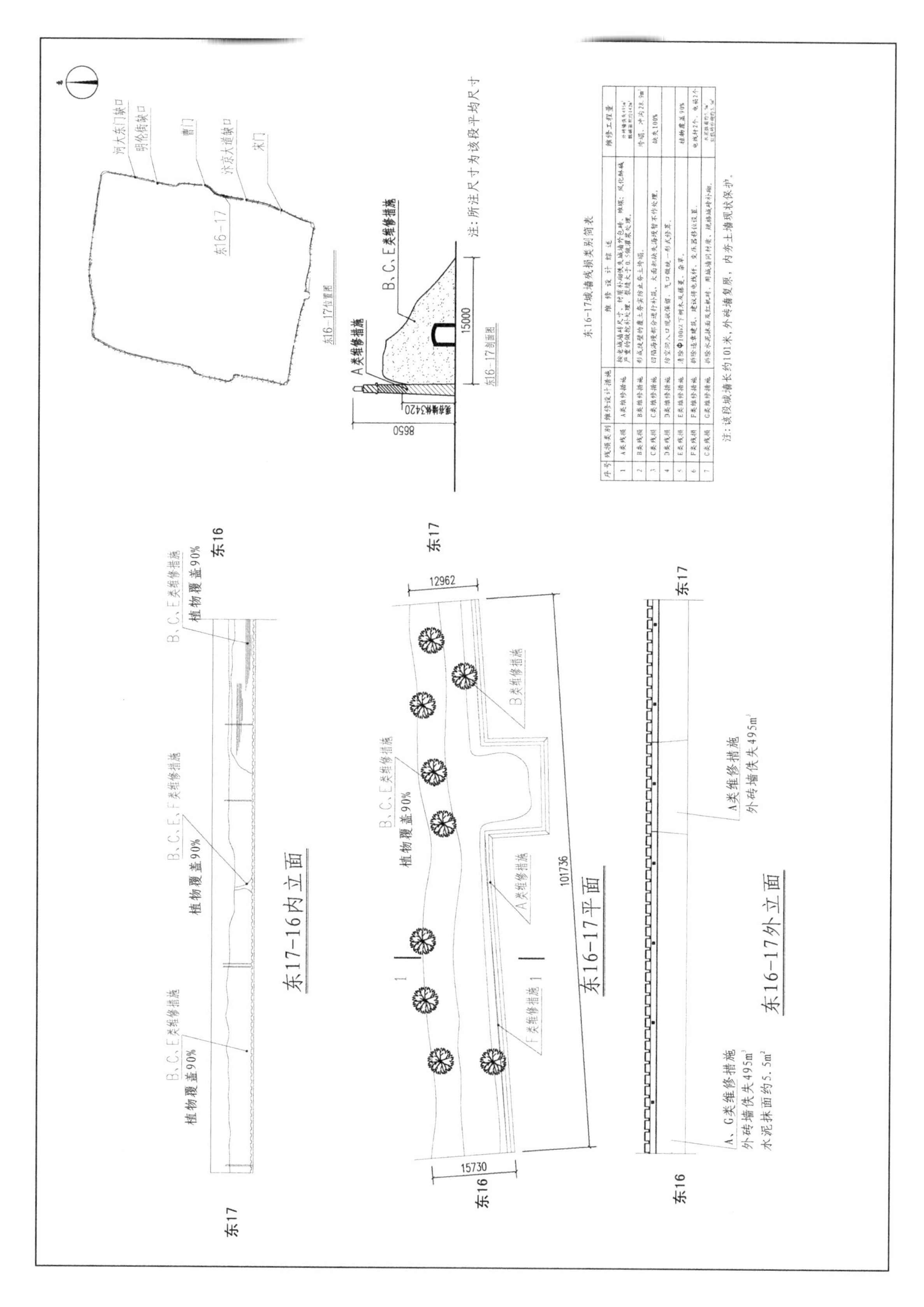

东16-17城墙残损类别简表

序号	残损类别	维修设计措施	维修设计综述	维修工程量
1	A类残损	A类维修措施	按老城墙砖尺寸、材质补砌佚失城墙外包砖、垛堞；风化酥碱严重的做挖补处理，裂缝大于0.5做灌浆处理。	外砖墙佚失495m³ [illegible]
2	B类残损	B类维修措施	彩底陡壁的夯土夯实防止夯土垮塌。	垮塌、冲沟28.9m²
3	C类残损	C类维修措施	凹陷海墁部分进行补筑，大面积缺失海墁暂不作处理。	缺失100%
4	D类残损	D类维修措施	防空洞入口现状保留，气口做统一形式修葺。	
5	E类残损	E类维修措施	清除Φ100以下树木及藤蔓、杂草。	植物覆盖90%
6	F类残损	F类维修措施	拆除违章建筑，建议将电线杆、变压器移位设置。	电线杆2个、电箱2个
7	G类残损	G类维修措施	拆除水泥抹面及红机砖，用城墙同材质、规格城砖补砌。	水泥抹面约5.5m² [illegible]

注：该段城墙长约101米，外砖墙复原，内夯土墙现状保护。

17. 东城墙 17—18 段平面、立面、剖面图

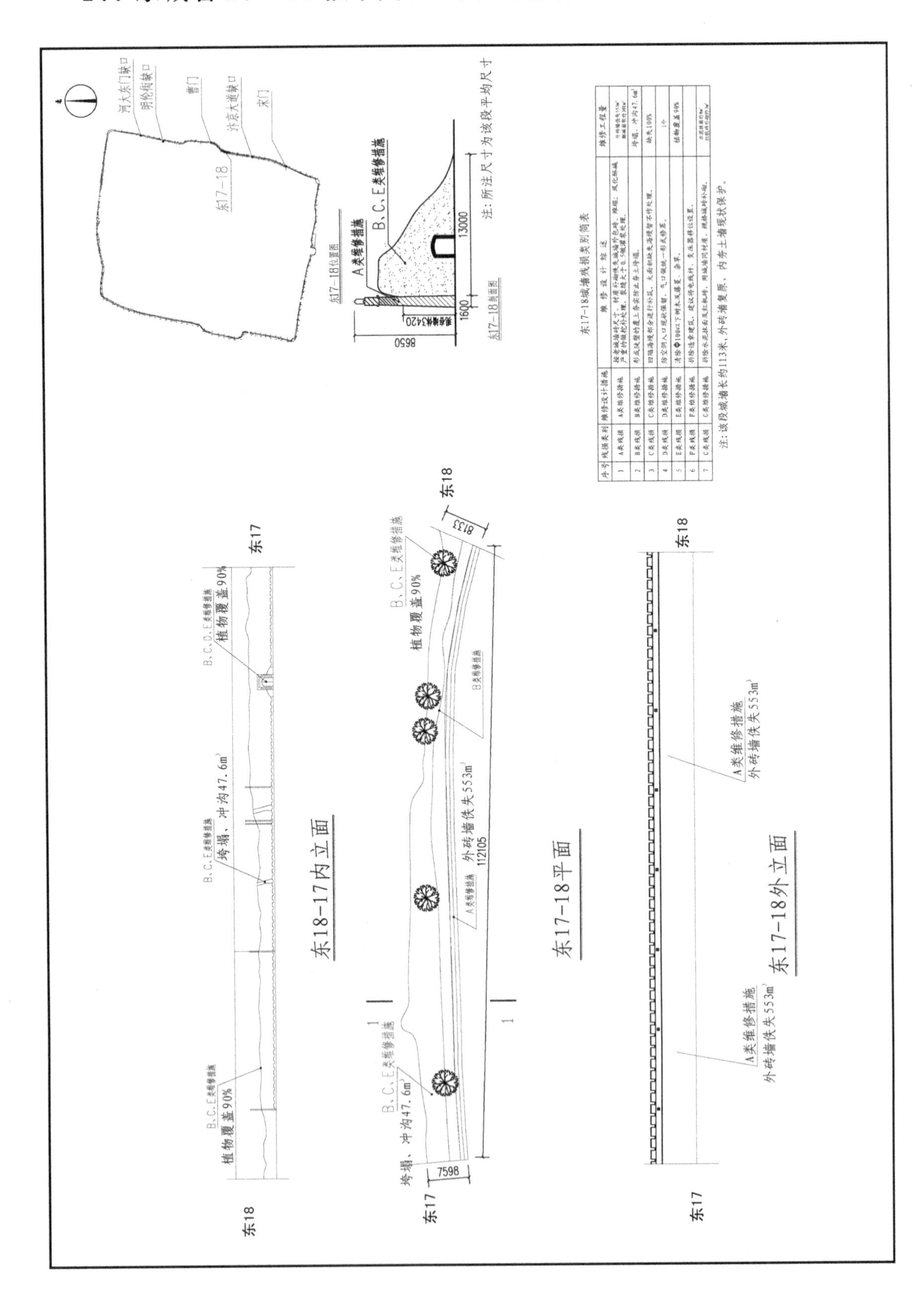

东17-18城墙残损类别简表

序号	残损类别	维修设计措施	维修设计综述	维修工程量
1	A类残损	A类维修措施	按老城墙砖尺寸、材质补砌佚失城墙外包砖。墙垛：风化酥碱严重的做挖补处理，裂缝大于0.5做灌浆处理。	外砖墙佚失553m² 酥碱面积约301m²
2	B类残损	B类维修措施	形成陡壁的覆土夯实防止夯土垮塌。	垮塌、冲沟47.6m³
3	C类残损	C类维修措施	凹陷海墁部分进行补筑，大面积缺失海墁暂不作处理。	缺失100%
4	D类残损	D类维修措施	防空洞入口现状保留，气口做统一形式修葺。	1个
5	E类残损	E类维修措施	清除Φ100以下树木及藤蔓、杂草。	植物覆盖90%
6	F类残损	F类维修措施	拆除违章建筑，建议将电线杆、变压器移位设置。	
7	G类残损	G类维修措施	拆除水泥抹面及红机砖，用城墙同材质、规格城砖补砌。	水泥抹面约8m² 红机砖补砌约3m²

注：该段城墙长约113米，外砖墙复原，内夯土墙现状保护。

18. 东城墙 18—19 段平面、立面、剖面图

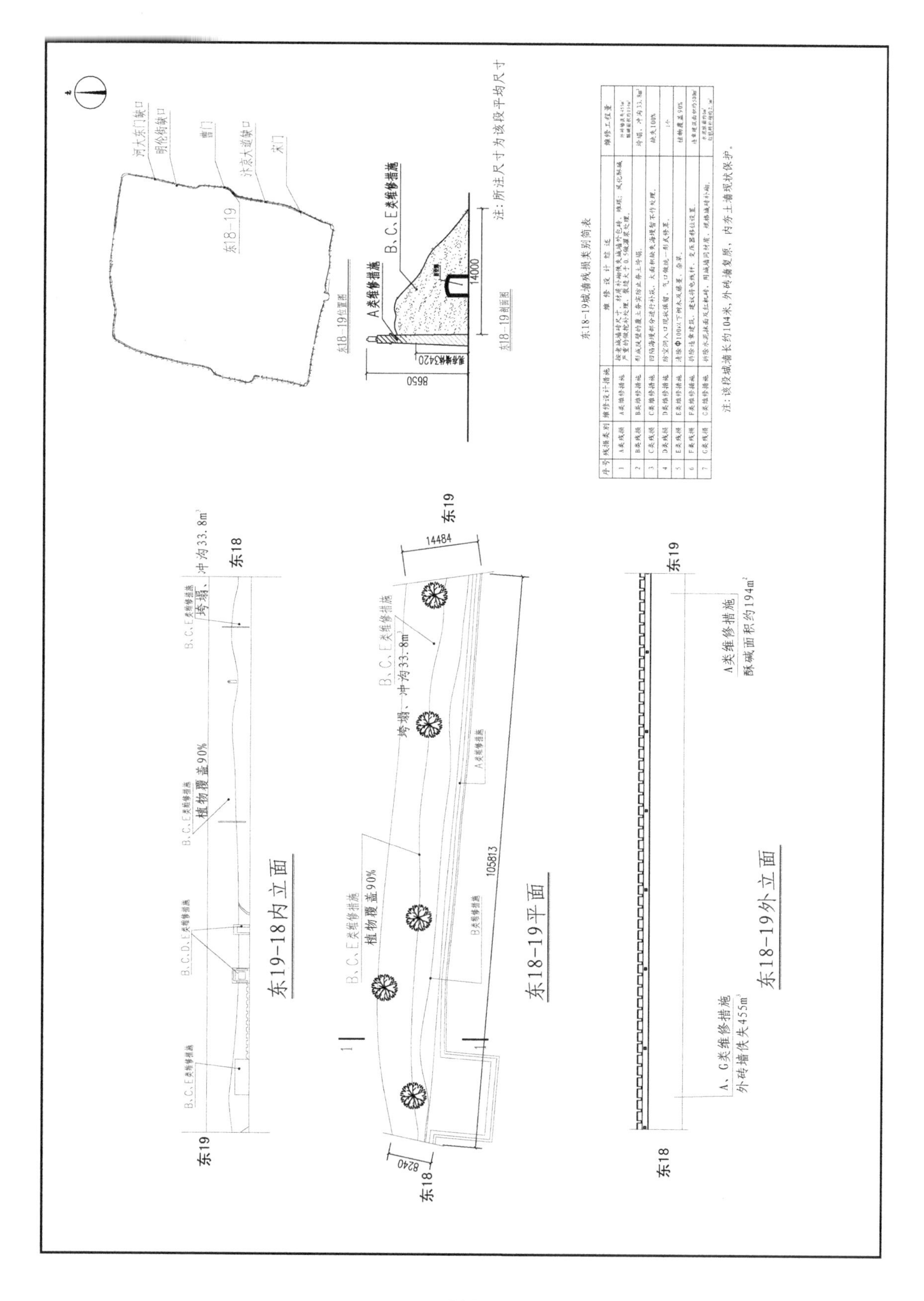

19. 东城墙 19—20 段平面、立面、剖面图

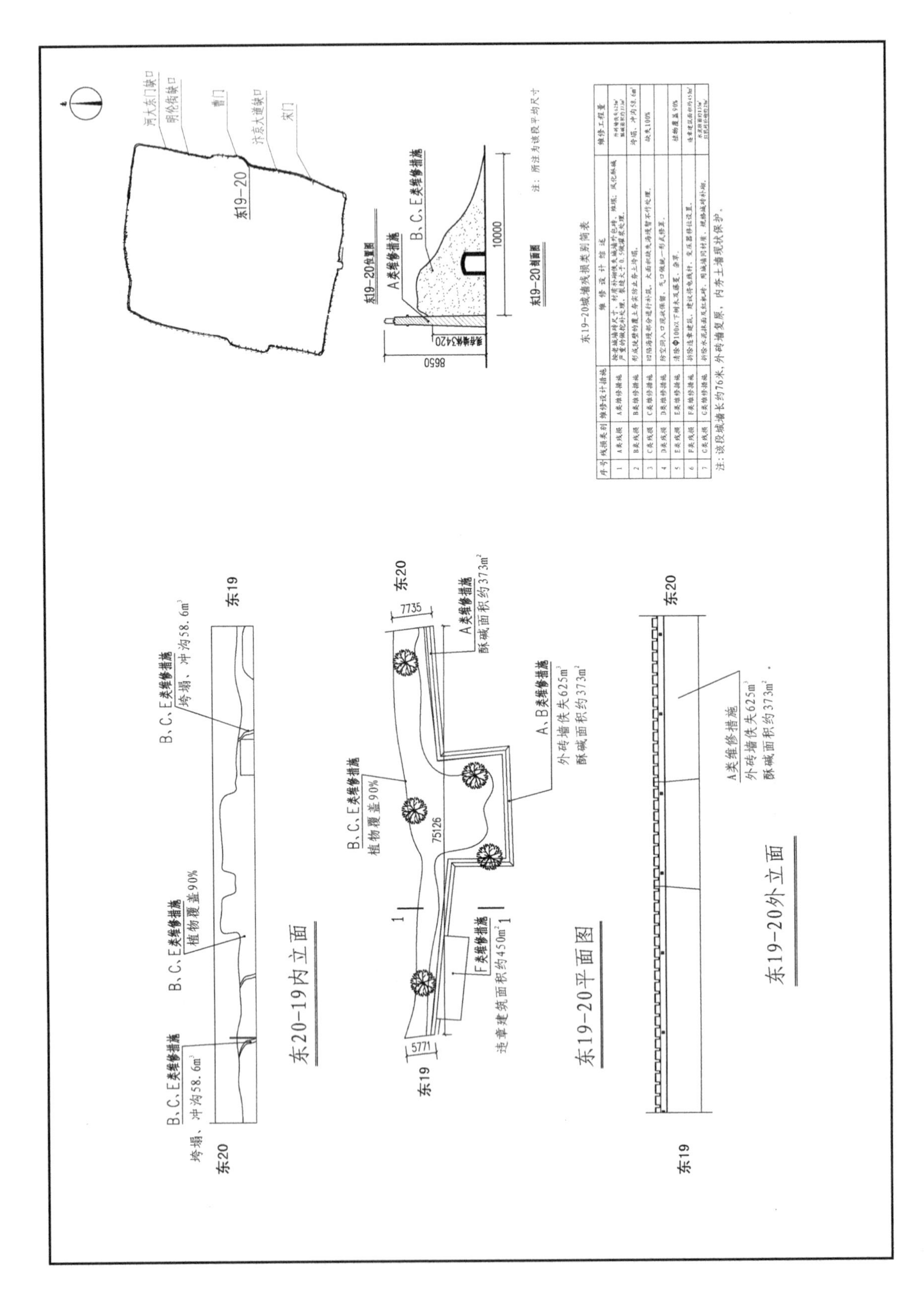

20. 东城墙 20—21 段平面、立面、剖面图

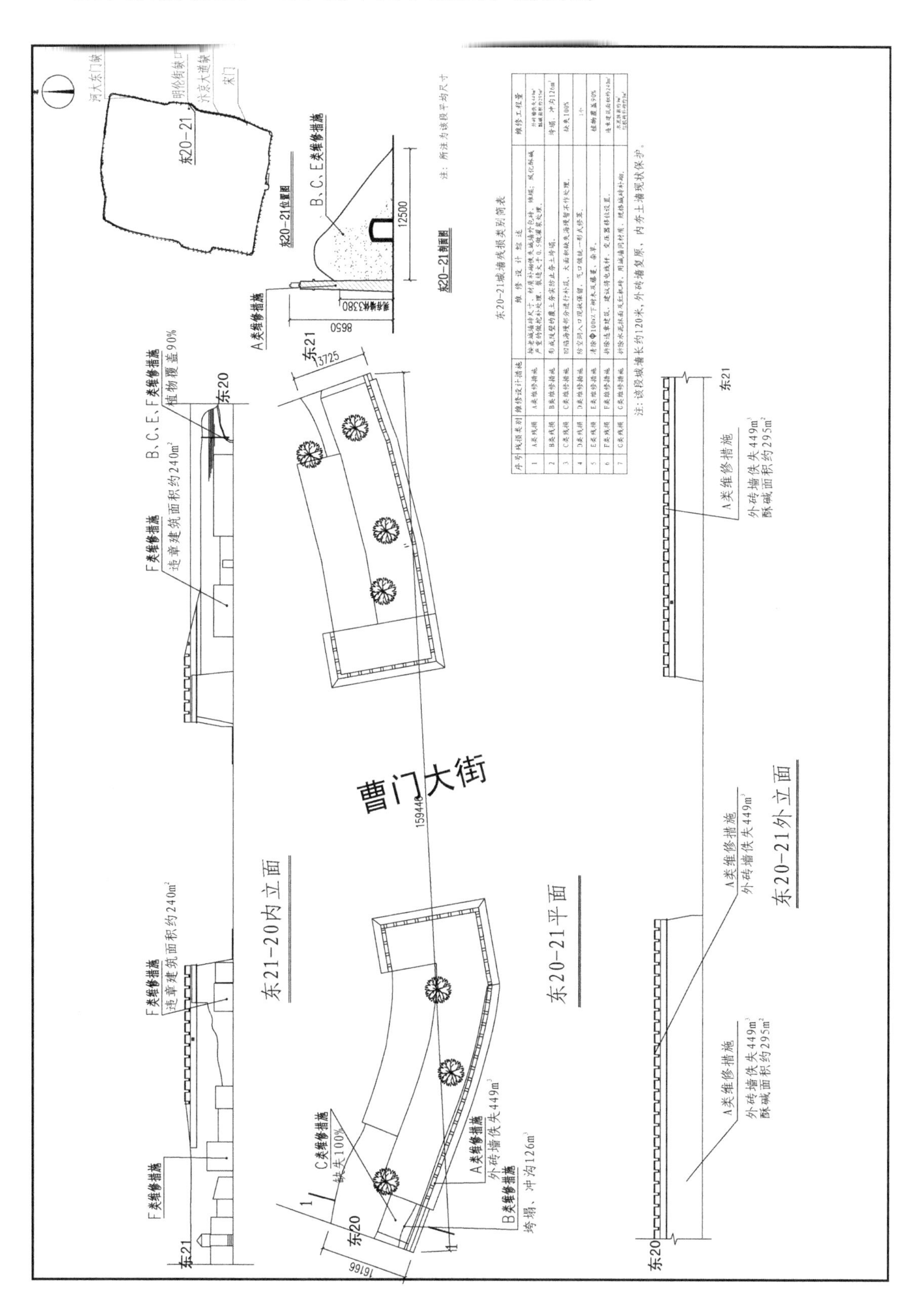

21. 东城墙 21—22 段平面、立面、剖面图

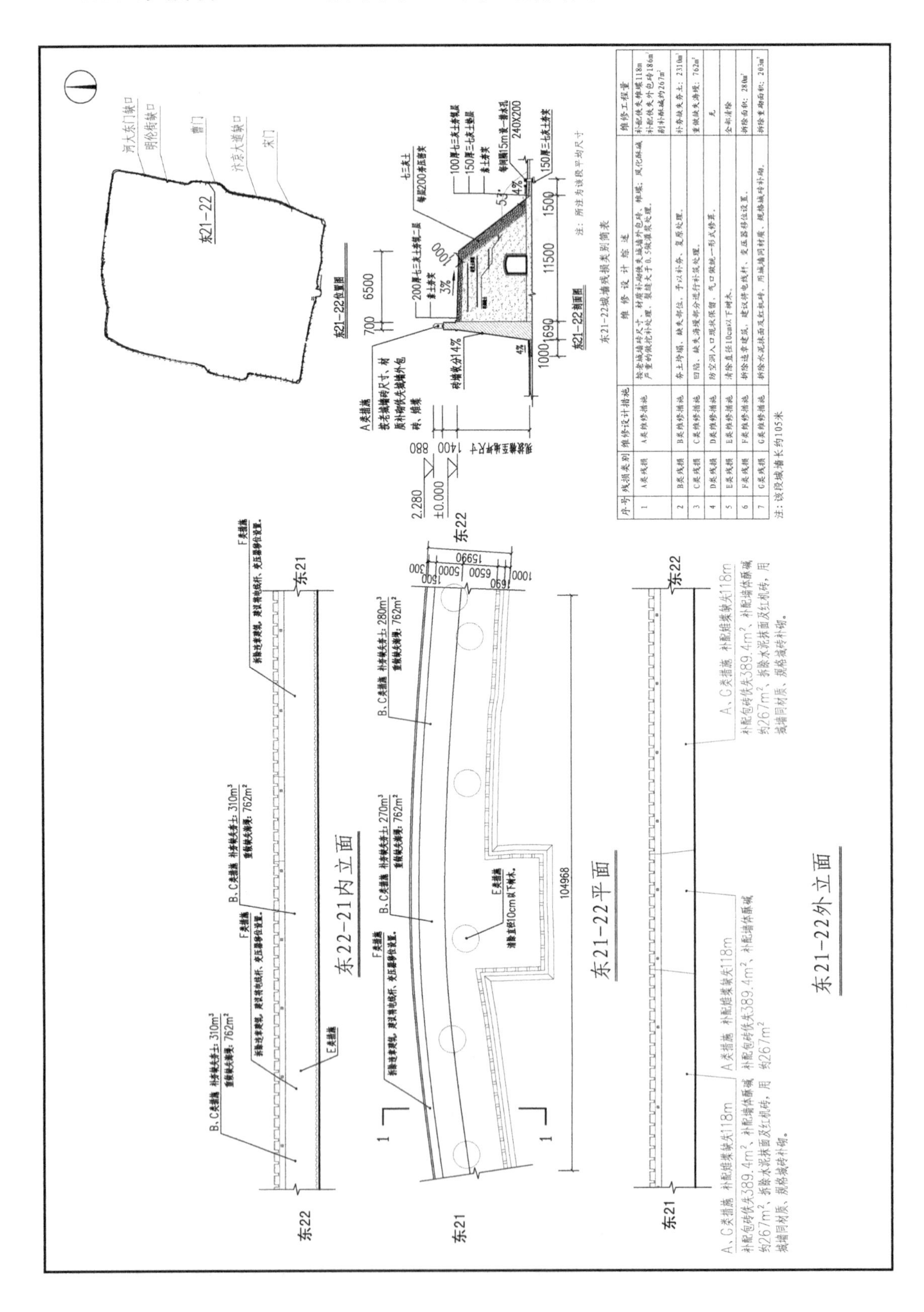

22. 东城墙 22—23 段平面、立面、剖面图

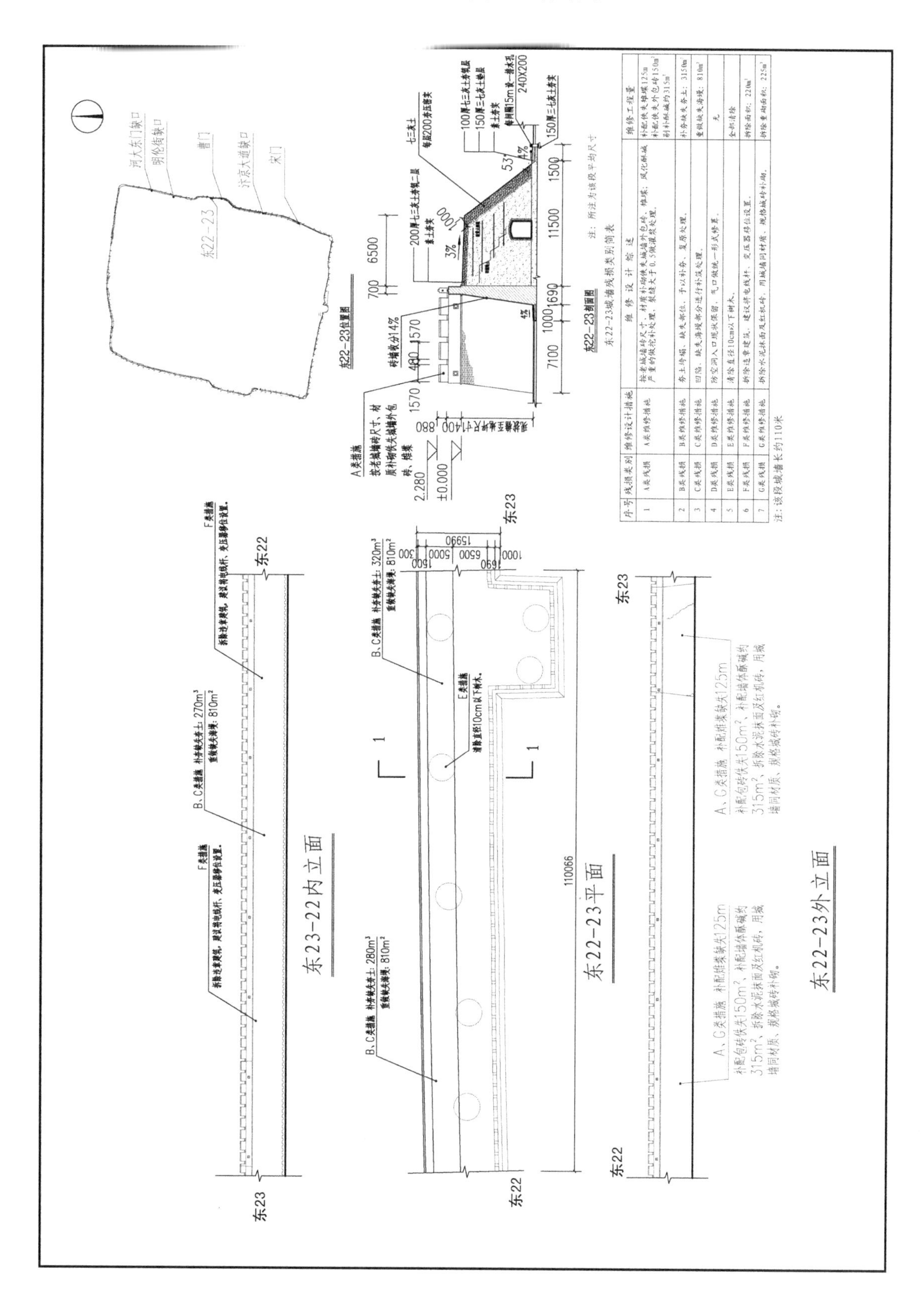

23. 东城墙 23—24 段平面、立面、剖面图

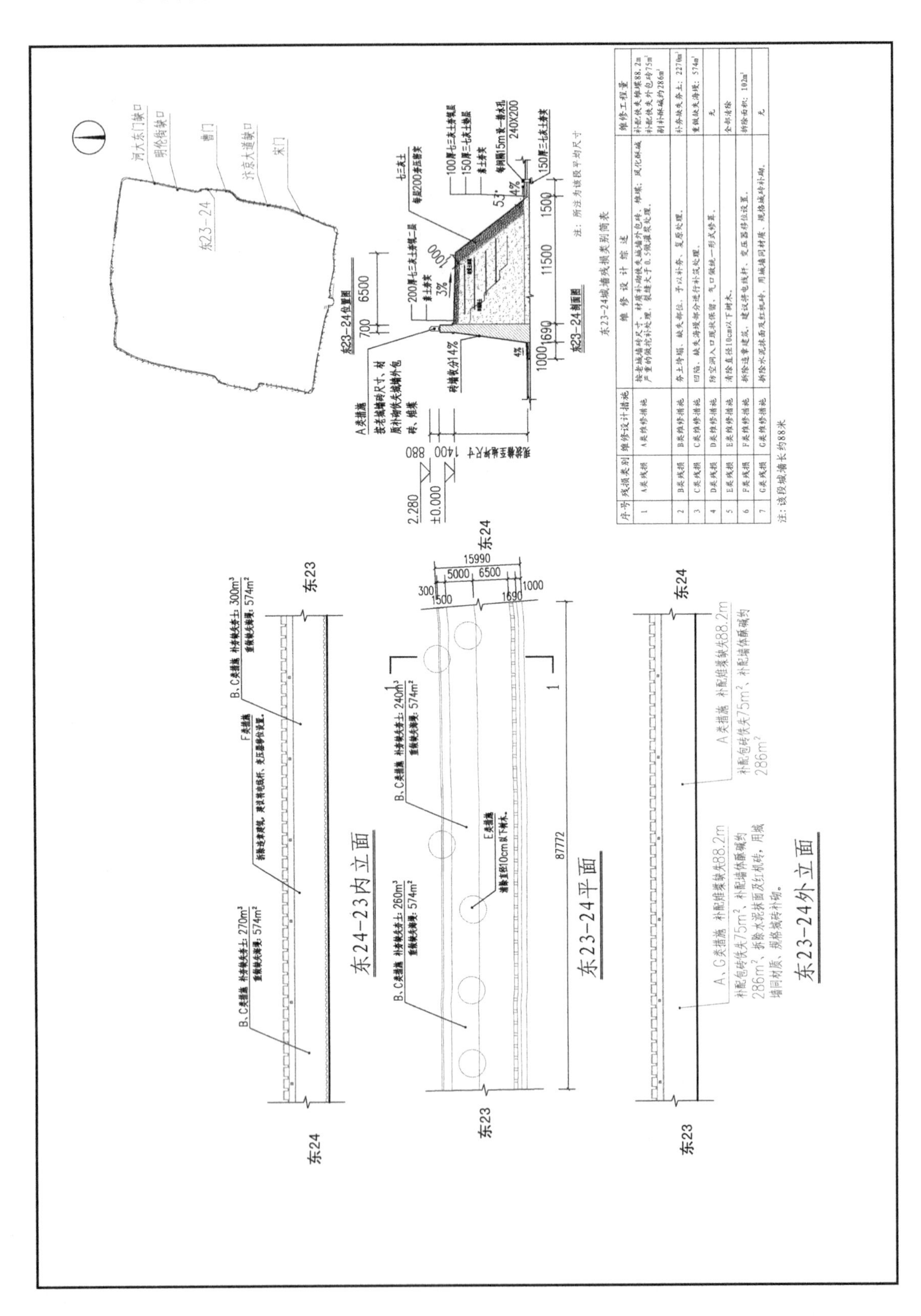

24. 东城墙 24—25 段平面、立面、剖面图

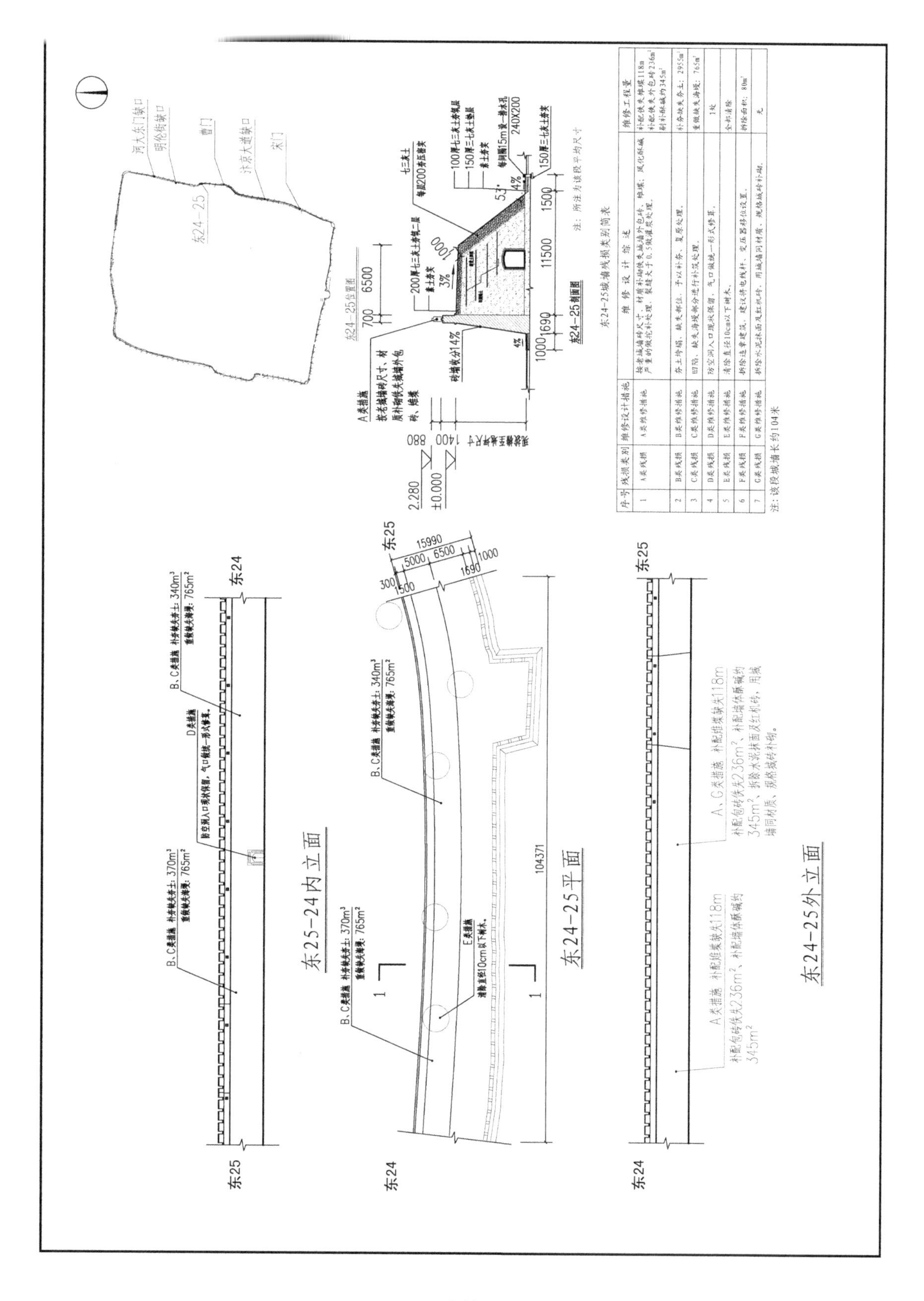

25. 东城墙 25—26 段平面、立面、剖面图

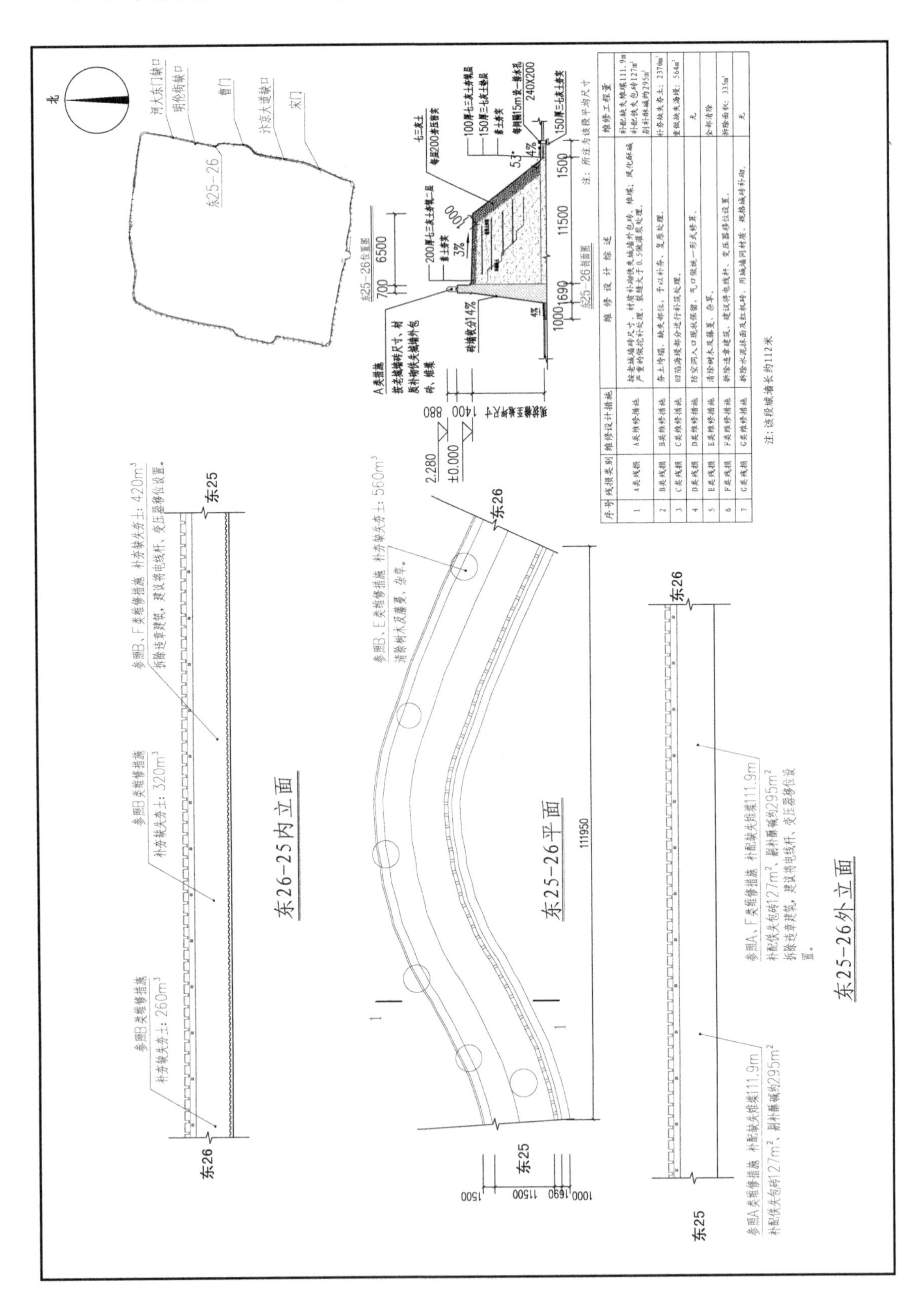

26. 东城墙 26—27 段平面、立面、剖面图

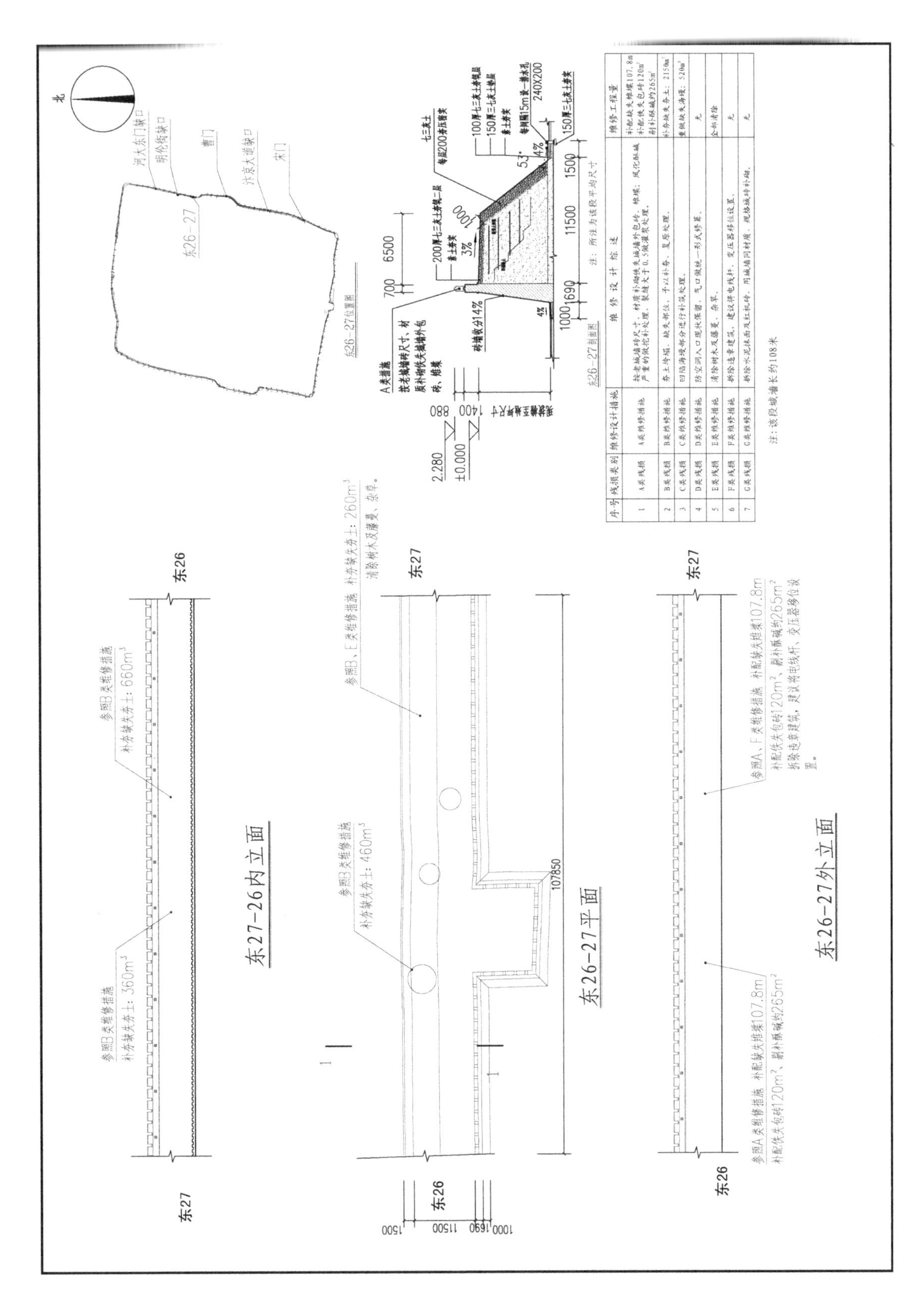

27. 东城墙 27—28 段平面、立面、剖面图

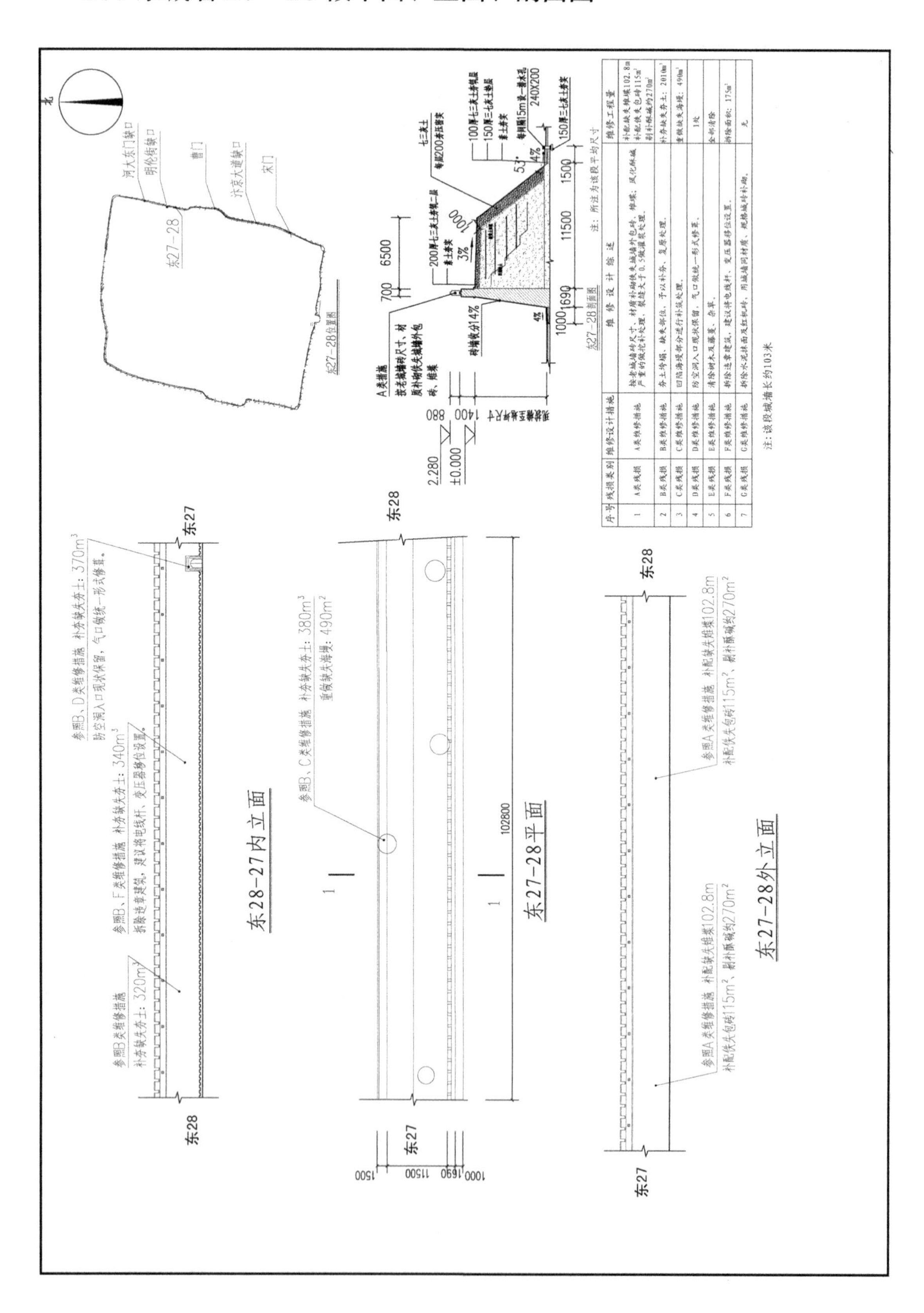

28. 东城墙 28—29 段平面、立面、剖面图

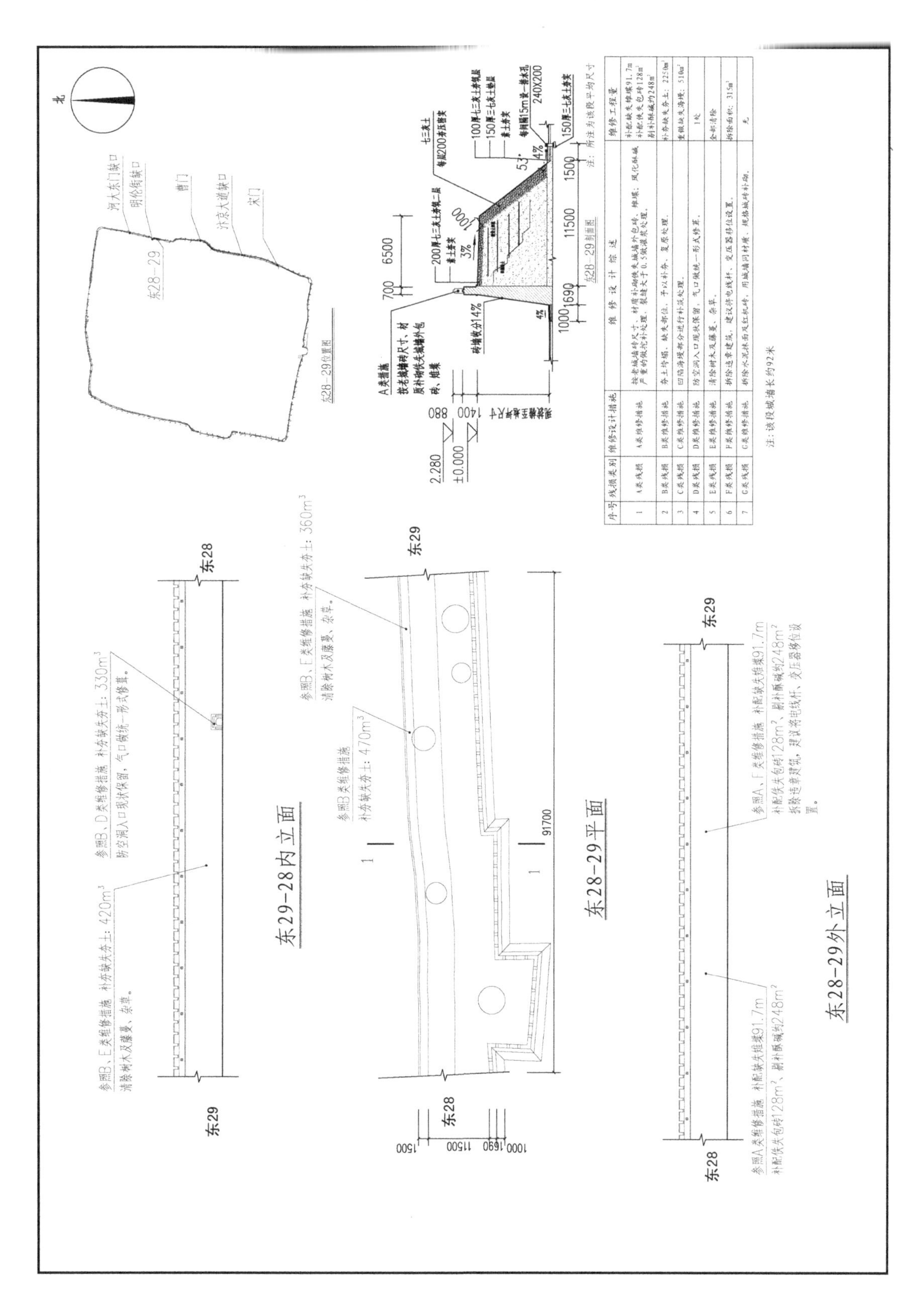

29. 东城墙 29—30 段平面、立面、剖面图

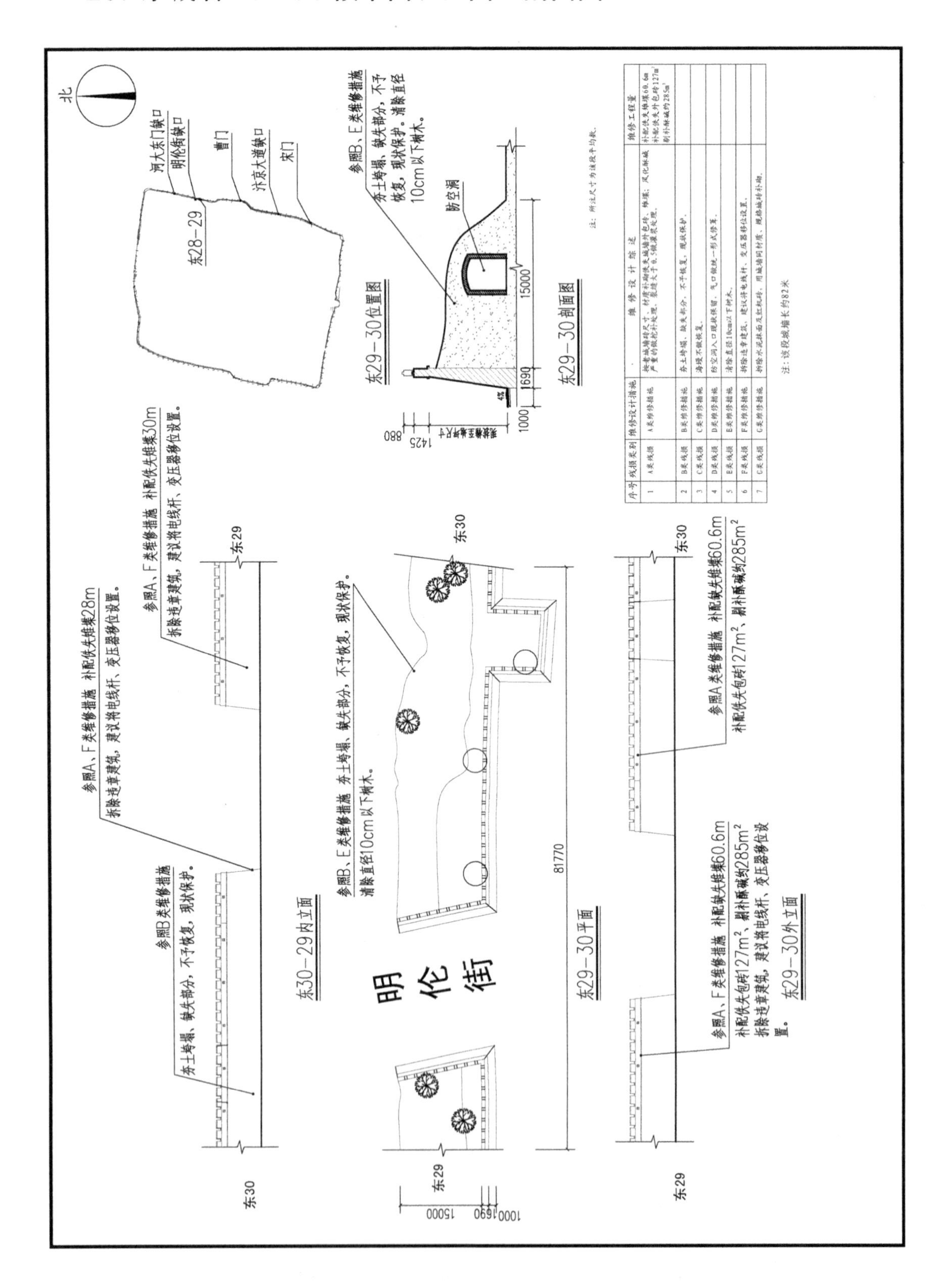

30. 东城墙 30—31 段平面、立面、剖面图

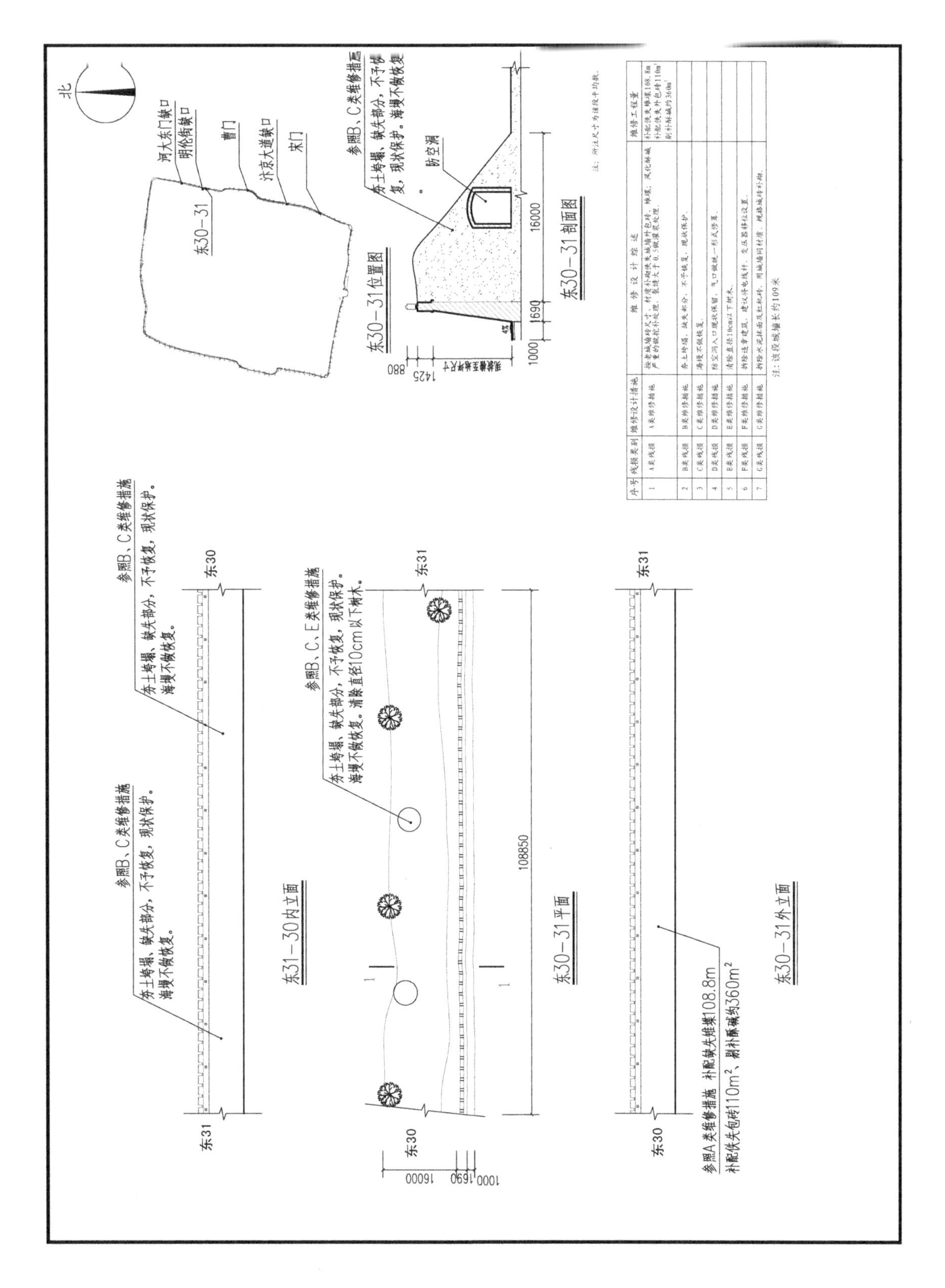

31. 东城墙31—32段平面、立面、剖面图

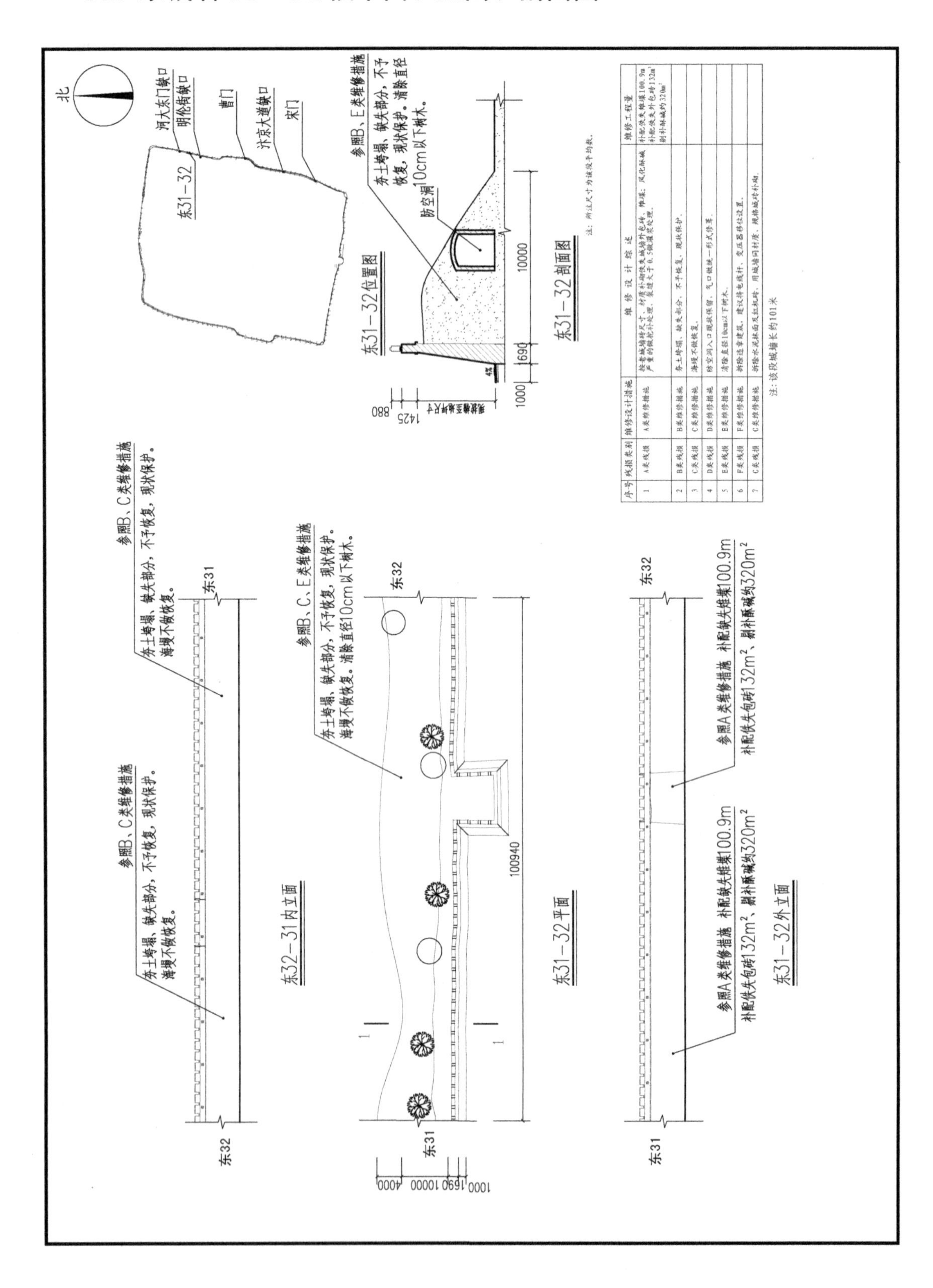

注：所注尺寸为该段平均数。

序号	残损类别	维修设计措施	维修设计综述	维修工程量
1	A类残损	A类维修措施	按老城墙砖尺寸、材质补砌佚失城墙外包砖，雉堞；风化酥碱严重的做挖补处理，裂缝大于0.5做灌浆处理。	补配佚失雉堞100.9m 补配佚失外包砖132m² 剔补酥碱约320m²
2	B类残损	B类维修措施	夯土垮塌，缺失部分，不予恢复，现状保护。	
3	C类残损	C类维修措施	海墁不做恢复。	
4	D类残损	D类维修措施	防空洞入口现状保留，气口做统一形式修葺。	
5	E类残损	E类维修措施	清除直径10cm以下树木。	
6	F类残损	F类维修措施	拆除违章建筑，建议将电线杆、变压器移位设置。	
7	G类残损	G类维修措施	拆除水泥抹面及红机砖，用城墙同材质、规格城砖补砌。	

注：该段城墙长约101米

32. 东城墙 32—33 段平面、立面、剖面图

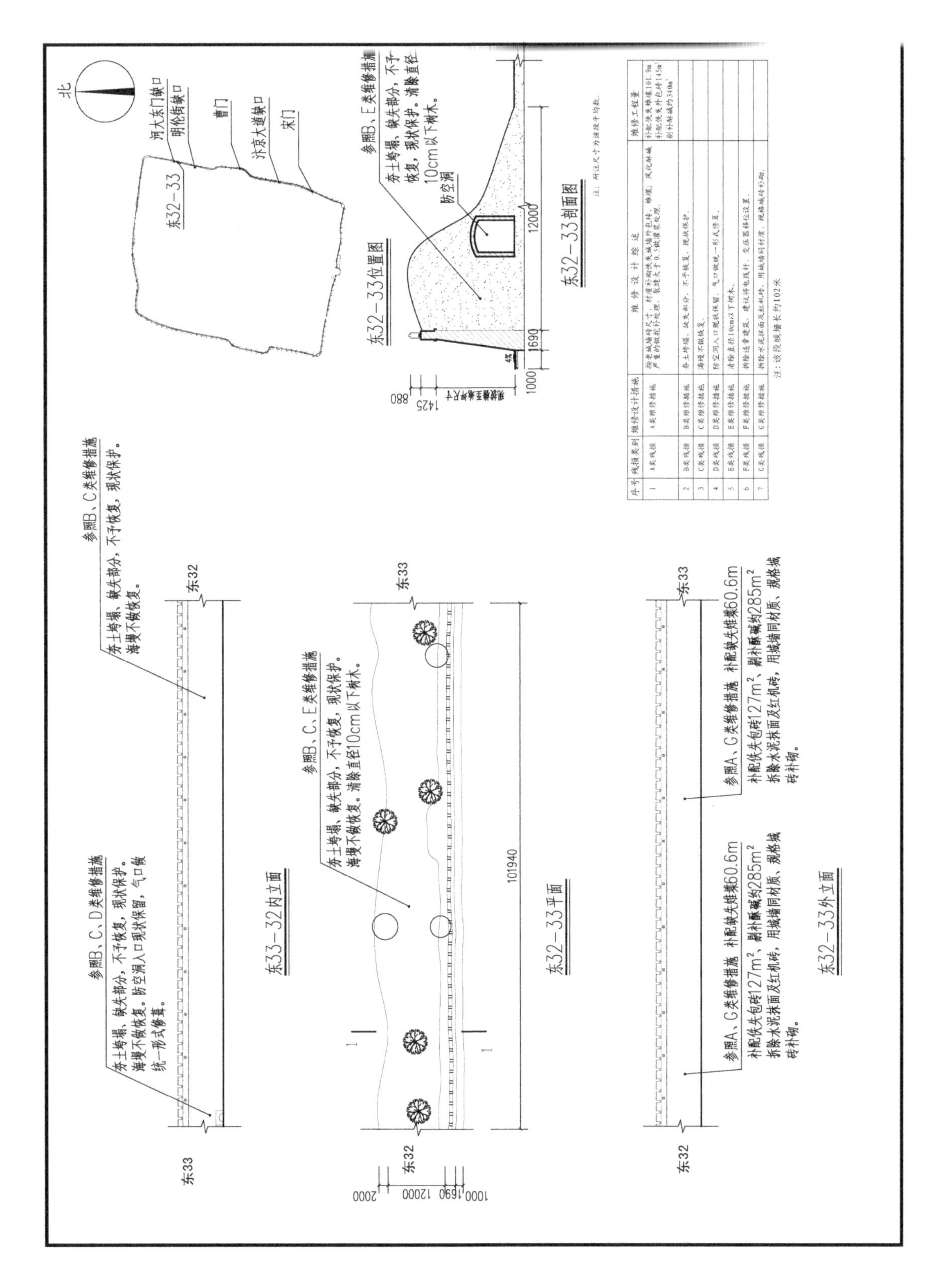

33. 东城墙33—34段平面、立面、剖面图

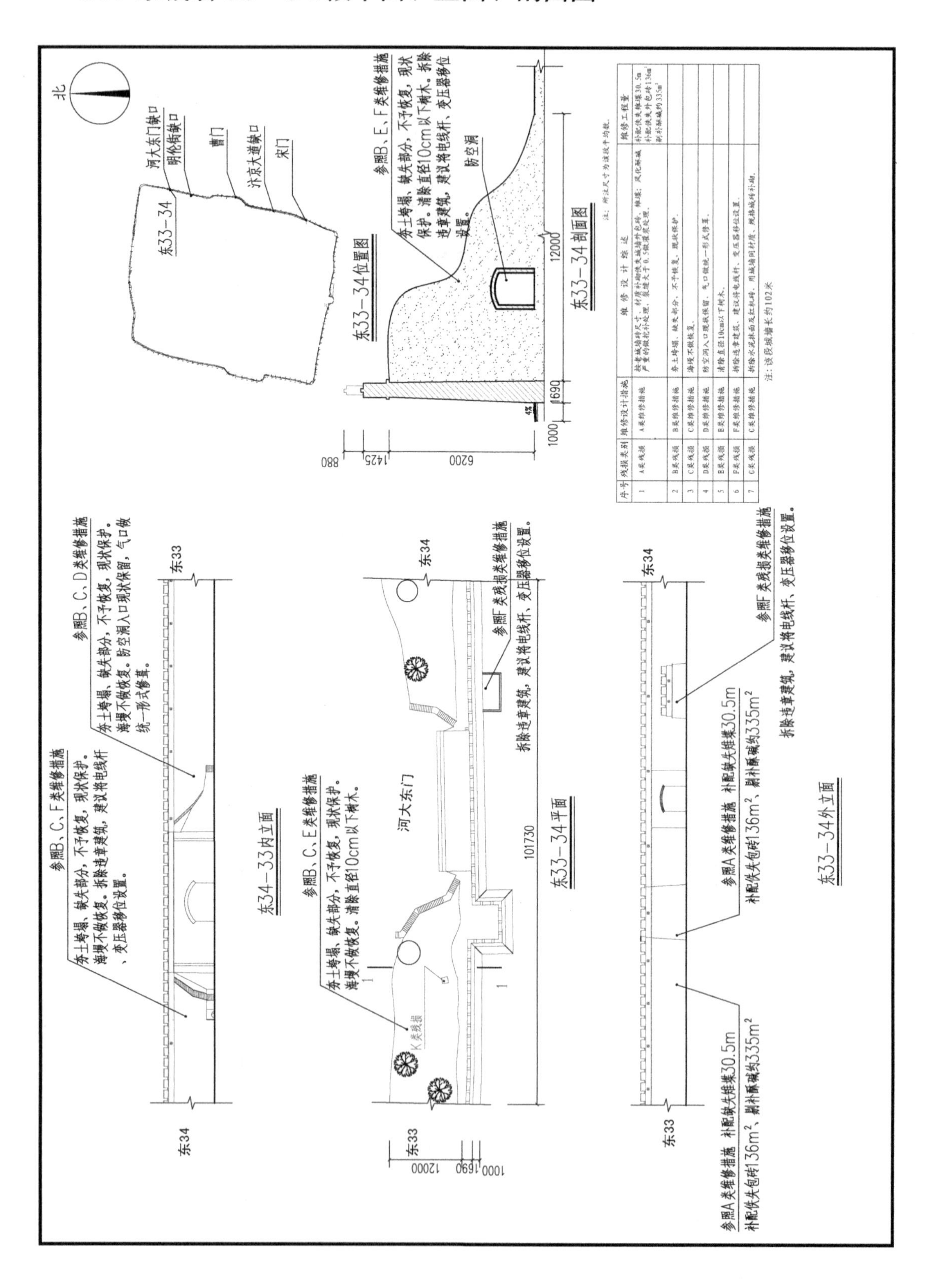

34. 北城墙 18—19 段平面、立面、剖面图

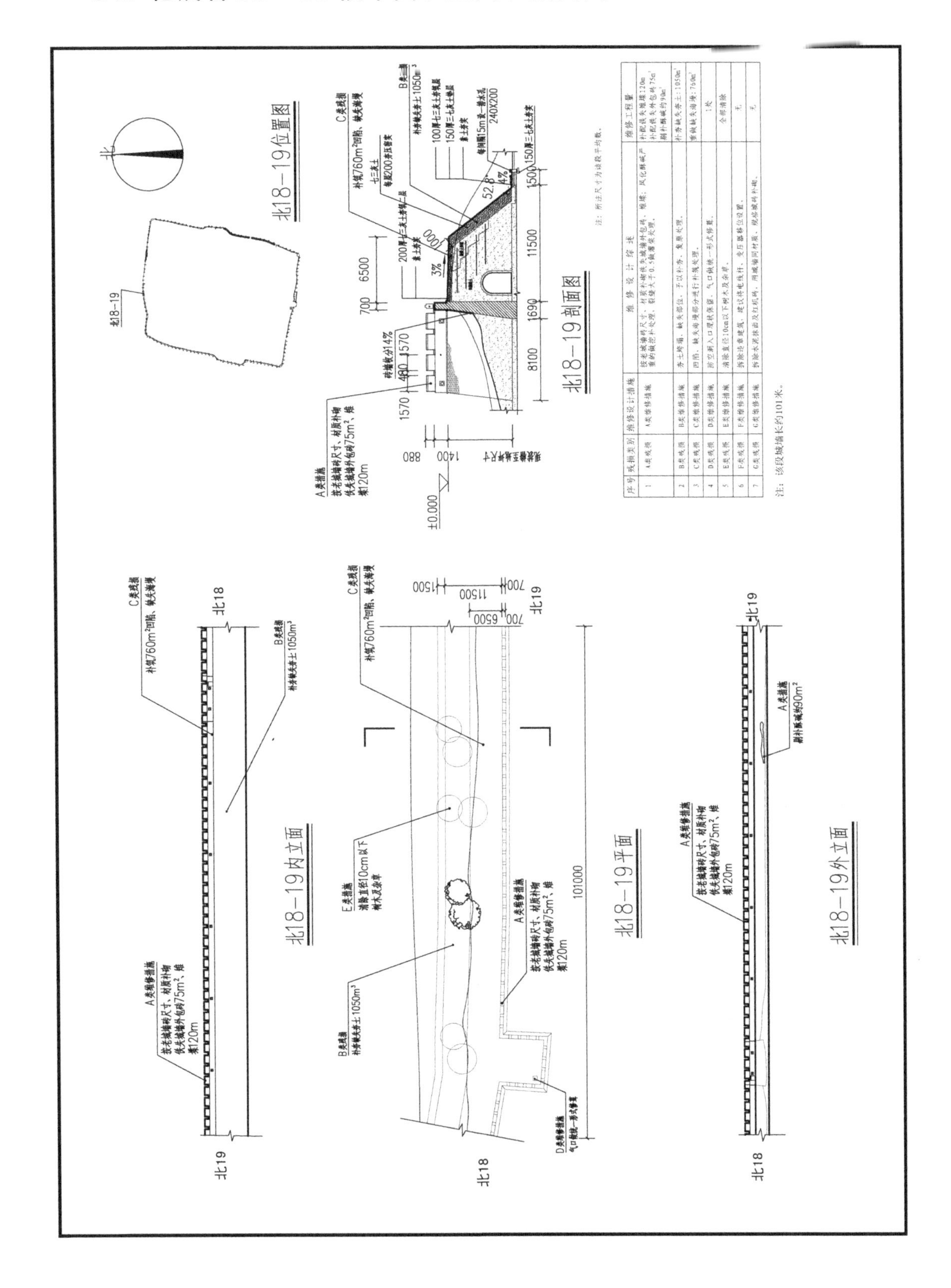

35. 北城墙 19—20 段平面、立面、剖面图

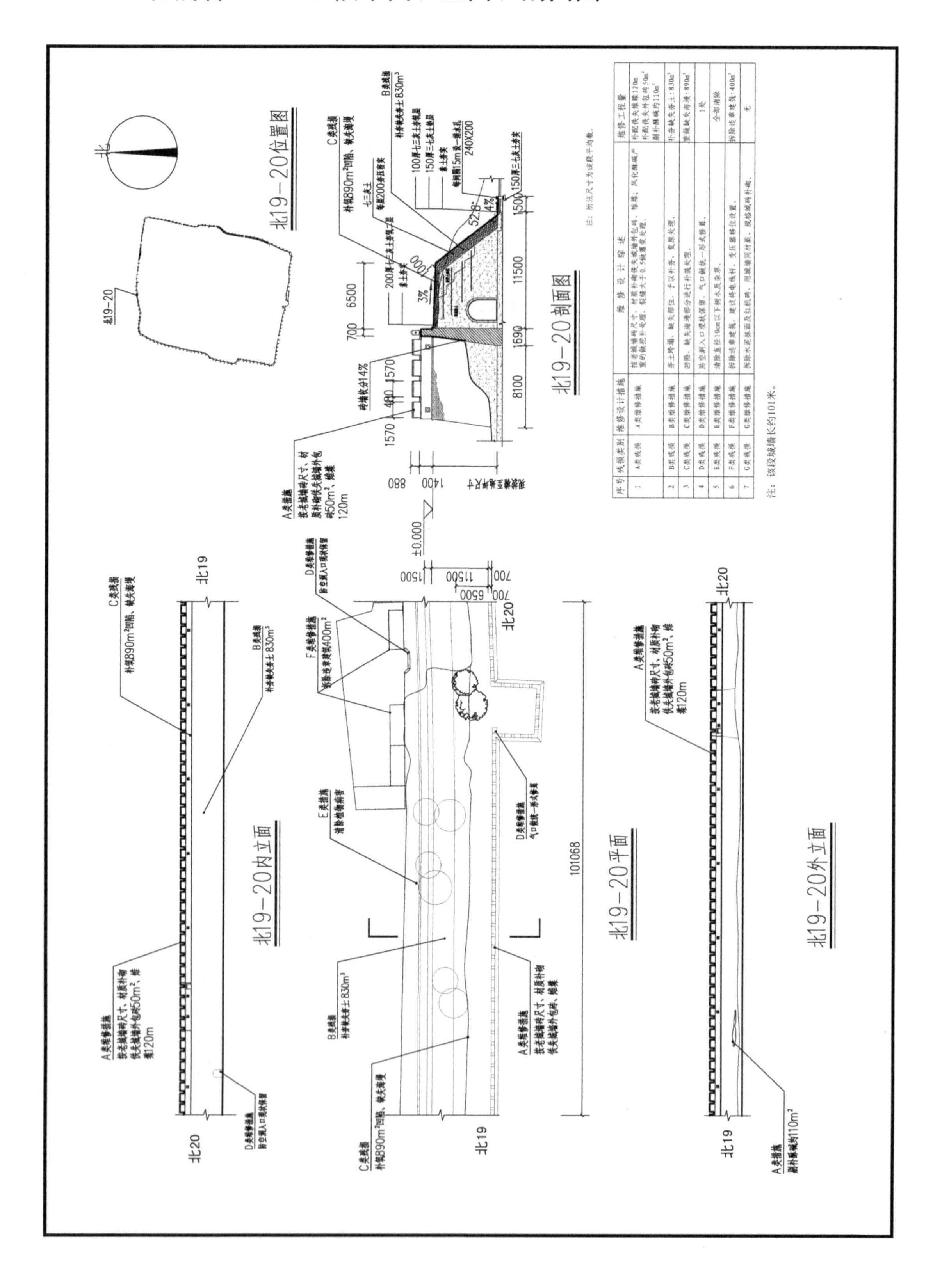

36. 北城墙 20—21 段平面、立面、剖面图

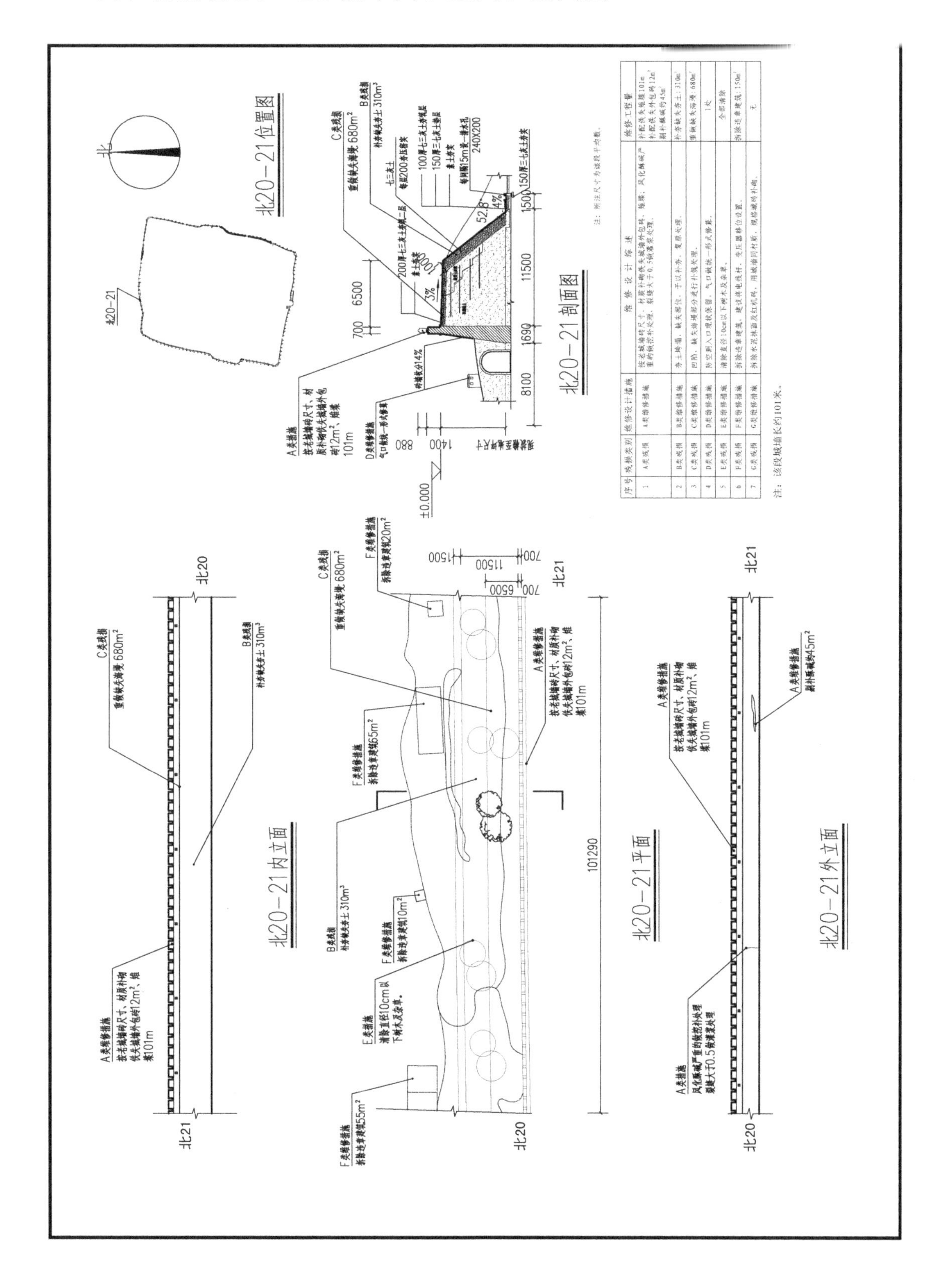

37. 北城墙 21—22 段平面、立面、剖面图

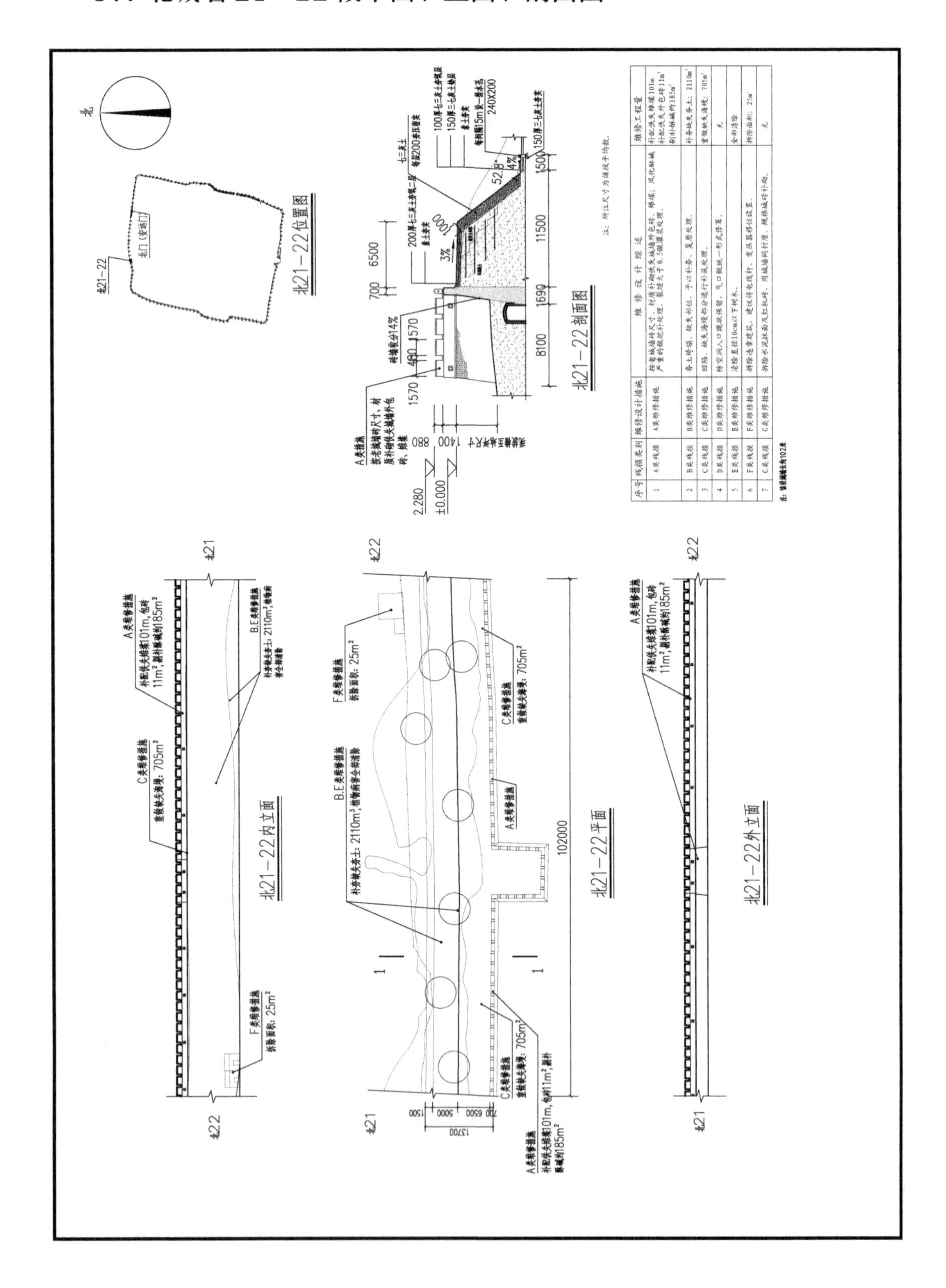

38. 北城墙 22—23 段平面、立面、剖面图

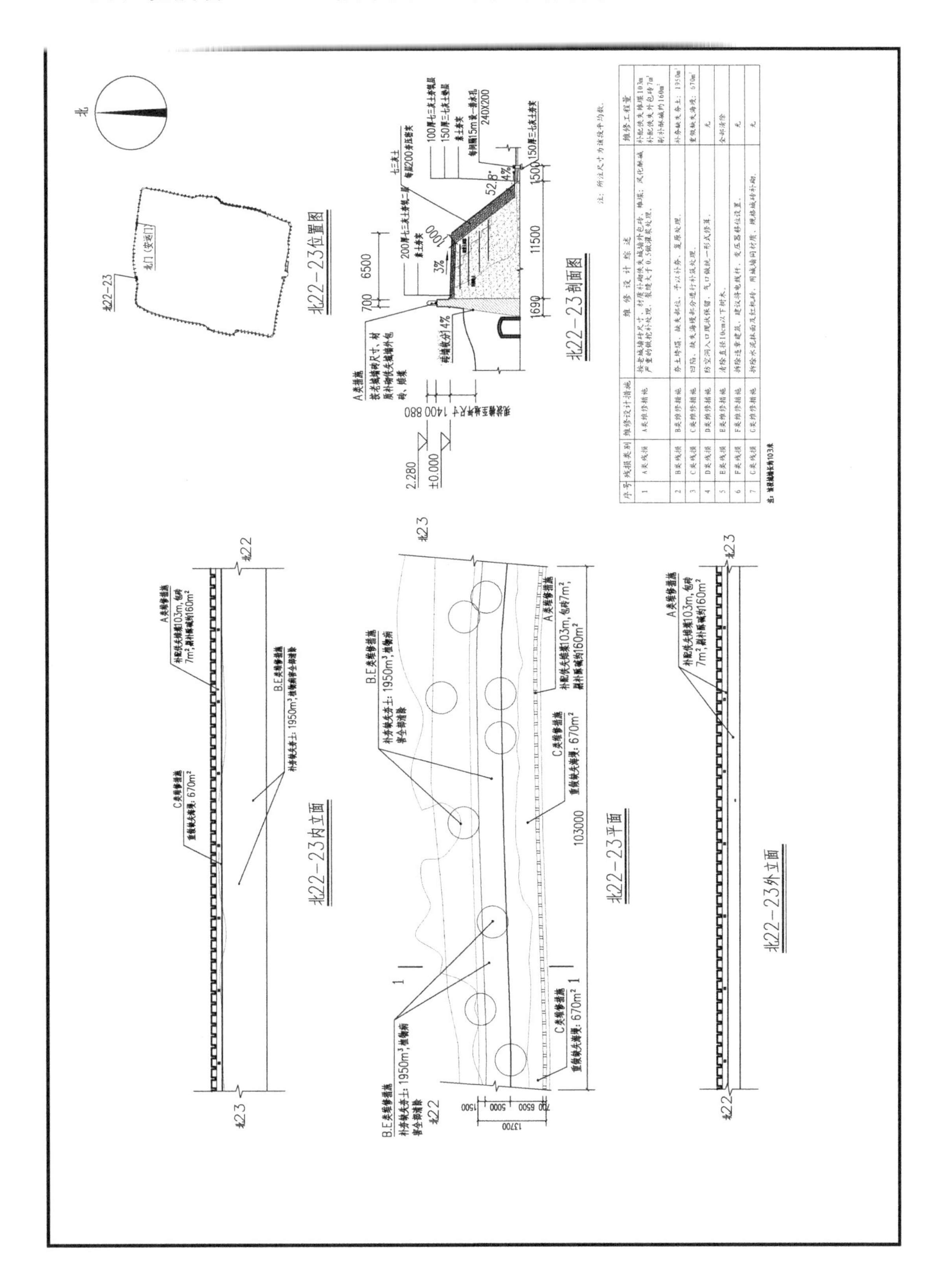

39. 北城墙 23—24 段平面、立面、剖面图

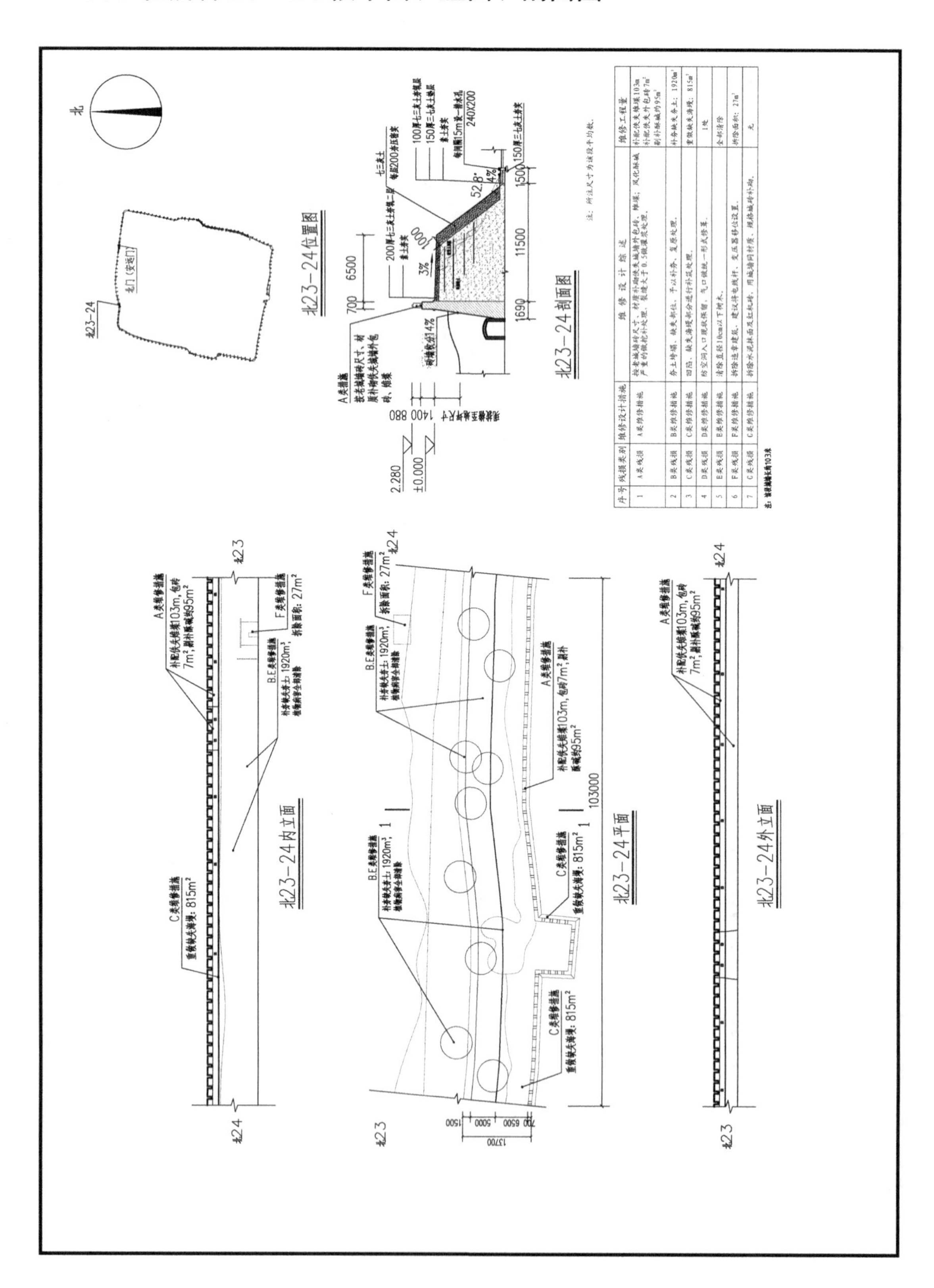

40. 北城墙 24—25 段平面、立面、剖面图

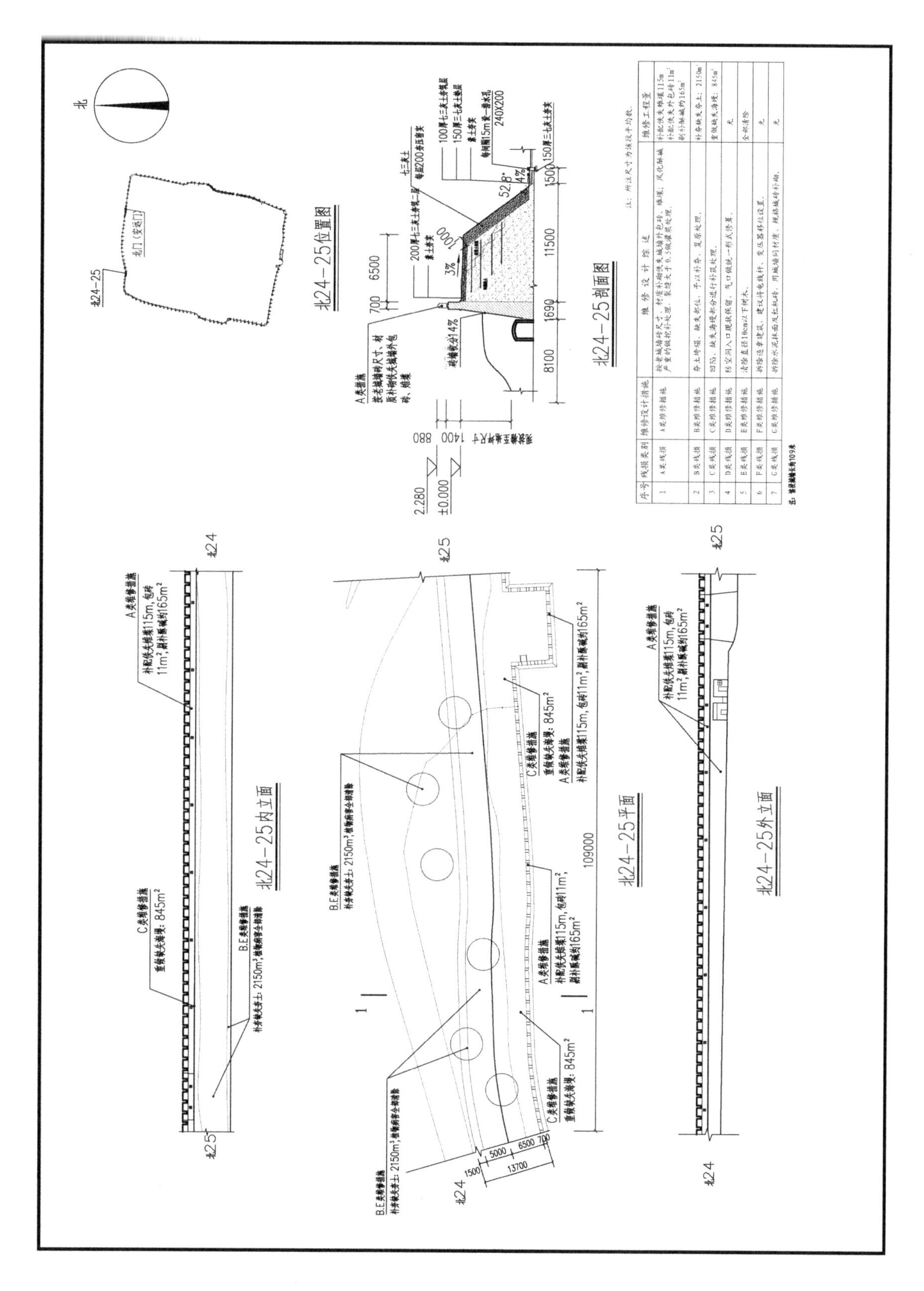

41. 北城墙 25—26 段平面、立面、剖面图

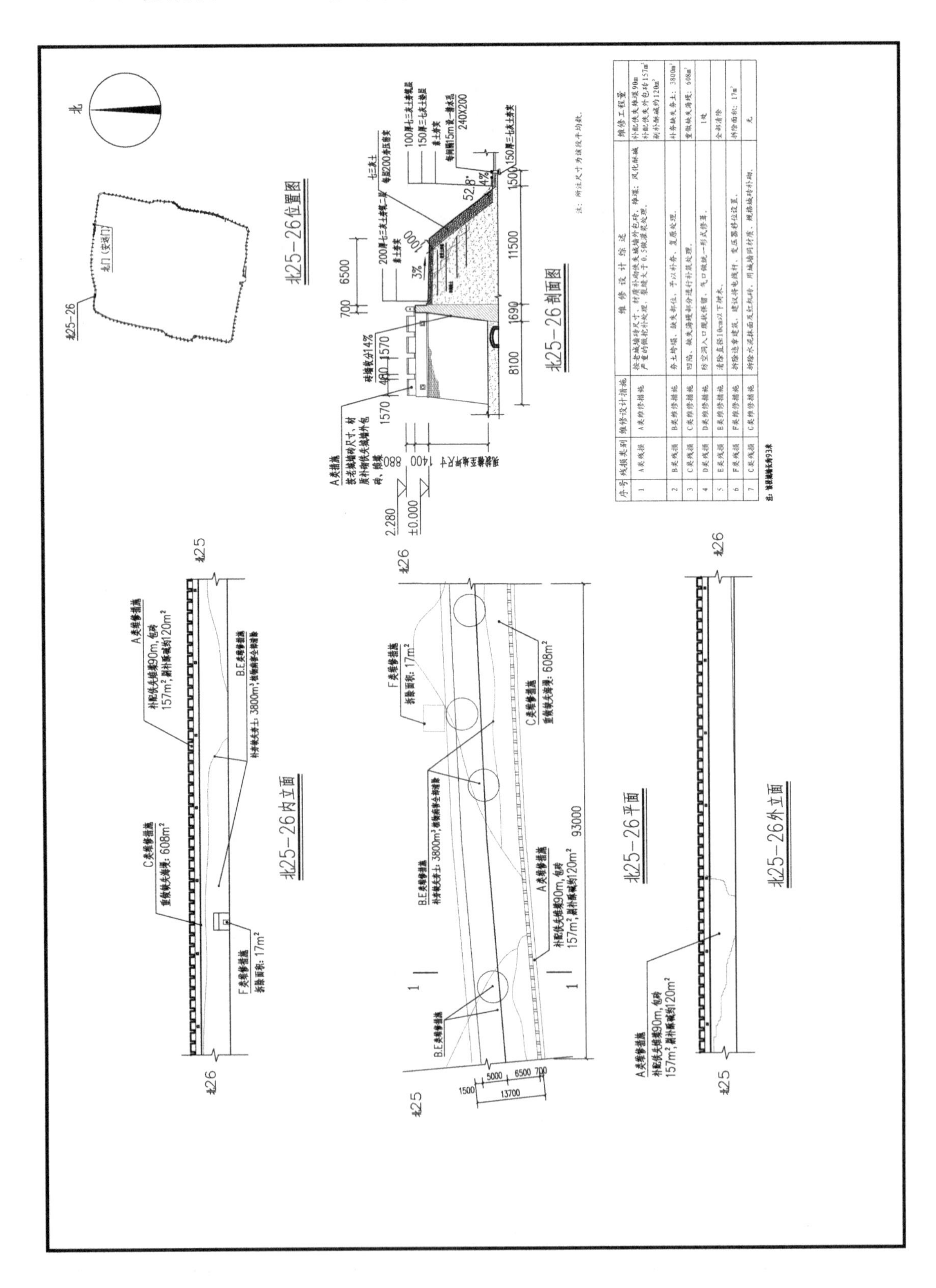

42. 北城墙 26—27 段平面、立面、剖面图

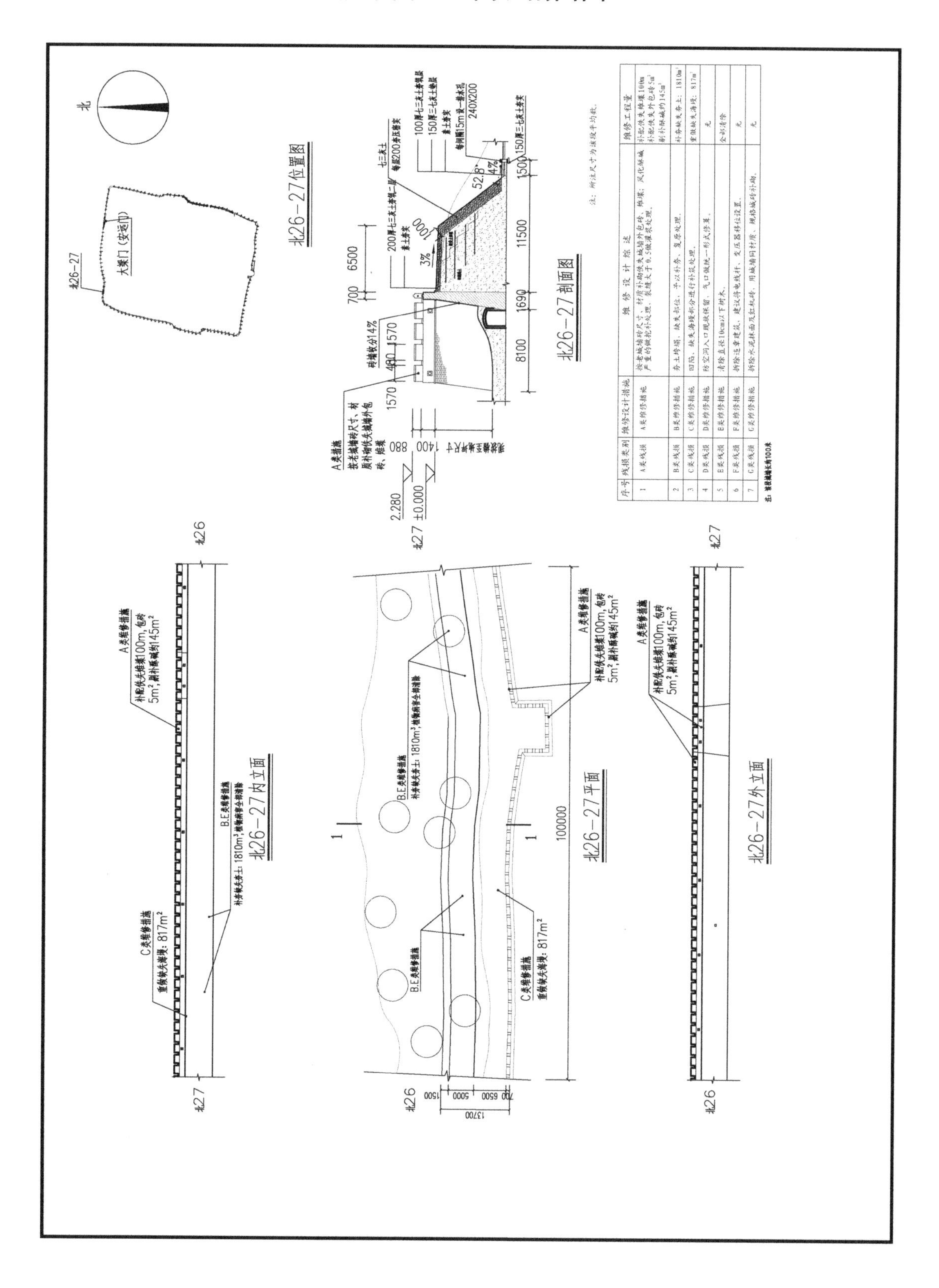

43. 北城墙 27—28 段平面、立面、剖面图

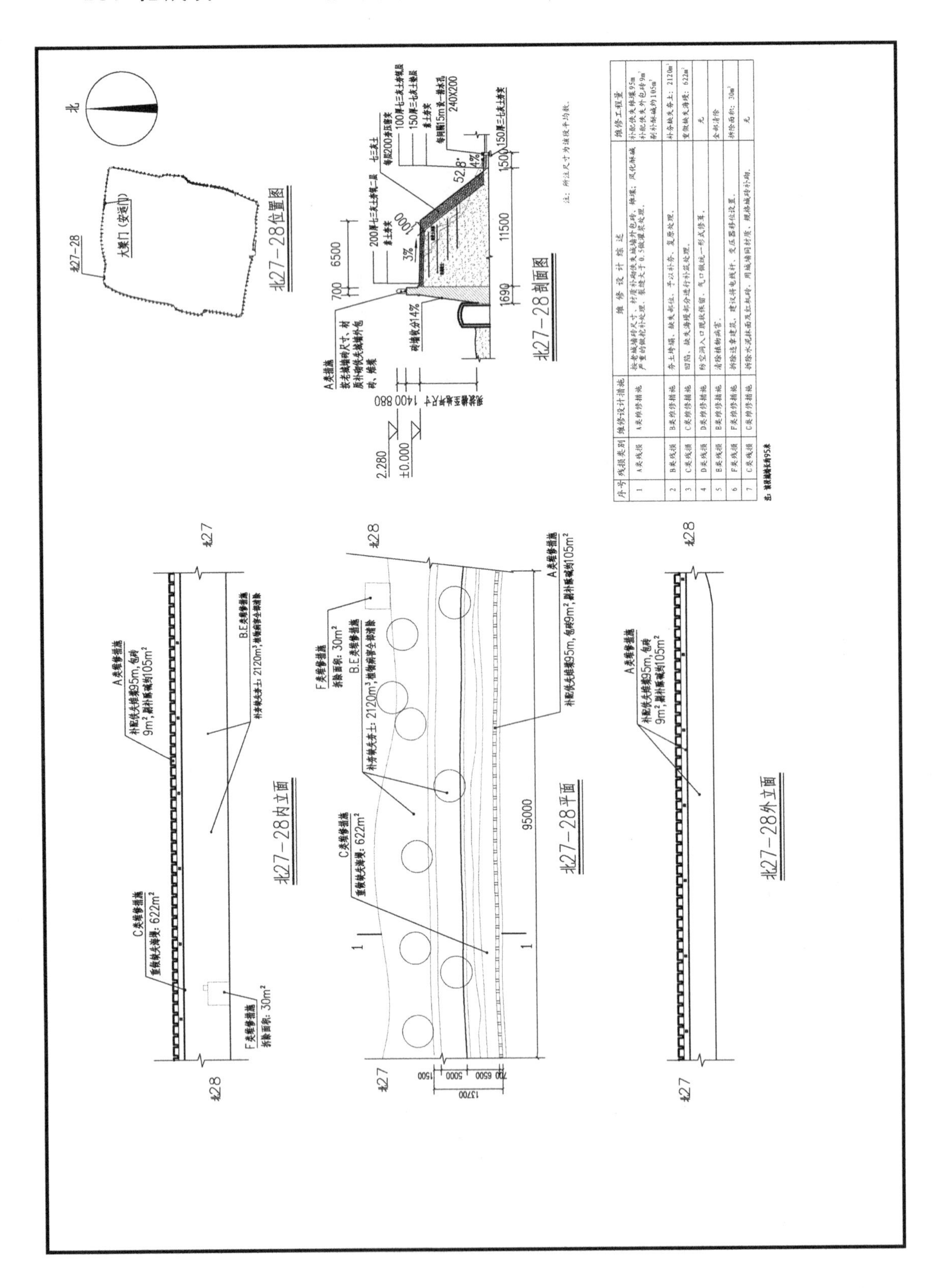

第二章　修缮设计预算

概算编制说明：

1. 概算编制根据开封城墙东城墙及北城墙修缮设计说明、现状勘察图纸及维修设计图纸。

2. 定额采用《河南省仿古建筑工程计价综合单价》(2009)，综合取费执行河南省建设部门有关规定。

3. 主材价格调整依据河南省2014年公布的材料市场价，其中古建部分材料价格依据目前实际工程采购价格。

4. 开封城墙东城墙及北城墙修缮工程概算直接费为人民币伍仟肆佰玖拾贰万肆仟肆佰壹拾贰元捌角陆分（￥54924412.86）。详见附后取费表、概算表及材差表。

5. 工程其他费用，包括勘察设计费、工程监理费、建设单位管理费、招标代理费、审计费、场地准备及临时设施费等，总计9065528.12元。详见其他费用计算表。

6. 开封城墙东城墙及北城墙修缮工程总费用为人民币陆仟叁佰玖拾捌万玖仟玖佰肆拾元玖角捌分（￥63989940.98），即工程直接费与工程其他费用。

费用计算表

工程名称：开封城墙东城墙及北城墙修缮工程

序号	费用项目名称	费用计算基数	费率（%）	金额（元）	计算公式	备注（依据文件）
1	建设单位管理费	工程费用	1.5	823866.19	工程费用 ×1.5%	《基本建设财务管理规定》（财建[2002]394 号）
2	勘测费					
3	设计费	工程费用	7	3844708.9	工程费用 ×7%	
4	工程监理费	工程费用	5	2746220.64	工程费用 ×5%	发改价格【2007】670 号、发改价格【2011】534 号
5	招标代理费	工程费用		387470.89	1000000×1% +53924412.86×0.7%	【2002】1980 号、发改价格【2011】534 号
6	审计费	工程费用	0.3	164773.24	工程费用 ×0.3%	
7	资料整理和报告出版费					
8	研究试验费					
9	青苗补偿费					
10	工程保险费					
11	场地准备及临时设施费	工程费用	2	1098488.26	工程费用 ×2%	
12	专利及专有技术使用费					
	合计			9065528.12		

工程费用汇总表

工程名称：开封城墙东城墙及北城墙修缮工程

序号	费用名称	取费基础	费率	金额（元）
1	定额直接费： 1）定额人工费	分部分项人工费		11238978.35
2	2）定额材料费	分部分项材料费＋分部分项主材费＋分部分项设备费		12509105.74
3	3）定额机械费	分部分项机械费		2209034.58
4	定额直接费小计	定额直接费：1）定额人工费+2）定额材料费+3）定额机械费		25957118.67
5	综合工日	综合工日合计＋技术措施项目综合工日合计		270630.14
6	措施费： 1）技术措施费	技术措施项目人工费＋技术措施项目材料费＋技术措施项目机械费		
7	2）安全文明措施费	现场安全文明施工措施费		1356363.62
7.1	2.1）基本费	安全文明基本费		895077.79
7.2	2.2）考评费	安全文明考评费		271883.7
7.3	2.3）奖励费	安全文明奖励费		189402.13
8	3）二次搬运费	材料二次搬运费		
9	4）夜间施工措施费	夜间施工增加费		
10	5）冬雨季施工措施费	冬雨季施工增加费		
11	6）其他			
12	措施费小计	措施费：1）技术措施费+2）安全文明措施费+3）二次搬运费+4）夜间施工措施费+5）冬雨季施工措施费+6）其他		1356363.62
13	调整：1）人工费差价	人工价差		7056944.61
14	2）材料费差价	材料价差		12099470.23
15	3）机械费差价	机械价差		426176.42
16	4）其他			
17	调整小计	调整：1）人工费差价+2）材料费差价+3）机械费差价+4）其他		19582591.26
18	直接费小计	定额直接费小计＋措施费小计＋调整小计		46896073.55
19	间接费： 1）企业管理费	分部分项管理费＋技术措施项目管理费		2111177.32
20	2）规费：	①工程排污费＋②工程定额测定费＋⑧社会保障费＋④住房公积金＋⑤意外伤害保险		2646762.77
21	①工程排污费			
22	②工程定额测定费	综合工日	0	

序号	费用名称	取费基础	费率	金额（元）
23	⑧社会保障费	综合工日	748	2024313.45
24	④住房公积金	综合工日	170	460071.24
25	⑤意外伤害保险	综合工日	60	162378.08
26	间接费小计	间接费：1）企业管理费＋①工程排污费＋②工程定额测定费＋⑧社会保障费＋④住房公积金＋⑤意外伤害保险		4757940.09
27	工程成本	直接费小计＋间接费小计		51654013.64
28	利润	分部分项利润＋技术措施项目利润		1424847.23
29	1）总承包服务费	总承包服务费		
31	2）优质优价奖励费	优质优价奖励费		
32	3）检测费	检测费		
33	4）其他	其他项目其他费		
34	其他费用小计	1）总承包服务费 +2）优质优价奖励费 +3）检测费 +4）其他		
35	税前造价合计	工程成本＋利润＋其他费用小计		53078860.87
36	税金	税前造价合计	3.477	1845551.99
37	甲供材料费	市场价甲供材料费		
38	工程造价总计	税前造价合计＋税金甲供材料费		54924412.86

工程概算表

工程名称：开封城墙东城墙及北城墙修缮工程

序号	编号	名称	单位	工程量	单价	合价	其中					综合工日	
							人工合价	材料合价	机械合价	管理费合价	利润合价	含量	合计
1	借 10-3	面层拆除水泥砂浆	100 平方米	4.991	588.02	2934.81	2060.28	26.45		479.14	368.93	9.6	47.91
2	借 10-14	墙体拆除砖墙	10 立方米	103.5	565.38	58516.83	40054.5	1974.78		9315	7172.55	9	931.5
3	借 1-1	伐树离地面 20 厘米处树干直径（厘米以内）30	株	6990	21.33	149096.7	101005.5			26981.4	21109.8	0.34	2348.64
4	借 1-5	挖树根离地面 20 厘米处树干直径（厘米以内）30	株	6990	38.6	269814	182718.6			48860.1	38235.3	0.61	4249.92
5	借 1-15	人工铲草皮厚（CIII 以内）5	10 平方米	7417.5	9.53	70688.78	47842.88			12832.28	10013.63	0.15	1112.63
6	1-105	基础垫层砂垫层	立方米	185.38	122.64	22735	3410.99	17577.73		1045.54	700.74	0.43	79.71
7	1-94	基础垫层 3：7 灰土	立方米	1902.3	117.74	223976.8	72629.81	106281.5	7951.61	22218.86	14895.01	0.89	1693.05
8	1-94 换	基础垫层 7：3 灰土	立方米	54163.1	156.82	8493857	2067947	5142786	226401.8	632625	424097.1	0.89	48205.16

序号	编号	名称	单位	工程量	单价	合价	其中					综合工日	
							人工合价	材料合价	机械合价	管理费合价	利润合价	含量	合计
9	借 2-36	铺土工格栅	100 平方米	589.913	1785.81	1053473	134694.8	769818.8	26793.85	62648.76	59516.32	5.31	3132.44
10	9-59	砖墁地面及散水细墁散水大城砖	平方米	8794.46	316.51	2783535	1785715	469800.1	29901.16	290569	207549.3	4.72	41509.85
11	9-55	砖墁地面及散水细墁地面栽砖牙子大城样砖（顺栽）	10 米	494.5	38.35	18964.08	13628.42	1537.9		2215.36	1582.4	0.64	316.48
12	2-49	大城样砖、停泥砖、开条砖、蓝四丁砖、机砖等砌筑墙身糙砌砖墙大城样砖	10 立方米	1182.112	2640.66	3121556	554564.2	2457363		58041.7	51587.37	10.91	12896.84
13	2-109 换	大城样砖、停泥砖、开条砖、蓝四丁砖、机砖等砌筑砖檐糙砌大城砖直檐一层	10 米	310.5	136.61	42417.41	8411.45	32341.68		881.82	782.46	0.63	195.62
14	2-60	大城样砖、停泥砖、开条砖、蓝四丁砖、机砖等砌筑墙身机砖清水墙	10 立方米	30.1	2829.98	85182.4	24850.56	55419.52		2600.64	2311.68	19.2	577.92
15	2-66	大城样砖、停泥砖、开条砖、蓝四丁砖、机砖等砌筑墙身机砖墙勾缝	10 平方米	1191.952	99.12	118146.3	92257.08	7652.33		9654.81	8582.05	1.8	2145.51
16	补子目 1	灌注墙体裂缝	米	391	199.6	78043.6	20175.6	7820	46920	1955	1173	1.2	469.2
17	2-8（补）	墙面挖补城砖	块	120980	38.68	4679506	3797562	458514.2		266156	157274	0.73	88315.4
18	1-45	土方工程人工平整场地、填土夯实、原土打夯原土打夯	平方米	71702.04	0.79	56644.61	40153.14		6453.18	5019.14	5019.14	0.01	717.02
19	1-54	机械挖土方翻斗车运土方运距（100 米以内）	100 立方米	1140.101	1834.73	2091778	857926		849090.2	196416.6	188344.7	23.6	26906.38
20	1-46	机械挖土方反铲挖掘机挖土自卸汽车运土运距1000 米以内一、二类土	1000 立方米	102.609	9087.57	932467.4	16148.62	3573.87	881197.7	16104.5	15442.67	21.5	2206.1
21	1-78	土石方运输人工运输（运距在 20 米以内）土	立方米	11401.1	19.48	222093.4	166684.1			28274.73	27134.62	0.34	3876.37
22	1-39	土方工程人工平整场地、填土夯实、原土打夯回填土夯填	立方米	54845.8	17.15	940605.5	672409.5	1096.92	39488.98	116273.1	111337	0.29	15905.28
23	补子目 2	夯填用土粘土	立方米	54845.8	48.6	2665506		2468061		197444.9			
24	1-67	山坡切土，挖淤泥、流砂，支挡土板支挡土板密板单面	100 平方米	162.472	2640.49	429005.7	89843.77	289019.8	19334.17	15727.29	15080.65	13.26	2154.38

序号	编号	名称	单位	工程量	单价	合价	其中					综合工日	
							人工合价	材料合价	机械合价	管理费合价	利润合价	含量	合计
25	借 10-62	水洗清污墙面	100 平方米	321.42	209.81	67437.21	37455.12	14563.56		8710.49	6708.04	2.71	871.05
26	14-8	砌筑用双排脚手架钢管（墙高 12 米）以下	10 平方米	4302.104	189.48	815162.7	408828.9	203876.7	75501.93	78126.21	48828.88	2.27	9765.78
		合计				29493143	11238978	12509106	2209035	2111177	1424847		270630.1

施工措施费用表

工程名称：开封城墙东城墙及北墙修缮工程

序号	名称	单位	工程量	单价	合价
	通用项目				1356363.62
1	安全文明措施费	项	1	1356363.62	1356363.62
1.1	基本费	项	1	895077.79	895077.79
1.2	考评费	项	1	271883.7	271883.7
1.3	奖励费	项	1	189402.13	189402.13
2	材料二次搬运费	项	1		
3	夜间施工增加费	项	1		
4	冬雨季施工增加费	项	1		
	仿古工程				
5	脚手架	项	1		
6	混凝土、钢筋混凝土模板	项	1		
7	现浇混凝土泵送费	项	1		
措施项目合计					1356363.62

人材机价差表

工程名称：开封城墙东城墙及北城墙修缮工程

序号	材料名	单位	材料量	预算价	市场价	价差	价差合计
1	定额工日	工日	261368.319	43	70	27	7056944.61
	人工价差合计						7056944.61
2	生石灰	t	31484.464	150	320	170	5352358.87
3	大城砖 480 × 240 × 130	百块	8564.502	265	760	495	4239428.39
4	大城砖	块	272981.628	2.65	7.6	4.95	1351259.06
5	粘土	立方米	29014.84	15	45	30	870445.19
6	施工板方材木模板	立方米	134.039	1500	2700	1200	160847.28
7	原木杉原条	立方米	64.989	1250	2200	950	61739.36
8	机砖 240 × 115 × 53	百块	1565.2	28	38	10	15652
9	熟桐油（光油）	千克	1685.782	15	30	15	25286.74
10	砂子中粗	立方米	315.028	80	121	41	12916.16
11	镀锌铁丝 8#	千克	2882.41	4.2	6	1.8	5188.34
12	水泥 32.5	吨	36.24	280	400	120	4348.84
	材料价差合计						12099470.23
13	定额工日	工日	9103.975	43	70	27	245807.34
14	柴油	千克	105086.12	5.73	7.29	1.56	163934.35
15	汽油	千克	9445.246	5.86	7.6	1.74	16434.73
	机械价差合计						426176.42
价差合计：19582591.26							

养护篇

第一章　养护设计方案

开封城墙布置大致呈长方形，全长14.4千米，作为古代军事防御工程，规模宏大，是我国目前保存较好，长度仅次于南京城墙的第二大古城垣建筑。同时亦是平原城市都市城垣的代表作。

由于长期历史原因，城墙与其他城市用地没有完全剥离，沿线居民、单位密集，对城墙破坏较大，电线杆、配电房等各种设施沿城墙随意设置，一些垃圾中转站、公厕等也在城墙周边随意加建。自然灾害的破坏，也使得城墙损毁严重，尽管近年来加大城墙保护和建设力度，但局部地区仍在遭受毁灭性破坏。

现阶段的开封西城墙外砖墙缺损严重，墙砖大面积被掏蚀内护坡夯土也大量流失，有些甚至被全部挖掘。城墙内墙杂草、藤蔓植物、高大树木密集，对城墙本体造成严重破坏。夯土流失使海墁层大量缺失、凹陷。流失严重部位形成众多冲沟、凹坑。周围居民为登城方便，人为在护坡墙上开挖、踩出许多小路，也破坏了墙体的完整性。

开封城墙为国家重点文物保护单位，针对城墙现在的病害制定日常养护方案及时对城墙进行必要的保护，防止已知病害对城墙更大的破坏是必要的。

开封城墙文物保护管理所，产权明晰，为本次日常保养工作奠定了良好的基础。在设计和施工中严格按照“不改变文物原状”的原则，遵照《中国文物古迹保护准则》及有关古建筑修缮管理办法的要求，参照国际文物建筑保护范例，并深入研究开封城墙的价值及特点，对其进行日常养护设计。

本次工程为开封西城墙日常养护工程，不对城墙进行整体修缮设计，仅对城墙进行日常养护设计，如通过清理城墙表面杂草灌木、填补冲沟、清理城墙周边堆积垃圾等方式对城墙现状进行保护。既不对城墙进行大的扰动，也不对其进修现状破坏，所以本次日常养护方案设计具有可行性。

1. 养护设计原则

（1）遵照中华人民共和国文物保护法有关精神，按照《中华人民共和国文物保护法》的有关规定，参照国际文物建筑保护工程范例并结合开封城墙的特点，对开封城墙进行日常维护保养设计。

（2）贯彻落实“保护为主、抢救第一、合理利用、加强管理”的文物保护工作方针。

（3）日常养护设计所采取的措施主要是为了减少危及古城墙存在的病害，满足消除结构及构造的潜在隐患，在满足合理利用条件前提下，延长文物本体寿命，遵循文物真实性原则，最大限度地保存城墙原状与历史信息；遵循完整性原则，确保城墙本体历史信息和建造信息的完整；遵循最小干预原则，既能根除安全隐患，保障安全，又尽可能减少干预；遵循详细记录保护维修方案、过程、结果的原则，保证保护维修部分留有详细的记录档案。

（1）坚持预防为主原则。树立预防性保护的理念，将日常养护和岁修工作作为一项重要职责，建立工作制度，及时发现、记录、汇报和妥善处理文物病害，保持文物整洁、安全、稳定的良好状态，避免小病拖成大病、小修拖成大修。

（2）坚持最小干预原则。在日常养护工作中，应尽量减少对文物本体及其周边环境的人为干预和影响，必须采取的干预措施应以延续现状、缓解损伤为主要目标，且只用于最必要的部分。一切技术措施应当不妨碍再次对文物本体进行保护处理，避免过度维修、过度使用、管理不善对文物造成不可逆转的损害。

（3）坚持抢救第一原则。检查中发现严重影响文物本体结构安全的情况时，应马上记录并及时上报市县级文物行政部门，在其指导下采取必要的临时性抢险加固措施，确保文物安全。市县级文物行政部门在接到报告后应及时提出处理意见；情况特别严重的，应组织开展专项巡查，并根据巡查结果明确下一步措施。

（4）建议开封市文物管理部门根据开封城墙保护规划的要求，尽快委托具有专业资质的单位，编制开封西城墙的修缮设计方案。

2. 养护措施

根据对开封西城墙现状勘察情况和残损现状分析，对开封西城墙 1–53 段日常养护修缮拟采取如下措施：

（1）清除内城墙、海墁层上滋生的杂草；

（2）内城墙、海墁层上 5 厘米以下的藤蔓；

（3）将局部较大的冲沟用三七灰土填充夯实；

（4）清理城墙本体及周边建筑堆积的生活垃圾；

（5）外城墙小面积佚失的城墙砖加以补砌。

西城墙 01 段 –53 段 日常保养措施表

序号	措施类别	措施内容	保养措施主要部位	工程量
1	A 类措施	清除内城墙、海墁层上滋生的杂草	内侧夯土	66783.9 平方米
2	B 类措施	清除内城墙、海墁层上 5 厘米以下的藤蔓	内侧夯土	44479.01 平方米
3	C 类措施	将局部较大的冲沟用三七灰土填充夯实	内侧夯土	233.17 立方米
4	D 类措施	清理城墙本体及周边建筑堆积的生活垃圾	外墙周边及内侧夯土	61.2 立方米
5	E 类措施	外城墙小面积佚失的城墙砖加以补砌	外墙面	61.2 平方米

3. 养护措施施工做法总体控制说明

3.1 清除内城墙、海墁层上滋生的杂草及 5 厘米以下的藤蔓

A：灌木杂树等可用机械直接锯伐，根系必须由人工小心清理，根系较浅、深度不超过 40 厘米的新植新生的小型乔木、灌木杂树，可直接刨底去根；深度超过 40 厘米的根系，为避免造成新的破坏，不做刨除，但需在其根茎断面钻工注射 5% 草甘膦除草剂和石灰水，促其腐烂。

B：人工清除清除内城墙、海墁层上滋生的杂草。杂草清除后，夯土层表皮会有一定的松散，需人工将表皮夯实。

3.2 将局部较大的冲沟用三七灰土填充夯实

A：生石灰应选用一级灰，并经过充分熟化。粉化过筛粒径在0.5厘米以下。

B：素土的密实系数不小于0.95，灰土的密实系数不小于0.97。

C：需要填充夯实部位，应详细拍照现状和清理过程，留存修复前的完整资料。

D：冲沟填充夯实部位的基层，应清理有机物杂质、浮土及不稳定土体，直至露出安全稳固的基底层。

E：支模，采用20毫米厚、150毫米宽木板作模板，支托牢固，使被补夯的部分形成空腔。

F：夯土时，采用清水队修补部位的基底喷洒润湿，用铁铲将湿度适宜的粉质粘土填入模板内空腔，装填厚度120～150毫米，铺平后用石蛾夯打密实，表面有水分渗出即可。然后逐层夯筑，并不断提升模板。

G：削制外形轮廓时，采用快刀沿相邻土体的外轮廓线削制，使外形风貌自然，与现状城墙外形协调。

H：补夯体应进行必要的质量检验，可借助于放大镜对新夯筑的修补体进行初验，检查是否有开裂，有即为不合格，并需返工重新夯筑。检验合格，拍摄照片，留存修复资料。

3.3 清理城墙本体及周边建筑堆积的生活垃圾

清理城墙本体及周边生活垃圾时应注意对城墙本体的保护，只对垃圾层及垃圾土进行人工清理，清理过程中不能使用大型机械。

3.4 外城墙小面积佚失的城墙砖加以补砌

A：墙体补砌佚失城砖时，应保持原来的形制、结构以及丁、顺排列方式（现状勘测外砖墙砌法为一顺、一丁）。

B：青砖尺寸平均为450毫米 ×225毫米 ×110毫米，灰缝80毫米。尽量使用夯土上散落的原有城砖。采用新添配砖应符合原质地、原制作工艺、原尺寸造型的要求。补砌灰膏应用素灰膏填缝。

C：根据 2015 年 2 月郑州大学对开封城墙砖的强度检验报告，其城砖平均强度值为 4.5 兆帕。考虑到历经几百余年材料老化、强度降低的原因，设计补配城砖的强度选用 10.0 兆帕，（国家现行建筑用砖强度标准）。

D：经勘察，原城墙砌浆材料为白灰，补配墙体仍采用白灰浆砌筑。

3.5 施工注意事项

本项目日常保养施工应由具有相应文物建筑修缮资质的施工队伍完成。施工队伍技术人员应把握日常养护工作的原则，结合实际情况，对照图纸认真分析文物本体病害，按照相关规范要求做好施工组织。如有未尽事宜或工程进行中有新的不明情况，可及时通知设计单位，以便做针对性处理。

第二章　养护设计图纸

1. 西城墙 01—02 段平面、立面图

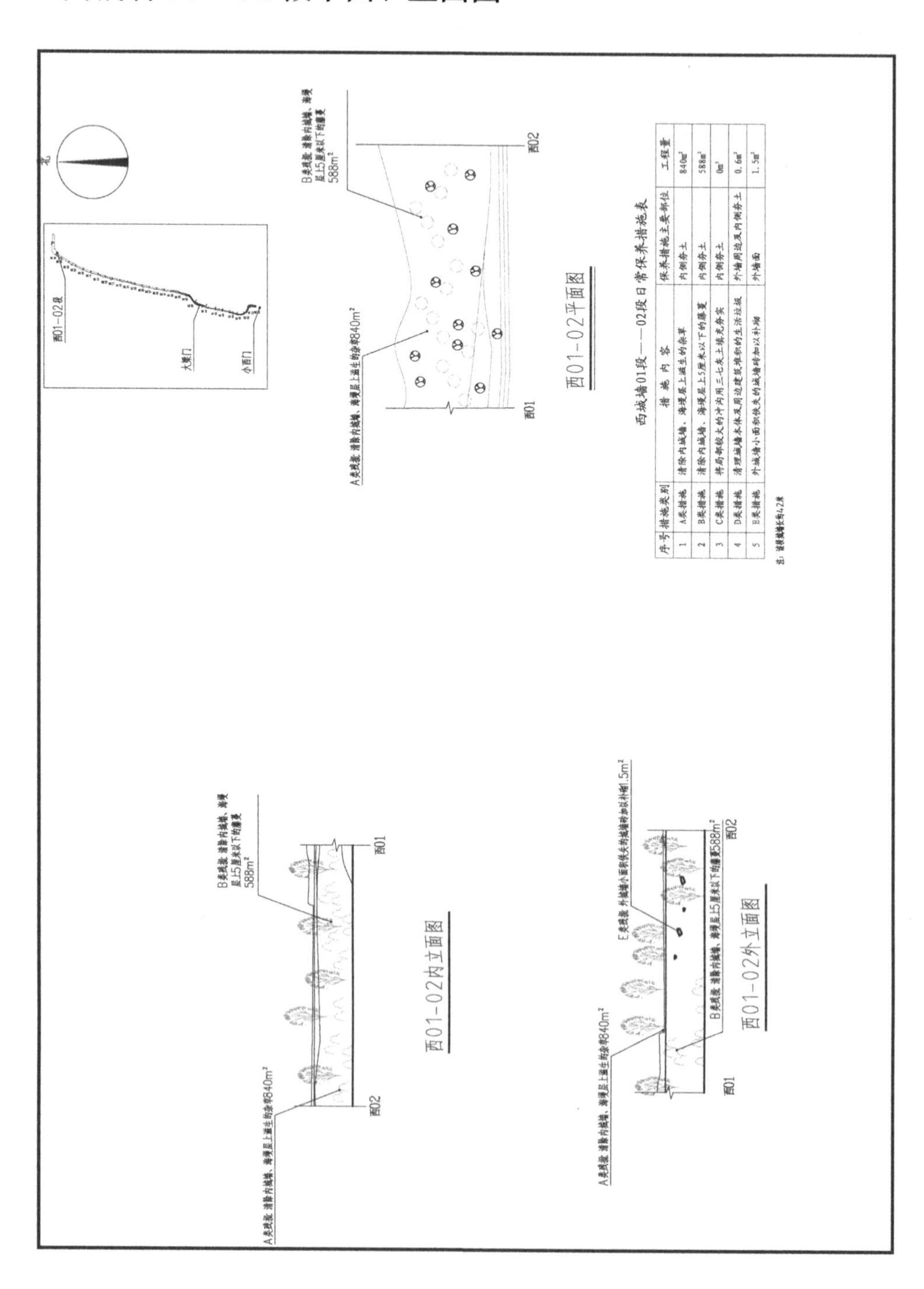

序号	措施类别	措 施 内 容	保养措施主要部位	工程量
1	A类措施	清除内城墙、海墁层上滋生的杂草	内侧夯土	$840m^2$
2	B类措施	清除内城墙、海墁层上5厘米以下的藤蔓	内侧夯土	$588m^2$
3	C类措施	将局部较大的冲沟用三七灰土填充夯实	内侧夯土	$0m^3$
4	D类措施	清理城墙本体及周边建筑堆积的生活垃圾	外墙周边及内侧夯土	$0.6m^3$
5	B类措施	外城墙小面积缺失的城墙砖加以补砌	外墙面	$1.5m^2$

2. 西城墙 02—03 段平面、立面图

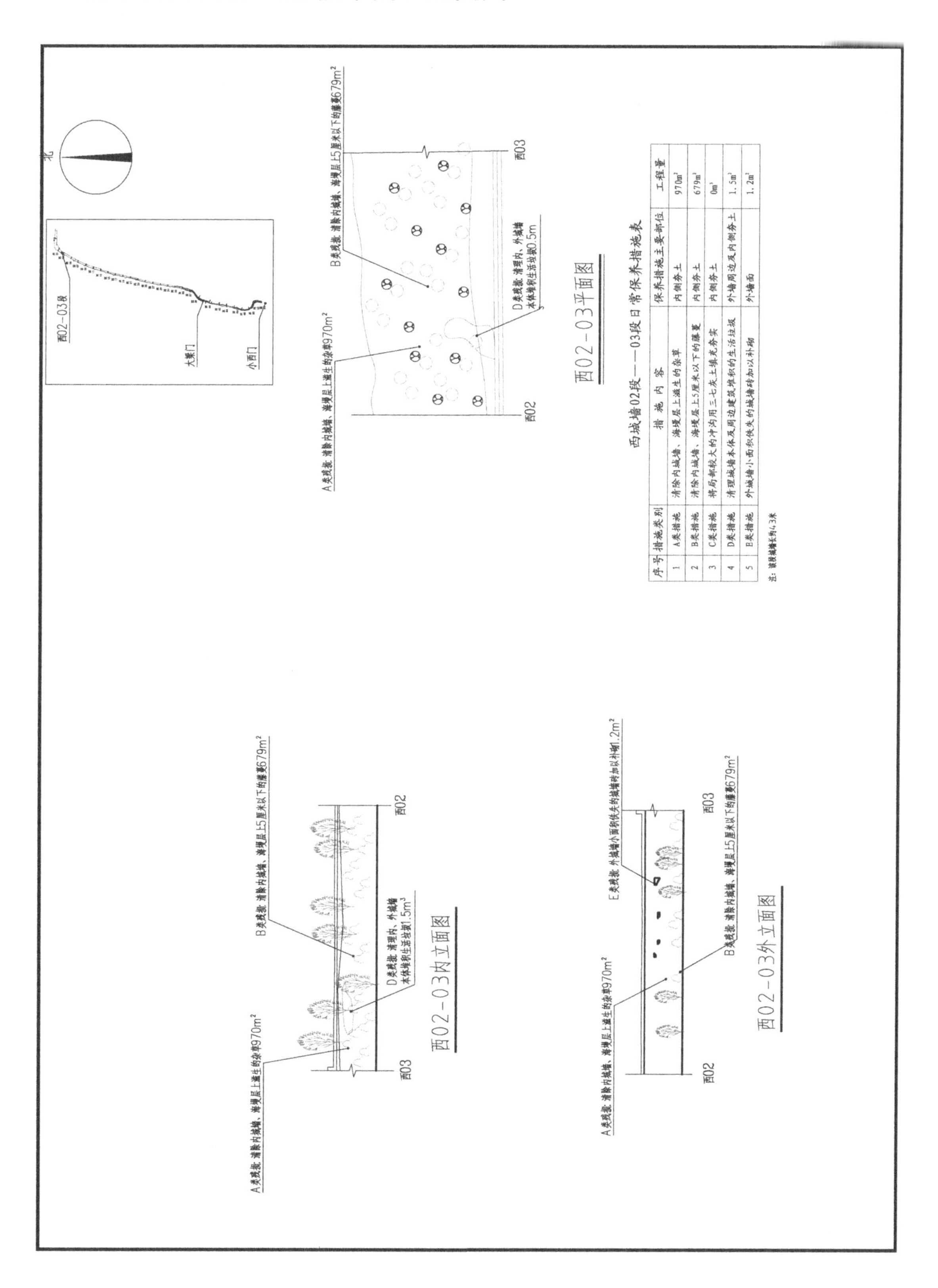

西城墙02段——03段日常保养措施表

序号	措施类别	措施内容	保养措施主要部位	工程量
1	A类措施	清除内城墙、海墁层上滋生的杂草	内侧夯土	970m²
2	B类措施	清除内城墙、海墁层上5厘米以下的藤蔓	内侧夯土	679m²
3	C类措施	将局部较大的冲沟用三七灰土填充夯实	内侧夯土	0m³
4	D类措施	清理城墙本体及周边建筑堆积的生活垃圾	外墙周边及内侧夯土	1.5m²
5	E类措施	外城墙小面积佚失的城墙砖加以补砌	外墙面	1.2m²

注：该段城墙长约43米

3. 西城墙 03—04 段平面、立面图

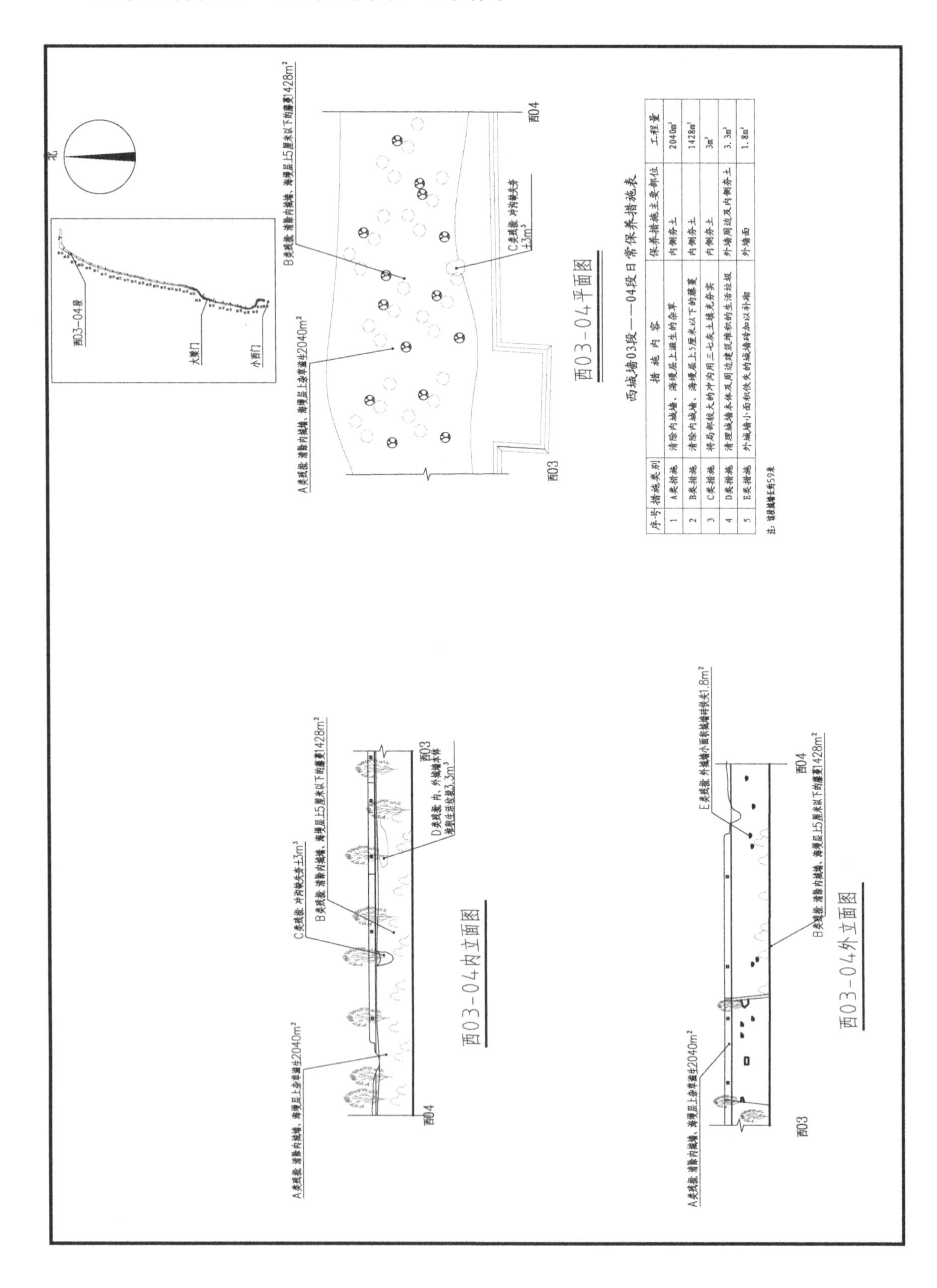

西城墙03段——04段日常保养措施表

序号	措施类别	措施内容	保养措施主要部位	工程量
1	A类措施	清除内城墙、海墁层上滋生的杂草	内侧夯土	2040m²
2	B类措施	清除内城墙、海墁层上5厘米以下的灌木	内侧夯土	1428m²
3	C类措施	将局部较大的冲沟用三七灰土填充夯实	内侧夯土	3m³
4	D类措施	清理城墙本体及周边建筑堆积的生活垃圾	外墙周边及内侧夯土	3.3m³
5	E类措施	外城墙小面积缺失的城墙砖加以补砌	外墙面	1.8m²

注：该段城墙长约59米

4. 西城墙 04—05 段平面、立面图

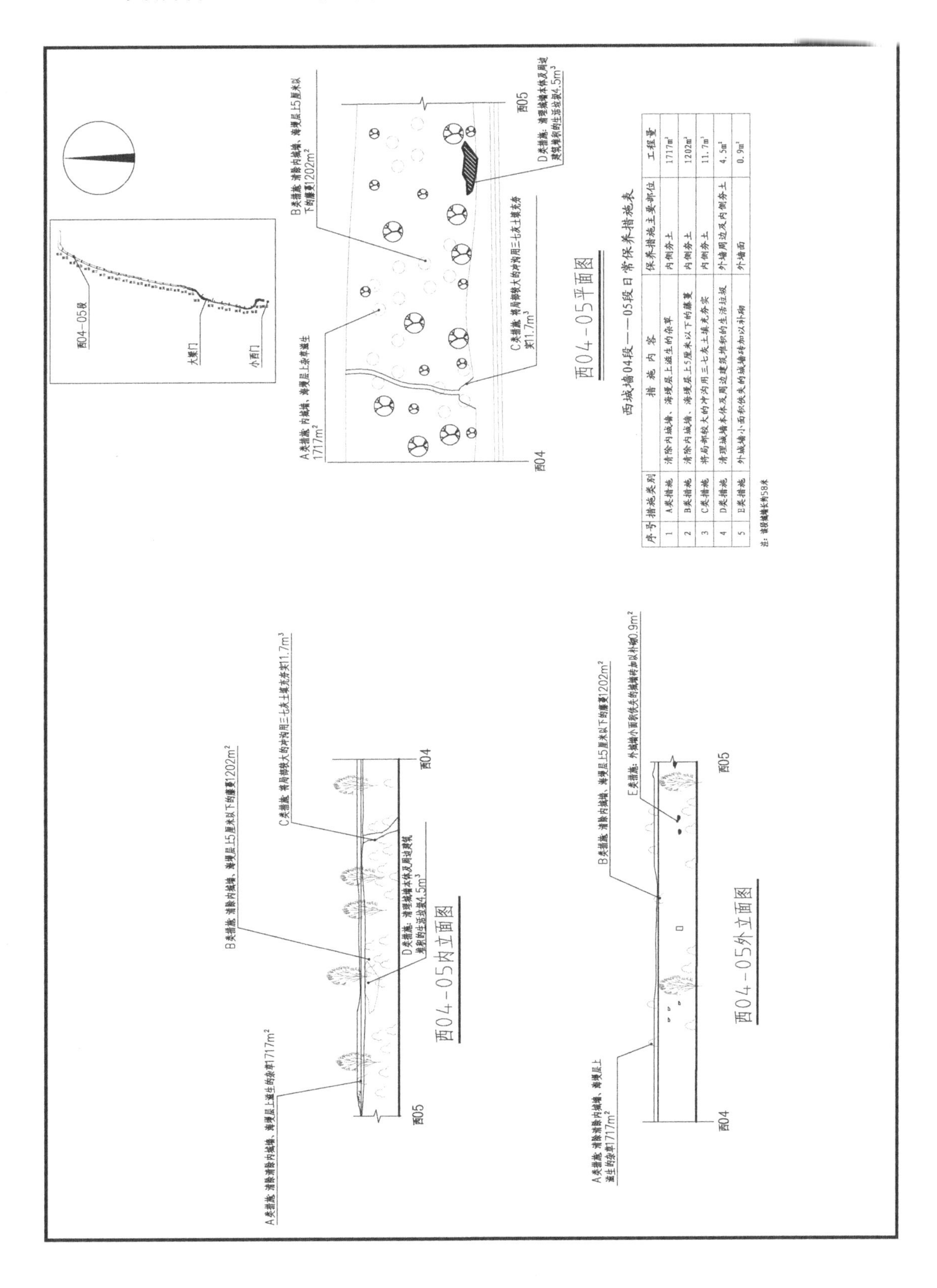

序号	措施类别	措施内容	保养措施主要部位	工程量
1	A类措施	清除内城墙、海墁层上滋生的杂草	内侧夯土	1717m²
2	B类措施	清除内城墙、海墁层上5厘米以下的藤蔓	内侧夯土	1202m²
3	C类措施	将局部较大的冲沟用三七灰土填充夯实	内侧夯土	11.7m³
4	D类措施	清理城墙本体及周边建筑堆积的生活垃圾	外墙周边及内侧夯土	4.5m³
5	E类措施	外城墙小面积佚失的城墙砖加以补砌	外墙面	0.9m²

注：该段城墙长约58米

5. 西城墙 05—06 段平面、立面图

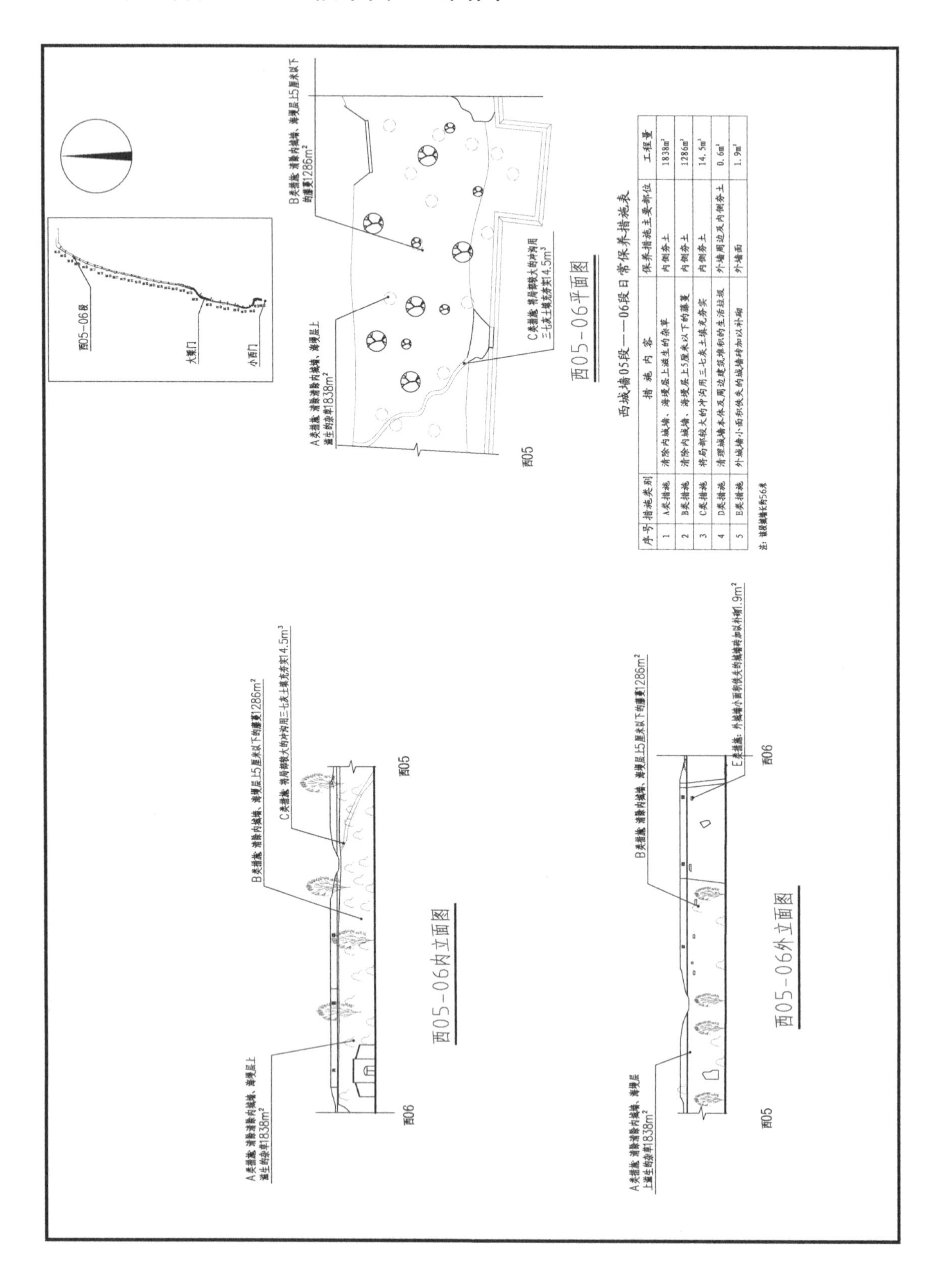

西城墙05段——06段日常保养措施表

序号	措施类别	措 施 内 容	保养措施主要部位	工程量
1	A类措施	清除内城墙、海墁层上滋生的杂草	内侧夯土	1838m²
2	B类措施	清除内城墙、海墁层上5厘米以下的藤蔓	内侧夯土	1286m²
3	C类措施	将局部较大的冲沟用三七灰土填充夯实	内侧夯土	14.5m³
4	D类措施	清理城墙本体及周边建筑堆积的生活垃圾	外墙周边及内侧夯土	0.6m³
5	E类措施	外城墙小面积铁失的城墙砖加以补砌	外墙面	1.9m²

注：该段城墙长约56米

6. 西城墙 06—07 段平面、立面图

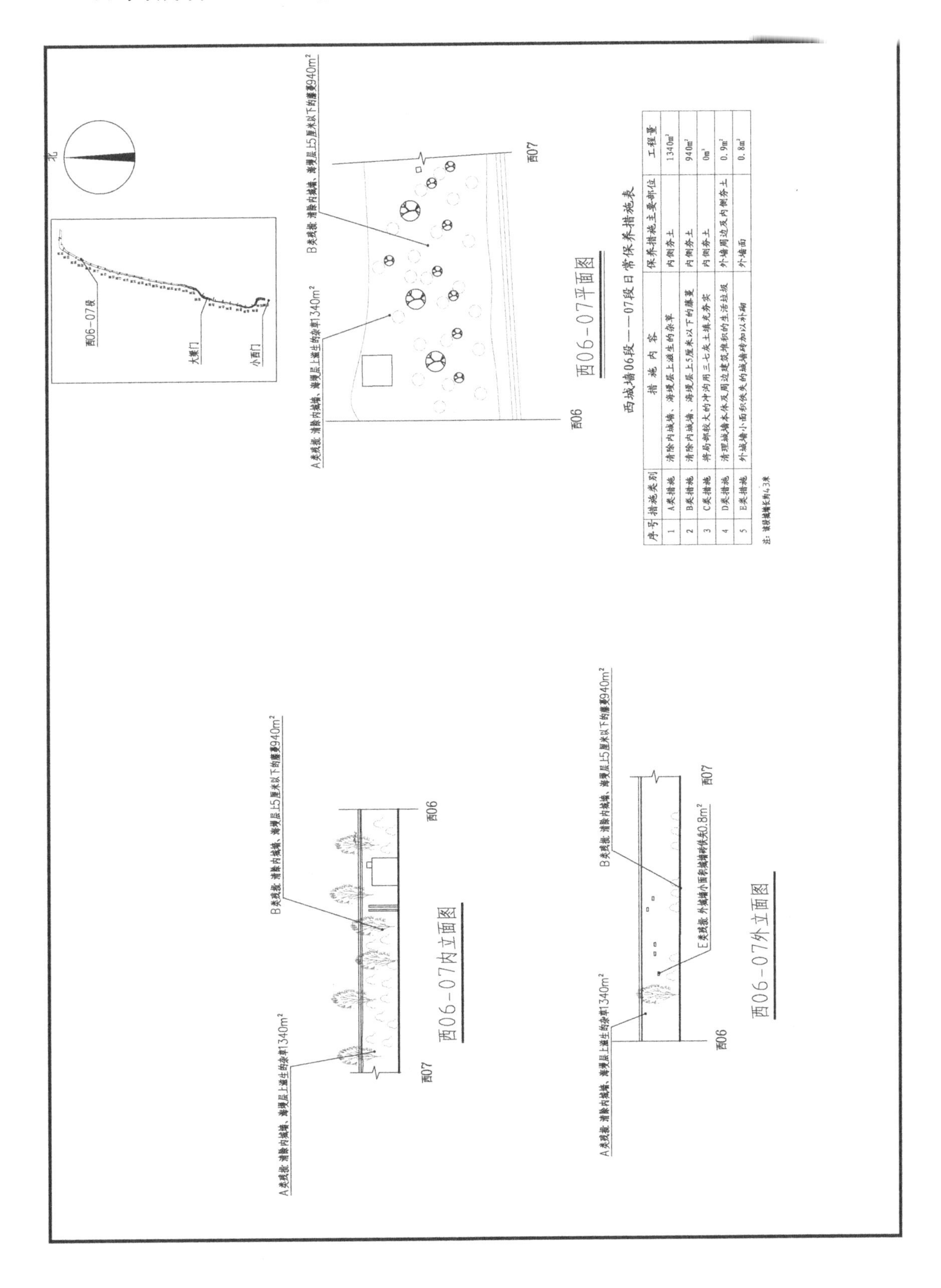

西城墙06段——07段日常保养措施表

序号	措施类别	措施内容	保养措施主要部位	工程量
1	A类措施	清除内城墙、海墁层上滋生的杂草	内侧夯土	1340m²
2	B类措施	清除内城墙、海墁层上5厘米以下的藤蔓	内侧夯土	940m²
3	C类措施	将局部较大的冲沟用三七灰土填充夯实	内侧夯土	0m³
4	D类措施	清理城墙本体及周边建筑堆积的生活垃圾	外墙周边及内侧夯土	0.9m²
5	E类措施	外城墙小面积佚失的城墙砖加以补砌	外墙面	0.8m²

注：该段城墙长约43米

7. 西城墙07—08段平面、立面图

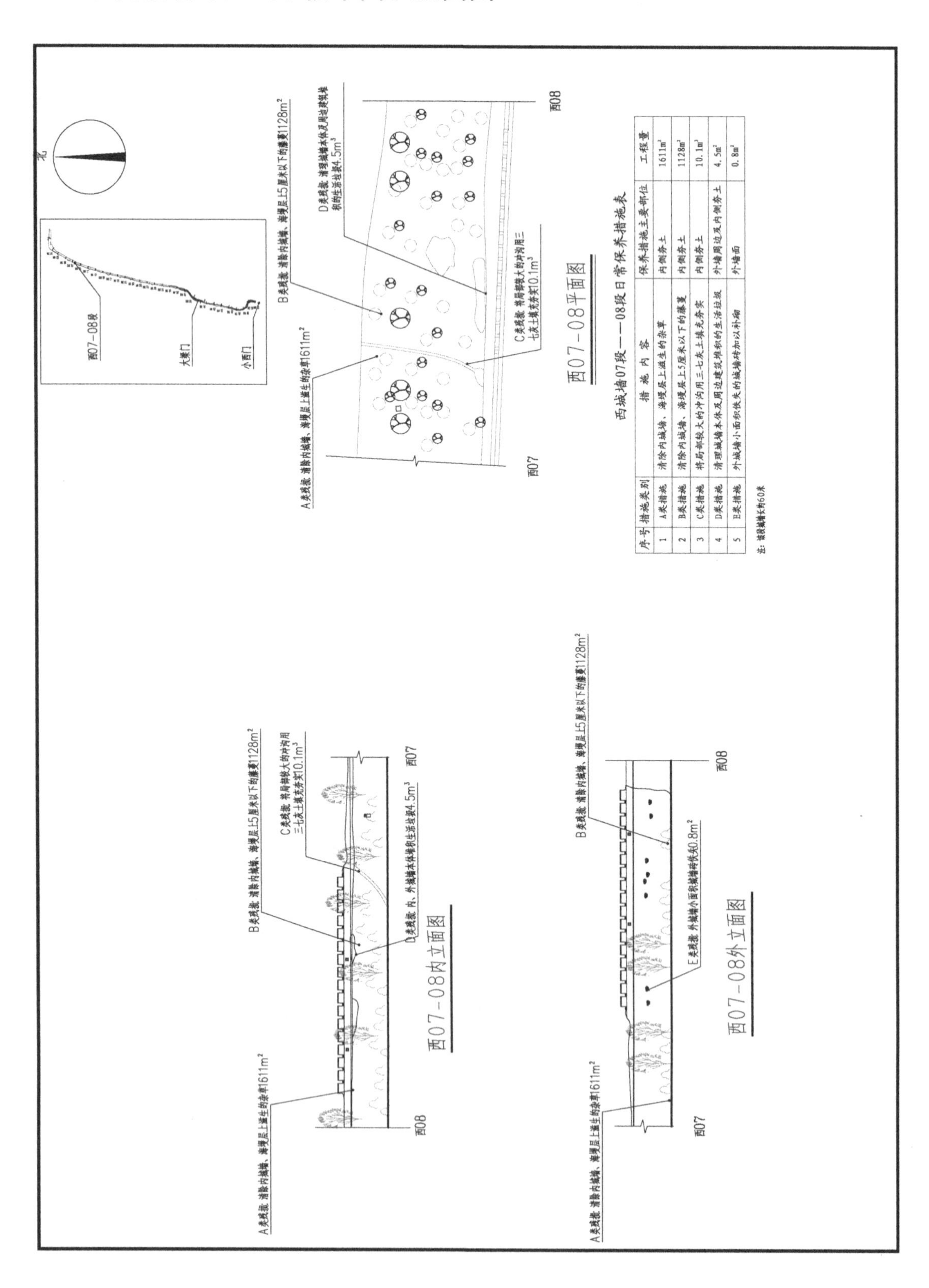

西城墙07段——08段日常保养措施表

序号	措施类别	措施内容	保养措施主要部位	工程量
1	A类措施	清除内城墙、海墁层上滋生的杂草	内侧夯土	1611m²
2	B类措施	清除内城墙、海墁层上5厘米以下的藤蔓	内侧夯土	1128m²
3	C类措施	将局部较大的冲沟用三七灰土填充夯实	内侧夯土	10.1m³
4	D类措施	清理城墙本体及周边建筑堆积的生活垃圾	外墙周边及内侧夯土	4.5m²
5	E类措施	外城墙小面积佚失的城墙砖加以补砌	外墙面	0.8m²

注：该段城墙长约60米

8. 西城墙 08—09 段平面、立面图

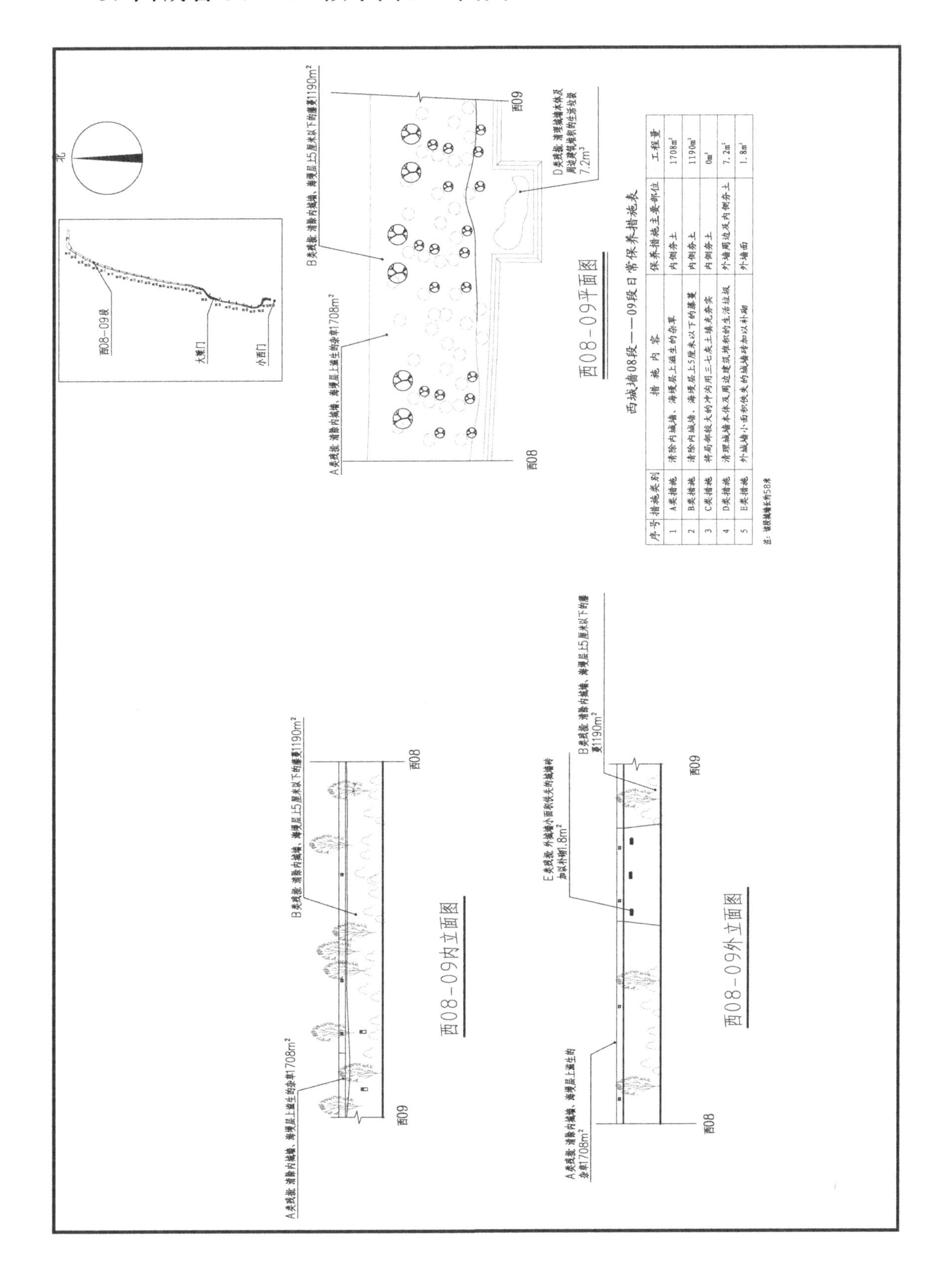

西城墙08段——09段日常保养措施表

序号	措施类别	措施内容	保养措施主要部位	工程量
1	A类措施	清除内城墙、海墁层上滋生的杂草	内侧夯土	1708m²
2	B类措施	清除内城墙、海墁层上5厘米以下的藤蔓	内侧夯土	1190m²
3	C类措施	将局部较大的冲沟用三七灰土填充夯实	内侧夯土	0m³
4	D类措施	清理城墙本体及周边建筑堆积的生活垃圾	外墙周边及内侧夯土	7.2m²
5	E类措施	外城墙小面积佚失的城墙砖加以补砌	外墙面	1.8m²

注：该段城墙长约58米

9. 西城墙 09—10 段平面、立面图

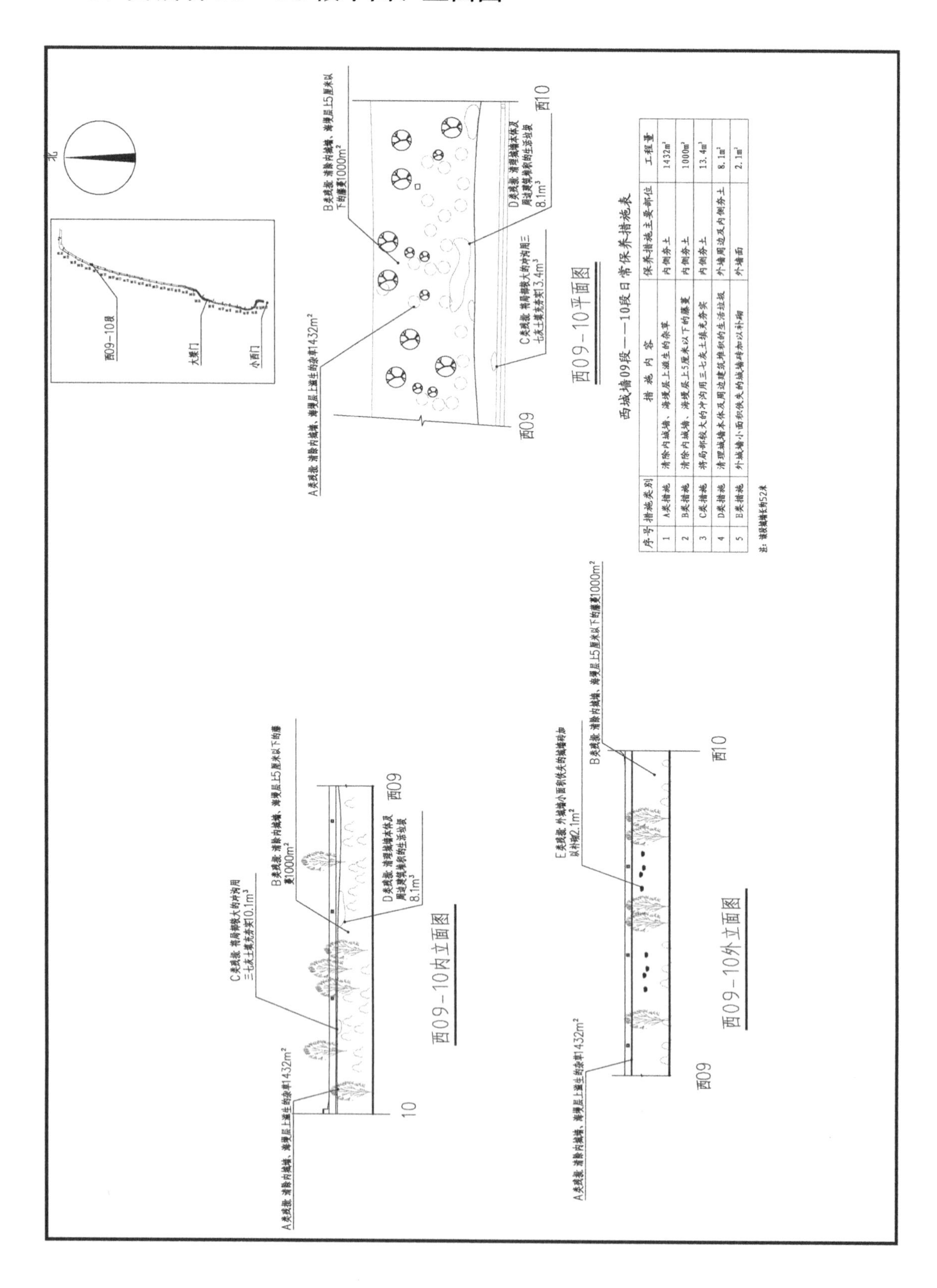

序号	措施类别	措施内容	保养措施主要部位	工程量
1	A类措施	清除内城墙、海墁层上滋生的杂草	内侧夯土	$1432m^2$
2	B类措施	清除内城墙、海墁层上5厘米以下的藤蔓	内侧夯土	$1000m^2$
3	C类措施	将局部较大的冲沟用三七灰土填充夯实	内侧夯土	$13.4m^3$
4	D类措施	清理城墙本体及周边建筑堆积的生活垃圾	外墙周边及内侧夯土	$8.1m^2$
5	E类措施	外城墙小面积佚失的城墙砖加以补砌	外墙面	$2.1m^2$

10. 西城墙 10—11 段平面、立面图

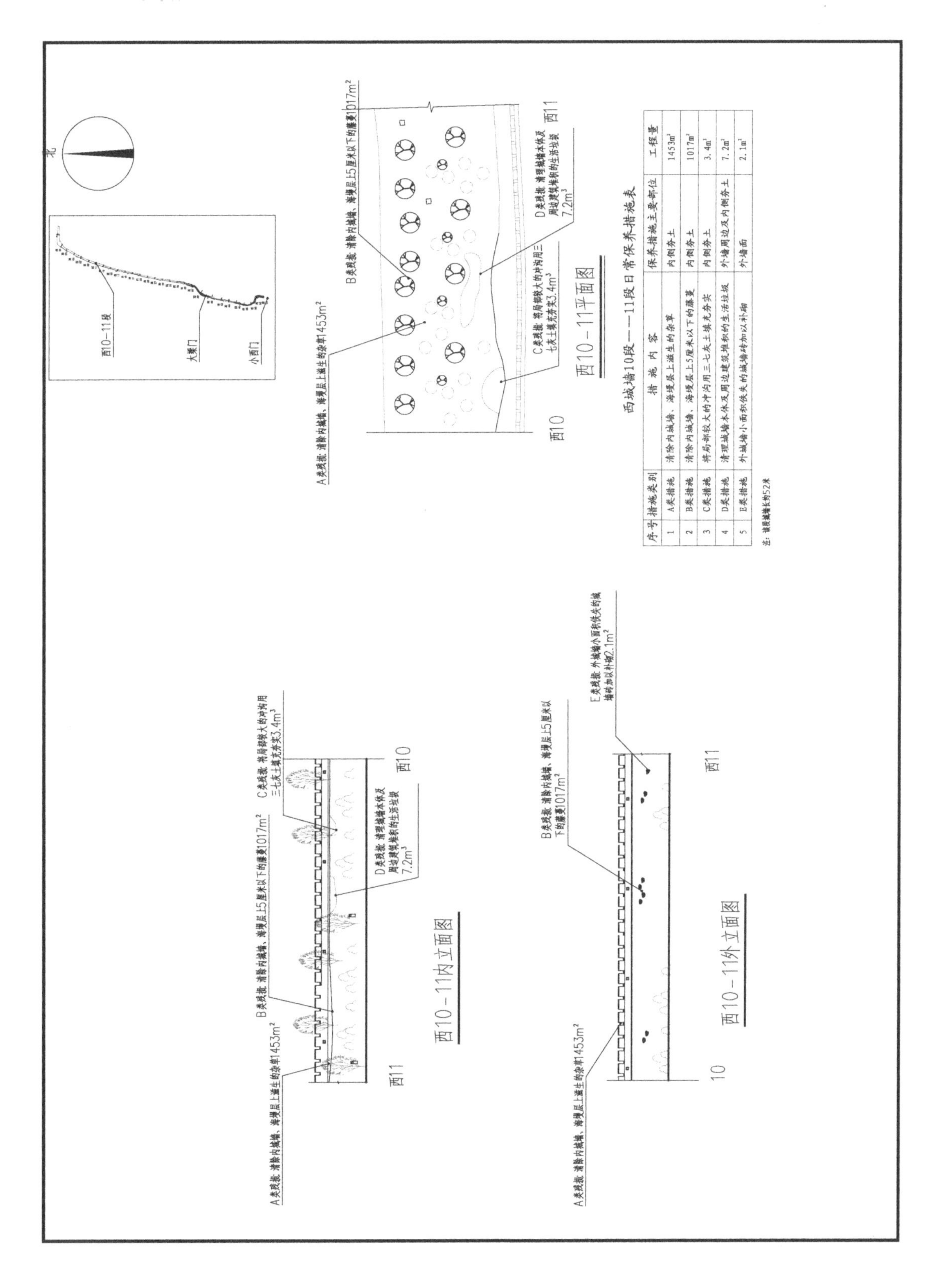

西城墙10段——11段日常保养措施表

序号	措施类别	措施内容	保养措施主要部位	工程量
1	A类措施	清除内城墙、海墁层上滋生的杂草	内侧夯土	1453m²
2	B类措施	清除内城墙、海墁层上5厘米以下的藤蔓	内侧夯土	1017m²
3	C类措施	将局部较大的冲沟用三七灰土填充夯实	内侧夯土	3.4m³
4	D类措施	清理城墙本体及周边建筑堆积的生活垃圾	外墙周边及内侧夯土	7.2m²
5	E类措施	外城墙小面积佚失的城墙砖加以补砌	外墙面	2.1m²

注：该段城墙长约52米

11. 西城墙 11—12 段平面、立面图

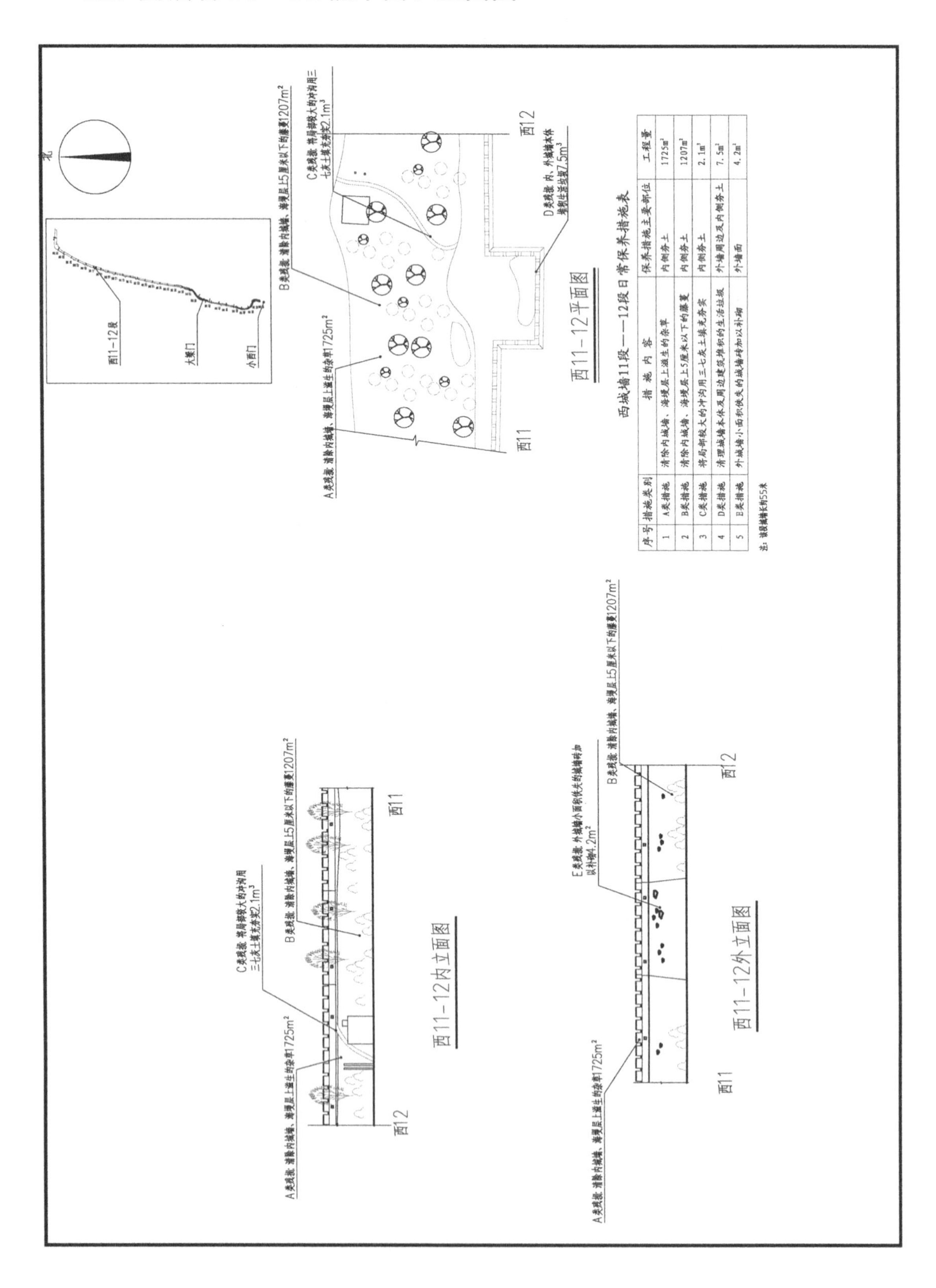

西城墙11段——12段日常保养措施表

序号	措施类别	措施内容	保养措施主要部位	工程量
1	A类措施	清除内城墙、海墁层上滋生的杂草	内侧夯土	$1725m^2$
2	B类措施	清除内城墙、海墁层上5厘米以下的藤蔓	内侧夯土	$1207m^2$
3	C类措施	将局部较大的冲沟用三七灰土填充夯实	内侧夯土	$2.1m^3$
4	D类措施	清理城墙本体及周边建筑堆积的生活垃圾	外墙周边及内侧夯土	$7.5m^3$
5	E类措施	外城墙小面积缺失的城墙砖加以补砌	外墙面	$4.2m^2$

12. 西城墙 12—13 段平面、立面图

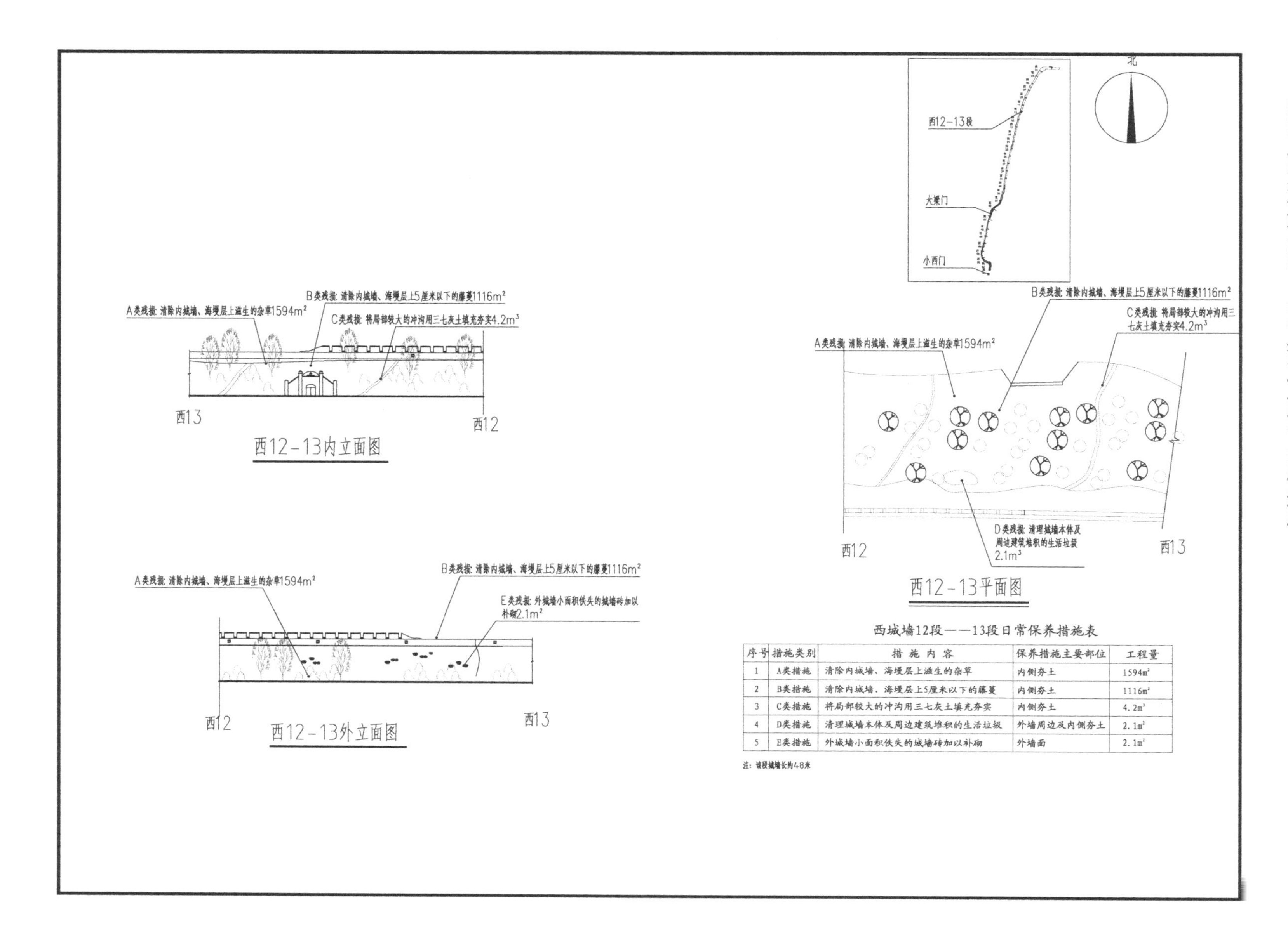

西城墙12段——13段日常保养措施表

序号	措施类别	措施内容	保养措施主要部位	工程量
1	A类措施	清除内城墙、海墁层上滋生的杂草	内侧夯土	1594m²
2	B类措施	清除内城墙、海墁层上5厘米以下的藤蔓	内侧夯土	1116m²
3	C类措施	将局部较大的冲沟用三七灰土填充夯实	内侧夯土	4.2m³
4	D类措施	清理城墙本体及周边建筑堆积的生活垃圾	外墙周边及内侧夯土	2.1m³
5	E类措施	外城墙小面积佚失的城墙砖加以补砌	外墙面	2.1m²

注：该段城墙长约48米

13. 西城墙 13—14 段平面、立面图

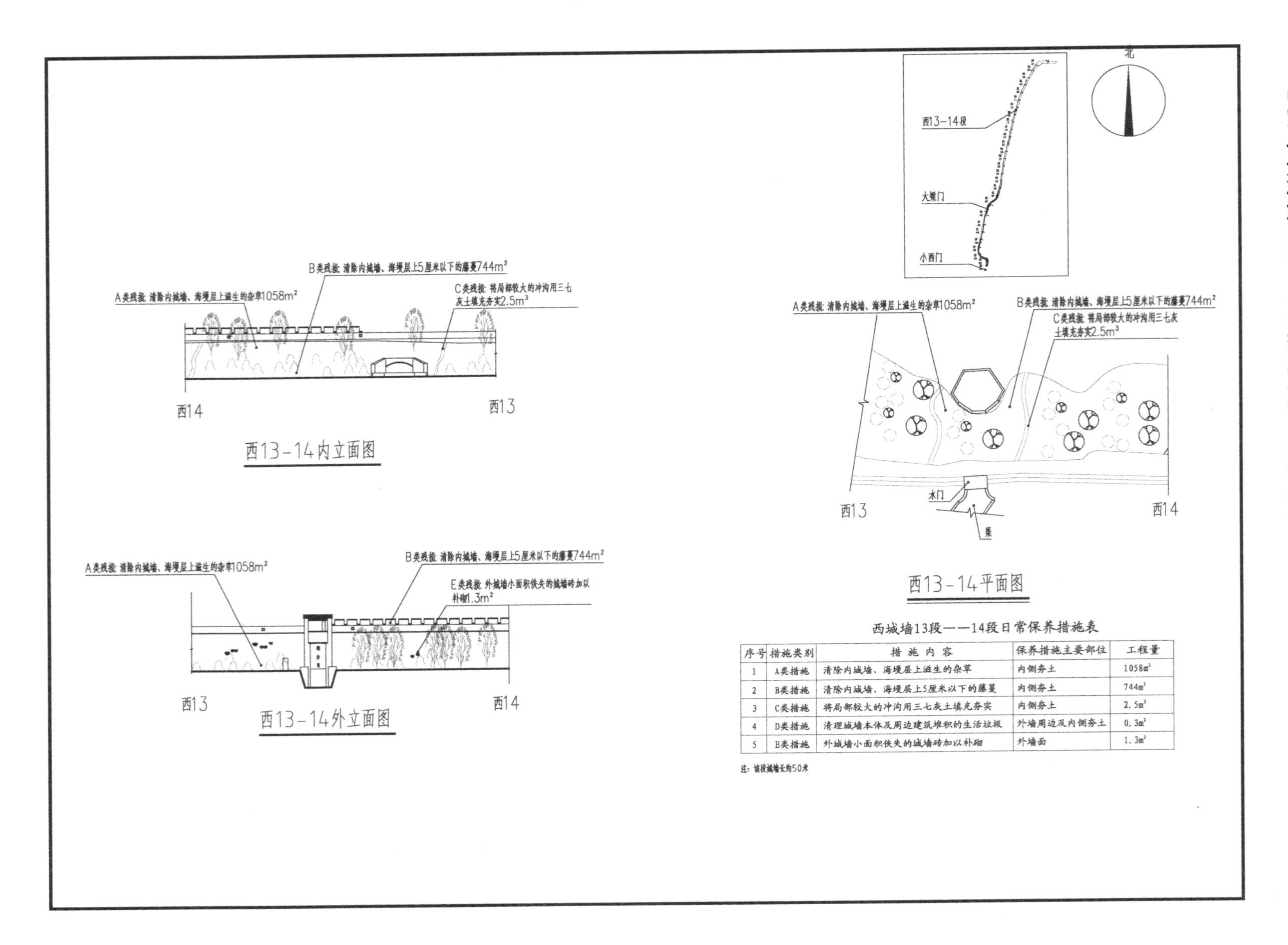

西城墙13段——14段日常保养措施表

序号	措施类别	措施内容	保养措施主要部位	工程量
1	A类措施	清除内城墙、海墁层上滋生的杂草	内侧夯土	1058m²
2	B类措施	清除内城墙、海墁层上5厘米以下的藤蔓	内侧夯土	744m²
3	C类措施	将局部较大的冲沟用三七灰土填充夯实	内侧夯土	2.5m³
4	D类措施	清理城墙本体及周边建筑堆积的生活垃圾	外墙周边及内侧夯土	0.3m³
5	B类措施	外城墙小面积佚失的城墙砖加以补砌	外墙面	1.3m³

注：该段城墙长约50米

14. 西城墙 14—15 段平面、立面图

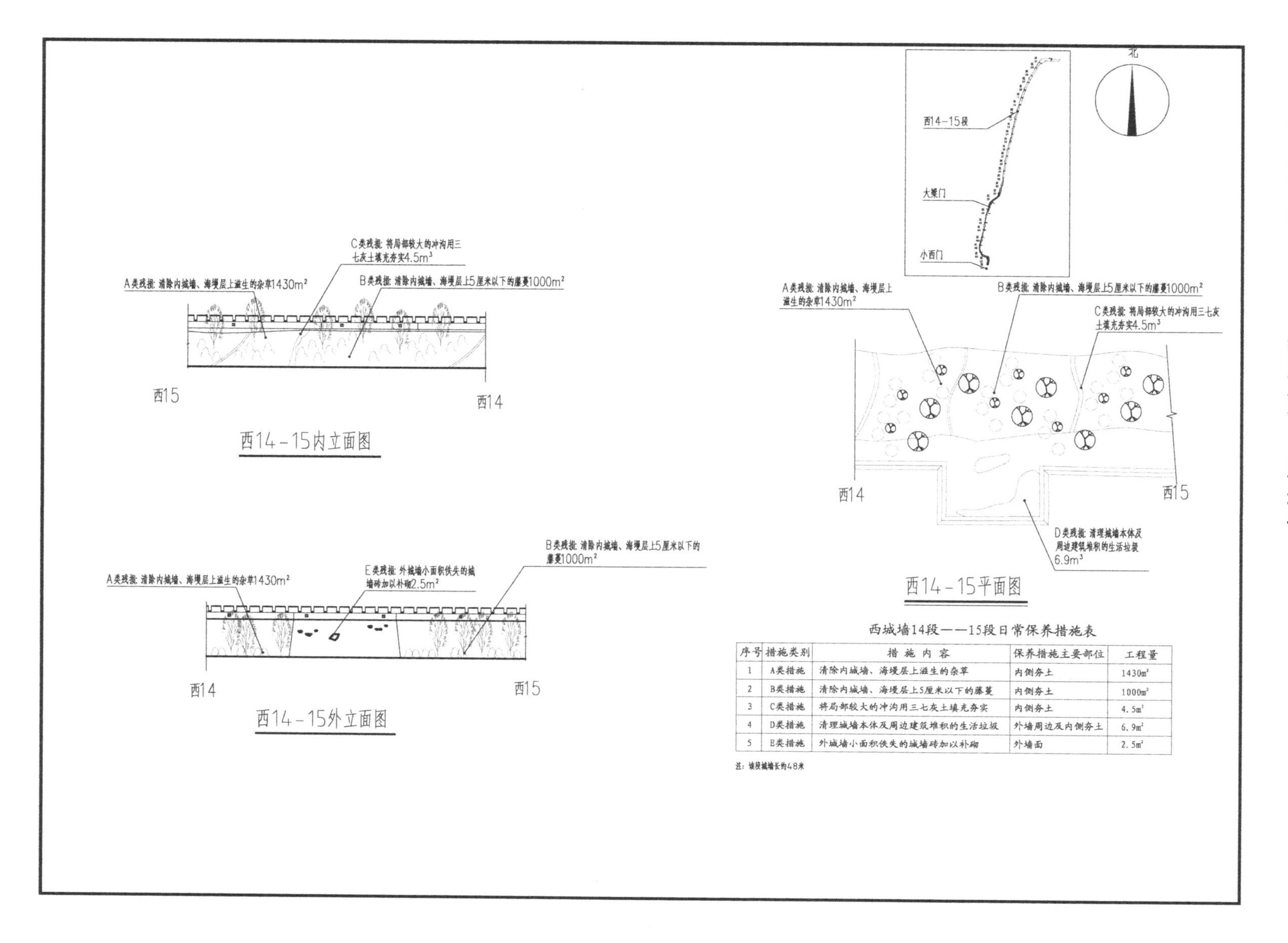

西城墙14段——15段日常保养措施表

序号	措施类别	措施内容	保养措施主要部位	工程量
1	A类措施	清除内城墙、海墁层上滋生的杂草	内侧夯土	1430m²
2	B类措施	清除内城墙、海墁层上5厘米以下的藤蔓	内侧夯土	1000m²
3	C类措施	将局部较大的冲沟用三七灰土填充夯实	内侧夯土	4.5m³
4	D类措施	清理城墙本体及周边建筑堆积的生活垃圾	外墙周边及内侧夯土	6.9m²
5	E类措施	外城墙小面积佚失的城墙砖加以补砌	外墙面	2.5m²

注：该段城墙长约48米

15. 西城墙 15—16 段平面、立面图

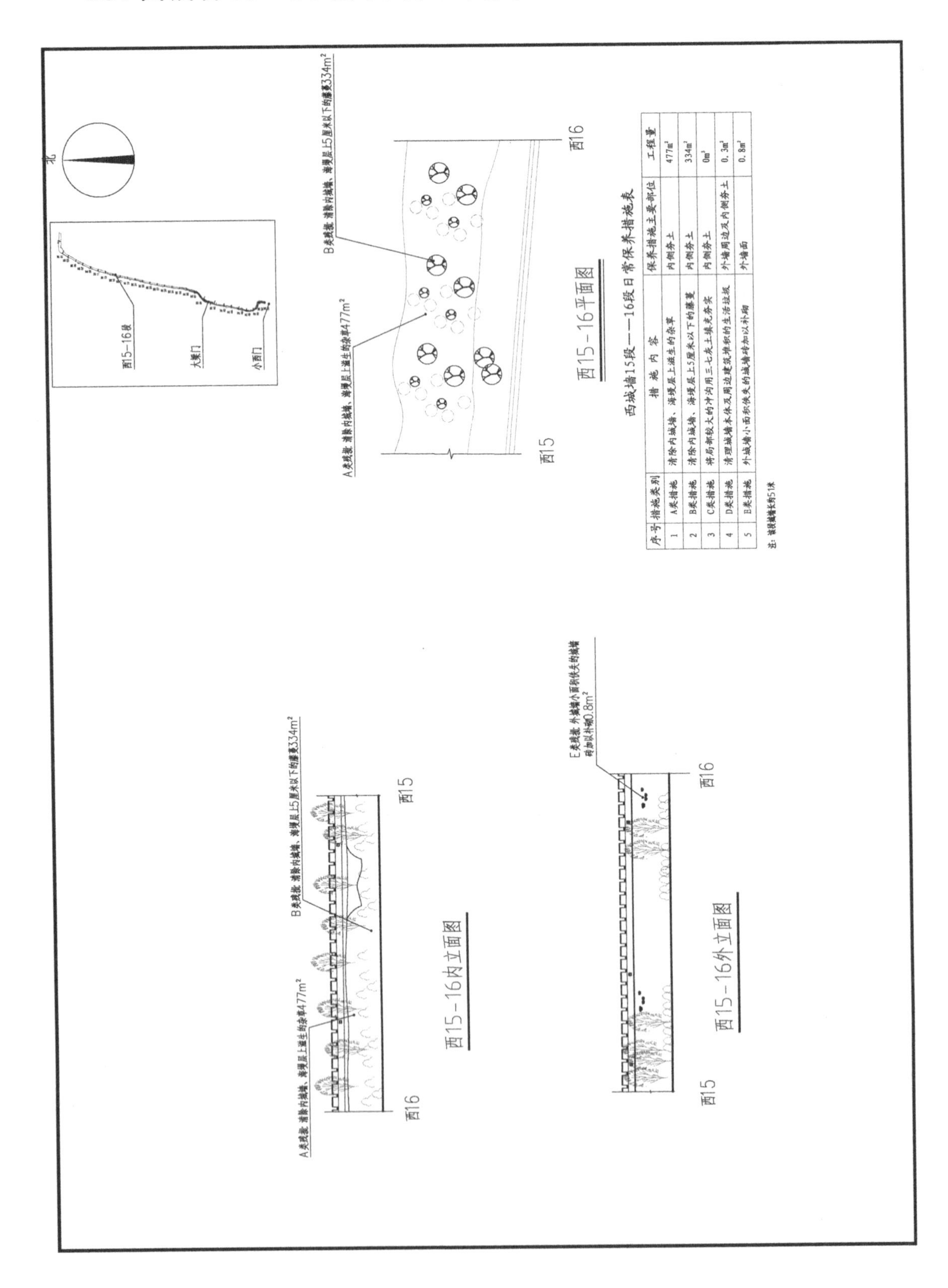

西城墙15段——16段日常保养措施表

序号	措施类别	措施内容	保养措施主要部位	工程量
1	A类措施	清除内城墙、海墁层上滋生的杂草	内侧夯土	477m²
2	B类措施	清除内城墙、海墁层上5厘米以下的藤蔓	内侧夯土	334m²
3	C类措施	将局部较大的冲沟用三七灰土填充夯实	内侧夯土	0m³
4	D类措施	清理城墙本体及周边建筑堆积的生活垃圾	外墙周边及内侧夯土	0.3m²
5	E类措施	外城墙小面积佚失的城墙砖加以补砌	外墙面	0.8m²

注：该段城墙长约51米

16. 西城墙 16—17 段平面、立面图

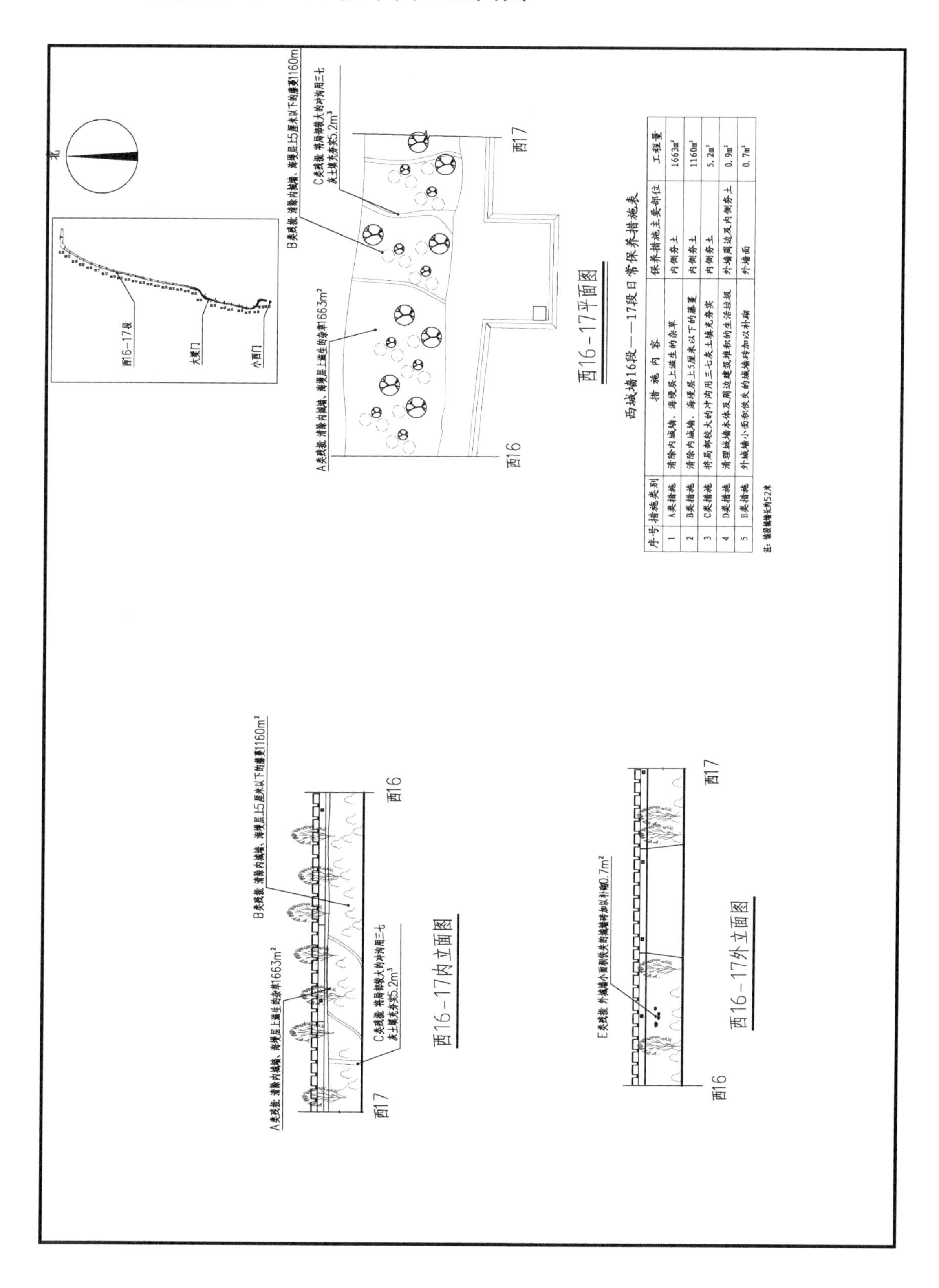

西16-17平面图

西城墙16段——17段日常保养措施表

序号	措施类别	措施内容	保养措施主要部位	工程量
1	A类措施	清除内城墙、海墁层上滋生的杂草	内侧夯土	1663m²
2	B类措施	清除内城墙、海墁层上5厘米以下的藤蔓	内侧夯土	1160m²
3	C类措施	将局部较大的冲沟用三七灰土填充夯实	内侧夯土	5.2m³
4	D类措施	清理城墙本体及周边建筑堆积的生活垃圾	外墙周边及内侧夯土	0.9m²
5	E类措施	外城墙小面积佚失的城墙砖加以补砌	外墙面	0.7m²

注：该段城墙长约52米

西16-17内立面图

西16-17外立面图

17. 西城墙 17—18 段平面、立面图

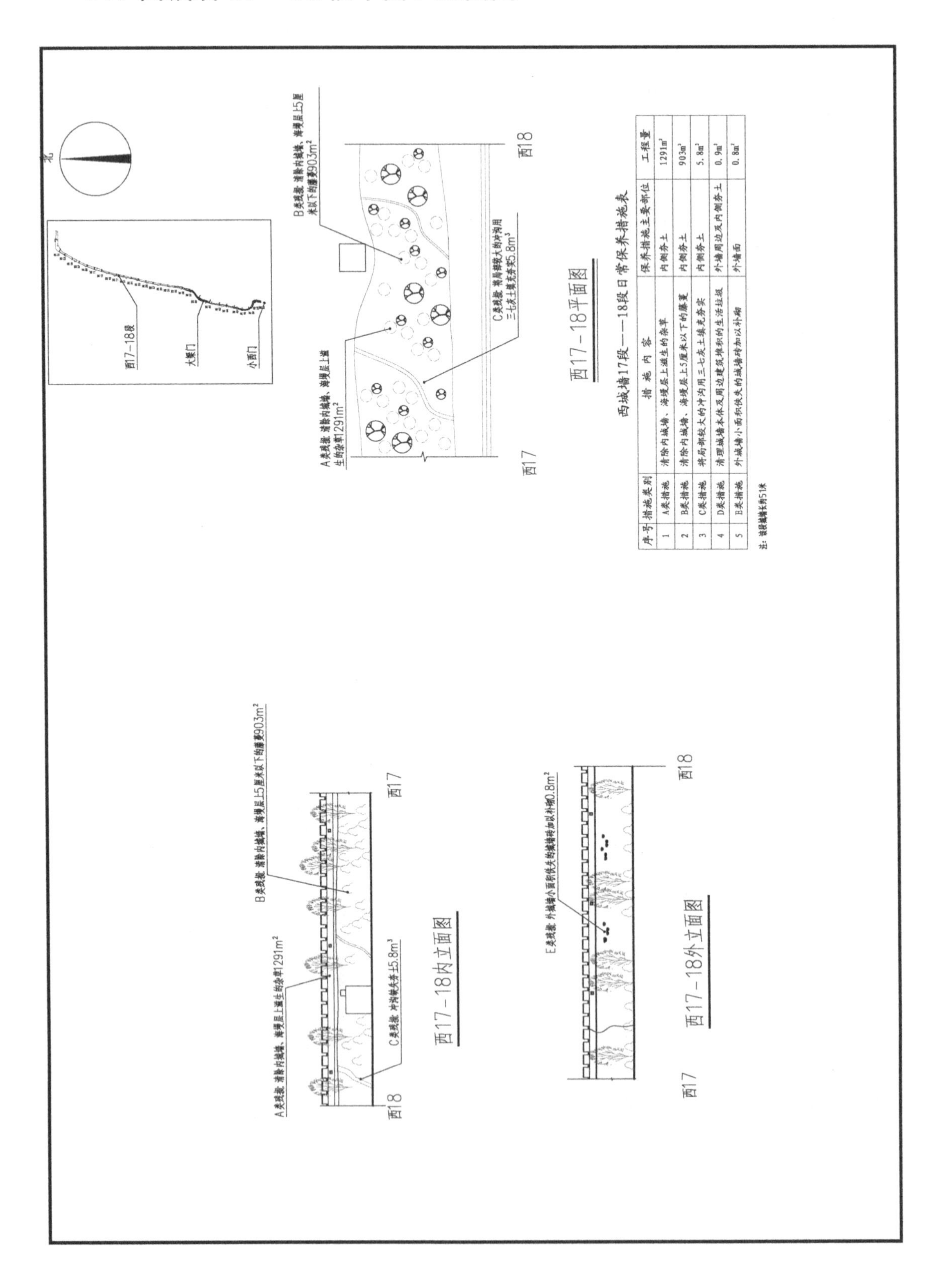

西城墙17段——18段日常保养措施表

序号	措施类别	措施内容	保养措施主要部位	工程量
1	A类措施	清除内城墙、海墁层上滋生的杂草	内侧夯土	1291m²
2	B类措施	清除内城墙、海墁层上5厘米以下的藤蔓	内侧夯土	903m²
3	C类措施	将局部较大的冲沟用三七灰土填充夯实	内侧夯土	5.8m³
4	D类措施	清理城墙本体及周边建筑堆积的生活垃圾	外墙周边及内侧夯土	0.9m³
5	E类措施	外城墙小面积缺失的城墙砖加以补砌	外墙面	0.8m²

注：该段城墙长约51米

18. 西城墙 18—19 段平面、立面图

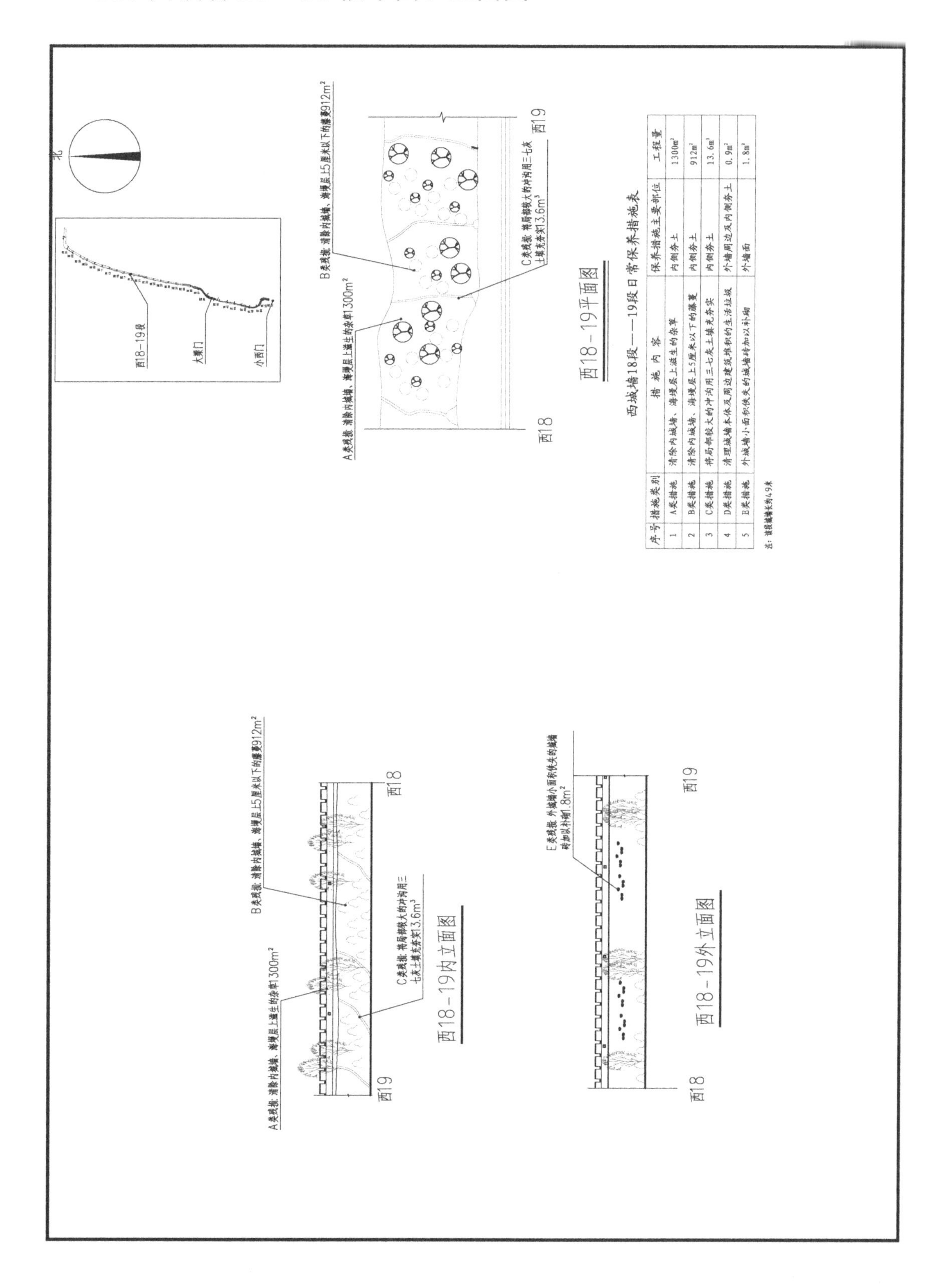

西城墙18段——19段日常保养措施表

序号	措施类别	措施内容	保养措施主要部位	工程量
1	A类措施	清除内城墙、海墁层上滋生的杂草	内侧夯土	1300m²
2	B类措施	清除内城墙、海墁层上5厘米以下的藤蔓	内侧夯土	912m²
3	C类措施	将局部较大的冲沟用三七灰土填充夯实	内侧夯土	13.6m³
4	D类措施	清理城墙本体及周边建筑堆积的生活垃圾	外墙周边及内侧夯土	0.9m³
5	E类措施	外城墙小面积佚失的城墙砖加以补砌	外墙面	1.8m²

注：该段城墙长约49米

19. 西城墙 19—20 段平面、立面图

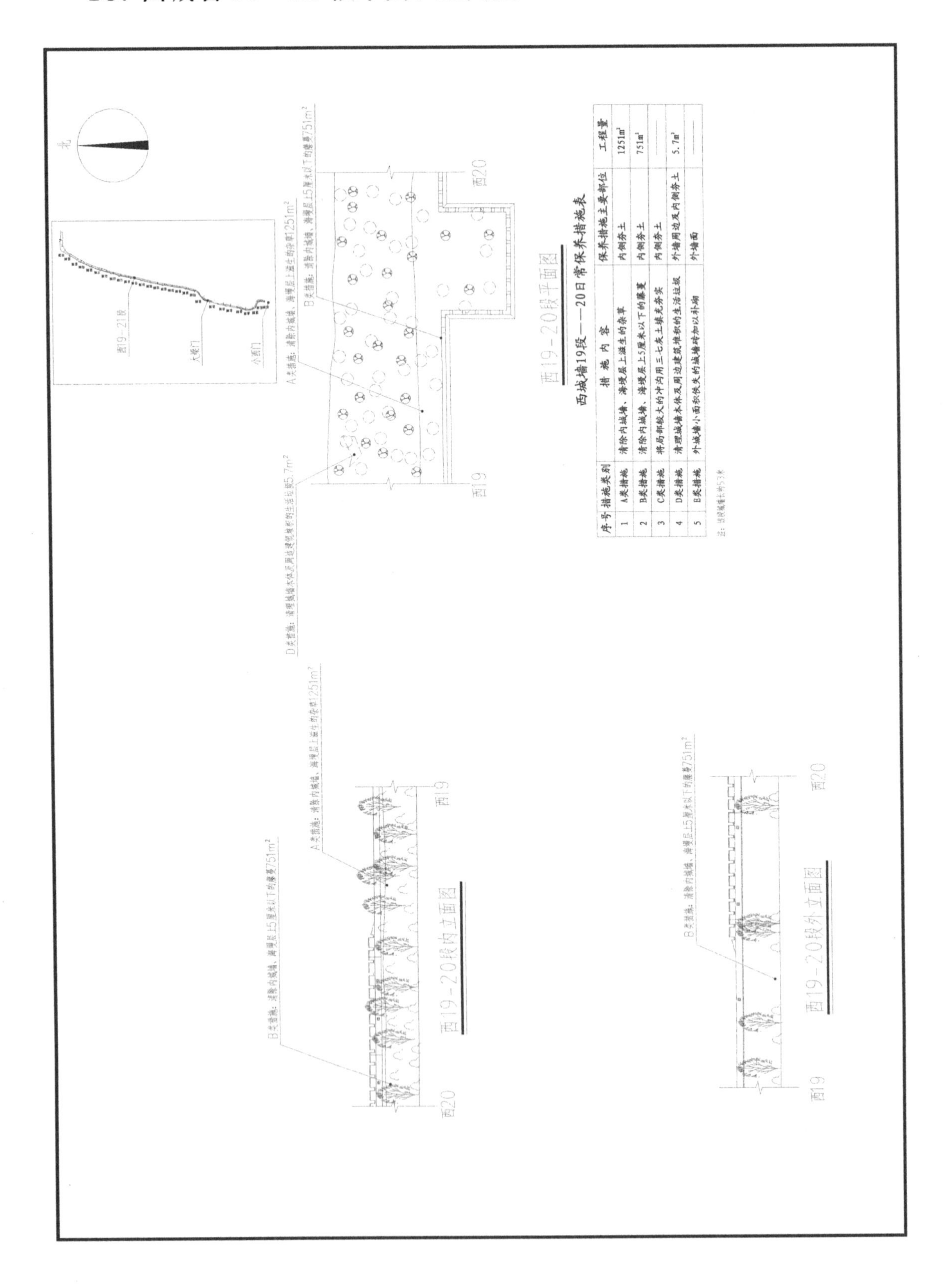

西城墙19段——20日常保养措施表

序号	措施类别	措 施 内 容	保养措施主要部位	工程量
1	A类措施	清除内城墙、海墁层上滋生的杂草	内侧夯土	1251m²
2	B类措施	清除内城墙、海墁层上5厘米以下的藤蔓	内侧夯土	751m²
3	C类措施	将局部较大的冲沟用三七灰土填充夯实	内侧夯土	——
4	D类措施	清理城墙本体及周边建筑堆积的生活垃圾	外墙周边及内侧夯土	5.7m²
5	B类措施	外城墙小面积缺失的城墙砖加以补砌	外墙面	——

注：该段城墙长约53米

20. 西城墙 20—21 段平面、立面图

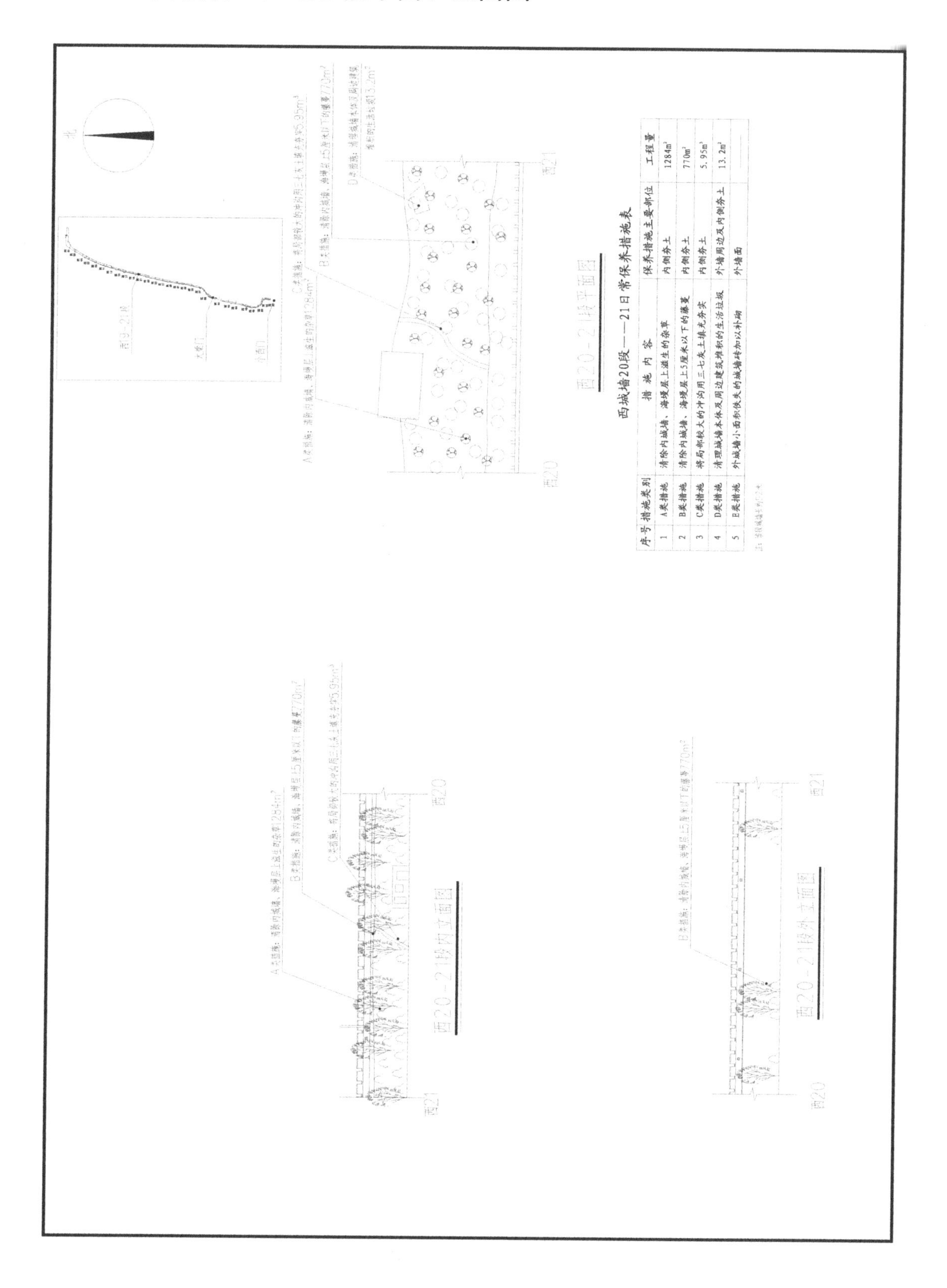

西城墙20段——21日常保养措施表

序号	措施类别	措施内容	保养措施主要部位	工程量
1	A类措施	清除内城墙、海墁层上滋生的杂草	内侧夯土	1284m²
2	B类措施	清除内城墙、海墁层上5厘米以下的藤蔓	内侧夯土	770m²
3	C类措施	将局部较大的冲沟用三七灰土填充夯实	内侧夯土	5.95m³
4	D类措施	清理城墙本体及周边建筑堆积的生活垃圾	外墙周边及内侧夯土	13.2m²
5	E类措施	外城墙小面积佚失的城墙砖加以补砌	外墙面	——

21. 西城墙 21—22 段平面、立面图

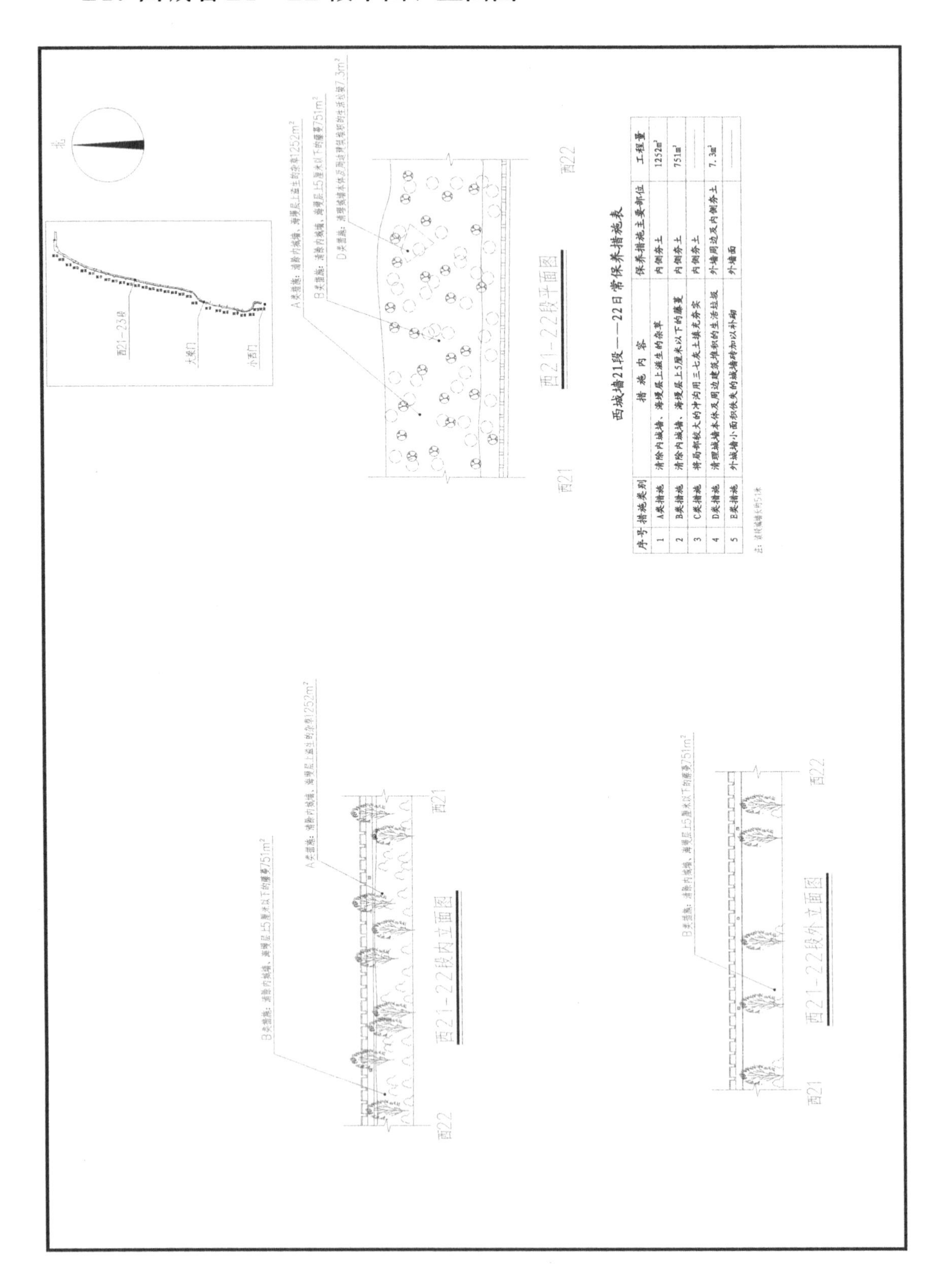

西城墙21段——22日常保养措施表

序号	措施类别	措施内容	保养措施主要部位	工程量
1	A类措施	清除内城墙、海墁层上滋生的杂草	内侧夯土	1252m²
2	B类措施	清除内城墙、海墁层上5厘米以下的藤蔓	内侧夯土	751m²
3	C类措施	将局部较大的冲沟用三七灰土填充夯实	内侧夯土	——
4	D类措施	清理城墙本体及周边建筑堆积的生活垃圾	外墙周边及内侧夯土	7.3m²
5	E类措施	外城墙小面积缺失的城墙砖加以补砌	外墙面	——

注：该段城墙长约51米

22. 西城墙 22—23 段平面、立面图

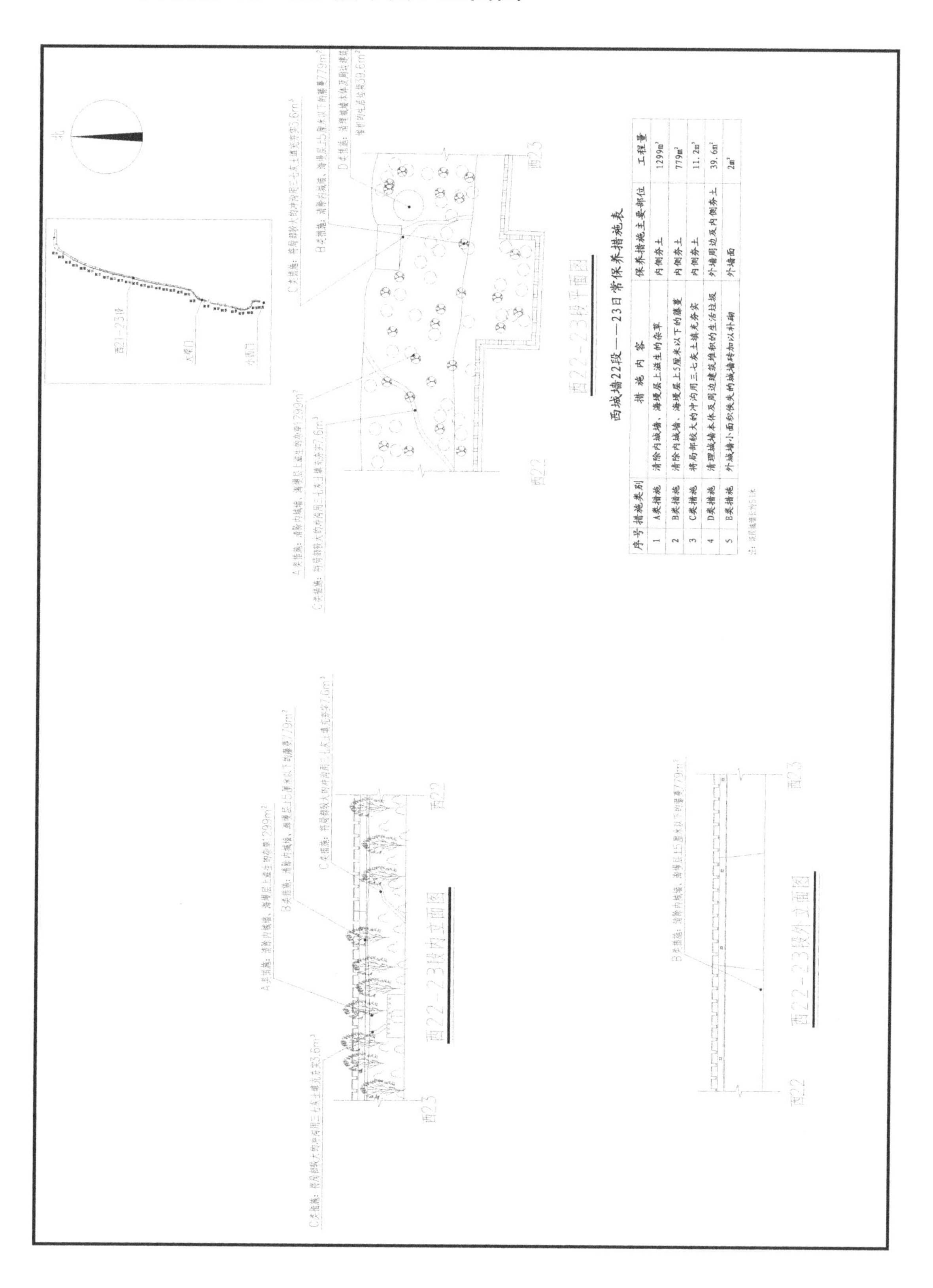

西城墙22段——23日常保养措施表

序号	措施类别	措施内容	保养措施主要部位	工程量
1	A类措施	清除内城墙、海墁层上滋生的杂草	内侧夯土	$1299m^2$
2	B类措施	清除内城墙、海墁层上5厘米以下的藤蔓	内侧夯土	$779m^2$
3	C类措施	将局部较大的冲沟用三七灰土填充夯实	内侧夯土	$11.2m^3$
4	D类措施	清理城墙本体及周边建筑堆积的生活垃圾	外墙周边及内侧夯土	$39.6m^2$
5	B类措施	外城墙小面积佚失的城墙砖加以补砌	外墙面	$2m^2$

注：该段城墙长约51米

23. 西城墙 23—24 段平面、立面图

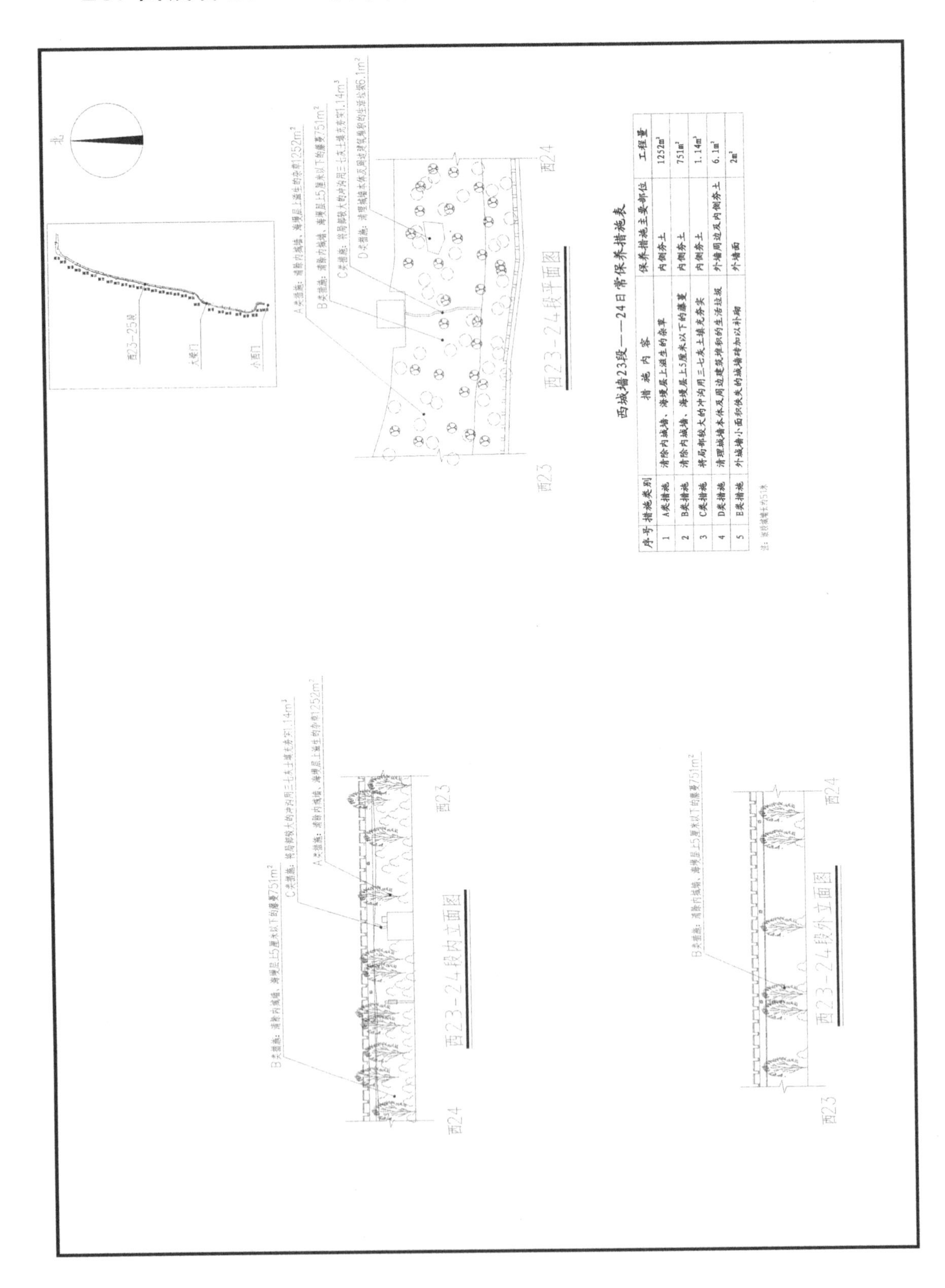

序号	措施类别	措施内容	保养措施主要部位	工程量
1	A类措施	清除内城墙、海墁层上滋生的杂草	内侧夯土	1252m²
2	B类措施	清除内城墙、海墁层上5厘米以下的藤蔓	内侧夯土	751m²
3	C类措施	将局部较大的冲沟用三七灰土填充夯实	内侧夯土	1.14m³
4	D类措施	清理城墙本体及周边建筑堆积的生活垃圾	外墙周边及内侧夯土	6.1m³
5	E类措施	外城墙小面积缺失的城墙砖加以补砌	外墙面	2m²

24. 西城墙 24—25 段平面、立面图

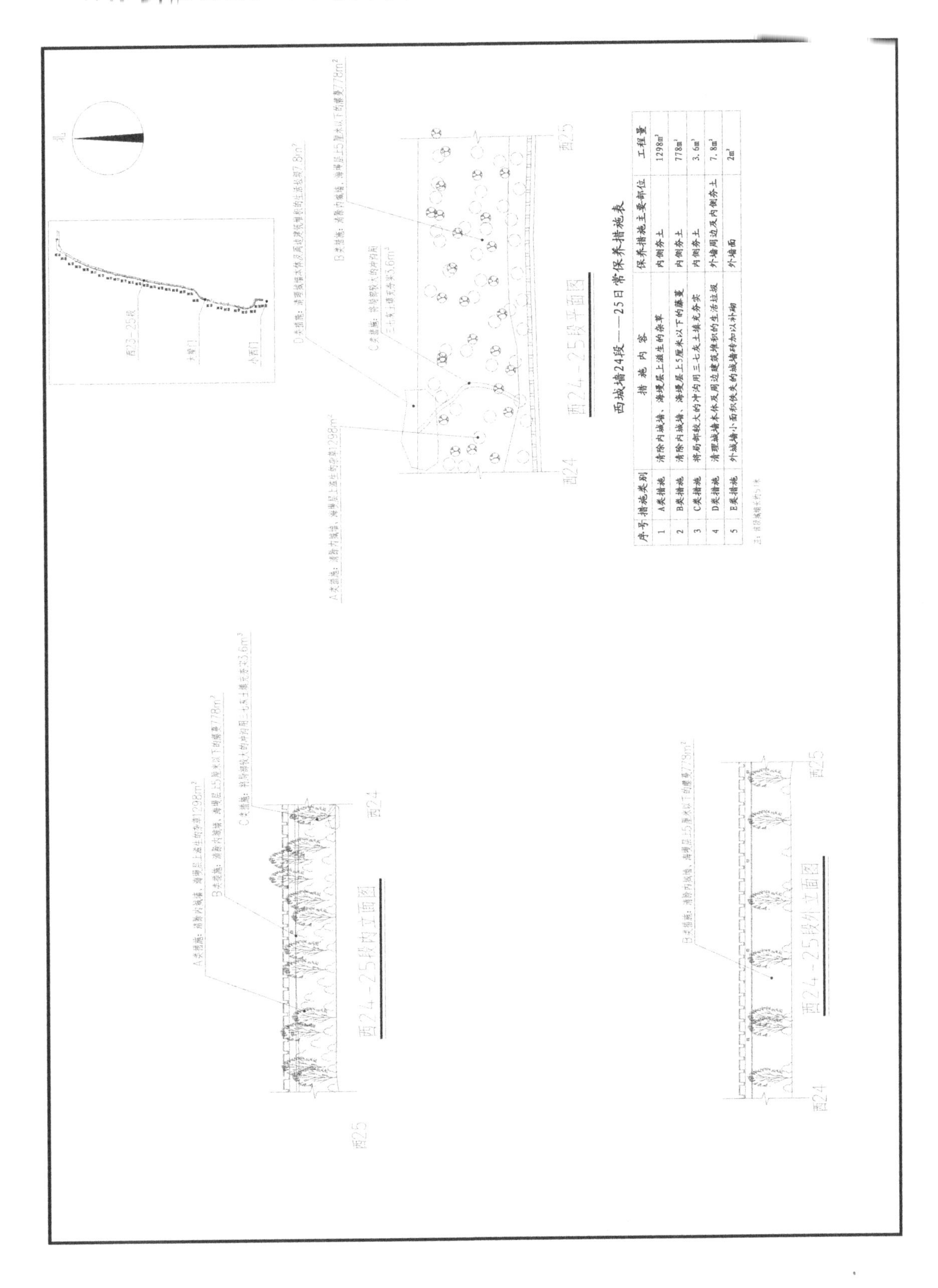

西城墙24段——25日常保养措施表

序号	措施类别	措施内容	保养措施主要部位	工程量
1	A类措施	清除内城墙、海墁层上滋生的杂草	内侧夯土	1298m²
2	B类措施	清除内城墙、海墁层上5厘米以下的藤蔓	内侧夯土	778m²
3	C类措施	将局部较大的冲沟用三七灰土填充夯实	内侧夯土	3.6m³
4	D类措施	清理城墙本体及周边建筑堆积的生活垃圾	外墙周边及内侧夯土	7.8m³
5	E类措施	外城墙小面积佚失的城墙砖加以补砌	外墙面	2m²

25. 西城墙25—26段平面、立面图

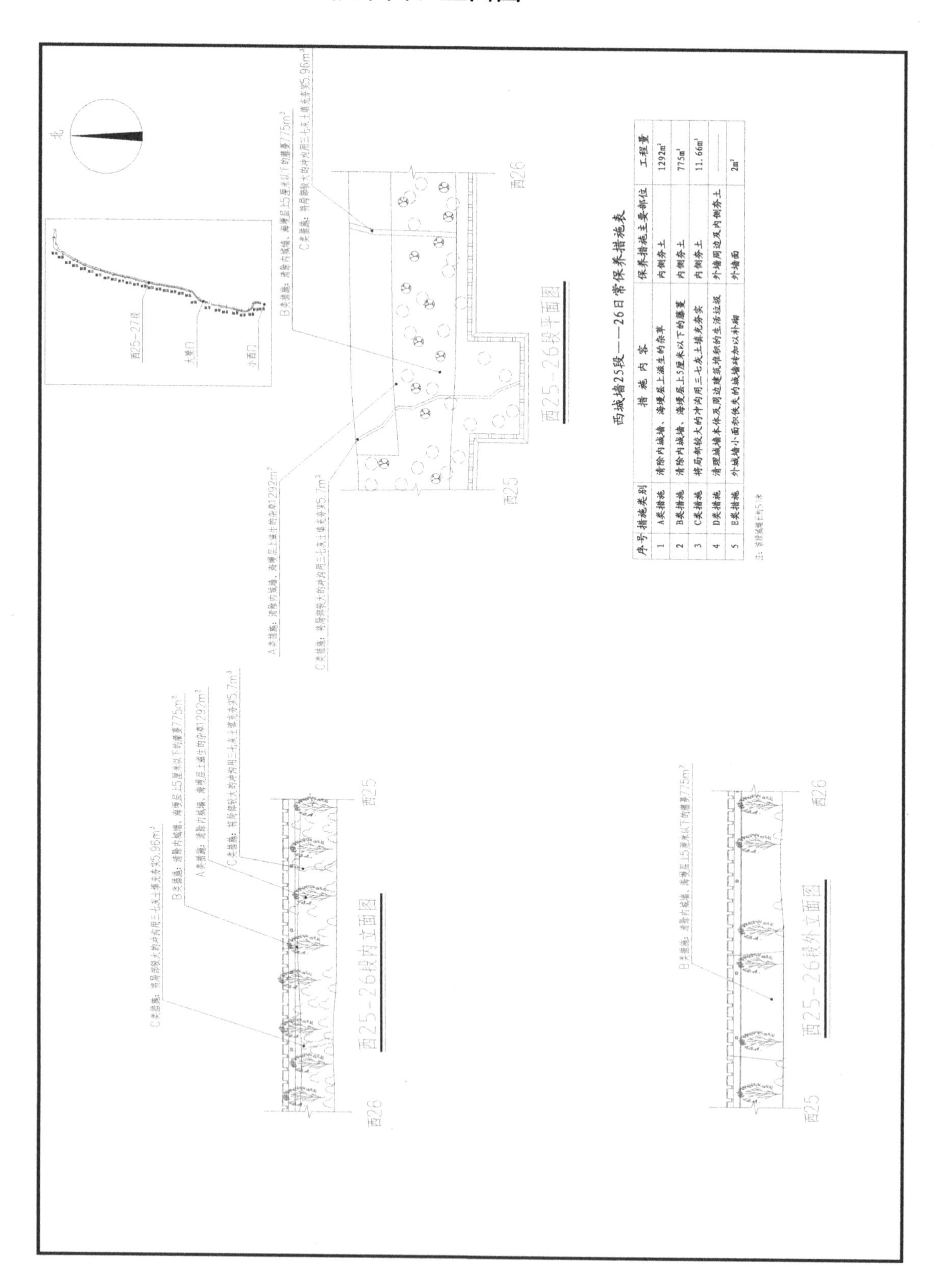

西城墙25段——26日常保养措施表

序号	措施类别	措施内容	保养措施主要部位	工程量
1	A类措施	清除内城墙、海墁层上滋生的杂草	内侧夯土	1292m²
2	B类措施	清除内城墙、海墁层上5厘米以下的藤蔓	内侧夯土	775m²
3	C类措施	将局部较大的冲沟用三七灰土填充夯实	内侧夯土	11.66m³
4	D类措施	清理城墙本体及周边建筑堆积的生活垃圾	外墙周边及内侧夯土	——
5	E类措施	外城墙小面积佚失的城墙砖加以补砌	外墙面	2m²

注：该段城墙长约51米

26. 西城墙 26—27 段平面、立面图

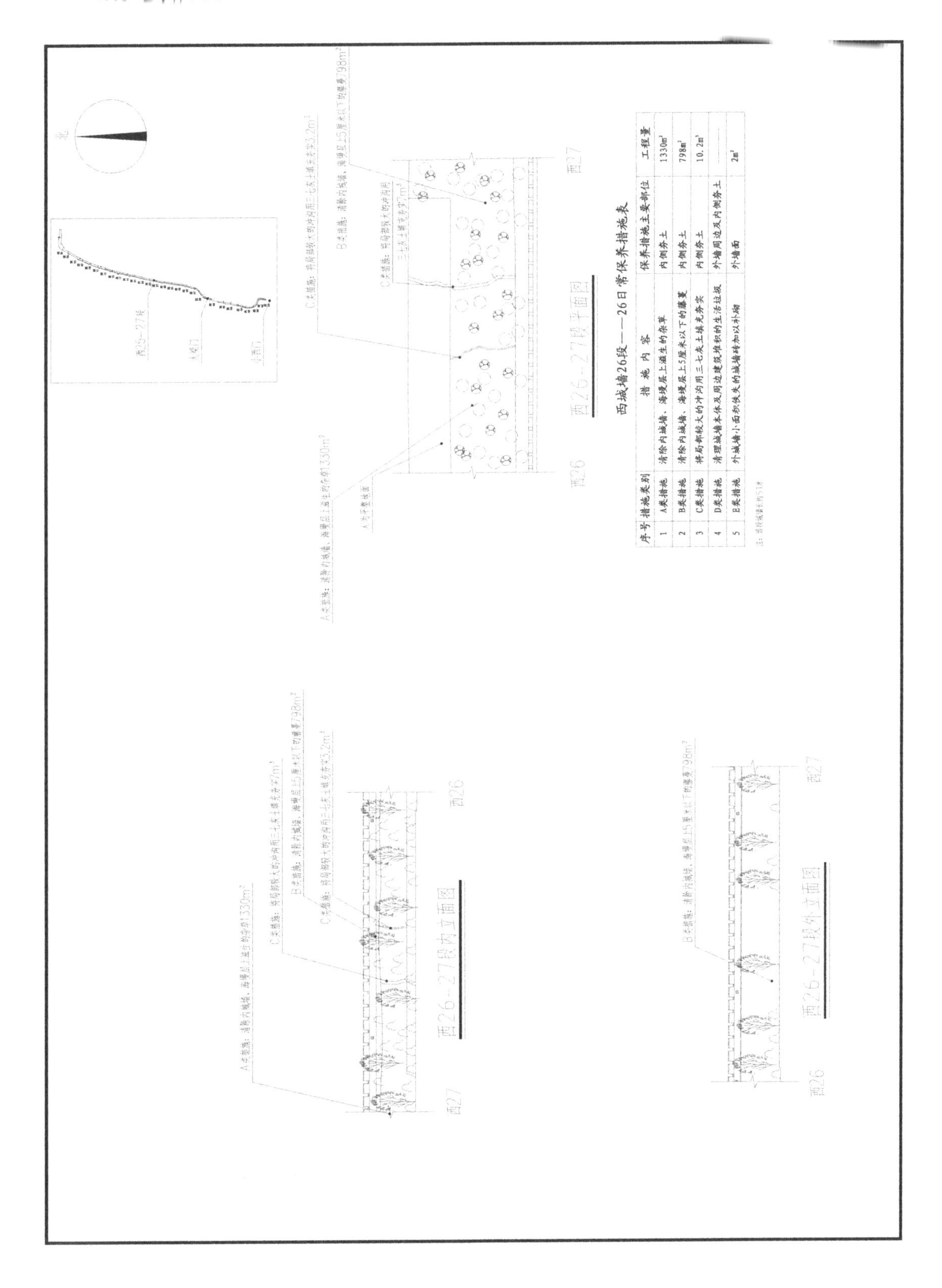

27. 西城墙27—28段平面、立面图

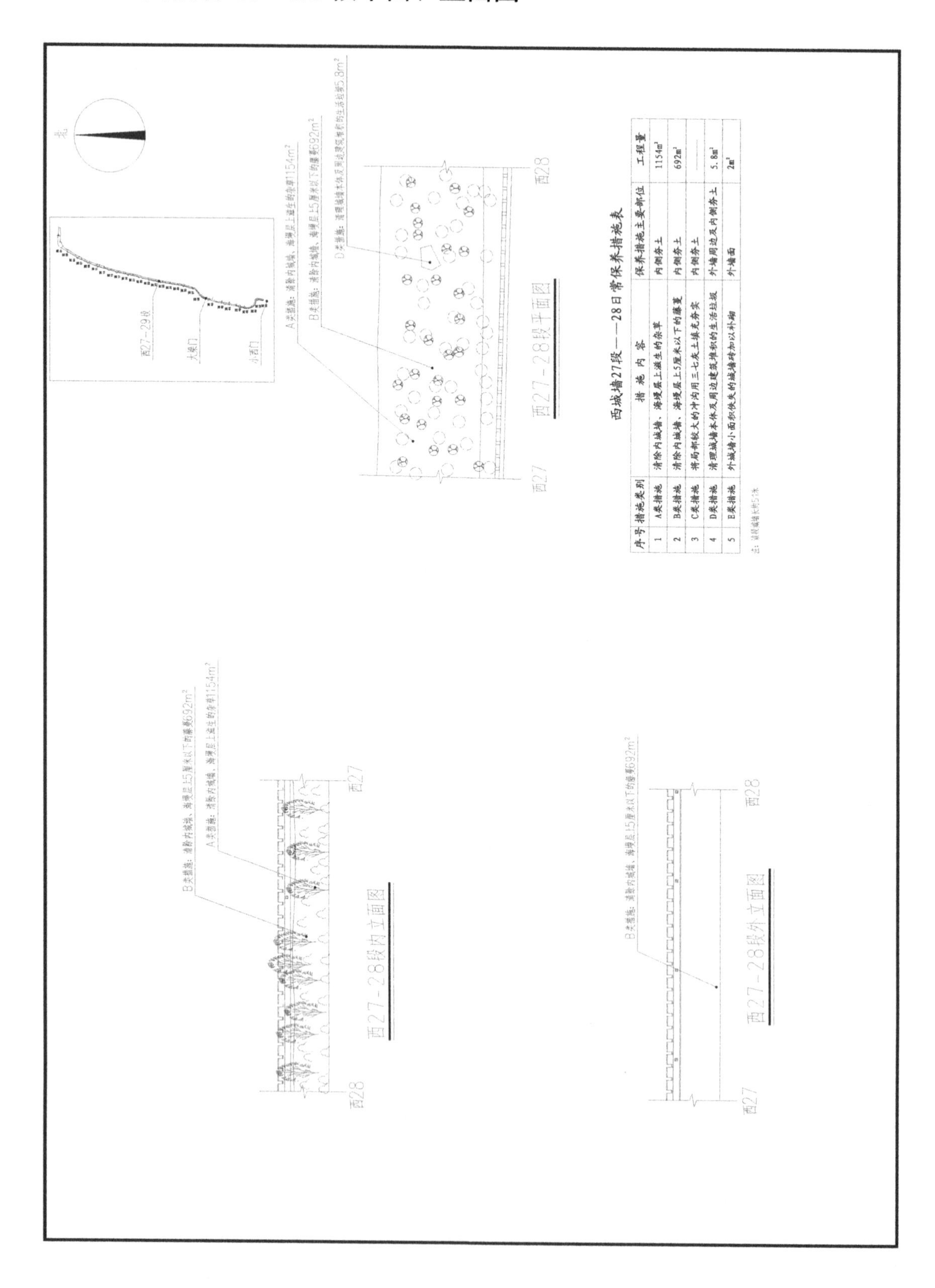

西城墙27段——28日常保养措施表

序号	措施类别	措施内容	保养措施主要部位	工程量
1	A类措施	清除内城墙、海墁层上滋生的杂草	内侧夯土	1154m²
2	B类措施	清除内城墙、海墁层上5厘米以下的藤蔓	内侧夯土	692m²
3	C类措施	将局部较大的冲沟用三七灰土填充夯实	内侧夯土	——
4	D类措施	清理城墙本体及周边建筑堆积的生活垃圾	外墙周边及内侧夯土	5.8m²
5	E类措施	外城墙小面积佚失的城墙砖加以补砌	外墙面	2m²

28. 西城墙 28—29 段平面、立面图

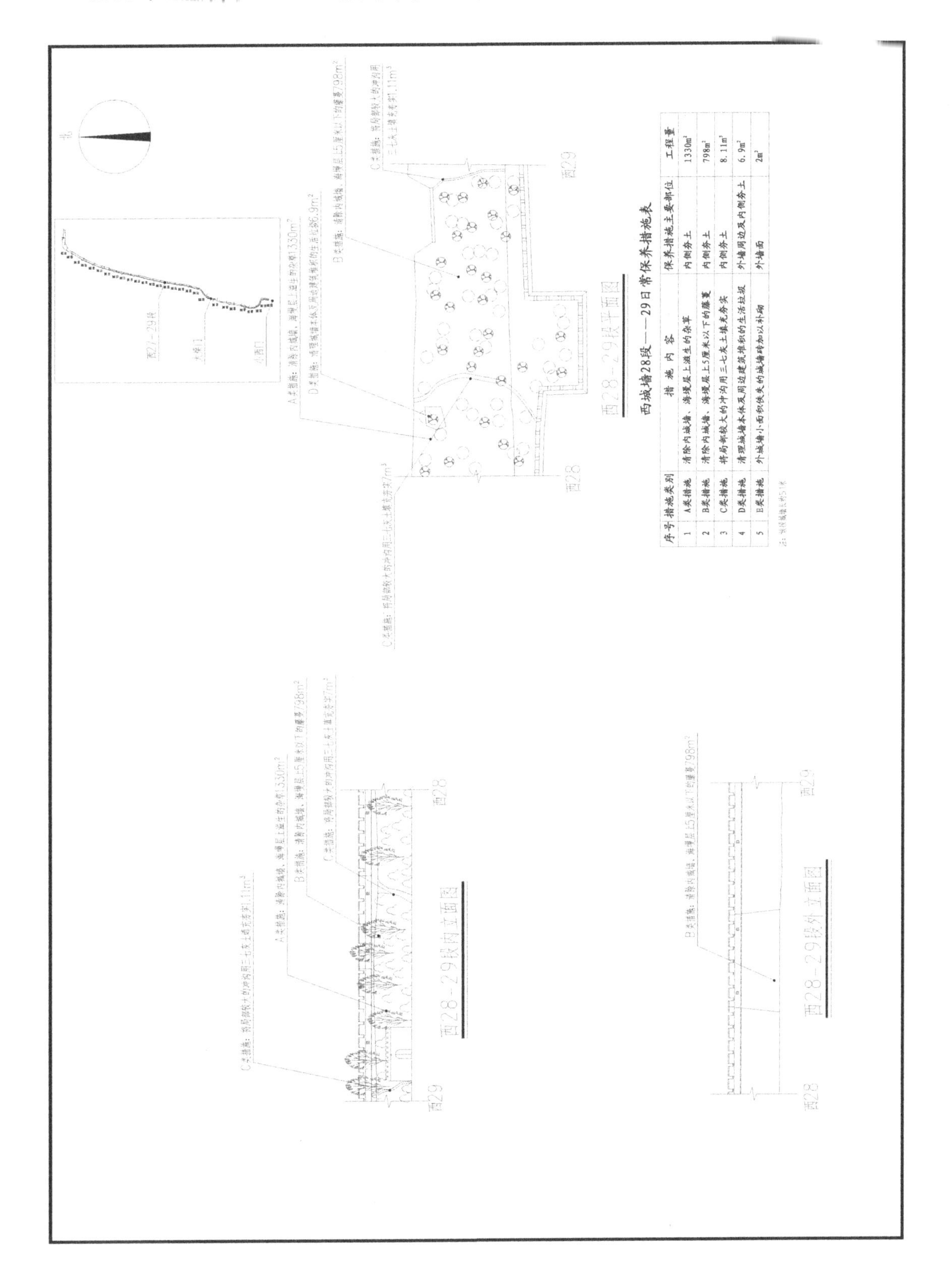

西城墙28段——29日常保养措施表

序号	措施类别	措施内容	保养措施主要部位	工程量
1	A类措施	清除内城墙、海墁层上滋生的杂草	内侧夯土	1330m²
2	B类措施	清除内城墙、海墁层上5厘米以下的藤蔓	内侧夯土	798m²
3	C类措施	将局部较大的冲沟用三七灰土填充夯实	内侧夯土	8.11m³
4	D类措施	清理城墙本体及周边建筑堆积的生活垃圾	外墙周边及内侧夯土	6.9m²
5	B类措施	外城墙小面积缺失的城墙砖加以补砌	外墙面	2m²

29. 西城墙 29—30 段平面、立面图

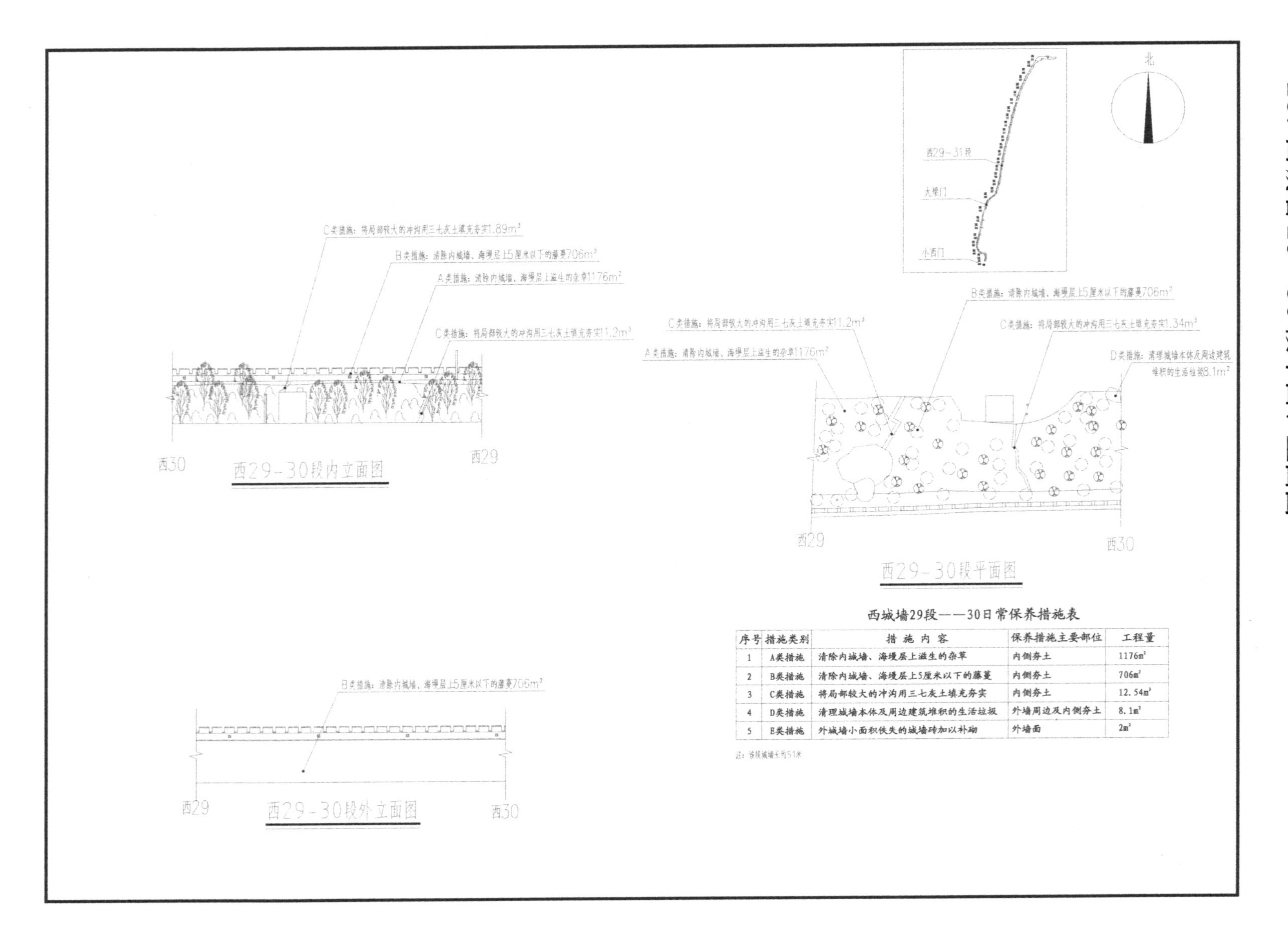

西城墙29段——30日常保养措施表

序号	措施类别	措施内容	保养措施主要部位	工程量
1	A类措施	清除内城墙、海墁层上滋生的杂草	内侧夯土	1176m²
2	B类措施	清除内城墙、海墁层上5厘米以下的藤蔓	内侧夯土	706m²
3	C类措施	将局部较大的冲沟用三七灰土填充夯实	内侧夯土	12.54m³
4	D类措施	清理城墙本体及周边建筑堆积的生活垃圾	外墙周边及内侧夯土	8.1m³
5	E类措施	外城墙小面积缺失的城墙砖加以补砌	外墙面	2m²

30. 西城墙 30—31 段平面、立面图

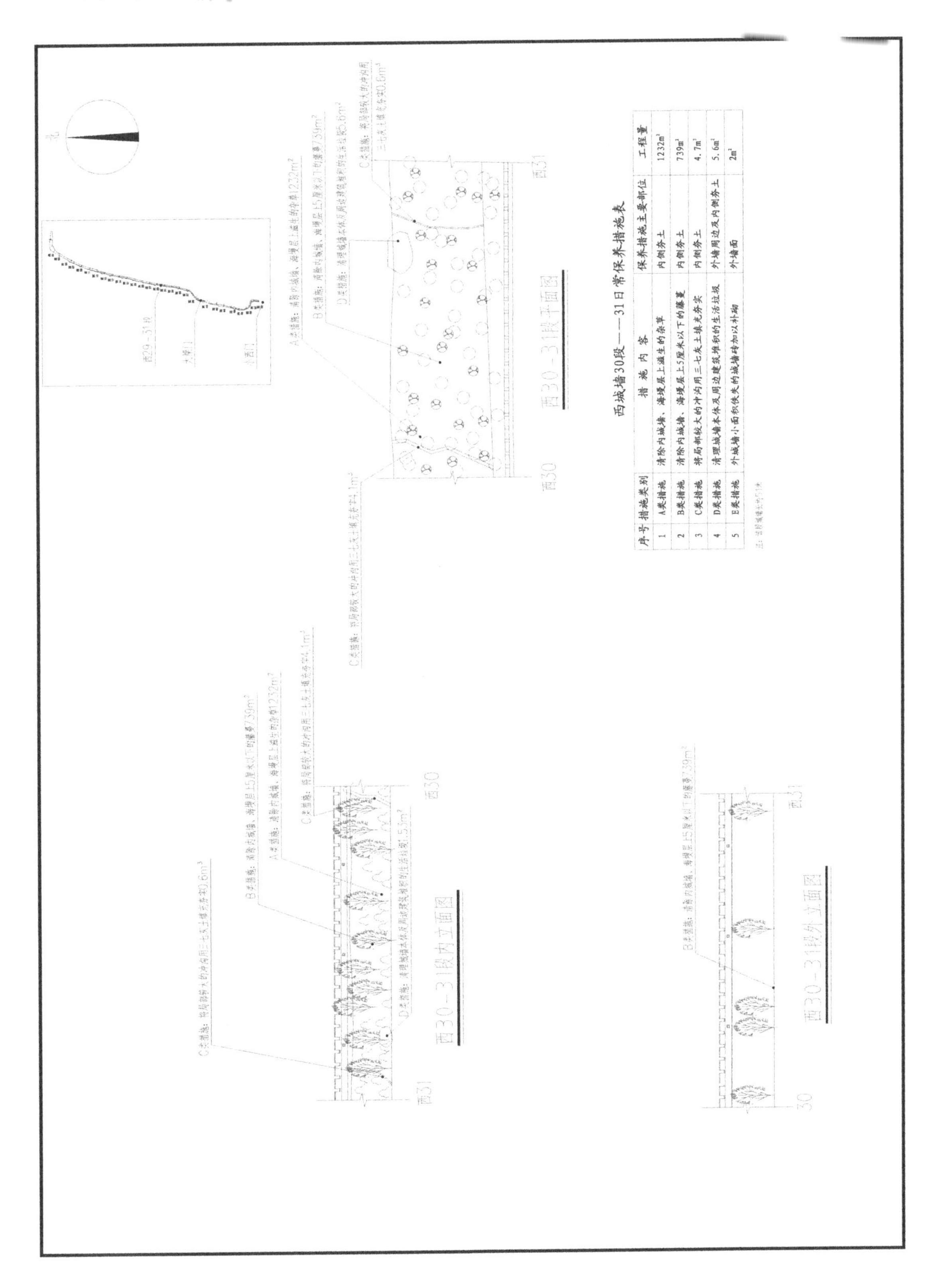

西城墙30段——31日常保养措施表

序号	措施类别	措施内容	保养措施主要部位	工程量
1	A类措施	清除内城墙、海墁层上滋生的杂草	内侧夯土	1232m²
2	B类措施	清除内城墙，海墁层上5厘米以下的藤蔓	内侧夯土	739m²
3	C类措施	将局部较大的冲沟用三七灰土填充夯实	内侧夯土	4.7m²
4	D类措施	清理城墙本体及周边建筑堆积的生活垃圾	外墙周边及内侧夯土	5.6m²
5	E类措施	外墙小面积缺失的城墙砖加以补砌	外墙面	2m²

31. 西城墙 31—32 段平面、立面图

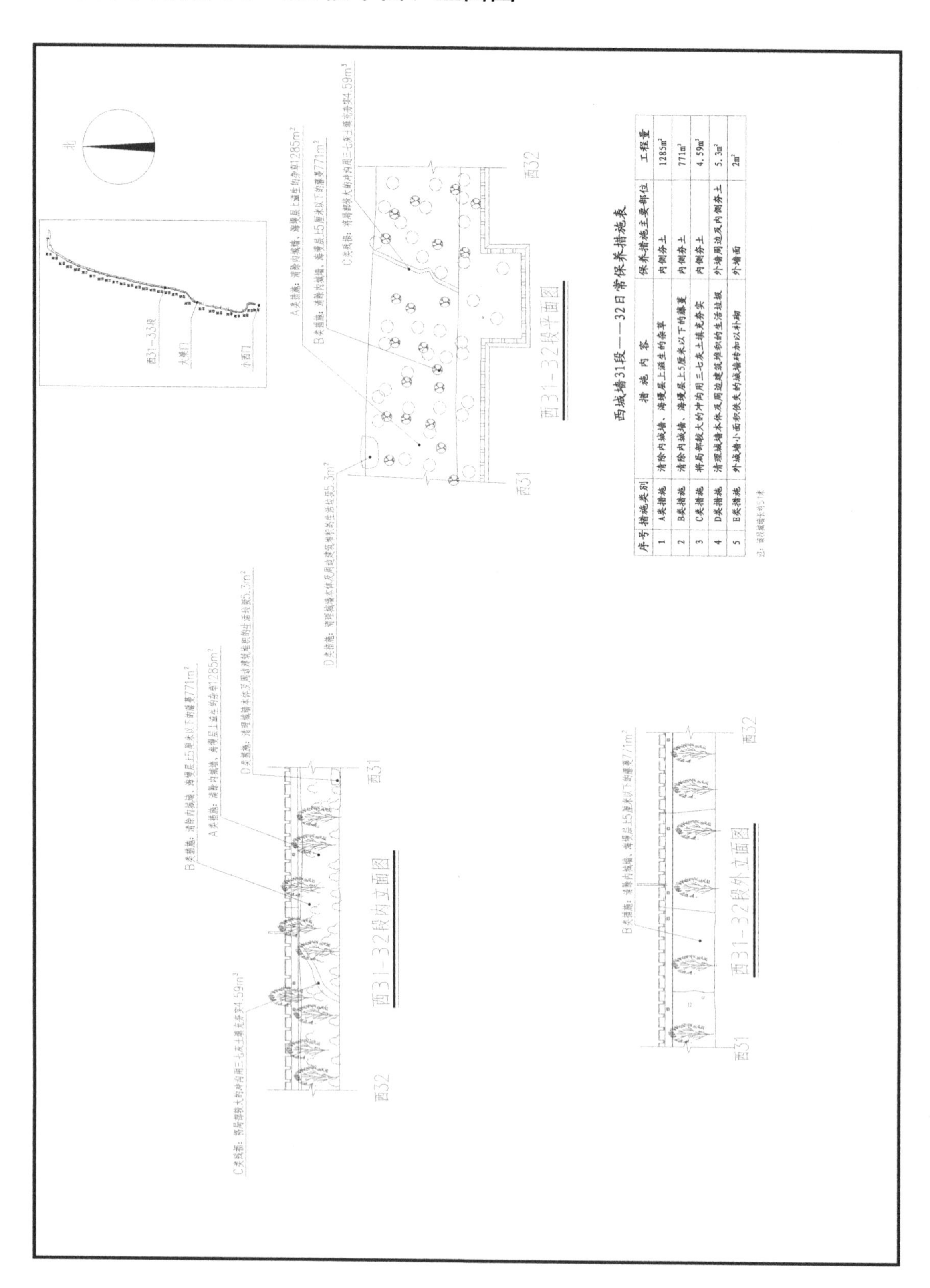

序号	措施类别	措 施 内 容	保养措施主要部位	工程量
1	A类措施	清除内城墙、海墁层上滋生的杂草	内侧夯土	1285m²
2	B类措施	清除内城墙、海墁层上5厘米以下的藤蔓	内侧夯土	771m²
3	C类措施	将局部较大的冲沟用三七灰土填充夯实	内侧夯土	4.59m³
4	D类措施	清理城墙本体及周边建筑堆积的生活垃圾	外墙周边及内侧夯土	5.3m²
5	B类措施	外城墙小面积佚失的城墙砖加以补砌	外墙面	2m²

32. 西城墙 32—33 段平面、立面图

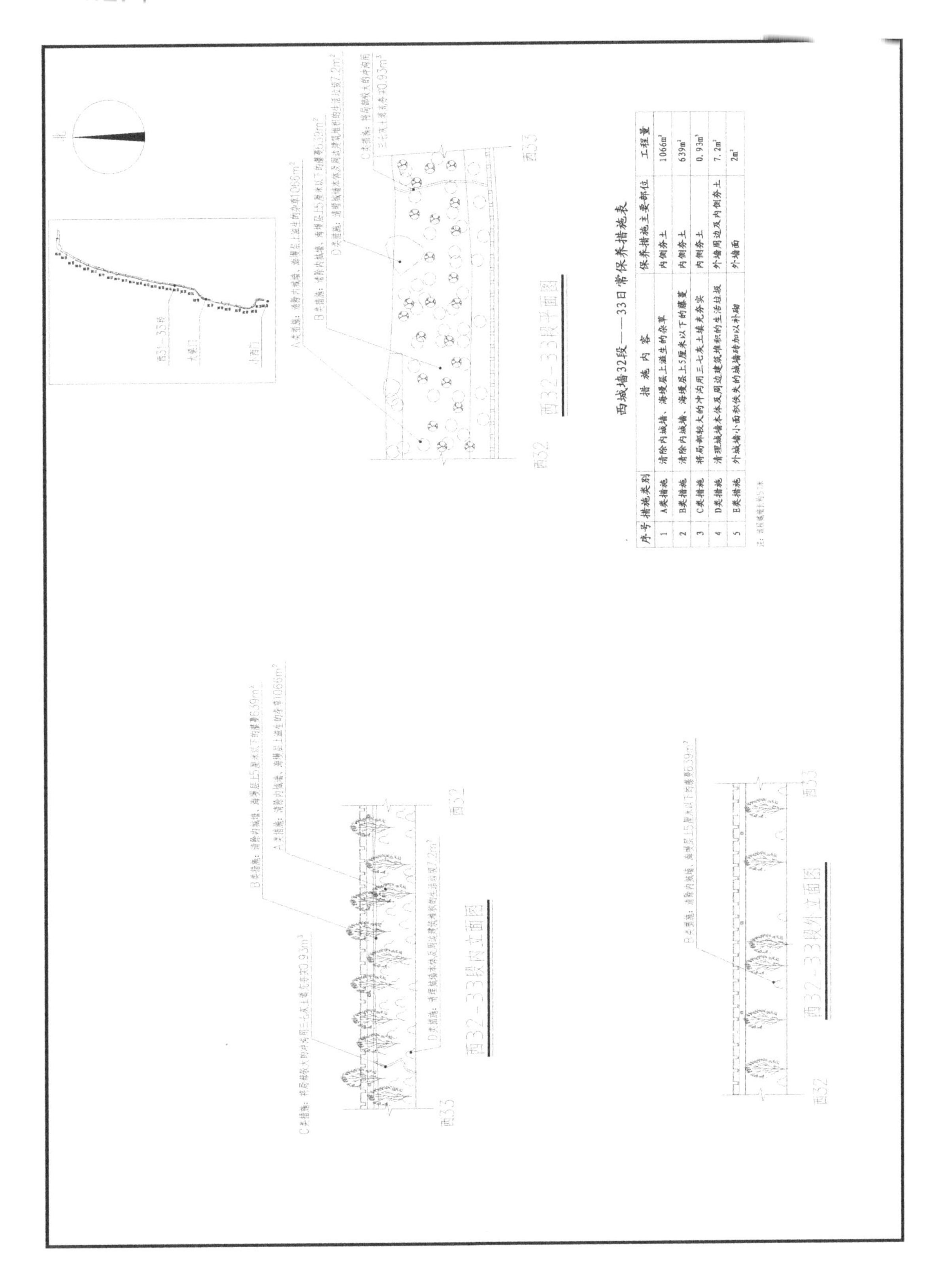

西城墙32段——33日常保养措施表

序号	措施类别	措施内容	保养措施主要部位	工程量
1	A类措施	清除内城墙、海墁层上滋生的杂草	内侧夯土	1066m²
2	B类措施	清除内城墙、海墁层上5厘米以下的藤蔓	内侧夯土	639m²
3	C类措施	将局部较大的冲沟用三七灰土填充夯实	内侧夯土	0.93m³
4	D类措施	清理城墙本体及周边建筑堆积的生活垃圾	外墙周边及内侧夯土	7.2m²
5	E类措施	外城墙小面积佚失的城墙砖加以补砌	外墙面	2m²

33. 西城墙 33—34 段平面、立面图

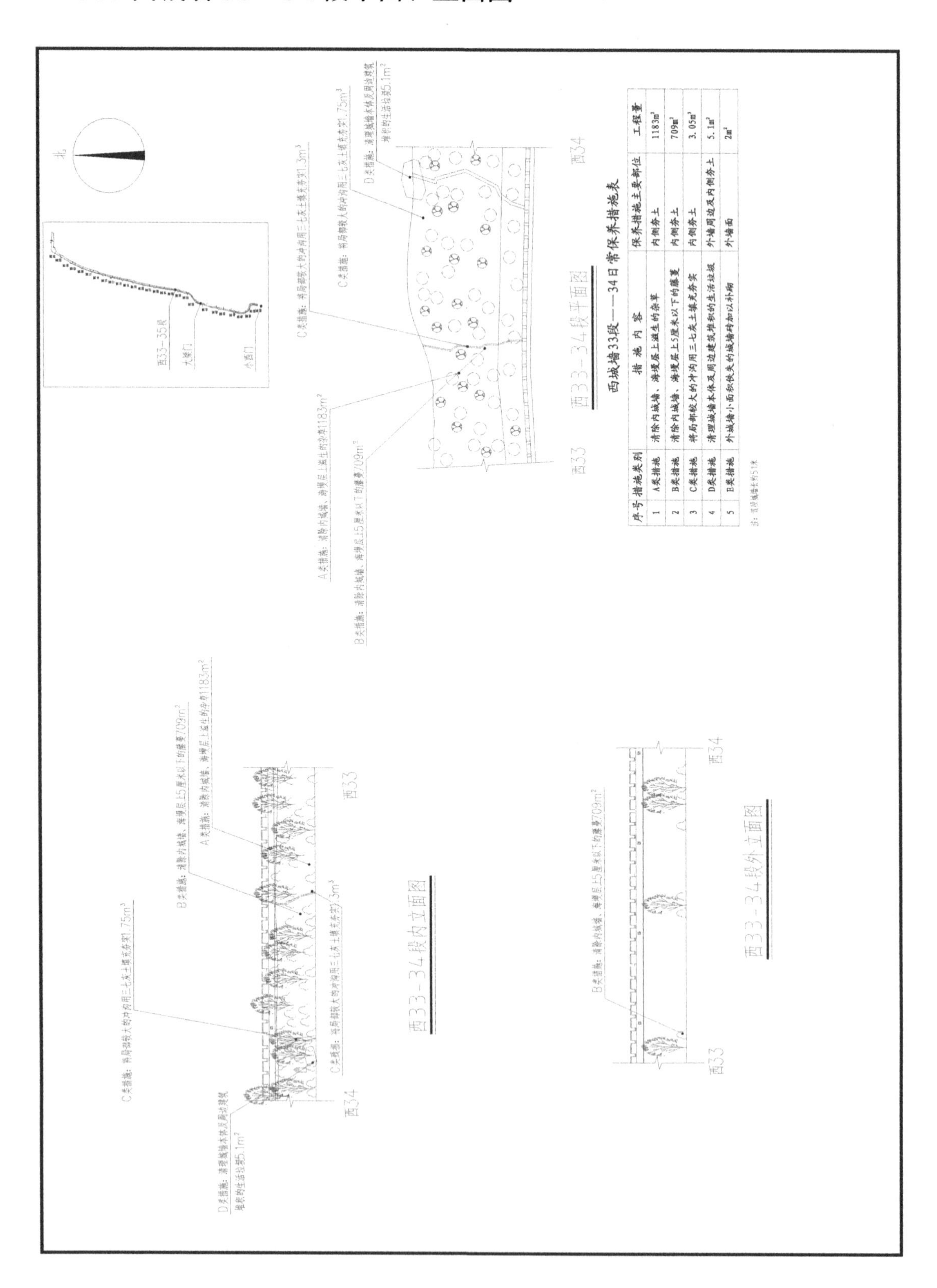

序号	措施类别	措 施 内 容	保养措施主要部位	工程量
1	A类措施	清除内城墙、海墁层上滋生的杂草	内侧夯土	1183m^2
2	B类措施	清除内城墙、海墁层上5厘米以下的藤蔓	内侧夯土	709m^2
3	C类措施	将局部较大的冲沟用三七灰土填充夯实	内侧夯土	3.05m^3
4	D类措施	清理城墙本体及周边建筑堆积的生活垃圾	外墙周边及内侧夯土	5.1m^2
5	B类措施	外城墙小面积缺失的城墙砖加以补砌	外墙面	2m^2

34. 西城墙 34—35 段平面、立面图

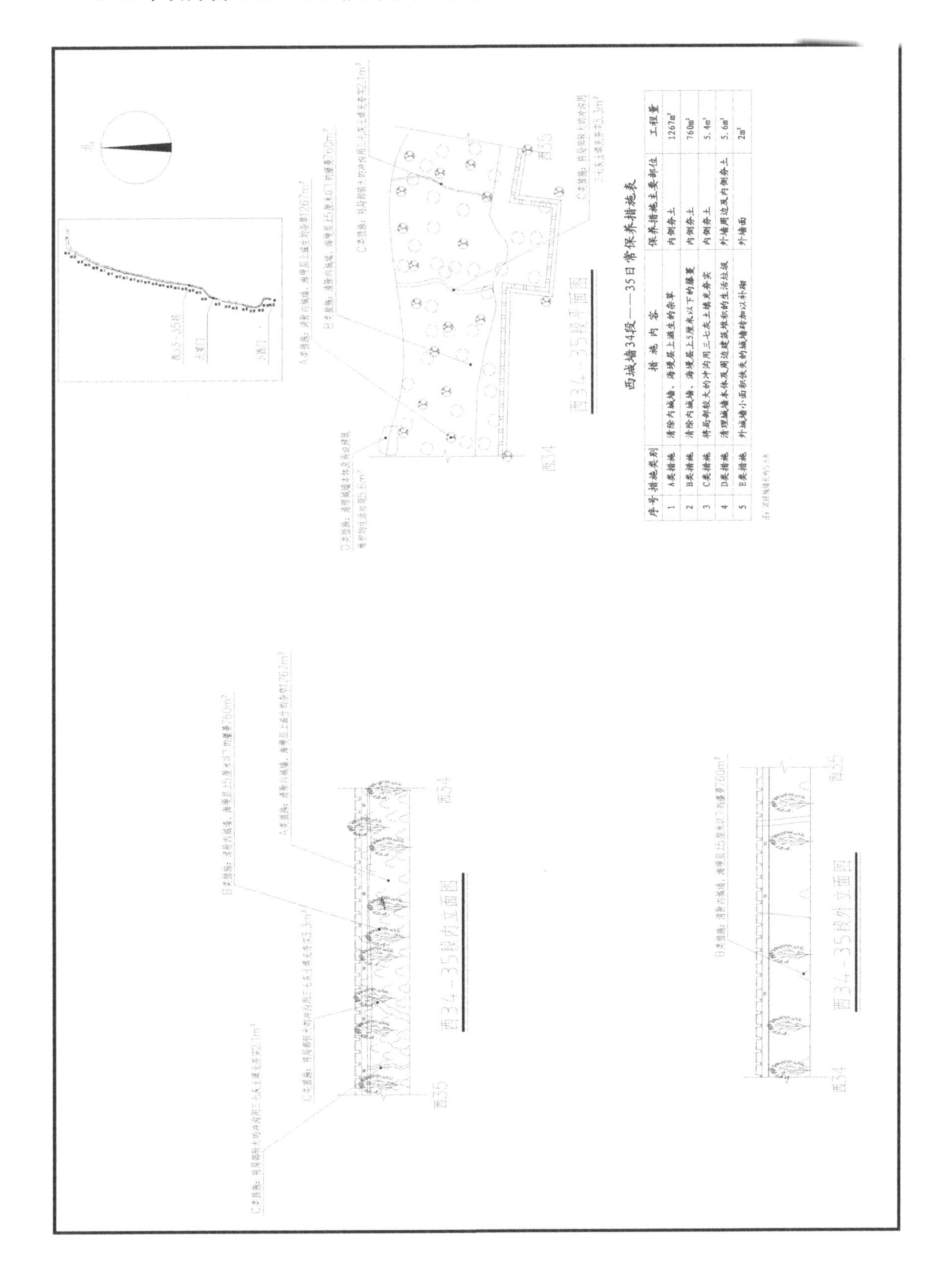

西城墙34段——35日常保养措施表

序号	措施类别	措施内容	保养措施主要部位	工程量
1	A类措施	清除内城墙、海墁层上滋生的杂草	内侧夯土	1267m²
2	B类措施	清除内城墙、海墁层上5厘米以下的藤蔓	内侧夯土	760m²
3	C类措施	将局部较大的冲沟用三七灰土填充夯实	内侧夯土	5.4m³
4	D类措施	清理城墙本体及周边建筑堆积的生活垃圾	外墙周边及内侧夯土	5.6m³
5	E类措施	外城墙小面积佚失的城墙砖加以补砌	外墙面	2m²

35. 西城墙 35—36 段平面、立面图

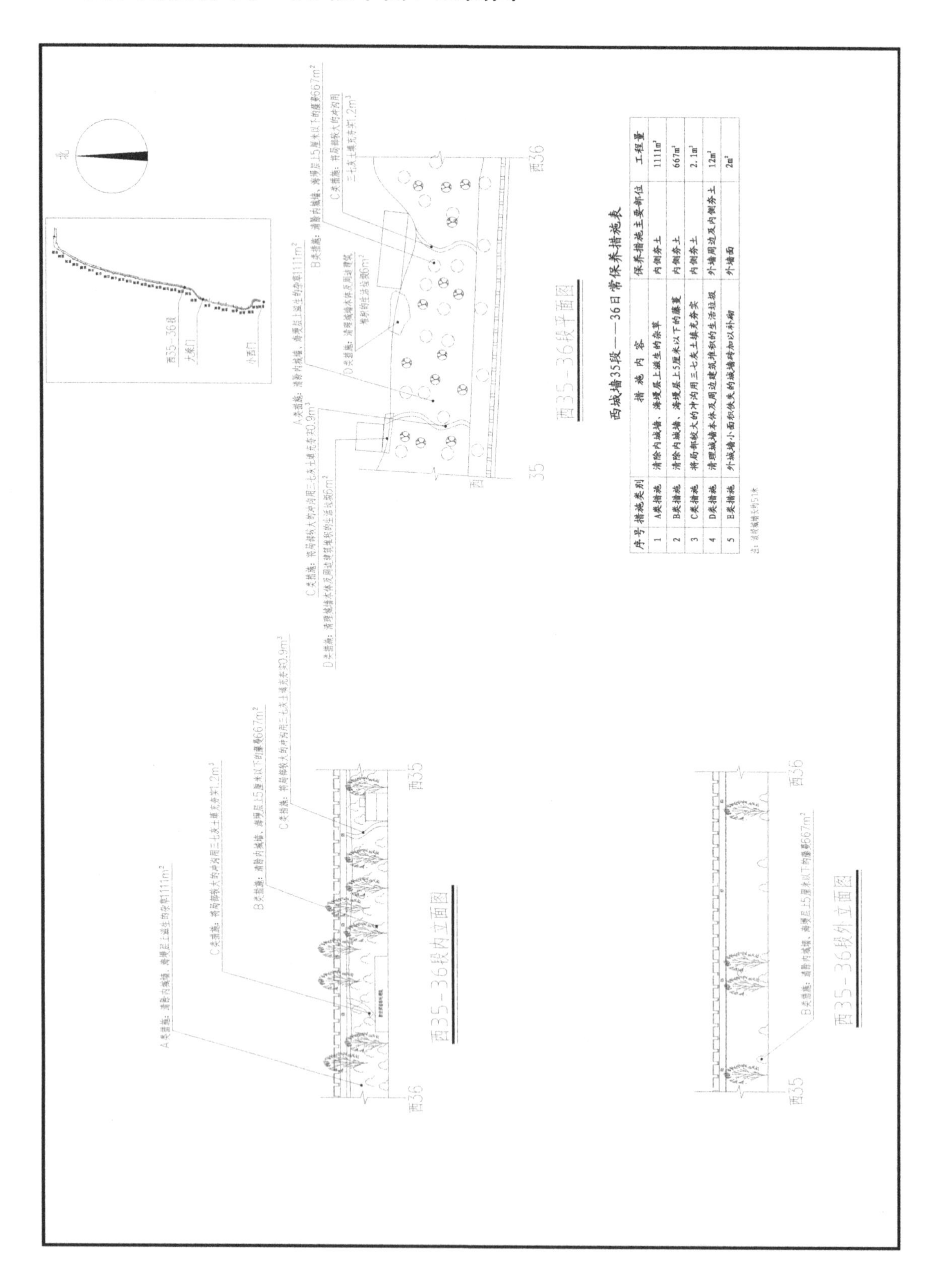

西城墙35段——36日常保养措施表

序号	措施类别	措施内容	保养措施主要部位	工程量
1	A类措施	清除内城墙、海墁层上滋生的杂草	内侧夯土	1111m²
2	B类措施	清除内城墙、海墁层上5厘米以下的藤蔓	内侧夯土	667m²
3	C类措施	将局部较大的冲沟用三七灰土填充夯实	内侧夯土	2.1m³
4	D类措施	清理城墙本体及周边建筑堆积的生活垃圾	外墙周边及内侧夯土	12m²
5	E类措施	外城墙小面积佚失的城墙砖加以补砌	外墙面	2m²

36. 西城墙 36—37 段平面、立面图

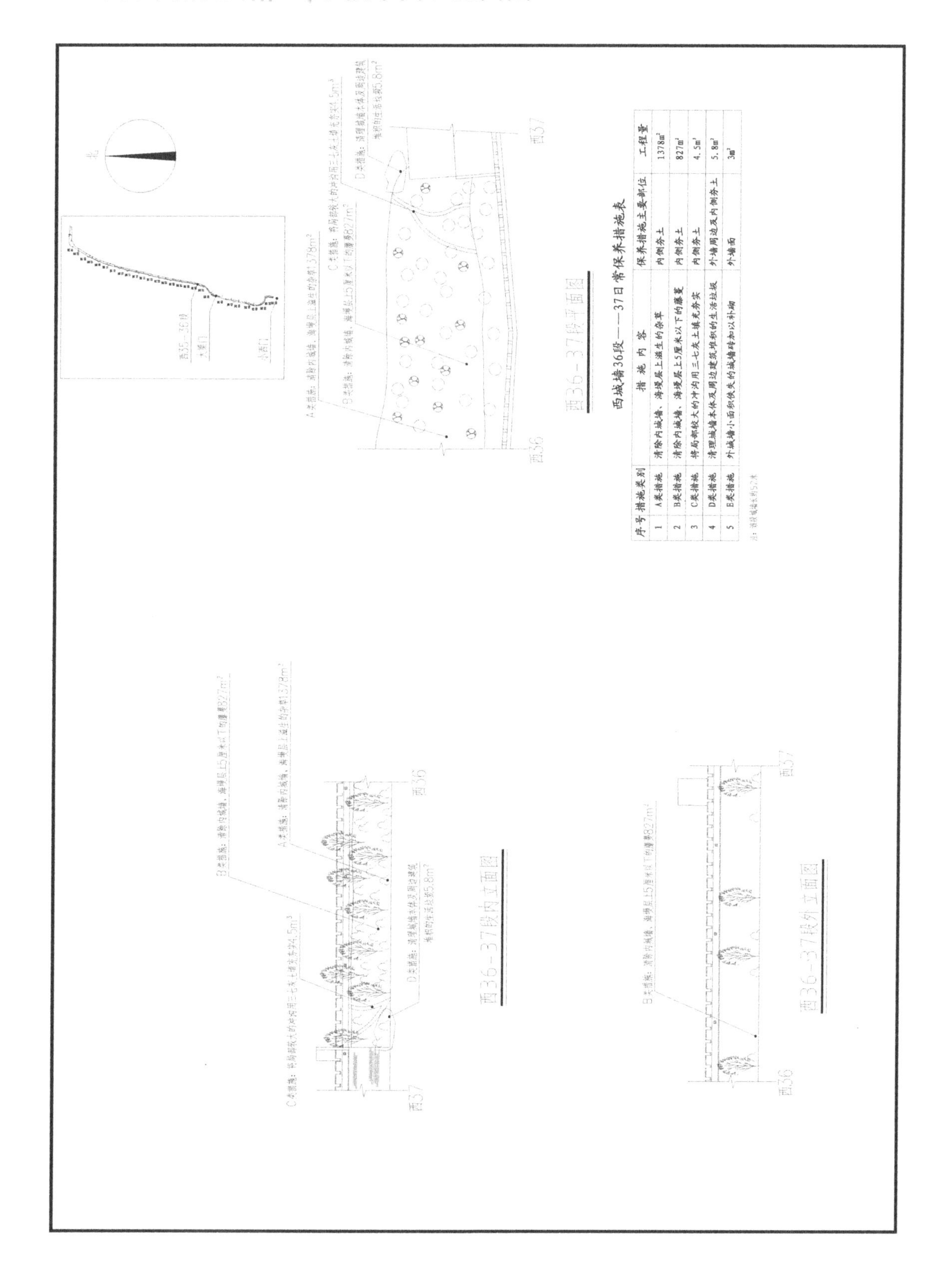

西城墙36段——37日常保养措施表

序号	措施类别	措施内容	保养措施主要部位	工程量
1	A类措施	清除内城墙、海墁层上滋生的杂草	内侧夯土	1378m²
2	B类措施	清除内城墙、海墁层上5厘米以下的藤蔓	内侧夯土	827m²
3	C类措施	将局部较大的冲沟用三七灰土填充夯实	内侧夯土	4.5m³
4	D类措施	清理城墙本体及周边建筑堆积的生活垃圾	外墙周边及内侧夯土	5.8m³
5	E类措施	外城墙小面积佚失的城墙砖加以补砌	外墙面	3m²

注：该段城墙长约52米

37. 西城墙 37—38 段平面、立面图

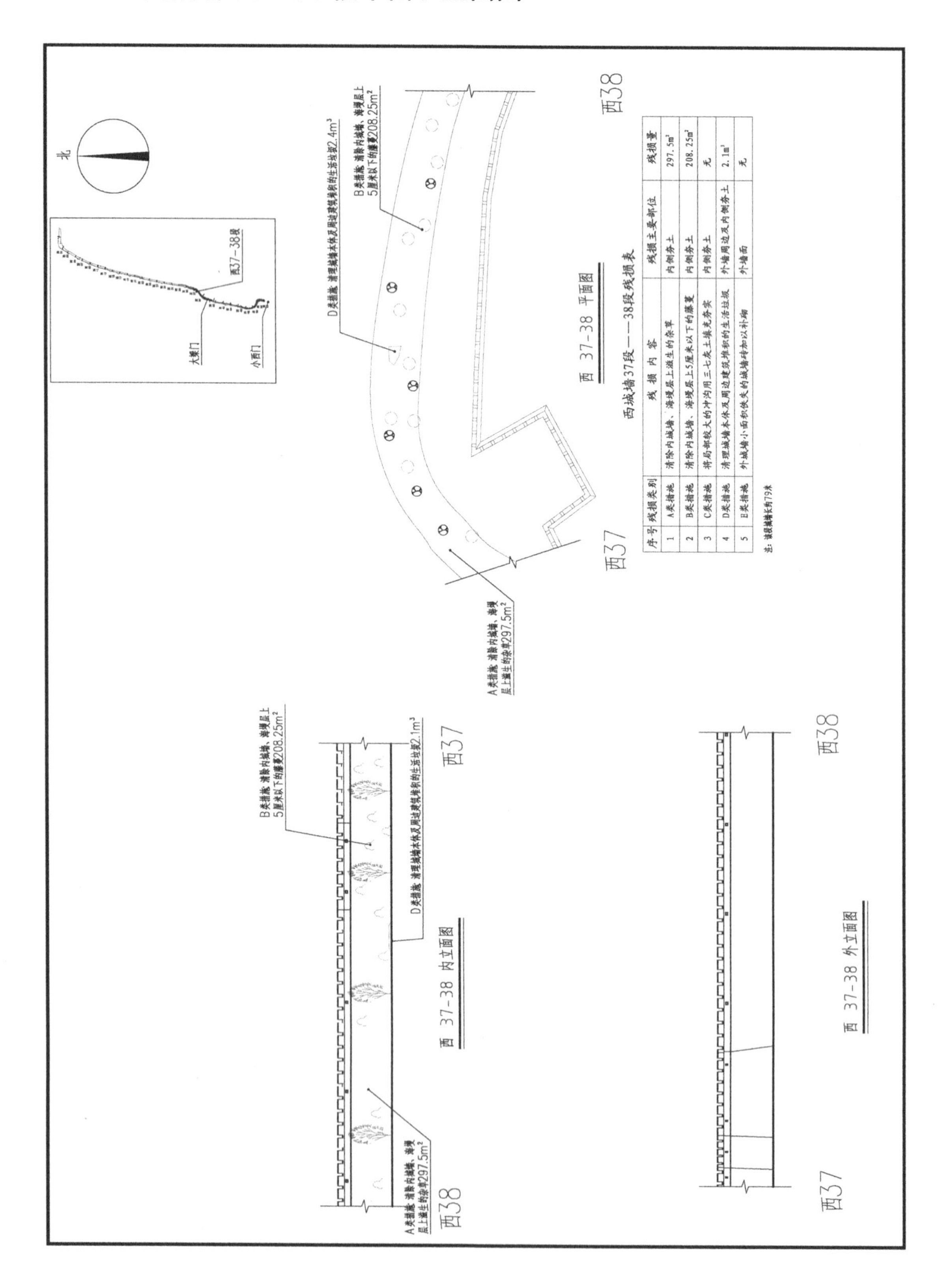

西城墙37段——38段残损表

序号	残损类别	残损内容	残损主要部位	残损量
1	A类措施	清除内城墙、海墁层上滋生的杂草	内侧夯土	297.5m²
2	B类措施	清除内城墙、海墁层上5厘米以下的藤蔓	内侧夯土	208.25m²
3	C类措施	将局部较大的冲沟用三七灰土填充夯实	内侧夯土	无
4	D类措施	清理城墙本体及周边建筑堆积的生活垃圾	外墙周边及内侧夯土	2.1m³
5	E类措施	外城墙小面积缺失的城墙砖加以补砌	外墙面	无

注：该段城墙长约79米

38. 西城墙 38—39 段平面、立面图

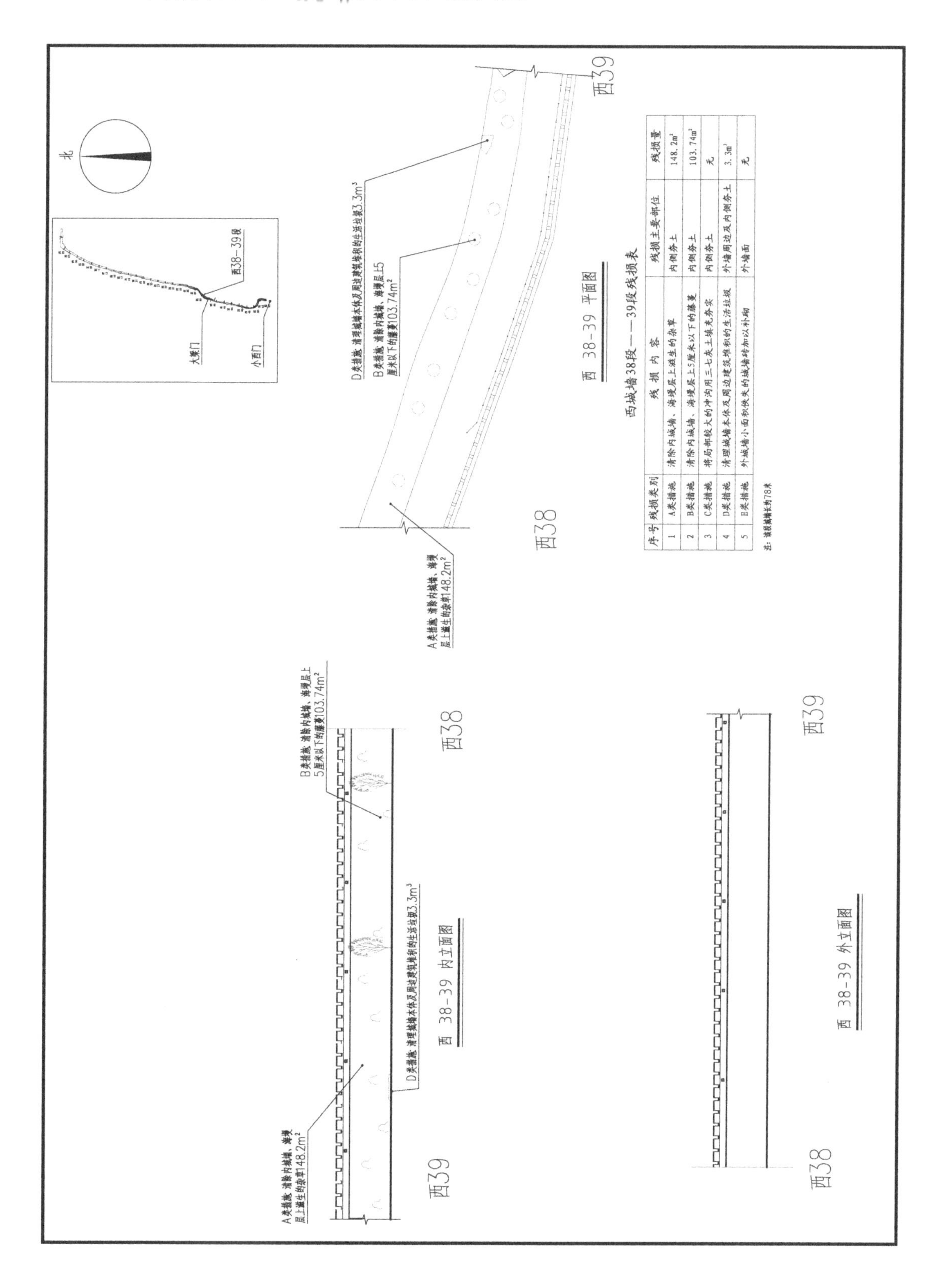

西城墙38段——39段残损表

序号	残损类别	残损内容	残损主要部位	残损量
1	A类措施	清除内城墙、海墁层上滋生的杂草	内侧夯土	148.2m²
2	B类措施	清除内城墙、海墁层上5厘米以下的藤蔓	内侧夯土	103.74m²
3	C类措施	将局部较大的冲沟用三七灰土填充夯实	内侧夯土	无
4	D类措施	清理城墙本体及周边建筑堆积的生活垃圾	外墙周边及内侧夯土	3.3m³
5	E类措施	外城墙小面积佚失的城墙砖加以补砌	外墙面	无

39. 西城墙 39—40 段平面、立面图

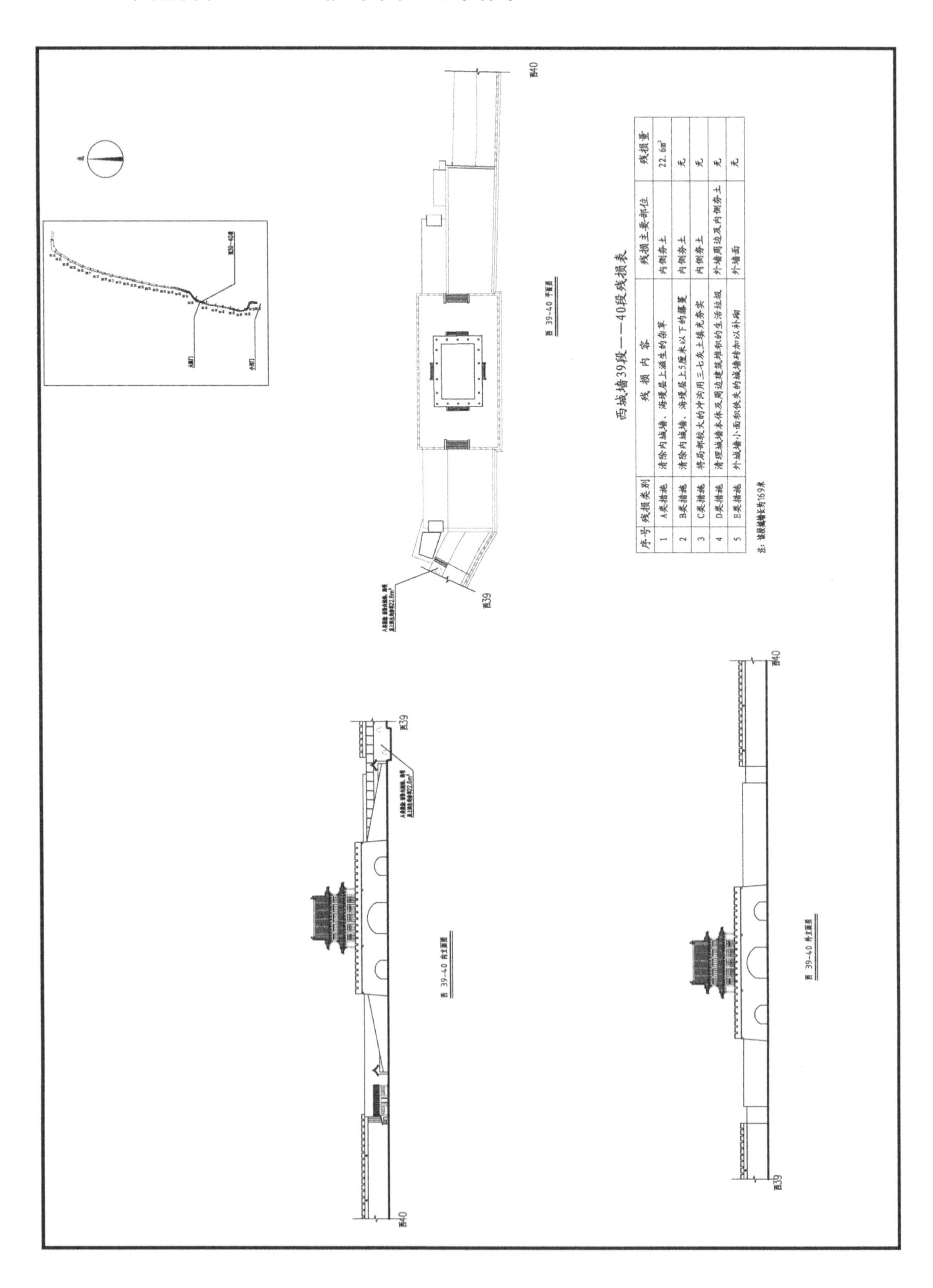

西城墙39段——40段残损表

序号	残损类别	残损内容	残损主要部位	残损量
1	A类措施	清除内城墙、海墁层上滋生的杂草	内侧夯土	22.6㎡
2	B类措施	清除内城墙、海墁层上5厘米以下的藤蔓	内侧夯土	无
3	C类措施	将局部较大的冲沟用三七灰土填充夯实	内侧夯土	无
4	D类措施	清理城墙本体及周边建筑堆积的生活垃圾	外墙周边及内侧夯土	无
5	B类措施	外城墙小面积佚失的城墙砖加以补砌	外墙面	无

注：该段城墙长约169米

40 西城墙 40—41 段平面、立面图

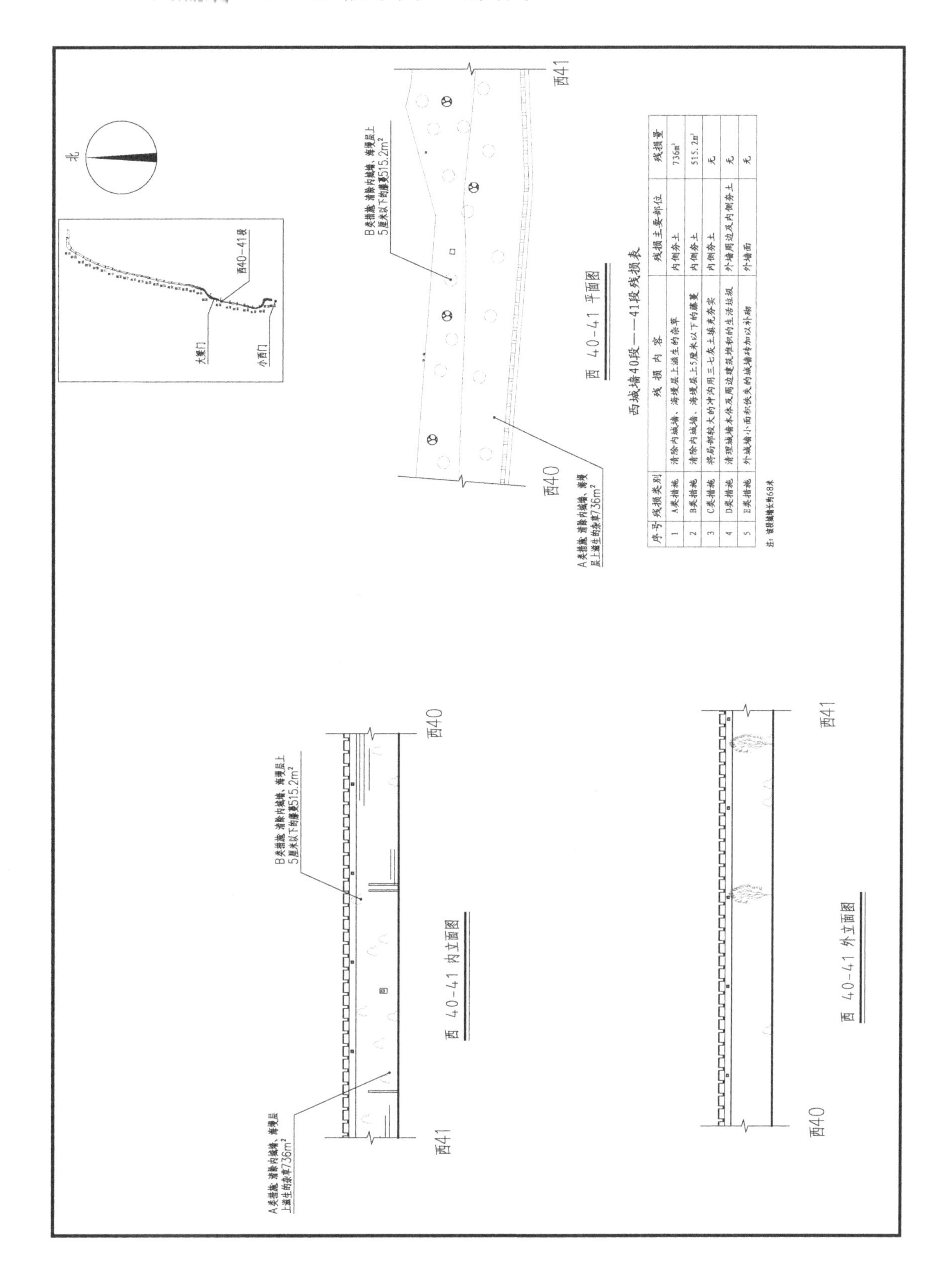

西城墙40段——41段残损表

序号	残损类别	残损内容	残损主要部位	残损量
1	A类措施	清除内城墙、海墁层上滋生的杂草	内侧夯土	736m²
2	B类措施	清除内城墙、海墁层上5厘米以下的藤蔓	内侧夯土	515.2m²
3	C类措施	将局部较大的冲沟用三七灰土填充夯实	内侧夯土	无
4	D类措施	清理城墙本体及周边建筑堆积的生活垃圾	外墙周边及内侧夯土	无
5	E类措施	外城墙小面积佚失的城墙砖加以补砌	外墙面	无

注：该段城墙长约68米

41. 西城墙 41—42 段平面、立面图

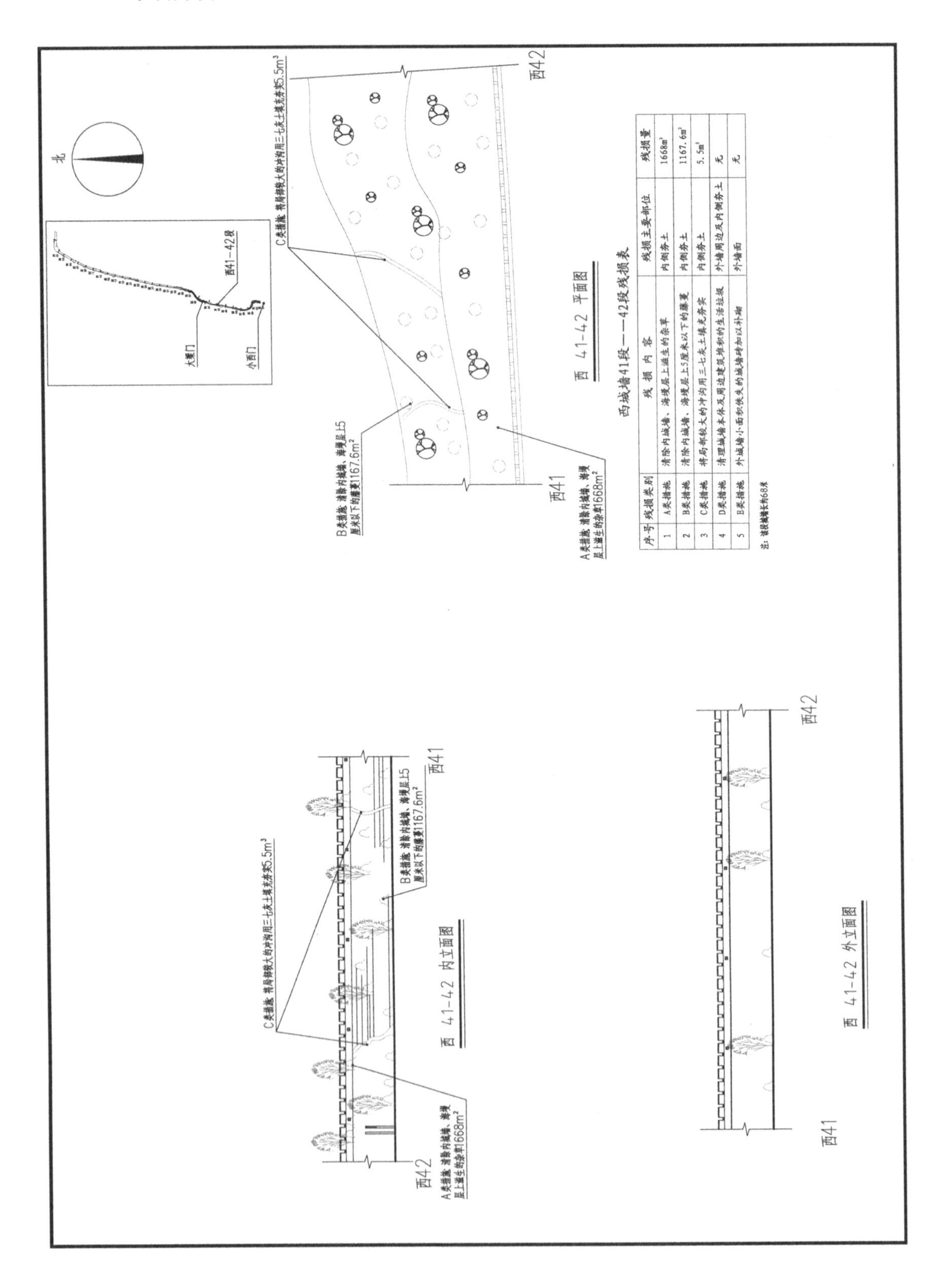

西城墙41段——42段残损表

序号	残损类别	残损内容	残损主要部位	残损量
1	A类措施	清除内城墙、海墁层上滋生的杂草	内侧夯土	1668m²
2	B类措施	清除内城墙、海墁层上5厘米以下的藤蔓	内侧夯土	1167.6m²
3	C类措施	将局部较大的冲沟用三七灰土填充夯实	内侧夯土	5.5m³
4	D类措施	清理城墙本体及周边建筑堆积的生活垃圾	外墙周边及内侧夯土	无
5	B类措施	外城墙小面积佚失的城墙砖加以补砌	外墙面	无

注：该段城墙长约68米

42. 西城墙 42—43 段平面、立面图

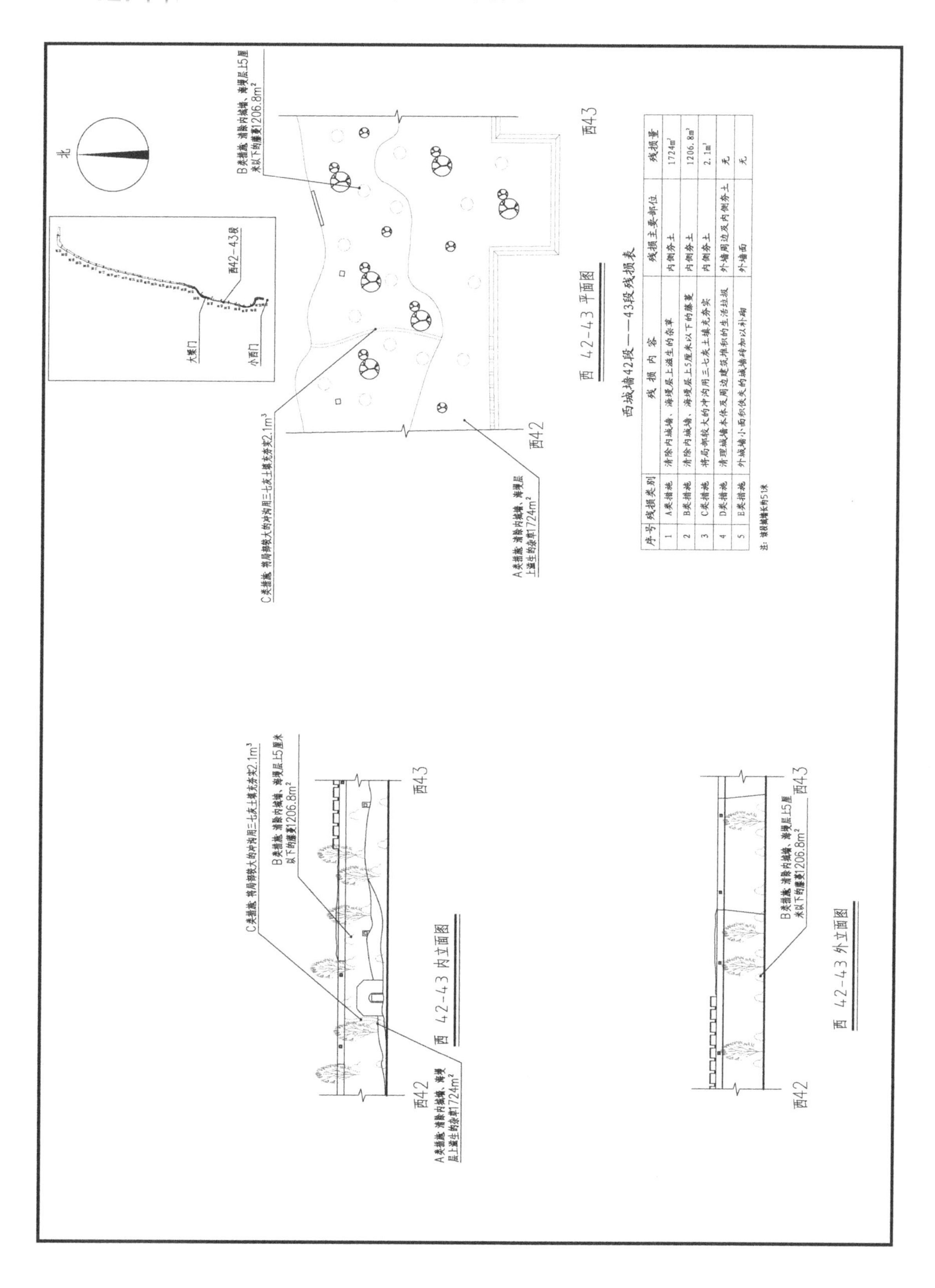

西城墙42段——43段残损表

序号	残损类别	残损内容	残损主要部位	残损量
1	A类措施	清除内城墙、海墁层上滋生的杂草	内侧夯土	1724m²
2	B类措施	清除内城墙、海墁层上5厘米以下的藤蔓	内侧夯土	1206.8m²
3	C类措施	将局部较大的冲沟用三七灰土填充夯实	内侧夯土	2.1m³
4	D类措施	清理城墙本体及周边建筑堆积的生活垃圾	外墙周边及内侧夯土	无
5	E类措施	外城墙小面积佚失的城墙砖加以补砌	外墙面	无

注：该段城墙长约51米

43. 西城墙 43—44 段平面、立面图

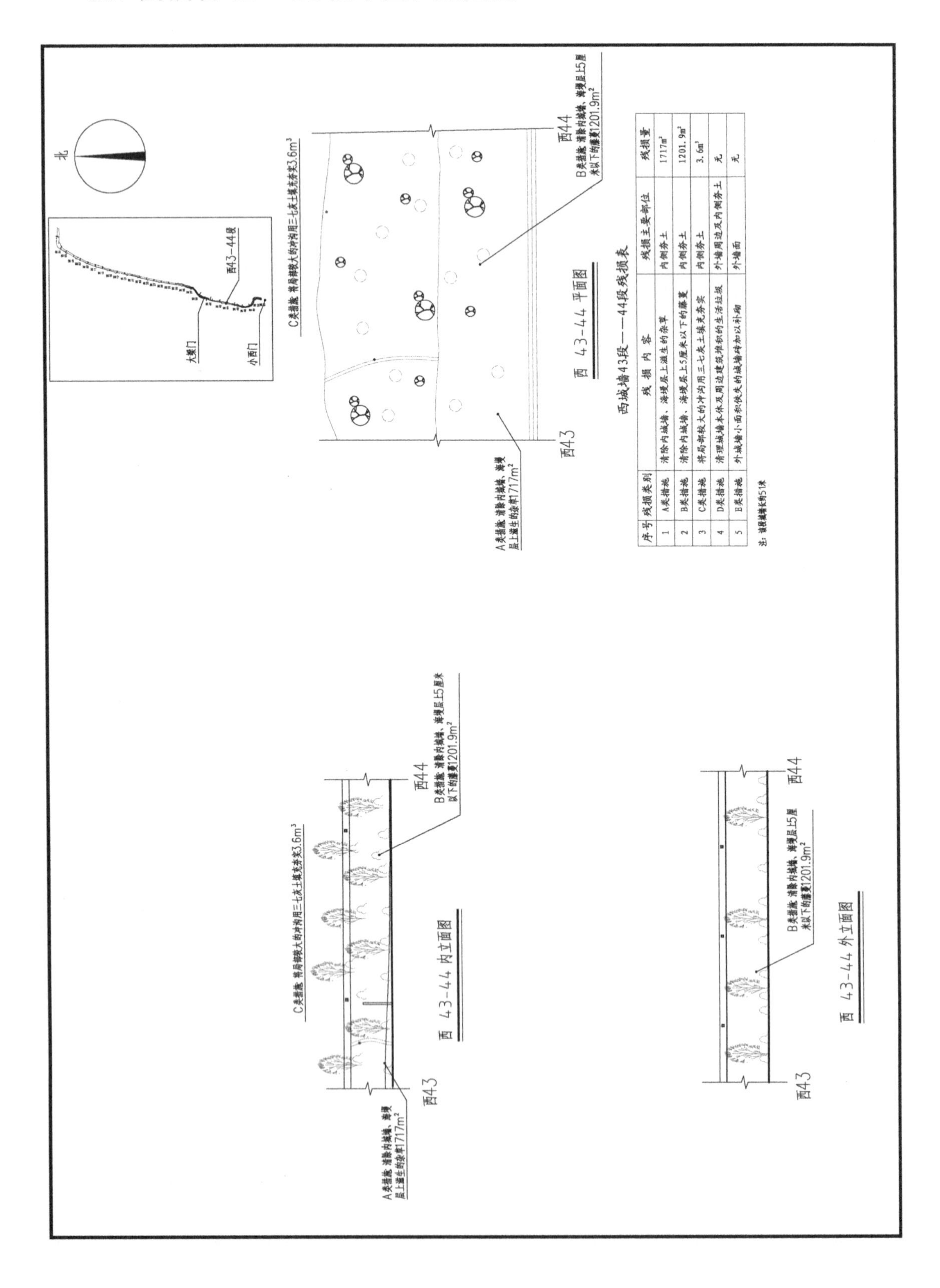

西城墙43段——44段残损表

序号	残损类别	残损内容	残损主要部位	残损量
1	A类措施	清除内城墙、海墁层上滋生的杂草	内侧夯土	1717m²
2	B类措施	清除内城墙、海墁层上5厘米以下的藤蔓	内侧夯土	1201.9m²
3	C类措施	将局部较大的冲沟用三七灰土填充夯实	内侧夯土	3.6m³
4	D类措施	清理城墙本体及周边建筑堆积的生活垃圾	外墙周边及内侧夯土	无
5	B类措施	外城墙小面积佚失的城墙砖加以补砌	外墙面	无

注：该段城墙长约51米

44. 西城墙 44—45 段平面、立面图

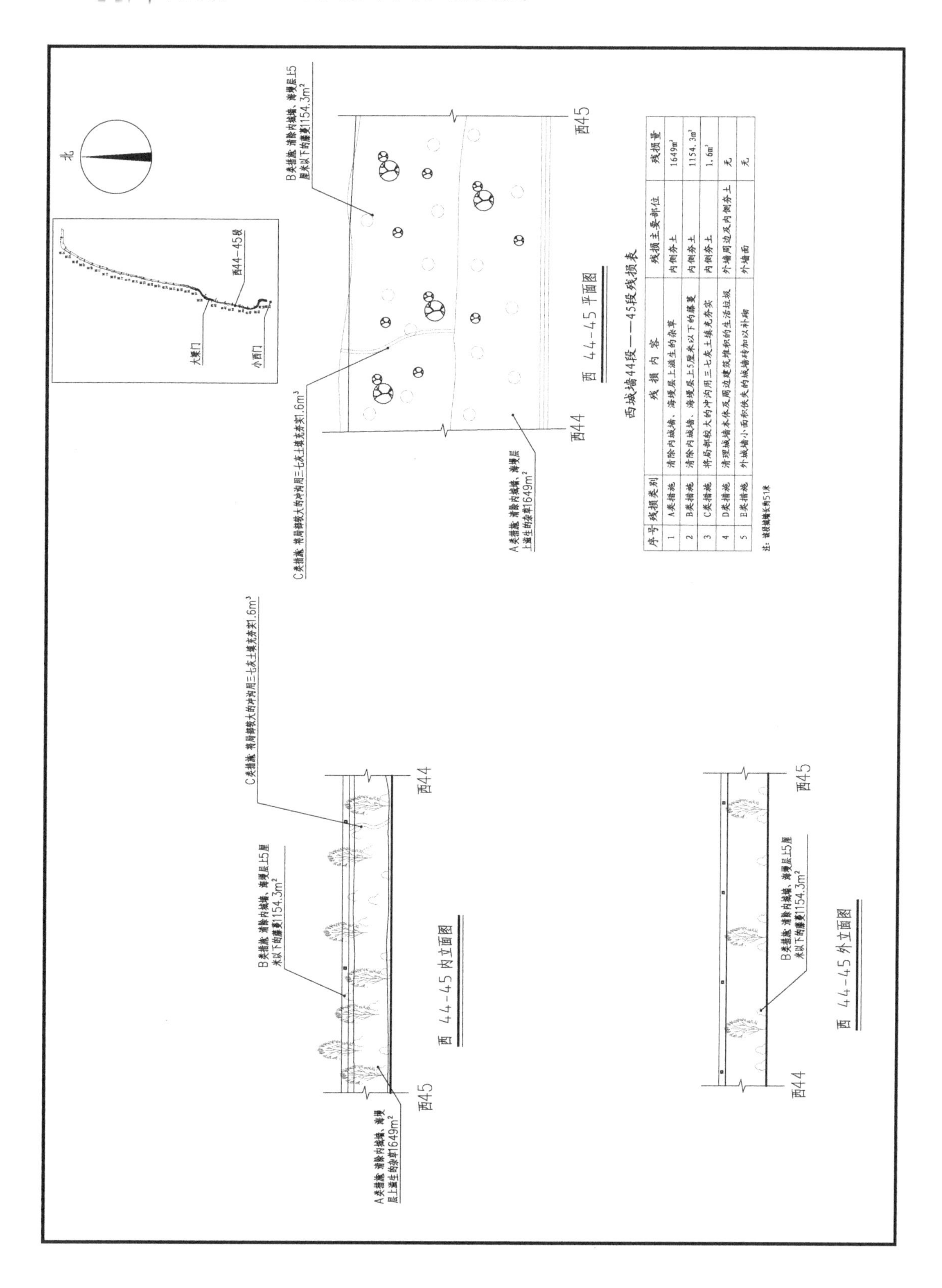

西城墙44段——45段残损表

序号	残损类别	残损内容	残损主要部位	残损量
1	A类措施	清除内城墙、海墁层上滋生的杂草	内侧夯土	1649m²
2	B类措施	清除内城墙、海墁层上5厘米以下的藤蔓	内侧夯土	1154.3m²
3	C类措施	将局部较大的冲沟用三七灰土填充夯实	内侧夯土	1.6m³
4	D类措施	清理城墙本体及周边建筑堆积的生活垃圾	外墙周边及内侧夯土	无
5	E类措施	外城墙小面积快失的城墙砖加以补砌	外墙面	无

注：该段城墙长约51米

45. 西城墙 45—46 段平面、立面图

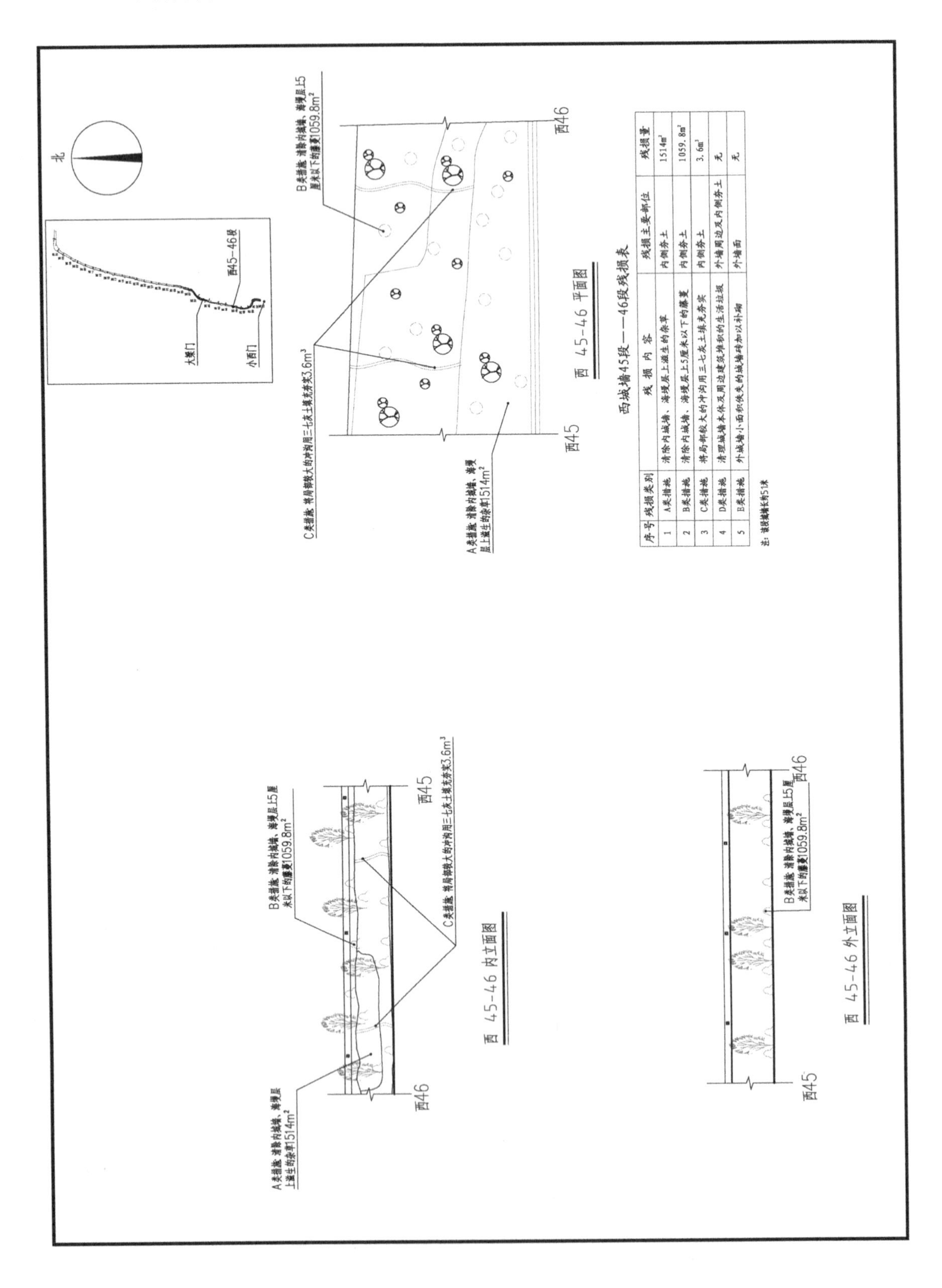

西城墙45段——46段残损表

序号	残损类别	残损内容	残损主要部位	残损量
1	A类措施	清除内城墙、海墁层上滋生的杂草	内侧夯土	1514m²
2	B类措施	清除内城墙、海墁层上5厘米以下的藤蔓	内侧夯土	1059.8m²
3	C类措施	将局部较大的冲沟用三七灰土填充夯实	内侧夯土	3.6m³
4	D类措施	清理城墙本体及周边建筑堆积的生活垃圾	外墙周边及内侧夯土	无
5	B类措施	外城墙小面积缺失的城墙砖加以补砌	外墙面	无

注：该段城墙长约51米

46. 西城墙 46—47 段平面、立面图

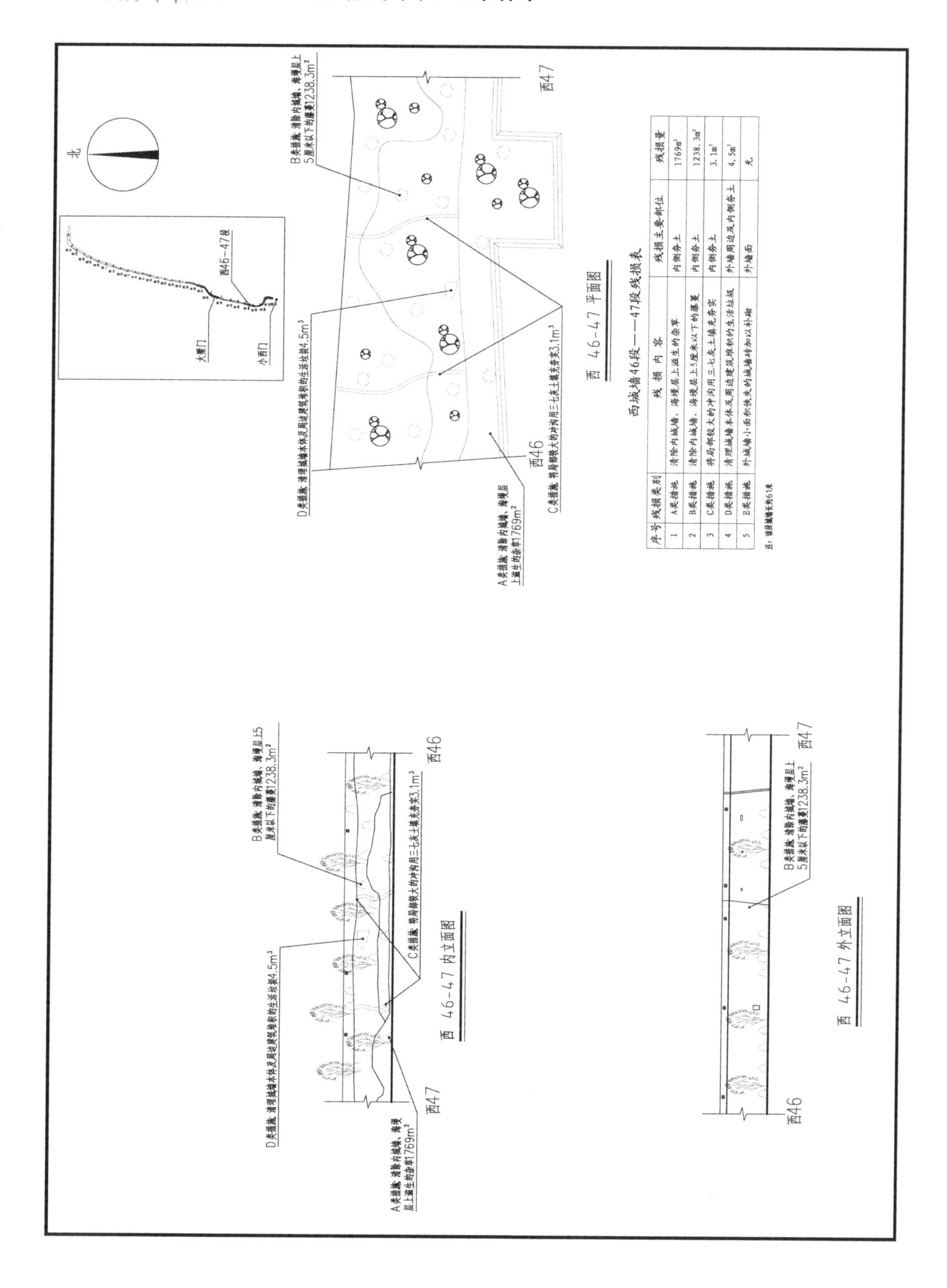

47. 西城墙 47—48 段平面、立面图

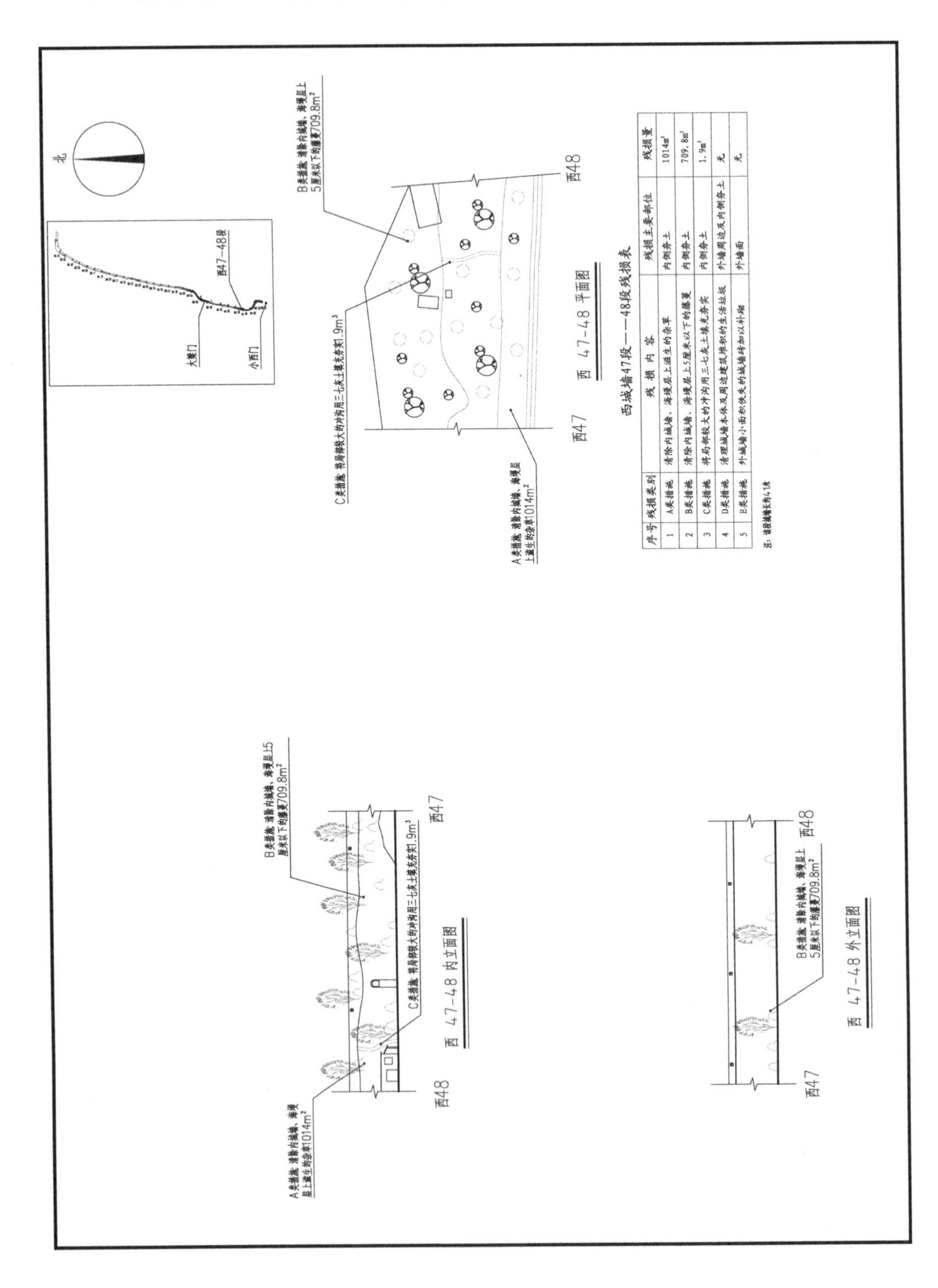

西城墙47段——48段残损表

序号	残损类别	残损内容	残损主要部位	残损量
1	A类措施	清除内城墙、海墁层上滋生的杂草	内侧夯土	1014m²
2	B类措施	清除内城墙、海墁层上5厘米以下的藤蔓	内侧夯土	709.8m²
3	C类措施	将局部较大的冲沟用三七灰土填充夯实	内侧夯土	1.9m³
4	D类措施	清理城墙本体及周边建筑堆积的生活垃圾	外墙周边及内侧夯土	无
5	E类措施	外城墙小面积佚失的城墙砖加以补砌	外墙面	无

注：该段城墙长约41米

48. 西城墙 48—49 段平面、立面图

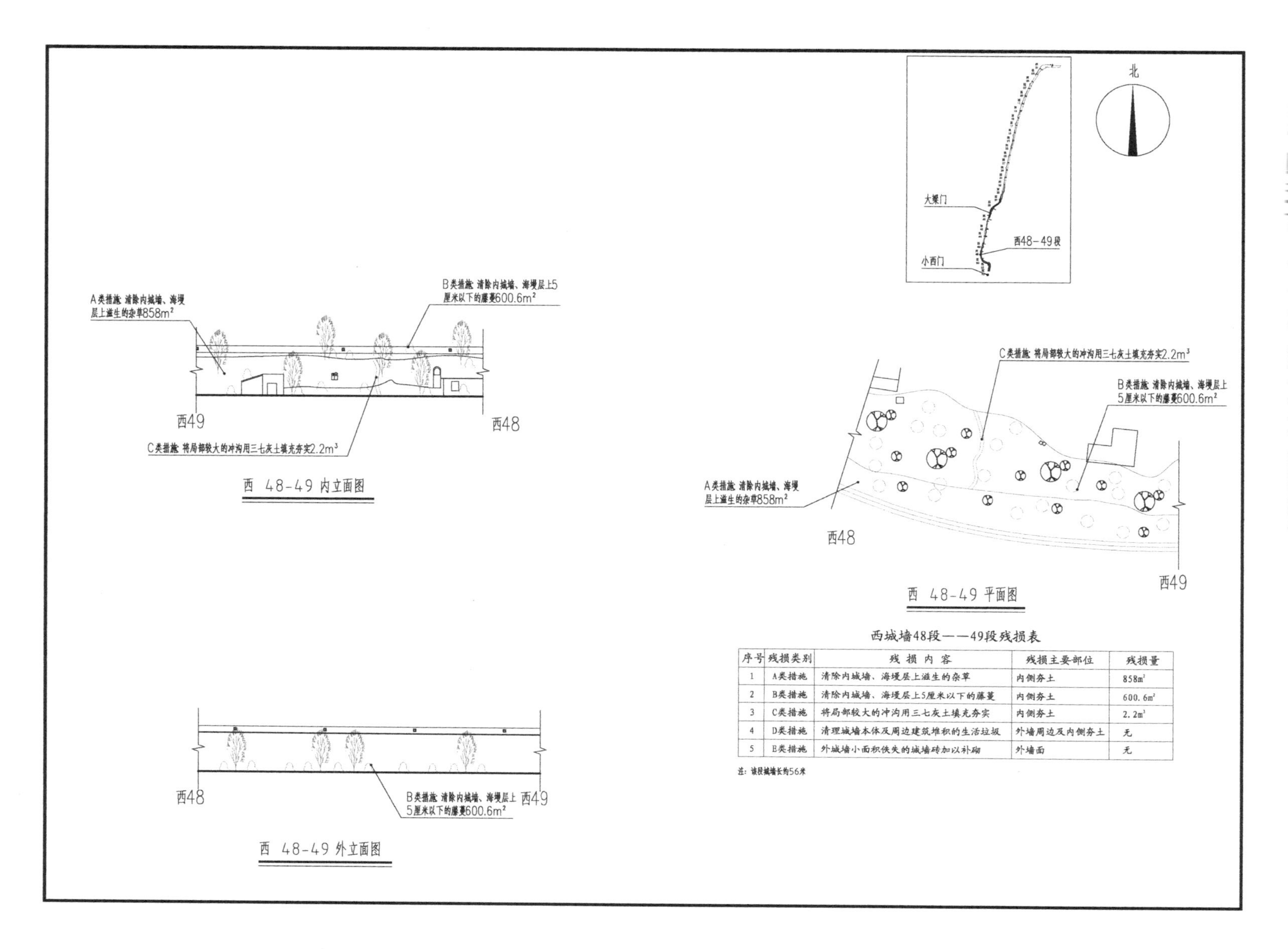

西城墙48段——49段残损表

序号	残损类别	残损内容	残损主要部位	残损量
1	A类措施	清除内城墙、海墁层上滋生的杂草	内侧夯土	858m²
2	B类措施	清除内城墙、海墁层上5厘米以下的藤蔓	内侧夯土	600.6m²
3	C类措施	将局部较大的冲沟用三七灰土填充夯实	内侧夯土	2.2m³
4	D类措施	清理城墙本体及周边建筑堆积的生活垃圾	外墙周边及内侧夯土	无
5	E类措施	外城墙小面积佚失的城墙砖加以补砌	外墙面	无

注：该段城墙长约56米

49. 西城墙 49—50 段平面、立面图

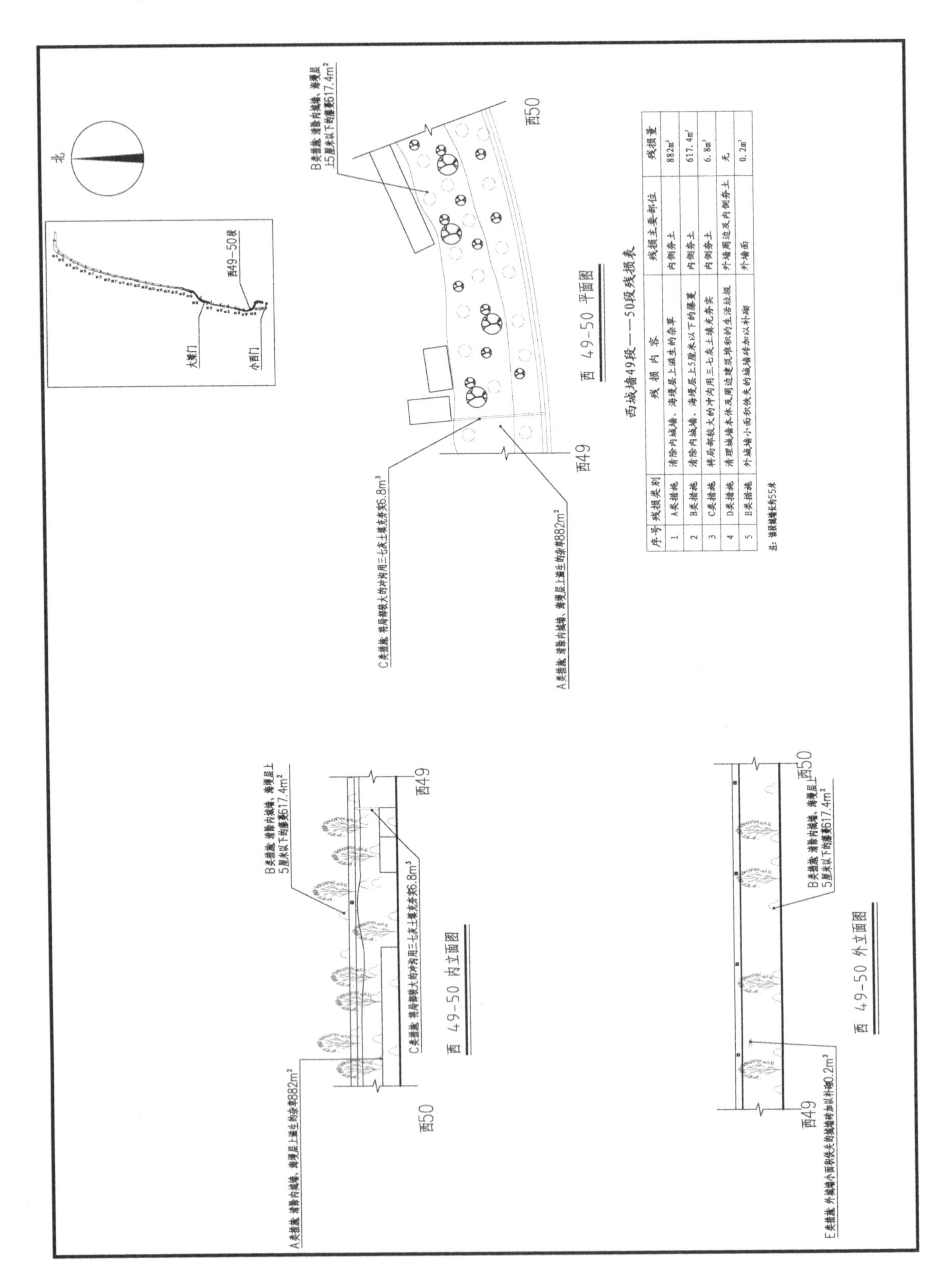

西城墙49段——50段残损表

序号	残损类别	残损内容	残损主要部位	残损量
1	A类措施	清除内城墙、海墁层上滋生的杂草	内侧夯土	882m²
2	B类措施	清除内城墙、海墁层上5厘米以下的藤蔓	内侧夯土	617.4m²
3	C类措施	将局部较大的冲沟用三七灰土填充夯实	内侧夯土	6.8m³
4	D类措施	清理城墙本体及周边建筑堆积的生活垃圾	外墙周边及内侧夯土	无
5	E类措施	外城墙小面积佚失的城墙砖加以补砌	外墙面	0.2m²

注：该段城墙长约55米

50　西城墙 50—51 段平面、立面图

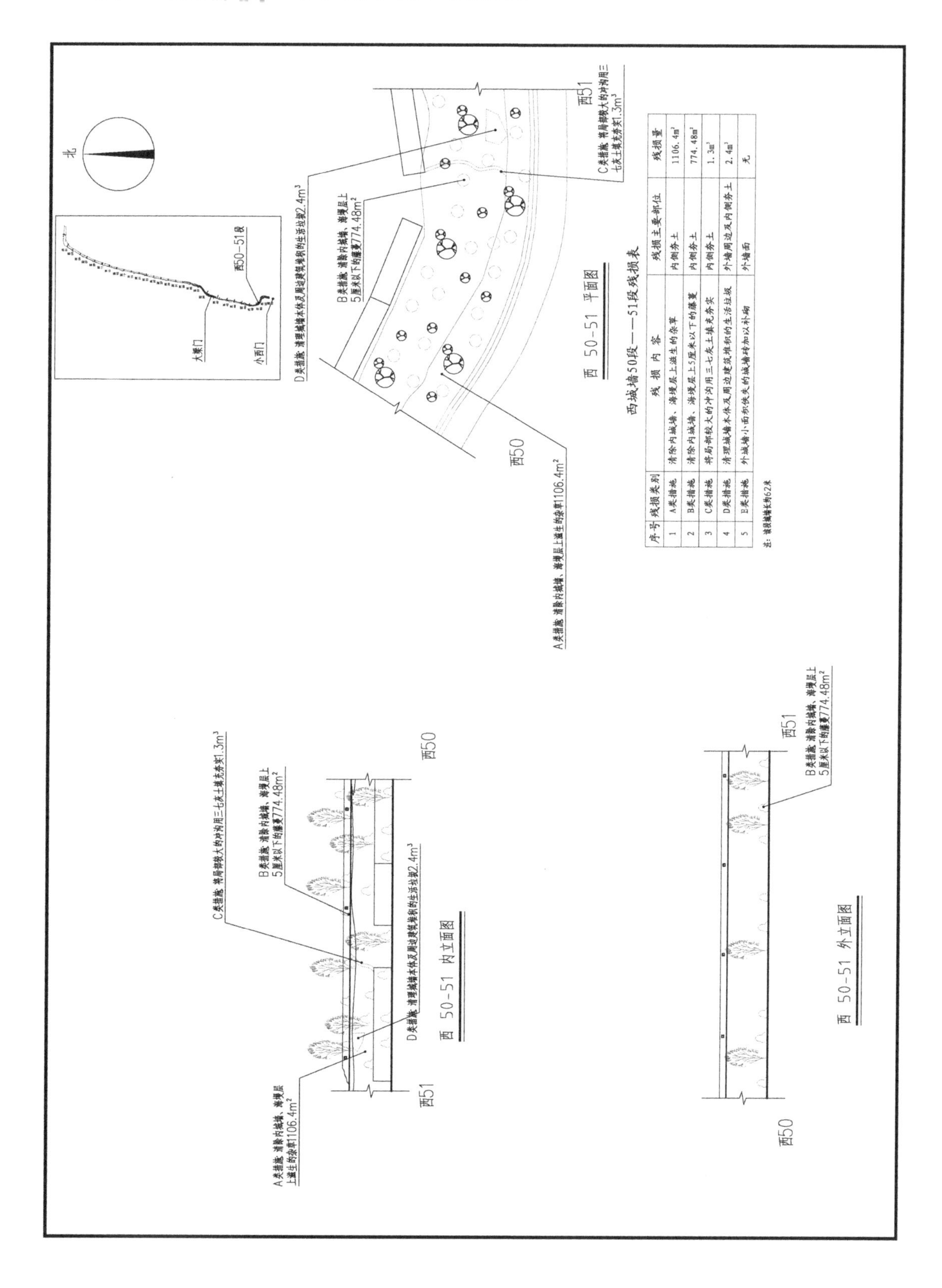

西城墙50段——51段残损表

序号	残损类别	残损内容	残损主要部位	残损量
1	A类措施	清除内城墙、海墁层上滋生的杂草	内侧夯土	1106.4m²
2	B类措施	清除内城墙、海墁层上5厘米以下的藤蔓	内侧夯土	774.48m²
3	C类措施	将局部较大的冲沟用三七灰土填充夯实	内侧夯土	1.3m³
4	D类措施	清理城墙本体及周边建筑堆积的生活垃圾	外墙周边及内侧夯土	2.4m³
5	E类措施	外城墙小面积伕失的城墙砖加以补砌	外墙面	无

注：该段城墙长约62米

51. 西城墙 51—52 段平面、立面图

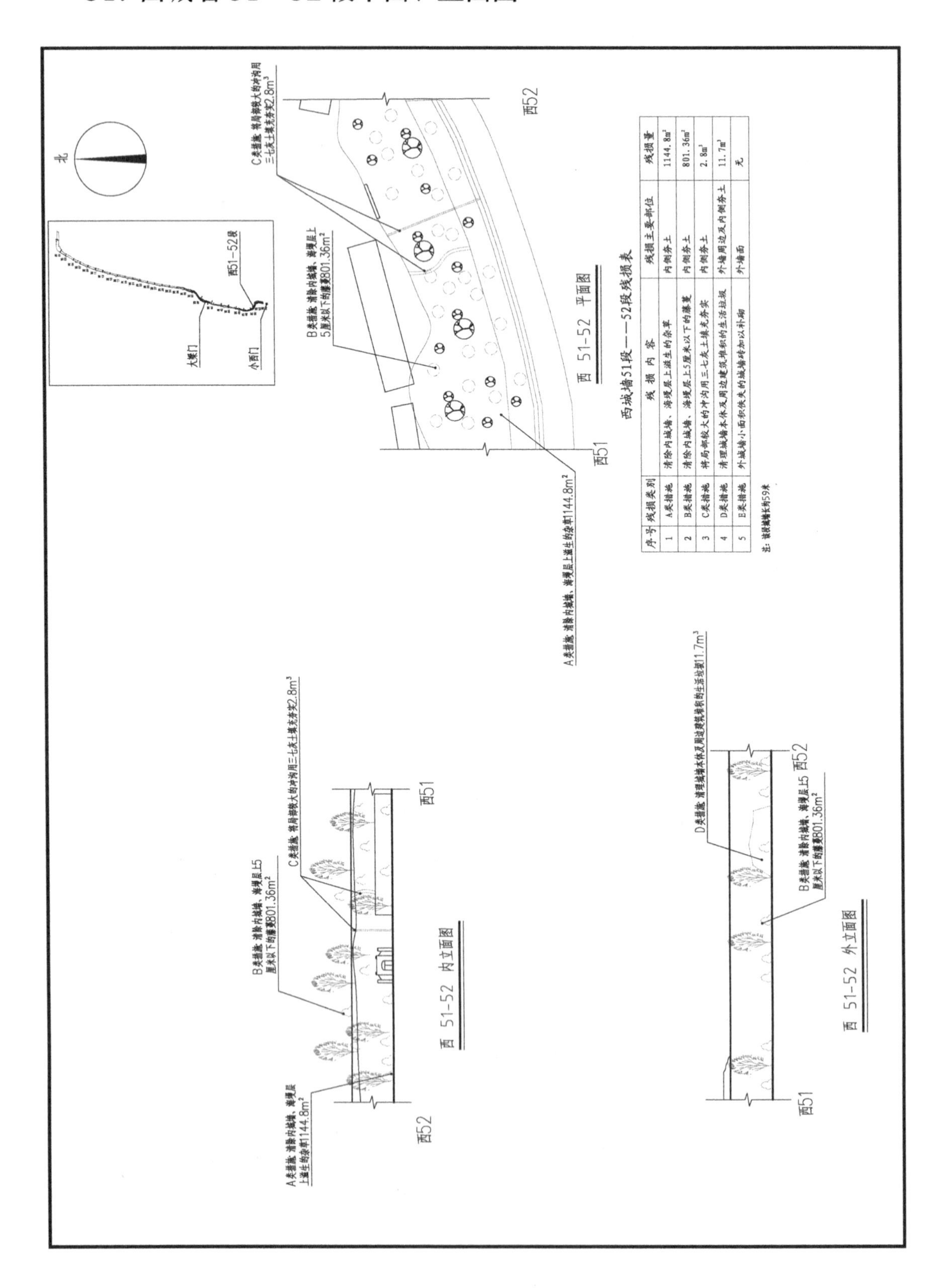

西城墙51段——52段残损表

序号	残损类别	残损内容	残损主要部位	残损量
1	A类措施	清除内城墙、海墁层上滋生的杂草	内侧夯土	1144.8m²
2	B类措施	清除内城墙、海墁层上5厘米以下的藤蔓	内侧夯土	801.36m²
3	C类措施	将局部较大的冲沟用三七灰土填充夯实	内侧夯土	2.8m³
4	D类措施	清理城墙本体及周边建筑堆积的生活垃圾	外墙周边及内侧夯土	11.7m³
5	E类措施	外城墙小面积缺失的城墙砖加以补砌	外墙面	无

注：该段城墙长约59米

52. 西城墙52—53段平面、立面图

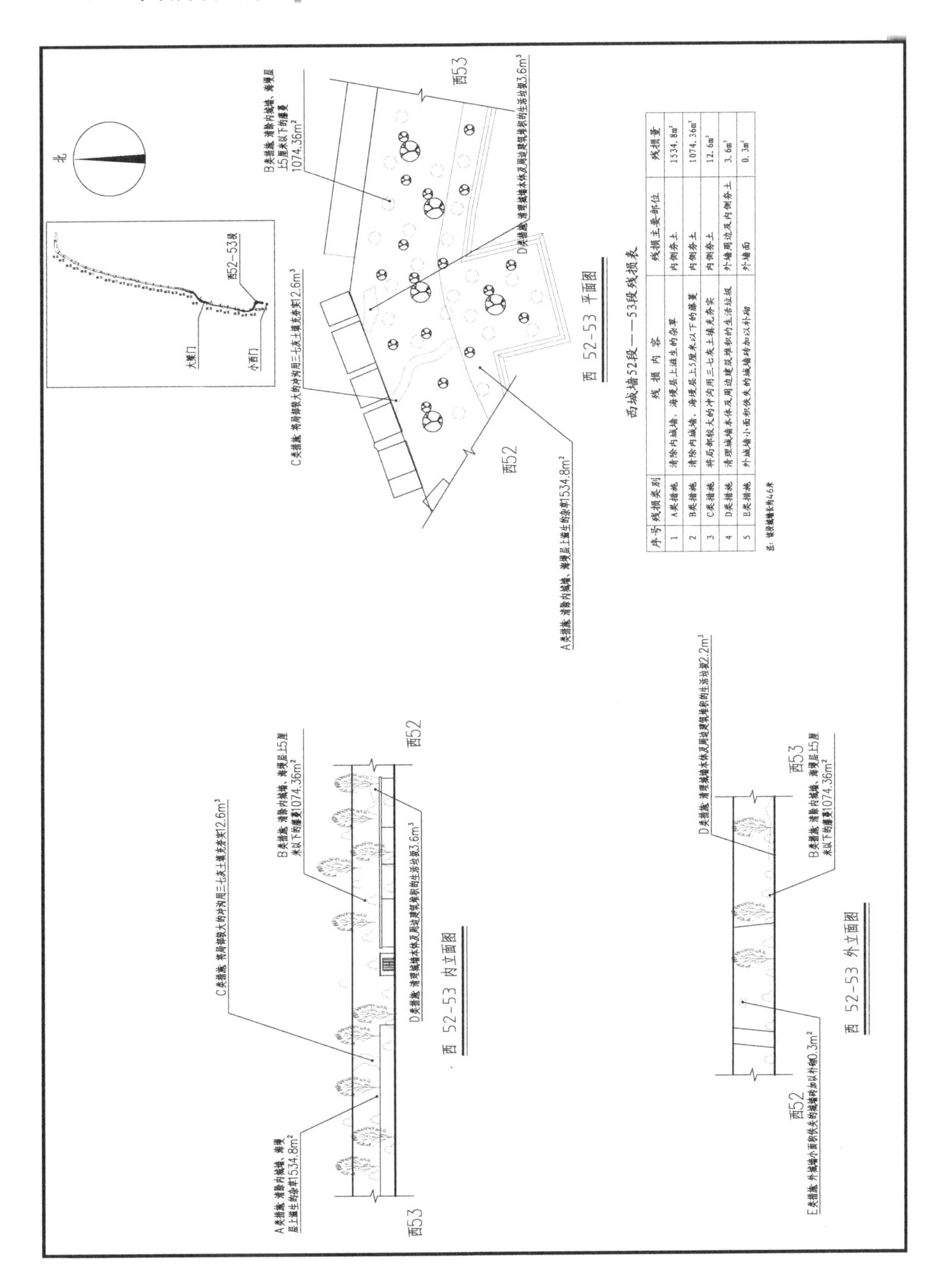

西城墙52段——53段残损表

序号	残损类别	残损内容	残损主要部位	残损量
1	A类措施	清除内城墙、海墁层上滋生的杂草	内侧夯土	1534.8m²
2	B类措施	清除内城墙、海墁层上5厘米以下的藤蔓	内侧夯土	1074.36m²
3	C类措施	将局部较大的冲沟用三七灰土填充夯实	内侧夯土	12.6m³
4	D类措施	清理城墙本体及周边建筑堆积的生活垃圾	外墙周边及内侧夯土	3.6m³
5	E类措施	外城墙小面积缺失的城墙砖加以补砌	外墙面	0.3m²

注: 该段城墙长约46米

53. 西城墙 53 段平面、立面图

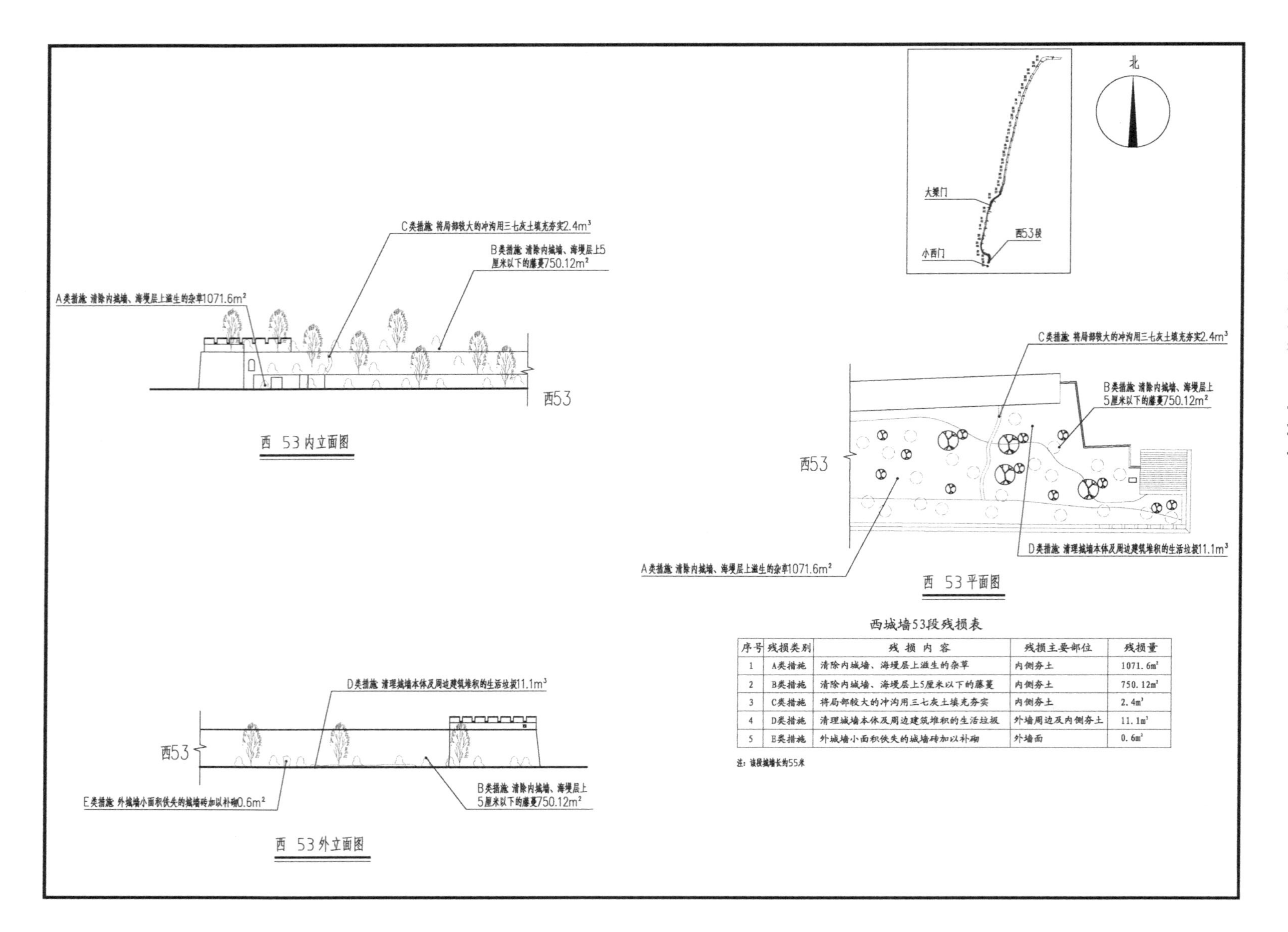

西城墙53段残损表

序号	残损类别	残损内容	残损主要部位	残损量
1	A类措施	清除内城墙、海墁层上滋生的杂草	内侧夯土	1071.6m²
2	B类措施	清除内城墙、海墁层上5厘米以下的藤蔓	内侧夯土	750.12m²
3	C类措施	将局部较大的冲沟用三七灰土填充夯实	内侧夯土	2.4m³
4	D类措施	清理城墙本体及周边建筑堆积的生活垃圾	外墙周边及内侧夯土	11.1m³
5	E类措施	外城墙小面积佚失的城墙砖加以补砌	外墙面	0.6m²

注：该段城墙长约55米

第三章　养护设计预算

概算编制说明：

1. 概算编制根据开封西城墙（西北角台至小西门段）日常养护设计说明、现状勘察图纸及维修设计图纸。

2. 定额采用《河南省仿古建筑工程计价综合单价》(2009)，综合取费执行河南省建设部门有关规定。

3. 主材价格调整依据河南省 2017 年公布的材料市场价，其中古建部分材料价格依据目前实际工程采购价格。

4. 开封西城墙（西北角台至小西门段）日常养护工程概算直接费为人民币叁佰陆拾叁万柒仟玖佰陆拾捌元柒角贰分（￥3637968.72 ）。详见附后取费表、概算表及材差表。

5. 工程其他费用，包括勘察设计费、工程监理费、建设单位管理费、招标代理费、审计费、场地准备及临时设施费等，总计 930655.86 元。详见其他费用计算表。

6. 开封西城墙（西北角台至小西门段）日常养护工程总费用为人民币肆佰伍拾陆万捌仟陆佰贰拾肆元伍角捌分（￥4568624.58)，即工程直接费与工程其他费用。

其他费用计算表

工程名称：开封西城墙（西北角台至小西门段）日常养护工程

序号	费用项目名称	费用计算基数	费率（%）	金额（元）	计算公式	备注（依据文件）
1	建设单位管理费	工程费用	1.5	54569.53	工程费用 ×1.5%	《基本建设财务管理规定》（财建[2002]394 号）
2	勘测、设计费	工程费用	7	363770.71	工程费用 ×7%	
3	工程监理费	工程费用	5	181898.44	工程费用 ×5%	发改价格 [2007】670 号、发改价格【2011】534 号
4	招标代理费	工程费用		28465.78	1000000×1% +2637707.07 ×0.7%	【2002】1980 号、发改价格 [2011】534 号
5	审计费	工程费用	0.3	10913.91	工程费用 ×0.3%	审计费
6	资料整理和报告出版费					资料整理和报告出版费
7	研究试验费					研究试验费
8	青苗补偿费					青苗补偿费
9	工程保险费					工程保险费
10	场地准备及临时设施费	工程费用	2	72759.37	工程费用 ×2%	场地准备及临时设施费
11	专利及专有技术使用费					专利及专有技术使用费
	预备费			218278.12	工程费用 ×6%	
	合计			930655.86		

工程费用汇总表

工程名称：开封西城墙（西北角台至小西门段）日常养护工程

序号	费用名称	取费基础	费率	金额（元）
1	定额直接费：1）定额人工费	分部分项人工费		715926.66
2	2）定额材料费	分部分项材料费 + 分部分项主材费 + 分部分项设备费		388386.77
3	3）定额机械费	分部分项机械费术（1 ~ 11.34%）		91131.71
4	定额直接费小计	定额直接费：1）定额人工费 +2）定额材料费 +3）定额机械费		1195445.14
5	综合工日	综合工日合计 + 技术措施项目综合工日合计		30099.76
6	措施费：1）技术措施费	技术措施项目人工费 + 技术措施项目材料费 + 技术措施项目机械费术（1 ~ 11.34%）		
7	2）安全文明措施费	现场安全文明施工措施费术（1 ~ 10.08%）		116707.73
7.1	2.1）安全生产费	安全生产费术（1 ~ 10.08%）		77754.24
7.2	2.2）文明施工措施费	文明施工措施费术（1 ~ 10.08%）		38953.5
8	3）二次搬运费	材料二次搬运费		
9	4）夜间施工措施费	夜间施工增加费		
10	5）冬雨季施工措施费	冬雨季施工增加费		
11	6）其他			
12	措施费小计	措施费：1）技术措施费 +2）安全文明措施费 +3）二次搬运费 +4）夜间施工措施费 +5）冬雨季施工措施费 +6）其他		116707.73
13	调整：1）人工费差价	人工价差		994830.97
14	2）材料费差价	材料价差		28851.6
15	3）机械费差价	机械价差术（1 ~ 11.34%）		
16	4）其他			
17	调整小计	调整：1）人工费差价 +2）材料费差价 +3）机械费差价 +4）其他		1023682.57
18	直接费小计	定额直接费小计 + 措施费小计 + 调整 +it		2335835.44

序号	费用名称	取费基础	费率	金额（元）
19	间接费：1）企业管理费	（分部分项管理费＋技术措施项目管理费）术（15.13%）		475331.23
20	2）规费：	①工程排污费＋②社会保障费＋③住房公积金＋④工伤保险		324475.41
21	①工程排污费			
22	②社会保障费	综合工日	808	243206.06
23	③住房公积金	综合工日	170	51169.59
24	④工伤保险	综合工日	100	30099.76
25	间接费小计	间接费：1）企业管理费＋①工程排污费＋②社会保障费＋③住房公积金＋④工伤保险		799806.64
26	工程成本	直接费小计＋间接费小计		3135642.08
27	利润	分部分项利润＋技术措施项目利润		141807.22
28	1）总承包服务费	总承包服务费		
29	2）零星工作项目费	零星工作项目费		
30	3）优质优价奖励费	优质优价奖励费		
31	4）检测费	检测费		
32	5）其他	其他项目其他费		
33	其他费用小计	1）总承包服务费+2）零星工作项目费+3）优质优价奖励费+4）检测费+5）其他		
34	不含税工程造价合计	工程成本＋利润＋其他费用小计＋税前独立费		3277449.3
35	增值税、销项税额	税前造价合计		360519.42
36	甲供材料费	市场价甲供材料费		
37	含税工程造价总计	税前造价合计＋销项税额甲供材料费＋税后独立费		3637968.72

工程预算表

工程名称：开封西城墙（西北角台至小西门段）日常养护工程

序号	编号	名称	单位	工程量	单价	合价	其中					综合工日	
							人工合价	材料合价	机械合价	管理费合价	利润合价	含量	合计
1	借 1-20	除草人工割草挖草皮	100平方米	667.839	137.96	92135.07	55998.3			24416.19	11720.57	1.95	1302.29
2	借 1-14	砍挖灌木林胸径（10厘米以下）密	10平方米	4447.901	14	62270.61	37851.64			16501.71	7917.26	0.2	880.68
3	补子目 1	植物根系灭活	平方米	66783.9	15.97	1066538.9	287170.77	367311.45		345272.76	66783.9	0.3	20035.17
4	1-94	基础垫层 3 ∶ 7 灰土	立方米	233.17	124.19	28957.38	8902.43	13027.21	974.65	4227.37	1825.72	0.89	207.52
5	1-1	垃圾清理	立方米	61.2	9.82	600.98	402.7			134.03	64.26	0.15	9.18
6	2-39 R*1.3，（*1.3	墙身大城样砖山花、象眼、花坛等零星砌体，子目人工费、材料费乘以系数 1.3	10平方米	6.12	6208.05	37993.27	23885.99	5883.89		5232.29	2991.09	69.82	427.3
7	1-78	土石方运输人工运输（运距在 20 米以内）土	立方米	14515.486	21.94	318469.76	212216.41			71706.5	34546.86	0.34	4935.27
8	1-49+1-51	机械挖土方自卸汽车运土人工装土 11（III 内实际运距（千米）：2	1000立方米	14.515	16242.6	235769.3	86172.37	505.57	101198.95	32332.09	15560.31	153.14	2222.9
9	14-8	砌筑用双排脚手架钢管（墙高 12 米）以下	10平方米	35	205.93	7207.55	3326.05	1658.65	614.25	1211.35	397.25	2.27	79.45
		合计				1849942.8	715926.66	388386.77	102787.85	501034.29	141807.22		30099.758

编制人：　　　　　　证号：　　　　　　编制日期：

施工措施费用表

工程名称：开封西城墙（西北角台至小西门段）日常养护工程

序号	名称	单位	工程量	单价	合价
	通用项目				129790.63
1	安全文明施工费	项	1	129790.63	129790.63
1.1	安全生产费	项	1	86470.46	86470.46
1.2	文明施工措施费	项	1	43320.17	43320.17
2	材料二次搬运费	项	1		
3	夜间施工增加费	项	1		
4	冬雨季施工增加费	项	1		
二	仿古工程				
5	脚手架	项	1		
6	混凝土、钢筋混凝土模板	项	1		
7	现浇混凝土泵送费	项	1		
措施项目合计					129790.6：3

人材机价差表

工程名称：开封西城墙（西北角台至小西门段）日常养护工程

序号	材料名	单位	材料量	预算价	市场价	价差	价差合计
1	定额工日	工日	9971.501	43	102.75	59.75	595797.17
2	定额工日	工日	6678.39	43	102.75	59.75	399033.8
	人工价差合计						994830.97
1	水	立方米	220.095	4.05	5.95	1.9	418.18
2	黏土	立方米	270.827	15	30	15	4062.4
3	生石灰	吨	57.227	150	300	150	8584.04
4	大城砖 480 × 240 × 130	百块	21.139	265	1000	735	15537.23
5	生石灰	千克	1665.032	0.15	0.3	0.15	249.75
	材料价差合计						28851.6
	机械价差合计						
价差合计：1023682.57							

后记

城市是人类文明发展到一个重要历史阶段的标志，开封城作为历史上的重要城邑，它记录着千百年来古城历史演变、政治、经济、军事、文化的发展。它所携带的非常丰富的历史文化信息及内涵，使其具有了重要的历史价值。

开封城墙作为古代军事防御工程，规模宏大，是我国现存保留较完好的第二大城垣建筑。城墙、城门、城湖、三位一体，易守难攻，是一座完美体现古代战争特点的军事防御设施。

古城还具有防御洪水的作用。由于黄河河道南移，开封多次蒙受洪水侵袭，城墙成为滞挡洪水、使居民免遭水灾的保护屏障。

开封地处平原，春秋二季时节，黄沙弥漫，此时，四面围合的城墙又成为阻挡风沙的有效屏障，而今北城墙外侧尚有厚厚的风积沙屯。开封城墙的防洪防风沙作用，因其所处的独特地理位置所决定的，是其他古城墙无法具备的。

公元781年，李勉对南北朝时期的汴州城进行扩建，形成的唐代汴州城，是开封城墙有史以来的首次明确记载，自此至清代的开封城墙，都是在它的基础上修建，虽历经兵燹与水患，但历代城市坐标基本固定，城址从没有移动，故此也形成开封城摞城的奇观，尤其自宋代以来，城市中轴线愈千年未变，城市格局得以延续，这就是开封城址的独特影响作用。

城墙是开封这座历史文化名城的首要标志，由古城墙围合的13平方千米的老城区，是历史文化名城的风貌体现区，精华之所在。同时城墙丰富了城市旅游的内容，也是城市旅游的重要文化资源。

在项目实施过程中，我们积累了丰富的资料，为将此成果成为后续同类工程的借鉴资料，经过研究将成果结集出版。经过一年的努力，本书即将付梓，在此我要感谢杨焕成先生，在初稿完成后，杨焕成先生连夜审读了全部稿件，指出了疏漏与不足，提出了很好的意见和建议，并欣然作序。杨焕成先生的序文，既有对开封城墙价值肯定和理论研究的评价与倡导，更有对后学的激励与奖掖，溢美之词让我受之有愧，我将此视为前辈的鞭策和期待，铭记于心，付诸于行。此外，河南省文物建筑保护研究院杨振威院长对此书倍加关注，从此书着手编辑到初稿完成，杨振威先生都给予了大力的指导帮助，本着对学术研究严谨的态度，提出了个人的观点，从各个章节分析了不足并加以修改。在此深表感谢！

从此项目勘察设计开始，河南省文物建筑保护设计研究中心原主任吕军辉，赵刚主任（现河南省文物建筑保护研究院副院长）曾带队对开封城墙进行了现场勘查，并指导设计思路做出了巨大贡献。设计中心全体设计人员也付出了艰辛的劳动，并在开展勘察、测绘、摄影、资料搜集等做了大量工作。该项目还得到了开封市文物管理局刘顺安局长（现开封市人大社会建设委员会主任委员）、吴海峰局长、文物科原科长刘天军（现开封城墙文物保护管理所所长）、现文物科科长李建新、原开封城墙文物保护管理所所长郭世军（现开封市艺术博物馆馆长）、书记李曼（现开封延庆观管理所所长）、书记周璐、办公室主任范士谦、夏军的全力协调和帮助，另外南阳古建所设计部全体人员以及郑州大学马清文教授的鼎力支持。在此致以诚挚的感谢！

本书虽已付梓，但仍感有诸多不足之处。对于开封城墙的研究仍然需要长期细致认真地工作，我们将继续努力研究探索。至此再次感谢为本书出版给予帮助、支持的每一位领导、同事，期待大家的批评和建议。